遥感干涉高光谱成像仪定标技术

计忠瑛　胡炳樑　王　爽◎编著

人民邮电出版社

北京

图书在版编目（CIP）数据

遥感干涉高光谱成像仪定标技术 / 计忠瑛，胡炳樑，
王爽编著. -- 北京：人民邮电出版社，2022.9
ISBN 978-7-115-58945-3

Ⅰ. ①遥… Ⅱ. ①计… ②胡… ③王… Ⅲ. ①卫星遥
感—卫星定位 Ⅳ. ①TP72

中国版本图书馆CIP数据核字(2022)第050813号

内 容 提 要

遥感光谱成像技术的快速发展，对遥感光谱成像的定量化水平和数据质量提出了更高的要求。定标是遥感器输出数据定量化的主要手段，研究、改进定标技术，提高定标精度，对提高遥感数据产品质量、推动遥感光谱成像技术的应用具有重要意义。遥感干涉高光谱成像技术具有独特的优势，其定标技术也具有特殊性。

本书介绍辐射传输、辐射定标的理论基础和干涉型高光谱成像仪的定标原理；遥感干涉高光谱成像仪在卫星发射前和在轨运行后的定标技术（发射前的地面定标、星上定标、在轨场地定标、交叉定标，利用云、冰等场景和月亮辐射进行定标，以及近年发展的场地自动化定标和全球定标场网定标）；各定标技术的原理和方法、数据处理方法；遥感干涉高光谱成像仪定标实例等。

本书适合从事遥感光学仪器开发、研制、应用的专业人员和相关专业的本科生、研究生参考阅读。

◆ 编　著　计忠瑛　胡炳樑　王　爽
　　责任编辑　李永涛
　　责任印制　王　郁　胡　南

◆ 人民邮电出版社出版发行　　北京市丰台区成寿寺路 11 号
　　邮编　100164　　电子邮件　315@ptpress.com.cn
　　网址　https://www.ptpress.com.cn
　　北京九州迅驰传媒文化有限公司印刷

◆ 开本：787×1092　1/16
　　印张：36.75　　　　　　　　　2022 年 9 月第 1 版
　　字数：872 千字　　　　　　　2022 年 9 月北京第 1 次印刷

定价：350.00 元

读者服务热线：(010)81055410　印装质量热线：(010)81055316
反盗版热线：(010)81055315
广告经营许可证：京东市监广登字 20170147 号

序

随着遥感技术的发展，人类对地球和太空的探索有了有效的手段，而 20 世纪 80 年代光谱成像技术的出现，更使遥感技术产生了革命性的飞跃。

遥感技术研究的主要目的之一是探测目标的特性。遥感成像技术可以获得目标的二维或三维空间信息。光谱技术可以获得目标的光谱信息，由此可以分析了解目标的物质组成和属性。遥感成像技术与光谱探测技术的结合，使遥感探测对研究目标有更全面的认识，大大拓展了遥感探测的应用范围。在遥感技术应用的地质、海洋、农业、林业、城市、环境、军事等领域，光谱成像技术不但可以识别目标的形态、分布、位置，还可以识别目标的类型、成分、生物物理状态，甚至可以识别伪装目标。光谱成像技术这种深层次的探测能力，正是其快速发展的重要原因。

在遥感光谱成像技术的发展进程中，随着精密光学和机械、微电子、计算机、探测器、数字图像处理等技术的快速发展，已有多种类型的光谱成像仪应用于遥感领域。在光谱性能方面，由多光谱发展到高光谱、超高光谱；从可见、近红外，发展到长、短波红外，甚至紫外。在光谱成像方式上，从最早的棱镜分光、光栅分光，发展到干涉分光，现在还出现电光调制、声光调制、滤光片分光等新的光谱成像方式。在多种类型的光谱成像仪中，干涉型光谱成像仪具有独特的优势。

干涉型光谱成像仪一般是指通过入射光的分光、干涉、成像，获得目标的图像、干涉信息，由干涉图反演入射光谱的仪器。干涉型光谱成像仪中又以傅里叶变换光谱技术较为成熟，现已应用于星载遥感器。

Albert A. Michelson 在 1880 年提出了傅里叶变换光谱方法，并获得诺贝尔奖。20 世纪 60 年代，随着计算机技术的迅猛发展，傅里叶变换光谱技术得到了广泛的重视和应用，之后又发展了光谱成像技术，使傅里叶变换光谱成像技术成为光学探测仪器发展史上的一次重大飞跃，并很快成功应用于遥感领域。遥感傅里叶变换光谱成像技术现已演化出多种类型，包括时间调制型、空间调制型、时空联合调制型、外差型等，它们各自在不同的应用领域中发挥着十分重要的作用，国外已形成了许多系列产品。在我国，不少单位也在研制傅里叶变换光谱成像仪，它主要应用于分析化学、大气探测、对地遥感等方面。

傅里叶变换光谱成像仪具有高通量、高光谱分辨率等特点，较经典的棱镜型、光栅型光谱成像仪呈现明显的优势，因此近年在航空航天领域发展较快。新发展的时空联合调制的大孔径光谱成像仪，比时间调制的傅里叶变换光谱成像仪有更强的能量通透力，可以有效地提高仪器的信噪比，降低了对探测器的苛刻要求，同时为减小曝光时间、提高空间分辨率和图像质量提供了有利条件。大孔径光谱成像仪的光学系统口径小，可使仪器体积小、重量轻，利于提高整体的稳定性，更好地适应了遥感空间的恶劣环境。时空联合调制的大孔径光谱成像仪的窗式光谱成像，具有光谱、空间信息量大且冗余信息多的特点。利用图像处理技术,可以实现光谱分辨率的提高,采用图像匹配等方法可以增强图像的空间分辨率。

光谱成像定量化技术是遥感光谱成像技术中的关键技术之一。对遥感器的定标是标定其接收到的电磁波信息与其量化的数字信号之间的定量关系。这个标定结果是遥感器定量化应用的基本依据。遥感器在发射前的定标是获得基础数据;在轨运行后,遥感器寿命结束前,都需要随时进行定标,监测遥感器数据定量化的变化,保证定量化数据的质量。定标的精度、数据定量化的质量直接关系到光谱成像仪的应用水平和质量。目前遥感光谱成像技术向着高光谱分辨率、高空间分辨率、高定量化水平发展,对定标技术也提出了更高的要求。因此,对遥感光谱成像仪定标技术的研究,是整个光谱成像仪研究和应用阶段的重要任务。

中国科学院(简称中科院)西安光学精密机械研究所(简称西安光机所)的光谱成像技术重点实验室,是中科院在光谱成像技术研究领域的第一个重点实验室。实验室自2004年建立以来,组建了光谱成像技术研究的多学科、实力雄厚的研究团队,承担了多项遥感光谱成像仪器和遥感技术方面的研究任务,取得了多项重大成果,为我国的遥感技术发展做出了突出贡献。中科院光谱成像技术重点实验室主任、现西安光机所副所长胡炳樑研究员长期从事光谱成像技术研究工作,组织并带领团队研制了数套遥感干涉光谱成像仪载荷,为推动我国光谱成像技术事业的发展做出了贡献。中科院光谱成像技术重点实验室计忠瑛老师,从事成像光谱仪研制工作已有20余年,尤其对遥感高光谱成像仪的发射前定标、星上定标等定标技术的研究、工程设计具有丰富的经验。

高光谱成像技术是近年来发展的一种新兴技术,国内外至今很少有高光谱成像仪和定标技术的相关专著。中科院光谱成像技术重点实验室在已发表论文和项目资料的基础上,现借本专著的出版,使该领域更多的科研工作者和研究生受惠。

本书在介绍高光谱遥感概念、国内外高光谱成像仪发展现状的基础上,系统、全面、深入地介绍干涉型高光谱成像仪定标技术的基础理论和基本方法。本书重点论述了辐射度测量和辐射传输的基础理论,遥感干涉高光谱成像仪的发射前定标、星上定标、辐射校正场定标、交叉定标,并讨论了除上述定标方法外的其他定标方法和定标技术的发展趋势,尤其介绍了近年发展的场地自动化定标和全球定标场网定标。本书除了简要介绍每种定标方法的基本理论和实现方法外,还结合中科院光谱成像技术重点实验室人员自身工程技术经验,介绍了大量在实际研究工作中遇到的问题,其中大量内容是首次公开的科研成果,对工程设计人员具有重要的指导意义。

相信本书将会对当今高光谱成像仪定标技术的研究和发展,对光谱成像仪的研制、工程化及应用均具有重要的指导意义;对高空间分辨率、高光谱分辨率的空间对地观测、空间探测、深空探测、航空航天等领域的研究和技术进步起到积极的推动作用;对仪器设计人员具有直接的参考价值。

中国科学院院士

2022 年 4 月

前　言

    遥感光谱成像技术可以同时获得探测目标的影像和光谱信息，影像可以使人们从探测目标的空间布局识别物体的位置和分布，而光谱信息则可以使人们从物体本征的辐射光谱中分辨其物质特性，进而分辨物质的成分、种类及其变化，更精准地识别探测目标的属性。光谱成像遥感技术的发展拓展了人们探测目标的能力，推动了遥感技术应用的发展。进入高光谱成像遥感时代，遥感应用从地形、地质制图、灾害监测评估等空间图像应用，发展到利用物质辐射光谱进行农业植被、土壤成分、海洋生物、大气成分、矿物成分分析的研究，乃至全球气候变化、环境监测评估等多个领域的应用，在军事领域更有伪装识别、武器化学性能分析等具有重大意义的应用。

    遥感光谱成像技术应用的基础是遥感定量化，而遥感定量化的前提是遥感器的定标，即将遥感数据量化为具有一定精度的辐射度量标准值。在遥感数据的应用中，只有用标准尺度对探测目标进行测量、评价、比对，遥感定量化的结果才具有可靠性。遥感数据的可靠性及应用的深度和广度在很大程度上取决于定标的精度。因此，遥感定量化研究不但以遥感器的定标为基础，而且对定标的精度也提出了更高的要求。

    辐射定标是遥感定量化的关键技术，为满足遥感高光谱成像技术快速发展的要求，迫切需要深入进行高光谱成像仪辐射定标技术的研究，提高定标技术水平和定标精度，提高遥感器的数据产品质量，这对推动高光谱成像遥感技术的应用有重要意义。

    遥感器辐射定标的工作分搭载平台发射入轨前和入轨工作后两个阶段进行。遥感高光谱成像仪在发射入轨前的辐射定标，主要对遥感器的辐射响应性能、光谱响应性能进行定标测试。遥感器入轨工作后，还需进行定期的定标测试，以对遥感器响应性能的变化进行监测，及时调整响应性能参数，保证输出数据定量化的有效性，才能保证遥感定量化的可靠性。

    近阶段，遥感高光谱成像技术发展很快，各应用领域的飞行平台大都搭载高光谱成像仪，并不断向高光谱分辨率、高空间分辨率、高辐射定标精度发展，对遥感的定量化水平和数据质量都提出更高的要求。同时，随着科学技术的不断进步，还有一些新型的遥感高光谱成像仪研制成功，并逐步进入实用。

    干涉型傅里叶变换光谱成像仪具有高光谱分辨率和高能量利用率等优点，因此近年来受到人们的广泛关注和研究。特别是在 20 世纪 90 年代以后，出现了静态傅里叶变换光谱成像技术，这种新型光谱成像技术保留了傅里叶变换光谱成像技术的主要优点，并且这种新型光谱成像仪的可靠性和稳定性好、体积小、光谱线性度高、光谱范围宽，适合在飞机和卫星等飞行器上搭载，在国际上引起广泛的重视。干涉型高光谱成像仪将成为遥感高光谱成像技术领域新的典型代表和新的发展方向。

    现在光学成像遥感的定标和应用技术较为成熟，但遥感高光谱成像技术，尤其是干涉型高光谱成像仪的应用刚步入快速发展阶段，由于其工作原理的特殊性，光学成像仪的定标技术不能通用，而适应干涉型光谱成像原理的辐射定标技术尚不够成熟和完善，数据质量的水平还不能满足使用的要求。因此，迫切需要进一步深入研究遥感干涉高光谱成像仪的定标技术，但是目前有关遥感干涉光谱成像仪辐射定标的理论和技术的专著很少。

中科院西安光学精密机械研究所的光谱成像技术重点实验室，在遥感干涉光谱成像仪的研究方面已有 20 余年的历史，已研制了数台（套）遥感干涉光谱成像仪，具有丰富的研究经验和技术基础，培育了具有实力的研究队伍，近年来先后建立了陕西省光学遥感与智能信息处理重点实验室、陕西省"四主体一联合"光谱成像工程技术研究中心、陕西省光谱成像技术工程研究中心、西安市生物医学光谱学重点实验室。为了推动干涉型光谱成像仪辐射定标技术的发展和应用，为了与高光谱成像遥感领域的科学家进行技术交流，我们编写了本书。

本书介绍了干涉型高光谱成像技术的特点和优势，及其定标技术在国内外的发展现状，使读者能够对此技术有深入的认识。本书也介绍了辐射定标的理论基础——辐射传输和干涉型高光谱成像仪定标原理，便于读者由浅入深掌握此技术。结合编者的工程经验，本书还介绍了干涉型高光谱成像仪定标工作的实例，供读者参考。

全书共 8 章，主要内容介绍如下。

- 第 1 章介绍高光谱遥感的基本概念、特点、发展及应用，遥感高光谱成像仪的分类，国内外典型的遥感高光谱成像仪，其中较详细地介绍我国环境卫星 HJ-1A 高光谱成像仪的光学系统、设计方法和干涉型光谱成像仪的特点。本章还介绍辐射定标的意义、遥感干涉高光谱成像仪辐射定标的特点。
- 第 2 章介绍辐射度测量和辐射传输的基础理论、辐射传输的计量工作器具，以及辐射定标测量误差分析理论和测量不确定度的评定。
- 第 3 章介绍遥感干涉高光谱成像仪发射前的定标，包括实验室定标、真空试验定标和外场定标，以及定标方法、设备、数据处理。
- 第 4 章介绍遥感干涉光谱成像仪在轨星上定标的意义、星上定标的主要方法和器具、国内外典型遥感干涉光谱成像仪的星上定标机构和定标方法。
- 第 5 章介绍遥感干涉高光谱成像仪辐射校正场定标的基本要求和定标方法，国内外主要的辐射定标实验场、基本测试设备和数据处理，典型高光谱成像仪的场地定标方法、结果及真实性检验。本章还介绍高光谱成像仪遥感图像条带噪声处理方法、干涉光谱成像仪在飞行中的光谱定标和相对辐射度定标方法，以及场地自动化定标。
- 第 6 章介绍遥感干涉高光谱成像仪交叉定标的目的、要求，交叉定标的主要方法、数据处理和定标精度分析，以及国内外典型遥感器的交叉定标。
- 第 7 章介绍遥感干涉光谱成像仪的其他定标方法：利用沙漠、极地、海洋、云等场景及利用月亮辐射进行辐射定标。本章最后介绍全球定标场网辐射定标。
- 第 8 章介绍遥感干涉光谱成像仪定标技术发展趋势和讨论。

本书由中科院光谱成像技术重点实验室原主任、现西安光机所副所长胡炳樑研究员总策划、组织编写，由胡炳樑、王爽研究员审核大纲，由计忠瑛高级工程师执笔编写。白加光研究员、石大莲副研究员参与了部分内容的编写（白加光：HJ-1A 高光谱成像仪光学系统设计；石大莲：时空调制干涉型光谱成像仪实验室绝对定标数据处理）。

中科院光谱成像技术重点实验室的创建者、第一任主任，西安光机所前所长，现中科院副院长、院士相里斌研究员，领导西安光机所领先发展了干涉型光谱成像技术的研究和工程应用，取得了重大成果；本书中的某些干涉型光谱成像仪设计、定标工程实例是光谱成像技术重点实验室科研团队科研成果的总结。这些科研与工程应用的成果为本书的创作奠定了基础。

在本书编写过程中，西安光机所情报资料室王亚军、陈晓颖协助提供参考文献，中科院光谱成像技术重点实验室的研究生刘文龙、李洪波、杨凡超、余璐、杜剑、孙晨、袁博、张智南、费小云、李朝、刘慧、张学军查阅了相关文献，夏璞在文献查阅、协调出版方面做了大量工作。这里对于大家对本书的贡献表示感谢。在此特别要感谢的是在高光谱成像仪研制、在轨飞行的定标工作中做出贡献的原中科院光电研究院、中科院安徽光学精密机械研究所（简称安徽光机所）、原中科院遥感应用研究所、国家航天局航天遥感论证中心等兄弟单位的专家们。

由于编者水平有限，相关资料的查阅可能不够全面，本书在理论、技术方面尚存在很多不足之处，欢迎广大学者批评指教、深入交流，以促进遥感高光谱成像定标技术的进一步发展。

编者

2022 年 4 月

目　　录

第1章 概　述

遥感是在远距离对探测目标进行探查、测量，利用探测仪器记录探测目标的电磁波数据，通过数据处理、分析，得到探测目标相关信息的探测技术。光学遥感是重要的遥感技术，通过获取探测目标的光学图像和辐射光谱，并进行定量化处理来研究探测目标的辐射特性，且可以由此分析探测目标的生物或物理特性。目前发展最快的是高光谱（Hyperspectral）遥感技术，即可以同时获得探测目标的空间、光谱、时间信息的遥感技术。

高光谱成像仪有多种类型，技术成熟较早的是色散型光谱成像仪，干涉型光谱成像仪虽发展较晚，但其高光谱分辨率、高通量、高信噪比的突出优势，使其成为极具发展前景的高光谱成像仪。

在光学遥感信息定量化过程中，辐射定标是遥感数据量化和应用的前提与基础。

本章介绍高光谱遥感的基本概念、特点、应用及发展现状，光谱成像仪的分类；几种国内外典型的高光谱成像仪的特点及其定标技术；光学遥感器辐射定标的意义和干涉型高光谱成像仪辐射定标的特点。

1.1　高光谱遥感

本节首先介绍高光谱遥感的基本概念、特点、发展现状及应用，接下来介绍遥感光谱成像仪的分类。高光谱成像仪有多种类型，技术成熟较早的是色散型光谱成像仪，干涉型高光谱成像仪虽发展较晚，但其高光谱分辨率、高通量、高信噪比的突出优势，使其极具发展前景。

1.1.1　高光谱遥感的基本概念

高光谱遥感使用的光学遥感器（成像仪、光谱仪）通过系统中的光电探测器实现目标图像、光谱信息的采集和存储，其光学成像系统的性能使用一些参量进行评价，并通常作为光学遥感器的光学性能评价指标，主要有视场角、瞬时视场角、空间分辨率、光谱分辨率、时间分辨率、光谱响应函数、信噪比、探测器凝视时间、光谱采样间隔、调制传递函数（Modulation Transfer Function，MTF）等。

光学遥感器（成像仪、光谱仪）通过系统中的光电探测器实现目标图像、光谱信息的采集和存储，因此光学遥感器的光学成像系统性能同样使用这些参量进行评价。

1. 视场角

在光学仪器中，以光学仪器的镜头为顶点，以被测目标的物像可通过镜头的最大范围的两条边缘构成的夹角，称为视场角。视场角的大小决定了光学仪器的视野范围，视场角越大，视野范围就越大，光学倍率就越小。

2. 瞬时视场角

瞬时视场角是指探测器内单个探测元件的观测视野，又称为探测器的角分辨率，单位为毫弧度（mrad）或微弧度（μrad）。

3. 空间分辨率

空间分辨率是指遥感图像中单个像素所代表的地面范围的大小，表示遥感图像上能够识别的两个相邻地物的最小距离。空间分辨率在地面上的实际尺寸也称为地面分辨率。对于扫描影像，空间分辨率则是成像像素所对应的地面实际尺寸（单位为 m），即扫描仪的瞬时视场，或是地物能分辨的最小单元。空间分辨率是评价探测器性能和遥感信息的重要指标之一，也是识别地物形状、大小的重要依据。

4. 光谱分辨率

光谱分辨率是指探测器在接收目标辐射的光谱时能分辨的最小波长间隔。间隔越小，分辨率越高。对于探测器的每个响应波段，光谱分辨率为达到 50% 光谱响应最大值处的波段宽度。图 1.1 所示为一个波段的光谱响应曲线。

5. 时间分辨率

时间分辨率是指对同一地点进行遥感采样的时间间隔，也称重访周期。

6. 光谱响应函数

光电探测器对单色辐射的相对响应率即为探测器的光谱响应函数。光学遥感器的光谱响应函数，是遥感器在工作谱段对于遥感器接收的单色辐射的相对响应率，这个光谱响应率除了主要反映成像面光电探测器的光谱响应性能外，还受到遥感器光学系统各器件对光谱的吸收、反射的影响。图 1.2 所示为一个典型碲镉汞短波红外探测器的相对光谱响应曲线。

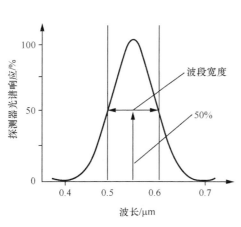

图1.1　一个波段的光谱响应曲线

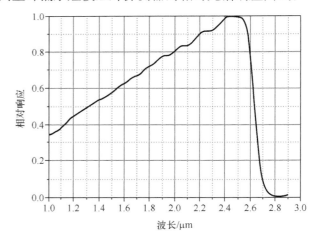

图1.2　典型的碲镉汞短波红外探测器的相对光谱响应曲线

7. 信噪比

信噪比（Signal-Noise Ratio，S/N 或 SNR）是指一个电子设备或电子系统中信号与噪声的比例。信号是指来自设备外部、需要通过这台设备进行处理的电子信号，噪声是指经过该设备后产生的原信号中并不存在的无规则的额外信号（或信息），并且额外信号并不随原信号的变化而变化。

信噪比是探测器的一个极其重要的性能参数，信噪比的高低直接影响了图像的分类和图像目标的识别等处理效果。信噪比和图像的空间分辨率、光谱分辨率相互制约，后两者的提高都会降低信噪比。实际应用中需在一定的要求下权衡利弊，综合考虑这 3 个指标的选择。

8. 探测器凝视时间

探测器的瞬时视场角扫过地面分辨单元的时间称为凝视时间。凝视时间越长，进入探测器的能量越多，光谱响应越强，图像的信噪比就越高。

9. 光谱采样间隔

光谱采样间隔是指相邻波段通道的光谱峰值响应点间的波长间隔。

10. 调制传递函数 MTF（Modulation Transfer Function）

MTF 是评价光学成像系统的成像质量的指标。对于光学成像系统，可以利用拍摄正弦光栅（测试标板中的黑白相间的栅格）的方法进行测试，以评价光学成像系统的成像质量。

亮度按正弦变化的周期图形称为"正弦光栅"。正弦光栅的空间频率就是单位长度（每毫米）内亮度按照正弦变化的图形的周期数。典型的正弦光栅如图 1.3 所示。

图 1.3　典型的正弦光栅

相邻的两个最大值的距离是正弦光栅的空间周期，单位是 mm。空间周期的倒数就是空间频率（Spatial Frequency），单位是线对 / 毫米（lp/mm）。正弦光栅最亮处与最暗处的差别，反映了图形的反差（对比度）。设最大亮度为 $I_{\max}$，最小亮度为 $I_{\min}$，我们用调制度（Modulation）M 表示对比度的大小。调制度 M 定义如下：

$$M=(I_{\max} - I_{\min})/(I_{\max} + I_{\min})$$

正弦信号通过镜头后，它的调制度的变化是正弦信号空间频率的函数，这个函数称为调制传递函数 MTF。对于原来调制度为 M 的正弦光栅，如果经过镜头到达像平面的像的调制度为 M'，则 MTF 的值为：

$$\mathrm{MTF}= M'/M$$

光学遥感器成像系统的 MTF 表征了其空间传输特性，是影响图像分辨率和清晰度的重要因素。遥感器成像系统的 MTF 由探测器件、光学系统性能、对焦精度、像元配准精度及大气等各种因素共同决定。

1.1.2　高光谱遥感的特点

高光谱遥感是指以高光谱分辨率（甚至高达 $10^{-3}\lambda$）为探测目标的光学遥感技术，特别是 20 世纪 80 年代光谱成像技术的出现，将光学遥感技术带入了一个崭新的阶段。

高光谱成像技术是现代科学技术高度集中的产物，是一种集光学、光谱学、精密机械、电子技术、计算机技术及信息处理技术于一体的新型遥感技术。它将成像技术和光谱测量技术有机地结合在一起，在获得目标地物空间影像信息的同时，获得每个地面像元在数十或数百个狭窄（通常小于 10nm）而连续的波段上的光谱信息，实现了地物空间信息、辐射信息、光谱信息的同步获取。这样，不仅可以得到多个狭窄光谱波段的目标地物图像，还可以得到每个地面像元的光谱曲线。这极大地提高了从遥感数据中定量获取并判别关注信息的能力，因而高光谱成像技术的应用被誉为光学遥感领域的一次飞跃，是 20 世纪 80 年代遥感领域最重要的成果之一。

将高光谱成像技术应用于遥感领域的仪器是光谱成像仪（Spectral Imager），也可称为成像光谱仪（Imaging Spectrometer）。高光谱成像仪获取的三维图谱数据可显示为不同波段的图像数据，被称为数据立方体（Data Cube），能够从中提取不同像元的光谱曲线。图 1.4 描述了高光谱数据立方体及其像元光谱信息提取。

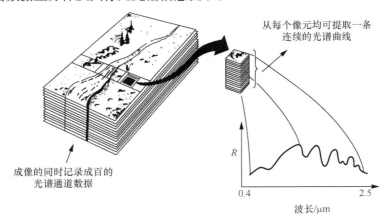

图 1.4　高光谱数据立方体及其像元光谱信息提取

光谱成像技术随着数据立方体波段数的增加，从仅包含几个波段的多光谱（Multispectral）遥感发展为包含上百个波段的高光谱遥感。

传统的多光谱扫描仪通常只记录 10 个左右的光谱波段，光谱分辨率在可见 - 近红外线（简称红外）通道达到 100nm 量级，而高光谱成像仪却能够得到上百个通道、连续波段的图像数据，从而可以从每个像元中提取一条完整的光谱曲线。与地面光谱辐射计相比，光谱成像仪不在"点"上进行光谱测量，它在连续空间上进行光谱测量，因此它是光谱成像的。与传统多光谱遥感相比，高光谱的光谱通道不是离散的，而是连续的，因此从它的每个像元均能提取一条平滑而完整的光谱曲线，如图 1.5 所示。

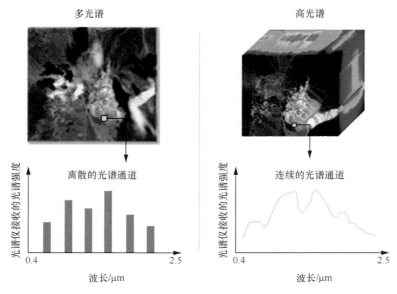

图 1.5　多光谱与高光谱对比

图 1.5 描述了多光谱数据与高光谱数据之间的区别，高光谱数据中每个像元的光谱有更多的采样点，因此光谱曲线更为连续，包含了丰富的光谱信息量。

高光谱数据包含的信息主要有空间图像信息和光谱信息，在不同时间对同一地物进行观测还可获得时相信息。对高光谱数据进行特征变换，可以得到每一个像元的数学特征信息。

在国际上，根据传感器波段数的多少，将高光谱技术做如下分类。

（1）光谱分辨率在 $10^{-1}\lambda$ 数量级范围内的遥感称为多光谱遥感，这类传感器在可见光和近红外光谱区只有几个波段。其代表主要有 Landsat-7 卫星上搭载的 ETM+，第一颗地球观测系统（Earth Observation System，EOS）卫星上搭载的先进空间热发射和反射辐射仪（Advanced Spaceborne Thermal Emission and Reflection Radiometer，ASTER）。ETM+ 在 0.45～12.5μm 的谱段范围内具有 8 个谱段，ASTER 在 0.52～11.7μm 的谱段范围内具有 14 个谱段。

（2）光谱分辨率在 $10^{-2}\lambda$ 数量级范围内的遥感称为高光谱遥感，其光谱分辨率在可见光和近红外光谱区高达纳米（nm）量级，在可见 - 近红外光谱区的波段数多达数十甚至数百个。这类仪器的研制开始于 20 世纪 80 年代，典型代表有美国研制的机载可见 / 红外成像光谱仪（Airborne Visible/Infrared Imaging Spectrometer，AVIRIS）、地球观测 -1（Earth Observation-1，EO-1）搭载的高光谱成像仪 Hyperion。AVIRIS 在 0.4～2.45μm 的谱段范围内具有 220 个谱段，Hyperion 在 0.4～2.5μm 的谱段范围内具有 220 个谱段。

（3）当光谱分辨率达到 $10^{-3}\lambda$ 时，遥感即进入了超高光谱（Ultraspectral）阶段，获取的图谱数据超过 1000 个谱段。这类光谱仪主要用于大气探测等需要较高光谱分辨率的应用方向，主要代表是美国在静止实验卫星 EO-3 上搭载的地球同步成像傅里叶变换光谱仪（Geosynchronous Imaging Fourier Transform Spectrometer，GIFTS），覆盖中波红外 4.4～6.1μm 谱段和长波红外 8.85～14.6μm 谱段的光谱，具有高光谱分辨率（0.6cm^{-1}）和高空间分辨率（4km）。由 EOS 研制的对流层发射光谱仪（Tropospheric Emission Spectrometer，TES），是一个高分辨率红外成像傅里叶变换光谱仪，主要用于对流层大气探测。TES 覆盖的谱段范围为 650～3050cm^{-1}（3.3～15.4μm），光谱分辨率为 0.1cm^{-1}（天底观察），或 0.025cm^{-1}（边缘观察）。

遥感光谱成像技术就是利用超多波段遥感图像与高光谱分辨率光谱合二为一的特点，研究地球表层物质，识别其类型并鉴别物质成分，分析其存在状态、变化动态的新技术。它的理论基础就是地物与电磁波的相互作用及其所形成的光谱辐射特性。遥感光谱成像技术所研究的光谱波长范围包括可见光（Visible Light，VIS）、近红外（Near-Infrared，NIR）、短波红外（Shortwave Infrared，SWIR）以及中 - 热红外（Middle Infrared-Thermal Infrared，MIR-TIR）波段（5.0～14.00μm）。

在可见光、近红外以及短波红外波段，地物以反射太阳的能量为主，除了固体岩矿物质具有明显的特征谱带之外，水体、冰雪、植被及土壤等物质也都具有可诊断性识别的特征谱。

在热红外波段，一些特征吸收带与岩石、矿物及土壤中所含硅酸盐或碳酸盐的成分有直接关系。随着岩石中碳酸盐比例的增加，其吸收峰向长波方向移动；而硅酸盐的比例增高时，其吸收峰的位置向短波方向移动。这些光谱特征都可作为物质识别的判据。

高光谱遥感在地质制图、植被调查、海洋遥感、农业遥感、大气研究、环境监测及军事侦察、军事测绘等相关领域具有巨大的应用价值和广阔的发展前景。

D. Manolakis 总结了高光谱成像遥感在不同波段的应用，如图 1.6 所示。

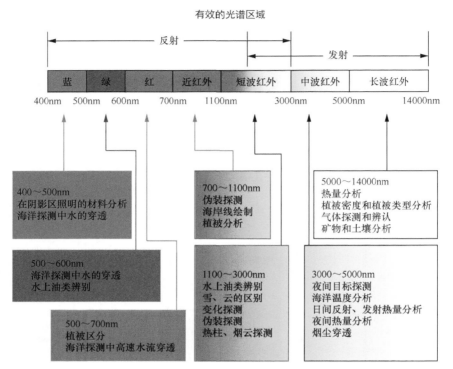

图1.6 高光谱成像遥感在不同波段的应用

高光谱成像遥感技术的特点如下。

（1）图谱合一，即可提供空间域信息，同时可获得光谱域信息。高光谱遥感还可以提供探测目标反射、辐射能量的信息。不同时间对同一目标的探测可获得目标的时相信息。空间、光谱、辐射、时间等多域信息的融合能力，正是遥感高光谱成像技术得以迅速发展的优势。

（2）高光谱分辨率。高光谱成像仪光谱分辨率高，一般为10nm左右，更高的可以达到nm级。探测光谱的高光谱分辨率能够反映地物光谱的细微特征，为地物或地物成分的遥感识别奠定了基础。例如在地物波谱中，地表物质在 $0.4 \sim 2.5\mu m$ 光谱范围内均有可以作为识别标志的光谱吸收带，带宽为 $20 \sim 40nm$。光谱分辨率高于这个水平的高光谱遥感才能够识别这些地表物质的成分。用于大气研究的高光谱遥感器的光谱分辨率更高，例如我国风云四号 A 星（FY-4A）干涉式大气垂直探测仪，工作波段为 $700 \sim 1130cm^{-1}$（长波）和 $1650 \sim 2250cm^{-1}$（中波），配置 912 个光谱探测通道，光谱分辨率为 $0.8cm^{-1}$。

（3）光谱波段多。与传统的多光谱遥感相比，高光谱遥感在电磁波谱的紫外线（简称紫外）、可见光、近红外及短波红外区域，可以获取许多精细且光谱连续的光谱图像数据，谱段数达到数十、数百甚至上千个，为探测目标提供了完整而连续的光谱曲线。不同地表物质的反射光谱和吸收光谱的光谱特征和形态是千差万别的，只有获得它们的精细、连续光谱,才能更好地进行识别和比对。因此高光谱分辨率、更多的光谱波段数是高光谱遥感的又一优势。

（4）信息冗余度增加。由于相邻波段的相关性强,信息冗余度增加。

（5）数据量大。由于光谱分辨率高、波段多、信息冗余度增加等,数据量相当大。

1.1.3 高光谱遥感的发展

20世纪80年代国际遥感技术发展最具标志性的成果就是光谱成像仪的产生,这个成果大大提升了人类地物观测、大气研究乃至太空探测的能力。自从1983年美国喷气推进实验室（Jet Propulsion Laboratory,JPL）研制第一台航空成像光谱仪（Aerial Imaging Spectrometer-1,AIS-1）以来,对光谱成像的研究日趋活跃,有许多国家相继研制出各种光谱成像仪,其中,日本、澳大利亚、加拿大等国家投入力量较大、实力较强。

几十年来,光谱成像仪的搭载平台也从飞机发展到卫星和太空船。在光谱成像的技术指标方面,谱段数不断提高,从几个谱段的多光谱发展到几十、上百甚至上千个谱段的高光谱。光谱成像仪的光谱分辨率逐步提高,从 μm 量级发展到 nm 量级,甚至达到 $10^{-3}\lambda$ 量级。成像的空间分辨率从 km 量级发展到 dm 量级。由于光学仪器、探测器件、电子技术的快速发展,利用新型成像分光原理的光谱成像仪也不断涌现,技术日趋成熟并逐步走向商业化。目前全世界正在业务运行的各种类型的光谱成像仪约有几十台/套。高光谱遥感技术将成为光电遥感最主要的手段,也是当今及今后几十年内遥感领域的前沿技术。

我国光谱成像技术的研究工作始于20世纪90年代,高光谱遥感技术的发展与国际基本同步,在国家和省部级科研项目的支持下,紧跟国际前沿技术迅速发展。我国在光谱成像技术的研究方面已跻身国际先进行列,解决了高光谱遥感信息机理、图像处理和多学科应用等方面的多项世界性难题,实现了在农业、地矿、环境、文物保护等多领域的成功应用,产生了显著的社会效益和经济效益。

我国光谱成像仪的主要研究单位有中科院西安光机所、中科院上海技术物理研究所、中科院长春光学精密机械与物理研究所（简称长春光机所）、原中科院光电研究院、中科院安徽光机所、北京空间机电研究所等。经过几十年的发展,我国在高光谱成像技术研究方面的科研队伍已具有一定的研究基础,已将高光谱成像仪载荷运用到载人航天、月球探测、高分专项、环境和海洋遥感卫星等重大工程项目中,已获得大量中、高分辨率的高光谱遥感数据,产生了一批高质量的应用数据产品,服务于国民经济和国防建设。

一、航空光谱成像仪

机载光谱成像仪自20世纪70年代开始发展,技术日臻成熟,已进入商业运行阶段,国际上具有代表性的有加拿大的 CASI、芬兰的 AISA 系统。中科院上海技术物理研究所于1997年开始在“863计划”下研制成功了系列化、实用型机载128波段、可见 - 近红外 / 短波红外 / 热红外模块化成像光谱仪（OMIS）和机载244波段可见 - 近红外推扫式高光谱成像仪（PHI）。

（1）美国在高光谱遥感领域远远领先于世界其他国家。从20世纪80年代以来,美国已经成功研制出了3代高光谱成像仪。1983年,AIS-1获取了第一幅机载高光谱分辨率图像,标志着第一代高光谱分辨率传感器面世。美国国家航空和航天管理局（National

Aeronautics and Space Administration，NASA）的下属机构 JPL 设计的第一代高光谱成像仪（AIS）共有两种，分别是 AIS-1（1982—1985 年，128 波段）和 AIS-2（1985—1987 年，128 波段），其光谱覆盖范围为 1.2～2.4μm。第一代高光谱成像仪的成功应用具有开创性的意义，极大地推动了高光谱遥感技术的发展和应用。

（2）第二代高光谱成像仪以航空机载可见光/红外光成像光谱仪（Airborne Visible Infrared Imaging Spectrometer，AVIRIS）为代表。AVIRIS 是 NASA JPL 于 1987 年研制成功的。从 AIS-1 的 32 个连续波段，到 AVIRIS 的 224 个波段、10nm 带宽，光谱分辨率在不断提高，AVIRIS 是首次测量全反射波长范围（0.4～2.5μm）的光谱成像仪。

（3）与此同时，日本、澳大利亚、加拿大等国家也投入了机载高光谱成像仪的研制。加拿大先后研制成功了机载 FLI/PML（1984—1990 年，288 波段）、CASI（1989 年，288 波段以内）以及 SFSI（1993 年，122 波段）等几种光谱成像仪。澳大利亚研制了 Geosan MarkII（1985 年，64 波段）高光谱成像仪。

（4）美国地球物理环境研究公司（GER）研制了一台主要用于环境监测和地质研究工作的、64 通道的高光谱分辨率扫描仪（GERIS）。该高光谱分辨率扫描仪的通道中，第 64 通道用来存储航空陀螺信息，其他 63 个通道均为高光谱分辨率扫描仪所用。

（5）1996 年美国华盛顿大学研制了机载双折射干涉型光谱成像仪 DASI，分别有可见光和短波红外两种工作波段，光谱范围分别为 0.4～1.0μm 和 1.2～2.2μm。

（6）中国科学院上海技术物理研究所研制了模块化的 OMIS 成像光谱仪（1991 年），光谱范围为 0.4～12.5μm，128 通道。其中 0.4～1.1μm 有 64 通道，1.1～2.0μm 有 16 通道，2.0～2.5μm 有 32 通道，3.0～5.0μm 有 8 通道，8.0～12.5μm 有 8 通道；采用了挥扫工作模式，可视视场角为 80°，瞬时视场角为 3mrad。

（7）中科院上海技术物理研究所于 1997 年研制了 244 波段的机载推扫式高光谱成像仪（PHI），光谱范围为 0.4～0.85μm，光谱分辨率优于 5nm。中国的 OMIS 和 PHI 代表了亚洲航空光谱成像仪的水平，并多次参与同国外遥感器的合作，到国外执行飞行任务。

（8）无人机载高光谱成像仪（Unmanned Aerial Vehicle Based Hyperspectral Imaging System）。此系统可以从多光谱相机、数字相机和全球定位系统（Global Positioning System，GPS）获得全部光谱范围的数据，具有机动性强、重量轻、成本低的优势，可以更好地适应频繁的环境监测任务。在自然灾害监测、探测、评估方面，它具有高空间、光谱、时间分辨率的优势。无人机遥感系统已经迅速成为研究的主流。为了加速无人机载高光谱成像仪的发展，需要覆盖全光谱范围的光谱仪，并将高光谱图像获取和处理系统组合到其中。

二、航天光谱成像仪

国外的高光谱遥感技术发展较早，空间运行的遥感高光谱成像仪也较多。

（1）1999 年 12 月，NASA EOS 系统的 AM-1 卫星发射升空，其 Terra 平台携带的第一台星载中等分辨率成像光谱仪（Moderate-resolution Imaging Spectroradiometer，MODIS）成功实现在轨运行。MODIS 有 36 个光谱通道，覆盖 0.459～14.38μm 的光谱范围，空间分辨率有 3 种：250m、500m、1km，最佳光谱分辨率达到 10nm。2002 年 5 月，EOS-PM1 卫星发射，还装载了一台 MODIS。

（2）2000 年 7 月美国空军研究实验室发射的强力小卫星 MightySat II.1 号搭载的干涉

型高光谱成像仪，是世界上第一台真正成功用于航天遥感的高分辨率光谱成像仪。FTHSI 是基于 Sagnac 干涉仪的空间调制干涉型光谱成像仪，光谱范围为 350～1050nm，光谱分辨率为 2.7～10nm，共有 256 个通道，空间分辨率为 30m，视场角为 15°，其重量却仅为 35kg。仪器表现出了极强的稳定性、极高的辐射灵敏度和光谱测量精度。其入轨后的工作被美国空间机构评价为近乎完美。

空间调制傅里叶变换光谱成像技术在短短 8 年左右时间里，走过了原理研究、地面装置试验、机载飞行试验及卫星发射成功全过程。代表性空间调制傅里叶变换光谱成像仪如表 1.1 所示。

表 1.1　代表性空间调制傅里叶变换光谱成像仪（黄旻）

名称	研制单位	光谱范围 /μm	谱段数	视场	空间分辨率	时间 / 年
ISIS（实验室装置）	法国国家空间研究中心（Centre National d'Etudes Spatiales，CNES）	0.45～1.0	208	144 等分视场		1987
FTSI（星载仪器）	法国 CNES	0.44～1.3	208	2.3km	20m	1990
DASI（进行了机载实验）	美国 NASA	4～1.0 1.1～2.2	50 15	5°	2.4m	1993
SMIFTS（进行了机载实验）	美国海军研究办公室（ONR）支持 HU/FIT	1～5	256	256 元 ×256 元 InSb 探测器		1993
FTVHSI（进行了机载实验）	美国空军支持 Kestrel、FIT	0.44～1.1	256	15°	瞬时视场角 0.8mrad	1995
FTHSI（强力卫星搭载）	美国空军支持 Kestrel、MTU	0.35～1.05	256	3°	瞬时视场角 0.05mrad	2000

（3）NASA 空间飞行中心 2000 年 12 月发射的 EO-1 卫星搭载的 Hyperion 高光谱成像仪，是新一代航天光谱成像仪的代表，空间分辨率为 30m，光谱范围为 0.40～2.50μm，谱段数为 220，其中在可见 - 近红外（400～1000nm）范围有 60 个波段，在短波红外（900～2500nm）范围有 160 个波段。该高光谱成像仪可以提供经过定标的高质量图像数据，用于进行高光谱对地观测技术的评估，因此也成为高光谱遥感应用和传感器比对的数据来源。

在 EO-1 卫星上还有一个大气校正仪（Leisa Atmospheric Corrector，LAC），具有 256 个谱段，光谱范围为 890～1600nm，其主要功能是对星上的成像仪遥感数据进行水汽（H_2O）校正，其 1380nm 光谱段也能获得卷云的信息。

（4）2000 年美国在海军地球测绘观测者（NEMO）卫星上搭载了高性能高光谱成像仪 COIS，采用像移补偿棱镜，可以实现较高的空间分辨率，地面分辨率为 30m（补偿方式）/60m（非补偿），刈幅宽度为 30km，光谱范围为 0.4～2.5μm，具有 210 个通道，光谱分辨率为 10nm。主光学系统采用离轴三反系统，光谱仪系统采用 Offner 光栅分光的方式实现光谱分光。

（5）2001 年 10 月欧洲航天局发射的星上自主项目（Project for On-Board Autonomy，

PROBA）卫星上搭载了欧洲第一台星载高光谱成像仪 CHRIS，光谱范围为 400 ~ 1050nm，在成像范围内有谱段数、光谱分辨率、空间分辨率不同的 5 种工作模式，谱段数分别为 18、37 和 62，光谱分辨率为 5 ~ 15nm，空间分辨率为 17 ~ 20m 或者 34 ~ 40m。CHRIS 有一个突出的优点，能够从 5 个不同的角度（观测模式）对地物进行观测，可以获得地物的方向性特征。该载荷设计寿命为 1 年，实际在轨工作时间大于 9 年。

（6）2002 年 3 月欧洲航天局发射的 Envisat 卫星搭载的中分辨率光谱成像仪（Medium Resolution Imaging Spectrometer，MERIS），在可见 - 近红外光谱区内有 15 个波段，地面分辨率为 300m。但 MERIS 可通过程序控制选择和改变光谱段的布局，实现了星上探测波段和光谱分辨率的选择，可以达到 576 个通道，最高光谱分辨率为 1.8nm，光谱位置精度为 1nm，采用 5 台 14° 视场光谱成像仪拼接，地面刈幅宽度达到 230km（视场角 68.5°），地面分辨率为 300m。

（7）2002 年 12 月日本发射了 ADEOS-2，其携带的 GLI 光谱成像仪主要用于海洋、陆地观测，在可见 - 近红外区有 23 个波段，在短波红外区有 6 个波段，在中红外和热红外区有 7 个波段。GLI 的优点是比其他海洋水色遥感器和大气观测遥感器在可见光区域波段多，且具有海洋水色观测所需的大气定标波段及陆地观测所需的高动态范围波段，还有此前没有的近紫外（0.38μm）、氧气（O_2）吸收（0.76μm）、水汽吸收（1.4μm）波段。

（8）澳大利亚在 2005 年运行的高光谱遥感卫星 ARIES-1，空间分辨率为 30m，光谱范围为 0.4 ~ 2.5μm，有 220 个谱段，其中在可见 - 近红外区（0.4 ~ 1.0μm）内有 60 个谱段，在短波红外区内（0.9 ~ 2.5μm）有 160 个谱段，在短波红外区有较高的分辨率。

（9）CNES 研制了干涉型红外大气探测仪（Infrared Atmospheric Sounding Interferometer，IASI），它搭载在欧洲第一颗极轨卫星 METOP-A 上，于 2006 年 10 月 19 日成功发射。IASI 的干涉仪采用角立方体的 Michelson 干涉仪，动镜的直线运动产生 2cm 的光程差，以获得精细的光谱分辨率。IASI 被分为 3 个波段，645 ~ 1190cm^{-1}、1190 ~ 2000cm^{-1}、2000 ~ 2760cm^{-1}，分别成像在 3 个焦平面探测器上。IASI 的谱段范围为 3.62 ~ 15.5μm，具有 8461 个通道，光谱分辨率为 0.5cm^{-1}，视场角为 48°20′。IASI 的干涉图通过星载数字信号处理子系统，完成图像数字化、逆傅里叶变换和辐射度定标，每 8s，通过观测内部热黑体和深冷空间完成定标。IASI 的数据产品可用于大气、海洋、云和大气成分等的反演，同时还可提供晴空条件下地表发射率和海洋表面温度资料。

（10）德国的 MIPAS（Michelson Interferometer for Passive Atmospheric Sounding）、日本的 SOFIS（Solar Occultation FTS for Inclined-orbit Satellite）等也都是目前国际上具有代表性的干涉型光谱成像仪。

（11）2009 年美国发射的 Tacsat-3 卫星上搭载的高分辨率光谱成像仪 Artemis 将空间分辨率提高到 4m，光谱范围为 0.4 ~ 2.5μm，谱段数为 200，其任务的重点是验证高分辨率高光谱成像仪在战场指挥决策中提供实时、精准的战术信息的能力。Artemis 标志着星载光谱成像仪遥感进入米级空间分辨率时代。

（12）2005 年 8 月发射的火星勘测卫星轨道飞行器（Mars Reconnaissance Orbiter，MRO）上携带的火星勘测成像光谱仪（Compact Reconnaissance Imaging Spectrometer for Mars，CRISM），是色散光谱仪，光谱范围从紫外 383nm 到中波红外 3960nm，视场为

2.12°。光射入 CRISM 后被分为两个光束，紫外、可见、近红外（383 ~ 1071nm）和红外（988 ~ 3960nm），光谱采样间隔每通道 6.55nm，瞬时视场角为 60μrad，高度 300km 的空间脚印为 18m/ 每像元，刈幅宽度 11km（穿轨）×20km（沿轨），扫描范围为 ±60°（沿轨）。

（13）德国宇航中心在 2006 年年初通过了 EnMAP（Environmental Mapping and Analysis Program）的研制计划。它主要用于对植被分布、土壤分类及水资源等领域的监测，轨道高度为 643km。

EnMAP 的光谱范围为 0.42 ~ 2.45μm，谱段数为 227 个（420 ~ 1000nm 有 93 个通道，900 ~ 2450nm 有 134 个通道），光谱分辨率在 0.5 ~ 0.85μm 波段为 5nm，在其余波段为 10nm，空间分辨率为 30m，幅宽为 30km，SNR 在 0.5 ~ 0.85μm 波段大于 500，在 0.85 ~ 2.45μm 波段大于 150。

探测器在 0.5 ~ 0.85μm 波段采用电荷耦合元件（Charge-Coupled Device，CCD），在 0.85 ~ 2.45μm 波段采用碲镉汞（Mercury Cadmium Telluride，MCT）探测器，制冷温度为 120K。

EnMAP 采用棱镜色散分光和面阵推扫成像方式，帧频为 230Hz。主光学系统采用离轴三反镜头，后端布置两个棱镜光谱仪，分别对可见光谱段、近红外 - 短波红外谱段进行成像。棱镜光谱仪采用 Offner 结构形式，对透过一次焦面上狭缝的像进行视场分光。星上定标手段包括太阳漫射板定标、内定标灯定标和光谱积分球定标，实现绝对和相对辐射定标、光谱定标、探测器暗电流和响应非均匀性定标等。

（14）此外，许多具有高空间分辨率和高光谱分辨率的光谱成像仪正在或即将进入实用阶段，例如，美国的高光谱数字图像收集实验仪器（Hyperspectral Digital Imagery Collection Experiment，HYDICE）、SEBAS，加拿大的 FLI、CASI 和 SFSI，德国的 ROSIS 及澳大利亚的 HYMAP 等。这些传感器有的已经进入了商业运营阶段，技术比较成熟。特别是美国的 HYDICE 和 AVIRIS 多次参与军方的试验，提供了大量的军事应用的第一手资料。

（15）目前，国内外已经开发了一些高光谱图像处理、分析的软件，如美国 JPL 和 USGS 开发的 SPAM、SIS、ENVI 软件，加拿大的 PCI 软件中的高光谱分析模块，以及中科院遥感与数字地球研究所开发的高光谱图像处理分析系统（Hyperspectral Image Processing and Analysic System，HIPAS）和中国地质调查局自然资源航空物探遥感中心开发的成像光谱数据处理系统（Imaging Spectrum Data Processing System，ISDPS）。

我国从"七五"计划期间开始光谱成像仪的研制，紧跟国际前沿技术迅速发展，至今已取得了很大的进展，在光谱成像仪研究方面已跻身国际先进行列。经过近几十年的发展，随着高光谱遥感图像 - 光谱变换、光谱信息提取以及光谱匹配和识别等技术的不断成熟，高光谱遥感已经得到了广泛的应用。至今，我国已有许多服务于多领域应用的遥感高光谱成像仪在太空中运行。

（16）中科院国家空间科学中心于 2002 年 3 月 25 日发射升空的"神舟三号"（SZ-3）太空飞船，把中科院上海技术物理研究所研制的中分辨率光谱成像仪 CMODIS 带入太空。CMODIS 的光谱范围为 0.4 ~ 12.5μm，光谱通道为 34 个，空间分辨率可达 500m。这是人类第二次将中分辨率光谱成像仪送上太空，我国也因此成为世界上第 3 个拥有星载光谱成像仪的国家。

（17）中科院西安光机所研制的光谱成像仪 IIM 搭载在嫦娥一号（CE-1）卫星上，于 2007 年 10 月 24 日发射升入太空，落在月球上。IIM 的光谱范围为 480～960nm，谱段有 32 个。

IIM 在 2009 年 3 月 1 日结束了它的使命，在 495 天的寿命中采集了大量的月球高光谱数据，这些数据向全世界展示了月球高空间分辨率的图像。

（18）中科院西安光机所研制的高光谱成像仪 HSI，搭载在环境与灾害监测预报小卫星（即环境卫星）HJ-1A 上，于 2008 年 9 月 6 日发射成功，升入太空。HSI 的光谱范围为 0.4～0.9μm，拥有 115 个探测谱段，平均光谱分辨率为 5nm。HSI 是我国第一台对地观测星载高光谱成像仪，是国内采用静态干涉型光谱成像技术研制而成的，是继美国强力小卫星后，第二台运用该技术的相机，也是世界上第一个用于业务卫星的空间调制型干涉光谱成像仪。目前它已在轨运行超过 10 年，获取了海量数据。

（19）FY-2 卫星是我国在轨业务运行的第一代静止气象卫星，迄今为止，已成功发射了 6 颗，在轨后分别命名为 FY-2A、FY-2B、……、FY-2F。FY-2 卫星采用自旋稳定工作方式，星上主要气象探测仪器——可见红外自旋扫描辐射计（Visible and Infrared Spin Scan Radiometer，VISSR），具备从可见光到热红外的多波段探测能力。表 1.2 介绍了 FY-2 卫星 VISSR 的主要性能指标。

表 1.2　FY-2 卫星 VISSR 的主要性能指标

卫星名称	发射时间	遥感仪器	波段范围 /μm	空间分辨率 /km	量化等级 /bit
FY-2A FY-2B	1997-06-10 2000-06-25	VISSR（第一代）	VIS:0.05～1.05	1.25	6
			IR:10.5～12.5	5	8
			WV:6.3～7.6	5	8
FY-2C FY-2D FY-2E FY-2F	2004-10-19 2006-12-08 2008-12-23 2012-01-13	VISSR（第二代）	VIS:0.50～0.90/0.75[*]	1.25	6
			IR1:10.3～11.3	5	10
			IR2:11.5～12.5	5	10
			IR3:6.3～7.6	5	10
			IR4:3.5～4.0	5	10

注：* 代表 FY-2F 及其后续星中，VIS 波段范围高端调整为 0.75μm。星上主要气象探测仪器 VISSR 分两代产品，第一代产品搭载于 FY-2A、FY-2B 卫星上，第二代产品搭载于 FY-2C、FY-2D、FY-2E、FY-2F 卫星上。

（20）FY-3 是中国第二代极轨气象卫星，FY-3A 卫星于 2008 年 5 月 27 日发射入轨，FY-3B 卫星于 2010 年 11 月 5 日发射入轨。其上搭载的 MERSI 为最新一代光谱成像仪。MERSI 和可见光红外扫描辐射计 VIRR 是 FY-3 上最主要的两个多光谱成像载荷。

MERSI 由中科院上海技术物理研究所研制。搭载于前 3 颗 FY-3 系列卫星上的第一代 MERSI 传感器，共有 20 个通道，其中 19 个为太阳反射通道（0.4～2.1μm），1 个为红外发射通道（10～12.5μm）。每次扫描提供 2900km（跨轨）×10km（沿轨，星下点）刈幅带，实现每日对全球覆盖。它采用多探元（10 或 40 个）并扫，其星下点地面瞬时视场为 250m 或 1000m。它有 5 个通道，星下分辨率为 250m，其余 15 个通道的空间分辨率为 1000m。MERSI 采用分色片实现光谱分离，光谱域分成 4 个光谱区，即可见光（412～565nm）、近红外（650～1030nm）、短波红外（1640～2130nm）以及热红外（12250nm）。MERSI 的星上可见光定标器用于监视太阳反射波段辐射响应的相对衰减趋势。

2017 年 11 月 15 日，FY-3D 发射成功，FY-3D 搭载的中分辨率光谱成像仪与前几颗卫星相比有较大的改进，通道数从原来的 20 个增加到 25 个，新增 250m 分辨率红外分裂窗通道及其他多个红外和近红外通道，地表红外监测能力、云与气溶胶定量遥感能力均显著增强。

（21）2010 年 8 月 24 日，测绘一号卫星 01 星的成功发射，标志着我国传输型立体测绘卫星实现了零的突破。时隔 2 年，测绘一号卫星 02 星圆满完成历时 110 天的在轨测试任务后，与 01 星一起首次实现测绘卫星的组网运行。测绘一号卫星装有 5 台相机、3 台星敏感器、2 台测量型 GPS 接收机，为中国自主研发的最复杂、功能密度最高的小卫星。其中搭载的多光谱相机包括 4 个工作谱段，即蓝谱段（0.43～0.52μm）、绿谱段（0.52～0.61μm）、红谱段（0.61～0.69μm）以及近红外谱段（0.76～0.90μm）。通过这些配置，能获取地面像元分辨率 5m、幅宽 60km 的全色立体影像。高分辨率相机可以获取 2m 分辨率的全色地物影像。

（22）中科院长春光机所研制的棱镜分光高分辨率光谱成像仪 CHRIS，于 2011 年 9 月 29 日搭载天宫一号（TG-1）卫星发射升空。CHRIS 的光谱范围为 0.4～2.5μm，可见 - 近红外通道（410～1030nm）中有 66 个有效波段，短波红外通道（930～2510nm）中有 70 个有效波段。其光谱分辨率为 10nm，空间分辨率最高达 10m，是 2012 年前国内技术指标最高的高光谱成像仪。

（23）遥感 25（YG-25）是中国首颗具备高敏捷、亚米级成像能力的光学遥感卫星，于 2014 年 12 月发射，其主要目的是科学实验、国土资源普查、农作物估产及防灾减灾等。YG-25 携带的传感器由 8 片 CCD 拼接组成，具备 5 个光谱谱段，其中全色波段的空间分辨率为 0.5m，多光谱波段（蓝、绿、红、近红外）分辨率为 2m。

遥感系列卫星搭载了多台套高光谱成像仪。至 2015 年 11 月 8 日成功发射了 YG-28 号卫星，中国遥感系列卫星已形成的网络服务平台，在促进航天科技研究、灾情核实、抗灾救助等方面发挥了重要作用。

（24）FY-4A 于 2016 年 12 月 11 日成功发射，是我国第二代地球静止轨道（GEO）定量遥感气象卫星。FY-4A 卫星在国际上首次实现地球静止轨道的大气高光谱垂直探测，可在垂直方向上对大气结构实现高精度定量探测，这是欧美第 3 代静止轨道单颗气象卫星无法实现的。干涉式大气垂直探测仪是以红外干涉探测三维大气垂直结构的精密遥感仪器，其核心部分是一个带有动镜的迈克尔逊干涉仪，工作波段为 700～1130cm^{-1}（长波）和 1650～2250cm^{-1}（中波），每个波段对应一个 32×4 像元的探测器。大气垂直探测仪配置有 912 个光谱探测通道，光谱分辨率为 0.8cm^{-1}。

（25）全球二氧化碳（CO_2）监测科学试验卫星（简称碳卫星）于 2016 年 12 月 22 日在酒泉卫星发射中心成功发射。卫星主载荷为高光谱、高空间分辨率 CO_2 探测仪（简称 CO_2 探测仪）与云和气溶胶偏振成像仪（Cloud and Aerosol Polarization Imager，CAPI）。

CO_2 探测仪采用光栅衍射分光技术方案，用结构相似的 3 套光谱仪系统，分别对应 3 个谱段（O_2-A 谱段：758～778nm，Weak CO_2 谱段：1594～1624nm，Strong CO_2 谱段：

2041～2081nm），最高可达 0.04nm 的光谱分辨率。CO_2 探测仪将空间维多个像元合并使用，采用约 3Hz 的帧频，实现 2km×2km 的地面分辨率。

在发射前的光谱定标系统中，采用旋转半积分球的方法，消除可调谐激光源的散斑效应，使用时间序列暗背景采集方案，精确校正 MCT 探测器背景的热漂移。

（26）2016 年 12 月 22 日，我国在酒泉卫星发射中心成功将一颗超分辨率多光谱成像卫星和两颗高光谱成像卫星（SPARK01、SPARK02）组成的微纳组星发射升空。该组星运行轨道为 700km 的太阳同步轨道。中国科学院微小卫星创新研究院是这两颗新体制卫星的总体研制单位，超分辨率多光谱相机和高光谱成像仪由原中科院光电研究院承担研制。

SPARK 卫星高光谱成像仪具有 50m 的地面分辨率，光谱范围覆盖可见光至近红外（420～1000nm），谱段数多达 148 个，平均光谱分辨率优于 5nm，幅宽超过 100km，采用双星协同合作，幅宽可达 200km。SPARK 卫星高光谱成像仪的突出特点是重量轻、成本低，重量仅为 10kg，比国内外同等指标的高光谱成像仪重量轻至少 $\frac{4}{5}$；研制成本更是不到同类航天载荷的 $\frac{1}{10}$。

超分辨率多光谱相机首次采用计算光学成像方法设计，兼具 20km 大幅宽、1.4m 高分辨率、20kg 轻质量的优点，首次将计算方法融入系统设计过程，实现了全局最优化设计，提升了成像质量；首次实现全色 / 多光谱 / 视频复合成像，提升了信息获取能力；首次实现载荷与整星联合热控调焦，提升了调焦的灵活性和可靠性；首次采用数字超分辨方法实现 2 倍的成像分辨率提升，缩小了系统的体积和减轻了质量。

微纳组星可以为农业估产、林业调查、环境监测、灾害评估、土地规划、城市智能交通等领域提供数据服务，并带动卫星平台技术、光学成像技术、信息处理技术以及数据应用技术等方面的发展和变革。

（27）2018 年 5 月 9 日 2 时 28 分，高分五号（GF-5）卫星在太原卫星发射中心成功发射升空。

GF-5 卫星是我国高分辨率对地观测系统重大专项规划（简称"高分专项"）的唯一一颗陆地环境高光谱观测卫星，是实现高分专项"高空间分辨率、高时间分辨率、高光谱分辨率"目标的重要环节，是实现我国高光谱分辨率对地观测能力的重要标志。GF-5 卫星运行于高度为 705km 的太阳同步轨道，装载可见 - 短波红外高光谱相机、全谱段光谱成像仪、大气主要温室气体监测仪、大气痕量气体差分吸收光谱仪、大气气溶胶多角度偏振探测仪、大气环境红外甚高光谱分辨率探测仪共 6 台有效载荷。该卫星的光谱分辨率高且谱段全，具备高光谱与多光谱对地成像、大气掩星与天底观测、大气多角度偏振探测、海洋耀斑观测等多种观测模式，可获取从紫外至长波红外（0.24～13.3μm）的高光谱分辨率遥感数据；辐射分辨率高，载荷的光谱分辨率最高达 $0.03cm^{-1}$，具备在轨定标功能，绝对辐射定标精度优于 5%，光谱定标精度最高 $0.008cm^{-1}$；长波红外空间分辨率高；数据传输码速率高；可靠性高、寿命长。

2018 年 6 月 2 日，高分六号（GF-6）卫星发射成功。GF-6 卫星具备红边谱段的多光谱遥感技术，至此，高分专项继高分一号到高分五号之后，又迎来一位步入太空的新成员。

1.1.4　高光谱遥感的应用

高光谱遥感虽然只有短短二十几年的发展历史，但已受到了国内外广泛的关注，在民用和军用等很多领域发挥着越来越重要的作用。其在民用和军用方面的应用如下。

一、高光谱遥感在精细农业中的应用

土壤的水分含量、有机质含量、土壤粗糙度等特性是精细农业中的重要信息，而传统遥感技术无法提供这些信息。高光谱遥感凭借其极高的光谱分辨率，可以提供土壤特性的光谱，为精细农业的发展提供数据来源。利用高光谱遥感技术，可以快速精确地获取作物生长状态和生长环境的各种信息，从而相应调整投入物资的施入量，实现减少浪费、增加产量，达到保护农业资源和环境质量的目的。高光谱遥感是未来精准农业和农业可持续发展的重要手段。

二、高光谱遥感在地质调查中的应用

地质调查是高光谱遥感应用得最成功的一个领域，区域地质制图和矿产勘探是高光谱遥感技术主要的应用领域之一。

光谱成像图像具有光谱图像三维信息。我们可以在探测光谱上进行矿物成分信息展开，可以直接从高光谱数据中识别地表矿物成分、确定混合矿物成分的百分比，产生矿物成分分布图，可以进行地表裸露环境下的岩层填图。高光谱遥感在矿物识别与填图等方面有着广泛的应用价值。

三、高光谱遥感在城市研究中的应用

城市环境是人工环境与自然环境的综合体，人类的社会活动使得城市下垫面的组成成分复杂多样，光谱特性复杂，而且在自然界与人类活动的共同作用下，地表组成均质性较差。高光谱成像技术具有高光谱分辨率的特点，而且能用低空飞行获取高空间分辨率的图像。采用高分辨率的光谱成像数据，可以从物质组成成分上对城市进行土地覆盖分类，很好地满足城市用地和建筑物分类的需要，进而通过相关分析获得城市社会、经济活动的有关信息，还可以进行城市通信和交通线路的测量等。

四、高光谱遥感在植被生态学研究中的应用

植被生态学研究是高光谱遥感的另一个重要的应用领域。研究表明，叶片的基本生物物理化学成分，如叶片水分、叶绿素、木质素、淀粉等的含量与光谱吸收特征之间存在密切关系。高光谱遥感数据大大改善了对植被的识别和分类精度。

高光谱植被遥感包含了生态遥感所涉及的植被类型的识别、植物化学成分的估测、植物生态学评价、冠层水文状态与冠层生物化学性质的估计、植被制图、土地覆盖利用变化探测、生物物理和生物化学参数提取与估计等。

近年来植被冠层的生物物理化学信息的反演是高光谱植被遥感的研究热点之一，植被冠层的生物物理化学信息直接关系到植被的净生产力，它们对于描述和模拟生态系统的物质和能量循环，以及生态模拟输入均有重要意义。

五、高光谱遥感在沿海和内陆水域环境中的应用

由于高光谱遥感具有光谱覆盖范围广、分辨率高和波段多等特点，其已成为海洋水

色、水温的有效探测工具。它不仅可以用于海水和江河湖泊中叶绿素浓度、悬浮泥沙含量、污染物的探测和表层水温探测，也可用于水生环境状况探测、海洋生态研究、海水深度测量，以及海冰、海岸带的探测等。

六、高光谱遥感在大气遥感中的应用

大气中的分子和粒子成分在太阳反射光谱中有强烈反应，这些成分包括 H_2O、CO_2、O_2、云和气溶胶等。利用高光谱遥感，可以进行大气光学性质的测量、大气气溶胶的分类、水蒸气的测量和分析等。通过这些研究，可以进一步进行全球天气状况和气候变化等的分析和监测。

七、高光谱遥感在环境遥感中的应用

高光谱遥感通过对矿物、土壤、植被等的监测研究，被广泛用于自然灾难环境的监测和预报、农林探测及林业遥感等环境遥感中。利用高空间分辨率和高光谱分辨率的数据，结合光谱识别技术，还可进行城市环境的监测、火灾危险区的测量、地质灾害测量等。

八、高光谱遥感在军事方面的应用

1. 目标识别和分析

高光谱成像仪可以获得各种景物目标的精细光谱，从而可以进行目标的识别与目标特性的确定和分析，还可以进行旱地、沼泽等战场类型的探测，用于军事侦察、目标分析等。

2. 目标监测和去伪装

利用图像和光谱信息分析光学和物理模型，可获得目标的动态特性，准确地探测目标的变化过程和区域。通过光谱信息分析，还可以进行目标的去伪装、识别等。

3. 武器生产调查

通过采集炮弹烟雾、工厂生产过程中产生的烟雾等，分析其光谱特征，从而确定生产弹药的性质等，可对武器生产情况进行调查，如生产何种弹药、是否含生态武器等。

4. 作战情况观测和打击效果评价

通过观察和分析目标的光谱曲线，可以对战场的人力分布、武器部署及所用武器装备类型等进行确定，从而进行相应的作战准备。通过观测战场的光谱变化，可获得大规模战争的情况和变化信息，进行打击效果的评价。

美国在高光谱遥感的军事应用方面的研究开展得较早。美国海军研究实验室（United States Navel Research Laboratory，NRL）在1991年主持开发了高光谱数字图像收集实验仪，它是一种机载的推扫式高光谱仪，分别在1995年、1999年进行了多次飞行试验。后期数据分析结果表明：高光谱图像识别伪装的能力较强，可以分辨出绿色植被（自然草地）背景下的真实目标和诱饵目标（假目标）；在沙漠背景下可以快速地检测出战术小目标（军用车辆和导弹发射架等）。高光谱数字项目主要研究高光谱图像实时地、自动地检测地面军事目标的能力，为将来搭载在无人机上进行战场侦察提供数据处理方面的支持。关键的数据处理系统有：传感器接口计算机，其主要工作是对数据进行预处理，如几何校正、图像配准以及数据降维等；数据处理计算机，其主要工作是利用 RX 算法进行高光谱图像异常检测，这两部分都是在无人机上完成的。处理后的数据传输到地面后由地面工作站计算

机进行显示。系统在试飞后对数据处理的结果表明：通过结合高分辨率全色图像，高光谱图像能为战略级的侦察提供良好的辅助，特别是在对战术目标自动、实时的检测方面为战略级侦察提供较好的帮助。

2000 年 5 月，NRL 利用低光能高光谱成像仪进行了飞行试验，这一试验为美军的两栖作战提供了帮助。试验表明，高光谱图像能为战场指挥官提供如登陆点选择、障碍物识别、地表特征识别、水下障碍物判断、地表对机动部队和火力的影响，以及敌军力量分布等情报。

在天基侦察方面，由美国军方支持，1996 年制订了综合空间技术展示计划（Integrated Space Technology Demonstration，ISTD），利用星载高光谱系统和地面控制系统进行军事侦察和战场指挥。当卫星移动到战场上方时，地面移动控制系统将通知战场指挥官，并控制卫星，提供图像数据。一旦收集到数据，它将被传输到地面控制系统进行分析。当发现数据中有光谱匹配的目标时，系统将把此目标和其相关的几何信息传输到指挥、控制、通信、计算机及情报（Command，Control，Communication，Computer and Intelligence，C4I）网络上。战场中的指挥官和士兵就能通过便携式终端及时看到整个战场上的情况。该系统还可以对其他有意义的目标进行自动提示。在战场外，对卫星的跟踪、测绘和控制是在固定地面站完成的，这其中涉及了数据压缩、自动目标提示等处理技术。

1.1.5 光谱成像仪的分类

一、空间成像方式类型

光谱成像仪的空间成像方式可划分为凝视（Staring）、摆扫（Whiskbroom）和推扫（Pushbroom）3 种类型。

凝视型光谱成像仪每次通过地面瞬时视场获得目标的二维图像信息和一维光谱信息，目标的二维视场与二维面阵探测器（Array Detector）相对应。凝视系统对目标的响应时间决定于探测器对信号的响应时间，不受扫描速度的影响，因此提高了系统的响应灵敏度。图 1.7 为遥感相机凝视成像示意。

凝视型光谱成像仪可以采用声光可调谐滤波器、液晶光阀、可变滤光片等实现分光。对于具有运动平台的凝视型光谱成像仪，空间维（Spatial Dimension）与光谱维（Spectral Dimension）的图像信息不是同时获得的。例如采用楔形滤光片分光的光谱成像仪，需要通过运动平台的运动扫描，经过复杂的后处理才能得到同一目标在不同波段的信息，并得到二维目标的光谱图像。凝视型光谱成像

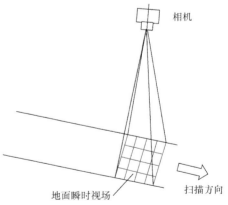

图 1.7　遥感相机凝视成像示意

仪结构简单、体积小、功耗低、响应灵敏度高，但空间分辨率和光谱通道数受限。

摆扫型光谱成像仪每次通过瞬时视场，就获得一个地面分辨单元的一维光谱信息，利用摆扫镜（Rotating Scan Mirror）的左右摆扫完成一维空间（穿轨方向）成像，同时利用飞行平台的向前运动完成另一维（沿轨方向）空间信息的获取。在摆扫光谱成像仪中，电

机（Electric Motor）带动有 45° 斜面的扫描镜进行 360° 旋转，其旋转轴与遥感平台前进方向平行，扫描运动方向（Cross-track Scanning）与遥感平台运动方向垂直，其成像方式如图 1.8 所示。

　　摆扫型光谱成像仪的光学分光系统多采用光栅和棱镜分光，分光系统在望远成像系统后面，对瞬时视场物元的光辐射进行分光，并成像于线阵探测器上，形成该物元的一维光谱。

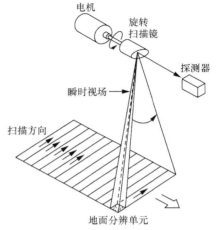

　　摆扫型光谱成像仪的优点在于可以得到很大的总视场（视场角可达 90°），像元配准较好，不同波段任何时候都凝视同一像元；每个波段只有一个探测元件需要定标，增强了数据的稳定性；由于进入物镜后再分光，一台仪器的波段范围可以很宽，可以从可见光一直到热红外波段。所以目前波段全、实用性强的光谱成像仪多属此类，如美国 JPL 的 AVIRIS 系统和美国 GER 公司的 GERIS 系统。其不足之处是，由于利用电

图 1.8　摆扫型成像光谱仪成像方式

机扫描，每个像元的凝视时间相对很短，要进一步提高光谱分辨率、空间分辨率以及信噪比比较困难。

　　推扫型光谱成像仪每次通过瞬时视场仅能获得一维空间信息（穿轨方向）和一维光谱信息（沿轨方向），必须利用飞行平台沿轨方向的扫描，完成另一维空间信息的获取，得到三维的数据立方体。

　　推扫型光谱成像仪采用面阵探测器，其垂直于运动的方向在飞行平台向前运动中完成二维空间扫描，其成像方式如图 1.9 所示。在瞬时视场中，与一维物元对应的一维空间图像，由于光栅和棱镜（或干涉仪）的分光，形成每个物元的一维光谱，光谱维与空间维垂直。当平台运动时，可以完成每个空间像元的光谱维扫描，图 1.10 所示为推扫型光谱成像仪的光谱获取方式。

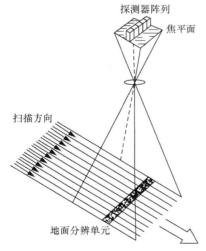

图 1.9　推扫型成像光谱仪成像方式

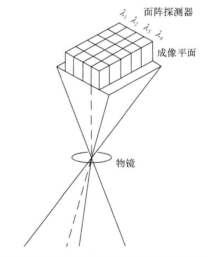

图 1.10　推扫型光谱成像仪的光谱获取方式

推扫型光谱成像仪的优点是像元的凝视时间大大增加了，因为它只取决于平台运动的地速，相对于摆扫型光谱成像仪，其凝视时间增加量可以达到 10^3 数量级。如前文所述，凝视时间的增加可以大大提高系统的灵敏度和信噪比，从而使系统的空间分辨率和光谱分辨率方面有更大的提高余地。另外由于没有光机扫描运动机构，仪器的体积相对比较小，如中科院上海技术物理研究所的推扫型成像光谱仪 PHI、加拿大的 CASI，它们的波长范围均为可见光到近红外。而美国原定为 EOS 研制的 HIRIS（High Resolution Imaging Spectrometer）和 HYDICE 同样采用推扫方式，但波长范围从可见光延伸到了短波红外（$0.4 \sim 2.5\mu m$）。

推扫型光谱成像仪的不足之处是，由于探测器器件尺寸和光学设计的困难，总视场角不可能很大，一般只能达到 30° 左右。另外，面阵探测器的上万个探测元件的标定也很困难。

二、光谱成像方式类型

根据分光原理的不同，光谱成像仪可分为色散型，如棱镜色散型（Prism）、光栅衍射型（Grating）、滤光片型（Filter）和干涉型（Interferometer），此外还有计算层析型、二元光学元件型、三维成像型光谱成像仪。下面重点介绍已经成熟应用于航空、星载遥感的光谱成像仪。

1. 色散型光谱成像仪

（1）棱镜色散型光谱成像仪的分光元件为色散棱镜，光学系统的入射狭缝位于准直系统的前焦面上，入射光准直后经棱镜色散，再经汇聚成像后按波长顺序成像于探测器的相应位置。

棱镜分光存在色散非均匀的问题。宽谱光源经棱镜色散后，出射光各谱线的角距离不成正比，色散是非均匀的。棱镜色散光谱中，紫光展开的范围比红光展开的范围大。此外，为了加大角色散，需加大棱镜顶角，使入射角增大，这会增加光线的反射损失。由于棱镜的三角形截面，通过底边的光学路径较长，吸收损失较大，因此红外波段一般不用棱镜分光。

棱镜色散型光谱成像仪的入射光经狭缝入射，狭缝长度决定了空间线视场。采用棱镜分光时，长狭缝会造成谱线弯曲，造成空间信息和光谱信息的混杂，且波长越短弯曲越严重。

棱镜色散型光谱成像仪的典型代表有 NRL 的高光谱数字图像收集仪 HYDICE，日本 ALOS 卫星上搭载的全色遥感立体测绘仪（Panchromatic Remote-sensing Instrument for Stereo Mapping，PRISM）、欧洲航天局研制的机载光谱成像仪 APEX。

（2）光栅衍射型光谱成像仪的分光元件为衍射光栅。与棱镜色散型光谱成像仪相似，光栅衍射型光谱成像仪光学系统的入射狭缝位于准直系统的前焦面上，入射光准直后经光栅衍射分光，再经汇聚成像后按波长顺序成像于探测器的相应位置。

基于光栅分光的推扫型成像光谱仪，物镜将一行地物目标成像在狭缝上，与狭缝对应的探测器阵列做像方固体自扫描，完成一维空间扫描。该狭缝也是光谱仪的入射狭缝，入射光色散后经过汇聚镜，到达焦面上面阵探测器的另一维，完成光谱扫描。这种像方探测器自扫描系统中没有光机扫描的运动器件，而且以凝视方式工作，增加了像元滞留时间，有利于提高系统的信噪比和光谱分辨率。光栅式分光计的分辨本领 RO 与它们的入射狭缝宽度有关，狭缝越宽，则分辨本领越低，但能进入分光计的辐通量 E 越多，越需要对 RO 与 E 做权衡处理。

实用光栅通常具有每毫米几百条以至上千条刻线，即光栅常数 d 很小，因此光栅具有很好的色散本领，这一特性使光栅光谱仪成为一种优良的光谱分光仪器。光栅的角色散是常数，衍射光谱线间的角距离与波长差成正比，光谱在所有波长范围均匀展开，这是光栅分光优于棱镜分光的特点之一。

光栅可以分为平面闪耀光栅、透射光栅、凹面光栅、凸面光栅等几种。它们在机载设备中均已有所应用，在星载设备中，早期 Lewis 的 HSI 采用凹面光栅，ARIES、LAC、Hyperion、COIS 均采用基于凸面光栅的 Offner 光谱仪。我国上海技术物理研究所研制的机载模块光谱成像仪 OMIS 就是光栅衍射型光谱成像仪。

2. 滤光片型光谱成像仪

滤光片型光谱成像仪的分光元件为多种形式的滤光片。

传统使用的滤光片主要有楔形滤光片和线性可变滤光片。新型的电控可调谐滤光片有液晶可调谐和声光可调谐滤光片。

（1）光楔光谱成像仪和风场光谱成像仪 - 湿度探测器（WISH）采用的是楔形滤光片，是美国雷神公司和威斯康星大学联合研制的。楔形滤光片成像探测器技术在 1990 年提出并获得专利，可以提供需要的湿度图像，并已经应用于地球同步轨道卫星。使用光楔光谱成像仪（Wedge-filter Imaging Spectrometer，WIS），可以采集地球的辐射，具有 2km 空间分辨率、1% 的光谱分辨率，覆盖宽红外光谱范围 710～2900cm^{-1}。光楔成像光谱仪结构紧凑、重量轻，图像粗糙，但具有较高的灵敏度、光谱分辨率、空间分辨率。

如图 1.11 所示，光楔成像光谱仪是一个基于杂混传感器芯片的集合体，在基片上集成了多层楔形干涉滤光片和具有读出电路的探测器阵列（Detector Array）。光谱维平行于滤光片锥度方向，锥角的薄边区传输短波，锥角厚边区传输长波。在探测器平面上，空间维与光谱维垂直。整个光锥由不同顶角的光楔组成，入射光线由于不同波长具有不同的相位延迟和偏转角，分离成不同的波段。使用截止滤光片（Blocking Filter）减少滤光片交叉部分的带外响应。

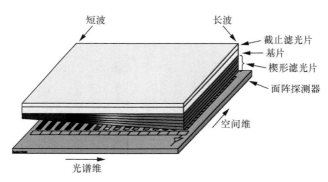

图 1.11　光楔成像光谱仪原理

面阵探测器的一维随飞机的前向运动完成空间扫描（推扫），另一维则因光楔的位置不同所以接收的波长不同，从而完成在光谱维的扫描。光楔分光部件结构紧凑，因此光谱成像仪光学系统也较简单。相对于其他类型的光谱成像仪，光楔光谱成像仪容易实现牢固的设计机构和简单的装配，减少了装配和测试的时间，可以降低仪器的成本。图1.12为光楔成像光谱仪光学系统示意。

光楔光谱成像仪具有重量轻、数据获取技术简单的优点，但是不能同一时间采集每一幅光谱图像中的所有行，因此数据处理困难，影响了光楔光谱成像仪的实用化发展。

（2）线性可变滤光片成像光谱仪。线性可变滤光片是指一种集成阶跃干涉滤光片，可用作光谱分光器件。以此分光器件建成的光谱成像仪体积小、重量轻，可靠性和稳定性高。

干涉滤光片是以多光束干涉的原理、运用镀膜技术制成的滤光片，可以从连续光谱中选择透过窄带宽的单色光，其膜层的材料、厚度、反射率决定了选择透过的中心波长和透光率。

欧洲航天局研制了使用线性可变滤光片的光谱成像仪。线性可变滤光片的膜层镀制在CCD探测器的石英保护玻璃上，膜层区域按照参考标记与探测器阵列相对应。镀膜区域的一个方向膜层是均匀的，另一个方向（光谱方向）膜层具有不同厚度的梯度，从而可以输出不同波长的光谱，如图1.13所示。

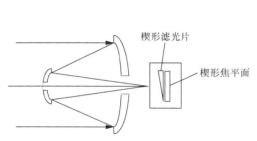

图1.12 光楔成像光谱仪光学系统示意

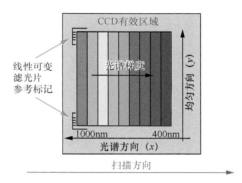

图1.13 电路试验面板扫描方向和滤光片光谱梯度方向之间的关系示意

光谱方向的膜层呈等间隔阶梯分布，使得线性可变滤光片的出射光谱波长成为位置的线性函数，现制作的膜层厚度梯度达到250nm/mm。图1.14显示了线性可变滤光片的输出光谱曲线［见图1.14（a）］和输出波长与位置关系曲线［见图1.14（b）］。

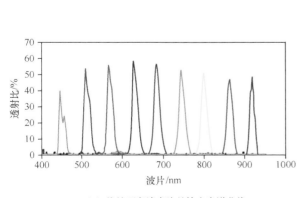

（a）线性可变滤光片的输出光谱曲线

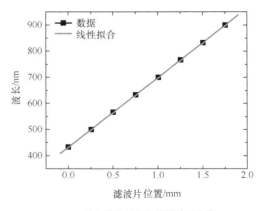

（b）输出波长与位置关系曲线

图1.14 线性可变滤光片的输出光谱曲线和输出波长与位置关系曲线

美国 OKSI 公司与 JPL 联合开发的热红外光谱成像仪（TIRIS），使用线性可变滤光片做分光组件。TIRIS 中的线性可变滤光片的干涉膜层是多层窄带宽的，具有楔形形状，因此滤光片的中心波长的变化依赖于覆盖膜层的插入位置。干涉膜层被制作在一个矩形的硅底层上，尺寸严格与焦平面匹配。滤光片在 6.4mm 的长度上覆盖 7.5 ~ 14μm 的光谱范围，则产生 1μm/mm 的梯度。

瑞典国防部的 Ingmar 等研制了使用线性可变滤光片、具有高空间分辨率的高光谱成像仪。线性可变滤光片 LVF 安装在一个有 5760 像元 ×3840 像元的大焦平面阵列（Focal Plane Array，FPA）上，LVF 覆盖 450 ~ 880nm 的可见光至近红外的光谱范围。设计通过信号处理解决了 LVF 制作误差和离轴波长位移的问题。小型轻量级、低能耗高光谱成像仪的快速发展，也显示了其在基于地面和微型无人机的小等级系统中的应用的发展空间。

Thomas 等制作的线性可变滤光片，具有非常高的波长梯度。线性可变滤光片可见波长梯度为 50 ~ 100nm/mm，红外的波长梯度覆盖 500 ~ 900μm/mm 的范围。滤光片的有效面积在波长变化梯度方向达到 5 ~ 30mm，在波长不变的方向达到 30mm，且性能变化小于 1%。

（3）液晶可调谐滤光片（Liquid Crystal Tunable Filter，LCTF）光谱成像仪。LCTF 是一种 Lyot 型可调谐双折射器件，由依次排列的许多片组级联而成，每一级包含两个相互平行的偏振片，中间夹着液晶延迟片。当光源通过其中一级单元时，由于偏振片的作用，使得沿着液晶快、慢轴传播的两束光（o 光、e 光）的投影分量振动方向相同、具有一定的相位差，因此发生干涉。光程差（相位差）决定了不同波长光的透过率，改变加在双折射液晶的电压，可以调节液晶延迟片的相位差。Lyot 型组件可以实现某个波长总透过率最高，因此通过在液晶上施加不同的电压，可以实现 Lyot 型组件透过波长的选择，成为液晶可调谐滤光片。

以 LCTF 建成的光谱成像仪，相机在每次调整波长后曝光一次，系统记录此波段的二维图像。设定波长调整间隔，循环完成系列波长图像的采集记录。这种光谱成像仪的光谱分辨率可以达到 10 ~ 20nm。液晶的波长更换开关的切换时间较长，一般需 50ms，快速的达到 20ms，如果无须波长有序排列，可缩短到 5ms。

（4）声光可调滤光片（Acousto-optic Tunable Filter，AOTF）成像光谱仪。当一种频率的声波辐射到声光介质中时，材料的晶格排列发生变化，材料的光学密度和折射率发生变化，形成一种光栅。此光栅将使入射的复色光发生衍射，使正、负第一级衍射为单色光。这就是声光效应。如果改变辐射声波的频率，则声光效应的光栅参数会发生变化，衍射光的波长也随之改变。只要将声波的频率设定为对应特定波长的频率，就可以实现该波长的分离，因此这样的声光调制器起到了滤光片的作用。AOTF 分为共线型与非共线型。非共线型 AOTF 具有较大的口径和视场角，衍射光与零级光有一定的分离角，材料易获得，因此应用较多。

AOTF 控制声波频率的变化速度，主要取决于材料的声速和通光孔径，一般可达微秒量级。最普通的 AOTF 可运行在从近紫外到短波红外范围，运行在长波红外范围则需要低温的材料。光的波段宽度依赖于设计和运行波长，最窄的峰值半宽可达到 1nm。传输效率可达到 98%，在正、负一级光束间分配。例如 Jun WANG 等设计的 AOTF 光谱成像仪，运行波长范围为 0.4 ~ 1.0μm，光谱分辨率 ≤ 8nm，衍射效率为 50%，视场角为 5°，帧频为 200Hz。

AOTF 具有调制速度快、调谐范围宽、入射孔径角大，以及易于实现计算机控制等特点。

3. 干涉型光谱成像仪

在光谱成像仪载荷研究中，首先进入工程应用的是基于光栅或棱镜的色散型光谱成像仪，但是随着科学技术的不断发展，特别是航空航天技术的飞速发展，人们对光谱成像仪的技术指标要求越来越高，主要表现在空间分辨率、光谱分辨率和对弱信号的探测能力等方面。色散型光谱成像仪存在着能量利用率低等原理性缺陷，使它的进一步发展具有局限性。相反，干涉型、傅里叶变换光谱成像仪在原理上具有高光谱分辨率与高能量利用率等优点，因此近年来受到人们的广泛关注和研究。特别是在 20 世纪 90 年代以后，出现了静态傅里叶变换光谱成像技术，这种新型光谱成像技术在原理上保留了傅里叶变换光谱成像技术的主要优点，并且可靠性和稳定性好、体积小、光谱线性度高、光谱范围宽，适合在飞机和卫星等飞行器上搭载，在国际上引起广泛的重视。美国林肯实验室光谱成像技术专家 Persky 认为，静态傅里叶变换光谱成像技术将成为光谱成像技术领域的典型代表和发展方向。

1.1.6 干涉型光谱成像仪

作为本书的重点之一，本小节将详细介绍干涉型光谱成像仪的工作原理和基本结构。

干涉型光谱成像仪通过获取目标的光谱干涉图信息，利用目标辐射的光谱干涉图与光谱之间的傅里叶变换关系，使用计算机技术对干涉图进行傅里叶变换，获得目标的光谱分布。获取探测目标辐射的光谱干涉图的不同方法，就形成了不同类型的干涉型光谱成像仪。目前应用于遥感干涉光谱成像技术中的方法主要有迈克尔逊干涉法、三角共路干涉法、双折射干涉法。

一、时间调制干涉光谱成像仪

时间调制干涉光谱成像仪采用动镜迈克尔逊干涉结构，其干涉成像光路原理如图 1.15 所示。

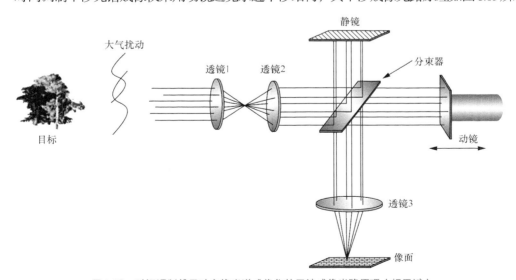

图 1.15　时间调制傅里叶变换光谱成像仪的干涉成像光路原理（相里斌）

　　前置光学成像系统透镜 1 将目标成像于大孔径的视场光栏面，即透镜 2 的前焦面上；视场光栏面上任意一点发出的光束，经过准直系统透镜 2 后变为平行光。分束器将平行光按照相同的强度分为反射和透射的两束光，分别到达静镜和动镜，经静镜和动镜反射回来的两束平行光经分束器和透镜 3 汇聚，在像面成像并形成干涉图。通过动镜的前后平移，可以改变两束相干光线的光程差。在完整的干涉图采样过程中，系统一直"凝视"目标，每次采样对应动镜的一个位置，即对应干涉的一个光程差，因此可以采集到一系列具有不同光程差的二维干涉图像，形成干涉图像的数据立方体。对干涉图像的数据立方体进行多行的一维傅里叶变换，就可得到光谱图像数据立方体。

　　由于两相干光束的最大光程差取决于动镜的最大可移动长度，且最大光程差与光谱分辨率成正比，因此增加动镜的最大可移动长度可以提高仪器的光谱分辨率，使得时间调制干涉光谱成像仪能够实现高精度的光谱测量。但是此类光谱成像仪有两个明显的缺点：一是动镜的晃动、倾斜会造成成像与干涉图的偏差，因此此类光谱成像仪需要高精度的动镜系统，这将使得其结构复杂、成本高，且不适合高空间分辨率的光谱成像；二是目标的干涉图是时间调制的，完整的干涉图依赖于动镜的全程扫描，实时性不好，不适合测量运动或瞬变目标的光谱。

　　时间调制干涉光谱成像仪的主要代表是美国 NASA 研制的 GIFTS 和 TES。

　　二、空间调制干涉光谱成像仪

　　1993 年夏威夷大学与佛罗里达理工学院等在 ONR 支持下联合研制了空间调制干涉光谱成像仪，即空间调制成像傅里叶变换光谱仪（Spatially Modulated Imaging Fourier Transform Spectrometer，SMIFTS），光谱范围为 1～5μm，光谱分辨率为 100～1000cm^{-1}，采用 256×256 InSb 探测器，该仪器对檀香山国际机场进行了成功的测量实验，得到了光谱图像。该仪器的成功为星载傅里叶变换光谱成像仪的研制奠定了基础。

　　1995 年，在美国空军支持下，Kestrel 公司与佛罗里达理工学院等合作，对前期研制的 SMIFTS 进行改进、提高，研制了机载傅里叶变换可见光高光谱成像仪（Fourier Transform Visible Hyperspectral Imager，FTVHSI），光谱范围为 0.44～1.1μm，波段数为 256，视场角为 15°，瞬时视场角为 0.8mrad，采用了 1024×1024 面阵 CCD，两行、两列相加为一行、一列（binning 模式）。FTVHSI 是对传统色散型光谱成像原理的突破，它的诸多原理性优点和很好的机载飞行试验结果，引起国际上广泛的关注。

　　在 SMIFTS 和 FTVHSI 的研制基础上，干涉型高光谱成像仪很快地得到美国空军的进一步支持，他们开始研制星载仪器，在短短 3 年时间里，美国 Kestrel 公司及原 SMIFTS（或 FTVHSI）研究小组（现密歇根理工大学）一起成功研制了强力卫星 MightySat II.1 搭载的傅里叶变换高光谱成像仪（Fourier Transform Hyperspecrral Imager，FTHSI），它于 2000 年 7 月 19 日在美国加利福尼亚州范登堡空军基地发射成功。至此，空间调制傅里叶变换光谱成像技术在短短 8 年左右时间里，走过了原理研究、地面装置试验、机载飞行试验和卫星发射成功全过程。（黄旻）

　　由中科院西安光机所研制的 CE-1（2007 年发射）光谱成像仪，和 HJ-1A（2008 年发射）高光谱成像仪，都是空间调制干涉光谱成像仪。

　　空间调制干涉光谱成像仪的光谱系统采用横向剪切双光束干涉原理，按照分光元件的不同主要可分为萨格奈克（Sagnac）三角共光路干涉型及其变体、萨伐尔（Savart）偏振干涉型、马赫 - 曾德（Mach-Zehnder）干涉型及电子计算机断层扫描（Computer Tomography，CT）投影干涉型。下面主要介绍前两种实用的干涉型光谱成像仪。

1. 空间调制萨格奈克三角共光路干涉光谱成像仪的工作原理

在空间调制干涉光谱成像系统中，萨格奈克三角共光路干涉光谱成像仪即萨格奈克傅里叶变换光谱成像仪无疑是目前最具有代表性的系统之一，它采用的是无动镜三角共光路结构，是航天遥感中一种先进的干涉型光谱成像仪，它具有高通量、无动镜、数据处理简单等特点。由于它是一种共光路干涉仪，所以两路相干光所处的外界环境，不论是力学条件还是温度环境都是相同的，因此它具有非常强的航天环境适应能力。

此类系统目前有带狭缝的推扫式（Push-brooming）和不带狭缝的窗扫式、大孔径静态光谱成像仪（Large Aperture Static Imaging Spectrometer，LASIS），窗扫式的是时空联合调制成像的光谱仪。

图 1.16 是空间调制傅里叶变换干涉光谱成像仪光路原理。该仪器采用的是萨格奈克三角共光路实体结构。

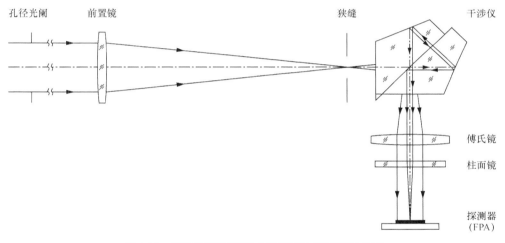

图 1.16　空间调制傅里叶变换干涉光谱成像仪光路原理

其光学系统由前置镜、狭缝、干涉仪、傅里叶变换镜（简称傅氏镜）、柱面镜和探测器（FPA）组成。前置镜将被测目标聚焦于入射狭缝处，狭缝垂直于纸面，并用来限制被测目标的视场，则在像面有相应的一维线状目标的图像（方向垂直于纸面）。傅氏镜的前焦面与狭缝平面重合，傅氏镜后焦面与 FPA 重合；柱面镜组的母线平行于纸面，其后焦面也与 FPA 重合。

萨格奈克干涉仪由两个结构尺寸相同的半五角棱镜组合而成，其中一个棱镜在分束面内沿与光轴成 45° 方向平移一个偏移量，形成一个横向剪切干涉仪。在空间调制傅里叶变换光谱成像仪中，狭缝表面发出的每一条光线入射到干涉仪时，被具有半透半反膜层的分光面（Beamsplitter，BS）分成反射光和透射光，再经棱镜组两个半五角棱镜反射面及分光面的再次反射和透射后，被剪切成两条相互平行的相干光，这两条光线之间的横向距离即为干涉仪的横向剪切量。具有相同视场角的、被横向剪切的两束光，通过傅氏镜聚集到 FPA 的同一点上并发生干涉。由于入射光经过干涉仪的分光面被分光时，一束是两次反射光，另一束是两次透射光，因此分光膜的光强分光比直接影响着条纹的对比度，必须对分光膜的光学性能进行严格控制。图 1.17 所示为空间调制萨格奈克三角共光路干涉光谱成像仪剪切干涉等效光路示意（图中 f_F 为傅氏镜焦距），横向剪切棱镜的作用相当于把一个点光源分解为两个位于无限远的虚拟光源，并且这两个虚拟光源之间的距离等于该仪器的横向剪切量。随着光束视场角的变化，两个虚拟光源发出的光束在 FPA 上的交点干涉的光程差也发生变化，因此在 FPA 上产生沿水平视场方向的干涉。这个干涉图是所有单色光干涉叠加合成的傅里叶合成干涉图。由于光程差是沿 FPA 平面空间变化的，干涉图由空间序列像元图像产生，称为空间调制干涉。由于光束通过干涉仪分光面时存在半波损失，因此在零光程差位置对应的干涉极大值是暗纹。空间调制干涉型光谱成像仪的干涉光程差范围受到焦平面宽度的限制。

图 1.16 中所示的平行于纸面的截面内，干涉仪、傅氏镜与柱面镜构成了干涉仪系统，在 FPA 上得到干涉图。在此系统中，柱面镜仅相当于玻璃平板。在垂直于纸面的截面内的成像系统中，干涉仪相当于玻璃平板，傅氏镜与柱面镜构成了成像仪，在 FPA 上得到了狭缝的像。这样，在 FPA 上就得到了一维光谱图像和一维空间图像，像面图像如图 1.18 所示，即每幅干涉图与一维线状目标对应，通过沿干涉图方向的光谱维推扫就可以获得二维目标的干涉立方体。

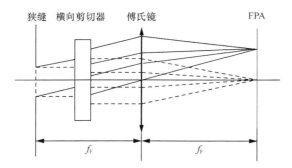

图 1.17　空间调制萨格奈克三角共光路干涉光谱成像仪
剪切干涉等效光路示意

图 1.18　空间调制萨格奈克三角共光路光谱
成像仪像面图像（均匀目标图像）

理论上，横向剪切干涉仪产生的光程差 χ 随入射视场角 α 变化：

$$\chi = d\sin\alpha \tag{1.1}$$

式中，d——光束的横向剪切量；α——入射视场角。

在空间调制干涉光谱成像仪中，准直光学系统采用了傅氏镜，傅氏镜的像高 y 与焦距 f 的关系为：

$$\frac{y}{f} = \sin\alpha \tag{1.2}$$

将式（1.2）代入式（1.1），可得到光程差 χ 的线性表达式：

$$\chi = dy/f \tag{1.3}$$

在空间调制干涉光谱成像仪的单帧图像中，对空间维每个像元抽取光谱维的干涉图数据 $I(x)$，通过傅里叶变换和光谱复原，即可得到入射光谱分布 $B(\sigma)$（σ 为光谱的波数）。

干涉图交流部分的表达式为：

$$I(x) = \int_{\sigma_1}^{\sigma_2} B(\sigma)\cos(2\pi\sigma\chi)\mathrm{d}\sigma = \int_{\sigma_1}^{\sigma_2} B(\sigma)\cos(2\pi\sigma dy/f)\mathrm{d}\sigma \tag{1.4}$$

式中，σ_1——光谱仪的起始波数；σ_2——光谱仪的终止波数；χ——光程差；y——焦平面上坐标点距零光程差点的距离。

则复原光谱 $B(\sigma)$ 是干涉图 $I(x)$ 的傅里叶逆变换，表示为：

$$B(\sigma) = F^{-1}\left[I(x)\right] \tag{1.5}$$

经数据图像系统合成处理后，可以得到目标的黑白快视图、各单谱段图像及合成彩色图像。

2. 空间调制干涉光谱成像仪光学系统设计（白加光）

（1）主要性能参数的选择。

① 探测器的选择。

根据干涉型光谱成像仪的成像原理，像面探测器需要同时获取空间维和光谱维的信息，则在成像平面应选用面阵探测器。光谱维的像元数量（或采样点数量）直接限制了干涉图的最大光程差，空间维的像元数量则影响空间维成像的视场宽度，因此面阵探测器的二维像元数量应尽量多。需根据仪器设计的总体要求选择探测器的工作性能。对于探测器的响应特性，需考虑响应度、光谱响应范围、噪声、动态范围。对于探测器的时间特性，要求可以满足不同的曝光时间和帧频的需要。对于探测器的总体尺寸和像元尺寸的选择，则需与光学系统及仪器的总体设计综合考虑。

② 光学系统焦距的确定。

高光谱成像仪光学系统焦距与轨道高度、探测器像元大小和地面像元分辨率（又称地面瞬时视场）有如下关系。

$$f = \frac{S \cdot H \cdot J}{\Delta l} \tag{1.6}$$

式中，f——光学系统焦距，单位为 mm；H——卫星运行轨道高度，单位为 km；Δl——地面像元分辨率，即与探测器像元对应的地面单元的投影长度，单位 m；S——探测器单元尺寸，单位为 μm；J——成像方向上一个单元包含的像元个数，$J=1,2,\cdots\cdots$

③ 幅宽和视场角。

高光谱成像仪光学系统的视场决定了地面成像幅宽，地面瞬时视场（像元中心对光学系统后主点所张的平面角）乘以探测器空间方向的像元数可得空间方向视场角。光谱方向的视场角由光谱采样定理所确定的像元行数计算。光学系统光谱方向视场角 fov 按式（1.7）计算。

$$fov = 2\tan^{-1}\frac{N \cdot S}{2f} \times 10^{-3} \tag{1.7}$$

式中，N——探测器在干涉图方向上的总采样点数。

在小视场角，即 fov 小于 10° 的条件下，空间方向 fov 可近似地按式（1.8）计算。

$$fov \approx 2\tan^{-1}\frac{w}{2H} \tag{1.8}$$

式中，w——成像幅宽，单位为 km。

④ 相对孔径。

相对孔径或相对孔径的倒数 F#（F 数，F# = f/D，D 为光学系统的入瞳孔径）是光谱成像仪的重要参数，与曝光量、输出信号强度、动态范围、信噪比、MTF 及图像质量等许多重要参数密切相关。在设计中，要根据太阳高角、目标反射率、工作波段的条件，采用 Modtran 软件计算光学系统的入瞳辐亮度，选取照度和动态范围的信号强度，做信噪比复核复算，直到满足要求。

首先需考虑光学系统的能量利用率，应使几何像差的弥散斑尺寸 $\Delta y'$ 小于探测器的像元尺寸。

$$\Delta y' = 2.44F\#\lambda \tag{1.9}$$

式中，λ——成像光的波长。

例如：对于工作波段在可见 - 近红外波段 0.45 ~ 0.95μm 内的光谱成像仪，最大波长为 0.95μm，选用像元尺寸 18μm，则系统 F# 必须小于 7.7。为了实现高分辨率观测，衍射极限的分辨角要小于瞬时视场 20.8μrad，综合光学系统的遮拦、透镜界面反射损失、干涉仪实际效率等各种因素，取系统的焦距为 117mm，选取光学系统的入瞳口径为 36mm，F# 为 3.25。

⑤ 光谱分辨率。

实际的干涉图总是测量到某一有限的极大光程差 L_m 为止，所以，通常是用式（1.10）来计算光谱分布函数 $B(\sigma)$ 的：

$$B(\sigma) = \int_{-L}^{L} I(x)\cos(2\pi\sigma x)dx = \int_{-\infty}^{\infty} I(x) \cdot T(x)\cos(2\pi\sigma x)dx \tag{1.10}$$

式中，$I(x)$——干涉强度分布函数；L——可测量的最大光程差；$T(x)$——截断函数。

$$T(x) = \text{rect}\left(\frac{x}{2L}\right) \tag{1.11}$$

当 $|x| \leqslant L$ 时，$T(x) = 1$；当 $|x| > L$ 时，$T(x) = 0$。

令 $t(\sigma)$ 为截断函数 $T(x)$ 的逆傅里叶变换，也称为仪器的线性函数。当 $T(x)$ 为矩形函数时：

$$t(\sigma) = F^{-1}[T(x)] = 2L \cdot \frac{\sin(2\pi\sigma L)}{(2\pi\sigma L)} = 2L \cdot \sin c(2\pi\sigma L) \tag{1.12}$$

令 $B_0(\sigma) = F^{-1}[I(x)]$，按照卷积定理，则 $B(\sigma)$ 由 $B_0(\sigma)$ 和 $t(\sigma)$ 的卷积计算，即：

$$B(\sigma) = B_0(\sigma) * t(\sigma) \tag{1.13}$$

对于波数为 σ_1 的单色光，其光谱函数为 $B(\sigma_1)$，则复原光谱为：

$$B_1(\sigma_1) = B(\sigma_1) * 2L\sin c(2\pi\sigma L) = 2B(\sigma_1) \cdot \sin c[2\pi(\sigma_1 - \sigma)L] \tag{1.14}$$

由此可见，受仪器线性函数的影响，波数为 σ_1 的单色光的复原光谱不再是一个脉冲函数，而是中心在 σ_1 处的 sinc 函数。

仪器的线性函数与傅里叶变换光谱成像仪的光谱分辨率直接相关，不同的线性函数，光谱可分辨的判据也不同。对于三角形截断函数，其光谱分辨率为：

$$\delta\sigma = \frac{1}{L} \tag{1.15}$$

对于矩形截断函数，光谱分辨率为：

$$\delta\sigma = \frac{1}{2L} \tag{1.16}$$

通常情况下，干涉型光谱成像仪的分辨率介于 $1/L$ 到 $1/(2L)$，而且最大光程差 L 越大，光谱分辨率越高。

波数分辨率与光谱分辨率的换算关系为：

$$|\delta\lambda| = \left|\frac{1}{\sigma^2}\right|\delta\sigma \tag{1.17}$$

反之为：

$$|\delta\sigma| = \left|\frac{1}{\lambda^2}\right|\delta\lambda \tag{1.18}$$

⑥ 干涉图的采样步长分析。

干涉图的采样步长即光程差的采样间隔。根据香农采样定理，至少需要两个像素才能检测一对条纹，可以实现无损失记录。因此采样步长至少是一个像素。

（2）干涉仪的光学结构及优化设计。

萨格奈克直角三角共光路横向剪切分束器是静态空间调制干涉光谱成像仪的关键部件，它的作用是将一束入射光沿垂直于光轴的方向（横向）剪切成两束相互平行的相干光，这两束光之间的横向距离称为横向剪切量。目前常用的横向剪切分束器主要是萨格奈克直角三角共光路干涉仪，其结构如图 1.19 所示。

从图 1.19 可以看出，干涉仪是由两个光轴转角为 45° 的半五角棱镜胶合而成的，其中一个半五角棱镜的胶合面必须镀高效、宽带半透射半反射、消偏振分光膜，且其中一个半五角棱镜在分光面内沿平行主平面方向平移，形成一定错位量。入射光束经分光面后，一路按顺时针方向在分光面上经二次反射，一路按逆时针方向在分光面上经二次透射，使出射光束形成相互平行的横向剪切干涉光。

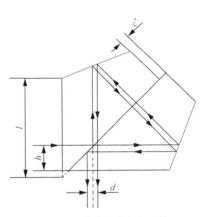

图 1.19　萨格奈克直角三角
共光路干涉仪结构

两块半五角棱镜是具有相同折射率的实体型干涉仪结构，孔径光阑位在棱镜展开空气层的对称中心，这样可以使干涉仪的结构尺寸最小化。棱镜的展开厚度 L_P 和干涉仪五角棱镜的直角边长 l 的关系为：

$$L_P \approx (2+\sqrt{2})l \tag{1.19}$$

图 1.19 中，h 为棱镜底边到入射光束光轴的高度，按式（1.20）计算：

$$h \geqslant (2+\sqrt{2})l\tan\theta \tag{1.20}$$

式中，θ——入射光线的发散角。

剪切量 d 与棱镜错位量 c' 的关系为：

$$d = c'\sqrt{2}\tan 22.5° \tag{1.21}$$

由于干涉仪剪切干涉的二路光共光路，因此它的优点是可降低干涉仪本身加工精度和装配精度的要求，对环境的适应能力强，性能稳定。

图 1.20 是萨格奈克分体式干涉仪，由一个立方棱镜和两个按照五角棱镜反射面位置布局的分体平面镜 M1、M2 组成。萨格奈克分体式干涉仪对光束的剪切原理与实体型干涉仪相同，立方棱镜底边到入射光束光轴的高度为 h，立方棱镜的分光面 BS 也需镀高效、宽带半透射半反射、消偏振分光膜。设分体式干涉仪中一块反射板 M2 反射面的平移量为 c，横向剪切量 d 与平移量 c 之间的关系可表示为

$$d = \frac{\sqrt{2}}{\cos 22.5°} c \qquad (1.22)$$

图 1.21 是萨格奈克干涉仪光程差计算的等效光路示意。一条光线被剪切为相距 d 的两条光线，两条光线通过傅氏镜后在焦平面的成像面处相交并干涉，两条光线的光程差 x 为：

$$x = d \cdot \sin\alpha \approx dy/f_F \qquad (1.23)$$

式中，y——成像面光谱维干涉点到轴上点 O（零光程差点）的距离；f_F——傅氏镜的焦距；α——视场角。

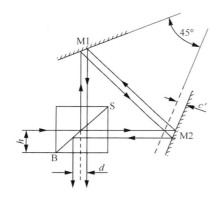

图1.20　萨格奈克分体式干涉仪结构

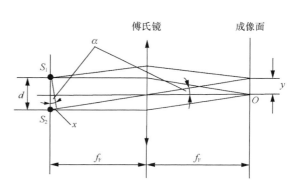

图1.21　萨格奈克干涉仪光程差计算的等效光路示意

使用单边过零采样的方法采集干涉图数据，探测器在干涉图方向上单边总采样点数为 N_M，y_M 为干涉点到轴上点 O 的最大距离，则 FPA 上产生的最大光程差 L_M 为：

$$L_M = dy_M/f_F = (d \cdot N_M \cdot S)/f_F \qquad (1.24)$$

式中，S——采样像元尺寸。则有

$$d = (L_M \cdot f_F)/(N_M \cdot S) \qquad (1.25)$$

由式（1.25）看出，剪切量与最大光程差、傅氏镜的焦距成正比，与探测器像元尺寸成反比。

3. 空间调制干涉光谱成像仪的主要特点

（1）狭缝的长度和宽度只确定成像的空间分辨率，而不影响光谱分辨率。

（2）没有运动部件，面对外界扰动和振动，具有良好的稳定性，适合对地遥感测量。

（3）高光通量、高输出，这又称为贾奎诺特优点，在同等情况下，傅里叶变换光谱仪的光输出量要比采用光栅分光的光谱仪大得多。

（4）多通道，与色散型光谱成像仪相比，可测光谱范围更宽，这又称为 Fellgett 优点。傅里叶变换光谱仪的信噪比比常规光谱仪有很大提高，可以是传统的光栅光谱仪的 $(N/2)^{1/2}$

倍，N 为光谱通道数。尤其在红外波段的辐射源都比较弱时，傅里叶分光计比一般光栅或棱镜分光计优越得多。

（5）实时性好，目标点的光谱和空间信息同时获得，适合测量光谱和空间变化的目标。

（6）光谱定标精度、消杂散光特性、体积重量及制造成本较色散型光谱成像仪系统也有明显优势。

但是此类光谱成像仪要求视场与推扫运动高度配准，对平台稳定性要求比较高。

美国 2000 年 7 月发射的实验卫星 MightySat II.1 上搭载的 FTHSI 就是空间调制的光谱成像仪。我国 HJ-1A 高光谱成像仪和 CE-1 卫星搭载的高光谱成像仪，就是利用萨格奈克干涉仪分光的空间调制干涉光谱成像仪。

三、时空联合调制干涉光谱成像仪

时空联合调制干涉光谱成像仪能够获得地物"图谱合一"的信息。相里斌提出一种基于横向剪切干涉仪的时空联合调制干涉光谱成像仪方案，这种光谱仪没有入射狭缝，没有运动部件，其能量利用率优于空间调制干涉光谱仪。与时间调制型光谱仪相比，其在结构上更加可靠，也更容易实现。

中科院西安光机所于 1999 年研制了时空联合调制的大孔径静态干涉光谱成像仪 LASIS 和配套的高稳定度工作平台。图 1.22 为时空联合调制干涉光谱成像仪原理样机［见图 1.22（a）］及其获取的单帧图像［见图 1.22（b）］。

（a）时空联合调制干涉光谱成像仪原理样机　　　　（b）获取的单帧图像

图 1.22　时空联合调制干涉光谱成像仪原理样机及其获取的单帧图像

如图 1.23 所示，LASIS 主要由 5 部分组成，前置光学系统、干涉仪、成像镜、探测器和数据采集系统等。其基本原理是在无限远成像系统中加入横向剪切分束器，前置光学系统的作用是可以压缩后续光学零件的尺寸和体积。光路原理基本与空间调制傅里叶变换光谱成像仪相同，只是在前置光学系统的后焦面处将视场光栏的狭缝改为大孔径的窗式光栏，因此在光谱成像仪的像面 FPA 上可以形成目标的二维图像。与此同时每束光线被萨格奈克干涉仪剪切，在像面 FPA 上形成干涉。与空间调制相同，干涉的光程差由干涉仪的剪切量 d、傅里叶镜的焦距 f 和干涉点距零光程差点的距离 y 决定，在干涉仪的剪切方向产生干涉图，就形成了一维光谱信息。由于 y 值与光谱仪在剪切方向的视场角对应，像面处像元的响应实为该目标对应此视场角的干涉数据。LASIS 每次采样的单帧图像如图 1.22（b）所示，在二维图像上叠加了干涉条纹，即包括了两维的空间信息也包括了一维光谱信息。在采样过程中，FPA 表面每一点产生的光程差是恒定的，属于空间调制干涉系统。但对于每个目标点，要获得一副完整的、包括全部光程差的干涉图，还需要进行全视场连续帧的推扫成像（沿光谱维推扫）才能完成。在推扫过程中，每个像点在不同时刻被不同的光程差调制，推扫达到最大光程差后才能得到完整的干涉图数据，得到时间序列的干涉图。对该干涉条纹数据进行傅里叶变换，即可得到所对应物点的光谱信息。所以说LASIS 具有时间、空间调制的型式。

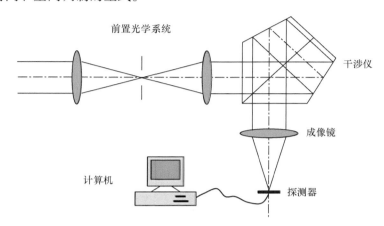

图 1.23　LASIS 干涉光谱成像仪光学系统原理

LASIS 的原始图像数据需经过重新排列：在推扫的时间序列图像中，对空间维、零光程差列的每个像元，沿光谱维依次抽取各光程差的干涉数据，得到该空间像元的点干涉图，再通过傅里叶变换和光谱复原处理，得到共轭物元的辐射光谱。以同样的方法，在依次抽取的图像中计算空间维、零光程差列各像元的复原光谱，最终得到全视场二维空间像元的辐射光谱。理想情况下，利用全视场推扫的所有图像帧序列，即可获得地物目标的点干涉数据，其提取过程如图 1.24 所示。

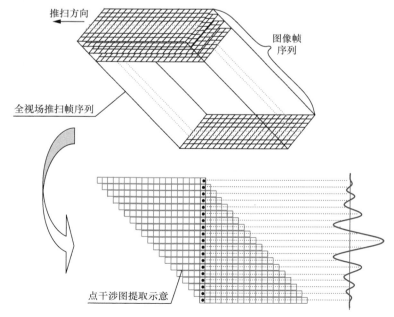

图 1.24　点干涉数据提取过程

由图 1.24 可以看出，要准确提取目标的干涉数据，需要满足两个条件，一是对目标进行全视场推扫，二是提取的图像帧满足特定的对应关系。

通过辐射定标和合成图像处理，可以得到二维空间的单色图像、复色图像和色彩更真实的彩色图像。图 1.25、图 1.26 分别为 LASIS 获得的单色图像和合成彩色图像。

图 1.25　LASIS获得的单色图像　　　　　图 1.26　LASIS获得的合成彩色图像

LASIS 干涉图调制度与曝光时间内像点移动的距离有关，因此需对光谱仪装载平台的运动稳定性提出较高的要求。此外，在能量通量足够的前提下，可以采用电子快门缩短曝光时间，提高干涉图的调制度。

高通量和高稳定度的特性，给 LASIS 带来了许多优点：由于高通量，光学系统的口径可以很小，从而减轻重量、缩小体积；由于高通量，探测器的噪声影响相对降低，从而放松了对探测器的要求，或省略制冷环节以减轻重量、缩小体积，或采用制冷技术以提高信噪比；由于高通量，探测器的曝光时间可以缩短，从而提高空间维和光谱维的信号质量；由于高稳定度，其适用于苛刻环境；由于高稳定度，其寿命大大延长。

LASIS 虽然是画幅式光谱成像仪，它的推扫仍然是逐行进行的。因此，在推扫方向上有许多冗余图像信息，一方面，可以利用这些信息获得高光谱图像，另一方面，也可以将它看作类似时间延迟积分（Time Delay Integration，TDI）照相机。这样，通过图像处理，能够同时获得高光谱图像和高灵敏度直接图像，二者甚至可以相互校准、融合。利用线性预测、自回归、奇异值分解等方法，在干涉图（看作时域信号）域中，可以实现光谱分辨率的提高；利用面阵探测器逐行推扫的冗余图像之间的匹配、数据融合等方法，可以实现空间分辨率的提高。

但是，由于 LASIS 获取完整干涉图不是实时进行的，要依靠载体的运动来推扫，因此对载体姿态的要求比较高，这也是该方案突出的缺点之一。LASIS 的研究提出了利用图像匹配修正载体姿态误差的高精度算法，获得了很好的实验结果，大大降低了 LASIS 对载体姿态的要求。此外，对于卫星载荷的时空调制干涉光谱成像仪，在高帧频工作条件下，获取全光程差干涉图的实际时间可以达到 10^{-1} s 级，在对地观测中可以满足采样时间的要求。例如：帧频为 500，最大光程差采样点数为 200，则获取全光程差干涉图的实际时间为 0.4s。

目前中科院西安光机所已经为几个高分探测卫星研制生产了此类光谱成像仪，它已应用于地球观测工作。

四、偏振干涉光谱成像仪

利用具有双折射特性的光学元件实现分光干涉的光谱成像仪，即为偏振干涉型光谱成像仪。用于偏振干涉光谱成像仪的双折射光学元件主要有：偏光棱镜、液晶可调谐滤光片（Liquid Crystal Tunable Filter，LCTF）以及非共线性声光调制滤光片（Acousto-Optic Tunable Filter，AOTF）。下面主要介绍偏光棱镜分光的偏振干涉光谱成像仪。

偏振干涉成像光谱仪的光学系统与采用萨格奈克干涉仪的光谱成像仪相似，由前置光学系统、一次像面视场光栏、准直镜、干涉仪、成像系统和 FPA 组成。偏振干涉成像光谱仪的核心是偏振干涉仪，它主要由双折射分束器和位于其前后的两个偏振器（偏振片）组成。双折射分束器分为横向剪切和角剪切两类，目前代表性的方案有基于萨伐尔板的横向剪切分束器和基于渥拉斯顿（Wollaston）棱镜的角剪切分束器，二者虽然在结构和性质上有所不同，但都能起到将一束线偏振光分割成振动方向相互垂直的二束线偏振光的作用。

偏振干涉成像光谱仪同样可分为空间调制和时间、空间联合调制两种形式。一种是一次像面视场光栏为狭缝，成像系统中有柱面镜。图 1.27 是 1996 年美国华盛顿大学研制的双折射（Birefringent）干涉光谱成像仪 DASI 的光学系统示意，干涉仪采用渥拉斯顿棱镜干涉仪。前置光学系统将目标成像于一次像面的狭缝上，经准直镜入射到偏振器（Polarizer），沿起偏器偏振化方向的线偏振光入射到渥拉斯顿棱镜，渥拉斯顿棱镜将入射光分解为两束强度相等的寻常光（o 光，振动方向垂直于主平面）和非寻常光（e 光，振动方向平行于主平面）。这两束振动方向垂直的线偏振光经检偏器后，成为与检偏器偏振化方向一致的两束线偏振光，经成像系统聚集于成像平面处的探测器上，在剪切方向上得到干涉图。因此在成像平面探测器上形成一维空间图像，同时经偏振棱镜的剪切干涉在垂直于狭缝方向形成物面像元的干涉图，通过推扫获得二维空间信息，成为空间调制光谱成像仪。

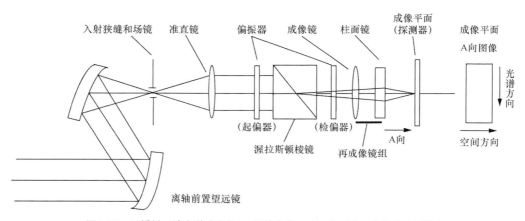

图1.27 双折射干涉光谱成像仪DASI的光学系统示意图（具有离轴前置镜）

DASI 有可见光和短波红外两种，光谱范围分别为 0.4～1.0μm 和 1.2～2.2μm。DASI 在 1994 年进行了机载飞行实验，获得地面机场跑道、农田植被等目标的图像和干涉图。（Smith）

另一种如图 1.28 所示的稳态偏振干涉成像光谱仪（USIP1S）的光学系统示意。在采用双折射棱镜（萨伐尔板）的偏振干涉仪的光谱成像仪中，光学系统的前置镜 L_1 后焦面处使用大孔径的视场光栏，就成为时间空间联合调制的光谱成像仪。此类光谱成像仪可以获得很大的光通量。

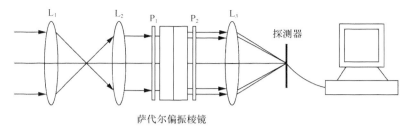

图 1.28 稳态偏振干涉成像光谱仪（USIP1S）的光学系统示意

比利时的 Dewandel 等及我国西安交通大学的张淳民对这种大孔径、双折射棱镜的光谱成像仪进行了研究，并取得实验室验证结果。

大孔径、双折射棱镜的干涉光谱成像仪的主要特点是高通量、高稳态。

1.1.7 不同类型光谱成像仪的性能比较

前面介绍了不同空间成像、光谱成像形式的各种类型的光谱成像仪，现就使用较多的时空调制干涉光谱成像仪 LASIS、空间调制干涉光谱成像仪 SMIS 和色散型光谱成像仪的性能特点做比较，详见表 1.3。

表 1.3 3 种类型光谱成像仪性能比较

性能	时空调制干涉 LASIS	空间调制干涉 SMIS	色散型
能量利用率	高	中	低
信噪比	高	中	低
光谱范围	较宽	较宽	较窄
光谱分辨率与空间分辨率	独立	独立	制约
光谱线性度	线性	线性	非线性
谱线弯曲	无	无	有
光谱重叠	无	无	有
数据率	较高	较高	较低
数据处理	较复杂	复杂	简单
光谱测量实时性	较差	较好	较好
稳定性	好	好	好
杂光	有影响	有影响	不利
视场角	较小	较小	较小
定标	较复杂	较复杂	较简单
体积重量	小	小	大
对卫星姿态的要求	较高	较低	较低
狭缝对光谱分辨率的影响	无	无	有

1.2　国外遥感高光谱成像仪及采用的定标技术

本节主要介绍国外典型的高光谱成像仪的特点及其定标技术。

1.2.1　MODIS

美国 NASA 制定了对地观测系统计划 EOS，分别于 1999 年和 2002 年发射了 Terra 及 Aqua 卫星。Terra 卫星因每日上午过境，称为上午星，Aqua 卫星每日下午过境，称为下午星。两个卫星上的主要载荷都是中分辨率光谱成像仪 MODIS，其数据产品主要应用于自然灾害、生态环境监测，以及全球气候、环境变化的综合性研究。

MODIS 的工作谱段覆盖了从可见光、近红外到热红外（0.41 ~ 14.4μm）的光谱区间，共设置了 36 个谱段。空间分辨率有 3 种，即 250m、500m 和 1km，各谱段的空间分辨率不同。

谱段 band 1 ~ 19、band 26 的波长范围是 0.41 ~ 2.2μm，是反射太阳谱段（Reflective Solar Bands，RSB），在白天采集数据。谱段 band 20 ~ 25 和 band 27 ~ 36 是热辐射谱段（Thermal Emissive Bands，TEB），在白天和夜间连续测量数据。MODIS 的观测数据可以生产出约 40 种科学数据产品。

MODIS 由一个双面扫描镜旋转对地扫描，以穿轨扫描的方式、以每次 10km 的宽度获取地物目标的光谱图像信息。目标的辐射光通过 MODIS 的扫描孔进入扫描腔及扫描镜。连续运转的双面扫描镜将入射光反射至一个折叠镜，同时进入由两个离轴、共焦抛物面镜组成的望远镜。不同光谱波段的光通过 3 个分光镜和滤光片，分别由 4 个光路进入不同的焦平面组件，由不同的光电探测器阵列接收。这 4 个焦平面组件为：可见光组件、近红外组件、短波红外和中波红外组件、长波红外组件。后两个焦平面组件设有辐射制冷器，需制冷到约 85K。在焦平面组件上分别安装有各波段的光电探测器和 A/D 变换器，它们将图像变为数字信号，然后通过格式化器和缓冲器将信号输出。

MODIS 的光学孔径是 18cm，又由于扫描列宽的要求，使得扫描镜的设计尺寸较大，达到 57.8cm × 21.0cm × 5.0cm。

MODIS 设计了较完善的星上定标设备。MODIS 在发射前须经过不同级别和环境下的定标和性能测试。在轨运行期间，MODIS 利用星上定标装置和多种定标方法对仪器进行定标和性能变化的监测，保证了数据产品的质量。

MODIS 携带的星上定标器（On-Board Calibrators，OBC）共有 4 个部分：（1）太阳漫射板（Solar Diffuser，SD）；（2）太阳漫射板稳定性监测器（Solar Diffuser Stability Monitor，SDSM）；（3）光谱辐射定标装置（Spectral-Radiometer Calibration Assembly，SRCA）；（4）V 形槽黑体（V-Grooved BlackBody）。仪器还设置了空间观察窗口（Space View，SV），可以进行仪器背景的测量。为了监测太阳反射波段辐射定标的稳定性，MODIS 还定期进行对月球的观测。当月亮相位角约为 55.5° 时，控制整个飞行器变更姿态，使 MODIS 可以通过对地观测区或空间观测区对月亮进行观测，以及进行遥感器的辐射定标和辐射响应长期稳定性的监测。到 2018 年，Terra 和 Aqua 上的 MODIS 已经分别运行了 18 年和 16 年，Truman Wilsona 介绍了在此期间采用月亮观测监测的 MODIS 各波段增益的变化结果。

图 1.29 所示是 MODIS 解剖图和星上定标机构。

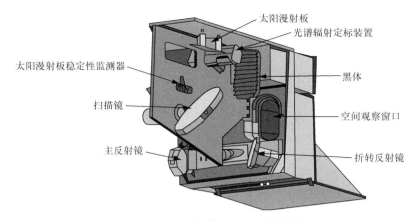

图 1.29　MODIS解剖图和星上定标机构

显示定标机构有：太阳漫射板（SD）、太阳漫射板稳定性监测器（SDSM）、黑体（BB）、光谱辐射定标装置（SRCA）。

MODIS 在轨运行期间利用白沙等多个辐射定标场进行遥感器的替代定标、交叉定标。

2000 年 6 月 11 日、11 月 2 日，2001 年 1 月 5 日，以 Landsat-7 卫星的载荷 ETM+ 作为参考遥感器，利用两个遥感器在 Railroad Valley 试验场的观测数据，对 MODIS 进行了交叉定标。

2001 年 7 月 16 日，对 5 个星载传感器在 Railroad Valley 试验场的所有成像进行了交叉比较。这些传感器包括 ALI、EO-1 上的 Hyperion、Landsat-7 上的 ETM+、Terra 上的 MODIS 和 Space Imaging 的 Ikonos。

MODIS 数据主要有以下 4 个特点。

（1）全球免费：MODIS 数据从 2000 年 4 月开始由 NASA 正式发布，并以广播 X 波段向全球免费发送。相对于其他遥感器数据的公开有偿接收或者有偿使用，MODIS 数据的使用和接收政策使其成为大多数科学家廉价、实用的数据资源。

（2）光谱范围广：MODIS 数据涉及的波段范围较广，包括了从大气到海洋、陆地的全方位观测所需的可见光和红外波谱数据。这些数据对于地球科学和对陆地表面、大气及海洋等进行的各种综合研究具有较高的实用价值。

（3）数据接收简单：MODIS 数据的接收相对简单，它采用微波的 X 波段向地面发送，并在数据发送中使用了大量的纠错措施，来保证用户能用很小的天线（仅需 3m）得到优质的信息。

（4）更新频率高：Terra 和 Aqua 卫星都是太阳同步极轨卫星，Terra 在上午过境，Aqua 在下午过境。两颗卫星上的 MODIS 数据在时间更新频率上相配合，加上晚间过境数据，每天最少可以得到 2 组白天和 2 组黑夜的更新数据。这样的数据更新频率，对实时地球观测和应急处理（例如森林和草原火灾监测和救灾）有较大的实用意义。

MODIS 在光谱、空间、时间分辨率以及更严格的定标条件上都超过了传统遥感器，它具有完善的星上定标设备，在轨运行中采用多种定标方法进行辐射定标和衰变监测，因此 MODIS 具有理想的定标精度，在太阳反射波段的不确定度小于 2%。加之 MODIS 的数据发布特点，在许多遥感器的交叉定标中，常选用 MODIS 作为参考遥感器。（Thome，宋碧霄）

1.2.2 Hyperion

EO-1 是美国 NASA 面向 21 世纪的新千年计划中为了接替 Landsat 7 而研制的新型地球观测卫星，于 2000 年 11 月 21 日发射升空。EO-1 卫星为太阳同步卫星，轨道高度为 705km，倾角为 98.7°，同 Landsat 7 处于同一轨道，两者间隔 1min 飞过相同的地面目标，并保持间隔 2s 的精度，因此两颗卫星的数据可以实现相互比对。

EO-1 上搭载的高光谱成像仪 Hyperion 是当时集高空间分辨率与高光谱分辨率的光谱成像仪，可广泛应用于地质调查与找矿、土壤退化动态监测、精准农业和森林防护以及水资源监测等方面。

Hyperion 刈幅宽度为 7.7km，视场角为 0.624°，瞬时视场为 0.043mrad，空间分辨率为 30m，帧频为 25Hz，数据编码为 12bit。Hyperion 是推扫式光栅色散型光谱仪，在前置光学系统后，光束由分光镜分成两路，反射光路是可见光，工作波段为 400 ~ 1000nm，透视光路是短波红外，工作波段为 900 ~ 2500nm，两路光分别通过光栅进入焦平面装置。可见光波段采用硅 CCD 阵列，短波红外波段采用 HgCdTe 探测器，制冷温度为 120K。Hyperion 共有 220 个波段，光谱分辨率为 10nm。不同波段的 Hyperion 数据信噪比存在较大差异，可见光波段信噪比可达 190：1，而短波红外波段的信噪比低于 40：1。

Hyperion 的星上辐射定标的内部定标光源，使用 4 个石英卤素灯（1.06A，4.25 V），灯用于照明处于关闭状态时的望远镜盖子。盖子涂层为美国伊利诺伊理工大学（Illinois Institute of Technology，IIT）研制的 S13GP/LO-1 硅树脂，是白色漫射热控涂层。定标灯需成对使用，每对分为一主灯一副灯，以使照明达到适当的辐射量级。这种灯在地面经过了寿命实验。以灯为基础的定标是在太阳定标之后，盖子处于关闭状态时进行的，之后就会进行暗电流测试。在卫星发射的最初 3 年，灯定标频率较高。2009 年的数据显示，仪器运行 8 年后，灯的辐射强度有些下降。

Hyperion 在轨观察太阳，可以测量太阳的光谱辐射。太阳照射到 Hyperion 望远镜盖子背面的入射角是 53°，Hyperion 在此时采集太阳定标数据。但 Hyperion 的视场角只有 0.43°。为了确保指向正确，航天器要进行姿态调整，使太阳光的入射角在法线周围 6° 范围内变化，并避开由太阳挡板引起的太阳辐射的渐晕。2000 年 12 月 12 日，Hyperion 第一次通过可见 - 近红外和短波红外焦平面采集了太阳数据，而第一个有太阳确定位置的太阳定标出现在 2001 年 2 月 16 日。太阳定标每周进行一次。此外，Hyperion 接收穿过大气层的太阳光，利用大气层中气体的吸收峰来进行光谱定标的验证。通过采集太阳穿过大气的光谱数据、仪器盖板的反射光谱与标准的大气光谱，进行对比分析，验证在轨光谱与发射前光谱定标结果的变化，进行光谱定标。

月亮定标：每月一次的观察值是在一个经过全月的、确定的相位角采集的，同 SeaWiFS 和 ASTER 一致。Hyperion 的月亮定标模式同仪器的对地观测光路一致，是全系统定标。

Hyperion 的星上定标详见第 4 章。

Hyperion 在轨运行后还利用美国的白沙试验场和澳大利亚的 Lake Frome 试验场进行场地定标。Hyperion 还多次与其他遥感器进行交叉定标。2001 年 7 月借助美国 Railroad Valley 试验场的观测数据，ALI、Hyperion、ETM+、MODIS 和 Ikonos 这 5 个遥感器实现了交叉定标。

1.2.3 FTHSI

2000 年 7 月 19 日，美国空军研究实验室发射的 MightySat II.1 号搭载了一个干涉型高光谱成像仪 FTHSI 和星上处理器 Quad-C40 。卫星飞行在高 575km、倾斜角为 97.8° 的太阳同步轨道上。

FTHSI 是基于 Sagnac 干涉仪的空间调制干涉光谱成像仪，光谱范围为 475～1050nm，共有 256 个通道（可用 146 个谱段），空间分辨率为 30m，光谱分辨率为 2～10nm，视场角为 3°，其重量却仅为 20.45kg。

FTHSI 是第 3 代高光谱成像仪的代表，是世界上第一台真正成功用于航天遥感的高分辨率光谱成像仪。FTHSI 是干涉型光谱成像仪的成功典范，仪器表现出了极高的稳定性、辐射灵敏度和光谱测量精度，其入轨后的工作被美国空间研究实验室评价为"近乎完美"。由于 MightySat II.1 出色的性能和成功运行，其研究组获得了美国空间研究实验室的"司令杯团体奖"和"空间运载工具董事会年度团体奖"。

空间调制傅里叶变换光谱成像技术在短短 8 年左右时间里，走过了原理研究、地面装置试验、机载飞行试验，于 1998 年完成了有效载荷的鉴定，最后装载在卫星上发射成功。

MightySat II.1 号上搭载的有效载荷除 FTHSI 外，还有 Quad-C40 处理装置。FTHSI 使用 Quad-C40 进行一些实时图像采集和采集后的图像处理，主要的处理工作还是依赖数据下载后的地面处理。

FTHSI 是一个基于萨格奈克干涉仪、推扫成像的空间调制高光谱成像仪。图 1.30 是 FTHSI 光学系统原理。该光学系统由前置镜组、狭缝、干涉仪、傅氏镜组、柱面镜和探测器组成。由前置镜组将被测目标成像于狭缝处，狭缝的长度方向垂直于纸面，并用来限制被测目标的视场。

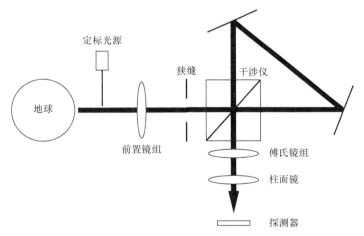

图 1.30　FTHSI 光学系统原理

光线通过干涉仪被剪切、调制，形成一维干涉图。来自干涉仪的光线通过傅氏镜组和柱面镜，成像在探测器上，形成一维空间图像和干涉图。空间调制的光谱成像仪像面一次曝光的单帧图像，是由空间维、零光程差列每个像元的图像与其在光谱维的光谱干涉图组成的，沿光谱维的一行数据即为空间像元的点干涉图，由点干涉图就可得到复原光谱。光谱仪沿光谱方向推扫，获取逐帧二维空间信息。探测器使用硅 CCD 阵列，整帧读出频率高于 100 帧 /s。FTHSI 在轨运行时，实际使用的是 15 帧 /s。

图 1.31 为搭载在 MightySat II.1 卫星上的 FTHSI 的解剖示意。望远镜的口径为 165mm，空间维相对孔径为 F/3.4，光谱维相对孔径为 F/5.3。仪器的设计中没有运动部分，可以防止发射时引起的偏移。干涉仪由两块作为半分光镜的玻璃组成，被装在一个铝制基座上。整个结构被紧密地安装在机架上。系统实施了热控，以保持 −20 ~ 20℃的温度环境。

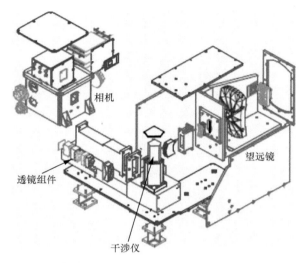

图1.31　搭载在MightySat II.1卫星上的FTHSI的解剖示意

FTHSI 在轨运行时，于 2001 年 1 月前，利用采集期间已知反射率和辐射度的目标，进行了替代定标；从 2001 年开始，完成了大量的与 AVIRIS、Hyperion、地面团队类似的对同样场地的图像采集。

图 1.32 为采用 2001 年 1 月 5 日的数据成功得到的辐射度替代定标的曲线，较好的向下凹的曲线是在 500 ~ 900nm 的遥感器工作谱段实现的，曲线两端的变化与硅探测器在这两端的量子效率降低有关。

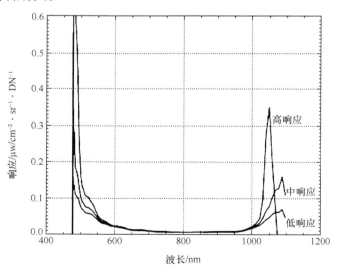

图1.32　采用2001年1月5日的数据得到的辐射度替代定标的曲线

卫星越过夜晚的海洋上空，可以采集暗电流，并检测焦平面的热像元，每月可以采集一次。当卫星飞过加拿大冰面上空时，可以检测焦平面的冷像元。检测出的坏像元可以用平滑的方法修正。

光谱定标：图 1.33 为光谱定标曲线，显示传感器的光谱分辨率在焦平面上的变化。光谱分辨率变化了 0.05%，是由萨格奈克干涉仪 10cm 长度上的偏置量里有 8μm 偏移造成的。这个光谱变化不校正，将造成数据中的光谱偏移。图 1.34 为 O_2 吸收波段（760nm）在焦平面不同位置的光谱偏移。图 1.34 中横坐标 Bin# 为与波长相应的记数值，纵坐标 DU 为光的响应幅值。Tile A、Tile B、Tile C、Tile D 为焦平面空间不同位置的数据处理及结果的存储器。这些光谱偏移可以应用图 1.33 中的光谱定标记录进行调整。

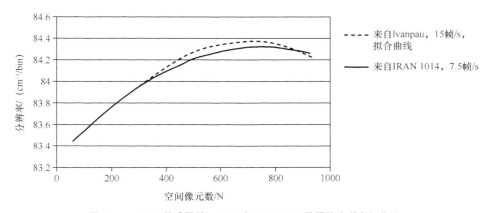

图 1.33　FTHSI 传感器基于 2000 年 12 月 16 日数据的光谱定标曲线

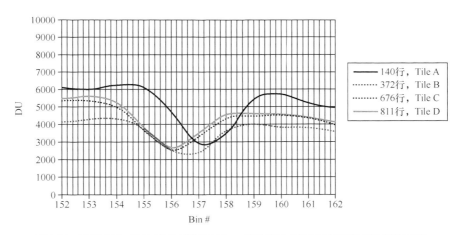

图 1.34　于 2000 年 12 月 16 日采集的 760nm 吸收波段在焦平面不同位置的光谱偏移

若获取的图像中出现鬼像和条带，在地面处理时采用最大期望值的计算方法，可以消除大部分鬼像。

图 1.35 为 FTHSI 在 2000 年 8 月 26 日获取的数据处理后所得的图像，图像中显示出苗壮的植被（红色）和水系（蓝色）。光谱数据的进一步开发将可以确定地区的植被类型和人造的建筑物。

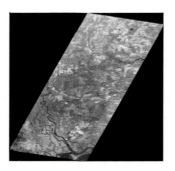

图1.35　FTHSI在2000年8月26日获取的数据处理后所得的图像

1.3　国内遥感高光谱成像仪及采用的定标技术

本节主要介绍国内典型的遥感高光谱成像仪的特点及其定标技术。

1.3.1　环境卫星HJ-1A高光谱成像仪HSI

中科院西安光机所研制的高光谱成像仪 HSI，搭载在环境卫星 HJ-1A 上，并于 2008 年 9 月 6 日发射成功，升入太空。HSI 的光谱范围为 0.4～0.9μm，拥有 115 个探测谱段，平均光谱分辨率为 5nm。HSI 是我国第一台对地观测星载高光谱成像仪，是国内采用静态干涉成像光谱技术研制而成的，是继 FTHSI 后第二台运用该技术的相机，也是世界上第一个用于业务卫星的空间调制干涉光谱成像仪。高光谱成像仪 HSI 目前已在轨运行超过 10 年，已获取了海量观测数据。（相里斌等）

一、高光谱成像仪总体方案和主要技术指标

高光谱成像仪主要由光学主体和星上定标系统两部分组成，其总体方案如图 1.36 所示。

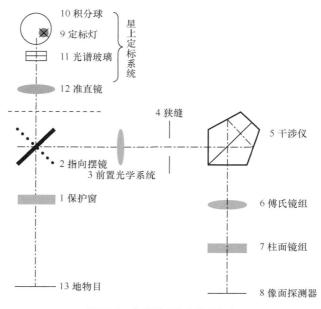

图1.36　高光谱成像仪总体方案

高光谱成像仪光学主体由保护窗、指向摆镜、前置光学系统、狭缝、干涉仪、傅氏镜组、柱面镜组和像面探测器等组成。星上定标系统由装有定标灯的积分球、光谱玻璃和准直镜组成。由积分球产生的均匀面光源经光谱玻璃的吸收，使其光谱存在特定吸收峰。由于光谱分布已知，可以进行相对光谱辐射定标。指向摆镜可以实现高光谱成像仪侧视成像及星上定标两个功能。表 1.4 为高光谱成像仪的主要技术指标。图 1.37 为 HSI 的光机主体。

表 1.4　高光谱成像仪的主要技术指标

项目	指标
轨道高度 /km	650
幅宽 /km	52.8
工作谱段 /μm	0.458 ~ 0.956
平均光谱分辨率 /nm	4.57
地面分辨率 /m	100
侧向可视视场角 / (°)	−30 ~ +30
谱段数 / 个	115
输出信号量化 /bit	12
光谱信噪比 /dB	50
光学 MTF 值	0.24
辐射定标精度 /%	相对 2.4，绝对 8.2
原始数据率 /(Mbit · s⁻¹)	107.8
压缩后数据 /(Mbit · s⁻¹)	65.7
重量 /kg	50.78
功耗 /W	短期 54.6，长期小于等于 15
寿命 /a	大于等于 3

高光谱成像仪的关键技术包括了宽波段光谱系统设计、干涉仪镀膜及微应力装夹、柱面镜精密装夹、高性能电子学系统设计、全系统装测、定标和光谱复原技术等几个方面。

二、高光谱成像仪光学系统设计

HSI 的光学主体主要由前置光学系统、狭缝、横向剪切干涉仪、傅氏镜组、柱面镜组和像面探测器等组成，采用实体型萨格奈克干涉仪作为系统横向剪切干涉仪。

根据 1.1.6 小节中介绍的空间调制光谱成像仪工作原理和光学系统参数的计算方法，工作波

图 1.37　HSI 的光机主体

段在可见 - 近红外 0.45 ~ 0.95μm 的光谱成像仪，最大波长为 0.95μm，选用像元尺寸为 18μm，则系统 F# 需小于 7.7。为了实现高分辨率观测，衍射极限的分辨角要小于瞬时视场 20.8μrad，综合光学系统的遮拦、透镜界面反射损失、干涉仪实际效率等各种因素，选取系统的焦距为 117mm，光学系统的入瞳口径为 36mm，F# 为 3.25，视场角 fov 为 4.4°，

光谱分辨率 $\delta\sigma$ 为 97.47cm^{-1}，谱段数 n 为 120，最大光程差 L_{max} 为 51.3μm，干涉仪横向剪切量 d 为 0.678mm，具体计算如下。

光谱范围：$\Delta\sigma = \sigma_{max} - \sigma_{min} = 22222\text{cm}^{-1} - 10526\text{cm}^{-1} = 11696\text{cm}^{-1}$

光谱分辨率：$\delta\sigma = (\sigma_{max} - \sigma_{min})/n = 11696\text{cm}^{-1}/120 = 97.47\text{cm}^{-1}$

最大光程差：$L_{max} = 1/(2\delta\sigma) = 51.3\text{μm}$

有效采样点数：$N_S = 2 L_{max} \sigma_{max} = 228$

采用单边过零 28 像元采样，光谱方向二合一，像元尺寸 s 为 0.036mm，傅氏镜的焦距 f 为 108.5mm，则干涉仪横向剪切量为：

$$d = \frac{L_{max}f}{N_S S} = \frac{51.3\text{μm} \times 108.5\text{mm}}{228 \times 36\text{μm}} = 0.678\text{mm}$$

干涉仪的错位量为：

$$C' = d/0.5858 = 1.158\text{mm}$$

波长分辨率为：

$$\Delta\lambda_1 = \frac{1}{\sigma_1^2}\delta\sigma = 97.47\text{cm}^{-1}/(22222\text{cm}^{-1})^2 = 1.97\text{nm} \ (\lambda_1 = 450\text{nm})$$

$$\Delta\lambda_2 = \frac{1}{\sigma_2^2}\delta\sigma = 97.47\text{cm}^{-1}/(14286\text{cm}^{-1})^2 = 4.78\text{nm} \ (\lambda_2 = 700\text{nm})$$

$$\Delta\lambda_3 = \frac{1}{\sigma_3^2}\delta\sigma = 97.47\text{cm}^{-1}/(10526\text{cm}^{-1})^2 = 8.80\text{nm} \ (\lambda_3 = 950\text{nm})$$

1. 高光谱成像仪光学系统焦距分配

图 1.38 所示为高光谱成像仪主光学系统结构原理图。

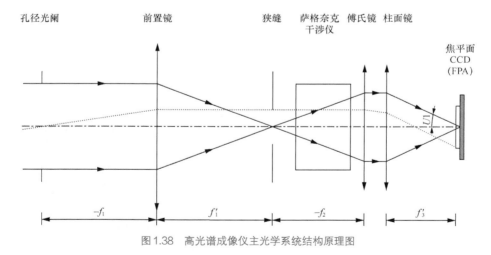

图 1.38　高光谱成像仪主光学系统结构原理图

高光谱成像仪主光学系统相当于在柱面光学系统前加了一个无焦望远系统，整个系统的焦距绝对值就是柱面镜有限焦距乘以望远系统的视角倍率 Γ：

$$f = \frac{f_1'}{f_2'} f_3' = \Gamma f_3' \tag{1.26}$$

式中，f_1'——前置镜的焦距；f_2'——傅氏镜的焦距；f_3'——柱面镜的焦距。

由式（1.26）可知，在一个无焦系统后面放置一个有限焦距系统后，合成光组也是有限焦距系统（定焦物镜），此时合成光组焦距等于无焦系统后面放置的有限焦距系统的 Γ 倍。

由近轴光学像方焦点距离计算公式，得：

$$f = \frac{h_1}{\tan u_3'} \tag{1.27}$$

$$\tan u_3' = \frac{h_2}{f_3'} \tag{1.28}$$

将式（1.28）代入式（1.27）得：

$$f = \frac{h_1}{h_2 / f_3'} = \frac{h_1}{h_2} f_3' = \frac{-f_1'}{f_2'} f_3' = \Gamma f_3' = f_1' \beta = -f_1' \frac{f_3'}{f_2'} \tag{1.29}$$

式中，β——中继镜组（狭缝到 FPA 中的傅氏镜与柱面镜的组合光学系统）的横向放大率。式（1.29）证明了整个系统的等效像方焦距等于前置镜焦距的 β 倍。

各分系统光学性能参数分配如表 1.5 所示。

表 1.5   各分系统光学性能参数分配

	焦距 f'/mm	F#	视场角 fov/°	备注
前置镜	181.4	5.07	4.52	像方远心
傅氏镜	108.5	5.07	7.53	物方远心，傅氏镜出瞳与柱面镜焦面重合
柱面镜	70	3.27	7.53	
全系统	117	3.27	4.52	

2. 光学系统结构形式选择

光学系统结构形式选择是在确定了系统焦距、通光口径和视场的基础上进行的。同样，各分系统焦距、通光口径和视场确定后，首先计算和优化各分系统的光学设计，然后再连接成全光学系统进行详细设计。

前面已经论证并确定了各分系统的设计参数与相互关系。由于前置光学系统与傅氏光学系统焦距较长，而柱面镜焦距较短，所以整个系统在图像传递过程中是一个缩小系统。傅氏镜与柱面镜构成了一个缩小倍率为 1.6 倍的中继系统。柱面镜前相当于加了一个望远镜系统，望远镜的视角倍率为 1.67 倍。这样的系统构成有利于前置镜与傅氏镜的几何像差校正，可采用折射式远心光学结构优化设计。

前置镜的作用是收集目标的辐射能，压缩后续光学部件的横向尺寸。对于高空间分辨率和宽光谱特性要求的光谱成像仪，前置光学系统多采用 R-C 折反射式系统和离轴三反无焦结构。对于焦距较短的像方远心可见近红外光学系统，一般采用折射式光学结构。

根据表 1.5 中的光学性能，前置镜焦距属于较短远摄型系统，可采用外置光阑的改进型双高斯结构消除轴外像差和轴上的二级光谱。全透射式系统是一个无遮拦的光组，其孔径光阑（即入瞳）位于前置镜的物方焦点上，构成像方远心系统，以消除光谱成像仪轴外视场的附加光程差。前置镜的像面上设置狭缝，狭缝正好是一个条带目标的一次像面。

傅氏镜是高光谱成像仪光学系统中重要的一个部件，根据性能参数要求，可采用全折射式结构。由于像质需满足瑞利判据，所以设计时的约束条件如下。

- 在狭缝与傅氏镜之间需加入一块厚度为 80 mm 的平板玻璃，这是萨格奈克干涉仪的棱镜展开长度。
- 在 CCD 和傅氏镜之间，需插入一个柱面镜光组，柱面镜零件按中心厚度的平板玻璃计算。
- 傅氏镜与柱面镜共焦，在焦面上放置 CCD，全系统出射光瞳与 CCD 焦面重合，亦即傅氏镜焦平面、柱面镜焦平面、系统出瞳与 CCD 共面。
- 傅氏镜为物方远心光路。
- 选择正 - 负 - 负 - 正较对称结构，由于视场角不大，所以主要校正轴上色差和二级光谱像差。
- 需留 5 ~ 10mm 空气间隔，以满足结构设计需要。
- 柱面镜是一个非旋转对称结构，它对空间分辨率有重要的影响。柱面镜的作用是把二相干平面波的干涉条纹压缩成一条线，以被干涉图方向上的一列 CCD 所探测。柱面镜的焦距选择，应能满足结构的后工作距离和系统的相对孔径。由于像质要满足瑞利判据，需要多片平凸和平凹镜片组合。

3. 高光谱成像仪的光学系统结构及设计结果

通过优化设计和计算结果，高光谱成像仪主光学系统的主要性能参数为：系统焦距 f' 为 117.36mm，视场角 2ω 为 4.5°，$F\#$ 为 3.26，狭缝宽度为 28μm，狭缝长度为 14.34mm，CCD 工作面对角线尺寸为 18.8mm，系统出瞳直径 Φ 为 21.5mm。光谱仪弥散斑最大半径为 8.5μm，最小半径为 5.7μm，弥散斑半径均小于像元尺寸的一半。

高光谱成像仪主光学系统结构如图 1.39 所示。高光谱成像仪主光学系统成像质量用 MTF 评价。图 1.40 为高光谱成像仪主光学系统全（1ω）视场、0.707ω 视场和轴上复色光的 MTF 曲线，各视场复色光 MTF 奈奎斯特空间频率为 28lp/mm（对应 CCD 像元尺寸为 18μm）。由图 1.40 看出，各视场 MTF 值均大于 0.7，远高于 0.5 的设计目标，满足光谱分辨率和空间分辨率的要求。

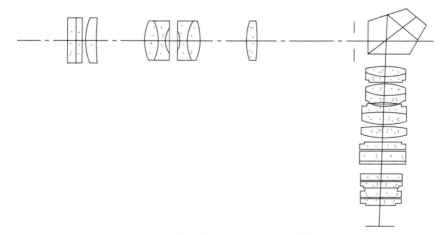

图1.39 高光谱成像仪主光学系统结构

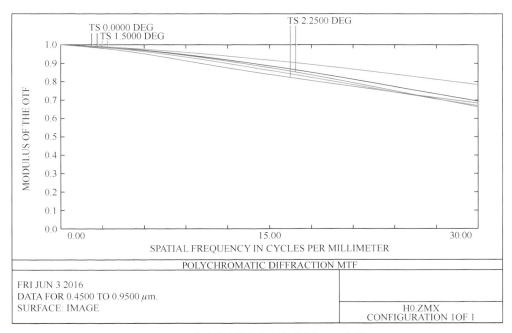

图 1.40 高光谱成像仪主光学系统的 MTF 曲线

4. 星上定标系统设计

星上定标系统由内置定标灯的积分球、光谱玻璃和准直镜组成。由积分球产生的均匀面光源，经已知透射光谱分布的光谱玻璃后，使定标光谱存在特定吸收峰。定标光辐射经准直镜成为平行光。当摆镜处于定标位置时，定标平行光进入主系统，实现全系统的相对光谱辐射定标。

星上定标系统的准直镜焦距可以是前置镜焦距的 $1/2 \sim 1$ 倍，但相对孔径往往要求与前置镜相同，即与成像光学系统的相对孔径一致，将定标系统积分球的出口位置作为物平面，成像在前置镜的焦平面（狭缝）处。需使定标系统在全孔径、全视场或局部视场的照度均匀清晰，实现星上定标。

三、几项关键技术

1. 干涉仪镀膜及微应力装夹

高光谱成像仪光学零件需要镀制宽带高反射膜、高内反膜、宽带截止滤光膜以及高效分光膜。尤其是干涉仪分光膜，其膜系设计与镀膜工艺将直接影响系统的能量利用率、系统的偏振度、图像的信噪比等。仪器研制过程对干涉仪分光膜的要求很高，这样才能保证同一偏振态下的反射率与透射率基本相同。由于干涉仪的主要应力源为装夹应力以及温度变化和力学振动产生的应力，因此，在干涉仪部件的装调过程中，应将材料相同的玻璃作为缓冲基座并与底座相粘接，底座材料选用钛合金，基本消除温度变化时带来的应力。此外，利用消应力槽，进一步隔离螺钉连接产生的应力。

2. 柱面镜精密装夹

与国外采用光学加工工艺保障柱面镜同心度不同，我们采用了精密机械的方法，同样保证了其结构的稳定性和高精度，大大降低了对光学加工装调的要求。设计时借鉴球面镜的对心装调思路，为了便于调整，为每一块柱面镜片设计了一个镜框，简化了精密调整环节，增强了可靠性。调整好后再灌胶固定，以满足柱面镜母线互相平行、偏差小于 10″ 的要求。

3. 高性能电子学系统

高光谱成像仪电子学系统主要包括 CCD 焦面电路、前端控制器和信号处理器三大部件。CCD 焦面电路主要完成光 / 电信号的转换；前端控制器向 CCD 传感器提供正常工作所需要的各种电源偏压和驱动脉冲，并对 CCD 传感器输出的视频信号进行预处理；信号处理器对预处理后的视频信号进行放大、箝位、增益控制、A/D 转换、数据缓存、格式转换等处理，最后形成完整的干涉数据。

4. 全系统装调

空间调制干涉光谱成像仪的全系统装调过程为：以干涉仪的方位为基准点，分别调整入射狭缝及柱面镜组件方位，使得入射狭缝的方向与干涉仪剪切方向垂直，柱面镜的母线方向与剪切方向平行；最后调整探测器，使其行方向与狭缝方向平行，列方向与剪切方向平行。指向摆镜是唯一的运动系统，要通过精密装调，保证它在空间环境中顺畅转动。

四、定标技术

高光谱成像仪的定标包括地面定标、星上定标和在轨定标。地面定标进行了实验室定标和外场定标。

1. 实验室定标工作有光谱定标、光谱辐射度定标和仪器性能测试

光谱定标的测试设备包含 5 个波长稳定的激光光源和准直镜。定标结果：光谱中心波长平均偏差为 0.156nm，半高宽偏差率为 2%。光谱辐射度定标的测试设备包含太阳模拟器光源（积分球）、景物模拟器（准直系统），采用光谱辐射度计（Spectroradiometer）作为辐射标准传递仪器，完成相对辐射定标和绝对辐射定标，定标不确定度分别为 2.46% 和 8.2%。

2. 地面定标中的外场定标

高光谱成像仪外场定标的主要目的，是与实验室定标结果进行相对光谱的比对。

外场定标试验中，对基于太阳 - 大气 - 漫射板方法的辐射定标与基于实验室标准的辐射定标结果进行了比对，二者相对百分差小于 6%。基于太阳 - 大气 - 漫射板的定标方法精度高些，达 5.7%。偏差在短波处大，反映了外场太阳光源与室内光源定标的差别，此光谱相对定标比对得到的偏差系数，可用于光谱的修正。

3. 星上定标主要完成相对辐射定标和光谱定标

在地面进行的热真空测试中，在常温常压、室温常压、高温真空、低温真空、常温真空的不同条件下，星上定标复原光谱的两个典型吸收峰位置不变，两个吸收峰为807.49nm 和 741.91nm，星上相对定标总误差为 3.35%。

4. 高光谱成像仪的在轨定标

2008 年 10 月 10 日至 10 月 25 日，多家企业在敦煌辐射校正场联合开展了环境卫星的在轨辐射定标实验。此次实验由中国资源卫星应用中心牵头，联合中科院遥感应用研究所（简称中科院遥感所）、国家减灾委员会、国家环境保护总局、安徽光机所和东方红公司等共同展开。

中科院遥感所以内蒙古 2008 年 9 月和澳大利亚弗罗姆湖 2009 年 2 月两次野外实验数据为基础，通过地面实测数据的处理，计算出场地上空的表观辐亮度值，并根据敦煌辐射校正场 2008 年的定标系数，反演出高光谱成像仪图像各通道表观辐亮度，将两者进行比对，对高光谱成像仪的定标系数进行真实性检验。内蒙古和澳大利亚两次实验结果表明，2008 年敦煌辐射校正场定标系数具有较高的可信度，至少有 100 个通道的表观辐亮度相对误差率小于 10%。误差率较大的通道主要位于部分蓝、绿通道和臭氧（O_3）、水汽吸收通道。

2009 年 8 月，中科院遥感所定标与真实性检验实验室同中国资源卫星应用中心、国家减灾委员会、自然资源航空物探遥感中心、北京大学、武汉大学等，在敦煌辐射校正场又开展了针对环境卫星的辐射定标实验，进行环境卫星高光谱成像仪在轨辐射定标。

五、光谱复原技术

对于傅里叶变换光谱成像仪的光谱复原处理，至今未见有全面的文献报道。根据我们多年的研究攻关，光谱复原依次需要经过数据预处理、切趾、相位修正、快速傅里叶变换和光谱辐射定标等处理环节。单边干涉图的复原方法还有其特殊性。光谱复原的基本流程如图 1.41 所示。基本流程中的数据预处理和光谱辐射定标与仪器直接相关。预处理主要用于修正干涉数据中存在的误差，包括探测器误差和光学系统误差等。

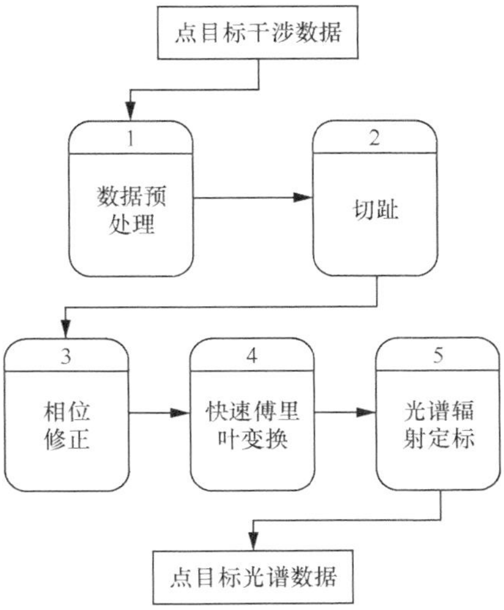

图 1.41　光谱复原的基本流程

六、在轨探测结果

HSI 自 2008 年 9 月 6 日发射升空后，经历了在轨测试等环节，于 9 月 9 日成功下传高光谱探测数据。它先后完成了指向镜侧摆成像、增益调节等测试，对部分数据进行了光谱复原，得到地物的高光谱数据立方体。

图 1.42 给出了 HSI 首轨探测数据复原获得的某戈壁高山地区的高光谱数据立方体，其中的雪盖区域、植被等典型目标区分明显，细节突出。

图 1.43 给出的是 HSI 获得的某沿海地区的高光谱数据立方体，包括了植被、水体及泥沙等特征地物信息，特别是沿海泥沙的分布特征明显。

图 1.42　HSI 获得的某戈壁高山地区的高光谱数据立方体

图 1.43　HSI 获得的某沿海地区的高光谱数据立方体

图 1.44 给出的是 HSI 获得的某城镇地区的高光谱数据立方体，其中的居住区域与周围的环境形成了鲜明的对比。

图 1.45 给出的是 HSI 获得的某平原地区的高光谱数据立方体，其中的河流干道脉络清晰，分布于河道旁的种植区清晰易辨。

图 1.44　HSI获得的某城镇地区的高光谱数据立方体　　　图 1.45　HSI获得的某平原地区的高光谱数据立方体

图 1.46 给出的是 HSI 获得的某平原地区的高光谱图像数据，其中的点状目标近乎规则分布，大面积的土地与植被存在很大的反差。

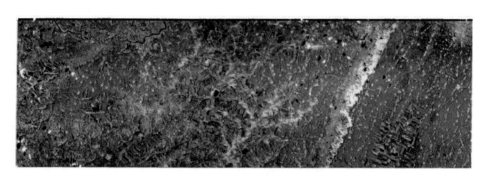

图 1.46　HSI获得的某平原地区的高光谱图像数据

图 1.47 给出的是 HSI 获得的某沿海地区的高光谱图像数据，可以清晰地看到其中的植被、河道，特别是沿海的规则目标及其分布。

图 1.47　HSI获得的某沿海地区的高光谱图像数据

图 1.48 给出的是 HSI 获得的某海边农业地区的高光谱图像数据和目标点的光谱曲线。

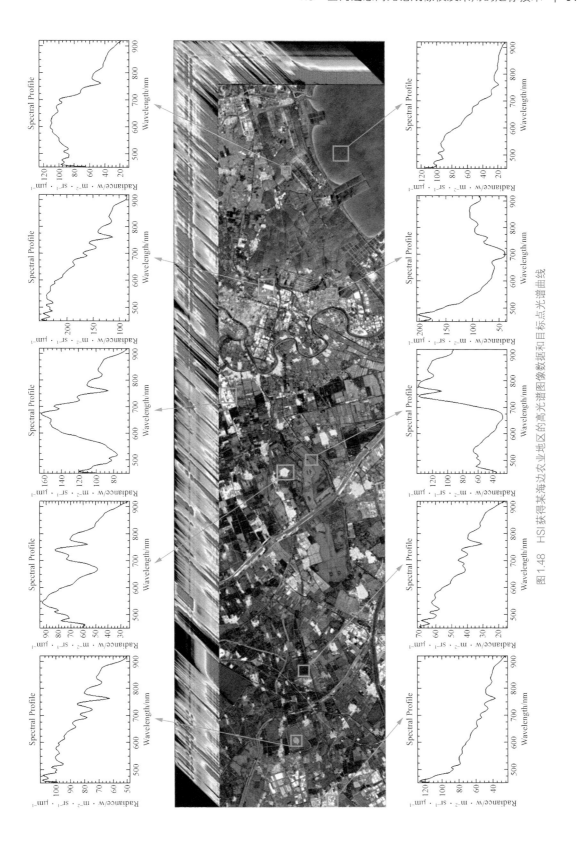

图 1.48 HSI 获得某海边农业地区的高光谱图像数据和目标点光谱曲线

1.3.2 CE-1

探月工程是继载人航天工程之后我国航天领域又一重大项目，首颗月球探测卫星嫦娥一号 CE-1 于 2007 年 10 月 24 日成功发射。中科院西安光机所研制的干涉型光谱成像仪搭载在 CE-1 卫星上升入太空、落在月球上。干涉型成像光谱仪是 CE-1 卫星的有效载荷之一，用于获取月球矿物的光谱信息和全月球分布信息。（赵葆常等）

2008 年 CE-1 卫星圆满完成了绕月探测任务，迈出了我国深空探测领域里程碑的第一步。到 2008 年 12 月，干涉型光谱成像仪的工作时间已超过设计寿命一年，仪器在轨工作一直正常，已获得了大量中、高纬度清晰的多光谱图像。CE-1 的干涉型光谱成像仪在 2009 年 3 月 1 日结束了它的使命，在 495 天的寿命中，它在 84% 的月球表面、月球纬度为 70°N ~ 70°S 的范围，采集了大量的月球表面高光谱数据，由这些数据向全世界展示了月球高空间分辨率的图像。这是国际上首次采用干涉型光谱成像技术，实现对月球的可见 - 近红外连续宽谱段的多光谱探测，它与 X/γ 射线谱仪共同完成了分析月球表面有用元素成分及物质类型的含量与分布的科学目标。

当轨道高度 H 为 200km 时，CE-1 卫星干涉型光谱成像仪应达到的技术指标为：（1）月表地元分辨率 GSD 为 200m；（2）月表成像宽度 L 为 25.6km；（3）光谱范围 λ 为 0.48 ~ 0.96μm；（4）光谱通道数 N 为 32 个谱段；（5）光谱分辨率 $\delta\sigma$ 为 325cm^{-1}；（6）量化等级为 12 bit；（7）MTF 值大于等于 0.2；（8）信噪比大于等于 100；（9）太阳高度角 θ 大于等于 15°。满足这些条件，仪器可以获得有用数据图像。

CE-1 的干涉型光谱成像仪选用萨格奈克空间调制光谱成像技术。图 1.49 为萨格奈克空间调制光谱成像仪的工作原理示意。（图中：M1、M2 为反光镜，BS 为分光面。）

萨格奈克空间调制光谱成像仪是一个二次成像光学系统，在一次像面上插入一个狭缝，狭缝宽度经前置物镜投影到月表上的尺寸，即为月表的空间地元分辨率，狭缝长度与月表成像宽度相对应。狭缝位于前置光学系统的后焦面上，同时又位于傅氏镜的前焦面上。

萨格奈克干涉仪横向剪切作用产生的一对孪生相干虚光源，位于傅氏镜的前焦面上，所以经傅氏镜后出射的光束结构为两个平面

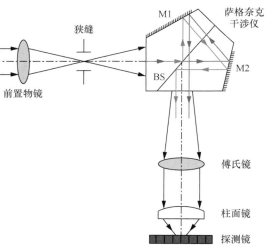

图 1.49 萨格奈克空间调制光谱成像仪的工作原理示意

波。两个平面波在傅氏镜的后焦点上相交并发生干涉，并沿剪切方向形成以轴上零光程差点对称的干涉图。为使轴上物点与轴外物点等光程，前置物镜为像方远心，傅氏镜为物方远心，从傅氏镜出射的光束为平行光，柱面透镜在一个方向上把由傅氏镜出射的相干平面波压缩为一条线，它对应阵 CCD 的一列，傅氏镜与柱面透镜像方共焦，面阵 CCD 位于两者共同的焦平面上，狭缝的长度方向与柱面镜母线相垂直。面阵 CCD 垂直于飞行方向的称为行，对应空间方向；沿飞行方向的称为列，对应干涉图方向。空间方向上每一个像元都具有一条干涉强度分布曲线 $I(x)$，经滤波、去基线（Bias）及位相修正，再经余弦傅里叶变换，即可得到该地元的光谱强度分布 $B(\sigma)$，即

$$B(\sigma) = \int_{-\infty}^{+\infty} I(\chi) \cdot \cos 2\pi\sigma\chi \mathrm{d}\chi \tag{1.30}$$

CE-1 干涉型光谱成像仪的光学系统设计是一个二次成像光学系统，可以把它看作前置物镜加上一个由傅氏镜与柱面镜组成的投影物镜。设系统总焦距为 f_G'，前置物镜焦距为 f_F'，由傅氏镜与柱面镜组成的投影倍率为 β，则有：

$$f_G' = f_F' \times \beta \tag{1.31}$$

由于前置物镜处于对月观察窗口附近，温度环境条件最差，所以在总体方案考虑上必须使其具有宽松的公差以及对空间环境条件引起的变化不敏感，由此决定它们的参数分配。表 1.6 为组成干涉型光谱成像仪各分系统的参数分配。

表 1.6　组成干涉型光谱成像仪各分系统的参数分配

分系统	焦距 /mm	F 数	视场 / (°)	特殊要求
前置光学系统	104.6	7.34	7.34	像方远心
傅氏光学系统	80	7.34	9.56	物方远心，傅氏镜的出瞳及后焦点与柱面镜后焦面重合
柱面光学系统	26	2.4	9.56	
全系	34	2.4	7.34	

CCD 像元尺寸为 $17\mu m \times 17\mu m$，采用了 2×2 像元合并，以消除盲元并增强像元间响应的均匀性，同时它还增大了单个采样点的信号强度。从表 1.6 可以看出由傅氏光学系统与柱面光学系统组成的投影物镜为缩小 $3.08\times$，沿轴方向缩小近 $10\times$，因此由于空间环境条件造成前置镜的变化，最终图像质量灵敏度大大降低，而且这样的系统容易达到好的像质。2 像元 × 2 像元合并降低了奈奎斯特空间频率，实际的空间频率为 15 lp/mm。图 1.50 是 CE-1 卫星干涉型光谱成像仪光学系统，图 1.51 是其全系统白光 MTF 曲线，表 1.7 为全系统各视场在奈奎斯特空间频率（15lp/mm）上的白光 MTF 值，MTF 均值为 0.9133，与均值的最大差值为 0.0163。

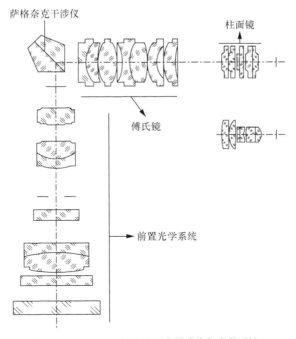

图 1.50　CE-1 卫星干涉型光谱成像仪光学系统

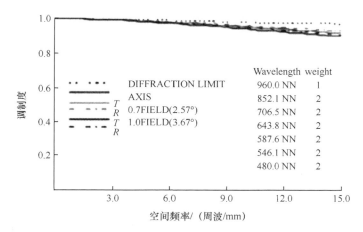

图 1.51 干涉型光谱成像仪全系统白光 MTF 曲线

表 1.7 全系统各视场的白光 MTF 值

视场	白光 MTF 值	
	子午	弧矢
0 视场	0.916	0.916
0.7 视场	0.929	0.916
边视场	0.906	0.897

　　CE-1 卫星干涉型光谱成像仪在交付前进行了实验室定标。辐射定标采用内置卤钨灯和氙灯的积分球作为光源,将经检定的 ASD 光谱辐射度计作为辐射度标准传递仪器。采用 2 个 HeNe 激光器和两个半导体激光器进行光谱定标。干涉型光谱成像仪的相对定标(平场)方法与普通相机不同,输入均匀物光时的像面图像是干涉图,干涉条纹是以零光程差行对称分布的。CE-1 干涉型光谱成像仪采用对称行平场的方法解决了干涉图的相对定标问题。在干涉型光谱成像仪与卫星联试的现场,又使用设计的专用辐射定标装置进行了辐射定标。

　　CE-1 号卫星在轨运行中,选用 3.2km × 3.2km 区域(占 16 × 16 个地元)的图像,可以获得 16 × 16=256 个可分辨地元的复原光谱图,计算 32 个谱段中每个谱段的 256 点的标准差,再计算 32 个波长的标准差的均值,最后得到 256 个地元间的相对光谱辐射度不确定度,检测结果为 2.5% ~ 9.5%。

　　图 1.52 所示为 CE-1 号卫星干涉型光谱成像仪的外观。图 1.53 所示为 CE-1 号卫星干涉型光谱成像仪获得的月球各谱段图像。

图 1.52 CE-1 号卫星干涉型光谱成像仪的外观

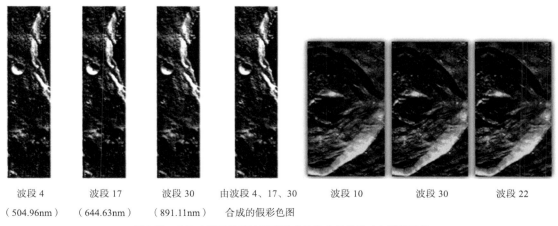

波段 4　　　　波段 17　　　　波段 30　　　由波段 4、17、30　　　　波段 10　　　　　波段 30　　　　　波段 22
（504.96nm）　（644.63nm）　（891.11nm）　合成的假彩色图

图 1.53　CE-1 号卫星干涉型光谱成像仪获得的月球各谱段图像

1.3.3　时空调制干涉光谱成像仪

时空调制干涉光谱成像仪没有入射狭缝，没有运动部件，其能量利用率优于空间调制干涉光谱成像仪。与时间调制光谱成像仪相比，其在结构上更加可靠，也更容易实现。其光学系统的基本原理是在无限远成像系统中加入横向剪切分光器，前置光学系统的目的是压缩后续光学零件的尺寸和体积。其光路原理基本与空间调制干涉光谱成像仪相同，只是在前置光学系统的后焦面处将视场光栏的狭缝改为大孔径的窗式光栏，因此在光谱成像仪的像面 FPA 上可以形成目标的二维图像。与此同时，每条光线被萨格奈克干涉仪剪切，在像面 FPA 上形成干涉。与空间调制相同，干涉的光程差由干涉仪的剪切量 d、傅氏镜的焦距 f 和干涉点距零光程差点的距离 y 决定，在干涉仪的剪切方向产生干涉图，就形成了一维光谱信息。由于 y 值与光谱仪在剪切方向的视场角对应，像面处像元的响应实为该目标对应此视场角的干涉数据。

时空调制干涉光谱成像仪一次曝光的单帧像面图像中，每像元的输出值为共轭物元在相应视场角、某光程差的干涉强度，空间维同一行、同一光谱维的各像元虽对应不同物元，但光程差相同，而光谱维的各列像元则对应不同物元的不同光程差。

光谱仪沿光谱维方向推扫时（每帧推扫一个单元光程差），每个像元逐帧获取逐级光程差干涉值，最后可获得共轭物元全部光程差的干涉图，因此每像元点干涉图的数据需逐帧逐列抽取。

中科院西安光机所于 1999 年研制了大孔径静态干涉光谱成像仪原理样机后，先后为遥感、高分等卫星研制了多台时空调制干涉光谱成像仪，工作谱段从可见光、近红外到短波红外，谱段数可达数十个，平均光谱分辨率达到 10nm，空间分辨率达到 10～30m，信噪比高于 120。高光谱成像仪还设计了星上光谱定标机构，详见 4.6.2 小节，提供了高光谱成像仪在轨工作后的有效的光谱定标手段。

由于时空调制干涉光谱成像仪高通量、高稳定度、高信噪比的优势，这些高光谱成像仪的在轨工作都取得了良好的成绩，在对地观测中为高光谱遥感提供了大量的高光谱信息。图 1.54～图 1.59 是高光谱成像仪 2013 年 7 月进行机载飞行试验时采集的一组图像中的部分单帧原始图像。

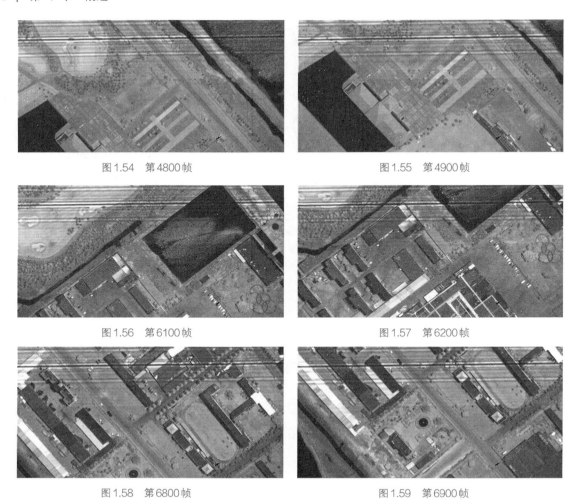

图1.54　第4800帧　　　　　　　　　　　　图1.55　第4900帧

图1.56　第6100帧　　　　　　　　　　　　图1.57　第6200帧

图1.58　第6800帧　　　　　　　　　　　　图1.59　第6900帧

　　图 1.60 为经图像处理、逐帧抽取某行空间像元的逐级光程差干涉值后，拼接的此行空间像元的干涉图。

　　图 1.61 为经图像处理、光谱复原后再次拼接的多谱段合成的彩色图像。

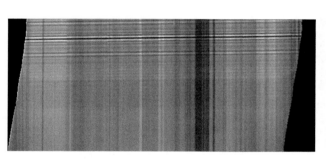

图1.60　逐帧抽取逐级光程差干涉值后拼接的干涉图

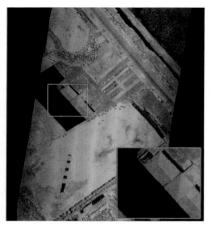

图1.61　经光谱复原、拼接后多谱段合成的
彩色图像

1.3.4　风云气象卫星

近 20 年来，中国风云气象卫星完成了从试验应用型向业务服务型、从第一代到第二代、从单一探测到综合探测、从定性到定量的转变，实现了业务化、系列化、定量化的发展目标，风云气象卫星数据预处理、产品生成、数据应用技术取得全面进步。在地理定位方面，通过发展自主的地理定位算法，持续优化算法精度，业务定位精度提高到 1 个像素。在辐射定标方面，发展了基于月球订正的星上内黑体定标算法、深对流云定标、月亮定标和交叉定标等算法，建立了综合定标系统，太阳反射波段平均定标偏差小于 5%，红外通道平均定标偏差小于 0.5K。建立了风云气象卫星产品生产及质量控制体系，具备数十种大气、陆地、海洋、空间天气定量遥感产品生产能力，部分产品质量达到或接近国际同类产品先进水平。风云气象卫星资料在天气、气候、生态、环境等领域得到广泛应用，特别是通过欧洲中期天气预报中心（European Centre for Medium-Range Weather Forecasts，ECMWF）的严格测试评估，在国际顶级数值预报模式中得到同化应用，标志着风云气象卫星部分仪器数据质量接近或达到国际先进水平。

从 1997 年开始的近 20 年，先后发射了十几颗气象卫星，中国气象卫星逐步走上业务化、系列化的发展轨道，详见表 1.8、表 1.9。

表 1.8　风云系列极轨气象卫星列表

发射时间	极轨气象卫星型号	过境类型	业务类型	业务状态（截至 2016 年）
1988-9-7	FY-1 A 星	上午星	试验	停用
1990-9-3	FY-1 B 星	上午星	试验	停用
1999-5-10	FY-1 C 星	上午星	业务	停用
2002-5-15	FY-1 D 星	上午星	业务	停用
2008-5-27	FY-3 A 星	上午星	试验、业务	部分停用
2010-11-5	FY-3 B 星	下午星	试验、业务	在轨应用
2013-9-23	FY-3 C 星	上午星	业务	在轨应用

表 1.9　风云系列静止气象卫星列表

发射时间	静止气象卫星型号	业务类型	业务状态（截至 2016 年）
1997-6-10	FY-2 A 星	试验	停用
2000-6-25	FY-2 B 星	试验	停用
2004-10-19	FY-2 C 星	业务	停用
2006-12-8	FY-2 D 星	业务	停用
2008-12-23	FY-2 E 星	业务	在轨应用
2012-1-13	FY-2 F 星	业务	在轨应用
2014-12-31	FY-2 G 星	业务	在轨应用

　　第二代极轨气象卫星 FY-3 在有效载荷技术方面取得较大突破，FY-3 A/B 星上分别搭载 11 台有效载荷（见表 1.10），光谱范围从紫外、可见光、红外一直覆盖至微波波段，具备光学和微波成像、大气温湿廓线垂直探测、太阳及地球辐射收支监测、O_3 总量及垂直廓线监测、空间环境监测等能力，可提供全球陆地、海洋、大气、空间环境多参数综合观测，实现了从单一遥感成像到地球环境综合探测、从光学遥感到微波遥感、从公里级分辨率到百米级分辨率的跨越。2013 年发射的 FY-3 C 星在 FY-3 A/B 星的基础上，有效载荷性能全面提升，微波温度计（MWTS）通道从 4 个增加至 13 个，微波湿度计通道从 5 个增加至 15 个，同时新增一台掩星大气廓线探测载荷（GNOS），大气垂直廓线探测能力及探测精度显著提高。FY-3 D 星（2017 年 11 月 15 日 FY-3D 星发射成功）将新增温室气体探测载荷（GAS）和高光谱大气探测载荷（HIRAS），温室气体监测及大气垂直探测能力将进一步增强。FY-3 D 星搭载的中分辨率光谱成像仪与前几颗星相比有较大的改进，通道数从原来的 20 个增加到 25 个，新增 250m 分辨率红外分裂窗通道及其他多个红外和近红外通道，地表红外监测能力、云与气溶胶定量遥感能力均显著增强。其他已经列入发射计划的低轨气象卫星还将搭载风场测量雷达、降水测量雷达、微光成像、广角极光成像、太阳极紫外成像等新型有效载荷，从而进一步增强低轨气象卫星在主动风场及降水测量、微光成像、空间环境等方面的监测能力。表 1.10 为 FY-3 A/B 星与 FY-3 C 星上的有效载荷参数。

　　近 20 年来，风云气象卫星数据预处理技术有了很大的进步，主要包括地理定位技术与辐射定标技术等。

　　在地理定位技术方面，已从 FY-1 和 FY-3 的姿态校正通过地标点匹配计算的方法，转变到 FY-3 上搭载了高动态 GPS 接收机，可以实时提供卫星的三维位置信息。同时，采用先进的星敏感器和陀螺等器件自动测量卫星姿态，并改进了 FY-3 卫星的高原定位算法，产品的业务定位偏差由原来的 2 ~ 3 像素提高到 1 像素。

　　在辐射定标技术方面，对于可见 - 近红外波段辐射定标，近年来，国家卫星气象中心先后研发了交叉定标、地球稳定目标定标、月亮定标、深对流云定标等多种定标技术，建立了一套将发射前实验室定标、多场地定标、深对流云定标、月亮定标和交叉定标融为一体的综合定标系统。该系统利用不同定标技术的优势，经综合分析得到太阳反射波段在轨响应变化特征，有效解决了固定场地定标方法存在的问题。目前风云气象卫星太阳反射波段平均定标偏差率在 5% 左右。对于红外与微波通道辐射定标，近两年来，国家卫星气象中心先后发展了 FY-2 卫星交叉定标技术和基于月球订正的星上内黑体定标技术，显著改善了 FY-2 卫星红外通道数据质量，使其达到与国外同类卫星相当的水平。FY-3 卫星的红外和微波通道星上定标技术相对成熟，目前红外通道定标偏差平均在 0.5K 左右，微波通道定标偏差平均在 1K 以内。

　　风云气象卫星在天气、气候、生态、环境等领域得到广泛应用。近年来，随着气象卫星数据和产品质量的提升，风云气象卫星在定量应用方面也取得显著进展，特别是在数值预报模式应用方面。发达国家的经验表明，天气预报准确率的提高必须依靠数值预报模式。近年来国际上数值天气预报的改善，主要是通过同化卫星资料而获得的。数值预报模式对卫星观测数据定量化水平要求非常高。2014 年，ECMWF 经过严格的质量控制和测试评估，正式宣布实现 FY-3 微波湿度计资料在其业务模式中的同化应用。这是中国气象卫星资料首次在国际顶级数值预报模式中得到业务同化应用，标志着风云气象卫星部分仪器数据质量已经接近或达到国际先进水平。现在，风云气象卫星已经成为气象业务服务中的主要数据源，在全球天气气候监测、生态环境监测、灾害监测、作物长势监测与粮食估产等方面发挥重要作用。

表 1.10　FY-3 A/B 星与 FY-3 C 星上的有效载荷参数

仪器组（类）	FY-3 A/B 星				FY-3 C 星			
	仪器名	通道数	光谱范围	空间分辨率 / km	仪器名	通道数	光谱范围	空间分辨率 / km
可见 - 红外成像类	扫描辐射计（VIRR）	10	0.43 ~ 12.5μm	1.1	扫描辐射计（VIRR）	10	0.43 ~ 12.5μm	1.1
	中分辨率光谱成像仪（MERSI）	20	0.41 ~ 12.50μm	0.25 ~ 1	中分辨率光谱成像仪（MERSI）	20	0.41 ~ 12.5μm	0.25 ~ 1
微波成像类	微波成像仪（MWRI）	10	10 ~ 89 GHz	15 ~ 85	微波成像仪（MWRI）	10	10 ~ 89 GHz	15 ~ 85
大气探测组	红外分光计（IRAS）	26	0.69 ~ 15.5μm	17	红外分光计（IRAS）	26	0.69 ~ 15.5μm	17
	微波温度计（MWTS）	4	50 ~ 57 GHz	50 ~ 75	微波温度计（MWTS）	13	50 ~ 57 GHz	50 ~ 75
	微波湿度计（MWHS）	5	150 ~ 183 GHz	15	微波湿度计（MWHS）	15	89 ~ 183 GHz	15
O₃ 探测组	紫外 O₃ 垂直探测仪（SBUS）	12	0.16 ~ 0.4μm	200	紫外 O₃ 垂直探测仪（SBUS）	12	0.16 ~ 0.4μm	200
	紫外 O₃ 总量探测仪（TOU）	6	0.3 ~ 0.36μm	50	紫外 O₃ 总量探测仪（TOU）	6	0.3 ~ 0.36μm	50
辐射收支组	地球辐射探测仪（ERM）	4	0.2 ~ 50μm	28	地球辐射探测仪（ERM）	4	0.2 ~ 50μm	28
	太阳辐射监测仪（SIM）	1	0.2 ~ 50μm		太阳辐射监测仪（SIM）	1	0.2 ~ 50μm	
空间环境组	空间环境监测器（SEM）				空间环境监测器（SEM）			
					全球导航卫星掩星探测仪（GNOS）			

　　风云气象卫星未来的发展需重点考虑以下 6 个方面。

　　（1）建立合理的多星综合观测体系。重点是优化高、中、低气象卫星轨道配置，建立包含小卫星在内的多星联合组网观测体系，增强全球监测能力，提高时空分辨率。

　　（2）提高探测精度。主要包括发展先进的卫星平台，发展高精度星上定标、定位系统，提高观测仪器的精度和稳定度，发展先进的卫星数据处理技术和产品反演算法等。

　　（3）增强探测能力。重点是加强新型探测方法、探测技术研究，逐步实现对气象全要素，特别是三维大气风场及平流层气象要素的遥感探测。

（4）增强应急响应能力。部分中小尺度气象灾害持续时间短、危害大，对这些灾害的监测需要卫星具备应急响应能力。增强卫星应急响应能力，需要解决机动观测、多星联合观测、星上快速数据处理、星-地快速数据传输、地面快速数据处理等诸多关键技术问题。

（5）增强卫星观测的连续性和稳定性。气候和气候变化研究对卫星数据精度，特别是对数据的连续性和稳定性要求较高。为了满足气候变化研究的需求，需要进一步增强气象卫星观测的连续性和稳定性。

（6）提升多源数据综合应用能力。由于受到卫星过境时间、轨道覆盖、遥感仪器探测能力的影响，卫星遥感产品在时空上并不连续，探测能力也相对有限。要使气象卫星的应用效益得到充分发挥，必须进一步提升多源数据综合应用的能力。（唐世浩）

1.3.5 FY-4

FY-4 星于 2016 年 12 月 11 日成功发射，是我国第二代地球静止轨道（GEO）定量遥感气象卫星，采用三轴稳定控制方案，其连续、稳定运行大幅提升了我国静止轨道气象卫星的探测水平。FY-4 卫星的技术指标充分体现了"高、精、尖"特色，如扫描控制精度、姿态测量精度、微振动抑制能力、星上实时导航配准精度、星敏支架温控精度等，多项技术指标体现了我国现有的工业基础能力。作为新一代静止轨道定量遥感气象卫星，FY-4卫星的功能和性能实现了跨越式发展。FY-4 卫星搭载了多通道扫描成像辐射计、干涉式大气垂直探测仪、闪电成像仪和空间天气监测仪等多种观测仪器，代表着当今气象卫星的先进水平。

FY-4 卫星与其他卫星的多通道扫描成像辐射计的性能指标如表 1.11 所示。其中：SNR 为可见光波段信噪比；NEΔT 为红外波段噪声等效温差。表 1.11 中数据显示，FY-4 卫星的辐射成像的波段数由 FY-2G 星的 5 个增加到 14 个，覆盖了可见光、短波红外、中波红外和长波红外等波段，接近欧美第三代静止轨道气象卫星的 16 个通道。FY-4 卫星的扫描成像辐射计指标与欧美的第三代地球静止轨道气象卫星相当。

表 1.11　FY-4 卫星与其他卫星的多通道扫描成像辐射计的性能指标

性能指标	美国	日本	欧空局	印度	俄罗斯	中国
	GOES-R	Himawari-8	MTG	INSAT 系列	Electro-L	FY-4
波段数	16	16	16	6	10	14
空间分辨率	0.5～2.0km	0.5～2.0km	0.5～2.0km	1～4km	1～4km	0.5～4.0km
灵敏度	SNR=300（反照率100%），NEΔT 范围为 0.1～0.3K（温度300K）	SNR ≤ 300（反照率100%），NEΔT ≤ 0.1K（温度300K）	SNR 范围为 12～30（反照率1%），NEΔT 范围为 0.1～0.2K（温度300K）	SNR=6（反照率2.5%），NEΔT=0.2K（温度300K）	NEΔT 范围为 0.1～0.8K（温度300K）	SNR 范围为 90～200（反照率100%），NEΔT 范围为 0.2～0.5K（温度300K）

FY-4 卫星将在国际上首次实现地球静止轨道的大气高光谱垂直探测，可在垂直方向上对大气结构实现高精度定量探测，这是单颗欧美第三代静止轨道气象卫星无法实现的。

干涉式大气垂直探测仪是以红外干涉探测三维大气垂直结构的精密遥感仪器，其核心部分有一个动镜的迈克尔逊干涉仪，工作波段为 700 ~ 1130cm⁻¹（长波）和 1650 ~ 2250cm⁻¹（中波），每个波段对应一个 32 × 4 像元的探测器。大气垂直探测仪配置有 912 个光谱探测通道，光谱分辨率为 0.8cm⁻¹。探测仪采用驻留凝视观测，对同一目标位置驻留观测的多帧干涉图进行叠加处理，从而可以有效提高仪器的信噪比。大气垂直探测仪的主要功能是高频次地获取观测地区的大气温度、湿度廓线和痕量气体含量，了解和掌握三维大气的动力、热力和组分结构及其变化的信息，为天气预报、气候和环境变化预测的业务和科研应用服务。

干涉式大气垂直探测仪与成像辐射计在同一个平台上，可联合进行大气多通道成像观测和高光谱垂直探测，垂直探测性能指标已达到 MTG 卫星的性能指标。

另外，星上闪电成像仪的空间分辨率、观测频次、星上对闪电事件处理的灵活性等指标均与欧美同类载荷性能指标一致。

星上辐射定标精度为 0.5K、灵敏度为 0.2K，可见光空间分辨率为 0.5km，与欧美第三代静止轨道气象卫星水平相当。

FY-4 卫星采用了多项国内首次、国际先进的创新技术，如扫描镜转角测量和高精度控制、先进辐射和光谱定标、安静平台的微振动抑制、平台 - 载荷统一基准和在轨测量、星上实时补偿的图像导航配准，以及高精度卫星质心测量和控制等。

在高精度定标方面，在轨飞行中采用冷空间定标、全口径全光路黑体定标组合的技术，实现星上红外波段 3.5μm 及以上的高精度定标。用漫射板定标机构并辅以月亮定标等，实现波段 0.55 ~ 2.15μm 的全光路定标。预期辐射计在轨红外定标精度可达约 0.5K。干涉式大气垂直探测仪作为国内首台同类型载荷，除高精度辐射定标外，还设计并实施了真空红外光谱定标和在轨大气特征谱线标定方案。在真空条件下，用冷 / 热黑体、气体池、中长波稳频激光器等设备，测得系统的仪器谱线（Instrumental Line Shape，ILS）函数、灵敏度、光谱稳定度和光谱定标精度等指标，均达到国际先进水平。在轨用定标黑体和晴朗大气谱线反演，可以灵活实现对地面定标系数的修正及仪器稳定工作状态的监测。

微振动是卫星在轨运行期间，主要由活动部件（如动量轮、扫描机构、驱动机构、制冷机等）正常运动产生的振动或振荡，其幅值小、频谱宽。微振动会诱发干涉仪动镜倾斜或动镜运动系统共振，造成光程差超差，导致光谱图无法反演或出现"鬼线"，且技术上难以甄别或消除，其高频频率成分直接进入分析光谱内，混淆真实谱线。试验结果证明：在探测仪动镜模态频率附近，1mg 的微小线振动就会导致其光谱性能的明显退化，在特定频段内，10mrad/s² 量级的角振动就能使载荷的扫描镜控制精度明显下降，不能满足 1″ 的性能指标。

FY-4 卫星采用的微振动抑制与测量技术主要包括以下内容。

- 规划整星级频谱，有效避开探测仪动镜模态频率附近极其敏感的谱段，以及其他潜在的耦合共振因素。
- 研究星上所有振源的特性，识别微振动产生机理及频谱成分，为星上主要振源产品的选配验收、布局、减振提供依据。
- 研究微振动在复杂星体内传播的机理，识别微振动非线性传递及局部共振特性，为卫星平台微振动抑制设计提供依据。

- 对动量轮进行隔振设计，从源头控制主振源传递至卫星平台的微振动干扰。试验表明：隔振支架对频率为 30 ~ 100Hz 的振动的隔振效率大于 80%。

- 对垂直探测仪进行二级隔振设计，采用隔振组件和解锁组件并联方式，进一步抑制卫星平台传递至探测仪的微振动干扰。

- 在探测仪内部采用对置双活塞压缩机与主动平衡减振膨胀机分置的方式，有效抑制探测仪内部的振动干扰，使压缩机振动干扰力小于 1N（rms），膨胀机振动干扰力小于 0.2N（rms）。

- 研制振动测量系统，实现卫星主动段、变轨段、在轨段的振动测量，测量通道有 66 路，分辨率优于 0.1mg，为载荷的微振动监测、隔振效果评估，以及星上运动部件故障诊断等提供依据。

整星微振动试验结果表明：隔振后探测仪与隔振器安装面的微振动小于 0.89mg，角振动量级小于 10mrad/s^2，满足了星载仪器的正常工作要求。

作为我国第二代地球静止轨道的定量遥感气象卫星，FY-4 卫星的主要性能指标直接对标了欧美先进的第三代气象卫星，并首次实现在静止轨道的大气垂直探测。卫星设计和研制攻克了一系列高精度、定量化的技术难题，其研究成果将显著提升我国后续定量遥感卫星的研制水平，相信 FY-4 卫星将会为我国乃至世界气象组织的数字天气预报做出应有的贡献。

1.3.6　高分-5 号（GF-5）

2018 年 5 月 9 日 2 时 28 分，GF-5 卫星在太原卫星发射中心成功发射升空。

GF-5 卫星是实现我国高光谱分辨率对地观测能力的重要标志。该卫星设计运行于高度为 705km 的太阳同步轨道，装载可见短波红外高光谱相机、全谱段光谱成像仪、大气主要温室气体监测仪、大气痕量气体差分吸收光谱仪、大气气溶胶多角度偏振探测仪、大气环境红外甚高光谱分辨率探测仪共 6 台有效载荷。卫星的光谱分辨率高且谱段全，具备高光谱与多光谱对地成像、大气掩星与天底观测、大气多角度偏振探测、海洋耀斑观测等多种观测模式，获取从紫外至长波红外（0.24 ~ 13.3μm）高光谱分辨率遥感数据的能力；数据辐射分辨率高，载荷的光谱分辨率最高为 0.03cm^{-1}，具备在轨定标功能，绝对辐射定标精度优于 5%，光谱定标精度最高为 0.008cm^{-1}；长波红外空间分辨率高；高码速率数据传输；高可靠、长寿命设计。

卫星将在环境综合监测、国土资源调查和气候变化研究等方面发挥重要作用。其典型应用有陆表环境综合观测、陆表局地高温和城市热岛效应监测、矿物填图、大气成分全球遥感监测和大气污染气体监测等。

高光谱观测卫星具备滚动机动和偏流角补偿能力，探测谱段涵盖紫外至长波红外波段，星上多项技术填补了国内空白，技术指标达到国际先进水平。卫星的技术特点如下。

- 光谱分辨率高且谱段全。在国际上首次具备紫外 - 可见 - 红外（短波、中波、长波）全谱段的高光谱观测能力，观测光谱分辨率最高为 0.03cm^{-1}，光谱定标精度最高为 0.008cm^{-1}。

- 卫星观测模式多。国内首次应用高光谱-多光谱对地成像观测模式，以及天底观测、掩星观测、海洋耀斑观测等多种大气探测模式，采用大幅宽高光谱成像、高分辨率长波红外分裂窗观测、多角度偏振探测，实现对大气及地表目标的高光谱综合观测。
- 卫星数据辐射分辨率高，设置了在轨光谱定标和辐射度定标，定标精度高。

可见-短波红外高光谱相机的可见-近红外通道的信噪比大于 200，短波红外通道的信噪比大于 100。在轨定标采用漫射板和比辐射计方案进行辐射定标，绝对辐射定标精度优于 5%，相对辐射定标精度优于 3%。

全谱段光谱成像仪可见-近红外谱段信噪比大于 200，短波红外谱段信噪比大于 150，中长波红外谱段噪声等效温差小于 0.2K。可见至短波红外通道采用漫射板和比辐射计方案进行在轨辐射定标，绝对辐射定标精度优于 5%，相对辐射定标精度优于 3%；中、长波红外通道采用变温黑体进行在轨辐射定标，定标精度优于 1K（300K）。

大气主要温室气体监测仪采用 4 路高通量、一体化空间外差干涉仪，可实现 CO_2、CH_4 通道信噪比大于 250。在轨定标采用漫射板、光陷阱及比辐射计方案进行辐射定标，绝对辐射定标精度优于 5%，相对辐射定标精度优于 2%。

大气痕量气体差分吸收光谱仪的紫外谱段信噪比大于 200，可见光谱段信噪比大于 1300。在轨定标采用灯、漫透射板和太阳漫射板方案进行辐射定标，绝对辐射定标精度优于 5%，相对辐射定标精度优于 3%。

大气气溶胶多角度偏振探测仪信噪比大于 500。通过地面实验室大口径积分球和陷阱探测器（Trap Detector）实现辐射定标，结合在轨场地定标，可实现辐射定标精度优于 5%。利用实验室高精度偏振光源对其偏振探测精度进行测试和验证，偏振探测精度优于 2%。

大气环境红外甚高光谱分辨率探测仪选择了单色调谐激光器的两个通道作为光源进行光谱定标，这两个通道的中心波长为 4.0μm、8.0μm，激光器的输出激光波长通过波长计进行测试。高精度的气体池系统能够精确控制气体池内的气体压力、温度等因素，可呈现单一气体的精细吸收峰。因此在光谱定标的最后一个环节，采用 CO、CH_4 气体池进行光谱定标验证试验。通过激光光谱定标系数对气体吸收峰进行校正，得到 CO、CH_4 两种气体吸收峰的校正曲线。与 HITRAN 数据库进行比对，可知 InSb 通道光谱定标精度优于 0.0029 cm^{-1}，MCT 通道光谱定标精度优于 0.0006 cm^{-1}。

- 长波红外空间分辨率高。全谱段光谱成像仪配置了长波红外分裂窗通道（10.3～11.3μm，11.4～12.5μm），保证分裂窗通道噪声等效温差小于 0.2K，且空间分辨率为 40m，幅宽为 60km，可实现温排水监测、旱情/洪涝监测、地表能量平衡评估等红外遥感定量应用。
- 高码速率数据传输技术。数据传输综合处理器采用新型的 Flash 存储技术，内部读写处理速率达到 5.12Gb/s；采用高速串行传输技术（由 TLK2711 提供），数据传输速率达到 2.0 Gb/s。采用双通道混合传输模式，提高了星地数据传输利用率，最大化利用星地传输信道；采用极化复用二维驱动点波束天线，可实现 450Mb/s×2 的对地数据传输速率。
- 微振动抑制。高光谱观测卫星装载的大气环境红外甚高光谱分辨率探测仪核心部件，是具备 8 倍光程放大能力的傅里叶变换干涉仪，其对振动环境较敏感，为此设计了专用的高性能隔振装置。该装置主要由 4 个隔振单元、4 个压紧释放单元和若干直属件构成，可将各方向的频率为 20 ~ 500Hz 的扰动衰减至 10mg 级以下。

- 高可靠、长寿命设计。GF-5 卫星的设计寿命为 8 年，它是目前国内设计寿命最长的光学遥感卫星。

表 1.12 为 GF-5 卫星 6 个载荷的技术参数。

表 1.12 GF-5 卫星 6 个载荷的技术参数

可见 - 短波红外高光谱相机	光谱范围	0.4 ~ 2.5μm
	空间分辨率 / 幅宽	30m/60km
	光谱分辨率	5nm（VNIR），10nm（SWIR）
	光谱定标精度	0.5nm（VNIR），1nm（SWIR）
	绝对辐射定标精度	优于 5%
	相对辐射定标精度	优于 3%
全谱段光谱成像仪	探测谱段范围 /μm	0.45 ~ 0.52，0.52 ~ 0.60，0.62 ~ 0.68，0.76 ~ 0.86，1.55 ~ 1.75，2.08 ~ 2.35；3.50 ~ 3.90，4.85 ~ 5.05，8.01 ~ 8.39，8.42 ~ 8.83，10.3 ~ 11.3，11.4 ~ 12.5
	空间分辨率 / 幅宽	20m/60km（VIS/SWIR），40m/60km（MWIR/LWIR）
	光谱分辨率	5nm（VNIR），10nm（SWIR）
	光谱定标精度	0.5nm（VNIR），1nm（SWIR）
	绝对辐射定标精度	优于 5%（VNIR），1K（300K）（MWIR/LWIR）
	相对辐射定标精度	优于 3%（VNIR）
大气主要温室气体监测仪	谱段范围 /μm	0.759 ~ 0.769，1.568 ~ 1.583，1.642 ~ 1.658，2.043 ~ 2.058
	光谱分辨率	$0.6cm^{-1}$（0.759 ~ 0.769μm），$0.27cm^{-1}$（1.568 ~ 2.058μm）
	光谱定标精度	$0.1cm^{-1}$（0.759 ~ 0.769μm），$0.05cm^{-1}$（1.568 ~ 2.058μm）
	绝对辐射定标精度	优于 5%
	相对辐射定标精度	优于 2%
大气痕量气体差分吸收光谱仪	光谱范围 /nm	240 ~ 315，311 ~ 403，401 ~ 550，545 ~ 710
	光谱分辨率	0.3 ~ 0.5nm
	总视场	114°
	空间分辨率 / 幅宽	48km（穿轨）× 13km（沿轨）/2609km
	绝对辐射定标精度	优于 5%
	相对辐射定标精度	优于 3%

续表

	工作谱段 /nm	433～453，480～500（P）；555～575，660～680（P）；758～768，745～785；845～885（P），900～920
大气气溶胶多角度偏振探测仪	偏振解析	线偏振，3 个方向为 0°，60°，120°
	总视场	−50°～+50°
	多角度观测	沿轨 9 个角度
	星下点空间分辨率	优于 3.5km
	辐射定标	定标精度优于 5%
	偏振定标	定标精度优于 2%
大气环境红外甚高光谱分辨率探测仪	光谱范围	750～4100cm^{-1}（2.4～13.3μm）
	光谱分辨率	0.03cm^{-1}
	光谱定标精度	0.008cm^{-1}
	相对光谱稳定度	0.0002cm^{-1}/2s（4100cm^{-1}）；0.003cm^{-1}/3min（4100cm^{-1}）
	动态范围	800～5800K

可见 - 短波红外高光谱相机采用离轴三反望远镜，经基于高效凸面闪耀光栅的 Offner 光谱仪进行精细分光，实现幅宽 60km、光谱范围 400～2500nm、共 330 个通道的高光谱成像；设置星上定标装置，可实现在轨光谱及辐射定标；可进行光谱在轨实时编程并选择任意谱段下传。

全谱段光谱成像仪采用离轴三反主光学系统，利用组合滤光片方式实现谱段 12 个、幅宽 60km、空间分辨率 20m（VIS、SWIR）/40m（MWIR、LWIR）的多光谱对地成像；采用漫射板组件和黑体实现不同谱段高精度在轨辐射定标。

大气主要温室气体监测仪利用二维指向镜获取来自地球的反射太阳光，经主光学、4 个独立的一体化空间外差干涉仪获取干涉数据；在轨定标由漫射板、比辐射计、光陷阱和挡门机构共同实现。该载荷获取的高光谱数据，可用于定量反演 CO_2、CH_4 等气体的平均柱浓度，监测大尺度范围内大气主要温室气体的全球变化。

大气痕量气体差分吸收光谱仪采用推扫方式及 4 路光栅光谱仪获取紫外至可见光波段高光谱大气探测数据；可通过星上定标装置实现在轨光谱及辐射定标。

大气气溶胶多角度偏振探测仪采用超广角镜头实现画幅式成像，通过检偏 / 滤光组件转动，获取大气气溶胶和云的多角度、多波段偏振辐射信息。利用该载荷获取的沿轨 9 个角度、3 个偏振方向的多光谱偏振辐射数据，可提供全球大气气溶胶和云特性产品，同时为其他载荷提供大气校正数据。

大气环境红外甚高光谱分辨率探测仪通过自动跟踪太阳完成掩星观测，获取在 750～4100cm^{-1} 光谱范围内的目标光谱的干涉信号。大气环境红外甚高光谱分辨率探测仪的探测谱段范围为 2.4～13.3μm，可以探测超过 11 万个谱段的信息，光谱分辨率达到 0.03cm^{-1}，与加拿大的 ACE 水平相当；可以探测多达 45 种气体，是国内目前可探测气体种类最多的卫星载荷。探测仪采用了大光程差、高效率的傅里叶变换干涉分光技术。探测仪系统设计为双角镜摆臂式干涉仪,由分束器(Beamsplitter)、补偿器(Compensator)、两个角立方反射镜(Cube-corner Reflector,简称角镜)和一个端镜(End Mirror)共同组成。系统工作时,一个角镜靠近分束器,另一个角镜远离分束器,将干涉仪光路沿着光线的方向展开,通过干涉光路折叠,将光程放大到8倍,如图 1.62 所示。

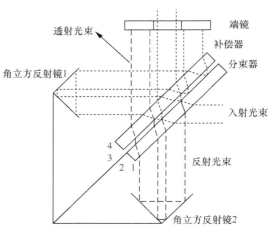

图 1.62　干涉仪的光路设计

　　端镜的应用,不仅增加了光程放大倍数,还补偿了角镜装调引入的剪切误差,保证了高调制效率,而且采用了高稳定性参考激光作为频率基准。同时,针对微振动对干涉仪机构运动均匀性的影响,采用高稳定性摆臂运动控制设计,使得摆臂速度的不稳定度优于 0.3%。

　　探测仪采用了太阳跟踪机构控制技术。经过分析研究发现,由于指向镜在摆动过程中的速度过低,普通滚动轴承存在摩擦且容易产生爬行现象。而且,机构两轴的摆动范围小,会严重影响其滚子在非整周受力工况下的寿命。因此,二维转轴同时采用了无摩擦、长寿命的挠性枢轴支撑方案,其运动及锁定机构经过了精密的设计、加工和装调。该方案属国内首次应用。为保证足够的跟踪精度,采用百万像素的高速大规模太阳跟踪相机对日进行连续拍摄,对得到的太阳辐射质心图像进行实时处理,控制指向镜跟踪质心位置。通过实验室模拟在轨跟踪太阳过程,得到探测仪在跟踪过程中的跟踪精度为 0.06 mrad,优于设计指标 0.1mrad。

　　探测仪获取的不同高度(20~100km)高光谱分辨率、高信噪比和宽波段的大气精细吸收光谱,可用于分析大气成分的切向分布,为气候变化研究和大气环境监测提供科学依据。

　　高光谱观测卫星具备可见至短波红外高光谱成像、可见至长波红外多光谱成像、紫外至短波红外高光谱大气探测、可见至近红外多角度偏振成像、红外掩星高光谱大气探测、海洋耀斑观测等多种观测能力。星上多项技术填补了国内空白,技术指标达到国际先进水平,获取的紫外 - 可见 - 红外谱段的高光谱探测数据,将实现对大气环境、水环境、生态环境的综合观测,为我国提供急需的各类高光谱遥感数据,进一步提升我国高光谱遥感信息获取能力。面向国家各行业迫切的业务需求,依托高光谱观测卫星遥感技术,后续将大力发展大气环境监测、水资源及生态环境观测卫星,逐步发展高轨高光谱观测卫星,形成面向多用户、高 - 低轨联合观测的高光谱卫星综合观测体系。

1.4　辐射定标的定义和定标的意义

　　在遥感技术中,遥感器探测信息的输出是其探测器的输出数据,需要通过信息定量化处理,才能得到人们可以用于分析利用的有效信息。遥感信息定量化处理的基础就是遥感信息定标。

国际地球观测卫星委员会（Committee on Earth Observation Satellites，CEOS）的定标和真实性检验工作组（Working Group on Calibration and Validation，WGCV）将遥感定标定义为：定量地确定系统对已知的、可控制的信号输入响应的过程。光学遥感系统需要定标的主要内容是电磁辐射的响应与以下变量的函数关系。

- 波长、波段（光谱响应）。
- 输入信号的强度（辐射响应）。
- 在不同瞬时视场角、全景的位置差异（空间响应或一致性）。
- 不同的积分时间和镜头或光圈设置。
- 噪声信号，例如杂散光和其他光谱波段泄漏的光。

当假设遥感器的辐射响应为线性时，最简单的传感器定标模型是一个线性公式，表达了传感器输出值（Digital Number，DN）与传感器入瞳处辐射亮度 L 之间的关系。

$$Y - Y_0 = AL \tag{1.32}$$

式中，Y——DN 值；Y_0——传感器的暗电流输出值；A——绝对定标系数矩阵。

在遥感辐射定标中，式中的 L 为辐射亮度，也可为反射率 ρ，则绝对定标系数将有相应的物理量纲。

在遥感定量化中，遥感辐射定标具有十分重要的意义。

（1）辐射定标是对遥感器辐射性能进行测试、评价和监测的手段。

在卫星发射前需要对遥感器进行辐射定标，以确定其辐射响应性能的水平及这些性能参数的精度。卫星发射后，由于发射过程及空间运行环境因素的影响，遥感器的辐射响应性能会发生变化。此外，遥感器自身结构、元器件的逐步老化，也会使遥感器的响应性能退化。例如陆地卫星 4-TM 在天上工作 600 天后，其 2、3 和 4 通道的增益变化分别为 6.6%、2.4% 和 12.9%。SMS-2 卫星上的 VISSR 在一年内增益下降 25%。又如 FY-1 卫星上的甚高分辨率扫描辐射计，根据 1990 年 9 月 3 日发射的 FY-1B 在轨测试结果表明：A 辐射计红外通道信号有衰减，至 1991 年 5 月，已衰减了 15.2%；可见光通道 1 灵敏度衰减约为 21.4%。美国 1984 年和 1986 年发射了 NOAA-9 和 NOAA-10 卫星，到了 1988 年，这两颗卫星的 AVHRR 传感器 $0.58 \sim 0.68 \mu m$ 通道的灵敏度分别衰减了 27% 和 29%，$0.725 \sim 1.1 \mu m$ 通道的灵敏度分别衰减了 29% 和 37%。这些例子充分证明遥感器在轨运行后进行辐射定标的必要性，而且在遥感器运行期间应该定期进行辐射定标，实现对遥感器性能变化的监测，及时修正其辐射响应参数，以保证遥感定量数据的有效性和高质量，实际上也可以达到延长遥感器在轨工作寿命的目的。

（2）辐射定标是遥感信息定量化的基础，是遥感数据定量应用的依据。

近年来遥感技术快速发展，遥感信息的应用也越来越广泛，各应用领域的发展重点是定量遥感。

辐射定标将遥感器的输出转化为具有一定精度的辐射度量标准值。在遥感数据的应用中，只有用标准值对探测目标进行测量、评价、比对，遥感数据的应用才具有可靠性。

遥感数据的可靠性及应用的深度和广度在很大程度上取决于定标的精度。

高光谱遥感的输出数据（DN 值）经光谱定标和辐射定标后，即可反演出探测目标的光谱辐射度特性。在高光谱定量遥感中，定标是定量分析的基础，同时定标的精度也直接影响定量分析和应用的结果和水平。

在地质学领域，矿物中不同的金属元素在可见 - 近红外光谱区域形成典型的辐射光谱波形，矿物中不同的化学结构在短波红外光谱区域具有一些光谱特征。这些光谱波形和光谱特征就是遥感成像光谱信息识别矿物的依据，其定量化研究的基础就是辐射定标和光谱定标。在植被生态学研究领域，利用定标的成像光谱数据可以进行不同类型植被的生物化学成分含量的分析、估算，包括叶子水分、叶绿素、纤维素、木质素和其他色素含量，进而研究植被的生态信息。在大气研究中，通过定标后的高光谱遥感数据，可以分析大气层中分子、粒子成分，如水蒸气、CO_2、O_2、气溶胶等的光谱信息。在土壤研究方面，利用定标后的高光谱遥感数据进行土壤有机含量、离子含量、湿度、土壤侵蚀退化研究，完成土壤评价与检测工作。在水环境研究方面，定标后的高光谱遥感数据被用于近岸和陆地水质分析，用于叶绿素浓度的定量测定。在对地观测、目标识别方面，通过辐射、光谱定标后的高光谱遥感数据，可以更精准地识别目标的属性，如水泥、土地、金属、植被。

在遥感应用于全球变化的研究中，定量化研究更需要进一步提高定量遥感的精度。遥感器只有通过辐射定标，确定其自身性能的衰减度，才能准确地测定地物或大气的时相变化。

在全球气候变化、环境灾害监测中，需要综合应用不同卫星遥感器长期连续观测的遥感数据，实现多种卫星遥感器数据与同一卫星遥感器不同时相数据的比较和融合。实现不同遥感数据的综合应用，要保持不同遥感器数据解释的一致性，使各个数据产品之间具有一定的可比性。要确定不同遥感数据同类产品的差异，就必须通过遥感器的精确定标，将卫星遥感器输出的计数值转换为卫星入瞳辐射亮度或表观反射率等有实际物理意义的参数，同时将多个遥感器数据和同一遥感器的不同时相数据进行归一化处理，生成不依赖遥感器的数据。

因此，遥感定量化研究不但以遥感器的定标为基础，而且对定标的精度也提出了更高的要求。

1.5　遥感干涉光谱成像仪定标的方法和特点

遥感干涉光谱成像仪可以获得探测目标的空间信息、辐射信息、光谱信息等，根据测量特性的不同，其定标可分为光谱定标、光谱辐射度的相对定标和绝对定标。遥感干涉光谱成像仪的定标在卫星发射前 / 后两个阶段进行，每个阶段又采用不同的定标方法。卫星发射前的定标方法有实验室定标和外场定标，卫星发射后的定标方法有星上定标、场地定标、交叉定标及稳定场景定标等。

光学遥感器的功能主要是探测地物目标的图像和光谱信息，因此基本定标方法一般是可以通用的，但针对不同原理和结构的载荷，具体的定标方法将有所不同。遥感干涉高光谱成像仪由于其原理、结构的特点，也产生了相应的定标方法。

1.5.1　光谱定标

光谱成像仪光谱定标的目的是测定每个光谱通道的中心波长、光谱分辨率和光谱响应。干涉型光谱成像仪的光谱定标与色散型光谱成像仪不同。色散型光谱成像仪通过光线的色散直接在像面探测器的不同像元位置形成不同的光谱通道，光谱定标测定每个像元所对应的光谱通道的中心波长、光谱分辨率及该谱段的光谱响应。干涉型光谱成像仪的光谱定标是测定光谱仪干涉光程差因子，这对空间调制干涉光谱成像仪而言是测定光谱仪像面探测器光谱维单个采样单元对应的光程差，对时间调制干涉光谱成像仪而言则需测定单位采样时间间隔内的光程差。光程差因子是干涉型光谱成像仪光谱复原程序的核心参数，在对干涉型光谱成像仪获取的干涉图数据进行光谱复原计算时，需使用光程差因子反演出目标的光谱信息。

干涉型光谱成像仪光谱定标的基本方法是利用标准窄谱线光源测定光谱成像仪的干涉光程差因子，进而计算最大光程差、谱段数，确定各谱段的中心波长和谱段宽度，其实质是利用傅里叶谱线合成的原理，使用单个标准窄谱线光源的干涉余弦曲线周期，测量光谱仪的光程差。由于光谱仪有限的最大光程差和有限的采样点数，单色光的余弦曲线周期与采样周期间存在误差，定标中需寻找最小误差或零误差的周期数，计算出干涉光程差因子（单个采样间隔的光程差值），以提高光谱定标的精度。此外，光谱定标需要使用多个单色标准光源展开测量，通过多个定标结果的相互验证，选用标准偏差最小的优化值。

1.5.2 光谱辐射度的相对定标

当干涉型光谱成像仪探测一个辐射度均匀的目标时，由于探测器像元间响应的不一致性，以及光学系统光能传输的不均匀性，仪器输出的数据会产生响应不一致误差。辐射度相对定标就是对光谱成像仪探测器全视场内辐射度响应的非一致性校正，也可称为平场校正。

由于探测器对光强的非线性响应以及光学系统杂光等因素的影响，当干涉型光谱成像仪输入的光强不同时，辐射度响应的非均匀性会有变化，因此平场校正应在光谱成像仪工作的动态范围内，分若干亮度等级进行测试。

一般的成像相机和动镜干涉光谱成像仪可以采用对均匀目标成像的方法进行光谱辐射度的相对定标，通过相机像面全视场响应数据的归一化处理，测定响应非一致性系数。但对于空间调制、时空联合调制的静态干涉光谱成像仪，当对均匀目标成像时，像面探测器输出的图像数据是目标的干涉图，在光谱方向形成大小起伏的干涉数据，直接、简单的归一化处理不能达到均匀性校正的目的，而且将响应的非均匀性起伏与干涉值的起伏混淆，会直接影响干涉图复原光谱的精度。因此，这种类型的干涉型光谱成像仪的辐射度相对定标，需设法消除干涉图的影响，测定响应非均匀性系数。

在发射前做此类仪器的相对定标时，可以采用两步定标方法。第一步，对探测器组件进行相对定标，测定探测器像元间响应的高频不一致性。第二步，对光谱成像仪全系统进行相对定标，对取得的图像数据进行空间坐标和光谱坐标的二维拟合，获得全视场的低频响应非均匀性系数。最后，将两步中获得的系数合成得到光谱成像仪的非均匀性校正系数，完成仪器的相对定标。

卫星在轨运行后，搭载的干涉型光谱成像仪将下传其数据产品，原始数据产品可能还有残留的图像不均匀问题。对于干涉型光谱成像仪，这时相对定标的非均匀性校正需要克服叠加在图像上的干涉条纹问题。一些学者研究采用了长期遥感图像统计分析的方法解决了这些难题。

此外，在经地面系统处理并进行光谱复原后的二级产品图像中，还有某些谱段图像存在条带噪声，还需再次进行相对定标修正。许多学者已经进行了消除条带噪声的研究工作，取得了较好的效果。

相对定标的校正效果可以用面阵数据的均方差的绝对值或均方差与面阵均值的相对值来表示，相对定标的精度用误差分析方法进行评定，详见第 3 章和第 5 章。

1.5.3　光谱辐射度的绝对定标

光谱辐射度的绝对定标测定光谱成像仪输出数据与入瞳光谱辐亮度的定量关系。为了减小干涉型光谱成像仪辐射非线性响应的影响，光谱辐射度的绝对定标需在光谱成像仪响应的动态范围内分若干亮度等级进行测试。绝对定标的精度用误差分析方法进行评定。

对于干涉型傅里叶变换光谱成像仪，遥感器获取干涉图后必须经过傅里叶变换复原光谱，才能得到需要的测试光谱信息。因此在数据处理中，每个计算环节选取的方法和参数都会对复原光谱的结果产生影响，需要对数据处理的方法进行更深入的研究，才能提高干涉型光谱成像仪的光谱测量和辐射定标的精度。

1.5.4　卫星发射前的实验室定标

卫星发射前的实验室定标是遥感干涉成像光谱仪的基础定标方法，需测试产品的光谱响应、辐射响应性能。要求对光谱成像仪的增益、动态范围、信噪比、噪声等效响应、偏振灵敏度等辐射响应性能进行测试，需进行光谱定标、辐射度的相对定标和绝对定标。实验室定标应在模拟空间真空环境下进行测试。

卫星发射前的实验室定标可以精确地测定光谱成像仪的性能，并提供光谱成像仪的基础定量数据。

1.5.5　卫星发射前的外场定标

发射前的外场定标在室外使用与在轨工作相同的太阳光源进行辐射定标，可与实验室定标结果进行比对，可以测试、分析定标光源光谱对定标结果的影响。

1.5.6　卫星发射后的星上定标

卫星发射后，由于发射时的冲击作用、入轨后空间环境的影响、仪器各元器件的老化等因素，遥感器的性能会发生变化，因此在轨后必须进行定期的定标和测试。在轨后的定标就是为了监测和修正高光谱成像仪光谱响应、辐射响应性能的变化。

星上定标使用高光谱成像仪自身内部的星上定标装置进行定标，一般可以要求实现辐射定标或光谱定标。

星上定标系统需测试光学遥感器主光学系统的辐射或光谱性能，定标光源需引入主光学系统且不能影响其性能，因此，空间载荷重量、空间位置、功耗等限制，给星上定标系统的设计带来了很多困难和局限。

按照遥感器定标的基本要求，定标光源应对遥感器实现全系统、全视场定标。但具体设计星上定标结构时，需根据遥感器的具体结构形式选择定标结构。例如干涉型光谱成像仪的干涉光谱是在主体光学系统的后半部分产生的，即入射光线从干涉仪开始产生干涉的条件，因此星上光谱定标的光源可以采用从主光学系统的一次像面入射，经过干涉仪到二次像面产生干涉的方法，这样完全可以表现光谱仪的干涉性能，再结合主系统的具体结构，设计星上光谱定标机构。

1.5.7 卫星发射后的场地定标

场地定标是当卫星在辐射定标场地上空过境时，遥感高光谱成像仪与地面（或飞机）同步对辐射场进行测试，从而进行在轨光谱定标和辐射定标的定标方法。场地定标通过同步测量的地物光谱反射率、大气参数等相关数据，利用大气辐射传输模型计算出遥感器入瞳的光谱辐亮度，与相应的遥感高光谱成像仪输出数据进行定标计算，解出定标系数。

场地定标的测试过程与遥感器在轨运行工作的状态一致，可以真实地反映遥感器的工作性能，可以实现对遥感器的全系统、全孔径、全视场的定标，可以在卫星运行期间进行测试。

场地定标的常用方法有反射率基法（Reflectance-based Method）、辐照度基法（Irradiance-based Method）、辐亮度基法（Radiance-based Method）。

1.5.8 卫星发射后的交叉定标及其他定标方法

交叉定标是在遥感器在轨运行期间，利用其他成熟、定标精度较高的参考遥感器的测试结果进行定标的定标方法。交叉定标需解决不同卫星数据中的光谱匹配、时间匹配、几何匹配、视角匹配，利用较高定标精度的卫星数据计算出被定标卫星的入瞳辐射值，完成定标。

其他定标方法还有稳定场景定标、全球定标场网定标、月亮定标等。

稳定场景定标具有定标频率高，所需费用少，可实现历史数据定标等优点。稳定场景定标的特点是在卫星过境目标场景时，不必对场地进行同步测量。稳定场景定标根据地表下垫面的不同，又可分为沙漠场景定标、极地场景定标、海洋场景定标和云场景定标等。

全球定标场网定标通过构建覆盖全球的高密度的全球定标场网，增加卫星过顶次数，建立全球定标场网数据库；通过收集全球可用的业务化观测数据，丰富定标基础数据库的基础数据，为卫星遥感器的有效过境提供可用的定标参数；实现卫星遥感器的在轨高频次绝对辐射定标，实时跟踪遥感器在轨辐射性能的变化，及时校正遥感器的性能衰变，提高辐射定标的频次和精度，为遥感定量化应用提供数据支持。

以上各种定标方法的原理、方法、设备、定标精度等详细内容，见后文。

1.6 参考文献

白加光, 王忠厚, 白清兰, 等 . Sagnac 横向剪切干涉仪设计方法的研究 [J]. 航天器工程, 2010, 19(2):87-91.

曹艳丽 . 高光谱图像条带噪声滤除技术的研究 [D]. 哈尔滨 : 哈尔滨工程大学 , 2011.

崔燕 . 光谱成像仪定标技术研究 [D]. 西安 : 中国科学院西安光学精密机械研究所 , 2008.

常威威 . 高光谱图像条带噪声消除方法研究 [D]. 西安 : 西北工业大学 , 2007.

董瑶海 . 风云四号气象卫星及其应用展望 [J]. 上海航天 , 2016, 33(2):1-8.

冯绚 , 郭强 , 韩昌佩 , 等 . 干涉图零光程差位置的确定方法 [J]. 红外与毫米波学报 , 2017, 6(6):795-798, 804.

范斌 , 陈旭 , 李碧岑 , 等 . "高分五号" 卫星光学遥感载荷的技术创新 [J]. 红外与激光工程 , 2017, 46 (1): 1-7.

高海亮 , 顾行发 , 余涛 , 等 . Hyperion 遥感影像噪声去除方法研究 [J]. 遥感信息 , 2014, 29(3):3-7.

高海亮 , 顾行发 , 余涛 , 等 . 环境卫星 HJ1A 超光谱成像仪在轨辐射定标及光谱响应函数敏感性分析 [J]. 光谱学与光谱分析 , 2010, 30(11):3149-3155.

高海亮 , 顾行发 , 余涛 , 等 . 环境卫星 HJ-1A 超光谱成像仪在轨辐射定标及真实性检验 [J]. 中国科学 : 技术科学 , 2010, 40 (11): 1312-1321.

高静 , 计忠瑛 , 崔燕 , 等 . 空间调制干涉光谱成像仪光谱定标技术研究 [J]. 光子学报 , 2009, 38(11):2853-2856.

高静 , 计忠瑛 , 崔燕 , 等 . 空间调制干涉光谱成像仪的室外定标技术研究 [J]. 光学学报 , 2010, 30(5): 1321-1326.

高晓惠 . 高光谱数据处理技术研究 [D]. 西安 : 中国科学院西安光学精密机械研究所 , 2013.

顾行发 , 田国良 , 余涛 , 等 . 航天光学遥感器辐射定标原理与方法 [M]. 北京 : 科学出版社 , 2013.

郭强 , 陈博洋 , 张勇 , 等 . 风云二号卫星在轨辐射定标技术进展 [J]. 气象科技进展 , 2013, 3(6): 6-12.

黄旻 , 相里斌 , 吕群波 , 等 . 空间调制型干涉光谱成像仪数据处理方法 [J]. 光谱学与光谱分析 , 2010, 30(3): 855-858.

胡秀清 , 孙凌 , 刘京晶 , 等 . 风云三号 A 星中分辨率光谱成像仪反射太阳波段辐射定标 [J]. 气象科技进展 , 2013, 3(4): 71-83.

李智勇 . 高光谱图像异常检测方法研究 [D]. 长沙 : 国防科学技术大学 , 2004.

李传荣 , 贾媛媛 , 马灵玲 . 干涉成像光谱遥感技术发展与应用 [J]. 遥感技术与应用 , 2010, 25(4):451-457.

李振旺 , 刘良云 , 张浩 , 等 . 天宫一号高光谱成像仪在轨辐射定标与验证 [J]. 遥感技术与应用 , 2013, 28(5): 850-857.

李欢 , 周峰 . 星载超光谱成像技术发展与展望 [J]. 光学与光电技术 , 2012, 10(5): 38-44.

李晓晖 , 颜昌翔 . 成像光谱仪星上定标技术 [J]. 中国光学与应用光学 , 2009, 2(4):309-315.

梁顺林 . 定量遥感 [M]. 范闻捷 , 等 , 译 . 北京 : 科学出版社 , 2009.

蔺超 , 李诚良 , 王龙 , 等 . 碳卫星高光谱 CO_2 探测仪发射前光谱定标 [J]. 光学精密工程 , 2017, 25(8):2064-2075.

吕群波 , 相里斌 , 黄旻 , 等 . 空间调制干涉光谱成像仪数据误差修正方法 [J]. 光子学报 , 2009, 38(7):1746-1750.

邱跃洪，汶德胜，赵葆常，等．嫦娥一号卫星干涉成像光谱仪电子学设计 [J]. 光子学报，2009, 38(3):489-494.

宋碧霄．遥感图像条带去除方法研究 [D]. 西安：西安电子科技大学，2013.

孙允珠，蒋光伟，李云端，等．高光谱观测卫星及应用前景 [J]. 上海航天，2017, 34(3):1-13.

唐世浩，邱红，马刚．风云气象卫星主要技术进展 [J]. 遥感学报，2016, 1007-4619(2016)05-0842-8.

童进军．遥感卫星传感器综合辐射定标方法研究 [D]. 北京：北京师范大学，2004.

童庆禧，张兵，郑兰芬．高光谱遥感——原理、技术与应用 [M]. 北京：高等教育出版社，2006.

童庆禧，张兵，张立福．中国高光谱遥感的前沿进展 [J]. 遥感学报，2016, 1007-4619(2016)05-0689-19.

万志，李葆勇，刘则洵，等．测绘一号卫星相机的光谱和辐射定标 [J]. 光学精密工程，2015, 23(7):1867-1873.

王建宇，舒嵘，刘银年，等．成像光谱技术导论 [M]. 北京：科学出版社，2011.

王建宇，薛永棋．星载成像光谱技术的进展 [C]. 成像光谱技术与应用研讨会论文集，中科院上海技术物理所，2002.

王爽．大孔径静态干涉光谱成像仪信噪比研究 [D]. 西安：中国科学院西安光学精密机械研究所，2013.

王新全，黄旻，高晓惠，等．基于液晶可调谐滤光片的便携式多光谱成像仪 [J]. 光子学报，2010, 39(1):71-75.

王玉龙．高光谱图像条带噪声去除方法研究 [D]. 武汉：湖北大学，2013.

温兴平，胡光道，杨晓峰．基于准不变目标物下 CBERS-02 星 CCD 图像的交叉定标 [J]. 武汉大学学报：信息科学版，2009, 34(4): 409-413.

吴培中．星载高光谱成像光谱仪的特性与应用 [J]. 国土资源遥感，1999, 41(3):31-40.

相里斌．博士后研究工作总结报告 [R]. 西安：中国科学院西安光学精密机械研究所，1995.

相里斌．干涉成像光谱技术研究 [R]. 西安：西北大学现代物理研究所，中国科学院西安光学精密机械研究所，1997.

相里斌，赵葆常，薛鸣球．空间调制干涉成像光谱技术 [J]. 光学学报，1998, 18(1): 18-22.

相里斌．干涉成像光谱技术 [J]. 光电工程，1998, 25(6); 116-119.

相里斌，袁艳，吕群波．傅里叶变换光谱成像仪光谱传递函数研究 [J]. 物理学报，2009, 58(8):5399-5405.

相里斌，王忠厚，刘学斌，等．环境减灾 -1 A 卫星空间调制型干涉光谱成像仪技术 [J]. 航天器工程，2009, 18(6):43-49.

相里斌，吕群波，黄旻，等．两种干涉成像光谱技术方案的比较 [J]. 光谱学与光谱分析，2010, 30(5):1422-1426.

谢敬辉，廖宁放，曹良才．傅里叶光学与现代光学基础 [M]. 北京：北京理工大学出版社，2007.

荀毓龙．遥感基础试验与应用 [M]. 北京：中国科学技术出版社，1991.

杨忠东，毕研盟，王倩，等. 即将入轨的我国首颗测量大气二氧化碳的专用高光谱卫星 [J]. 国际太空，2018, 456:13-17.

张兵. 时空信息辅助下的高光谱数据挖掘 [D]. 北京：中国科学院遥感应用研究所，2002.

张兵. 高光谱图像处理与信息提取前沿 [J]. 遥感学报，2016, 20(5): 1062–1090.

张淳民. 干涉成像光谱技术 [M]. 北京：科学出版社，2010.

张淳民，杨建峰，原新晶，等. 偏振干涉成像光谱技术研究进展 [J]. 光电子·激光，2000, 11(4): 444-448.

张淳民. 干涉成像光谱技术研究 [D]. 西安：中国科学院西安光学精密机械研究所，2000.

张过，李立涛. 遥感 25 号无场化相对辐射定标 [J]. 测绘学报，2017, 46(8): 1009-1016.

张宗贵，王润生. 基于谱学的成像光谱遥感技术发展与应用 [J]. 国土资源遥感，2000, 45(3):17-24.

赵葆常，杨建峰，薛彬，等. 嫦娥一号干涉成像光谱仪的定标 [J]. 光子学报，2010, 39(5):769-775.

赵葆常，杨建峰，常凌颖，等. 嫦娥一号卫星成像光谱仪光学系统设计与在轨评估 [J]. 光子学报，2009, 38(3):479-483.

赵艳华，戴立群，白绍竣，等. 全谱段光谱成像仪集成设计技术先进性分析 [C]. 第四届高分辨率对地观测学术年会论文集. 北京：北京空间机电研究所，2018.

支晶晶. 高光谱图像条带噪声去除方法研究与应用 [D], 开封：河南大学，2010.

周阳，杨宏海，刘勇，等. 高光谱成像技术的应用与发展 [J]. 宇航计测技术，2017, 37(4): 25-29, 34.

Alexander F. H. Goetz, Gregg Vane, Jerry E. Solomon, et al. 1985. Imaging Spectrometry for Earth Remote Sensing. Science, 228(4704) : 1147-1153.

Andrew D. Meigs, Eugene W. Butler, Bernard Al Jones, et al. 1996. Kestrel's new FTVHSI instrument for hyperspectral remote sensing from light aircraft, SPIE 2960, 174-183.

A. Piegari, A. Sytchkova, J. Bulir, et al. 2011. Compact imaging spectrometer with visible-infrared variable filters for Earth and planet observation. SPIE 8172, 81721B -1-8.

P.Barry, J. Shepanski, C. Segal. 2002. Hyperion on-orbit validation of spectral calibration using atmospheric lines and an on-board system. SPIE 2002, 4480: 231-235.

S. M. Bergman . 1996. The utility of Hyperspectral data to Detect and Discriminate Actual and Decoy target Vehicles; Masters Thesis , AD-A327 453.

B. Sang, J. Schubert, S. Kaiser, et al. 2008. The EnMAP hyperspectral imaging spectrometer:Instrument concept, calibration and technologies. SPIE 7086, 708605-1-15.

D. Manolakis. 2002. Detection algorithms for hyperspectral imaging applications. AD-A399744.

Frederic M. Olchowski, Christopher M. Stelliman, Joseph V. Michalowicz. 2000. Summer 1999 Mount Weather/Aberdeen Proving Grounds Field test report: Real-time detection of military ground target using a VIS/NIR hyperspectral sensor, AD-A384 852.

Frederick P. Portigal, L. John Otten. 1996. Non-linear unmixing of simulated MightySat FTHSI data for target detection limits in a humid tropical forest scene. SPIE 2758:84-90.

Hartmut H. Aumanna, L. Larrabee Strowb. 2010. Analysis of AIRS and IASI System Performance under Clear and Cloudy Conditions. SPIE 7807, 78070K-1-9.

Ingmar G. E. Renhorn, David Bergström, Julia Hedborg, et al. 2016. High spatial resolution hyperspectral camera based on a linear variable filter. Opt. Eng. 55(11), 114105-1-8.

Jack N. Rinker. 1990. Hyperspectral Imagery-What is it? What can it do?. USACE Seventh Remote Sensing Symposium, 7-9 AD-A231 164.

James A. Stobie, Allen W. Hairston, Stephen P. Tobin, et al. 2002. Imaging sensor for the Geosynchronous Imaging Fourier Transform Spectrometer (GIFTS). SPIE 4818:213-218.

P. Jarecke, K. Yokoyama, P. Barry. 2002. On-orbit solar radiometric calibration of the Hyperion instrument. SPIE 4480: 225- 230.

Jean-Luc Dewandel, Didier Beghuin, Xavier Dubois, et al. 2012. Hyperspectral imager for components identification in the atmosphere. SPIE 10564, 105643w1-5.

Jeffery J. Puschell, Hung-Lung Huang, Hal J. Bloom. 2005. Design concept for a Wedge-filter Imaging Sounder for Humidity (WISH): a practical NPOESS P3I high-spatial resolution sensor. SPIE 5658 :277-282.

John Troll, Patrick Thompson, David Humm. 2005. Boresight and gimbal axis alignment for the CRISM instrument. SPIE 5877, 58770A1-9.

Jun Wang, Na Ding, Yawei Zheng, et al. 2014. Overall design technology of hyperspectral imaging system based on AOTF. SPIE 9298, 929804-1-6.

K. Thome, E. Whittington, N. Smith. 2002. Radiometric calibration of MODIS with reference to Landsat-7 ETM+. SPIE 4483, 203-210.

Karl-Göran Karlsson, Erik Johansson. 2014. Multi-sensor calibration studies of AVHRR-heritage channel radiances using the simultaneous nadir observation approach. Remote Sens. 2014, 6:1845-1862.

Kurtis J. Thome, Stuart F. Biggar, Wit Wisniewski. 2003. Cross comparison of EO-1 sensors and other earth resources sensors to Landsat-7 ETM+ using Railroad Valley Playa. IEEE Transactions on Geoscience and Remote Sensing, 41(6):1180-1188.

L. John Otten , Andrew D. Meigs, Bernard A. Jones, et al. 1998. Payload qualification and optical performance test results for the MightySat 11. 1 hyperspectral imager. SPIE 3498:231-238.

Leonard John Otten, R. Glenn Sellar, Bruce Rafert. 1995. MightySat 11. 1 Fourier transform hyperspeciral imager payload performance. SPIE 2583:566-575.

Lt. Dustin Ballinger, 2001, Space-based hyperspectral imaging and its role in the commercial world. IEEE Proceeding, Vol. 2:915-923.

Mark Folkman, Jay Peariman, Lushalan Liao, et al. 2001. EO-1/Hyperion hyperspectral imager design, development, characterization, and calibration. Proceedings of SPIE 4151:40-51.

Murchie, R. Arvidson, P. Bedini, et al. 2004. CRISM (Compact Reconnaissance Imaging

Spectrometer for Mars) on MRO (Mars Reconnaissance Orbiter). SPIE 5660:66-77.

Nahum Gat, Suresh Subramanian, Steve Ross, et al. 1997. Thermal Infrared Imaging Spectrometer (TIRIS) Status Report. SPIE 3061:284-291.

Nahum Gat. 2000. Imaging spectroscopy using tunable filters: a review. SPIE 4056:50-64.

O. Rosero-Vlasova, D. Borini Alves, L. Vlassova, et al. 2017. Modeling soil organic matter (SOM) from satellite data using VISNIR-SWIR spectroscopy and PLS regression with step-down variable selection algorithm: Case study of Campos Amazonicos National Park savanna enclave. Brazil Proceedings SPIE 10421:104210V-1-7.

Pamela Barry, John Shepanski, Carol Segal TRW, et al. 2002. Hyperion on-orbit validation of spectral calibration using atmospheric lines and an On-board System. SPIE 4480 : 231-235.

Paul J. Curran. 1994. Imaging spectrometry. Progress in Physical Geography, 18(2): 247-266.

T. Phulpin, D. Blumstein, F. Prel, et al. 2007. Applications of IASI on Metop-A : first results and illustration of potential use for meteorology. SPIE 6684:6684 0F-1-12.

Ph. Hébert, D. Blumstein, C. Buil, et al. 2004. IASI instrument : Technical Description and Measured Performances. SPIE 10568 :1056806-1-9.

P. Jarecke, K. Yokoyama, P. Barry. 2001. On-orbit radiometric calibration the hyperion instrument. 2001. IEEE 0-7803-7031-1/01 (C): 2825-2827.

Qingxi Tong, Yongqi Xue, Lifu Zhang. 2014. Progress in hyperspectral remote sensing science and technology in China over the past three decades. IEEE Journal of Selected Topics in Applied Earth Observations and Remote Sensing, 7(1):70 - 91.

Reinhard Beer. 2006. TES on the Aura mission: scientific objectives, measurements, and analysis overview. IEEE TRANSACTIONS ON GEOSCIENCE AND REMOTE SENSING, 44(5):1102 -1105.

S. Hofer, H. J. Kaufmann, T. Stuffler, et al. 2006. EnMAP Hyperspectral Imager: an advanced optical payload for future applications in Earth observation programs. SPIE 6366: 63660E-1-6.

Shen Zhixue, Li Jianfeng, Huang Lixian, et al. 2012. Research on imaging spectrometer using LC-based tunable filter. SPIE 8515, 85150H-1-6.

S. G. Ungar, E. M. Middleton, L. Ong, et al. 2009. EO-1 Hyperion onboard performance over eight years: Hyperion calibration. NASA Goddard Space Flight Center.

Summer Yarbrough, Thomas R. Caudill, Eric T. Kouba, et al. 2002. MightySat II. 1 hyperspectral imager: summary of on-orbit performance. SPIE 4480:186-197.

Thomas D. Rahmlow. 2017. Linear variable narrow bandpass optical filters in the far infrared (Conference Presentation). SPIE 10181, 10181 0L.

Truman Wilson, Amit Angal, Xiaoxiong Xiong. 2018. Sensor performance assessment for Terra and Aqua MODIS using unscheduled lunar observations. SPIE 10785: 1078519 -1-16.

Williams Barnes, Xiaoxiong Xiong, Tony Salerno, et al. 2005. Operational activities and on-orbit Performance of Terra MODIS on-board calibrators. SPIE 5882: 58820Q-1-12.

Wm. Hayden Smith, Philip D. Hammer. 1996. Digital array scanned interferometer: sensors and results. Applied Optics, 35(16):2902-2909.

X. Xiong, K. Chiang, J. Sun, et al. 2009. NASA EOS Terra and Aqua MODIS on-orbit performance. Advances in Space Research, 43:413–422.

X. Xiong, H. Erives, S. Xiong, et al. 2005. Performance of Terra MODIS solar diffuser and solar diffuser stability monitor. SPIE 5882, 58820S-1-10.

第 **2** 章

辐射度测量、辐射传输、 辐射定标的基础理论

本章介绍有关电磁辐射的基本物理量、定律、辐射源，辐射传输的基本规律，大气传输介质特性和辐射传输理论，两种应用广泛的辐射传输方程计算软件，辐射标准的传递与辐射标准，定标结果的评价方法——测量不确定度的概念和评定。

2.1 辐射基本物理量和定律、辐射源

遥感是在一定距离外对探测目标进行观测，获取目标的相关信息的技术。高光谱成像遥感技术通过获取目标物体的图像和光谱信息来研究目标特性，而目标物体的图像和光谱信息是以电磁波的形式向外发射的，因此高光谱成像遥感是一个电磁波的辐射测量过程。

图 2.1 是遥感测量系统示意图。在遥感测量系统中，辐射源主要是太阳和地球，传输介质主要是地球表面大气层。太阳辐射光穿过大气层照射地面物体。地面物体反射太阳辐射光和大气散射的下行光，这些反射光通过大气层后被遥感器接收，地面物体自身的热辐射也通过大气层传播到遥感器。遥感器还能接收到大气层散射的太阳辐射光，这种辐射被称为大气程辐射。地面物体反射率受地理位置、季节、太阳角等因素影响而不同，大气光学特性（透过率、吸收、散射）也会随温度、压力、含水量的不同而变化。可见遥感辐射测量是很复杂的工作，其结果受到许多时间、空间环境条件的影响。因此在遥感数据的处理和定标测量的过程中，必须同步测量相应条件，对各影响因素进行合理的修正，才能得到较为精确的测量结果，才能获得较为真实的探测目标信息。

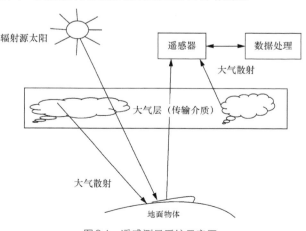

图2.1　遥感测量系统示意图

2.1.1 光及有关电磁辐射的物理量

电磁辐射的定量度量又分为辐射度量（Radiometry）和光度量（Photometry）。辐射度量是在 γ 射线到无线电波范围，用能量单位度量的客观物理量。光度量在能引起人类视觉感应的波长范围内，度量人眼接收到的辐射量，还会考虑人类心理学、生理学的影响因素。

一、辐射度量

辐射度量描述了辐射能随时间、空间、方向等分布的特性。

根据国际标准化组织（International Organization for Standardization，ISO）的标准和我国国家标准，与光及辐射度量有关的物理量如表 2.1 所示。

表 2.1　与光及辐射度量有关的物理量

序号	物理量	符号	定义	单位	单位符号	单位定义	备注
1	频率	f	周期除以时间	赫兹	Hz	$1\text{Hz} = 1\text{s}^{-1}$	也称作周期每秒（c/s）
2	角频率 圆频率	ω	$\omega = 2\pi f$	每秒 弧度每秒	s^{-1} rad/s		
3	波长	λ	一列周期波的位相相同的相邻两点在传播方向上的距离	米 微米	m μm	$1\mu\text{m} = 10^{-6}\text{m}$ 曾用：$1\text{nm} = 10^{-9}\text{m}$ $1\text{Å} = 10^{-10}\text{m}$	介质中的波长等于真空中的波长除以介质的折射率
4	波数 圆波数	σ k	$\sigma = 1/\lambda$ $k = 2\pi\sigma$	每米	m^{-1}		也可用倍数单位 cm^{-1}（每厘米）
5	辐射能	Q，W （U，Q_e）	以辐射的形式发射、传播或接收的能量	焦耳	J		
6	辐通量 辐射功率	P，Φ （Φ_e）	以辐射的形式发射、传播和接收的功率 $\Phi = \text{d}Q/\text{d}t$	瓦特	W	$1\text{W} = 1\text{J/s}$	$\Phi = \int\Phi_\lambda\text{d}\lambda$
7	辐射强度	I，（I_e）	在给定方向上，包含该方向的立体角元内，离开辐射源（或辐射源元）的辐通量除以该立体角元 $I = \text{d}\Phi/\text{d}\Omega$	瓦特每球面度	$\text{W} \cdot \text{sr}^{-1}$		$I = \int I_\lambda\text{d}\lambda$

续表

序号	物理量	符号	定义	单位	单位符号	单位定义	备注
8	辐亮度	L, (L_e)	面上一点的面元在给定方向上，包含该点面元的辐射强度除以该面元在垂直于给定方向的平面上的正投影面积 $L = \mathrm{d}^2\Phi/\mathrm{d}\Omega\mathrm{d}A\cos\theta = \mathrm{d}I/\mathrm{d}A\cos\theta$	瓦特每球面度平方米	$\mathrm{W \cdot sr^{-1} \cdot m^{-2}}$		$L = \int L_\lambda \mathrm{d}\lambda$ （L_λ——光谱辐射亮度，单位：$\mathrm{W \cdot sr^{-1} \cdot m^{-2} \cdot \mu m^{-1}}$）
9	辐射出射度	M	离开光源表面某处面元的辐通量除以该面元的面积 $M = \mathrm{d}\psi/\mathrm{d}A$	瓦特每平方米	$\mathrm{W \cdot m^{-2}}$		
10	辐照度	E, (E_e)	在表面上一点的，投射在面元上的辐通量除以该面元的面积 $E = \mathrm{d}\Phi/\mathrm{d}A$	瓦特每平方米	$\mathrm{W \cdot m^{-2}}$		$E = \int E_\lambda \mathrm{d}\lambda$

二、光度量

光度量和辐射度量的定义、定义方程是一一对应的。为便于区分，在辐射度量符号上加下标 "e"，而在光度量符号上加下标 "v"。

人眼对不同波长的光的响应度不同，对此可用光谱光视效能来描述。光谱光视效能 $K(\lambda)$ 与光谱辐通量 $\Phi_e(\lambda)$ 和光谱光通量 $\Phi_v(\lambda)$ 有如下关系：

$$K(\lambda) = \Phi_v(\lambda)/\Phi_e(\lambda) \qquad (2.1)$$

$K(\lambda)$ 值表示在某一波长上单位光功率可产生多少流明的光通量，是衡量光源产生视觉效能大小的重要指标，其量纲是 $\mathrm{lm \cdot W^{-1}}$。由于人眼对不同波长的光敏感程度不同，$K(\lambda)$ 值在整个可见光谱区的每个波长上都不同。在可见光谱的中部，波长为 555nm 左右时 $K(\lambda)$ 达到最大值，用 K_m 表示最大光谱光视效能，$K_m = 683\mathrm{lm \cdot W^{-1}}$。

在此引入一个量：将 $K(\lambda)$ 值在峰值波长处归化为 1，得到一个只表示相对值的函数 $V(\lambda)$，即

$$V(\lambda) = K(\lambda)/K_m \qquad (2.2)$$

$V(\lambda)$ 称为光谱光效率或光视效率、视见函数，它是无量纲的，表示辐通量被利用来引起光视觉刺激的效率。

光度量最基本的单位是发光强度的单位——坎德拉（Candela），记作 cd，它是国际单位制中 7 个基本单位之一。它的定义是发出频率为 $540\times10^{12}\mathrm{Hz}$（对应在空气中 555nm 的波长）的单色辐射，在给定方向上的辐射强度为 $1/683\mathrm{W \cdot sr^{-1}}$ 时，该光源在该方向上的发光强度规定为 1cd。

光通量的单位是流明（lm）。1lm 是光强度为 1cd 的均匀点光源在 1sr 内发出的光通量。

表 2.2 是基本光度量的名称、符号、单位和定义。

表 2.2 基本光度量

序号	名称	符号	定义	单位	单位符号	单位定义	备注
1	光量	Q		流明秒 流明小时	lm·s lm·h		
2	光通量	φ	单位时间的光量	流明	lm	$\varphi = dQ/dt$ $1lm = 1cd.sr$	
3	发光强度	I	点光源在单位立体角内发出的光量	坎德拉	cd	$I = dQ/d\Omega$ $1cd = 1lm/sr$	在 555nm 处， $1cd = 1/683W \cdot sr^{-1}$
4	（光）亮度	L		坎德拉每平方米	$cd \cdot m^{-2}$		$L = \dfrac{d^2\phi}{d\Omega dA\cos\theta}$ $= dI/dA\cos\theta$
5	光出射度	M	$M = d\varphi/dA$	流明每平方米	$lm \cdot m^{-2}$		
6	（光）照度	E	$E = d\varphi/dA$	勒克斯（流明每平方米）	$lx(lm \cdot m^{-2})$		
7	光视效能	$K(\lambda)$	$K(\lambda) = \varphi_v/\varphi_e$	流明每瓦	$lm \cdot W^{-1}$		最大光谱光视效能 $K_m = 683lm \cdot W^{-1}$
8	光视效率	$V(\lambda)$	$V(\lambda) = K(\lambda)/K_m$				

2.1.2 电磁波频谱

遥感是指在远距离对目标进行观测，采集目标相关信息的技术。目标信息主要是各种波长的电磁波。自然界物体的物理化学性能都可以以电磁波的形式表现出来。当物体温度大于热力学温度 0K（−273.16℃）时，会向外辐射电磁能量，同时物体也会吸收和反射外界的辐射能量。不同的物体由于成分、形状、环境条件不同，其发射的辐射波和反射的电磁波也不同。遥感就是通过对这些不同信息的处理和分析，实现对不同物体特征的识别的。遥感高光谱成像技术在获得探测目标图像和辐射强度信息的同时，还可以获得目标物质的辐射或反射光谱信息，为目标性能的识别提供了更有力的技术手段。

电磁波的波长范围非常宽，覆盖了从波长最短的 γ 射线（$1 \times 10^{-6} \mu m$）到波长最长的无线电波（0.1cm ~ 100km），如图 2.2 所示。目前，遥感高光谱成像技术可探测的电磁波谱段主要在紫外、可见、近红外、短波红外部分，并扩展至中长波红外，这些谱段分类和波长范围列于表 2.3。

表 2.3 谱段分类和波长范围

名称	紫外	可见光	近红外	短波红外	中波红外	远红外	超远红外
波长范围 /μm	0.10 ~ 0.38	0.38 ~ 0.76	0.76 ~ 1.10	1.10 ~ 3.00	3.00 ~ 6.00	6.00 ~ 15.00	15.00 ~ 1000.00

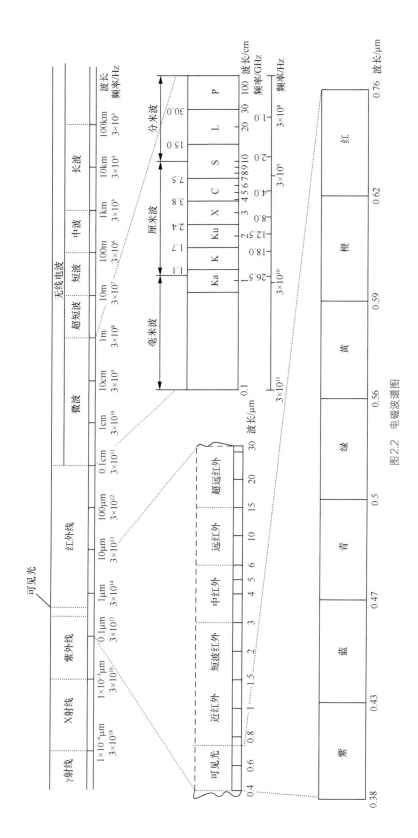

图 2.2 电磁波谱图

2.1.3　遥感空间的有关角度

一、立体角

立体角是计算辐射能在空间发射或被接收时的发散或汇聚角，其定义为以椎体顶点为球心的球表面，被椎体截取部分的表面积和球半径平方之比，单位是球面度（sr），如图 2.3 所示。

立体角可由式（2.3）表示：

$$\Omega = \frac{s}{r^2} \tag{2.3}$$

式中，s——立体角为 Ω 的椎体在球面上所截部分的表面积；r——球半径。

球半径为 r 时，其表面面积等于 $A = 4\pi r^2$。当一个光源向整个空间发出辐射能，或物体从它所在的整个空间接收辐射能时，它们对应的立体角就为 4π 球面度，半球空间对应的立体角为 2π 球面度。

如图 2.4 所示，对于角度增量的微分立体角元 $\mathrm{d}\Omega$，是天顶角 θ 和方位角 φ 的增量 $\mathrm{d}\theta\mathrm{d}\varphi$ 所围成的立体角。

$$\mathrm{d}\Omega = \frac{(r\mathrm{d}\theta)(r\sin\theta\mathrm{d}\varphi)}{r^2} = \sin\theta\mathrm{d}\theta\mathrm{d}\varphi \tag{2.4}$$

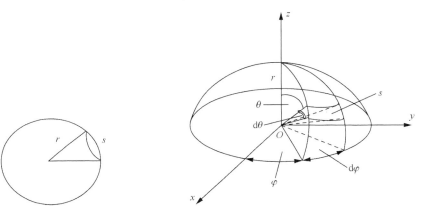

图2.3　立体角　　　　　　　图2.4　微分立体角元及其在极坐标中的表示方法

二、太阳高角和太阳天顶角

太阳高角（仰角）和太阳天顶角互为余角，如图 2.5 所示。太阳高角是地球某点的切平面与某时刻此点和太阳连线的夹角，或称太阳仰角。太阳天顶角是地球某点的切平面的法线与此点和太阳连线的夹角。

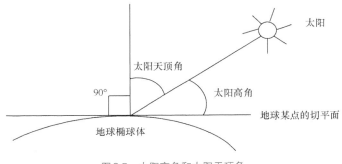

图2.5　太阳高角和太阳天顶角

2.1.4 黑体和电磁辐射定律

黑体是假设的理想辐射体，是能够全部吸收入射的电磁辐射能量，没有反射，又可以完全辐射的物体，其辐射仅随温度变化而变化，且是各向同性的。虽然真正的黑体并不存在，但科学研究通过实验模拟黑体，探索了电磁辐射的物理定律，证明了物体辐射的规律。我们在电磁辐射的测量和应用中，可以用这些定律分析物体辐射的特性和频谱。主要的电磁辐射定律有以下几个。

一、基尔霍夫定律

在一定温度下，黑体是所有物体中吸收和发射辐射能最多的理想体，如果把黑体的发射率和吸收比定为 1，其他物体则通过与在相同温度下黑体发射和吸收辐通量的比值来定义它们的发射率和吸收比，任何实在物体的发射率、吸收比的范围都是 0 ~ 1。发射率是温度和波长的函数。

定义物体的发射率 ε 为物体的辐射出射度与同温度下黑体的辐射出射度之比，即：

$$\varepsilon = M/M_b \tag{2.5}$$

基尔霍夫由热动力学定律导出了处在热平衡状态下的任意物体在同一温度同一方向上的光谱定向发射率 ε 和它的光谱定向吸收比 α 的比值都相等，而与物体的性质无关。该比值等于黑体在同一温度下的发射率。即：

$$\frac{\varepsilon(\theta,\varphi,\lambda)}{\alpha(\theta,\varphi,\lambda)} = \frac{\varepsilon_b}{\alpha_b} = 1 \tag{2.6}$$

式中，下标 b 表示黑体。

由此可得出基尔霍夫定律的表达式：

$$\varepsilon(\theta,\varphi,\lambda) = \alpha(\theta,\varphi,\lambda) \tag{2.7}$$

真正的黑体发射率和吸收比均为 1，完全反射体（白体）的发射率为 0。自然界的物体的发射率都在黑体和白体之间（灰体），可以用发射率表征其辐射特性。发射率、吸收比小的物体，其 $M_\lambda(T)$ 也小；反之，发射率、吸收比大的物体，其 $M_\lambda(T)$ 也大。

二、普朗克辐射定律

普朗克给出了黑体辐射出射度（$M_\lambda(T)$）与温度（T）、波长（λ）的关系：

$$M_\lambda(T) = 2\pi hc^2 \lambda^{-5} \left[\exp\left(hc \middle/ \lambda kT \right) - 1 \right]^{-1} \tag{2.8}$$

式中，h——普朗克常数，$6.626 \times 10^{-34} J \cdot s$；$k$——玻尔兹曼常数，$1.3806 \times 10^{-23} J \cdot K^{-1}$；$c$——光速，$2.998 \times 10^8 m \cdot s^{-1}$；$\lambda$——波长（单位为 m）；$T$——热力学温度（单位为 K）。

三、斯特藩 - 玻尔兹曼定律

黑体在某一平衡温度时的总辐射出射度，可以由 $M_\lambda(T)$ 在 $\lambda = 0 \sim \infty$ μm 范围内积分得到：

$$M_\lambda(T) = \int_0^\infty \frac{c_1}{\lambda^5} \left[\exp\left(\frac{c_2}{\lambda T} \right) - 1 \right]^{-1} d\lambda = \sigma T^4 (W \cdot cm^{-2}) \tag{2.9}$$

式中，σ——斯特藩 - 玻尔兹曼常数（$5.67 \times 10^{-12} W \cdot cm^{-2} \cdot K^{-4}$）；$T$——绝对温度（单

位为 K）；c_1——第一辐射常数，$c_1=2\pi hc^2=3.742\times10^{-12}\mathrm{W\cdot cm}^2$；$c_2$——第二辐射常数，$c_2=hc/k=1.4388\mathrm{cm\cdot K}$。

式（2.9）适用于除了微波之外的较短波长的辐射。此定律表明，黑体发出的总能量与其绝对温度的 4 次方成正比，说明单位面积温度较高的黑体辐射的能量要高于温度较低的黑体，且当温度增加时，辐射能量将迅速增加。

四、维恩位移定律

黑体辐射的能量大小是波长的函数，其辐射出射度的峰值波长与温度的乘积是常数，此关系式即维恩位移定律：

$$\lambda_{\mathrm{M}}T=A \tag{2.10}$$

式中，λ_{M}——辐射出射度最大处（峰值）的波长；T——热力学温度，单位 K；A——常数，为 2897.8μm·K。

维恩位移定律表明，黑体的最大辐射出射度对应的波长 λ_{M} 与黑体的热力学温度 T 成反比，黑体的温度越高，其最大辐射峰值波长越向短波移动。利用这个定律可以估算出在某温度下黑体或近似黑体的物体在什么谱段范围内辐射出射度最大。如太阳表面温度接近6000K，其辐射峰值波长约为 0.48μm，在此波段附近的太阳辐射能量最多。白炽灯的辐射峰值波长约为 1μm。地球表层的平均温度约 300K（27℃），其相应的最大辐射峰值波长约为 9.7μm，即在远红外附近，这部分辐射与热相关，称为热红外能。反之，如果测得黑体的光谱辐射曲线，也可以用维恩位移定律计算黑体的温度。

由普朗克辐射定律可知黑体辐射出射度与温度和波长有关，我们可以做出相同温度下辐射出射度与波长的关系曲线，即在某一温度下黑体辐射的波谱分布。图 2.6 是黑体辐射波谱曲线，显示了不同温度（200～6000K）的黑体表面辐射能量的波谱分布，曲线横坐标是波长 λ（单位为 μm），纵坐标是光谱辐射出射度 $M(\lambda,T)$（单位为 $\mathrm{W\cdot m}^{-2}\cdot\mu\mathrm{m}^{-1}$）。

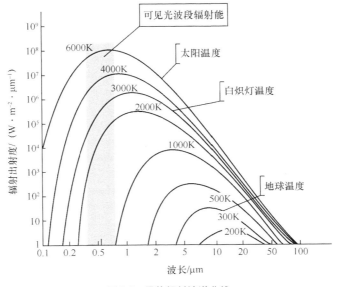

图2.6　黑体辐射波谱曲线

对于具有朗伯辐射特性（在任意发射方向上辐亮度不变）的黑体，其光谱辐亮度为：

$$L(\lambda, T) = \frac{M(\lambda, T)}{\pi} \tag{2.11}$$

利用式（2.11），可以将图 2.6 所示曲线的纵坐标变换为光谱辐亮度值，各曲线则成为黑体的光谱辐亮度波谱曲线。

图 2.6 所示的曲线较为直观地显示了普朗克辐射定律的核心内容。每个温度下的曲线与横坐标间的面积即为光谱辐射出射度在整个光谱辐射范围内的积分，就是总辐射出射度。可以看出，正如斯特藩 - 玻尔兹曼定律所述，黑体温度越高，总辐射出射度越大，总辐射能量越多。

从图 2.6 所示曲线显示出，不同温度的黑体辐射波谱曲线形状相似，但辐射峰值对应的波长位置不同，温度越高，峰值波长越短，这就是维恩位移定律描述的规律。

2.1.5　太阳辐射

自然界任何温度大于绝对零度的物体都是辐射源，对地球影响最大的辐射源是太阳，太阳是遥感的主要能源。

太阳是一个气体球，可以看成一个直径约为 $1.392 \times 10^9\text{m}$ 的光球。太阳到地球的年平均距离定为一天文单位，是 $1.496 \times 10^{11}\text{m}$，太阳是离地球最近的恒星。从地球上观看太阳时，太阳的张角只有 $0.533°$。

太阳的辐射与温度为 6000K 的黑体的辐射相近。太阳的中心温度约为 $1.5 \times 10^7\text{K}$，表面温度约为 6000K，辐射的总功率为 $3.826 \times 10^{26}\text{W}$，表面的辐射出射度为 $6.284 \times 10^7 \text{W} \cdot \text{m}^{-2}$。太阳的辐射波谱从波长小于 10^{-9}m 的 X 射线延伸到波长大于 100m 的无线电波。太阳辐射的大部分能量集中在近紫外到中红外（$0.31 \sim 5.6\mu\text{m}$）谱段内，占全部能量的 97.5%，其中可见光占 43.5%，近红外占 36.8%。在此谱段内太阳辐射能量的变化很小，可以将太阳看作很稳定的辐射源，其他谱段的太阳辐射则可以忽略。图 2.7 为太阳辐照度光谱曲线。

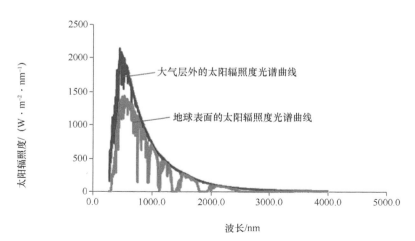

图2.7　太阳辐照度光谱曲线

到达地球外边界的太阳辐射一部分（约30%）被大气层反射回太空，另一部分（约

17%）被大气吸收，还有一部分（约 22%）被散射成漫射辐射到达地表，只有约 31% 的太阳辐射作为直射太阳辐射到达地球表面。

太阳能的电磁辐射可以用太阳常数和光谱辐照度表示。太阳常数定义为在地球大气层外的自由空间中，在平均日地距离处、在垂直于太阳射线方向的平面上，单位时间、单位面积内从太阳接收到的辐射能量总量，即在全部波长范围内的积分能量。在给定日地平均距离处的太阳辐照度为 $\overline{E_0}$，则其在全波长范围内的积分就是太阳常数。

$$S_0 = \int_0^\infty \overline{E_0}(\lambda)\mathrm{d}\lambda \tag{2.12}$$

太阳常数的数值为 1360W·m^{-2}，表征了地球所接收的太阳辐射的总能量值。

2.1.6 人工光源

光辐射测量中除自然光源太阳外，大量使用的是人工光源。人工光源种类很多，常用的有黑体模拟器、白炽灯、气体放电灯、半导体发光二极管（Light Emitting Diode，LED）、激光及其他光源。它们除了用作光源外，更重要的是作为辐射度量测量和量值传递的标准，或者用来测量或标定测量系统的性能参数。发射已知光谱的线谱光源，常用作波长标定的标准源，因而光源在辐射测量中占有很重要的地位。

2.1.7 地球的反射和发射辐射

地球表面上的能源主要来自太阳辐射，包括太阳直射能量和天空漫射能量。这些能量一部分被地球反射，形成地球的短波辐射（0.3～2.5μm），另一部分被地球吸收，形成发射辐射（热辐射），发射辐射主要在长波段（大于 4μm），在二者之间的中红外波段的辐射则受到太阳辐射和热辐射的影响。这几部分能量的总和就构成了地球的总辐射出射通量。太阳在 6000K 时的辐射峰值波长为 0.48μm，大部分能量集中在短波段，而地球在 300K 时的辐射峰值波长约为 10μm（远红外波段），绝大部分能量在红外波段。

对地球反射辐射和发射辐射影响较大的有以下几个因素：地球表面不同地物的反射辐射特性和发射辐射特性都不同；大气层的成分、密度、云层厚度、高度、覆盖范围等因素，影响了云层对辐射的吸收，也就影响了地物的反射辐射和发射辐射；不同季节、不同时日，太阳高角不同，使地物接收到不同的太阳辐射能量，则地物的反射辐射和发射辐射都会变化。

地物反射率特性变化的直接影响因素如下。

（1）太阳高角越小，地物反射率越高。地球纬度增大，太阳高角减小。

（2）陆地区域比海洋区域反射率高。

（3）云层浓密区域的反射率高。

（4）不同季节，云量、植被、冰雪覆盖状况不同，地物的反射率也不同。

地物的长波辐射主要受地表温度和覆盖云层的影响。地表温度越高，发射辐射越多。云量增多时，长波辐射减少。太阳高角影响地表和低层大气温度，使发射辐射随季节和时日的不同而变化。地球表面地物长波辐射的变化远小于反射率的变化。

2.2 辐射传输

本节主要介绍辐射传输规律、传输介质和辐射传输方程。

2.2.1 光辐射能在传输路径上的反射、透射和吸收

在光辐射能传输计算和测量中，需考虑光辐射能在传输路径上的反射、透射和吸收损失。当入射光投射到某介质表面时，会分成反射、吸收、透射 3 部分辐通量。根据能量守恒定律，这 3 部分辐通量之和应等于入射辐通量 Φ_i，可表示为：

$$\Phi_r + \Phi_\alpha + \Phi_t = \Phi_i \tag{2.13}$$

$$或为：\frac{\Phi_r}{\Phi_i} + \frac{\Phi_\alpha}{\Phi_i} + \frac{\Phi_t}{\Phi_i} = 1 \tag{2.14}$$

式中，Φ_r、Φ_α、Φ_t 分别为反射、吸收、透射辐通量。

定义反射比、吸收比、透射比为 ρ、α、τ，则有：

$$\rho + \alpha + \tau = 1 \tag{2.15}$$

反射比、吸收比、透射比是波长的函数，可记为：

$$\rho(\lambda) + \alpha(\lambda) + \tau(\lambda) = 1 \tag{2.16}$$

总辐通量是光谱辐通量在光源整个光谱谱段（或计算谱段）的积分，有：

$$\Phi_i = \int_\lambda \Phi_i(\lambda)\mathrm{d}\lambda$$

$$\Phi_r = \int_\lambda \Phi_i(\lambda)\rho(\lambda)\mathrm{d}\lambda$$

$$\Phi_t = \int_\lambda \Phi_i(\lambda)\tau(\lambda)\mathrm{d}\lambda$$

$$\Phi_\alpha = \int_\lambda \Phi_i(\lambda)\alpha(\lambda)\mathrm{d}\lambda$$

则可推导出如下关系：

$$\rho = \frac{\Phi_r}{\Phi_i} = \frac{\int_\lambda \Phi_i(\lambda)\rho(\lambda)\mathrm{d}\lambda}{\int_\lambda \Phi_i(\lambda)\mathrm{d}\lambda} \tag{2.17}$$

$$\alpha = \frac{\Phi_\alpha}{\Phi_i} = \frac{\int_\lambda \Phi_i(\lambda)\alpha(\lambda)\mathrm{d}\lambda}{\int_\lambda \Phi_i(\lambda)\mathrm{d}\lambda} \tag{2.18}$$

$$\tau = \frac{\Phi_t}{\Phi_i} = \frac{\int_\lambda \Phi_i(\lambda)\tau(\lambda)\mathrm{d}\lambda}{\int_\lambda \Phi_i(\lambda)\mathrm{d}\lambda} \tag{2.19}$$

由以上公式可看出，总辐通量 Φ_r、Φ_α、Φ_t 与光源的光谱分布 $\Phi_i(\lambda)$、积分谱段有关，而光谱量 $\rho(\lambda)$、$\alpha(\lambda)$、$\tau(\lambda)$ 只与介质的材料和表面性质有关。

2.2.2 物体表面的反射

一、物体表面的反射

在辐射度学中常把表面粗糙度远小于入射光波长的表面作为光滑表面，反之则为粗糙

表面。因此物体表面的光滑和粗糙是相对的，同一种表面对于长波可能是光滑的，对于短波可能就是粗糙的。

光辐射能在光滑表面的反射基本是镜面反射，即反射能集中在一个方向上，反射角等于入射角。物体介质不同、入射光的偏振态不同、入射角不同时，反射比不同。

光辐射能在粗糙表面的反射会出现漫射，即在镜面反射方向之外、整个半球空间的其他方向上的反射，各方向的反射强度取决于表面的粗糙状况。漫射是各向同性的，即无极化（偏振）的。对于朗伯表面，各个方向都会产生漫射，且反射比等于1。在漫射中，某方向的反射强度大于其他方向，就形成方向反射。物体表面的3种反射形式如图 2.8 所示。

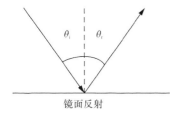 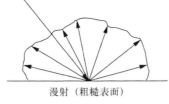 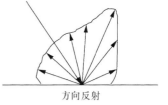

镜面反射　　　　　　　　漫射（粗糙表面）　　　　　　方向反射

图2.8　物体表面的3种反射形式

二、描述漫射特性的物理量

图 2.9 所示是入射方向与观测方向的几何位置。

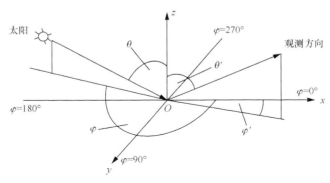

图2.9　入射方向与观测方向的几何位置

通常用以下几个物理量描述物体的反射特性和反射值。

- 反射因数 $R(\theta,\varphi;\theta',\varphi')$，也可称为二向性反射率因子（Bidirectional Reflectance Factor，BRF）——在相同入射和观测条件下，物体表面与理想朗伯表面反射测量值之比。其表示如下：

$$R(\theta,\varphi;\theta',\varphi') = \frac{\mathrm{d}\varphi'}{\mathrm{d}\varphi'_{\text{朗伯}}} = \frac{L'(\theta',\varphi')\cos\theta'\mathrm{d}\Omega'\mathrm{d}s}{\left(\dfrac{E(\theta,\varphi)}{\pi}\right)\cos\theta'\mathrm{d}\Omega'\mathrm{d}s} = \pi\frac{L'(\theta',\varphi')}{E(\theta,\varphi)} \tag{2.20}$$

式中，$E(\theta,\varphi)$——入射辐照度，θ、φ 分别为入射角和方位角；$L'(\theta',\varphi')$——反射辐亮度，θ'、φ' 分别为反射角和方位角；Ω'——观测立体角；s——物体表面积。

反射因数是个无量纲的值。反射因数和观测立体角大小无关，仅取决于材料表面的反射特性。

对于多数材料，方位上反射特性的变化很小，因此常常写成 $R(\theta,\theta')$。

- 双向反射分布函数（Bidirectional Reflectance Distribution Function，BRDF）——反射辐亮度和入射辐照度的比值。写作：

$$\text{BRDF}(\theta,\varphi;\theta',\varphi') = \frac{L'(\theta',\varphi')}{E(\theta,\varphi)} \tag{2.21}$$

式（2.21）表示不同入射角条件下物体表面在任意观测角的反射特性，其量纲为球面度$^{-1}$，即 sr^{-1}。

反射因数和 BRDF 之间的关系如下：

$$R(\theta,\varphi,\theta',\varphi') = \pi\text{BRDF}(\theta,\varphi,\theta',\varphi') \tag{2.22}$$

- 定向半球反射因数 $R(\theta,\varphi;d')$（Directional Hemispherical Reflectance，DHR）——反射因数在半球空间的积分，d' 表示漫射。

$$\begin{aligned} R(\theta,\varphi;d') &= \int_0^{\pi/2}\int_0^{2\pi} R(\theta,\varphi;\theta',\varphi')\sin\theta'\cos\theta'\mathrm{d}\theta'\mathrm{d}\varphi \\ &= \int_0^{\pi/2}\int_0^{2\pi} \pi\frac{L'(\theta',\varphi')}{E(\theta,\varphi)}\cos\theta'\mathrm{d}\Omega'\frac{\mathrm{d}s}{\mathrm{d}s} = \frac{\varphi'(d')}{\varphi(\theta,\varphi)} = \rho(\theta,\varphi;d') \end{aligned} \tag{2.23}$$

由式（2.23）可看出，半球观测时，定向半球反射比 $\rho(\theta,\varphi;d')$ 与定向半球反射因数 $R(\theta,\varphi;d')$ 相等。

- 辐亮度因数 β。

在式（2.22）中，当观测立体角 Ω' 趋于无穷小时，则

$$R(\theta,\varphi;\theta',\varphi') = \frac{\mathrm{d}\varphi'}{\mathrm{d}\varphi'_{\text{朗伯}}} = \frac{L'(\theta',\varphi)\cos\theta'\mathrm{d}\Omega'\mathrm{d}s}{\left(\frac{E(\theta,\varphi)}{\pi}\right)\cos\theta'\mathrm{d}\Omega'\mathrm{d}s} = \frac{L'(\theta',\varphi')}{L'(\theta',\varphi')_{\text{朗伯}}} = \beta(\theta,\varphi;\theta',\varphi') \tag{2.24}$$

β 称为辐亮度因数，在光度学中称为亮度因数。

2.2.3　辐射度学的两个基本定律

一、朗伯余弦定律

朗伯表面即在任意发射（漫射、透射）方向上辐亮度不变的表面。理想朗伯表面是反射比等于 1 且具有朗伯漫射特性的表面，也可称为朗伯发光面或朗伯体，也叫均匀漫射面或均匀漫射体。

朗伯余弦定律如图 2.10 所示，有：

$$S' = S \cdot \cos\theta, \qquad E = \phi/S, \qquad E' = \phi/S'$$

其中，θ——面元 S 法线与传输方向的夹角；S——法线与传输方向成 θ 角的表面积；S'——S 在垂直传输方向上的投影面积；ϕ——入射辐通量；E——S 面上的辐照度；E'——S' 面上的辐照度。

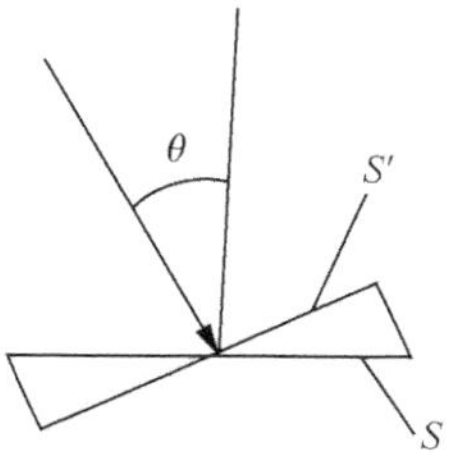

所以：

图 2.10　朗伯余弦定律

$$E = E' \cdot \cos\theta \tag{2.25}$$

这就是辐照度的余弦定律。

对于朗伯表面，辐射强度为 I_0、表面积为 $\mathrm{d}A$ 的辐射表面在其法线方向上的辐亮度为 $I_0/\mathrm{d}A$，而与表面法线成 θ 角方向的辐亮度为 $I_0/(\mathrm{d}A \cdot \cos\theta)$。则：

$$\frac{I_0}{\mathrm{d}A} = \frac{I_\theta}{\mathrm{d}A\cos\theta}$$

所以：

$$I_\theta = I_0\cos\theta \tag{2.26}$$

式（2.26）表明，朗伯表面在某方向上的辐射强度随着该方向和表面法线之间夹角的余弦而变化。或说一个亮度在各个方向上都相等的发光面，在某一方向的发光强度等于这个面垂直方向上的发光强度 I_0 乘以方向角的余弦。

式（2.26）可用图 2.11 表示：以朗伯表面 $\mathrm{d}A$ 法线方向代表辐射强度值的线段为直径，作一球与表面 $\mathrm{d}A$ 相切，则由表面 $\mathrm{d}A$ 中心向某 θ 角方向所作的到球面交点的矢量长度，即表示该方向辐射强度 I_0 的大小。

二、平方反比定律

均匀点光源向空间发射球面波，在其辐射传输方向上某点的辐照度和该点到点光源的距离的平方成反比。图 2.12 是求解均匀发光圆盘在接收面元 $\mathrm{d}A_2$ 上的辐照度的图解。

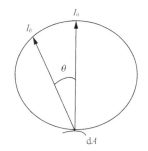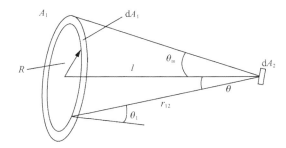

图2.11　朗伯表面的余弦定律　　　图2.12　求解均匀发光圆盘在接收面元 $\mathrm{d}A_2$ 上的辐照度的图解

辐亮度为 L 的均匀发光圆盘 A_1 的半径为 R，圆盘半径对 $\mathrm{d}A_2$ 的张角 θ_m，把圆盘分成若干个环带，其对距离 l 处的面元 $\mathrm{d}A_2$ 上的辐照度是所有环带面元 $\mathrm{d}A_1$ 对接收面元辐照度 $\mathrm{d}E$ 贡献之和，即 $\mathrm{d}E$ 对整个表面 A_1 进行积分，得：

$$E = \int_0^{\theta_\mathrm{m}} 2\pi L\sin\theta\cos\theta\mathrm{d}\theta = \pi L \sin^2\theta_\mathrm{m} = \pi L\frac{R^2}{R^2 + l^2}$$

当 l 远大于 R 时，则：

$$E \approx \pi L \frac{R^2}{l^2} \tag{2.27}$$

即只有当面元 $\mathrm{d}A_2$ 距光源表面足够远时，才能用平方反比定律而不产生明显的误差。由计算可知，当光源的尺寸和距离之比 $2R/l$ 为 $1:5$ 时，用平方反比定律所产生的辐照度误差有 1%；而当 $2R/l$ 为 $1:15$ 时，误差就只有 0.1% 了。一般光辐射测量中，待测表面到光源的距离远大于光源的线尺寸，因此用平方反比定律所产生的误差常常可以忽略不计。

2.2.4　光辐射能在空间的传输

光辐射能的传输是指辐射能由光源（光源的自发辐射或者物体表面的反射、透射、散射辐射）经过传输介质投射到接收系统或探测器上。光辐射能在传输路径上，会遇到传输介质和接收系统的折射、反射、散射、吸收、干涉等，使光辐射能在到达接收系统前，在空间分布、波谱分布、偏振程度、相干性等方面都发生变化。

在此我们仅从几何光学的基本定律出发，来讨论光辐射能的传输，因为在许多实用情况下，几何光学能够相当精确地描述光辐射能的传输。

一、辐亮度和基本辐亮度守恒

辐亮度的物理定义：光源在垂直于其辐射传输方向上的每单位光源表面积 $\mathrm{d}A$ 在单位立体角 $\mathrm{d}\Omega$ 内发出的辐通量 Φ。计算方法为光源表面上某面元在给定方向上的辐射强度 I 除以该面元在垂直于该方向的平面上的投影面积，即：

$$L = \frac{\mathrm{d}^2\Phi}{\mathrm{d}A\,\mathrm{d}\Omega\cos\theta} = \frac{I}{\mathrm{d}A\cos\theta}$$

在光束传输路径上任取两个面元 1 和 2，面积分别为 $\mathrm{d}A_1$ 和 $\mathrm{d}A_2$，如图 2.13 所示。取这两个面元时，使通过面元 1 的光束都通过面元 2。设它们之间的距离为 r，它们的法线与传输方向的夹角分别为 θ_1 和 θ_2。

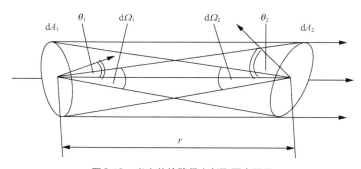

图2.13　光束传输路径上任取两个面元

设面元 1 为子光源，其辐亮度为 L_1，面元 2 作为接收表面。则由面元 1 发出、由面元 2 接收的辐通量为：

$$\mathrm{d}^2\Phi_{12} = L_1\cos\theta_1\mathrm{d}A_1\mathrm{d}\Omega = L_1\cos\theta_1\mathrm{d}A_1\frac{\mathrm{d}A_2\cos\theta_2}{r^2}$$

面元 2 的辐亮度 L_2 为：

$$L_2 = \frac{\mathrm{d}^2\Phi_{12}}{\mathrm{d}A_2\mathrm{d}\Omega\cos\theta_2} = \frac{\mathrm{d}^2\Phi_{12}}{\mathrm{d}A_2\cos\theta_2\dfrac{\mathrm{d}A_1\cos\theta_1}{r^2}}$$

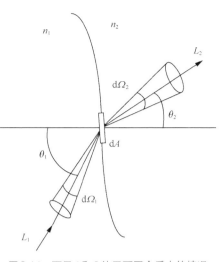

因此可得出：

$$L_1 = L_2 \qquad (2.28)$$

式（2.28）说明当光辐射能在传输介质中没有损失时，表面 2 的辐亮度和表面 1 的辐亮度是相等的，即辐亮度是守恒的。

图 2.14 显示的是面元 1 和 2 处于不同介质中的情况。设辐通量在介质边界上没有反射、吸收等损失，此时：

$$\mathrm{d}^2\varPhi_{12} = L_1\mathrm{d}A\cos\theta_1\mathrm{d}\varOmega_1 = L_2\mathrm{d}A\cos\theta_2\mathrm{d}\varOmega_2$$

由立体角增量公式，即式（2.4），有 $\mathrm{d}\varOmega_1 = \sin\theta_1\mathrm{d}\theta_1\mathrm{d}\varphi$、$\mathrm{d}\varOmega_2 = \sin\theta_2\mathrm{d}\theta_2\mathrm{d}\varphi$（$\varphi$ 为方位角，θ 为天顶角），可得：

$$\mathrm{d}^2\varPhi_{12} = L_1\mathrm{d}A\cos\theta_1\sin\theta_1\mathrm{d}\theta_1\mathrm{d}\varphi = L_2\mathrm{d}A\cos\theta_2\sin\theta_2\mathrm{d}\theta_2\mathrm{d}\varphi$$

图2.14　面元1和2处于不同介质中的情况

由折射定律 $n_1\sin\theta_1 = n_2\sin\theta_2$，可得：

$$\cos\theta_1\sin\theta_1\mathrm{d}\theta_1 = \sin\theta_1\mathrm{d}(\sin\theta_1) = \left(\frac{n_2}{n_1}\right)\sin\theta_2\mathrm{d}\left(\frac{n_2}{n_1}\sin\theta_2\right) = \left(\frac{n_2}{n_1}\right)^2\cos\theta_2\sin\theta_2\mathrm{d}\theta_2$$

由以上关系可导出：

$$\frac{L_1}{n_1^2} = \frac{L_2}{n_2^2} \qquad (2.29)$$

L/n^2 可以称为基本辐亮度，它是个常数，这就是阿贝定律，即基本辐亮度守恒定律。基本辐亮度守恒可以用于光辐射能在同一均匀介质和不同介质的传播。

二、光辐射能在光学系统中的传输

由阿贝定律可知：如果忽略透镜或反射镜上的反射和吸收损失，由处于空气中的透镜或反射镜对发光体成像的亮度与发光体的亮度是相同的。因此，不可能通过使用光学方法来提高亮度。此外，当由透镜或反射镜成像时，由于它们自身也可被看作这些像的光源，所以根据阿贝定律可以证明，透镜和反射镜的亮度与发光体的亮度是相同的。

如果考虑在光学系统中光传输的损失，用 τ 表示透镜系统的透射系数，则式（2.29）可写成：

$$L_2 = \tau\left(\frac{n_2}{n_1}\right)^2 L_1 \qquad (2.30)$$

如果用 ρ 表示反射系统的反射系数，则式（2.30）可写成：

$$L_2 = \rho\left(\frac{n_2}{n_1}\right)^2 L_1 \qquad (2.31)$$

在讨论光辐射能在光学系统中的传输时，需引入几何度的概念。设辐亮度为 L_1 的光源表面将部分光辐射能投射到表面 2 上，则表面 2 接收的辐通量为：

$$\varPhi_2 = \int_{A_1}\int_{A_2} L_1\frac{\cos\theta_1\cos\theta_2}{r_{12}^2}\mathrm{d}A_1\mathrm{d}A_2$$

如果假定光源表面是朗伯表面，二重积分是可以分离的，那么：

$$\Phi_2 = L_1 \int_{A_1} \mathrm{d}A_1 \int_{A_2} \frac{\cos\theta_1\cos\theta_2}{r_{12}^2}\mathrm{d}A_2 = L_1 A_1 \int_{\Omega_1} \cos\theta_1\mathrm{d}\Omega_1 = L_1 A_1 \Omega_{\mathrm{T}} \tag{2.32}$$

式中：

$$\Omega_{\mathrm{T}} = \int_{\Omega_1} \cos\theta_1\mathrm{d}\Omega_1$$

Ω_{T} 称为投影立体角，它是表面 2 上面元对表面 1 所张立体角 $\mathrm{d}\Omega_1$ 在表面 1 法线方向投影的积分。

令：

$$G = A_1 \Omega_{\mathrm{T}} \tag{2.33}$$

G 叫作光学系统的几何度。几何度是光源表面面积 A_1 和接收光学系统对光源投影立体角的乘积，几何度只和光源的几何尺寸、光源到光学系统的距离、光学系统的入瞳尺寸以及它的结构等有关，而和光源的辐射量无关。

由式（2.32）可得：

$$\varphi_2 = L_1 G \tag{2.34}$$

由式（2.34）可看出，在光源辐亮度一定时，光学系统接收辐通量的大小取决于它的几何度，几何度大的光学系统，相对来说传输或接收的辐通量就大。

在没有光能损失的光学系统中，光学系统只改变光辐射能的汇聚和发散程度，而辐通量是不变的。在相同的均匀介质中，辐亮度是守恒的。因此，光学系统的几何度也是不变的。也就是说光辐射能在光学系统中传输时，如果中间没有其他辐射能的加入或者分光，那么在任一截面上，其几何度都是不变的。在光束截面积较小处，它的投影立体角必然较大；反之，在光束截面积较大处，它的投影立体角必然较小。

在有吸收等损失的光学系统中，辐通量和辐亮度都在传输过程中减小了，但几何度仍是不变的。

在不同介质中，由基本辐亮度守恒可得：

$$G = \frac{\varphi_2}{L_1} = \frac{\varphi_2}{(L'/n^2)} = n^2 A_1 \Omega_{\mathrm{T}} \tag{2.35}$$

式中，n 是介质的相对折射率。乘积 $n^2 A_1 \Omega_{\mathrm{T}}$ 叫作基本几何度，那么可以把几何度的概念延伸到具有不同折射率介质的光学系统中。在这种情况下，可以说光学系统的基本几何度是不变的。几何度不变的概念在近似计算光辐射能和分析光学系统中的传输问题时是很有用的。

用入瞳和出瞳表示的光学系统如图 2.15（a）所示。由几何度不变的概念可写出：

$$A_s \Omega_s = A_e \Omega_e = A_x \Omega_x = A_i \Omega_i$$

其中 S 是物，I 是物经过光学系统投影在像方的像，e 为入瞳，x 为出瞳。

这里需注意的是 A_s 和 A_i 之间存在的物像关系。如果 I 处放置的探测器的面积 A_i' 比光源 A_s 成像的面积 A_i 小（$A_i' < A_i$），则有一部分光辐射不能被探测器接收，所以此时光学系统的几何度计算中应当使用 A_i'（探测器的工作面积）在物方的像 A_s'，如图 2.15（b）所示，则有：

$$A_s' \Omega_s = A_e \Omega_e' = A_x \Omega_x' = A_i' \Omega_i \tag{2.36}$$

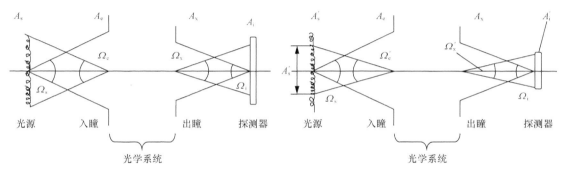

（a）用入瞳和出瞳表示的光学系统　　　　（b）使用探测器的工作面积在物方的像计算几何度

图2.15　几何度不变关系中的物像关系

（1）光学系统像面中心的辐照度 E_0。

由 $\Phi = L A_i \Omega_i$ 可得：

$$E_0 = \frac{\tau \Phi}{A_i} = \tau L \Omega_i = \tau L \frac{\pi D^2}{4\ell^2} = \frac{\pi}{4}\tau L\left(\frac{D}{f'}\right)^2\left(\frac{f'}{\ell}\right)^2 = \frac{\pi}{4}\tau L\left(\frac{D}{f'}\right)^2\frac{1}{(1-\beta)^2} \tag{2.37}$$

式中，τ——光学系统的透光率；D——透镜的直径；f'——像方焦距；$\dfrac{D}{f'}$——光学系统的相对孔径；β——光学系统的纵向放大率。

由式（2.37）可看出，像面中心的照度与景物的亮度成正比，与相对孔径的平方成正比，与像距的平方成反比。当物距很远时，像面在焦面上或附近，像面照度则只与景物亮度、相对孔径平方成正比。

（2）像平面上视场角为 θ 处的辐照度。

像平面的辐照度关系如图2.16所示。首先比较分析像平面边缘视场像点 $1'$ 和轴上点 $0'$ 所对应的立体角的大小。像点 $1'$ 所对应的立体角为：

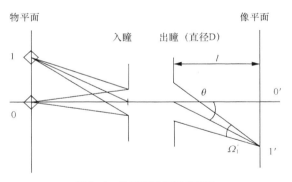

图2.16　像平面的辐照度关系

$$\Omega_1' = \frac{\dfrac{\pi D^2}{4}\cos\theta}{\left(\dfrac{\ell}{\cos\theta}\right)^2} = \frac{\pi D^2}{4\ell^2}\cos^3\theta = \Omega_0'\cos^3\theta$$

则像平面上视场角 θ 处的辐照度为：

$$E_1' = \tau L'\Omega_1' = \tau L\cos\theta\frac{\pi D^2}{4\ell^2}\cos^3\theta = \tau L\frac{\pi D^2}{4\ell^2}\cos^4\theta = E_0\cos^4\theta \tag{2.38}$$

式（2.38）说明，像平面的光照度随视场角 θ 的余弦的 4 次方衰减。

2.2.5　大气光学特性

在遥感的辐射传输中，大气是主要的传输介质，因此我们必须了解大气的光学特性。

一、大气的结构和成分

1. 大气层的结构

地球被大气圈包围，大气厚度约 1000km。大气圈上界没有明显界限，离地面越远大气越稀薄。图 2.17 为标准大气垂直温度廓线分层，这个廓线代表中纬度地区大气的典型结构。按照国际大地测量学和地球物理学联合会所规定的标准术语，垂直廓线分成 4 个层次：对流层、平流层、中间层和热层。这些层的顶部分别称为对流层顶、平流层顶、中间层顶和热层顶。

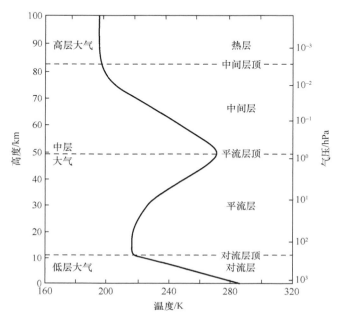

图 2.17　标准大气垂直温度廓线分层（K·N.LIOU）

对流层的上界随纬度、季节等因素变化，极地上空仅 7～8km，赤道上空约 16～19km。该层的温度随高度上升而降低，典型直减率为 6.5K/km，从平均地表温度的约 288K 降到高空的约 220K，空气密度和气压也随高度上升而下降。对流层的温度是地表与大气的辐射平衡和能量对流输送的结果。所有的水汽、云和降水都在这一层中产生。

在平流层中，从对流层顶至 20km 高度是等温层，由此向上温度一直上升，到平流层顶时达 270K 左右。臭氧主要出现在平流层中。在平流层某一高度范围内能观测到持续很长时期的气溶胶薄层。平流层的热力状态主要由臭氧对太阳辐通量的吸收以及二氧化碳的红外辐射这两者决定。

与对流层类似，中间层的大气温度在 50～85km 的高度范围内随高度上升而降低，平均每上升 1km，温度下降 3K。

由 85km 到数百千米高度的范围是热层，热层的温度可从 500K 变化到 2000K，这取决于太阳的活动程度。

在热层之上的大气最外层为外逸层，或称散逸层。

由于遥感器的工作谱段的选择，对遥感器接收到的电磁辐射影响最大的是对流层和平流层。

2. 大气的成分

大气的成分主要包括一些气体分子和其他微粒，它们在大气中的组分（组成和体积比）、形态，对大气辐射传输的吸收、散射作用有直接的影响。

大气的气体分子中占 99% 的是 N_2、O_2，其余 1% 是 O_3、CO_2、H_2O 及其他气体（N_2O、CH_4、NH_3 等）。大气中的微粒主要有烟、尘埃、小水滴及气溶胶。气溶胶是一种固体和液体的悬浮物，一般直径在 0.01～30μm，多分布在高度 5km 以下。自然源气溶胶包括火山尘、林火烟雾、海沫盐粒、风吹尘，以及自然界的气体发生化学反应而产生的小粒子。人为产生的重要气溶胶包括燃烧过程直接排放的粒子，以及由燃烧排放气体而形成的粒子。大气气溶胶浓度随地点变化而变化，最大浓度通常出现在城市和沙漠地区。在对流层中，气溶胶浓度通常随高度的增加而迅速减小。

二、大气散射

当电磁辐射在传输介质中传播时，遇到小微粒而使传播方向改变的现象就称为散射。在大气中，电磁辐射受到大气分子或气溶胶的作用会发生散射，散射的强度取决于微粒的大小、含量，辐射波长和穿过的大气厚度。散射改变了辐射传播的方向，有可能使遥感器接收到视场外的辐射，使暗物体显现得更亮，或使亮物体显现得更暗，这些作用都会降低遥感影像的对比度和质量。

在大气中有各种大小不同的粒子，如气体分子（约 10^{-4}μm）、气溶胶（约 1μm）、小水滴（约 10μm）、冰晶（约 100μm）、大雨滴和冰雹粒（约 1cm）。不同大小的粒子对不同波长的光的散射作用不同。在此可以建立一个称为尺度参数的物理量 x，其定义为球形粒子的周长与入射波长 λ 之比，即 $x = 2\pi a / \lambda$，a 是粒子半径。当 $x \ll 1$ 时的散射为瑞利散射。例如大气分子对可见光（0.4～0.7μm）的散射，使天空呈现蓝色。当粒子尺度大于波长或可与波长相比拟，即 $x > 1$ 时的散射称为洛伦兹-米氏散射。在辐射传输计算的大气辐射校正中，将根据大气分布状况，采用不同的散射理论进行计算。

大气分子、粒子对电磁波的散射实际是多次散射，图 2.18 为单次散射与多次散射过程。在 P 点的粒子向各个方向散射一次，即单散射；一部分单散射的光到达在 Q 点的粒子，在此再次发生向各个方向的散射，这称为二次散射；同样，随后在 R 点的粒子处发生三次散射。多于一次的散射就称为多次散射。

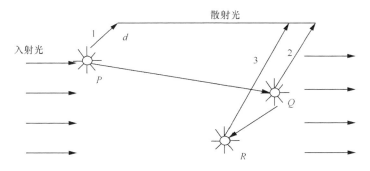

图2.18　单次散射与多次散射过程

在光散射和辐射传输领域中，经常使用"截面"这一术语，它与粒子的几何面积类似，用来表示粒子从初始光束中所移除的能量大小。当截面与粒子的大小相联系时，它用面积

（单位为 cm^2）表示。因此，以面积计算的消光截面等于散射截面与吸收截面之和。但是，当截面相对单位质量而言时，它用每单位质量的面积（单位为 cm^2/g）表示。这时，在辐射传输研究中，这称为质量消光截面。因此质量消光截面等于质量散射截面与质量吸收截面之和。此外，当消光截面乘以粒子数密度（单位为 cm^{-3}）或当质量消光截面乘以密度（单位为 g/cm^3）时，得到的量称为消光系数，它具有长度倒数的单位（单位为 cm^{-1}）。在红外辐射传输领域中，质量吸收截面也称为吸收系数。

三、大气吸收

电磁辐射能穿过大气时，会受到大气分子等的吸收作用，能量会衰减。吸收作用主要是由大气层中的气体引起的，例如水汽、臭氧（O_3）、氧气（O_2）及气溶胶等。在光学波段内，水汽和 O_3 的吸收作用对多光谱遥感影响较大，其他气体含量稳定且只吸收很小谱段范围的能量；对于高光谱遥感，则还需关注某些气体（如 O_2）的作用。

1. O_2 和 O_3

O_2 在可见区和近红外区有一些吸收带。O_3 主要集中于 20～30km 高度的平流层，由高能紫外辐射与大气中的 O_2 相互作用生成。O_3 除了在紫外区（0.22～0.32μm）有一个很强的吸收带外，在 0.6μm 附近也有一个较宽的弱吸收带，而且在远红外 9.6μm 附近还有一个强吸收带，在 4.75μm 附近有一个较显著的吸收带，在 14μm 附近的吸收带与 CO_2 的强吸收带重叠。虽然 O_3 在大气中的含量很低，仅占 0.01%～0.1%，但它对地球能量平衡起着重要作用。O_3 的吸收阻碍了太阳辐射向底层大气的传输。

2. 水汽

水汽是大气中的重要吸收成分，通常存在于边界层（最低高度为 1～2km）。水汽含量随时间、地点的变化很大（为 0.1%～3%）：冬季，在亚北极地区，其含量可以只有 0.42g/cm²；夏季，在热带地区可以达到 4.12 g/cm²；有观测数据表明一天内水汽含量在 1.0g/cm²～4.0g/cm² 之间波动。

水汽的吸收辐射是其他大气组分的几倍。水汽最重要的吸收带在 2.5～3.0μm、5.5～7.0μm 和大于 27.0μm 的波段（在这些波段，水汽的吸收率可能超过 80%），最强、最宽的吸收带为以 6.3μm 为中心的吸收带，其次还有两个分别以 2.74μm 和 2.66μm 为中心的吸收带。在近红外谱区，水汽的吸收带中心分别为 0.94μm、1.1μm、1.38μm、1.87μm，中心在 0.72μm 和 0.82μm 的吸收带的强度较弱。另外，水汽在 0.94mm、1.63mm 及 1.35cm 处还有 3 个吸收峰。

3. CO_2

CO_2 主要分布于底层大气，含量约占 0.03%。CO_2 对平流层低层的太阳辐射吸收起着重要作用。CO_2 在中 - 远红外区段（2.7μm、4.3μm、14.5μm 附近）均有强吸收带，其中最强的吸收带位于 13～17.5μm 的远红外波段。除此之外，中心在 10.4μm、9.4μm、5.2μm、4.8μm、2.0μm、1.6μm 及 1.4μm 的弱吸收带都比较窄。

由于这些气体以特定的波长范围吸收电磁辐射，因而它们对遥感系统影响很大，大气的选择性吸收不仅能使气温升高，而且会使太阳发射的连续光谱中的某些波段不能传播到地球表面。

四、大气窗口

太阳辐射在穿过大气层时要受到大气反射、吸收和折射等的多重作用，不同的电磁波段通过大气后衰减的程度不一样，因此地面遥感能够使用的电磁波是有限的。有些波段的电磁辐射的透过率很小，甚至完全无法透过，可称为"大气屏障"；反之，有些波段的电磁辐射通过大气后衰减很小，透过率很高，通常称为"大气窗口"。研究和选择有利的大气窗口，最大限度地接收有用信息，是遥感技术的重要课题之一。

目前遥感常用的大气窗口有 5 个。

- $0.30 \sim 1.15 \mu m$ 大气窗口：此窗口包括全部可见光波段、部分紫外波段和部分近红外波段，是遥感技术应用的最主要窗口之一。其中 $0.30 \sim 0.40 \mu m$ 近紫外窗口，透过率约为 70%；$0.40 \sim 0.70 \mu m$ 可见光窗口，透过率约为 95%；$0.70 \sim 1.10 \mu m$ 近红外窗口，透过率约为 80%。此窗口的光谱主要反映地物对太阳光的反射，此窗口的波段通常称为短波区，可以采用摄影或扫描的方式在白天感测、收集目标信息。

- $1.30 \sim 2.50 \mu m$ 大气窗口：此窗口属于近红外波段，按习惯分为 $1.40 \sim 1.90 \mu m$ 及 $2.00 \sim 2.50 \mu m$ 两个子窗口，透过率在 60% ~ 95%。其中 $1.55 \sim 1.75 \mu m$ 子窗口透过率较高，白天、夜间都可以应用扫描方式感测、收集目标信息，该子窗口主要用于地质遥感。

- $3.50 \sim 5.00 \mu m$ 大气窗口：此窗口处于中红外波段，透过率为 60% ~ 70%。此窗口包含地物反射及发射光谱，可以用于探测高温目标，如森林火灾、火山、核爆炸等。

- $8 \sim 14 \mu m$ 大气窗口：此窗口处于热红外波段，透过率约为 80%。由于常温下地物光谱辐射出射度最大值对应的波长是 $9.7 \mu m$，此窗口是常温下地物热辐射能量最集中的波段，其探测信息主要反映地物的发射率及温度。

- $1mm \sim 1m$ 微波窗口：此窗口包括毫米波、厘米波和分米波。其中 $1.0 \sim 1.8mm$ 窗口的透过率约为 35% ~ 40%；$2 \sim 5mm$ 窗口的透过率约为 50% ~ 70%；$8 \sim 1000mm$ 微波窗口的透过率为 100%。微波的特点是能穿透云层、植被和一定厚度的冰与土壤，具有全天候工作能力。

遥感中常采用被动式遥感和主动式遥感，前者主要测量地物热辐射，后者用雷达发射脉冲，然后记录、分析地物的回波信号。

2.2.6　大气辐射传输

本节主要介绍大气辐射传输理论和传输方程。

一、大气辐射传输理论

大气辐射传输理论是研究大气中太阳辐射传输主要建模方法的理论。

在遥感辐射测量系统中，遥感器接收地物目标辐射或发射的电磁波信息，受到大气等因素的影响会引入许多误差，造成遥感信息反演出的地物目标物理特性（光谱反射率、光谱辐亮度等）失真。主要的影响因素为以下几方面。

- 大气分子及气溶胶的散射、吸收及散射和吸收的耦合作用：大气程辐射（大气层对太阳辐射的散射）可以增加辐射量，而大气消光可以减少辐射量。

- 地物因素：地物表面并非理想的朗伯体，这使得应用中将表面作为朗伯表面的近似会带来误差。此外由于大气的作用，相邻地元的反射光会进入目标元的视场，形成交叉辐射。

- 地形因素：目标的地形高度和坡度会对辐射造成影响。
- 太阳辐射光谱的影响：太阳是遥感辐射测量系统中主要的辐射源，根据普朗克定律，它的光谱辐射具有一定的形状，在地物反射率反演中需考虑此辐射源光谱形状的因素。

为了正确反映目标物的反射和辐射特性，必须消除这些误差因素对遥感图像辐亮度的影响，即需做辐射校正。在辐射校正中，最主要的就是大气校正。

二、大气辐射传输方程

1. 大气的普遍辐射传输方程

为了解决大气辐射传输的计算问题，可以建立一个辐射传输的数学模型，即辐射传输方程。辐射传输方程是描述电磁辐射在散射、吸收介质中传输的基本方程。

图 2.19 为辐射在消光介质中传播的示意。一束电磁辐射波在介质中传播时，辐射强度 I_λ 在传播方向上通过 $\mathrm{d}s$ 距离后变为 $I_\lambda + \mathrm{d}I_\lambda$。

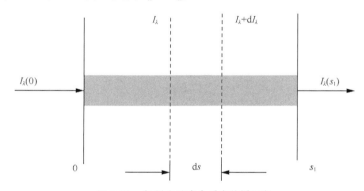

图2.19　辐射在消光介质中传播示意

由于介质的吸收和散射将使辐射强度减弱 $\mathrm{d}I_{\lambda 1}$，有：

$$\mathrm{d}I_{\lambda 1} = -k_\lambda \rho I_\lambda \mathrm{d}s \tag{2.39}$$

式中，k_λ——对辐射波长 λ 的质量消光截面（以每单位质量的面积为单位），质量消光截面是质量吸收截面与质量散射截面之和；ρ——介质密度。

式（2.39）表示辐射强度的减弱是由物质的吸收及物质对辐射的散射造成的。

此外，物质在相同波长上的发射，以及多次散射造成其他方向的部分辐射进入此辐射方向，都会使辐射强度增强，将这部分辐射强度的增量记作 $\mathrm{d}I_{\lambda 2}$：

$$\mathrm{d}I_{\lambda 2} = j_\lambda \rho \mathrm{d}s \tag{2.40}$$

式中，j_λ——源函数系数，物理意义与质量消光截面相同。

综合以上两个因素，辐射强度在传播方向的微分变量为两项之和，则：

$$\mathrm{d}I_\lambda = \mathrm{d}I_{\lambda 1} + \mathrm{d}I_{\lambda 2} = -k_\lambda \rho I_\lambda \mathrm{d}s + j_\lambda \rho \mathrm{d}s \tag{2.41}$$

设源函数 $J_\lambda = j_\lambda / k_\lambda$（源函数的单位为辐射强度的单位），则式（2.41）可写为：

$$(\mathrm{d}I_\lambda)/(k_\lambda \rho \mathrm{d}s) = -I_\lambda + J_\lambda \tag{2.42}$$

式（2.42）即不加任何坐标系的普遍辐射传输方程，是讨论任何辐射传输过程的基础。

2. 比尔 - 布格 - 朗伯定律

通常可以忽略来自大气系统的发射辐射的贡献，以及多次散射产生的漫射辐射，则辐射传输方程式（2.42）可以简化为：

$$\frac{\mathrm{d}I_\lambda}{k_\lambda \rho \mathrm{d}s} = -I_\lambda \tag{2.43}$$

如图 2.19 所示，设 $s = 0$ 处的入射强度为 $I_\lambda(0)$，经过距离 s_1 后，其出射强度可由式（2.43）积分求得，即：

$$I_\lambda(s_1) = I_\lambda(0) \exp\left(-\int_0^{s_1} k_\lambda \rho \mathrm{d}s\right) \tag{2.44}$$

假定介质是均匀的，则 k_λ 与距离 s 无关，在此定义路径长度 u 如下：

$$u = \int_0^{s_1} \rho \mathrm{d}s \tag{2.45}$$

则式（2.44）可写为：

$$I_\lambda(s_1) = I_\lambda(0) \exp(-k_\lambda u) \tag{2.46}$$

式（2.46）即为比尔定律，或称布格定律，也可称朗伯定律，我们可统称为比尔 - 布格 - 朗伯定律。此定律指出，通过均匀消光介质传输的辐射强度按照指数函数减弱，该指数函数的自变量是质量消光截面和路径长度的乘积。由于该定律不涉及方向关系，所以它不仅适用于强度量，而且也适用于通量密度和通量。

3. 平面平行大气的辐射传输方程

在大气辐射传输的许多应用问题中，假定局域大气是平面平行的，因此假定只允许辐射强度和大气参数（温度和气体分布廓线）在垂直方向（高度和气压）上变化，这种假定在物理意义上是适当的。此时测量与分层平面垂直的线性距离比较方便。现用 z 表示此距离（与分层平面垂直的方向），并略去各辐射量的下标 λ，则普遍辐射传输方程化为：

$$\cos\theta \frac{\mathrm{d}I(z;\theta,\varphi)}{k\rho \mathrm{d}z} = -I(z;\theta,\varphi) + J(z;\theta,\varphi) \tag{2.47}$$

式中，θ——相对于向上垂线的倾角；φ——相对于 x 轴的方位角。

引进由大气上界向下测量的垂直光学厚度，光学厚度定义为介质的消光系数在垂直方向（光传播方向 z）的积分：

$$\tau = \int_z^\infty k\rho \mathrm{d}z \tag{2.48}$$

式中，ρ——介质密度；k——质量消光截面。

则式（2.47）化为：

$$\mu \frac{\mathrm{d}I(\tau;\mu,\varphi)}{\mathrm{d}\tau} = I(\tau;\mu,\varphi) - J(\tau;\mu,\varphi) \tag{2.49}$$

式中，$\mu = \cos\theta$。

式（2.49）是平面平行大气中有关多次散射问题的基本方程。

图 2.20 描述了有限平面平行大气中向上辐射强度和向下辐射强度。

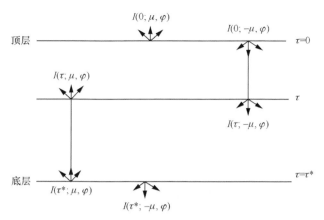

图2.20　有限平面平行大气中向上辐射强度和向下辐射强度

4. 大气中的热红外辐射传输

（1）亮度温度与比辐射率。

亮度温度定义：当一个物体的辐亮度与某一黑体的辐亮度相等时，该黑体的物理温度就称为该物体的"亮度温度"。亮度温度具有温度的量纲，但是不具有温度的物理含义，是物体辐亮度的代表名词。

比辐射率的定义为该物体的出射度与同温度的黑体出射度之比：

$$\varepsilon(\lambda,T) = \frac{M(\lambda,T)}{M_b(\lambda,T)} \tag{2.50}$$

式中，$M_b(\lambda,T)$——黑体出射度。利用比辐射率的概念可以对非黑体目标的热辐射特性进行研究。

（2）热红外辐射传输的基础。

一束辐射穿过既有吸收又有发射的介质时，将因介质的吸收而衰减，同时此束辐射还可能由于介质的热辐射作用而增强。辐射传输的一般方程可按强度的微分变化写作如下形式：

$$-\frac{1}{k_v \rho_\alpha}\frac{\mathrm{d}I_v}{\mathrm{d}s} = I_v - J_v \tag{2.51}$$

式中，k_v——吸收系数；ρ_α——吸收气体密度；s——倾斜路径；J_v——源函数。

在考虑局域问题时，假定大气处于热力学平衡状态，同时是平面平行的结构。在此条件下，吸收和发射过程将相对于方位角对称。在高度坐标中控制热红外辐射的基本方程可以写成如下形式：

$$-\mu\frac{\mathrm{d}I_{v(z,\mu)}}{k_v \rho_v \mathrm{d}z} = I_v(z,\mu) - B_v(z) \tag{2.52}$$

式中，普朗克强度$B_v(z) = B_v[T(z)]$。

大气辐射传输方程可以描述大气散射、大气吸收、发射等辐射传输过程，可以产生连续光谱，避免光谱反演的较大定量误差。通常可以从大气辐射传输方程中反演出被探测参数的数值或沿路径的分布。但是这需要对一系列的大气环境参数（如大气光学厚度、温度、气压、湿度、分布状况）进行测量，而且校正模式的准确性决定于输入的大气参数的准确性。

在遥感实际应用中，常采用很多的简化手段，如假设地面为完全漫射的朗伯表面，排除云的存在，采用标准大气模式及大气气溶胶模式等。由此产生、发展了许多不同类型的大气辐射传输模型，主要分为两种类型：①采用大气光学参数，如 RADFIELD 辐射传输计算模型、参数化的向上亮度模式等；②直接采用大气物理参数，如 LOWTRAN、MODTRAN 等大气辐射近似计算模型，而且还增加了多次散射计算。

由于电磁波的传输过程包括了与大气和地面的相互作用，因此在进行遥感影像的大气影响校正时，必须考虑地表特性（地表空间分布特性和地表反射特性）的影响。Tanré 等在假设地表均一的条件下，研究了非朗伯反射地表条件下的大气影响理论，提出 5S、6S 模型。Kaufman 等则在不考虑地表方向反射，假设垂直观测的条件下，描述了非均一地表条件下的大气影响理论，并给出了相应的大气校正数学方法。

2.2.7 大气辐射传输模型

利用大气辐射传输模型进行定量遥感的大气辐射校正，首先要选择具体、实用的辐射传输模型，其次需解决大气参数（大气光学厚度、温度、湿度、气压、分布状况等）的测量准确性问题，这直接影响校正模式的准确性。在遥感测量的实际应用中，需采用许多简化设置，如地面设为朗伯表面、排除云的影响、采用标准大气模式等。目前，在不同的假设条件下，已发展了不同类型的大气辐射传输模型，并产生了不同的大气校正数学方法。

在遥感辐射定量测量中，为求解大气辐射传输方程，已发展了多种大气辐射校正算法模型和它们的计算软件，并在此基础上进行反射率图像和光谱的反演。

下面简单介绍两种应用较为广泛的大气辐射传输模型的特点、基本算法、需输入的参数。

一、6S 模型（Second Simulation of the Satellite Signal in the Solar Spectrum）

6S 模型是由 Vermote 和 Tanré 等人于 1997 年用 FORTRAN 编写的、适用于太阳反射波段（$0.25 \sim 4 \mu m$）的大气辐射传输模式的算法。该模型是在 5S 模型的基础上发展起来的，采用了最新近似和逐次散射算法计算散射和吸收，并考虑了辐射偏振，改进了模型的参数输入。6S 模型广泛应用于光学遥感。

1. 6S 模型的特点

6S 模型有以下特点。

（1）使用状态近似和多次散射方法求解大气辐射传输方程，较好地解决了瑞利散射和气溶胶影响的问题。

（2）采用较好的近似算法计算大气与气溶胶的散射与吸收。

（3）计算波段：适用于可见 - 近红外（$0.25 \sim 4 \mu m$）的多角度数据。计算气体吸收的光谱间隔为 $10 cm^{-1}$，光谱积分的步长达到 2.5nm。

（4）用户可以对下垫面（朗伯体、非朗伯体、非均一地表反射）进行选择，还可以根据实际地表特征进行自定义，并考虑地面高程的影响。对于均一地表的方向性反射，引入了多种 BRDF 模型。

（5）气溶胶模式：提供了几种标准气溶胶模式，还可以根据光度计实测数据或气溶胶粒子谱分布进行自定义。

（6）波段响应函数：具有常用的和自定义的波段及响应函数。

（7）大气模式：可选择标准和用户自定义形式，在大气模式中还考虑了新的气体（CH_4、N_2O、CO）的影响。

（8）两种计算方式：正算——计算大气外辐亮度，反算——大气辐射校正计算。

6S 模型的缺点是假定大气无云，因此不能处理有云的辐射。此外它不能处理球形大气和临边观测，当能见度在 5km 以下时计算的结果可能不可靠。（童庆禧）

2. 6S 模型的结构

6S 模型的结构主要包括 5 个部分。

（1）太阳、地物、遥感器之间的几何参数：太阳天顶角、方位角，视角天顶角、方位角。

（2）大气模式：定义了大气的基本成分及温湿度廓线，还可以通过自定义方式输入实测的探空数据，生成更精确、实时的大气模式，可以改变水汽和臭氧含量的模式。

（3）气溶胶模式：定义了全球主要的气溶胶参数，如气溶胶相函数、非对称因子、单次散射反照率等，定义了 7 种默认的标准气溶胶模式和一些自定义模式。

（4）遥感器的光谱特性：定义了遥感器各波段的光谱响应函数，自带一些主要遥感器，如 TM、MSS、POLDER、MODIS 等的可见 - 近红外波段的相应光谱响应函数。

（5）地表反射率：定义了地表的反射率模型，包括均一地表与非均一地表两种情况，在均一地表下又考虑了有、无方向性反射的不同条件，引入了 9 种模型。

这 5 个部分就构成了大气辐射传输的 6S 模型，考虑了大气顶的太阳辐射能量通过大气传递到地表，以及地表的反射辐射通过大气到达遥感器的整个辐射传输过程。

3. 6S 模型的输入参数

6S 模型的输入参数包括以下几个部分。

（1）几何参数：太阳和卫星的天顶角、方位角及观测时间（月、日），或输入卫星的接收时间（月、日、年）、像素点数、升交点时间，由程序计算太阳和卫星的天顶角和方位角。

（2）大气模式：6S 提供几种供选择的大气模式，包括热带，中纬度夏季、冬季，近极地夏季、冬季和美国 62 标准大气。此外用户也可根据需要自定义大气模式。

（3）气溶胶模式：选择气溶胶模式，也可自定义气溶胶模式。6S 提供了 4 种粒子谱分布函数。

（4）气溶胶浓度：可以输入与此直接相关的 2 个参数，即波长在 550nm 处的光学厚度 τ_{550} 和气象能见度（单位为 km）。

（5）光谱条件：$0.25 \sim 4\mu m$。6S 提供自定义和标准预定义光谱选择方式。

（6）地表反射率特性：可选择地表均一或不均一，也可选择朗伯体或双向反射。6S 提供了 9 种 BRDF 模式供选择，用户可自定义 BRDF 函数（输入 10×12 个角度的反射率及入射强度）。

（7）地面高度：以 km 为单位的地面海拔高度（负值）。

（8）探测器高度：-1000 代表卫星测量，0 为地基观测，飞机航测则输入以 km 为单位的负值。

（9）计算类型：6S 模型有"正算"和"反算"两种计算类型。

4. 6S 模型的输出文件

6S 模型的输出文件包括输入文件的全部内容，还包括所有的计算结果。

（1）辐射部分。

地面上的直接反射率和辐照度、散射透过率和辐照度、环境反射率和辐照度；卫星上的大气路径反射率和辐亮度、背景反射率和辐亮度、像元反射率和辐亮度。

（2）吸收部分。

各种气体的向上透过率、向下透过率、总透过率。气体总向上透过率、总向下透过率、总透过率。

（3）散射部分。

各种大气分子、气溶胶的向上散射透过率、向下散射透过率、总散射透过率，以及总向上散射透过率、总向下散射透过率、总散射透过率。大气分子、气溶胶及总的球面反照率、光学厚度、反照率，单次反照率及相函数。

（4）大气校正结果。

大气校正后的反射率及大气校正系数 x_a、x_b、x_c。

5. 遥感图像的大气校正过程

首先模拟计算大气校正参数 x_a、x_b、x_c，大气光学厚度和其他辐射条件选择标准默认值，然后用式（2.53）计算校正后的反射率，即：

$$\rho = y/(1 + x_c y) \tag{2.53}$$

其中，$y = x_a L_i - x_b$

式中，ρ——校正后反射率；L_i——i 波段经定标后的辐亮度。

二、MODTRAN 模型

MODTRAN（Moderate Resolution Transmission）模型是一个中分辨率传输程序，由美国光谱物理公司、AFRL 利用 FORTRAN 联合编写，适用于计算 $0.2 \sim 50\mu m$ 区间的大气辐射传输模式，可以根据辐射传输方程计算大气的透过率和辐亮度，是遥感和其他应用中使用范围最广的辐射传输模拟程序之一。1989 年 Berk 等人为了改进 LOWTRAN 的光谱分辨率开发了 MODTRAN，将光谱的半高全宽从 $20cm^{-1}$ 减少到 $2cm^{-1}$。MODTRAN 维持 LOWTRAN 的基本程序和使用结构，发展了一种 $2cm^{-1}$ 光谱分辨率的分子吸收算法，更新了对分子吸收的气压、温度关系的处理，包括了多次散射辐射传输精确算法——离散纵坐标法。该模型中还充分考虑了二氧化碳、水汽、臭氧等微量和痕量气体与气溶胶的吸收和散射，提供了多种模式大气、模式气溶胶痕量气体参数。此模型的优点是计算方案设计灵活、计算精度高、输出结果丰富，但其模式较复杂，输入参数烦琐，需注重参数的设置和选择。MODTRAN 是正演模型，适用于热红外波段。

从 1989 年至今，它逐步将大气辐射传输方面的最新成果融入程序，现在已发展到 4.3 版本，目前它的光谱分辨率可以达到 $1cm^{-1}$。MODTRAN4 改进了瑞利散射和复折射指数的计算精度，增加了 DISORT 计算太阳散射贡献的方位角选项，并将 7 种 BRDF 模型引进到模型中，使地表特性的输入实现参数化。MODTRAN 还对几个重要的基础数据库加以更新，使计算的精度得到很大提高；对于遥感器接收的信号，考虑了环境信息对目标信息的影响；引入了 k- 相关模型，可以使用最好精度的离散纵坐标法，提高了对多次散射辐射和辐通量预测的精度；在可以接受的光谱精度条件下，使用多种不同光谱分辨率进行计算，提高了模型的处理速度；用户可以自行定义遥感器的滤波函数，扩展了模型的应用范围，方便了新遥感器开发与应用的理论分析工作；提供了人机交互界面，使得软件易于掌握。

MODTRAN 的基本算法包括透过率计算、多次散射处理和几何路径计算等。LOWTRAN 有 4 种计算模式：透过率、热辐射、包括太阳或月亮的单次散射的辐射率、直射太阳辐照度计算。

1. MODTRAN4 的输入参数

MODTRAN 的控制是通过单一输入文件"tape5"或"rootname.tp5"进行的，此文件包含 6 个以上的卡片 CARD（输入行）。定义文件名时用大写，其余输入字符不分大小写。输入数字时，空格默认为 0 或者其他默认值。

MODTRAN4 输入参数有以下 5 类。

- 控制运行参数：在 CARD1 中可以选择计算时采用的光谱精度、计算速度、辐射传输程序及是否进行多次散射计算等，还可以控制输出文件的格式。CARD5 提供了多重复计算的选项。

- 遥感器的参数：遥感器的光谱通道参数、观测的波束（波长范围）。其中 CARD1A 中有是否输入遥感器通道响应函数的选项。在 CARD1A3 中输入通道响应函数的文件名。在 CARD4 中输入模拟计算的波长范围。

- 大气参数：在 CARD1 中可以选择大气参数。在 MODTRAN 中共有 6 种默认大气参数供选择，分别为：赤道大气、中纬度夏天、中纬度冬天、极地夏天、极地冬天和 1976 年美国标准大气。另外用户也可以选择自定义选项来自行输入大气参数。选用自定义大气参数时，要求用户在 CARD1A 中对大气参数进行设置。其他具体参数（包括气溶胶）主要通过 CARD2 进行选择。

- 观测几何条件：在 CARD1 中输入有关的几何条件，如太阳天顶角、方位角和卫星的高度等。另外，CARD3 中主要为几何参数的输入选项，通过多种方式的组合来实现几何参数的输入，可根据计算的方便进行选择。

- 地表参量：在 CARD1 中提供了地表参数设定的初步选项，可在 CARD4 中根据 CARD1 中设定的参数对地表的参数进行具体设定。

2. MODTRAN4 的输出

tape6、tape7、tape8、pltout、channels 等是 MODTRAN4 的输出文件，其中最有用的输出文件是 channels.out。

3. MODTRAN 大气校正

MODTRAN4 的运行由当前目录下的 tape5 文件控制，tape5 由一系列的 CARDS（输入行）组成。tape5 文件的主要作用是提供执行过程的参数（如是执行透过率的计算还是辐射的计算等）、提供计算所需的大气廓线（包括大气廓线的高度、压强、温度、水汽、CO_2、气溶胶等）、控制计算结果的输入（输入文件的名称、内容及格式等）。

由于算法涉及的参数很多，tape5 文件非常复杂，必须严格地写入或由输入子程序生成。设定参数后就可以用 MODTRAN 模拟大气辐射传输过程，求解大气校正参数。

2.3 光谱辐射量标准与辐射标准传递

2.3.1 量值传递

光学遥感器的定标是通过对光谱及光谱辐射度量的测量完成的。按照量值传递的要求，被测的光谱辐射度量应具有"溯源性"，即所测量值能与国家计量基准或国家计量标准相联系。计量标准是按照国家规定的准确度等级，作为鉴定依据用的计量器具或物质。计量标准是量值传递的中间环节，也是此过程中的重要组成部分。

计量基准分为国家基准、副基准和工作基准。国家基准是由国家计量部门保存的主基准，它是现代科学技术所能达到的最准确的计量器具，作为统一全国计量单位量值的最高依据。国家基准定期与国际基准及其他国家的相应基准进行国际比对。主基准经过精密设备、精确控制的测量条件，加以误差修正后得到副基准，副基准是直接或间接与国家基准比对，从而确定量值的计量器具，副基准可以复现国家基准，实际上更多地用于量值传递工作。主基准和副基准不易频繁使用，且使用不方便，因而产生了工作基准。工作基准是经与国家基准或副基准校准或比对，并经国家计量部门鉴定，实际应用于鉴定计量标准的计量器具。

按照量值传递系统的要求，国家计量基准复现的单位量值，通过各级计量标准传递到工作计量器具上，各级计量标准器具有相应等级的准确度。

计量基准、各级计量标准直至工作计量器具，都需按计量技术法规的技术要求进行检定，必须执行检定规程。计量检定规程就是对计量器具的计量性能、检定项目、检定条件、检定方法、检定周期及检定数据处理等所做的技术规定。检定规程有国家检定规程、部门和地方计量检定规程。执行计量检定规程是确保计量器具准确一致的根本性措施。

图 2.21 所示为量值传递关系。

图 2.21 量值传递关系

2.3.2 辐射标准

实现辐射度量标准的方法有两种，一种是已知其辐射输出和几何性质的标准辐射源，另一种是已知其响应的标准探测器。基于不同的标准，将产生不同的量值传递系统。

各准确度等级的标准辐射源和标准探测器是通过逐级标准传递得到的。辐射度量的工作基准是经与国家计量基准（主基准）或副基准比对测量产生的。由国家计量部门标定、与工作基准比对，可传递得到各种准确度等级的计量标准。每一级传递都会产生误差，因此逐级传递的累积误差将使各级标准的绝对精度受到限制。

不同类型的辐射标准的特性不同，区别主要体现在以下几方面。

（1）复现的物理量不同，如全辐照度、光谱辐照度、辐射功率、辐射能量等。

（2）复现物理量的量值不同，如作为全辐照度标准灯的碳丝灯的辐照度为 μW/cm² 以内，而 1000W 的卤钨灯的辐照度可以达到 30mW/cm²。

（3）工作光谱范围不同。

（4）工作方式不同。

（5）复现物理量的精度不同。

在辐射度测量中，不同的测量方法可以使用不同的辐射度量标准复现辐射度量及实现辐射度量的传递。我们应该按照被复现的物理量及被检测仪器的特性选择量值传递的标准，需考虑工作光谱范围、辐射强度、辐射的空间分布形态、所需的测量精度，选择经济合理的辐射标准和测量方法。

下面列举的一些准则，对于光辐射测量和标定工作将是有益的：测量辐射源或光源应用标准源标定；测量探测器应用标准探测器标定；测量光谱辐照度应用光谱辐照度标准标定，等等。总之，测量什么样的系统，就应用什么样的标准来标定。尽可能选用与待测源在强度和光谱特性相似的标定源，以减少标定误差。（徐大刚）

2.3.3　标准辐射源

作为标准光源，要求辐射稳定性好、使用寿命长、光源器件质量好，因此对其制造工艺的要求是很高的，同时要求有性能稳定的高质量供电和控制系统。

可作为辐射度量的标准辐射源有黑体、光谱辐照度标准灯、光谱辐亮度标准灯等。可作为光谱波长标准的光源有气体放电灯中的汞灯、氦灯、钠灯、镉灯和激光器等。

一、黑体辐射标准

黑体是在任何温度下能全部吸收任何波长的入射辐射，具有理想吸收和发射特性的朗伯辐射体，是发射率和吸收率都为 1 的理想物体。黑体的辐射特性遵循普朗克定律，其光谱辐射出射度是波长、温度的函数，其光谱辐射量和温度间存在精确的定量关系。因此利用黑体的这个特性，可以将无法直接测量的光辐射度量转换成其他可测的物理量，如电量、温度量，则黑体在辐射度测量中可以作为辐射量的基准或标准。黑体可用作光谱辐亮度标准或光谱辐照度标准。作为工作基准的黑体，是由主基准的金属凝固点定点黑体或副基准通过比对测量传递得到的。

金属凝固点定点黑体有如下 3 种。

（1）镓点黑体——工作温度为 29.7646℃，温度复现性为 2×10^{-4}℃，有效发射率大于等于 0.9999。

（2）锡点黑体——凝固点温度为 231.928℃（ITS-90 温标），最小冷却时间为 30min，最小熔化时间为 60min，有效发射率为 0.999 ± 0.0001，最小凝固点持续时间为 40min，辐射校准不确定度为 0.08%。

（3）锌点黑体——凝固点温度为 419.527℃（ITS-90 温标），最小冷却时间为 20min，最小熔化时间为 60min，有效发射率为 0.999 ± 0.0001，最小凝固点持续时间为 45min，辐射校准不确定度为 0.06%。

以上黑体中，镓点黑体用于对低温黑体辐射标准进行标定，锡、锌点黑体用于对中温黑体辐射标准进行标定。

图 2.22 所示是人工模拟黑体结构。

黑体设计的腔型结构、制作的材料、实际的发射率、温度分布的非均匀性、温度控制和测量的精度及背景辐射的抑制等条件，都是影响黑体辐射标准准确度的因素。国家计量部门的黑体光谱辐照度标准在 500 ~ 1000K 温度下的不确定度可达 ±0.7%，在常温 310 ~ 350K 下的不确定度为 ±1.0%，由高温黑体作为光谱辐亮度标准时，在 0.25 ~ 2.5μm 的不确定度很难达到 ±2%。

基于黑体辐射建立的光辐射基准、标准的不确定度相对较大，且黑体辐射器的制作工艺复杂，所用材料有放射性污染，实际复现难度较大。

图 2.23 是德国欧普士（Optris）公司生产的型号为 BR400 的黑体。

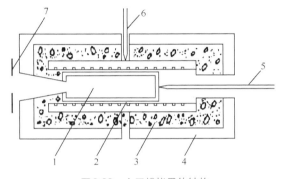

图2.22 人工模拟黑体结构

图2.23 型号为BR400的黑体

1——黑体腔；2——加热器；3——保温层；4——冷却水管或风道；
5——黑体腔测温元件；6——黑体腔控温元件；7——精密辐射光阑

二、可作为标准辐射源的灯

白炽灯辐射稳定性好、使用方便，因此普遍被用作标准灯。对作为工作基准的白炽灯的要求很严格，灯的设计、灯丝、玻壳的材料和制作工艺都需要满足很高的要求。灯要经过严格的筛选，要先老化几十小时，需在灯的辐射光波长 654.6nm 附近监测灯的输出辐射度量的漂移，在 24h 内漂移大于 0.5% 者被淘汰。灯的辐射不能有因灯丝制造中引入的杂质而产生的非正常发射或吸收谱线。为了保证标准灯辐射的稳定和准确，需使用相应精度的稳压或稳流电源供电。高级标准灯用直流电源，级别低的标准灯也可使用电子交流稳压电源供电。标准灯在使用一定时间后，需送国家计量部门重新检定。

螺旋灯丝的石英卤素灯可作为 0.3 ~ 2.5μm 谱段的光谱辐照度灯。由于灯丝各处的温度不均匀，而且玻壳也是一个热辐射源，玻壳的温度变化更大，因此需在距灯泡一定距离处才能获得稳定的光谱辐照度。图 2.24 所示是 1000W 辐照度标准灯。

在 0.2 ~ 0.35μm 的紫外谱段，可以用特殊的高压汞灯或重氢灯作为光谱辐照度标准灯。对此类标准灯的光谱发射特性，现使用同步回旋加速器标定，因为加速器的辐射特性可以用电子能量和电子轨道的曲率半径确定，而黑体在紫外谱段的辐亮度很小。标准灯的光谱辐照度值可以和谱段为 0.35 ~ 0.38μm 的钨丝标准灯进行比对确定。

钨带灯广泛地被用作光谱辐亮度标准灯。由于沿灯的钨带长度方向上热传导性能的变化，因此各处的温度不均匀，中间温度比两端高，造成钨带表面辐亮度不均匀。为此，玻壳上有一个瞄准指针，此指针上、下 1mm 处作为测量区域。对真空钨带灯和充气钨带灯工作环境的温度及流经钨带灯直流电流的方向应有严格的要求，否则将引入测量误差。

图 2.25 所示的是作为光谱辐亮度标准灯的钨带灯。

图2.24 1000W辐照度标准灯　　　　　　图2.25 作为光谱辐亮度标准灯的钨带灯

钨管灯比钨带灯更接近黑体。钨管由 25μm 厚的钨铂制成，长约 45mm、直径约 2mm，管内塞有大量细钨丝。在管的一端有一个直径为 1mm 的孔，灯的辐射就从这个孔沿着钨管的轴向向外射出。

钨带灯和钨管灯适合作为可见光谱段测量的标准，有比较高的精度。在近紫外谱段，应该用色温更高的卤钨灯作为标准。高压氙灯和氘灯是很好的紫外辐射标准光源，它们在紫外谱段有连续辐射谱。在远紫外谱段和真空紫外谱段，高温壁稳弧等离子体可作为标准光源。钨带灯和钨管灯还可作为红外辐射标准光源。此外，还有一种非常有用的标准光源，就是电子同步辐射加速器，它可以根据电子加速能量的不同产生从红外到紫外谱段的辐射。

三、可作波长标准的辐射源

在光谱计量仪器的光谱校准和光谱成像仪的光谱定标中，需要使用具有波长基准或标准的辐射源做比对，除要求辐射源有稳定的连续输出外，还要求此类辐射源具有分立的线光谱，且各线光谱谱线位置、谱线宽度具有足够的精度和辐射强度。

一些低压气体放电灯是原子发光灯，发射光具有线光谱，可作为波长标准灯，如汞灯、钠灯、镉灯、氦灯等。

激光具有谱线宽度非常窄、单色性和相干性好、发射角小、功率密度大、亮度高的特点，因此在光谱定标中，激光器作为波长标准光源，得到越来越广泛的应用。

此类波长标准辐射源的谱线位置可以使用单色仪或波长计进行标定。

1. 汞灯

实验室用的最多的气体放电灯之一是高压汞灯。高压汞灯是由石英电弧管、外泡壳（通常内壁涂荧光粉）、金属支架、电阻件和灯头组成的，电弧管为核心元件，内充入汞与惰性气体。高压汞灯是高压汞蒸汽放电灯，点燃时汞蒸汽的气压为 2～5 个大气压。

高压汞灯结构简单、成本低、维修费用低，具有光效高、寿命长、省电经济的特点，因此更普遍地用于照明工业。

高压汞灯是重要的紫外光源，它在紫外、可见和红外都有辐射，即其光谱成分中包括长波紫外光谱、中波紫外光谱、可见光谱及近红外光谱，且在整个光谱区内有较多分立的线光谱。由于汞灯发出的光是汞原子被激发后的辐射光，由物质性质确定的发射光谱、线光谱位置是不变的，只是当气压和电流不同时，谱线的强度会有变化。因此汞灯在实验室进行光谱测量时，常被用作光谱标准灯。图 2.26 所示为 GHg-50A 高压汞灯。表 2.4 是汞的发射光谱。

图2.26 GHg-50A高压汞灯

表 2.4 汞的发射光谱

波长 /nm	波区或颜色	相对强度	波长 /nm	波区或颜色	相对强度
237.83	紫外	弱	496.03	蓝紫	弱
239.95	紫外	弱	535.4	绿	弱
248.2	紫外	弱	546.07	绿	很强
253.65	紫外	很强	567.58	黄绿	弱
265.3	紫外	强	576.96	黄	强
269.9	紫外	弱	579.02	黄	强
275.28	紫外	强	585.93	黄	弱
275.97	紫外	弱	588.89	黄	弱
280.4	紫外	弱	607.26	橙	弱
289.36	紫外	弱	612.34	红	弱
292.54	紫外	弱	623.43	红	强
296.73	紫外	强	671.65	深红	弱
302.25	紫外	强	690.75	深红	弱
312.57	紫外	强	773	红外	弱
313.16	紫外	强	925	红外	弱
334.15	紫外	强	1014	红外	强
365.01	紫外	很强	1129	红外	强
366.3	紫外	强	1357	红外	强
370.42	紫外	弱	1367	红外	强
390.64	紫外	弱	1395	红外	弱
404.65	紫	强	1530	红外	强
407.78	紫	强	1692	红外	强
410.8	紫	弱	1707	红外	强
433.92	蓝紫	弱	1813	红外	弱
434.75	蓝紫	弱	1970	红外	弱
435.83	蓝紫	很强	2250	红外	弱
491.6	蓝紫	弱	2325	红外	弱

2. 钠灯

钠灯工作时将产生钠蒸汽放电的辐射。在低压钠灯中，绝大部分辐射能集中在 D 线（钠的黄双线，共振线波长为 589.0nm 和 589.6nm）上，有很高的发光效率，可以达到 450lm/W。当钠蒸汽气压升高时，D 线吸收增强，发光效率下降，D 线中心出现自吸收、自反现象，自反线两边出现蓝、红极大值。高压钠蒸汽放电除了辐射 D 线外，还辐射波长（单位：nm）为 454、467、498、515、568、615 的可见光谱线和红外谱线（818.3nm、1138nm）。

3. 镉灯

镉灯是一种线光谱灯，其线光谱的波长（单位：nm）为 298.1、313.3、326.1、340.4、346.6、361.1、467.8、480.0、508.6、643.8。

4. 氦灯

氦灯是一种线光谱灯，常用作标准波长的谱线（单位：nm）为：318.8、361.4、363.4、370.5、382.0、388.9、396.5、402.6、412.1、414.4、438.8、443.8、447.2、471.3、492.2、501.6、504.8、587.6、667.8、706.5、728.1、1083.0。

5. 激光器

可以作为波长标准、具有稳定的连续或准连续波输出的激光器及其辐射波长如表 2.5 所示。

表 2.5 可以作为波长标准、具有稳定的连续或准连续波输出的激光器及其辐射波长

激光器类型	激光器名称	主要输出波长（或光谱调谐范围）/nm	激光器形式	单谱线带宽	光束发散角
气体原子激光器	氦氖激光器	543.4、594、611.8、632.8、1152.3、1523、3391.3、316.4（倍频）	单个固定波长（可做成可调谐）	多模为 2×10^{-3}nm，单模为 2×10^{-4}nm	小，毫弧度量级
气体激光器	氩离子激光器	351.1、363.8、457.9、465.8、488、510.7、514.5、568、647、752	单个固定波长	单模为 1×10^{-5}nm	小
	氩离子激光器 35MAP321-220	457.9、465.8、472.7、476.5、488、496.5、502、514.5、529	可调谐		小
	氩离子激光器 35KAP431-220	476.5、483、488、496.5、514.5、520、568、647、676	可调谐		小
	氪离子激光器	476.2、520.8、530.9、568.2、647.1	单个固定波长		小
	氩镉离子激光器	325.0、441.6、533.8、537.8、635.5、636（适当条件下可同时振荡形成白激光）	单个固定波长		小
	二氧化碳激光器（分子激光器）	10600（9~11μm）	单个固定波长（可做成可调谐）		小
染料激光器		590、610、640、720、730、560~650，谐调范围为 0.3~1.2μm，367~383	可调谐	0.08nm	毫弧度量级
光纤激光器		410~440、455~3500、1030、1330、1502~1617 调谐范围为 20~90	可调谐	几十皮米	大
固体激光器	钛宝石激光器	700~1060	可调谐	10^{-2}nm	小
半导体激光器		325、532、808、840、900、1064、1320、1502、1513、1529、1562，调谐范围为 5、10、50、500、5~6μm	固定波长、可调谐	40pm，0.3nm 到数 nm	水平半宽 5°，垂直半宽 30°

图 2.27 所示为单波长氦氖激光器。图 2.28 所示为可调谐氩离子激光器。

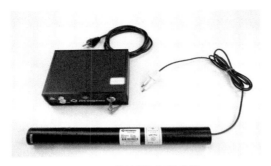

图2.27 单波长氦氖激光器

图2.28 可调谐氩离子激光器

（1）其他惰性气体原子激光器。（周广宽）

除氖原子外，还有其他惰性气体原子产生激光跃迁，如氩原子、氪原子、氙原子等，都采用氦气为辅助气体，激光谱线处在红外谱段的多达 200 条以上。这些惰性气体激光器在结构、工作原理和输出特性等方面与氦氖激光器类似，输出功率在几十毫瓦范围内。几种惰性气体原子激光器的激光波长分布如下。

① 氖原子：1 ~ 133μm，计 100 余条谱线。

② 氩原子：1.6 ~ 27μm，计 25 条以上谱线。

③ 氪原子：1.6 ~ 7μm，计 25 条以上谱线。

④ 氙原子：1.7 ~ 18μm，计 30 条以上谱线。

（2）可调谐激光器。

可调谐激光器因其在一定的光谱范围内可实现多波长独立输出的特点，是研究物质结构的激光光谱学的重要工具，还可应用于光学、医学、军事等领域，应用广泛，市场产品发展很快。可调谐激光器也是光通信领域的主要光源，在光通信领域，由于其带宽扩大的需求，波长可调谐激光器技术发展迅速。在辐射度测量和定标领域，可调谐激光器在光谱定标和光谱辐射度定标方面都得到较多的应用。

可调谐激光器大致分为如下两大类。

① 具有宽发光带激活介质的可调谐激光器，包括染料激光器，频率可调谐范围已达到 0.3 ~ 1.1μm；半导体激光器，调谐范围为 0.32 ~ 45μm，调谐方式一般是改变混晶的组分比或者改变加于器件上的气压、温度、电流和磁场等；高气压气体激光器，如 10 个大气压的 CO_2 激光器，线宽为 $0.01cm^{-1}$，利用非线性光学效应改变其频率，高压 CO 激光器已实现 9 ~ 12.5μm 的宽带可调谐输出；受激准分子激光器，可在紫外和真空紫外范围内调谐。

② 通过非线性转换的次生可调谐激光器，包括参量振荡器，调谐范围为 0.429 ~ 4.5μm；光混频、倍频和差频振荡器，原则上调谐范围可覆盖真空紫外到远红外范围；以受激喇曼散射为基础的调谐激光器，调谐范围从几十到几千 cm^{-1}。

可调谐激光技术及其器件的输出波长可以覆盖从紫外到远红外的宽广范围，但是每个激光器的波长覆盖范围和调谐范围是有限的，使用者需按照所需工作波长选择适合的激光器。

（3）光纤激光器。

光纤激光器体积小、泵浦效率高，可在很宽的光谱范围（455～3500nm）内设计与运行，塑料光纤激光器还可获得 410～440nm 范围内调谐的激光振荡。光纤激光器的激光增益介质是光纤，激光从光纤输出，因此其光发散角由光纤的数值孔径确定，一般光发散角大于 20°。

图 2.29 所示为法国 Manlight 公司生产的 1.5μm 的连续单频光纤激光器，占其主要体积和重量的是它的电源箱及其中的泵浦装置，光纤激光器本身只是一根输出光纤。

光纤激光器可做成可调谐激光器，调谐范围为 20～90nm，线宽为几十 pm。例如以下几种光纤激光器：①波长范围为 1502～1595nm，调谐范围为 93nm，线宽小于 40pm，输出功率为 43mW；②波长范围为 1513～1617nm，调谐范围为 104nm，线宽小于 40pm，输出功率为 49mW；③中心波长为 1549.56nm、1560.13nm、1570.54nm，线宽小于 52pm，调谐范围为 20nm；④窄线宽光纤激光器，工作波长为 1030～1080nm，线宽小于等于 3kHz，相干长度为 100km。

光纤激光器应用范围广泛，尤其在光通信领域应用普遍。在光谱辐射度测量中，选择所需工作谱段的光纤激光器做光源，测量系统紧凑、方便。

（4）半导体激光器。

半导体激光器体积小、结构简单、电光转换效率高，普遍应用在集成光路和光通信领域。

半导体激光器输出激光的发散角在空间中的两个方向不同，在平行于结平面方向的发散角小，在垂直于结平面方向的发散角大。

半导体激光器种类繁多，工作物质、激励方式、结构、工作电流、工作温度不同，都可形成不同类型的半导体激光器。通过电流调谐、温度调谐、机械调谐等方式，可以制成可调谐半导体激光器。在线性激光吸收光谱学研究中，还可以通过改变半导体材料的组分比，得到与所研究气体的强吸收带匹配的波长。

商业化的可调谐半导体激光器产品发展很快，性能不断提高。例如，一种取样光栅分布布拉格反射半导体激光器（SG-DBR）可实现 100nm 以上的宽波长调谐；一个新的全波段万能激光光源（TSL-210F），波长覆盖范围为 1.26～1.63μm，连续可调范围为 370nm。

Xperay 系列激光器是韩国 Nonabase 公司研发生产的超宽调谐范围可调谐半导体激光器。除了利用传统外腔式可调谐半导体激光器所具有的光栅调谐和温度调谐方式外，Xperay 系列激光器还采用了 Nanobase 独创且拥有专利的高精度切换系统及自动光路对准系统，从而使其可以在多个 LD 之间自由切换，极大地扩展了半导体激光器的可调谐范围（630～850nm）。图 2.30 所示为可调谐半导体激光器。

图2.29　1.5μm连续单频光纤激光器　　　　图2.30　可调谐半导体激光器

6. 气体吸收池

气体吸收池法光谱定标是基于大气分子特征吸收谱线，具有高精确度的一种高分辨率光谱定标方法。由于气体分子吸收线极其狭窄，远小于探测器的光谱分辨率，而且气体分子吸收光谱的资料很容易通过有关数据库获取，因此利用气体分子吸收光谱数据库中相关气体吸收谱线的信息，可以实现精确光谱定标，光谱定标精度可以达到 0.1cm^{-1}。但是这个方法的设备非常复杂，要求气体吸收池有足够的气体吸收光程，其长度甚至长达数米，对气体流量、压力及环境温度气压都有很高的要求。（刘倩倩）

2.3.4 标准探测器

具有一定辐射响应特性、经过相应级别标准传递的探测器就可以作为各种级别的标准探测器。由于逐级传递的累积误差，标准探测器的绝对精度将受到一定的限制。

光辐射探测器按探测机理的物理效应可分为两大类：一类是利用各种光电效应的光电探测器，另一类是利用温度效应的热探测器。热探测器的响应波长不受限制，但光电探测器的响应波长只能小于半导体能阀 E_g 决定的波长 $\lambda_0 = hc/E_g$，在大于 λ_0 的范围内完全没有响应。由于光电效应比热效应快得多，所以光电探测器的响应时间比热探测器小得多，响应最快的真空光电二极管的响应时间可达 $10^{-10} \sim 10^{-11}\text{s}$。

一、光辐射探测器的主要性能参数

光辐射探测器的性能主要表现在几个方面：探测器的响应度、探测弱信号的能力、光谱响应范围、响应速度、线性动态范围、温度特性等。与光辐射测量有关的还有表面响应度的均匀性、视场角响应特性、偏振响应特性等。下面介绍常用的一些参数。

（1）响应度：响应度是光电探测器输出信号与输入辐射功率之间关系的度量，是描述光信号转换成电信号大小的能力。探测器的输出信号是电压 V 或电流 I，则响应度可表示为：

$$R_V = V/P \tag{2.54}$$

$$R_I = I/P \tag{2.55}$$

式中，P 为入射到光电探测器上的光功率，R_V 和 R_I 分别为光电探测器的电压响应度和电流响应度，其单位分别为 V/W 和 A/W。

此处描述的探测器响应度实际是积分响应度，或称为积分灵敏度，是指其在光输入的响应时间内，在可响应的光谱区域内，总响应输出值与总输入光通量的比值。

（2）光谱响应度：光电探测器的响应度是入射光谱波长的函数，探测器对入射光谱在不同波长处的响应度即为光谱响应度，即光电探测器输出电压或输出电流与入射到探测器上的单色辐通量之比。其可表示为：

$$R_{(\lambda)} = V(\lambda)/\varphi(\lambda) \tag{2.56}$$

$$R_{(\lambda)} = I(\lambda)/\varphi(\lambda) \tag{2.57}$$

式中，$\varphi(\lambda)$ 为入射光在波长 λ 处的单色辐通量。

积分响应度和光谱响应度的关系为：

$$R_\varphi = \frac{I}{\varphi} = \frac{\int_\lambda I(\lambda)\mathrm{d}\lambda}{\int_\lambda \varphi(\lambda)\mathrm{d}\lambda} = \frac{\int_\lambda R_\varphi(\lambda)\varphi(\lambda)\mathrm{d}\lambda}{\int_\lambda \varphi(\lambda)\mathrm{d}\lambda} \tag{2.58}$$

式中，积分域 λ 为所积分的波长范围。

由式（2.58）可以看出，积分响应度不仅与探测器的光谱响应度有关，而且与入射光的光谱特性有关。不同的辐射源甚至不同色温的同一辐射源的光谱通量分布不同，因此在提供探测器的积分响应度数据时，应指明采用的辐射源及其色温。

（3）响应时间：这是描述光电探测器对入射辐射响应快慢的一个参数。光电探测器本身是一个阻抗元件，光电信号转换中有一定的时间常数。当光电探测器受辐射脉冲照射后，由于器件的惰性，响应输出会产生延迟。把从 10% 上升到 90% 峰值处所需的时间称为探测器的上升时间 t_r，而把从 90% 下降到 10% 处所需的时间称为下降时间 t_f，图 2.31（a）所示为入射光脉冲，图 2.31（b）所示为光电探测器的响应曲线。

（4）频率响应：由于光电探测器对入射辐射的响应有滞后过程，故入射辐射的频率对探测器的响应性能有较大的影响，当入射辐射的调制频率高时，探测器将难以响应。光电探测器的响应随入射辐射频率变化的特性称为频率响应。光电探测器响应度与入射辐射调制频率的关系可以用式（2.59）表示：

$$R(f) = \frac{R_0}{\left[1+(2\pi/\tau)^2\right]^{1/2}} \tag{2.59}$$

式中，$R(f)$——频率在 f 时的响应度；R_0——频率等于 0 时的响应度；τ——时间常数。当 $R(f)/R_0 = 1/\sqrt{2} = 0.707$ 时，可得探测器的最大响应频率 f_c：

$$f_c = \frac{1}{2\pi\tau} = \frac{1}{2\pi RC} \tag{2.60}$$

式中，R、C 分别为探测器和负载电阻构成的等效电路的电阻和电容值。实用中可以用改变探测器的负载电阻和其他改变探测器等效电容的方法来改变它的频率响应特性。图 2.32 为光电探测器的频率响应特性曲线。

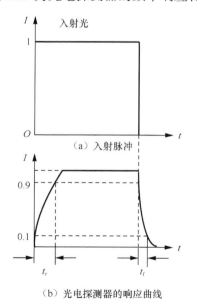

图2.31　上升时间和下降时间

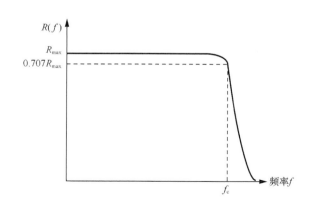

图2.32　光电探测器的频率响应特性曲线

（5）信噪比：探测器的信号电流与总噪声电流的均方根之比，用 SNR 表示。

$$\text{SNR} = \frac{I_S}{\left(\overline{I_N^2}\right)^{1/2}} \tag{2.61}$$

式中，I_S——信号电流；$\left(\overline{I_N^2}\right)^{1/2}$——总噪声电流的均方根。

光电探测器的噪声表现为输出信号存在无规律的起伏，其产生的原因较为复杂，主要有以下几种。

① 散粒噪声：由于光注入探测器后光子转换成电子的过程是随机的，具有统计起伏的特性，因此会产生散粒噪声。散粒噪声包括入射信号光子噪声、背景光噪声和暗电流噪声。散粒噪声的性质是白噪声，其值与频率无关，它的频带宽度为无限大。

假设入射光子的概率密度服从泊桑概率密度函数分布，则散粒噪声电流可按式（2.62）计算：

$$\overline{I_S^2} = 2q\overline{I_P}\Delta f \tag{2.62}$$

式中，$\overline{I_S^2}$——散粒噪声电流的均方值（单位为 A）；q——电子的电量（单位为 C）；$\overline{I_P}$——平均电流值（单位为 A）；Δf——测量系统的频带宽度（单位为 s^{-1}）。

可以看出增加信号的积分时间、缩小测量系统的频带，可以减少散粒噪声。

② 产生 - 复合噪声：半导体中由载流子产生与复合的随机性而引起的载流子平均浓度的起伏所导致的噪声称为产生 - 复合噪声。这个过程不仅有载流子产生的起伏，还有载流子复合的起伏，因此使起伏加倍。这种噪声本质上是散粒噪声，为了强调产生和复合两个因素，取名"产生 - 复合散粒噪声"，简称"产生 - 复合噪声"。其计算公式如下：

$$I_{GR}^2 = (4qi(\tau/t)\Delta f)/(1 + [2\pi/\tau]^2) \tag{2.63}$$

式中，i——流过器件的平均电流；τ——载流子的平均寿命；t——载流子在器件两极间的平均漂移时间；f——频率。因此这种噪声不是白噪声。如果频率很低，且满足 $2\pi f\tau \leqslant 1$，则此时的产生 - 复合噪声为白噪声。即：

$$I_{GR}^2 = 4qi(\tau/t)\Delta f \tag{2.64}$$

③ 热噪声：也称为约翰逊噪声，是电阻材料中离散的载流子（主要是电子）的热运动造成的。只要电阻材料的温度大于绝对零度，不管该材料中有无电流通过，都存在着热噪声。热噪声电流的均方值为：

$$\overline{I_T^2} = 4kT\Delta f/R \tag{2.65}$$

式中，k——波尔兹曼常数；T——元件温度（单位为 K）；R——探测器的电阻值；Δf——测量系统的噪声带宽。式（2.65）说明热噪声与温度成正比，而与频率无关，热噪声可称为白噪声。对探测器及其放大器采取制冷措施，可以减小热噪声电流。

④ $1/f$ 噪声（低频噪声）：也叫闪烁噪声，几乎所有探测器都存在这种噪声。它是由光敏层的微粒不均匀或不必要的微量杂质造成的。当电流流过时，微粒间发生微火花放电而引起的微电爆脉冲，主要出现在 1kHz 以下的低频频域，而且与光辐射的调制频率 f 成反比，故这种噪声被称为低频噪声或 $1/f$ 噪声。其电流的均方值为

$$\overline{I_f^2} = \frac{K_f I^\alpha}{f^\beta}\Delta f \tag{2.66}$$

式中，K_f 与元件制作工艺、材料尺寸、表面状态等有关的比例系数；α 与流过元件的

电流有关，其值在 1.5 ~ 4，通常 $\alpha = 2$；β 与元件材料性质有关，其值在 0.8 ~ 1.3，一般 $\beta = 1$。这种噪声不是白噪声，而属于"红"噪声，相当于白光的红色部分。

典型的光导型探测器的噪声均方值频谱可用图 2.33 表示。

由图 2.33 可看出，当工作频率较低时，$1/f$ 噪声起主要作用；提高光信号的调制频率，$1/f$ 噪声迅速衰减，产生 - 复合噪声成为主要的噪声源；当工作频率过高时，探测器工作在频率响应曲线的截止状态，这时探测器只有热噪声。很明显，探测器应当工作在 $1/f$ 噪声小、产生 - 复合噪声为主要噪声源的频段上。

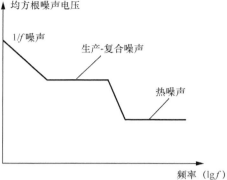

图2.33 典型的光导型探测器的噪声均方值频谱

（6）等效噪声功率（Noise Equivalent Power，NEP）：这是使探测器的输出电压等于噪声电压所需要入射到探测器上的最低辐射功率，或称最小可探测功率。等效噪声功率可以定义为信噪比等于 1 时所需要的最小输入光信号的功率 Φ，输入能量以 W 表示，即：

$$NEP = \frac{\Phi}{SNR}(W) \tag{2.67}$$

NEP 反映了探测器的理论探测能力，是探测器能够探知的最小目标辐射量。这个指标标志着一个探测器的灵敏度，等效噪声功率越小，探测器的灵敏度就越高。一般情况下，入射光功率应当大于等效噪声功率若干倍，信号才能被检测出来。NEP 与探测器的响应谱段、工作温度、偏置、光敏面积和张角等条件有关，一般一个良好的探测器的 NEP 约为 10^{-11}W。

（7）探测率 D 与比探测率 D^*。

用等效噪声功率表征探测器的探测能力时，其值越小表示探测能力越强，这种表征方法缺乏直观性。为此引入探测率 D，它是等效噪声功率的倒数。探测率又称探测度，是探测器接收单位辐射功率所能获得的信噪比。D 作为探测器探测最小辐射信号能力的指标，其表达式为：

$$D = \frac{1}{NEP} = \frac{V_S / V_N}{P}(W^{-1}) \tag{2.68}$$

由式（2.68）可看出，D 值越大，探测器的性能越好，它表征了探测器在其噪声电平上产生可观测的电信号的能力，即探测器能响应的入射功率越小，其探测率越高。

对于不同类型、不同工作状态的探测器性能，只用探测率表征其性能则不够完善，因为：①对于材料、结构相同的同一种探测器，有效面积 A_d 较大的探测器，其噪声也会按比例增加；②即使是面积相同的同类探测器，所用的测量系统频带宽度 Δf 不同时，探测率也不同，频带宽度大的，噪声电流均方值也按比例增大，探测率就减小了。为了方便对不同类型、不同工作状态的探测器性能进行比较，引入比探测率的性能参数 D^*，把探测率 D 标准化（归一化）到 1Hz 测量带宽、$1cm^2$ 光电探测器光敏面积时的数值，即用测量系统的单位频带宽度和单位探测器面积的噪声电流来衡量探测器的探测能力。D^* 的表达式为：

$$D^* = \frac{\sqrt{A_\mathrm{d}\Delta f}}{\mathrm{NEP}} = D\sqrt{A_\mathrm{d}\Delta f} = \sqrt{A_\mathrm{d}\Delta f}\,\frac{R}{\sqrt{\overline{I_\mathrm{N}^2}}}(\mathrm{cm}\cdot\mathrm{Hz}^{1/2}\cdot\mathrm{W}^{-1}) \qquad (2.69)$$

探测器的比探测率不是一个固有常量。它和响应度成正比，它随波长变化的曲线形状和响应度的曲线相同。另外，它与各种影响响应度和噪声电流的因素，如测量时光源的光谱能量分布、测量立体角、信号调制频率、探测器的温度等，都有关系，因此在给出探测器的比探测率时，一般需注明该值测量的条件，例如：$D^*(500\mathrm{K},90\mathrm{Hz})=1.8\times10^9\mathrm{cm}\cdot\mathrm{Hz}^{1/2}\cdot\mathrm{W}^{-1}$，表示 D^* 是在 500K 黑体作为光源、调制频率为 90Hz 的条件下测得的。有些条件不在括号内说明的可另加注释，例如探测器温度为 77K，环境温度为 300K，视场角为 60°。

（8）暗电流 I_d：光电探测器没有输入信号和背景辐射时所流过的电流。一般测量其直流量或平均值。

（9）量子效率 $\eta(\lambda)$：定义为在某一特定波长上，单位时间内光电探测器输出的光电子数与这一特定波长入射光子数之比，这是评价光电器件性能的一个重要参数。量子效率的最大值为 1。

单个光量子的能量为 $h\nu = hc/\lambda$，单位波长的辐通量为 $\Phi_{\mathrm{e}\lambda}$，波长增量 $\mathrm{d}\lambda$ 内的辐通量为 $\Phi_{\mathrm{e}\lambda}\mathrm{d}\lambda$，所以在此窄带内的辐通量，换算成量子流速率 N 为：

$$N = \frac{\Phi_{\mathrm{e}\lambda}\mathrm{d}\lambda}{h\nu} = \frac{\lambda\Phi_{\mathrm{e}\lambda}\mathrm{d}\lambda}{hc} \qquad (2.70)$$

量子流速率 N 即为每秒入射的光量子数。而每秒产生的光电子数为：

$$\frac{I_\mathrm{S}}{q} = \frac{R_\lambda\Phi_{\mathrm{e}\lambda}\mathrm{d}\lambda}{q} \qquad (2.71)$$

式中，I_S——信号电流；q——电子电荷。因此量子效率 $\eta(\lambda)$ 为：

$$\eta(\lambda) = \frac{I_\mathrm{S}/q}{N} = \frac{R_\lambda hc}{q\lambda} \qquad (2.72)$$

如果 $\eta(\lambda) = 1$（理论上），则入射一个光量子就能发射一个电子或产生一个电子—空穴对；实际上，$\eta(\lambda)<1$。$\eta(\lambda)$ 反映的是入射辐射与最初的光敏元的相互作用。对于有增益的光电探测器（如光电倍增管等），$\eta(\lambda)\gg1$，此时一般使用增益或放大倍数。

量子效率直接决定了光电探测器内所产生光电流的大小，一般取决于器件结构和制造工艺条件，也与波长有关。例如硅 CCD 内电极结构很复杂，采用多晶硅半透明电极，不仅有吸收损失，还有 Si-SiO$_2$ 界面处的反射损失。量子效率同波长的关系曲线就变成多峰谷状的曲线。

（10）线性度：线性度描述探测器的光电特性或光照特性曲线输出信号与输入信号保持线性关系的程度。即在规定的范围内，探测器的输出定量精确地正比于输入光量的性能。在规定的范围内，探测器的响应度是常数，这一规定的范围称为线性区。

光电探测器线性区的大小与探测器后的电子线路有很大关系。因此要获得所需的线性区，必须设计有相应的电子线路。线性区的下限一般由器件的暗电流和噪声因素决定，上限由饱和效应或过载决定。光电探测器的线性区还随偏置、辐射调制及调制频率等条件的变化而变化。

线性度是辐射功率的复杂函数，是指器件中的实际响应曲线接近直线的程度，通常用

非线性误差 δ 来度量：

$$\delta = \frac{\Delta_{max}}{I_2 - I_1} \qquad (2.73)$$

式中，Δ_{max} 为实际响应曲线与拟合直线之间的最大偏差；I_2、I_1 分别为线性区最大和最小响应值。

可作为标准的探测器种类很多，后文介绍在辐射定标中常用的和当前技术发展相对成熟、技术先进的几种。

二、电替代绝对辐射计和低温绝对辐射计

电替代绝对辐射计的原理是基于光辐射对热敏材料的热效应或黑吸收腔的温升，使光辐射加热功率与电加热功率等效平衡，用电加热功率作为所测量的光辐射功率的度量，实现光辐射的绝对测量。光辐射热探测的方法可以是热电堆、测辐射热计或热释电输出。

图 2.34 是绝对辐射计的原理示意。

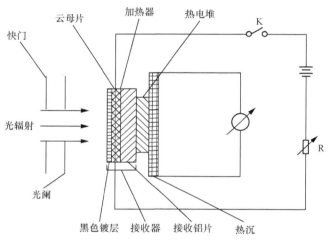

图2.34 绝对辐射计的原理示意

电校准的辐射计的一个显著特点是：加热器安装在辐射接收器内。打开快门，使光辐射照射光阑，投入通常为腔型的接收器内，并被黑色镀层所吸收。然后用热电偶、热敏电阻或热释电传感器（热电堆）测量器件的总温升。关闭快门，待辐射计恢复原有的热平衡状态以后，接通加热器，再由热探测器测量所形成的温升，使电加热产生的热电势与光辐射加热时产生的热电势相同，测量电压和电流便可得知电功率。

接收器应设计得具有光电等效性，即电功率和光辐射功率相同，则它们产生的热效应也应相同。使用中应对各项系统误差产生的不等效性进行适当修正，光辐射功率就可以由测得的电功率以及热探测器的读数之比计算出来。因此，辐射测量度标的最终准确度将取决于绝对电压和电流度标的准确度。

1. 室温工作的绝对辐射计

在室温环境中，电替代绝对辐射计的性能受到材料在室温下热性能的限制，测量不确定度在 0.1% ~ 0.3% 的范围内，其测量的光谱范围为 300nm ~ 2.5μm，甚至更长，可测功率范围为 0.1 ~ 100mW。

此类绝对辐射计可以在较宽的光谱范围内进行绝对测量，比较容易复现光度单位。但是其达到的不确定度与黑体辐射器光度基准（0.5%）相比高得不多。

图 2.35 为室温电替代辐射计结构示意。

中科院长春光机所研制了太阳辐照绝对辐射计 -1（Solar Irradiance Absolute Radiometer，SIAR-1），这种绝对辐射计是电自定标的腔型辐射计，可以不依赖其他标准就给出测定辐射量（如辐照度，单位为 W/m²；辐亮度，单位为 W/(m² · Sr)；或辐通量，单位为 W）的绝对量值标度。这种电校准腔型绝对辐射计能够测量电磁波全波长（0.1 ~ 100μm）的辐射，配置滤光片也可测量各光谱波段的辐射。SIAR-1 是在空间卫星或地面上，以自动遥测方式工作的电校准腔型绝对辐射计。为了提高绝对精度，其对绝对辐射计进行了如下改进。

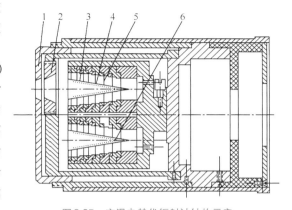

图 2.35 室温电替代辐射计结构示意

1——光栏；2——限制光栏；3——加热丝；4——有效接收腔；
5——热电堆；6——补偿接收腔

（1）把电加热导线埋入锥腔壁里，使电功率无其他耗散地全部加热腔，这样电功率与辐射加热腔的电功率几乎完全等效；（2）用无源热电温度传感器代替有源电阻温度传感器，减少了热抖动。这两点改进提高了绝对精度和稳定度。

SIAR-1 的不确定度可以达到 2×10^{-3}，即 0.2%。

为了保存和传递世界辐射基准的辐照度量值标度，世界辐射中心用 7 个绝对辐射计（PMO2、PMO5、PAC3、CROM2L、CROM3R、HF18748、MK67814）建立了世界标准辐射计组，给出每个辐射计的修正系数，使各辐射计的辐射量值读数同世界辐射基准的标度一致。这 7 个辐射计的长期稳定性是经过考核的，优于 ± 0.2%。

世界辐射基准曾同近年来发展起来的低温辐射计进行两次比对，结果表明：世界辐射基准与低温辐射计相当符合。因此，世界辐射基准的绝对精度是可信的，至今仍然为辐射测量标准。

世界气象组织每 5 年在达沃斯世界辐射中心进行国际日射强度计比对，各国把自己的辐射计拿到达沃斯的世界辐射中心，在晴天同世界标准辐射计组同步跟踪太阳，测量太阳直射光的辐照度，比较同一时刻测量的太阳辐照度值，用该方法查验或定标辐射计的量值标度。

2000 年 9 月 25 日 ~ 10 月 13 日，在瑞士达沃斯世界辐射中心进行了第 9 届国际日射强度计比对，82 台仪器参加了本次国际比对，SIAR-1 也参加了这次国际比对。SIAR-1 高于世界辐射基准 0.08%，世界辐射中心给出 SIAR-1 相对于世界辐射基准的修正系数为 0.9992。

SZ-3 飞船应用 SIARs 构成的太阳常数监测器进行了 5 个月的在轨测量，与同期国外星上测量数据在 0.2% 以内吻合。采用 3 台 SIARs 构成的 FY-3 卫星太阳辐射监测仪也已经从 2008 年 6 月起开始了长期的在轨测量。

2. 低温绝对辐射计

基于遥感定量化研究对光辐射定标的精度提出的更高要求，从 20 世纪 90 年代开始，ISO 和一些发达国家开始以低温辐射计为初级标准并建立了标准传递链，同时开展了以此为基础的高精度光辐射定标研究。低温辐射计的工作原理与常温下的电替代绝对辐射计相同，但采用了制冷低温和超导技术，使绝对辐射测量的精度提高了 3 ~ 4 个数量级。英国国家物理实验室（National Physical Laboratory，NPL）研制的低温辐射计，具有一个口径足够大、吸收比高达 99.9998% 的腔型接收器。接收器在真空环境中工作，消除了热对流损失和空气对流引起的噪声；接收器工作环境温度为 2K，液氦在 2K 时具有超流性质，因此消除了热阻影响和辐射损失。由于采取了以上技术，低温绝对辐射计测量光辐射功率的不确定度达到 $4 \times 10^{-5} \sim 1 \times 10^{-4}$。低温辐射计的出现将大大推动光学计量在测量精度方面的发展。

低温辐射计的结构如图 2.36 所示。

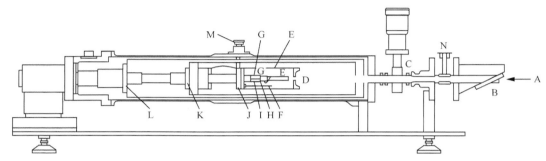

图 2.36　低温辐射计的结构

A——激光；B——布儒斯特窗口；C——隔离阀门；D——四象限探测器；E——腔体；F——高温超导热头；G——热头；H——RhFe 温度计；I——热链；J——参考热沉；K——第二级冷头；L——第一级冷头；M——腔体热连接；N——真空阀门

低温绝对辐射计在光学遥感定标和光学计量领域发挥着基础性关键作用，它能达到光辐射计量的最高准确度和最宽光谱范围，它是复现发光强度国际单位 cd 的基础。低温绝对辐射计还可以实现对玻尔兹曼常数的精确测量，以及对光电探测器光谱响应度的绝对定标。

低温辐射计系统可以建成激光束的辐射功率绝对测量系统，立即导出连续激光功率副基准，当脉冲时间已知时，即可导出激光能量副基准。低温辐射计系统如果配以单色仪过渡舱，即可进行宽光谱的单色辐射功率绝对测量。这一系统与 $V(\lambda)$ 滤光器连用，可以导出光强度（或光通量）基准；仅与单色仪连用，可以标定探测器的绝对光谱响应度；若与高温黑体连用，可以不依赖温度测量而实现光谱辐亮度副基准，从而实现了光度与辐射度基准的统一。

1997 年中科院安徽光机所引进 CryoRad Ⅱ 低温绝对辐射计主机，其指标见表 2.6。

表 2.6　CryoRad Ⅱ 低温辐射计主机指标（李照洲）

性能指标	量值
光谱范围 /μm	0.25 ~ 50
功率范围 /W	25 ~ 250
接收器响应时间 /s（e^{-1}）	4.6
接收器响应率 /（k/mW）	2.0
绝对准确度 /%	< 0.02
腔体吸收率 /%	> 99.99
液氦保持时间 /h	> 40
吸收腔直径 /mm	6
辐射功率分辨率 /nW	0.01
辐射功率测量工作周期 /s	90

原国防科工委光学计量一级站从英国引进了一台机械制冷型低温辐射计，组建了 $0.35 \sim 25\mu m$ 波段光谱响应度测量装置。

主要技术指标如下：

功率值范围为 $10\mu W \sim 10mW$；

测量不确定度为 0.01%（2δ）。

低温辐射计可以测量激光的绝对功率，安徽光机所进行这一实验的装置如图 2.37 所示。

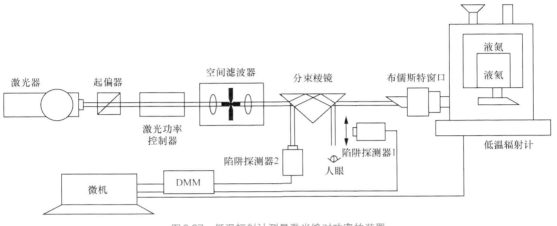

图2.37　低温辐射计测量激光绝对功率的装置

低温辐射计测量激光功率可由式（2.74）表示：

$$P_L = \frac{1}{T}\left(\frac{NP_h}{A} + P_S\right) \tag{2.74}$$

其中，T 为布儒斯特窗口透过率，A 为接收腔吸收率，N 为光电加热的非等效因子，P_S 为窗口的散射功率，P_h 为电加热功率。可以看出，激光功率的测量不确定度直接取决于式（2.74）右边的 5 个参数的不确定度。除接收腔的吸收率引用厂家的原标定值外，实验测量了其余参数并估计了不确定度。

低温辐射计的窗口反射损失是主要的不确定性因素之一。为尽可能降低反射率，入射激光首先通过一个格兰 - 泰勒（Glan-Taylor）棱镜以产生垂直线偏振光，其消光比优于 10^5。辐射计的窗口需要精密调节，以保持入射角为布儒斯特角。激光束穿过激光功率控制器后，强度起伏小于 $0.02\%/h$。为减少激光束高阶空间模式产生的散射光斑，系统配置了空间滤波器，由两个 $4\times$ 显微物镜和 1 个 $50\mu m$ 直径的铂铱合金针孔组成。分束棱镜的作用有两个：其前表面的反射光由一个陷阱探测器接收，输出信号被用来校正功率的长时间缓慢起伏。经过校正后的入射光功率起伏为 $0.008\%/h$。通过棱镜的后表面可以观察接收腔的微弱反射光，以将激光束精确地调节到接收腔底部的中心。为了确保双层冷屏蔽的效果，通过机械泵、涡轮分子泵和吸附泵的先后作用使真空度达到 $1.33 \times 10^{-5} \sim 1.33 \times 10^{-4}Pa$。低温辐射计的运行由计算机自动控制。

低温辐射计测量激光绝对功率时，不确定度的主要来源有以下 4 项：（1）电加热功率的测量不确定度；（2）窗口反射率的测量不确定度；（3）腔体吸收率的测量不确定度；（4）光加热和电加热的非平衡不确定度。我们测量了其中的（1）、（2）和（4）项，腔体吸收率及其不确定度引用了低温辐射计的出厂标定报告。根据国际通行的不确定度评估规范，总不确定度取为上述 4 项不确定度的平方和的平方根。

在可见光波段的 7 个波长测量了激光功率，波长分别是 488nm、515nm、544nm、594nm、633nm、676nm 和 786nm。每个波长均在 $25 \sim 250 \mu W$ 范围内以 $25 \mu W$ 为间隔测量了 10 个级别的激光功率。表 2.7 列出了 7 个波长激光绝对功率的不确定度，所有不确定度均取 10 个功率级别中的最大值。测量 7 个波长激光功率的不确定度为 $0.49 \times 10^{-4} \sim 2.3 \times 10^{-4}$。

表 2.7　低温辐射计测量激光绝对功率的不确定度（$\times 10^{-4}$）

不确定度来源 ＼ 激光波长 /nm　不确定度（$\times 10^{-4}$）	488	514	544	594	633	676	786
电加热功率	1.03	1.45	0.873	0.449	2.27	0.673	1.37
窗口反射率	0.200	0.316	0.129	0.115	0.153	0.0775	0.165
腔体吸收率	0.1						
非等效因子	0.0504						
总不确定度	1.06	1.49	0.890	0.477	2.28	0.687	1.38

利用低温辐射计可以直接测量激光功率，但是由于低温辐射计测量功率的不确定度高，它对辐射屏蔽、电加热、参考热沉精度、温度传感器及光路调整等都提出了非常高的要求。其操作也相当复杂，运转费用昂贵，即使闭环机械制冷型的低温辐射计运行一次也需要 2 ～ 3 天，用它来进行日常的测试工作是不现实的。因此要将低温辐射计高精度的计量标准传递下去，则必须建立相应的标准传递系统，便于各辐射计量工作的应用。

为了验证低温绝对辐射计标准的高精度、稳定性和可靠性，国外很多实验室在国际计量局（International Bureau of Weights and Measures，BIPM）的组织下开展了多次国际比对实验，如法国的 INM、英国的 NPL、德国的 PTB 以及美国的 NIST 等实验室都与 BIPM 开展了相互比对。低温绝对辐射计国际比对主要是通过直接比对和间接比对两种方式来实现的：直接比对是让参与比对的低温绝对辐射计共同接收同一激光光束，比对其测量激光功率大小；间接比对是将陷阱探测器作为标准传递探测器，通过比对测量同一物理量达到比对的目的。目前发达国家都建立了以低温绝对辐射计为源头的辐射定标系统。传感器高精度定标依赖于建立的初级标准和标准传递环节。在国内，中科院安徽光机所、中国计量科学研究院、华东电子测量仪器研究所和国防科工委光学计量一级站引入了低温绝对辐射计。国内低温绝对辐射计在可见 - 近红外波段功率定标不确定度达到 0.005%，而传递标准的定标不确定度优于 0.035%。

中科院安徽光机所组织的国内比对是在以下两种不同致冷方式的低温绝对辐射计间进行的，其中中科院安徽光机所引进的是采用液氮、液氦致冷方式的低温绝对辐射计系统，华东电子测量仪器研究所引进的是采用机械致冷方式的低温绝对辐射计系统。低温绝对辐射计国内比对实验于 2008 年 4 月和 2009 年 9 月分别在中科院安徽光机所和华东电子测量仪器研究所进行，利用中科院安徽光机所自主研制的陷阱探测器 B 作为双方初级标准间接比对的传递探测器，通过比较两个低温绝对辐射计在同一波长、同一功率测量同一陷阱探测器的绝对光谱响应度的值来评价两家低温绝对辐射计初级标准定标的一致性和可靠性。

　　选择比对波长为 632.8nm 和 1064nm，参与比对的光功率点分别为 200μW 和 150μW，定标的陷阱探测器的绝对光谱响应度相对差异分别为 6.06×10^{-5} 和 8.49×10^{-4}，比对定标结果是总合成不确定度分别为 0.093786% 和 0.105166%，可以说明目前国内不同致冷方式的低温绝对辐射计系统已具备相当好的定标一致性，同时也验证了参与比对的两个低温绝对辐射计定标初级标准的稳定性和可靠性，均可以为空间遥感器定标提供高精度的溯源性。

三、硅光电二极管

　　硅光电二极管是应用于近紫外到近红外波段的主要测光元件。与硒（Se）光电池和硫化镉（CdS）光敏电阻相比，硅光电二极管具有明显的优越性：在可观察的限度内，它没有光电疲乏效应；优良的硅光电二极管在 7 个量级范围内的线性优于 0.2%，比硒光电池的线性扩大了近 4 个量级；它的响应速度比硒光电池快了 5 ~ 6 个量级；其长期稳定性可优于 1% ~ 2%/ 年。表 2.8 所示是典型的硅光电二极管的性能参数。

表 2.8　典型的硅光电二极管的性能参数

性能参数	参数值
敏感面面积	$5mm^2$
波长范围 $\lambda_{min} \sim \lambda_{max}$	350 ~ 1100nm
峰值波长 λ_p	900nm
峰值灵敏度 $R(\lambda_p)$	0.5A/W
内阻 r_0	$3 \times 10^6 \Omega$
暗流 I_d	小于 $10^{-8}A$
噪声电流 N	$10^{-13}A$
探测率 D^*	$10^{12}(cm \cdot Hz^{1/2} \cdot W^{-1})$
7 个量级内的线性	优于 2%
响应时间 τ	小于 $10^{-8}s$
短路电流温度系数	小于 0.2%/℃

　　图 2.38 所示是硅光电二极管的相对光谱响应曲线。

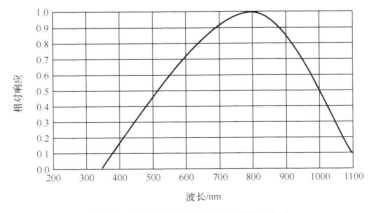

图2.38　硅光电二极管的相对光谱响应曲线

　　光电二极管的光谱响应度与二极管的结深有关，浅结光电二极管的响应峰值波长移至 700nm 以下。

　　硅光电二极管自校准技术是在对高性能硅光电二极管特性进行精密测试研究的基础上，通过反向偏压技术对一些参数进行相对测量，精密计算出高性能硅光电二极管的量子效率，进而确定器件的绝对光谱响应度 $R(\lambda)$（单位为 A/W），其基本原理如下所述。

　　硅光电二极管在波长 λ 处的绝对光谱响应度 $R(\lambda)$ 可用式（2.75）求得：

$$R(\lambda) = \frac{I}{W} = \frac{[1-\rho(\lambda)]\lambda}{1.23985}\eta(\lambda) \tag{2.75}$$

　　式中，I——光电流；W——入射光辐射功率；$\rho(\lambda)$——硅光电二极管表面的光谱反射比；$\eta(\lambda)$——硅光电二极管的内量子效率，λ——所测光辐射波长（单位为 μm）。

　　在用波长为 λ 的单色辐射照射时，硅光电二极管的内量子效率 $\eta(\lambda)$ 由式（2.76）给出：

$$\eta(\lambda) = \frac{\epsilon_{0(\lambda)}\,\epsilon_{R(\lambda)}}{1-\left[1-\epsilon_{0(\lambda)}\right]\left[1-\epsilon_{R(\lambda)}\right]} \tag{2.76}$$

　　式中，$\epsilon_0(\lambda)$——加在氧化物上的偏压为 0 时得到的光电流与偏压高到饱和光时的光电流之比，称为氧化物饱和偏压系数；$\epsilon_R(\lambda)$——用与 $\epsilon_0(\lambda)$ 同样的方式，以反向偏压定义的反向饱和偏压系数。

　　这一自校准技术显示了探测器校准法的新进展。在一般实验室的条件下，利用一反向层的光电二极管能够建立可见和近紫外区使用的绝对辐射度标。更具体的实验还表明，以电测量为基础的度标、绝对量子效率探测器度标和普朗克辐射度标的不确定度都在估计的不确定度内（约为 1%）。

　　硅光电二极管自校准技术的优点是它的准确度高（$\sigma \leqslant 0.05\%$），远远超过了黑体辐射源和常温绝对辐射计，而在成本造价、运转费用、操作简易程度方面，又远远优于低温辐射计。这种技术的缺点是：一方面，它需要高性能的硅光电二极管，对所用硅光电二极管的性能要求近于苛刻；另一方面，它通过一些相对测量来计算硅光电二极管的量子效率 $\eta(\lambda)$，这样就限制了自校准硅光电二极管测光精度的进一步提高。

四、陷阱探测器

1. 陷阱探测器

　　陷阱探测技术最早是由扎列夫斯基（Zalewski）在 1983 年提出的，他指出反型层光二极管在可见区具有非常一致的内量子效率 ϵ_i，其绝对光谱响应度可由式（2.77）给出：

$$R(\lambda) = \frac{\epsilon \lambda e}{hc} \tag{2.77}$$

　　e 是电子的电荷量，h 为普朗克常数，λ 是被测光辐射在真空中的波长。ϵ 是量子效率，可表示为：

$$\epsilon = (1-\rho)\epsilon_i$$

　　ρ 是光二极管表面的镜反射率，可准确测量。反射中极小的漫射部分在此暂时被忽略。因此有：

$$R(\lambda) = \frac{(1-\rho)\epsilon_i \lambda e}{hc} \tag{2.78}$$

由式（2.78）看出，$R(\lambda)$ 仅与反射率及波长 λ 有关，而这两个参数是极容易被确定的。如果将几片光二极管并联在一起，形成空腔，使入射辐射被完全吸收，即反射率 $\rho = 0$，此时：

$$R(\lambda) = (\epsilon_r \lambda e)/hc \tag{2.79}$$

那么光谱响应度只与波长有关，且与之成正比，$R(\lambda)$ 的准确度可以达到相当高的水平（0.05%）。这就是高精度陷阱探测器的设计原理。

陷阱探测器的目的是提高探测器的吸收比，使用的二极管越多，入射光在探测器中反射的次数越多，探测器的吸收比就越大。但是随着并联光电二极管的增多，探测器的并联电容升高、并联电阻降低，导致探测器响应速度变慢、信噪比降低。而且随着光电二极管的增加，探测器的光程加长、入射角变小，不利于非平行光束的测量。因此目前陷阱探测器采用的光电二极管最多只有 6 片，大体可分为透射式和反射式两大类。

陷阱探测器的特性与组成它的单元探测器相比有很大改善，最显著的特性是反射比减小了几个数量级，其线性度、响应度受环境温度、环境湿度变化的影响都要优于单元探测器，影响测量精度的温度、湿度、入射角、偏振等的不确定度都可以大幅度降低，而在线性度、空间均匀性方面都得到了改善。近 20 年来对于陷阱探测器的研究一直很活跃，研究重点集中于陷阱探测器的结构、特性及其光辐射功率的测量技术。

由优质的光电二极管组成的陷阱探测器已成为光辐射测量最精密的标准器之一。而其价格仅为同等不确定度的标准器的几十分之一到几千分之一。

安徽光机所设计了由 3 个硅光电二极管构成的反射式陷阱探测器，其几何结构如图 2.39 所示。3 个硅管均为特制的滨松（Hamamatsu）S1337-11 型无窗口硅光电二极管，有效光敏面积为 10mm×10mm。入射光在 3 个硅光电二极管的光敏面上依次经历了 5 次反射后沿原路返回。这种设计的优点是：（1）总反射率大为降低，约为单个硅光电二极管反射率的 1%，反射损失所引起的测量不确定度也随之降低约 2 个量级；（2）第 1、2 个硅管的入射面相互垂直，入射角相等，第 3 个硅管正入射，从而保证了探测器对入射光的偏振状态是非敏感的，这在许多应用中有重要的意义；（3）多次吸收提高了光电转换效率和灵敏度。

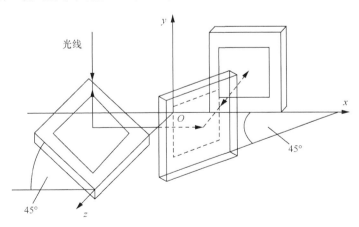

图 2.39 反射式陷阱探测器工作原理图

3 个硅管在电气上并联，总光电流经过前置放大器转换为输出电压后，由 HP34970A 型 6.5 位数字记录仪测量。

　　只由几个光电二极管组成的陷阱探测器可以成为光辐射功率标准探测器，可以用来对光辐射功率进行绝对测量。陷阱探测器的绝对光谱功率响应率可通过 CryoRad II 型低温辐射计来标定，其实验装置同图 2.37 介绍的低温辐射计测量激光绝对功率的装置。激光束在经过起偏振、功率稳定和空间滤波后，进入低温辐射计的高吸收率（大于 0.9999）接收腔。低温辐射计测量激光的绝对功率 P_L 后，将陷阱探测器切入光路，测量其输出电压 V_0。在不同波长下重复这一过程，即得到绝对光谱功率响应率为：

$$R(\lambda) = V_0(\lambda)/P_L(\lambda) \tag{2.80}$$

　　实验中测量了陷阱探测器在 488 ~ 786nm 间的 7 个波长的绝对光谱功率响应率，其他波长的功率响应率可通过三次样条内插得到。利用低温辐射计标定陷阱探测器的绝对响应率时，不确定度因素主要有以下几项：（1）低温辐射计测量激光功率的不确定度；（2）光敏面的响应均匀性；（3）偏振敏感性；（4）线性；（5）其他因素，如杂散光、温度漂移、数据采集误差等。总不确定度由这 5 项合成得到。通过实验测量的结果如表 2.9 所示。

表 2.9　陷阱探测器光谱响应率定标不确定度

不确定度（×10⁻⁴） 不确定度来源　　激光波长 /nm	488	514	544	594	633	676	786
入射激光功率	1.06	1.49	0.890	0.477	2.28	0.687	1.38
线性	0.434						
响应均匀性	1.99						
偏振敏感性	0.492						
稳定性	0.678						
输出电压 V_0	0.139	0.0908	0.0779	0.106	0.198	0.0490	2.29
总不确定度	2.45	2.66	2.38	2.26	3.18	2.31	3.47

2. 辐亮度标准探测器

　　在辐射度量中需要将光辐射功率陷阱探测器设计成辐亮度标准探测器，用于辐亮度的标准传递。

　　首先需分析辐射功率和辐亮度这两个物理量的关系。辐射功率 ϕ 是指单位时间 dt 通过某空间位置的辐射能 dQ，即：

$$\phi = dQ/dt$$

　　辐亮度 L 是指离开、到达或穿过某一表面的单位立体角 $d\Omega$、单位投影面积 $dS\cos\theta$ 上的辐通量 $d\phi$，即：

$$L = d\phi/(d\Omega \cdot dS \cdot \cos\theta)$$

　　可见辐亮度相对于辐射功率增加了一个几何因子（$d\Omega \cdot dS \cdot \cos\theta$），此因子是由入射孔径和立体角共同决定的。

　　由以上分析可知，如果在用于辐通量绝对测量的陷阱探测器入射光路前方，加入一个可限制入射孔径和立体角的光学系统，并对该入射孔径和立体角进行精确测定，辐射功率标准探测器就可以成为辐亮度标准探测器。辐亮度标准探测器的结构如图 2.40 所示。

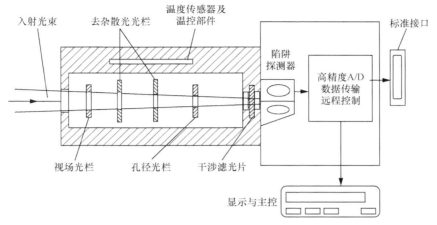

图2.40 辐亮度标准探测器的结构

图 2.40 所示的辐亮度标准探测器，其光学部分可简化为图 2.41 所示的光路。图 2.41 中的 $2\theta_a$ 和 $2\theta_v$ 分别是孔径全角和视场全角；D 是物面与孔径光阑的间距；H 为视场光阑与孔径光阑的间距；视场光阑的直径为 $2b$，孔径光阑的直径为 $2a$。

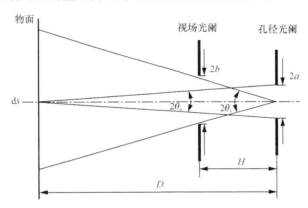

图2.41 辐亮度标准探测器的光路

辐亮度标准探测器接收到的辐通量 P 为：

$$P = L_0 S_v \omega_0 \tag{2.81}$$

式中，L_0——辐亮度，当物面为理想漫射体时，其在所有方向上的辐亮度为常数；S_v——视场面积；ω_0——孔径光阑对物面中心所张的立体角，当 $D \gg 2a$ 时，视场内所有点的孔径立体角都近似于 ω_0。

$$\omega_0 = 4\pi\sin^2\frac{\theta_a}{2} \cong 4\pi\frac{1}{2}\theta_a^2 = 2\pi\left(\frac{a}{D}\right)^2 \tag{2.82}$$

S_v 视场面积为：

$$S_v = \pi(D \cdot \mathrm{tg}\,\theta_v)^2 \tag{2.83}$$

则辐通量 P 为：

$$P = L_0 2\pi^2 \mathrm{tg}^2\theta_v a^2 \tag{2.84}$$

即入射通量只决定于孔径光阑、视场角和目标的辐亮度，与观测距离无关。式（2.84）中的 L_0 是目标的光谱辐亮度 $L_0(\lambda)$（单位为 $\mathrm{W \cdot cm^{-2} \cdot sr^{-1} \cdot nm^{-1}}$），$P$ 是入射到辐亮度计入瞳处的光谱通量 $P(\lambda)$（单位为 $\mathrm{W \cdot nm^{-1}}$）。

若在陷阱探测器前安装干涉滤光片，构成波段式辐亮度计，则在滤光片的带宽内，陷阱探测器接收到的辐通量为：

$$P_{\Sigma} = \int P(\lambda)T(\lambda)\mathrm{d}\lambda = 2\pi^2 \mathrm{tg}^2\theta_{\mathrm{v}} a^2 \int L_0(\lambda)T(\lambda)\mathrm{d}\lambda \tag{2.85}$$

式中，$T(\lambda)$——干涉滤光片的光谱透过率。

在估算入射通量时，假设式（2.85）中的积分（干涉滤光片带宽内）可以用等效中心波长处的值计算，则：

$$\int_{\Delta\lambda} L_0(\lambda)T(\lambda)\mathrm{d}\lambda = L_0(\lambda_{\mathrm{e}})T(\lambda_{\mathrm{e}})\Delta\lambda \tag{2.86}$$

此处 λ_{e} 是干涉滤光片的等效中心透过波长，$\Delta\lambda$ 是等效带宽。如此简化后，入射通量可以表述为：

$$P_{\Sigma} = 2\pi^2 \mathrm{tg}^2\theta_{\mathrm{v}} a^2 L_0(\lambda_{\mathrm{e}})T(\lambda_{\mathrm{e}})\Delta\lambda \tag{2.87}$$

辐亮度标准探测器的辐通量响应度为 $R(\lambda)$，其工作时的输出电压 V 为：

$$V = \int P(\lambda)T(\lambda)R(\lambda)\mathrm{d}\lambda = 2\pi^2 \mathrm{tg}^2\theta_{\mathrm{v}} a^2 \int L(\lambda)T(\lambda)R(\lambda)\mathrm{d}\lambda \tag{2.88}$$

式中，$\mathrm{tg}\theta_{\mathrm{v}} = b/H$，$b$——视场光阑的半径，$H$——视场光阑和孔径光阑的间距。则式（2.88）写为：

$$V = \int P(\lambda)T(\lambda)R(\lambda)\mathrm{d}\lambda = 2\pi^2 b^2 a^2 / H^2 \int L(\lambda)T(\lambda)R(\lambda)\mathrm{d}\lambda \tag{2.89}$$

在此引入一个几何因子常数 $A = \dfrac{H^2}{2\pi^2 b^2 a^2}$，则：

$$V = \frac{1}{A}\int L(\lambda)T(\lambda)R(\lambda)\mathrm{d}\lambda \tag{2.90}$$

在较窄的带宽（如 10nm）内，$L(\lambda)$ 可当作一个常量处理，则：

$$V = \frac{L(\lambda)}{A}\int T(\lambda)R(\lambda)\mathrm{d}\lambda \tag{2.91}$$

这样在滤光片的带宽内，辐亮度标准探测器的等效辐亮度 L 可写为：

$$L = A\frac{V}{\int T(\lambda)R(\lambda)\mathrm{d}\lambda} \tag{2.92}$$

式中，A——几何因子常数，可以精确测定。光谱透过率 $T(\lambda)$ 采用双单色仪系统精确测得。光谱通量响应度通过低温辐射计精确测试。因此辐亮度标准探测器的传递辐亮度值可以达到很高的精度。（李照洲，郑小兵）

3. 多波段辐亮度标准探测器

在遥感器的定标测试中，需要测试全谱段中各分立窄谱段的辐射亮度值，为此需要多波段辐亮度标准探测器。

中科院安徽光机所设计研制的多波段辐亮度标准探测器，工作波段范围是 350～1000nm，带宽为 10nm，绝对不确定度小于 2%。这个多波段辐亮度标准探测器由 8 个窄谱段陷阱探测器组合而成，8 个前置镜筒在空间平行，观测方向一致，8 个镜筒的横截面均匀分布在一个圆周上。组合系统需空间紧凑，以尽量满足各分波段探测视场处于同一物面辐亮度分布均匀的区域的要求。多波段辐亮度标准探测器工作时，其电子线路采集到电压信号，再通过数据处理系统，结合前端光学系统的有关参数、陷阱探测器的响应率，即可精确计算得到各波段的待测辐亮度值。

对于光谱连续、平滑的测试光源，可对各波段测得的辐亮度值采用内插平滑的方法，得到从最小波段到最大波段间的辐亮度分布曲线。

基于陷阱探测器的滤光片辐亮度计，其响应随温度的变化较大，因此在其结构中需设计精密温控模块，以保证系统的温漂小，能满足探测器稳定工作的要求。图 2.42 为 8 波段辐亮度标准探测器实物。

多波段辐亮度标准探测器的主要设计指标如表 2.10 所示。

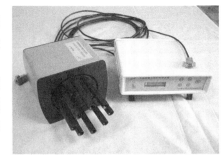

图 2.42　8 波段辐亮度标准探测器实物

表 2.10　多波段辐亮度标准探测器的主要设计指标

设计指标	值
波段范围	350 ~ 1000nm
波段数	8
带宽	10nm
绝对不确定度	小于 2%
温度系数	小于 0.1%/℃
动态范围	2 个数量级以上
功耗	600mW
温控	PID 控温，±0.1℃
显示	VFD 荧光显示屏
接口	RS232C
体积	230mm × 200mm × 240mm（含电源及控制部分）
重量	5kg（含电源及控制部分）

多波段辐亮度标准探测器的定标和不确定度分析。多波段辐亮度标准探测器是在光功率标准陷阱探测器的基础上设计而成的，按照式（2.89）的分析：

$$V = \int P(\lambda)T(\lambda)R(\lambda)\mathrm{d}\lambda = 2\pi^2 b^2 a^2 / H^2 \int L(\lambda)T(\lambda)R(\lambda)\mathrm{d}\lambda$$

多波段辐亮度标准探测器响应电压 V 与陷阱探测器光谱功率绝对响应率 $R(\lambda)$ 等因素存在明确的数学关系，则其定标的不确定度由各因素的不确定度合成得到，结果如表 2.11 所示。

表 2.11 多波段辐亮度标准探测器定标的不确定度

不确定度来源	不确定度（×10⁻²）
光功率标准陷阱探测器响应率	0.05
孔径光阑面积	0.1
视场光阑面积	0.1
孔径光阑和视场光阑的间距	0.5
滤光片透过率	0.8
电子学 A/D 量化	0.4
电路线性	0.1
合成不确定度	1.04

4. 多波段辐亮度标准探测器的应用实例及效果评估

2004 年 3、4 月，中科院安徽光机所在昆明对中国气象卫星"FY-2"的多通道扫描辐射计进行发射前的外场定标试验，采用"多波段辐亮度标准探测器 + 连续光谱测量仪器（ASD）"的方法，进行了辐亮度法定标。试验中以多波段辐亮度标准探测器在多个波长点上给出的绝对辐亮度值，对 ASD 进行实时绝对标定，进而完成对"FY-2"的多通道扫描辐射计的辐亮度定标。

常规的辐亮度法定标，采用"辐照度标准灯至漫射板"的标准传递过程对 ASD 进行标定。由于标准灯的标定、辐照度到辐亮度的物理量转换，以及反射比、立体角、视场的近似处理等诸多因素的影响，ASD 自身标定的不确定度只能达到 4% ~ 5%，这样使用 ASD 进行辐亮度法定标的精度很难提高。采用多波段辐亮度标准探测器对 ASD 进行辐亮度绝对定标的不确定度明显降低，可以达到 1.5% ~ 2.5%，使辐亮度法定标的合成不确定度大大降低了。这个方法应用于卫星遥感器的绝对辐射定标，有效提高了定标精度，充分体现了它的应用价值。

五、光电倍增管

光电倍增管是在光电子发射的真空光电管的基础上依据二次电子发射机理制成的高灵敏度探测器。光电倍增管的构造基本与光电管一样，在真空的石英玻璃壳内装有阳极和阴极，但光电倍增管除了阴极和阳极外，在阴极、阳极之间还有多个倍增极（打拿极）。后一级倍增极的电位高于前一级，这样后一级倍增极可以被看成前一级的阳极。整个光电倍增管就相当于多级串联的光电管。这样形成的静电场使电子按一定的方向逐级增多，流向阳极。多次倍增使电子数目大量增加，最后在高电位的阳极上形成放大的光电流，所以光电倍增管具有很高的电流增益，典型的光电倍增管的增益达到 10^7 左右。

光电倍增管的灵敏度之高是一般固体光电器件所达不到的，它响应度高、性能稳定、线性动态范围大（可达 10^4 ~ 10^6）、响应快（可达 ns 级），因此它被广泛应用于微弱光辐射的测量中。例如天文测光、光谱测量等应用在弱光条件下的测光仪器，都采用光电倍增管做探测器。

光电倍增管的主要使用特性有以下几点。

（1）光谱响应度：由于光电阴极制作工艺的限制，同阴极材料、同批次的管子的光谱响应也会不同。光谱响应度还受以下因素影响。

- 温度：温度变化时光谱响应度会变，且不同波长变化的温度系数不同。
- 入射光斑在光电阴极表面上的位置不同，光谱响应度不同。因此输入光应均匀照射光电阴极的表面。
- 管子的疲劳、磁场使电子在运动途径中离焦和偏转；外加电压的波动等。

（2）噪声特性：光电阴极到倍增极的热离子发射是光电倍增管的主要噪声源，它形成暗电流及噪声电流。制冷可以大大降低暗电流，但制冷过度会使响应度下降。一般制冷至 −20℃ 就可以了。暗电流还与阳极电路中的漏电密切相关，应用中应注意管壳、管脚的洁净，以减小漏电和暗电流。

（3）外加电压的稳定：光电器件的电压稳定度应比要求的测量精度高 10 倍左右。

（4）偏振响应度：光电倍增管的偏振响应度约为 15%。

（5）有明显的疲劳效应：光电倍增管的灵敏度会因强光照射而降低，因此其工作时不能用强光照射，且在不工作时也要避免光照，以免光电阴极疲劳及在强光照射下被破坏。

（6）需控制阳极电流：在精密测量中，最好将阳极电流大小控制在 1μA 之内，因为阳极电流过大时，器件的线性会变坏。

六、滤光辐射计

滤光辐射计（Filter Radiometer）简称 FR 辐射计。在 2002 年 PTB、NPL、VNIIOFI 等参加的国际比对中，它们均使用了滤光辐射计完成了高温黑体温度的测试，在温度高于 2900K 时，其测试结果的绝对偏差为 1K，从而使光谱辐亮度的测量不确定度在 800nm 处提高到 0.5%。在该次比对中，NPL 主要采用了一组干涉滤光辐射计，而 PTB 及 VNIIOFI 主要使用宽带的滤光辐射计，由于 PTB、NPL、VNIIOFI 均使用了高精度的校准，直接溯源于精密的低温辐射计，因而均获得了一致满意的结果。

滤光辐射计主要由干涉滤光片、硅光电二极管、精密光栏及冷却部分等组成，如图2.43 所示。目前的辐射计主要有两种类型，一种是由窄带（带宽一般为 10 ~ 20nm）的干涉滤光片组成的干涉滤光辐射计，另一种是由宽带（带宽一般为 200nm）的滤光片组成的滤光辐射计。

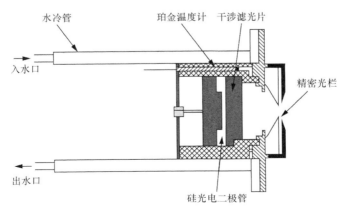

图2.43 滤光辐射计的结构图

　　滤光辐射计的测量精度很大程度上取决于它的标定精度，它的标定也主要有两种方法：一种是结合可调谐激光器与陷阱探测器，获得高精度的绝对光谱响应度；另一种是用连续的光源，如钨带灯、双单色仪，与陷阱探测器相结合，同样可以获得滤光辐射计的绝对光谱响应度。

　　标定滤光辐射计后，根据一系列光辐射测量原理，可以推导出辐射温度与输出信号的关系，复现辐射温度；根据光度学理论可推导出发光强度与输出信号的关系，复现发光强度。

　　随着低温辐射计的广泛应用，作为低温辐射计量值的传递标准，滤光辐射计也得到了空前的发展，干涉滤光辐射计以 NPL 的为代表，宽带滤光辐射计以德国 PTB 的为代表，都取得了良好的测试结果。与其相适应的主要有两种测试模式：辐亮度模式及辐照度模式。辐亮度模式主要被 NPL 及 NIST 所采用，以光谱辐亮度的方法完成对辐射温度的复现。辐照度模式主要被 PTB 及 VNIIOFI 所采用，以光谱辐照度的方法完成对辐射温度的复现。现阶段两种模式共存。

　　宽带滤光辐射计通常使用辐照度模式进行测量，具有一系列的优点，无须考虑光源有效面积及透镜的透过率，操作相对简单。其测量不确定度取决于校准的不确定度，一般采用双单色仪系统校准其相对光谱响应度，绝对量值的校准与干涉滤光辐射计相同，均使用溯源于低温辐射计的陷阱探测器进行绝对功率的校准。干涉滤光辐射计由于其响应的波段窄，信号相对宽带滤光辐射计弱，通常使用辐亮度模式，也可获得好的信号。干涉滤光辐射计的优点为具有良好的、长期的稳定性及纯的（在该波段外，无任何的响应）光谱响应性，配以单色性好的激光系统能够获得很高的测量不确定度。但是，干涉滤光辐射计相对复杂，需要考虑诸多的因素，如校准模式、入射角度、光源有效面积及透镜的透过率等。如何实现光源有效面积的精确测量是干涉滤光辐射计所面临的新问题，也是获得高精度测量需解决的关键问题。

2.3.5　光辐射计量的发展

一、红外辐射的计量研究

　　由于硅探测器良好的性能，其已完成了在可见光波段绝对量值的传递，而在中、远红外，因红外探测器性能的影响，高精度的红外光谱响应度标准的建立是很困难的，期望通过增加积分球的方法：（1）获得大光敏面积的红外探测器；（2）提高探测器响应的均匀性。但是，由于积分球对光功率的衰减至少有两个数量级，NPL 正在研制新型的探测器，通过设计合理的光敏面积及敏感层的厚度，期望削弱积分球的衰减作用，同时研究新的校准方法，有望得到更好的信噪比。

　　目前，欧洲国家的红外光谱响应度标准主要用一系列的热探测器保存，热探测器在很宽的光谱范围内具有平坦的光谱响应度，新型的热探测器与镀金的半球结合起来，表现出良好的均匀性及更平坦的光谱响应，是红外波段量值传递的理想的探测器。但是，其 D^* 值（比探测率）比性能良好的光子探测器至少低了 2～3 个数量级，红外技术的专家们正在研制新型的具有高 D^* 值的热探测器，主要方法是通过对热吸收层的厚度及形状进行合理的设计来获得高的 D^* 值。

在波段为 $1.0 \sim 1.6\mu m$ 的近红外区，InGaAs 探测器以其良好的均匀性、大光敏面积、高信噪比等而成为这个波段的理想的标准探测器，其测量不确定度达到了 0.1%。波段为 $3 \sim 5\mu m$ 的中红外区是大气窗口，需要考虑 CO_2 的吸收对测量信号的影响，一系列的测试结果表明大气吸收在该波段有着非常大的影响，开发新一代的、可应用于大气窗口的标准探测器成为该波段的关键问题。

在 $8 \sim 12\mu m$ 的红外区，HgCdTe 探测器有一系列的优点：强吸收性，高量子效率，工作温度不是太低，操作相对容易，并具有高的 D^* 值。但是，其空间均匀度低，为 50%。光量子探测器是一种新型的探测器，表现出好的空间均匀性、高的量子效率，与 HgCdTe 探测器相比具有长期的稳定性，但是，其波长响应的范围窄，为 $2 \sim 7.5\mu m$。如何优化测量不确定度成为这个波段的关键问题。（张辉，江月松）

二、紫外辐射的计量研究

同步辐射光源是速度接近光速的带电子在磁场中做变速运动时放出的电磁辐射。光辐射计量主要利用同步辐射光源精确的可预知特性，可以将其用作各种波长的标准光源。由于可见光和红外波段有金属凝固点黑体，所以同步辐射光源主要用于紫外波段，作为紫外辐射的最高标准，可以建立真空紫外区可计算的光子通量标准。

在同步加速器或储存环中，以相对论速度运动的电子将发出辐射。理论分析指出，一个回转的电子在波长间隔 dλ 和垂直轨道面的角度间隔 dψ 内发射的功率，即辐射强度，可按式（2.93）计算：

$$I_\lambda = \frac{\partial^2 \phi(\lambda, \psi, E, R)}{\partial \psi \partial \lambda} = \frac{8\pi e^2 cR}{3\lambda^4}(r^{-2} + \psi^2)^2 \left[K_{2/3}^2(\xi) + \frac{\psi}{r^2 + \psi^2} K_{1/3}^2(\xi) \right] \quad (2.93)$$

式中，R——电子的轨道半径；e——基本电荷；c——光速；$\xi = 2\pi R(r^{-2} + \psi^2)^{3/2}/3$；$r = E/mc^2$（$E$ 为电子能量，m 为电子的静止质量）；$K_{1/3}(\zeta)$ 和 $K_{2/3}(\zeta)$——第二类修正的贝塞尔函数。

式中，方括号中的两项决定平行和垂直于轨道平面偏振的成分。

单个电子发出的总功率可基于式（2.93）对所有空间方位和波长积分来得到：

$$\phi = \frac{2}{3}\frac{e^2 c}{R}r^4 \quad (2.94)$$

同步辐射具有连续的光谱结构和脉冲的时间结构。

同步辐射是由一连串的脉冲辐射组成的，通常脉宽短于 300ps，间隔约为几百 ns。同步辐射的角发散性在 1msr。储存环发出的辐射比同步加速器的辐射更强，更稳定。由于储存环和同步加速器分别运转于 10^{-5}Pa 和 10^{-7}Pa 的真空条件下，而大气从波长 $0.19\mu m$ 就开始有强烈吸收，所以同步辐射的测量设备需安装在高真空系统内。工作波段为 $0.010 \sim 0.400\mu m$，测量不确定度在 5% 以内。（《光学技术手册》）

目前主要采用氘灯（SO）作为传递标准光源，通过氘灯与储存环同步辐射（SR）的比对完成对传递标准光源氘灯的标定。标定系统光路如图 2.44 所示。定标系统包括前置光学系统、分光系统和探测系统。同步辐射光源和被标光源分别经相同的光学系统，测得光电流 i_{SR} 和 i_{SO}，由定标原理知：

$$i_{SR}(\lambda) = S(\lambda)\phi_{SR}(\lambda)(1 + P_{rad}P_{SR}), \quad i_{SO}(\lambda) = S(\lambda)\phi_{SO}(\lambda) \quad (2.95)$$

式中，ϕ_{SR}——同步辐射的辐通量分布，对于某一接收角内是可以计算的；ϕ_{SO}——传递标准光源的辐通量分布；i_{SR}——同步辐射光源照射时的光电流；i_{SO}——传递标准光源照射时的光电流；$S(\lambda)$——系统光谱响应度；P_{SR}——同步辐射平面偏振度；P_{rad}——系统的偏振效率。

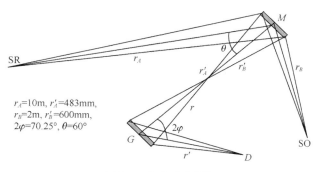

图2.44　标定系统光路

在 20 世纪 90 年代初，国家计量科学研究院就开始了紫外光谱辐照度及辐亮度的计量研究工作。建立在高温黑体基础上的紫外辐射计量因测量不确定度略高而无法进行量值传递，同时由于大气环境的强烈吸收，紫外辐射变得很弱，也使得紫外辐射的计量工作步履艰难。因此，国内的紫外辐射专家开始了一系列紫外辐射高标准研究，但由于这个波段辐射的特殊性，如何降低测量结果的不确定度，并开展计量测试方法和检测仪器的研究，成为现阶段紫外辐射计量工作的关键。

德国已经完成了 10～400nm 的紫外波段的量值传递，但由于同步辐射光源系统的庞大而复杂，其渴望研制良好的探测器来完成该波段的量值传递。PTB 已研制了一种新型的充气型的探测器（Pneumatic Golay Detector），当光辐射到腔体内，引起气体温度的升高时，探测器测量辐射功率。该探测器具有相对平坦的光谱响应度及好的 D^* 值，目前 PTB 正在进一步研究它用于量值传递的一系列的特性，同时为了将该波段的量值更好地传递下去，PTB 从 1997 开始研究第 3 代的同步辐射光源，渴望向着更实用化的方向发展。但是，在 2001 年与俄罗斯的 VNIIOFI 的第 3 代同步辐射光源的比对中，其测量结果并不理想，不一致性达到了 4%。

三、光辐射计量的发展趋势

随着光子技术的发展，光辐射计量已渗透到各个领域，如空间科学、天体物理学、光生物学、光化学等，近年来发展起来的红外探测技术、激光技术也应用于军事上，如在红外制导、红外预警、激光制导、激光雷达等武器装备中得到了广泛的应用。随之而来的是光辐射计量空前的发展。

（1）测量不确定度越来越低，低温辐射计的发展，使整个光辐射计量精度提高了 1～2 数量级。

（2）量限的扩大。波长范围越来越宽，短波向极远紫外（10nm）、长波向远红外（30μm）扩展；功率向超大功率、极小功率扩展。

（3）新方法、新技术、新材料的研究。为了完成向各个分专业的量值传递，新的校准方法及新的测试技术得到了广泛的发展，如滤光辐射计的校准方法、复现温度的方法、发射率及低温辐射计腔体吸收率的测试方法等，同时带动了一系列新材料的研究。

（4）向小型化、实用化方向发展，使计量真正地服务于各行各业，如质量控制、在线检测。

（5）向宇宙空间发展，研究太阳、月亮等天体辐射特性，为人类向宇宙空间的探索提供参考。

2.4　辐射传输的工作计量器具和计量仪器

2.4.1　积分球

积分球不是一个单独的计量器具，它是内壁涂有高反射率介质的球体，装入光源、探测器后，其作为理想的漫射光源和匀光器具，被广泛地应用于光辐射测量中。

一、积分球的基本结构

积分球是由铝或塑料等做成的内部空心球，球内壁上均匀喷涂多层中性漫射材料，如氧化镁、硫酸钡、聚四氟乙烯等。球上开有多个开孔，它们可以作为入射光孔，也可以用于安装探测器、光源等。为了防止入射光直接射到探测器或出口处，球内还装有挡屏。

积分球辐射源引入光源的形式有外置和内置两种。外置光源是在积分球体上设置光源入口，入口的位置应处于出口所处的半球一侧，以防止入射光直接从出口出射，布局如图 2.45 所示。光源入口通道中，可以加聚光镜，还可以设置可调孔径的光阑，用于调节入射光量。

内置光源可以在球内表面出光口旁的圆周上均匀分布，布局如图 2.46 所示。内置光源可通过控制开 / 关灯的数量或调节灯的工作电流来改变积分球的总辐通量。

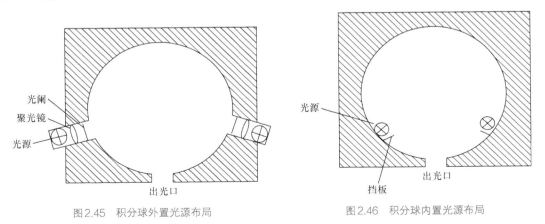

图2.45　积分球外置光源布局　　　　　　图2.46　积分球内置光源布局

积分球的光源可以采用卤钨灯、氙灯或发光二极管。光源应有较强的辐射稳定性，以保证积分球辐射输出的稳定。

利用积分球集光后将输出各光源组合光谱的特性，可以通过不同发射光谱光源的组合，以及调节各光源强度的方法，得到所需的专用光源光谱输出。

二、积分球的光辐射传输特性

图 2.47 是积分球原理示意，在球壁上某一小面积 ΔS 接收了来自光源的一部分光通量 $\Delta\phi$，球壁涂层的反射率为 ρ，从这个小面积反射出来的光通量将等于 $\rho\Delta\phi$。涂层表面具有朗伯漫射特性，因此可以被看作一个余弦发光面，它发出的光通量将通过多次反射均匀地分布到球壁的其余部分，球壁的任何一部分的照度都是相等的。球的内表面半径为 R，球的内表面积等于 $4\pi R^2$，所以 ΔS 的反射光在球面造成的第 1 次反射照度 ΔE_1 为：

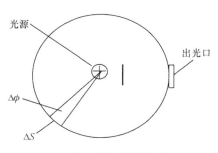

图2.47　积分球原理示意

$$\Delta E_1 = \frac{\rho\Delta\phi}{4\pi R^2} \tag{2.96}$$

式（2.96）可以说明，积分球内任一面元发出的辐通量，其在球内表面各点形成的辐照度值等于该辐通量除以球的内表面面积，球内任一点发出的辐通量能使球内各点有相同的直射辐照度。

因而整个光源的总光通量 ϕ 产生的第 1 次反射照度 $E_1 = \Sigma\Delta E_1 = \rho\Sigma\Delta\phi/4\pi R^2 = \rho\phi/4\pi R^2$，且第 1 次反射的总光通量 $\rho\phi$ 同样会再次受球壁的反射，造成第 2 次反射照度 E_2，以及第 3 次、第 4 次，直至第 n 次反射照度 $E_3,E_4,\cdots,E_n$。这些照度累积起来，成为总的照度 E：

$$\begin{aligned} E = E_1 + E_2 + \cdots + E_n &= \frac{\rho\phi}{4\pi R^2} + \frac{\rho^2\phi}{4\pi R^2} + \cdots + \frac{\rho^n\phi}{4\pi R^2} \\ &= \frac{\phi}{4\pi R^2}(\rho + \rho^2 + \cdots + \rho^n) = \frac{\phi}{4\pi R^2}\frac{\rho}{1-\rho} \end{aligned} \tag{2.97}$$

对于某一个积分球，其 R、ρ 是定值，则可写成 $E=K\phi$。此式表示由于积分球壁的无限次反射作用，由各次反射光所叠加的照度正比于光源的总光通量。积分球窗口的照度与球壁其他表面的照度相同。积分球的这些特性广泛地被应用于光辐射测量中。

实际应用的积分球往往需开孔放置光源、样品、探测器等。设开孔的个数为 n，第 i 个孔的反射比为 ρ_i，设开口面积与球内表面积之比为 f_i，则积分球壁的平均反射比 $\bar{\rho}$ 为：

$$\bar{\rho} = \rho\left(1 - \sum_0^n f_i\right) + \sum_0^n \rho_i f_i \tag{2.98}$$

当开孔为通光孔时，$\rho_i \approx 0$，则平均反射比 $\bar{\rho}$ 为：

$$\bar{\rho} = \rho\left(1 - \sum_0^n f_i\right) \tag{2.99}$$

此时积分球内的总辐照度 E_Σ（积分球出口处的辐照度）为：

$$E_\Sigma = \frac{E_1}{1-\bar{\rho}} = \frac{\rho\phi}{4\pi R^2}\left(\frac{1}{1-\bar{\rho}}\right) = \frac{\rho\phi}{4\pi R^2}\left[\frac{1}{1 - \rho\left(1 - \sum_0^n f_i\right)}\right] \tag{2.100}$$

则积分球出口处的辐亮度 L_S 为：

$$L_S = E_\Sigma / \pi \qquad (2.101)$$

三、积分球出口光分布的均匀性

作为均匀光源的积分球，其出口辐亮度的平面均匀度在出口直径范围内可以达到98%。

如图2.48所示，积分球的出口 D（半径 R_e）是一个均匀的发光圆盘，在距离出口轴线某一距离 l 处的一个面元 A_2，其接收到的辐照度为圆盘上各环带辐射贡献之和，即 A 面轴上点的辐照度 E_0 为：

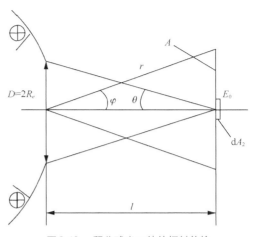

$$E_0 = \pi L_S \sin^2\theta = \pi L_S \frac{R_e^2}{R_e^2 + \ell^2} \ (\text{W/m}^2) \ (2.102)$$

式中，L_S——积分球出口辐亮度；R_e——出口半径。

当 $l \gg R_e$ 时，则：

图2.48　积分球出口外的辐射传输

$$E_0 \approx \pi L_S \frac{R_e^2}{\ell^2} (\text{W/m}^2) \qquad (2.103)$$

积分球出口处的辐照度为 $E_S = \pi L_S$。当 $l/R_e < 0.1$ 时，$E_0 \approx \pi L_S$，即轴上的接收面元 A_2 在这个距离之内且其面积比出口小时，可以获得最大且均匀的 E_0。当 $l/R_e > 5$ 时，E_0 应按照平方反比定律计算，即可用式（2.103）计算。

在距离出口 l 处的 A 平面的目标，其边缘视场的照度 E 将按照 $\cos^4\varphi$ 的规律下降。积分球出口处的辐通量沿着 r 的方向传播到 A 面的视场边缘。积分球出口在与 r 方向垂直的投影面上的照度为 $\pi L_s\cos\varphi$，其在 r 距离处产生的辐照度 $E_1 = \pi L_S \cos\varphi \frac{R_e^2}{r^2}$，且 $l = r\cos\varphi$，则在 A 面视场边缘的投影面上产生的辐照度 E 为：

$$E = E_1 \cos\varphi = \pi L_S \cos\varphi \frac{R_e^2}{r^2} \cos\varphi = \pi L_S \frac{R_e^2}{\ell^2} \cos^4\varphi = E_0 \cos^4\varphi \qquad (2.104)$$

A 面辐照度的均匀性可由视场边缘与轴上的辐照度比值来分析：

$$\frac{E}{E_0} = \cos^4\varphi = \left(\frac{\ell}{r}\right)^4 \qquad (2.105)$$

由图2.48及式（2.104）可看出，当目标 A 的大小小于或等于出口直径 D，且 A 面离出口距离 $l/R_e < 0.05$ 时，A 面上的辐照度均匀性可以达到98%左右，甚至更高。但当 $l/R_e < 0.2$ 时，E/E_0 只有0.7。距离增大后，当 $l/R_e = 6$ 时，E/E_0 可以达到0.96；当 $l/R_e = 10$ 时，E/E_0 可以达到0.98，辐照度均匀性得到很大改善。因此使用积分球时，应当注意它的辐射均匀特性。

如果使用积分球光源时对均匀性要求比较高，或目标物体较大，直接放在积分球出口外时，均匀性不能满足要求，则可以在积分球出口外加光学系统。在此设置光学系统有2种方法，第一种方法如图2.49所示，光学系统将积分球出口成像在工作目标面 A 上，工作靶面应放置在 A 面中心且垂直于光轴，可以获得较均匀的辐照度。像面处的辐照度 E_i 按照成像放大倍率的平方的反比计算，如式（2.106）。通过选择窄视场角、长焦距镜头，可以获得最好的均匀性：

$$E_i = E_O \left(\frac{O}{i} \right)^2 \tag{2.106}$$

第二种方法如图 2.50 所示，积分球出口位于光学透镜的焦面上，则均匀光源上的每一个点都通过透镜形成一个平行光束，在透镜的右方形成均匀辐射覆盖的圆锥形区域（A、B、C 这 3 点围成的圆锥区域）。法线平行于光轴的工作靶面在这个区域的任何位置，都可以得到均匀的辐照，但圆锥边缘区的辐照度会很快下降。此外，这个方法可以看成第一种方法的特例，积分球出口被成像在无限远处，因此准直镜右边圆锥内的通量密度相对积分球出口处的有显著下降。

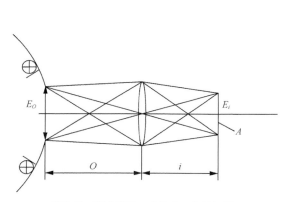 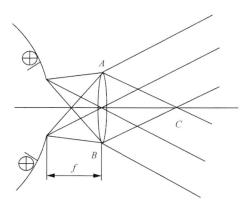

图 2.49　积分球出口成像在工作目标面　　图 2.50　积分球出口位于光学透镜的焦面上

四、积分球的用途

在光辐射计量中，积分球的用途十分广泛。

（1）积分球是一个理想的集光、匀光器件，可将不同的光源集合，形成组合的均匀光，并获得合成的光谱输出。

（2）积分球的出口辐通量对入射光辐通量有衰减，因此积分球也可以作为光能衰减器。

（3）积分球可以用于探测器响应比对测量的封闭器具，也可作为弱光测量的聚光器。

（4）积分球可以很好地解决光辐射测量的均匀性问题。置于积分球内的被测样品的测量光束是均匀的，避免了测量光束不均匀产生的误差；安装在积分球内的探测器，也可以消除由于测量光束不均匀造成的响应不均匀误差。

（5）积分球是理想的消偏振部件，可以避免探测器响应受入射光偏振影响。

（6）使用积分球测量辐通量。光辐射探测器可以测量辐照度，将其放入积分球内某一表面时，其输出信号值即可表示入射到积分球内的辐通量值。如果光源在球内，则该信号值表示此光源在 4π 立体角内的总辐通量。如将探测器进行标定，则可测试积分球辐射源的绝对辐通量。

五、积分球的设计与应用中需考虑的几个问题

（1）球内的屏蔽物。

球内有屏蔽物（如在光源旁）时，积分球实际工作状况会偏离理想球。增大球的尺寸，相对可以减少屏蔽物的影响。屏蔽物应当涂上与积分球内表面相同的涂层材料。如果球内

有吸收光的表面，则应当满足：

$$\frac{\text{积分球内表面积}}{\text{吸收光的表面积}} > \frac{\text{吸收光的表面的吸收比}}{\text{积分球涂料的吸收比}} \times 100$$

（2）涂层。

涂层的光谱反射比值对积分球出射光的光谱特性有很大影响，积分球的光谱辐照度应为：

$$E_{\Sigma}(\lambda) = \frac{\varphi(\lambda)}{4\pi R^2} \frac{\rho(\lambda)}{1 - \rho(\lambda)} \tag{2.107}$$

$E_{\Sigma}(\lambda)$对反射比 $\rho(\lambda)$ 求偏导数：

$$\frac{\partial E_{\Sigma}(\lambda)}{\partial \rho(\lambda)} = \frac{1}{[1 - \rho(\lambda)]^2} \tag{2.108}$$

设 $\rho(\lambda)=0.98$，则 $\dfrac{\partial E_{\Sigma}(\lambda)}{\partial \rho(\lambda)} = 2500$，说明涂层材料光谱反射比的少量变化，就会引起出射辐照度相当大的变化，因此应当选用光谱反射比变化较小且朗伯漫射特性好的材料作为涂层。常用的有硫酸钡、氧化镁、海伦（聚四氟乙烯）等，它们的光谱反射比变化在可见 - 近红外区相当小，漫射特性在入射角小于 60° 时也很好，反射比高达 0.98 以上。当积分球工作在中远红外谱段时，将硫酸钡等作为涂层材料就较差了，因为它们在波长大于 2.5μm 时反射比下降很快。硫是一种较理想的红外漫射材料，它在 3 ~ 12μm 谱段的平均反射比高达 0.94，只是在 11.8μm 处有一个吸收带，它的朗伯漫射特性和硫酸钡等相近。

（3）出射窗。

如果有出射窗，应当选用无选择性吸收的透明材料。窗的位置不在球表面时，一部分球面积的光将不能进入出射窗。出射窗的尺寸和积分球的尺寸应当有一定的比例，否则由于实际积分球工作特性的非理想性，出射窗处的辐照度并非完全均匀的。经验表明，如果要保证出射窗辐照度均匀度在 1% 左右，则出射窗的直径最好不大于积分球直径的 1/10。

六、利用积分球的专用辐射源

1. 太阳模拟器

利用积分球的专用辐射源，可以用在 250 ~ 2500nm 的波长范围内、更宽量程的辐亮度和光亮度级，而且具有恒定的色温。积分球出口处辐射出均匀的高漫射通量。根据 NIST 光谱辐射度标准，可以标定衰减倍数并进行光谱测量。这种源的一个重要特点是，仅衰减而不改变灯 - 积分球组合体的相对光谱分布。

遥感相机定标时需要太阳光谱光源，而实验室定标使用的一般人工光源的色温都较低，积分球辐射源可以通过光源组合很好地解决这个问题。美国的蓝菲光学（Labsphere）公司生产的太阳模拟器（Solar Simulator）系列产品就是这种专用积分球辐射源。积分球的光源有短波辐射强的氙灯（Xenon Lamp）和离子灯，以及长波辐射强的卤钨灯（Tungsten-Halogen Lamp）。积分球组合光源可以按照需要的光谱分布与强度，通过调整各个光源的强度并合成来实现。图 2.51 表示使用卤钨灯和氙灯的太阳模拟器光谱，其光谱分布和强度可以达到太阳辐射地物或星体反射的水平。

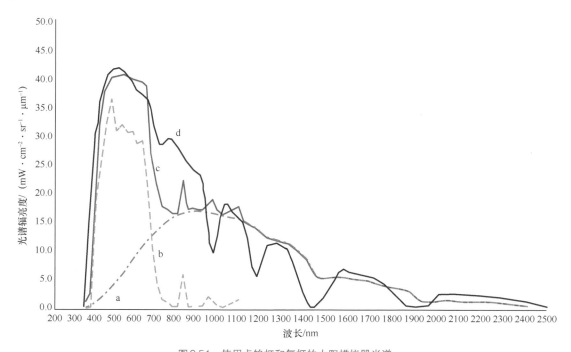

图2.51　使用卤钨灯和氙灯的太阳模拟器光谱

a——卤钨灯光谱；b——氙灯光谱；c——太阳模拟器合成光谱；d——星体反照率 Albedo 光谱

　　蓝菲光学公司出品的 USS7600 是一种太阳模拟器，积分球球径为 2m，其出口直径为 1m。光源有 10 个卤钨灯、8 个氙灯。合成光谱范围为 350 ~ 2500nm，输出辐射的最大辐亮度可以达到 342W·m^{-2}·sr^{-1}，合成光谱的色温可以达到 6000K。出口辐亮度的面均匀度达到 98%，角度均匀度在 ±30° 范围内达到 98%。图 2.52 所示是 USS7600 太阳模拟器。

　　另一种典型的积分球标定源，由 6in（1in = 2.54cm）积分球和一个 45W 卤钨灯组成。通常，精密的光阑转轮放在灯和积分球入口之间。辐通量进入积分球以后，衰减到原来的 1/10，可以得到 10^{-13} ~ 10^{-7}W·sr^{-1}·cm^{-2}·nm^{-1} 的辐亮度和 10^{-15} ~ 10^{-9}W·cm^{-2}·nm^{-1} 的辐照度。

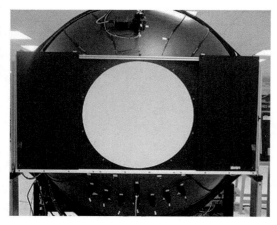

图2.52　USS7600 太阳模拟器

2. LED 与卤钨灯复合的可调光谱积分球光源

　　在空间对地观测、环境监测等领域，可见光 - 短波红外波段（350 ~ 2500nm，或称太阳反射波段）是最重要的工作波段之一。这一波段光电探测器的实验室辐射定标多采用内置卤钨灯的积分球作为定标参考光源，卤钨灯的典型色温约为 2900 K。在野外、卫星等实际工作平台上，光学遥感器观测到的目标是反射的、与太阳色温（约 5900K）接近的辐射，与定标参考光源的光谱存在明显的差异。定标参考光源与目标辐射光源的光谱差异可能导致定标结果本身包含由光谱不匹配所引入的不确定度。遥感器的带宽越宽，测量值和真实值之间的相对误差越大。对于窄带的遥感器，光谱不匹配导致的相对误差对测量精度的影响相对较小，但对于宽带的遥感器，这一影响难以忽略。如太阳光谱与卤钨灯光谱在400nm 谱段、300nm 谱宽时，积分辐亮度值相差 7.9%。

中科院安徽光机所研发了 LED 与卤钨灯复合的参考光源，这是一种新型的可调光谱参考光源，如图 2.53 所示。

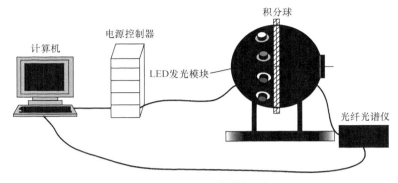

图2.53　新型的可调光谱参考光源

积分球中安装了多个 LED 发光模块，每一个 LED 发光模块分别安装了 36 个不同中心波长的 LED。这些 LED 由计算机控制的 72 通道的电源控制器驱动，电源控制器可以精确地控制每一个通道上的 LED 驱动电流，以精细调节 LED 的发光强度。采用光谱辐射计实时地监测积分球输出的辐射能量及光谱分布，反馈到计算机中并记录下来，计算机计算光谱和目标光谱的差异，并将差异换算为不同种类 LED 的驱动电流，通过电源控制器调节各通道上的电流，这样就可以得到与预设目标光谱尽可能接近的光谱曲线。作为示例，图 2.54 所示是利用可调光谱参考光源模拟的我国遥感卫星辐射校正场敦煌实验场地的反射光谱。模拟光谱与实测光谱之间存在部分细节差异，是由于 LED 的种类尚不够丰富，在增加器件种类后，有望实现光谱模拟程度的进一步提高。

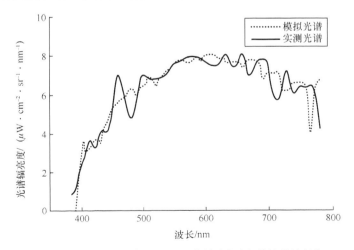

图2.54　利用可调光谱参考光源模拟敦煌实验场地的反射光谱

这种光源的最大优点就是很好地缩小了定标光源与遥感器探测目标光源的差异，可以提高定标的精度。

中科院安徽光机所研制的另一个新型光源是宽调谐单色面光源，它将高功率、单色、波长可精细调谐的光源引入积分球，成为遥感器光谱定标专用的大面积均匀光源。这种定标光源可以选用带宽极窄、可以精细调谐的单色光源，更容易测量光谱响应度的细节，适于定标高光谱探测器，并且具有较高的辐通量和较低的杂散光，辐射定标的动态值可达 10^9，相对于普通光源提高了 3 个数量级。

2.4.2　漫射白板

漫射白板是用漫射材料制作的、具有理想朗伯漫射特性的平板，在辐射测量中常用作反射测量的标准样品。制作漫射白板的材料有氧化镁、硫酸钡、聚四氟乙烯等，它们具有良好的朗伯漫射特性，反射比接近于 1，在可见光至近红外谱段的光谱反射比曲线比较平坦。氧化镁具有理想的漫射特性，但是其化学稳定性差，因此目前应用较少。硫酸钡应用比较广泛，化学稳定性较好。可以将硫酸钡粉剂压制成块，也可将粉剂加粘合剂配制成糊状，喷涂在金属表面，但硫酸钡不能用水洗。聚四氟乙烯是近年采用较多的理想漫射材料。它可以压制成块，或加粘合剂制成半糊状，喷涂在金属表面上。由于它是半透明的，粉剂压块的厚度不能太小，一般应不小于 1cm。它的最大优点是性能稳定，易于清洁，可以用水洗，甚至可以用细砂纸水磨去一层表面。

漫射白板经过计量部门测试反射比值 $\rho(0,d)$（0° 入射、漫射接收）及定向反射因数 $R(0,\theta')$（0° 入射、θ' 角度接收）数据后，可以当作标准反射板，用于比对测量。

2.4.3　照度计

照度计是用来测量辐射源总辐射值的仪器，图 2.55 所示是其原理。

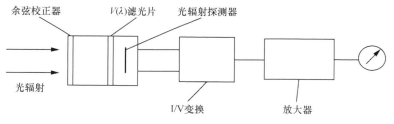

图 2.55　照度计原理

余弦校正器的作用是使光度计对光辐射的测量结果尽量满足余弦定律。余弦校正器通常用乳白玻璃制成，有平面形和截球形。图 2.56 为平面形和截球形余弦校正器的结构示意。表 2.12 所示为两种余弦校正器的校正效果值。

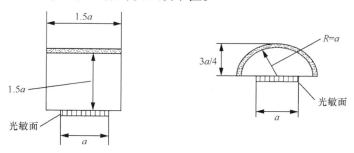

图 2.56　平面形和截球形余弦校正器结构示意

表 2.12 两种余弦校正器的校正效果值

形状	光入射角度			
	0°	30°	60°	80°
平面形	0	−1%	−3%	−10%
截球形	0	−2%	+4%	−20%

普通照度计的探测器采用硅光电器件，弱光照度计的探测器多采用光电倍增管。应用在其他光辐射领域的照度计，称为辐照度计，简称辐照计。辐照计与光照度计的主要差别在于光谱响应度不同，在结构上选用的探测器和滤光片不同。重要的辐照计有热辐射计、日光辐照计、蓝光辐照计、紫外辐照计等。辐照计的定标单位通常为 W/m^2 或 mW/cm^2。

热辐射计一般用热电堆作为探测器，因为它对较广波长范围的灵敏度都相同，所以可用它测量辐射源的总辐射值。

日光辐射计用于测量日光辐通量。由于 70% 以上的日光辐射都集中在 400 ~ 1100nm 波段内，所以要求探测器在这一波段具有平坦的响应。近代已有用硅光电器件加展平滤光片作为探测器的日光辐照计，为把光谱响应展平，可以加上吸收率与硅电池光谱响应相抵偿的滤光片。这种应用于工程的日光辐射计在稳定性、重复性、测量速度及测量结果的处理等方面都具有明显的优越性，它的缺点是大部分紫外和中远红外辐射被忽略掉了，尽管它们在总辐射量中所占比例不大。

蓝光辐照计用于测量 450nm 波长附近的光辐射量，测量波段大致在 400 ~ 500nm。它主要应用于新生儿黄疸光疗光剂量的测量。

紫外辐照计在光化学、医疗消毒、电子工业等紫外光源测量中都有广泛应用。按照测量光辐射波长范围的不同，又分为 A 波段、B 波段、C 波段紫外辐照计。

2.4.4 太阳辐射计

太阳辐射计是用来测量太阳辐射光谱特性的仪器，可用于同时测量不同波长的太阳直接辐射、天空散射辐射、地面反射辐射或太阳总辐射等辐射量。其中，通过测量太阳直接辐射，可得到各个波长的大气光学厚度，并由它计算出大气浑浊度；通过测量太阳直接辐射和天空散射辐射的光谱特性，则可以较好地了解大气中气溶胶粒子的平均尺寸谱，从而计算出水汽、臭氧以及氮氧化物等污染气体分子在整个大气层中的总含量，反演出气溶胶粒子谱和光学特性等参数。因此太阳辐射计是大气光学、气象研究和空气污染监测领域中应用广泛的仪器。

太阳辐射计基本由三大部分组成：接收太阳辐射的光学系统、辐射探测系统、数据处理系统。

接收太阳辐射的光学系统主要由石英窗、场阑、成像镜组、孔径光阑、干涉滤光片组成。当光学系统没有滤光片时，太阳辐射计将测量太阳总辐射。干涉滤光片插入光学系统可以限制测量的谱段范围，可设计将多个干涉滤光片安装在旋转盘上供选择。各种不同的太阳辐射计有 5 ~ 16 个谱段。世界气象组织规定了太阳辐射计 8 个光学通道的中心波长，即 340nm、380nm、440nm、500nm、675nm、870nm、936nm 和 1020nm，规定视场角为 2.5°。

　　辐射探测系统包括探测器和信号输出的电子电路。各种太阳辐射计使用不同的探测器，有光电二极管、光电倍增管、硅太阳电池、光伏探测器、热电堆探测器等。电子电路对探测器产生的光电流进行放大，并使对应每个波长的模拟输出信号与入射光谱辐照度成正比，然后经过 A/D 转换得到各通道的数据，并存储在仪器内部的存储器中。

　　数据处理系统的主要功能是利用已存储在仪器中的算法计算出最终结果，或将数据传输到计算机上，使用专门设计的软件进行处理，得到所需数据结果，如太阳辐射值、大气光学厚度、大气浑浊度等，并将它们显示、归档。

　　各种太阳辐射计的工作温度有所不同，需要根据相应的要求设计温度控制系统。

　　有些太阳辐射计除以上几个基本组成部分外，还设计了如下所示的其他辅助机构，提高了系统的整体性能。

　　（1）自动太阳跟踪装置：大多数太阳辐射计是使用 4 象限探测器来自动跟踪太阳的，有些仪器通过手动输入或附带的 GPS 得到时间、地理位置等数据，先计算出太阳的大概方位，然后再利用机械跟踪装置准确定位。

　　（2）GPS 接收器：SIMBIOS 太阳辐射计库中的 Micro Tops II 附有自动现场操作的 Garmin GPS 接收器，可以获取决定太阳天顶角的时间和位置信息，而 SIMBAD 附带的 GPS 除了可以自动获得测量时的地理信息外，还能获取压力、温度和视角等数据。因此，使用 GPS 仪器有助于提高仪器测量的准确度和精度，也为测量提供了方便。（谢伟）

　　太阳辐射计定标最常用也最准确的方法之一是兰利（Langley）法。按照朗伯比尔（Lambert Bear）定律，地球表面上波长为 λ 的直接太阳辐射 I_λ 可以写作：

$$I_\lambda = I_{0\lambda}\exp(-\tau_\lambda m) \tag{2.109}$$

其中 $I_{0\lambda}$ 是在大气层外波长为 λ 的太阳辐射强度，τ_λ 是波长为 λ 的光学厚度，m 是大气光学质量。由式（2.109）可以看出，只要 τ_λ 不变化，也就是大气保持稳定，I_λ 与 m 就有确定的关系：

$$\ln I_\lambda = \ln I_{0\lambda} - \tau_\lambda m \tag{2.110}$$

　　即 $\ln I_\lambda$ 与 m 有线性关系。此直线的截距正比于太阳常数，直线的斜率就是大气的光学厚度。实际校准太阳辐射计时，直线的截距由太阳常数和仪器常数决定，由此可定出仪器常数来。因此我们应该选一个特别好的无云晴天，不能有大气污染，特别是在日出或日落的一两小时内大气比较稳定，要能够测到大气质量 2~6 变化的直接太阳辐射数据。这样的标定条件可能不多，因此到高山或人迹罕见的干燥地区去完成仪器标定，也是一种可行的办法，例如选择在黄山光明顶进行这个测试。

　　太阳辐射计直射通道绝对辐照度响应度的定标溯源于高海拔点定标的结果。高海拔点定标初级参考太阳辐射计采用兰利法，在假设大气稳定的前提下，获得大气外界太阳辐射计响应常数 V_0，定标的重复度优于 1%。由于兰利法的测量对于高海拔点的海拔、日照、大气、气象条件有严苛要求，世界范围内也仅有少数地点符合初级参考太阳辐射计的定标要求，而国内无此类高海拔定标点。经过定标的初级参考太阳辐射计采用交叉比对的方法将标准传递到用户太阳辐射计，其定标精度随着传递链路的延长而逐渐降低。NASA 的戈达德航天飞行中心作为交叉比对的站点，其用户辐射计定标的不确定度约为 2%。因此由于兰利法定标的限制，发展实验室定标方法取代目前的高山兰利法成为重要的发展方向，并且有望获得更高的定标精度。

利用实验室标准定标太阳辐射计很有意义，不仅可以独立地评估仪器的稳定性，还可以评价大气外太阳辐照度测量的不确定度和有效性。同时对参考太阳辐射计进行详细表征和定标，可以提供更多的比对数据，可以量化其他误差源，比如辐射响应对温度的依赖性（外场应用中环境温度变化比较大）。

太阳辐射计实验室定标系统主要由定标光源和传递标准组成。定标系统对定标光源的要求，应满足被定标的太阳辐射计的成像关系和动态范围，即保证视场和孔径的匹配以及辐射能量的范围。定标系统对传递标准的要求是定标精度高、操作方便，且满足测量中光学匹配和辐射量动态范围的要求。不同的传递标准将有不同的传递链，具有不同的定标精度。

对于使用棱镜分光的太阳光谱辐照度仪和具有滤光片的太阳辐射计的光谱辐射度定标，定标光源采用灯单色仪系统时，光源的辐射量比较低。定标光源采用可调谐激光器非常方便，具有光谱辐通量高、波长准确性好、光谱带宽窄和波长可调谐等优点。激光可以引入积分球，形成均匀光源，但是积分球出射的辐射量比起光源辐射量将大幅度下降。采用激光点阵扫描作为定标光源，可以获得大功率的辐射光。

太阳辐射计实验室定标系统的传递标准，可以使用溯源于高精度低温绝对辐射计的标准陷阱探测器，也可以使用光谱辐射计。光谱辐射计的校准精度低于标准陷阱探测器。

不同的定标系统的传递链将有不同的定标精度。下面是几个太阳辐射计实验室定标的实例。

徐文斌介绍了将可调谐激光器作为光源，将溯源于低温绝对辐射计的标准传递探测器作为激光束功率测量探测器，采用激光点阵扫描方式在太阳辐射计有效孔径光阑面形成均匀照度场，精确测量太阳辐射计无偏直射通道 870nm 中心波长处的绝对辐照度响应度。利用灯单色仪系统扫描获得该通道相对光谱辐照度响应度，联合大气层外太阳照度谱数据，通道内积分得到该通道大气层外响应常数 V_0 值。实验结果与 NASA 的戈达德太空飞行中心（Goddard Flight Center，GSFC）2009 年定标结果的差异仅为 3.75%，定标不确定度达到 2.06%。

徐秋云介绍了利用自行研制的光谱辐亮度响应度定标系统对 CIMEL CE318 的天空散射通道进行绝对定标。定标系统由定标光源和传递标准组成。定标光源是外部导入可调谐激光的积分球光源，这种新型光源相对传统的内置灯积分球光源，具有光谱辐通量高、波长准确性好、光谱带宽窄和波长可调谐等优点。标准辐亮度探测器由硅陷阱探测器和精密光阑组成，其中硅陷阱探测器的光谱辐通量响应度溯源于初级辐射标准低温辐射计。标准传递链较短是本系统定标精度高的重要原因。定标结果对于无偏 675nm、870nm 和 1020nm 及 3 个偏振 870 nm 通道，合成标准不确定度优于 1%。对于同一台太阳辐射计，定标系数与 NASA 的相对偏差在 ±1.4% 以内，说明了定标结果的可靠性。

张艳娜介绍了对使用棱镜分光的太阳光谱辐照度仪，建立了可调谐激光器 - 积分球的辐照度定标装置，将溯源于低温绝对辐射计的标准辐照度探测器作为传递基准，通过替代法得到照度仪在可见 - 近红外 10 个波段的绝对光谱辐照度响应度，得到的合成定标不确定度优于 0.95%。与标准灯定标法进行比对实验，二者的偏差为 4.67%。

罗军介绍了利用光谱辐射计传递实现太阳辐射计实验室定标的方法，这种方法能够比较精确地对太阳辐射计进行有效的定标，得到精确的响应度比例系数，同时定标原理简单，定标方法十分方便，便于在实验室中进行。

首先利用标准灯对光谱辐射计进行定标，通过计算求得光谱辐射计输入和输出的响应度系数，将光谱辐射计作为传递仪器；然后分别用太阳辐射计和光谱辐射计对积分球进行测量，用光谱辐射计的输出值和响应度系数计算出积分球的理论辐亮度值。这个值可以近似地看作积分球的标准值，与太阳辐射计所测得的值相比就可以得出它的响应度系数。本次定标结果与法国的定标结果进行了对比。从对比结果看出，利用野外光谱辐射计传递来实现太阳辐射计绝对辐射的定标结果和法国的定标结果比较接近，在精度上可以满足实际测量的要求。其效果还是很理想的。

王先华介绍了对太阳辐射计 CE318 建立直射通道定标与漫射通道定标系统。直射通道定标于 2006 年 11 月 4 日在黄山光明顶进行，利用兰利法进行测量。漫射通道定标于 2005 年、2006 年在实验室内进行，光源采用积分球大面积均匀面光源，用辐射计传递以得到积分球系统的标准辐亮度值。定标结果与 2005 年 10 月 18 日在法国里尔科技大学进行的定标结果比对，误差均在 5% 以内。此太阳辐射计辐射定标系统，在功能上可以满足太阳辐射计全面辐射定标的需求。在精度上，根据与法国里尔科技大学定标结果的比对，其偏差水平能够达到气溶胶测量网（Aerosol Robotic Network，AERONET）对太阳辐射计定标精度的要求。

1989 年，中科院安徽光机所研制成国内第一台具有自动跟踪和分光功能的便携多功能太阳辐射计。

对多功能太阳辐射计的基本要求是在测量直接辐射时应有较高的精度，而在测量散射辐射时要有足够的灵敏度和很少的杂散光干扰。要在一个系统上实现这两种功能是有一定困难的，必须具备 3 个数量级以上的动态范围和极少的系统噪声。本仪器的设计特点是其不仅能测量太阳直接辐射的光谱特性，还能测量太阳散射（日晕）辐射特性，采用程控变增益放大器达到 4 个数量级的动态范围，接收强 / 弱信号可有相同量化精度。仪器在微机控制下，能自动对准和跟踪太阳，完成转换滤光片、调整增益、定时采集和存储数据等全部测量工作。

DTF-1 型多功能太阳辐射计主要由以下部件组成。

- 跟踪系统：包括跟踪台，其上装有跟踪准直镜筒（采用小孔成像系统）。当准直镜筒对准太阳中心时，其后的四象限元件的 4 个输出信号恰好相等，如有偏离则 4 个信号发生变化。利用微机来处理误差信号，并驱动步进电机，转动准直镜筒，直到对准太阳中心，便实现了自动跟踪，跟踪精度为 1.5′。
- 步进电机驱动电源：它可供 3 台电机同时使用。
- 辐射探测系统：包括接收准直镜筒及限光光阑、汇聚透镜、可安放 8 块滤光片的转盘、滤光片转盘驱动电机、恒温室、光伏探测元件、前置放大器等。分光系统采用 8 块干涉滤光片，波长范围为 400 ~ 1100nm，可根据测量目的选定。探测元件用 HUV-1100BQ，其响应波长为 200 ~ 1150nm。辐射接收视场角为 1°。
- 微机系统：控制仪器的全部测量与数据处理工作。
- 电子单元：包括程控变增益放大器、四象限信号放大器及其他接口电路。
- 温度控制器：用来控制探测元件室的温度，使其保持在 (40 ± 1)℃ 范围内，以增强仪器的长期温度稳定性。

2.4.5 单色仪

单色仪是用来将光源发出的光辐射分解成单色辐射的仪器。单色仪的色散元件有棱镜和光栅两种。现在应用较多的是光栅单色仪，它以衍射光栅为色散元件。图 2.57 是平面反射光栅的色散原理。

光线 1、2 平行地以入射角 θ 照射到光栅上，对于某一衍射角 φ 的衍射光线 1′、2′ 来说，它们之间有一个光程差 Δ：

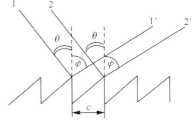

$$\Delta = c(\sin\theta - \sin\varphi) \qquad (2.111)$$

其中 c 为光栅两划痕之间的距离，称为光栅常数。

图 2.57 平面反射光栅的色散原理

由物理光学可知，当光程差为波长的整数倍时，这两束光干涉得到一个极大值，即当 $\Delta = \pm k\lambda$ 时为极大值，其中 $k = 0,1,2\cdots$。则式（2.11）可写为：

$$\Delta = c(\sin\theta - \sin\varphi) = \pm k\lambda \qquad (2.112)$$

式（2.112）即为描述平面反射光栅的基本公式，称为光栅方程，k 称为光谱级数。对于某一确定的光栅，c 是常数。由式（2.112）可看出，当光线以某一固定的入射角射到光栅上后，在某一个光谱级中，波长越长，对应的衍射角 φ 越大，因此不同波长的光就被分开了。当 $k = 0$ 时，$\varphi_0 = \theta$，即 0 级光谱的衍射角 φ_0 与入射角相等，这时平面光栅相当于一块平面镜。而且在 0 级光谱中，不管波长 λ 是多少，φ_0 都相同，即所有波长的衍射光都重叠在一起，没有色散作用了。在近紫外至可见光谱区，一般都利用 1 级光谱，即 $k = 1$。由式（2.112）可看出，对于 $k=1,2,3$ 等情况，有：

$$c(\sin\theta + \sin\varphi) = 1 \times \lambda = 2 \times \lambda / 2 = 3 \times \lambda / 3 \cdots$$

即波长等于 λ 的 1 级光谱的衍射角与波长为 $\lambda/2$ 的 2 级光谱及波长为 $\lambda/3$ 的 3 级光谱的衍射角是相同的，在同一个衍射角度上出现了多级光谱的重叠。这种级次重叠是光栅色散所特有的问题。所以在光栅单色仪中，为了在一个衍射角度上获得唯一的、一种波长的单色光，需要采取一些消除级次重叠的措施。常用的方法是在光路中插入适当的前截止滤光片。光栅中光谱不重叠的区域称自由光谱范围。由 $m(\lambda + \Delta\lambda) = (m+1)\lambda$，则 $\Delta\lambda m = \lambda$，即自由光谱范围：

$$\Delta\lambda = \frac{\lambda}{m} \qquad (2.113)$$

例如：$m = 1$，当 $\lambda = 0.7\mu m$ 时，自由光谱范围 $\Delta\lambda = 0.7\mu m$。

为了消除光谱级之间的重叠，常常使用分级元件，如滤光片、附加棱镜等。如 $m = 1$，$\lambda = 0.4\mu m$，只有 $0.4 \sim 0.8\mu m$ 为自由光谱范围，在 $0.8 \sim 1.1\mu m$ 范围就会出现一、二级光谱重叠的现象。为此，测量时先在光路中插入以 $0.4\mu m$ 为截止波长的长波透射滤光片，转动光栅时在出射狭缝处可得到明亮的 $0.4 \sim 0.75\mu m$ 的单色光。这时再将 $0.4\mu m$ 的滤光片更换为 $0.7\mu m$ 的长波透射滤光片，此时单色仪的自由光谱范围为 $0.75 \sim 1.4\mu m$，转动光栅时，在出射狭缝处得到 $0.75 \sim 1.1\mu m$ 的单色光。

图 2.58 表示加入滤光片后 1～3 级光谱的相对位置。

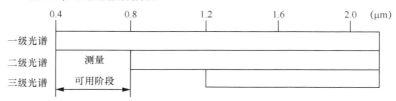

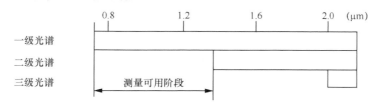

图2.58 加入滤光片后1～3级光谱的相对位置

将式（2.112）对波长 λ 微分可得：

$$\frac{\mathrm{d}\varphi}{\mathrm{d}\lambda} = \frac{k}{c \cdot \cos\varphi} \tag{2.114}$$

这是光栅角色散率的公式。可看出，当采取较小的衍射角 φ 的时候，$\cos\varphi \approx 1$，而角色散率为：

$$\frac{\mathrm{d}\varphi}{\mathrm{d}\lambda} = \frac{k}{c} \tag{2.115}$$

即角色散率与波长无关，这是光栅作为色散元件的突出优点。衍射角与波长成线性关系，这将给光栅使用和波长校准带来很大方便。

从式（2.115）可见，k 越大，$\dfrac{\mathrm{d}\varphi}{\mathrm{d}\lambda}$ 也越大，因此为了得到较大的角色散率，需使用较高级次的光谱。式（2.115）中 $\dfrac{\mathrm{d}\varphi}{\mathrm{d}\lambda}$ 与 c 成反比，即光栅常数越小，角色散率越大，为了得到足够大的角色散率，在可见光谱区一般都采用每毫米 600～1200 条刻线的光栅。用凹面反射镜做准直镜的单色仪，可以通过更换光栅来改变工作波长范围。紫外和可见光谱区一般用每毫米 600、1200、2400 条刻线的光栅；波长小于 3μm 的近红外区可用每毫米 200、300、400 条刻线的光栅；5～25μm 的红外区可用每毫米 30、50、100 条刻线的粗光栅。

线色散 $\dfrac{\mathrm{d}l}{\mathrm{d}\lambda}$ 表示在出射狭缝平面（焦平面）上相邻波长分开的程度：

$$\frac{\mathrm{d}l}{\mathrm{d}\lambda} = f\frac{\mathrm{d}\varphi}{\mathrm{d}\lambda} = \frac{kf}{c \cdot \cos\varphi} \tag{2.116}$$

式中，f——第二物镜的焦距。

理论分析证明，光栅的理论分辨率 R 与光栅的刻线总数 N 成正比，即：

$$R = \frac{\lambda}{\mathrm{d}\lambda} = kN$$

对于光栅常数 c 相等的光栅，较大的光栅具有较高的分辨率。一般光栅中使用的光谱级数为 1~3 级，而光栅缝数 N 是一个很大的数值，所以光栅可以得到很高的分辨本领。例如，每毫米 1200 条缝的光栅，如果光栅宽度为 60mm，则在它产生的 1 级光谱中，分辨率 $R = mN = 1 \times 60 \times 1200 = 72000$，对于 $\lambda = 600$nm 的红光，它能分辨的最靠近的两谱线的波长差 $\delta\lambda = 600/72000 \approx 0.008$nm。

对于实际的单色仪，由于存在像差，其实际的分辨率都比理论分辨率低。

光栅单色仪的主要组成部分有光源、滤光片、入射狭缝、聚光镜、凹面镜组成的准直镜、旋转光栅、出射狭缝。为了改善像质，高级的单色仪采用离轴抛物面镜作准直镜。图 2.59 为光栅单色仪的光路。

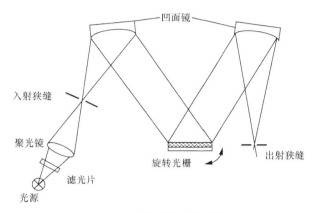

图 2.59　光栅单色仪的光路

在光辐射测量中使用单色仪应考虑以下问题。

（1）入射像的弯曲。

由于入射狭缝有一定的长度，缝边缘的入射光线相对中央主光线来说，相当于入射角增大了，入射狭缝在出射狭缝处的像会发生弯曲。如果出射狭缝与入射狭缝等宽，则出射狭缝上的光谱辐亮度就不均匀了。当要求出射狭缝光谱辐亮度均匀时，出射狭缝需比入射狭缝窄，挡掉光不均匀的部分。

（2）杂散光的影响。

单色仪内部的反射、元件表面灰尘等造成的杂散光散射到出射狭缝上，会形成出射的杂散光谱。

使用双单色仪可以很好地解决这个问题。双单色仪是由两个单色仪串接组成的。第一个单色仪的出射狭缝就是第二个单色仪的入射狭缝，这样，散射到第一个单色仪出射狭缝的非工作波长的光能在经过第二个单色仪时，被色散元件偏向到第二个单色仪出射狭缝以外的位置上，因而提高了出射光谱的纯度。使用相同系统的双单色仪，其光谱分辨率可以提高一倍。只是光能经过两个单色仪后，损失增大了，所以使用时光能应足够强。

（3）波长的标定。

单色仪经过一段时间的使用，由于温度的影响、内部结构的松动等因素，其输出波长值会有变化，因此定期进行波长标定是必要的。

可见、红外单色仪波长标定，常将已知波长的线光谱灯或一些吸收谱线作为标定源，如汞灯、氦灯、镉灯、钠灯。在近红外、中红外、远红外区，可以用氧化钬等玻璃、聚乙烯、大气水汽、二氧化碳等的吸收光谱线作为标定波长。近代，随着激光技术的快速发展，已有较多的应用激光光源被用作标定光源。

在单色仪标定可见光谱段的波长时，由于一般谱线强度高，狭缝应尽可能窄（例如0.1mm）；而标定红外谱段波长时，其谱线不可见，需用红外探测器接收。波长标定时，可以采取在中心波长前、后某一范围内逐步扫描，探测输出最大值的方法，以确定中心波长的位置。一般红外光源强度不高，标定时狭缝需开得较宽（如 1mm）。

（4）温度对测量的影响。

温度变化会使材料折射率发生变化，因此仪器的工作环境温度变化量应控制在 ±1℃以内。尤其是红外棱镜单色仪，其分光棱镜散射小，光谱分辨率低，温度变化引起的波长标定误差就更大。

2.4.6 光谱辐射度计

光谱辐射度计主要用于测量光源的光谱辐射，其结构主要由导光装置、单色仪和探测器组成。导光装置的功能是引入被测光源，结构形式有成像镜、光纤、反射镜。单色仪是分光结构，有狭缝、光栅、聚光镜等。探测器根据工作谱段的不同，将有不同的选择。例如工作谱段为 380~850nm 的弱光探测，采用光电倍增管；工作谱段为 380~1100nm 时，采用CCD 硅探测器；工作谱段为 800~2500nm 时，采用硫化铅探测器。

光谱辐射度计按照分光采集的不同形式，可分为光栅扫描型和列阵探测型。光栅扫描型受光栅扫描速度的限制，测量一条光谱曲线需 1min 以上的时间。列阵探测型的接收元件采用列阵探测器，测量速度快，可以在几十 ns 内获得整个波段的光谱数据，且集成化程度高，易制成手持式的轻便仪器，适合在野外使用。

中科院长春光机所、中科院安徽光机所都研制生产了不同型号的光谱辐射度计。美国ASD（Analytical Spectral Devices）公司生产光谱辐射度计的系列产品。例如，FieldSpec Pro VNIR 是一种便携式光谱辐射度计，工作谱段为 350~1050nm，光谱分辨率在 700nm波长处为 3nm，光谱采样间隔为 1.4nm，波长重复精度为 ±0.3nm，前置物镜可选用1°、3°、10° 视场角的镜头，手持探头与主机的连接光纤长 1.5m，采集积分时间为17×10^{n}ms（用户可按需选择 $n = 0,1,2,\cdots,15$，最小的积分时间为 17ms）。FieldSpec 3 Unit 16390 也是便携式光谱辐射度计，全工作谱段为 350~2500nm。FieldSpec 3 有 3 个探测器，分别工作在 350~1000nm、1000~1820nm、1820~2500nm 谱段，其主要技术指标如表 2.13 所示。

表 2.13　FieldSpec 3 Unit 16390 主要技术指标

主要技术指标	指标值
光谱范围	350~2500nm
光谱分辨率	3nm（在 700nm 波长处）
	10nm（在 1400nm 波长处）
	10nm（在 2100nm 波长处）
扫描时间	100ms

主要技术指标	指标值
采样间隔	1.4nm（在 350 ~ 1000nm 工作谱段中）
	2nm（在 1000 ~ 2500nm 工作谱段中）
波长精确度	± 1nm
等效噪声辐射	1.1×10^{-9} W · cm^{-2} · sr^{-1} · nm^{-1}（在 700nm 波长处）
	2.4×10^{-9} W · cm^{-2} · sr^{-1} · nm^{-1}（在 1400nm 波长处）
	4.7×10^{-9} W · cm^{-2} · sr^{-1} · nm^{-1}（在 2100nm 波长处）

图 2.60 所示是光谱辐射度计 FieldSpec 3 Unit 16390。

光谱辐射度计主要测试的辐射量是光谱辐亮度，其标准的传递主要有两种方法，即采用标准灯、漫射板的灯板测量法，以及与标准探测器进行比对测量的方法。

灯板测量法借助辐照度标准灯和标准漫射白板传递辐亮度的标准值，其光路如图 2.61 所示。

图2.60　光谱辐射度计
FieldSpec 3 Unit 16390

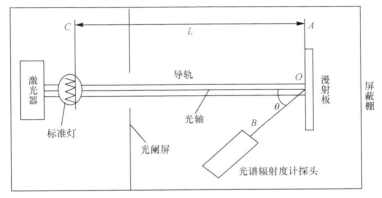

图2.61　灯板测量系统

灯板测量系统应处于屏蔽棚内，棚的长、宽、高需足够大，且屏蔽棚材料应对光源工作波长具有很低的反射率，尽量减小材料反射产生的杂散光。光阑屏左侧为光源区，右侧为测量接收区。借助经过国家计量标准传递的辐照度标准灯，可得到 L 距离处平面上的标准辐照度值，借助经过传递测试的漫射板，可得到方向半球反射比和 45° 定向反射因子。漫射的辐亮度为 $L(\lambda)$（单位为 W · m^{-2} · sr^{-2} · nm^{-2}）：

$$L(\lambda) = \frac{E(\lambda) \cdot \rho(\lambda)}{\pi} \cdot \frac{r_1^2}{r^2} \qquad (2.117)$$

式中，$E(\lambda)$——标准灯光谱辐照度值（单位为 W · m^{-2} · nm^{-1}）；r_1——标准灯传递定标距离；r——标准灯使用时的实际摆放距离，为简化计算，可取 $r = r_1$；$\rho(\lambda)$——标准漫射板的光谱漫射比。

光谱辐射度计的探头光轴与灯光在漫射板的垂直入射方向成 45°，式（2.117）中的 $\rho(\lambda)$ 应为：

$$\rho(\lambda) = \rho_{(0/d,\lambda)} \cdot R_a \tag{2.118}$$

式中，$\rho_{(0/d,\lambda)}$——0/d 条件下漫射的方向半球反射比。R_a——漫射板在 45°方向的反射因子。（注：0/d 为垂直入射、漫射。）

在 350~2500nm 谱段，灯板测量系统传递的光谱辐亮度值的不确定度约为 4.5%。

溯源于低温辐射计的多波段辐亮度陷阱探测器的定标精度很高，可以达到 1%。光谱辐射度计采用与多波段辐亮度陷阱探测器比对测量的方法进行定标，定标精度可以大大提高，不确定度达到 1.5%~2.5%。

光谱辐射度计的波长位置定标，可以使用单色仪或激光光源照射白板的方法进行测试。

2.4.7　波长计

波长计是专门的光波长测量仪器，可用于标定调谐激光器的输出波长值，或者用于测量未知激光的波长值。按照测量原理分类，波长计主要有斐索（Fizeau）干涉型、法布里 - 珀罗（Fabry-Perot）干涉型和迈克尔逊（Michelson）干涉型等 3 种。

一、基于斐索干涉型的波长计

基于斐索干涉型的波长计（简称斐索波长计）可以测量脉冲或连续激光器的输出波长，斐索波长计的装置结构如图 2.62 所示。

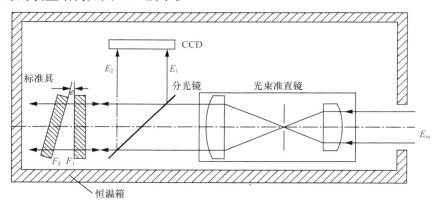

图2.62　斐索波长计的装置结构

F_1 和 F_2 是两个形成干涉仪的未镀膜表面。E_{in} 是输入光束，E_1 和 E_2 是分别从未镀膜表面 F_1 和 F_2 反射的光束。斐索波长计的光学结构是斐索干涉仪，当仪器入射一束单色光时，两光学表面 F_1、F_2 的间隔 e 和楔角 α 决定了两反射光束 E_1、E_2 的光程差，在 CCD 的平面上形成干涉条纹，条纹间隔 d 是入射光波长 λ 的函数。因此可以读取 CCD 输出的模拟信号，再由取样放大器和 A/D 转换器转换成数字信号，读入计算机中进行计算，最后确定光源的波长值。

美国 New Focus 公司生产斐索波长计，其产品指标：波长测量范围为 0.4~1.0μm，精度为 1×10^{-5}。中科院上海光机所曾在 1993 年成功研制斐索激光波长计，精度为 0.01nm。

斐索波长计不需内置参考光源，但测量精度低于基于法布里 - 珀罗干涉型和迈克尔逊干涉型的波长计。由于温度对其测量精度影响很明显，测量装置须放入恒温箱。

二、基于法布里 – 珀罗干涉仪的波长计

基于法布里 - 珀罗干涉仪的波长计（简称法布里 - 珀罗波长计）利用光束通过两块镀

以高反射率涂料、间距一定的平行玻璃板时产生多光束干涉的现象，测量待测激光波长。这种波长计可用来测量脉冲或连续激光器的输出波长，系统可采用多个不同厚度的标准具。下面以含有两个标准具的法布里 - 珀罗波长计为例介绍其工作原理，其装置结构如图 2.63 所示。

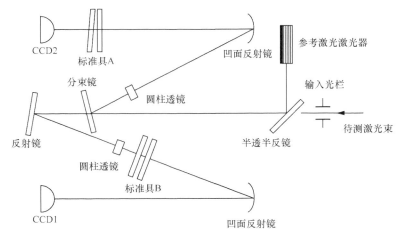

图2.63　法布里 – 珀罗波长计装置结构

　　法布里 - 珀罗波长计通过将波长值已知的参考激光和待测激光产生的干涉条纹数进行比对，来测量待测激光波长。

　　三、基于迈克尔逊干涉型的波长计

　　基于迈克尔逊干涉型的波长计（简称迈克尔逊波长计）适于测量连续激光波长，其装置结构如图 2.64 所示。

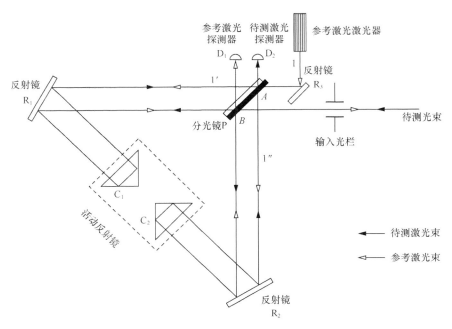

图2.64　迈克尔逊波长计装置结构

参考光源输出的光束 1 经分光镜 P 分成反射、透射两路，最后在 B 点相遇并发生干涉。活动反射镜沿光路移动时，将改变透、反射两路的光程差，干涉信号由参考光探测器 D_1 接收。待测激光束与参考激光束共光路，同样经分光镜分成反射、透射两路，最后在 A 点汇合并发生干涉，干涉信号由待测光探测器 D_2 接收。参考、待测激光束经过的路程长度是相同的。

如果活动反射镜的移动距离为 L，光束产生的干涉条纹变化数量 N 为：

$$N\lambda = 4nL$$

式中，n——波长 λ 的折射率。利用此式，可由参考光源已知的波长及其折射率、条纹变化数，获取待测光的条纹变化数，并查清待测光的折射率，就可以计算出待测波长值。

迈克尔逊波长计的测量精度可达 1×10^{-6}，最高可达 1×10^{-7}，高于另外两种波长计。

国内，1984 年中科院长春光机所、吉林市光学精密机械研究所实验工厂共同研制的新型激光数字波长计，测量波长范围 $0.4 \sim 0.7\mu m$，其波长精度为 5.5×10^{-8}。中国计量科学研究院分别在 1991 年和 1994 年采用迈克尔逊原理研制红外激光波长计，其精度为 2×10^{-6}。

美国伯利（Burleigh）公司、爱德万（Advantest）公司均生产迈克尔逊波长计。2000年《红外》杂志报道，伯利公司生产的新型光学波长计 WA-1500 型，在 1000nm 波长处精度为 ±0.1ppm。WA-1000 型在 1000nm 波长处精度为 ±1ppm。WA-1500 型和 WA-1000型共有 4 种型号，工作于 2000nm ~ 4μm 的不同波长范围。这 4 种型号是紫外型，可见光型、近红外型、红外型。每一种型号的波长计都有一个光电探测器和一个光线分束器，它们是根据工作波长范围选用的，如要更换工作波长范围，需更换光电探测器和分束器。

四、几种国外生产的波长计的技术指标（详情可参阅相关产品说明书）

N.F.7711 型波长计（美国 New Focus 公司）主要技术指标如表 2.14 所示。

表 2.14 N.F.7711 型波长计主要技术指标

主要技术指标	指标值
波长分辨率	0.001nm
波长精度	0.01nm
波长范围	$0.4 \sim 1.0\mu m$
读出速率	$1 \sim 10Hz$
最大输入线宽	30GHz
最小脉冲长度	30PS
最大峰值输入强度	$1mW/cm^2$（10ns 脉冲）
工作温度	$10 \sim 40℃$
输入动态范围	18dB

美国伯利公司的连续激光波长计产品如表 2.15 所示。

表 2.15 美国伯利公司的连续激光波长计产品

WA -1500 型连续激光波长计					
型号	波长范围	绝对精度	显示分辨率	测量速度	最小输入功率
WA-1500 UV	200 ~ 650nm	$\pm 1 \times 10^{-7}$ ± 0.0001nm 在 500nm 波长处 ± 0.001cm^{-1} 在 20000cm^{-1} 波长处 ± 0.06GHz 在 600000 GHz 波长处	0.0001nm 0.001cm^{-1} 0.01GHz	0.75Hz	100μW
WA-1500 VIS	400 ~ 1100nm	$\pm 1 \times 10^{-7}$ ± 0.0001nm 在 1000nm 波长处 ± 0.001cm^{-1} 在 10000cm^{-1} 波长处 ± 0.03GHz 在 300000 GHz 波长处	0.0001nm 0.001cm^{-1} 0.01GHz	1Hz	20μW
WA-1500 NIR	600 ~ 1800nm	$\pm 1 \times 10^{-7}$ ± 0.0001nm 在 1000nm 波长处 ± 0.001cm^{-1} 在 10000cm^{-1} 波长处 ± 0.03GHz 在 300000GHz 波长处	0.0001nm 0.001cm^{-1} 0.01GHz	1Hz	20μW
WA-1500 IR	1500 ~ 4000nm	$\pm 1 \times 10^{-7}$ ± 0.0002nm 在 2000nm 波长处 ± 0.0005cm^{-1} 在 5000cm^{-1} 波长处 ± 0.015GHz 在 150000GHz 波长处	0.0001nm 0.001cm^{-1} 0.01GHz	1.5Hz	1.0mW
WA -2500 型连续激光波长计					
型号	波长范围	绝对精度	显示分辨率	测量速度	最小输入功率
WA-2500	400 ~ 1800nm	$\pm 1 \times 10^{-4}$ ± 0.1nm 在 1000nm 波长处 ± 1cm^{-1} 在 10000cm^{-1} 波长处 基于激光带宽为 $\Delta V \leqslant 150$GHz	0.01nm 0.1cm^{-1}	5Hz	20μW
WA -1000 型连续激光波长计					
型号	波长范围	绝对精度	显示分辨率	测量速度	最小输入功率
WA-1000 UV	200 ~ 650nm	$\pm 1 \times 10^{-6}$ ± 0.0005nm 在 500nm 波长处 ± 0.02cm^{-1} 在 20000cm^{-1} 波长处 ± 0.6GHz 在 600000GHz 波长处	0.001nm 0.01cm^{-1} 0.1GHz	2.5Hz	100μW
WA-1000 VIS	400 ~ 1100nm	$\pm 1 \times 10^{-6}$ ± 0.001nm 在 1000nm 波长处 ± 0.01cm^{-1} 在 10000cm^{-1} 波长处 ± 0.3GHz 在 300000GHz 波长处	0.001nm 0.01cm^{-1} 0.1GHz	4Hz	20μW
WA-1000 NIR	600 ~ 1800nm	$\pm 1 \times 10^{-6}$ ± 0.001nm 在 1000nm 波长处 ± 0.01cm^{-1} 在 10000cm^{-1} 波长处 ± 0.3GHz 在 300000GHz 波长处	0.001nm 0.01cm^{-1} 0.1GHz	4Hz	20μW
WA-1000 IR	1500 ~ 4000nm	$\pm 1 \times 10^{-6}$ ± 0.002nm 在 2000nm 波长处 ± 0.005cm^{-1} 在 5000cm^{-1} 波长处 ± 0.15GHz 在 150000GHz 波长处 基于激光带宽为 $\Delta V \leqslant 10$GHz	0.001nm 0.01cm^{-1} 0.1GHz	4Hz	1.0mW

2.4.8 光纤光谱仪

光纤光谱仪可以测量目标光源的光谱分布和相对功率密度。由于光纤光谱仪体积小、重量轻、操作使用非常方便，因此这种光谱仪也发展得很快。图 2.65 是法国 Resolution Spectra 公司生产的一种便携式光纤光谱仪。

图2.65 便携式光纤光谱仪

此光谱仪是可以同时实现高速测量和高分辨率测量的紧凑型光纤光谱仪，分辨率最高可达到 5pm（0.005nm），探测频率为 30kHz（实时测量）。它广泛用于监视连续、脉冲激光，可以采用传统光谱仪不能采用的识别模式，观察传统光谱仪不能观察的物理现象。其主要性能指标如下：

- 工作波长范围：630 ~ 1070nm；
- 波长半宽：在 630nm 处为 5nm，在 1070nm 处为 14nm；
- 光谱分辨率：5 ~ 15pm/0.2cm^{-1}/6GHz；
- 绝对精度：0.001nm；
- 最大测量频率：30kHz；
- 输入功率范围：10nW ~ 600μW；
- 积分时间：320ns ~ 2s；
- 体积：8.3cm × 8.6cm × 12.6cm。

2.5 定标结果的评价——测量不确定度

对遥感器定标的主要工作就是进行其辐射响应性能的定量测试，测试结果是否可用，主要取决于测试结果的质量。可以用测量结果的精度，即测量结果与其真值的差或反映测量结果与真值接近程度的量来说明其质量。

在遥感器的设计阶段需要对定标精度提出要求；在制定定标测试方案时，设计的定标方法应能够达到遥感器总体设计对定标精度的要求；在遥感器产品生产完成后的定标测试中，实际测量结果应保证达到遥感器设计总体指标对定标精度的要求。合理提出对定标的精度的要求，采用适当的方法进行定标以保证达到定标要求，都需要对定标精度的物理意义及评价标准有清楚、明确的认识。同时，正确地分析定标测量的误差，正确地处理定标结果是提高定标水平的必要条件。

测量不确定度就是评定测量结果质量高低的重要指标，采用测量不确定度评价测量结果的质量，也是目前国际测量技术发展的结果。

"不确定度"一词起源于 1927 年德国的海森堡在量子力学中提出的不确定度关系，又称测不准关系。1963 年美国国家标准局（NBS）的艾森哈特（Eisenhart）在研究"仪器校准的精密度和准确度的估计"时，就提出了定量表示不确定度的建议。20 世纪 70 年代，不确定度这个术语逐步在测量领域内被广泛应用，但表示方法各不相同，缺乏一致性。1980 年国际计量局（BIPM）在征求各国意见的基础上提出了《实验不确定度建议书 INC-

1》，使测量不确定度的表示方法逐渐趋于统一。1986 年国际标准化组织等 7 个国际组织组成了国际不确定度工作组，制定了《测量不确定度表示指南》。1993 年该指南由 ISO 颁布实施，在世界各国得到执行和广泛应用。

随着生产的发展和科学技术的进步，对测量数据的准确度和可靠性的要求变得更高了，尤其是我国国际贸易与国际技术交流不断发展、扩大，测量数据的质量更需要得到国际的评价和承认，因此测量不确定度的应用在我国受到越来越高的重视。我国在 1999 年制定了 JJF 1059—1999《测量不确定度评定与表示》的国家计量技术规范，并于 2012 年做了进一步的修订。

国家计量技术规范《测量不确定度评定与表示》规定的是测量中评定与表示不确定度的通用规则，适用于各种准确度等级的测量，不仅限于计量领域中的检定、校准和检测，还广泛应用于科研、工程领域的测量，以及生产过程的质量保证和产品的检验。广大的科技人员及从事测量的技术人员，都应正确理解测量不确定度的概念，正确掌握测量不确定度的表示与评定方法，以适应现代测试技术发展的需要。

测量不确定度的概念在测量历史上相对较新，它的基础就是测量误差理论。

2.6 测量误差

2.6.1 误差及其产生原因

测量误差就是测得值与真值的差。真值是指该量所具有的真实大小。量的真值是一个理想的概念，一般是未知的。但在某些情况下真值是可知的，如三角形的 3 个内角之和为 180°。因此当真值未知时，误差也无法准确得到，难以定量。

误差可以用绝对误差或相对误差来表示。绝对误差就是测得值与真值的差值。相对误差是绝对误差与被测量的真值之比，相对误差通常以百分数表示。因测得值与真值接近，也可近似将绝对误差与测得值之比作为相对误差：

$$相对误差 = \frac{绝对误差}{真值} \approx \frac{绝对误差}{测得值} \tag{2.119}$$

在测量过程中，产生误差的原因主要有以下几个方面。

- 测量装置误差：如标准量具、仪器、附件的误差。
- 环境误差：各种环境因素与规定的标准状态不一致，引起了测量装置和被测量本身的变化所造成的误差。如温度、湿度、气压、振动、环境亮度、磁场等引起的误差。
- 方法误差：由测量方法不完善所引起的误差。
- 人员误差：因测量者分辨能力的限制，及因疲劳或精神因素产生的疏忽等引入的误差。

为了使测量结果更加真实、可靠，我们需要正确认识误差的性质，分析误差产生的原因，以消除或减小误差。我们要正确处理测量和实验数据，正确组织实验过程，合理设计或选用仪器和测量方法，在最经济的条件下得到理想的测量结果。

2.6.2 误差的分类与处理

误差按照其性质与规律可分为随机误差、系统误差和粗大误差。

一、随机误差

当对同一量值进行多次等精度测量时，会得到一系列不同的测量值（称为测量列），每一个测量值都有误差，这些误差的大小和方向没有确定的规律，但它们的总体分布具有统计规律，此类误差就是随机误差。

1. 产生随机误差的因素

产生随机误差的因素主要有以下几个方面：测量装置的不稳定性、零部件的变形；环境的变化（温度、湿度、气压、光照等）；测量人员的因素（瞄准、读数的不稳定）。

2. 随机误差的主要分布规律

若测量列中不包含系统误差和粗大误差，则多数随机误差一般具有正态分布规律，误差分布具有对称性、单峰性，在一定的测量条件下，误差的绝对值不会超过一定的界限，即误差分布具有有界性。随着测量次数增加，随机误差的算术平均值趋于零，即误差具有抵偿性。

正态分布是随机误差最普遍的一种分布规律，但不是唯一的规律。非正态分布的规律主要有均匀分布、反正弦分布、三角形分布、χ^2 分布、t 分布、F 分布等，不同的规律又各有不同的标准差计算方法。

3. 随机误差参量的定义及计算

（1）算术平均值：对被测量进行 n 次等精度测量，用 n 个测得值的代数和除以 n，即可求得算术平均值 $\bar{x}$。

$$\bar{x} = \frac{l_1 + l_2 + \cdots + l_n}{n} = \frac{\sum_{i=1}^{n} l_i}{n} \tag{2.120}$$

算术平均值与被测量的真值最接近，按照概率论的大数定律，如果测量次数无限增加，则算术平均值（数学上称为最大或然值）必然趋近于真值。实际上人们只能做到有限次测量，只能把算术平均值近似地作为被测量的真值。

因真值未知，可以用算术平均值代替真值计算误差，称为残余误差。

（2）残余误差 v_i：测得值 l_i 与算术平均值 $\bar{x}$ 之差。即：

$$v_i = l_i - \bar{x} \tag{2.121}$$

残余误差代数和性质。残余误差的代数和为：

$$\sum_{i=1}^{n} v_i = \sum_{i=1}^{n} l_i - n\bar{x}$$

当求得的 $\bar{x}$ 为未经过凑整的准确数时，残余误差的代数和为 0，即：

$$\sum_{i=1}^{n} v_i = 0 \tag{2.122}$$

残余误差的这一性质，可以用来校核算术平均值及残余误差计算的正确性。

如求出的 $\bar{x}$ 为凑整的非准确数，当残余误差的代数和为正值时，其值应为求 $\bar{x}$ 时的余数；当残余误差的代数和为负值时，其值应为求 $\bar{x}$ 时的亏数。

（3）测量的标准偏差：简称标准差，即测量列的均方根误差。

单次测量的标准差是表征同一被测量的 n 次测得值分散性的参数，可作为测量列中单次测量不可靠性的评定标准。在等精度测量列中，任一单次测得值的随机误差为 δ，则单

次测量的标准差 σ 计算公式如下：

$$\sigma = \sqrt{\frac{\delta_1^2 + \delta_2^2 + \cdots + \delta_n^2}{n}} = \sqrt{\frac{\sum_{i=1}^{n} \delta_i^2}{n}} \tag{2.123}$$

当真值未知时，按式（2.123）无法求出标准差，在有限次的 n 次测量情况下，则可用残余误差 υ_i 代替真误差，得到标准差的估计值 s：

$$s = \sqrt{\frac{\sum_{i=1}^{n} \upsilon_i^2}{n-1}} \tag{2.124}$$

式（2.124）为贝塞尔公式，可由残余误差计算单次测量的标准差的估计值。

（4）算术平均值的标准差：在相同条件下，对同一量值作多组重复的系列测量，每一系列测量都有一个算术平均值，这些算术平均值有一定的分散，它们的标准差 $\sigma_{\bar{x}}$ 是表征同一被测量的各个独立测量列算术平均值分散性的参数，可作为算术平均值不可靠性的评定标准：

$$\sigma_{\bar{x}} = \frac{\sigma}{\sqrt{n}} = \sqrt{\frac{\sum_{i=1}^{n} \upsilon_i^2}{n(n-1)}} \tag{2.125}$$

可见，在 n 次测量的等精度测量列中，算术平均值的标准差为单次测量标准差的 $1/\sqrt{n}$，测量次数 n 越大，算术平均值越接近被测值的真值，测量精度也越高。但当 σ 一定时，$n > 10$ 后，$\sigma_{\bar{x}}$ 减小得非常缓慢，如图 2.66 所示，其中纵坐标为 $\sigma_{\bar{x}}$，横坐标为 n。此外，当测量次数很大时，也难以保证测量条件的恒定，因此应选择适当的测量次数。一般情况下可采用 $n=10$。

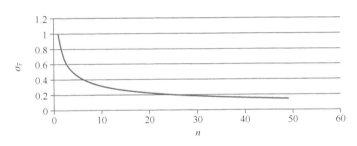

图2.66　σ_x 随 n 的变化曲线

用贝塞尔公式计算标准差的可靠性较高，在重要的测量中应采用此方法计算标准差。

（5）标准差的其他计算方法。

① 别捷尔斯法。由残余误差的绝对值之和求出单次测量的标准差：

$$\sigma = 1.253 \frac{\sum_{i=1}^{n} |\upsilon_i|}{\sqrt{n(n-1)}} \tag{2.126}$$

算术平均值的标准差为：

$$\sigma_{\bar{x}} = 1.253 \frac{\sum_{i=1}^{n} |\upsilon_i|}{n\sqrt{(n-1)}} \tag{2.127}$$

② 极差法。若等精度多次测量测得值 $\chi_1, \chi_2, \cdots, \chi_n$ 服从正态分布，在其中选取最大值与最小值，则二者之差称为极差：

$$\omega_n = \chi_{\max} - \chi_{\min}$$

根据极差的分布函数，可以求出极差的数学期望为：

$$E(\omega_n) = d_n \sigma$$

因为：

$$E \frac{(\omega_n)}{d_n} = \sigma$$

故可得 σ 的无偏估计值：

$$\sigma = \frac{\omega_n}{d_n} \tag{2.128}$$

式中的 d_n 数值列于表 2.16。

表 2.16 d_n 数值

n	2	3	4	5	6	7	8	9	10	11	12	13
d_n	1.13	1.69	2.06	2.33	2.53	2.70	2.85	2.97	3.08	3.17	3.26	3.34

极差法可以简单迅速算出标准差，并具有一定精度，一般在 $n < 10$ 时均可采用。

③ 最大误差法。

当我们可以知道被测量的真值或满足规定精度的代替真值之值（称为实际值或约定真值）时，可以计算出随机误差 δ_i，取其中绝对值最大的值 $|\delta_i|_{\max}$，当各个独立测量值服从正态分布时，则可按照式（2.129）求出标准差：

$$\sigma = \frac{|\delta_i|_{\max}}{K_n} \tag{2.129}$$

当被测量的真值未知时，应按照残余误差的最大值 $|\upsilon_i|_{\max}$ 计算标准差：

$$\sigma = \frac{|\upsilon_i|_{\max}}{K'_n} \tag{2.130}$$

式（2.129）和式（2.130）中的系数 K_n、K'_n 的倒数列于表 2.17。

表 2.17 K_n、K'_n 的倒数

n	1	2	3	4	5	6	7	8	9	10	11	12	13	14	15
$1/K_n$	1.25	0.88	0.75	0.68	0.64	0.61	0.58	0.56	0.55	0.53	0.52	0.51	0.50	0.50	0.49
n	16	17	18	19	20	21	22	23	24	25	26	27	28	29	30
$1/K_n$	0.48	0.48	0.47	0.47	0.46	0.46	0.45	0.45	0.45	0.44	0.44	0.44	0.44	0.43	0.43
n	2	3	4	5	6	7	8	9	10	15	20	25	30		
$1/K'_n$	1.77	1.02	0.83	0.74	0.68	0.64	0.61	0.59	0.57	0.51	0.48	0.46	0.44		

最大误差法简单、迅速、方便，容易掌握，因而有广泛用途。当 $n < 10$ 时，最大误差法具有一定的精度，尤其在某些情况下只能进行一次实验（实验代价高或破坏性试验），无法用贝塞尔公式计算标准差，此时最大误差法很有用。

例如某激光波长测试值为 $\lambda = 0.63299130\mu m$，后用更精确的方法测得波长值为

$\lambda = 0.63299144\mu m$，后者可作为被测波长的实际值（或称约定真值），则此被测波长的随机误差为：

$$\delta = 0.63299130\mu m \text{-} 0.63299144\mu m = -14 \times 10^{-8}\mu m$$

则标准差为：

$$\sigma = \frac{|\delta|}{K_1} = 1.25 \times 14 \times 10^{-8}\mu m = 1.75 \times 10^{-7}\mu m$$

二、系统误差

许多的测量中不但存在随机误差，同时还有系统误差，后者不易被发现，而且多次重复测量并不能减小它对测量结果的影响，这直接影响了测量结果的精度。因此我们必须研究系统误差的特性与规律，用一定的方法发现和减小或消除系统误差。

1. 产生系统误差的原因

产生系统误差的主要原因有以下几个方面。

（1）测量装置设计缺陷，安装、调试的偏差。

（2）环境因素：测量时的温度与标准温度的偏差，测量中温度、湿度按一定规律变化。

（3）近似的测量方法或计算公式引起误差。

（4）测量人员读值习惯偏差，测量时信号滞后的偏差。

2. 系统误差的特征

系统误差的特征是其按照某一确定的规律变化，如不变规律、线性规律、非线性规律、周期规律或复杂规律。

系统误差与随机误差同时存在时，误差表现特征如图 2.67 所示，设被测量的真值为 x_0，在多次重复测量中系统误差为固定值 Δ，而随机误差以系统误差 Δ 为中心呈对称分布，分布范围为 2δ。

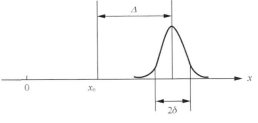

图 2.67 系统误差与随机误差同时
存在时的误差表现特征

3. 发现系统误差的方法

由于系统误差产生的原因很复杂，很难用某种普遍适用的方法去发现它，因此这里只能介绍几种常用的方法。

（1）实验对比法：对于某些不变的系统误差，只有当改变测量条件时才能发现。如量块的尺寸偏差是系统误差，只有用更高精度的量块测量时才能发现这样的系统误差。

（2）残余误差观察法：根据测量列的各个残余误差大小和符号的变化规律，判断有无系统误差。此方法适用于发现有规律变化的系统误差。将测量列的残余误差按照先后顺序列表或作图，易于发现其变化规律。这种方法适用于一般情况，但不能判断不变的系统误差。如图 2.68 所示，v 为残余误差，n 为测量序号。图 2.68（a）显示无系统误差，图 2.68（b）显示存在周期性系统误差，图 2.68（c）显示存在线性系统误差，图 2.68（d）显示同时存在线性和周期性系统误差。

（3）残余误差校核法：取偶数测量次数 n，计算前、后 $n/2$ 次测量残余误差之和，二者相减后的差值 Δ 不为零，则认为测量列存在线性系统误差。

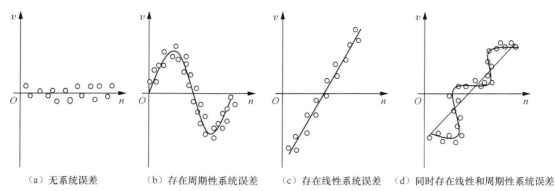

（a）无系统误差　　（b）存在周期性系统误差　　（c）存在线性系统误差　（d）同时存在线性和周期性系统误差

图2.68　残余误差规律示意

其他的方法还有统计法则、用不同的公式计算标准差进行比较、计算数据比较法、秩和检验法等。

4. 减小或消除系统误差的方法

要减小或消除系统误差，需要从测量对象、方法、人员经验的角度分析产生系统误差的因素，找出消除误差的方法。下面介绍几种基本的方法。

（1）分析产生误差的根源并设法消除。如仪器调整误差、仪器精度误差、环境条件误差等，在测量前对这些误差进行分析，并设法消除。

（2）用修正方法消除系统误差。测量前将测量仪器的系统误差检定或计算出来，则测量后的结果就可以将此系统误差修正。如用量块测量，先测出量块的实际尺寸与公称尺寸的差，就测定了此项系统误差，之后可以加以修正。

（3）分析误差的分布规律，找出相应的消除方法。如有线性系统误差，可采用对称法，即可选中某测点，取以该点为中心对称的测点测量值的平均值作为测量结果，就可以消除线性系统误差。对于不变的系统误差，可以采用代替法消除。代替法就是在不改变测量条件的情况下，用一个标准量代替被测量进行测量，测出被测量与标准量的差值，则被测量就等于标准量与差值的和。对于周期性系统误差，可以采用半周期法消除，即相隔半个周期测量两次，将两次测值的平均值作为测量结果，可以消除周期性系统误差。

三、粗大误差

粗大误差的数值比较大，容易发现，而且对测量结果影响较大，应加以剔除。

1. 粗大误差的产生原因

（1）测试人员的主观因素：测试人员缺乏责任心或偶然粗心，造成错误的读值或错误记录，导致测量数据的粗大误差。

（2）测量环境、条件的意外变化，如外界的突然冲击、振动造成仪器示值的变化或测量位置的变化，使测量结果产生粗大误差。

2. 防止粗大误差的方法

（1）加强对测量人员的管理，增强测量人员的责任心，控制并减小测量与记录的偏差。

（2）严格控制测量环境条件，保证在条件稳定的状况下进行测量，避免条件变化引起的误差。

（3）采取不同的测量方法进行测量，对不同方法的测量结果进行比对分析和校核，有利于发现粗大误差。

3. 判断粗大误差的准则

对于测量所得值需做充分的分析，判别是否含有粗大误差。判别粗大误差有 3 个常用的准则。

（1）3σ 准则。

3σ 准则是判别粗大误差最常用、最简单的准则，但在测量次数少时，3σ 准则只能近似地判别。

若某一测量列各测得值只含有随机误差，根据随机误差的正态分布规律，其残余误差落在 $\pm 3\sigma$ 以外的概率仅为 0.3%。如果在测量列中发现有残余误差大于 3σ 的测得值，即 $|v_i| > 3\sigma$，可以认为此测得值含有粗大误差，应予以剔除。在剔除第一个粗大误差后，需重新计算测量列的平均值和标准差，再次判断是否还存在粗大误差，直至确认测得值中不再含有粗大误差为止。

（2）罗曼诺夫斯基准则。

罗曼诺夫斯基准则又称 t 检验准则，其特点是首先剔除一个可疑的测得值，然后按 t 分布检验被剔除的测量值是否含有粗大误差。当测量次数较少时，用此准则判别粗大误差较为合理。

设对某量进行多次等精度独立测量，得到测量列：

$$\chi_1, \chi_2, \cdots \chi_n$$

如认为测量值 χ_j 为可疑值，将其剔除后计算平均值（计算时不包括 χ_j）：

$$\bar{\chi} = \frac{1}{n-1} \sum_{\substack{i=1 \\ i \neq j}}^{n} \chi_i$$

并计算剔除 χ_j 后测量列的标准差：

$$\sigma = \sqrt{\frac{\sum_{i=1}^{n} v_i^2}{n-2}}$$

根据测量次数 n 和选取的显著度 α，可由表 2.18 查得 t 分布的检验系数 $K(n,\alpha)$。

表 2.18 t 分布的检验系数 $K(n,\alpha)$

n \ K \ α	0.05	0.01	n \ K \ α	0.05	0.01	n \ K \ α	0.05	0.01
4	4.97	11.46	13	2.29	3.23	22	2.14	2.91
5	3.56	6.53	14	2.26	3.17	23	2.13	2.90
6	3.04	5.04	15	2.24	3.12	24	2.12	2.88
7	2.78	4.36	16	2.22	3.08	25	2.11	2.86
8	2.62	3.96	17	2.20	3.04	26	2.10	2.85
9	2.51	3.71	18	2.18	3.01	27	2.10	2.84
10	2.43	3.54	19	2.17	3.00	28	2.09	2.83
11	2.37	3.41	20	2.16	2.95	29	2.09	2.82
12	2.33	3.31	21	2.15	2.93	30	2.08	2.81

如果：

$$|\chi_j - \overline{\chi}| > K\sigma \tag{2.131}$$

则认为测量值 χ_j 含有粗大误差，应该将其剔除，否则认为 χ_j 不含有粗大误差，应保留。

（3）格罗布斯准则。

设对某量进行多次等精度独立测量，得到 $\chi_1, \chi_2, \cdots, \chi_n$。

当 χ_i 服从正态分布时，计算得：

$$\overline{\chi} = \frac{1}{n}\sum\chi$$

$$\upsilon_i = \chi_i - \overline{\chi}$$

$$\sigma = \sqrt{\frac{\upsilon^2}{n-1}}$$

将测量值按大小排列成顺序统计量 $\chi_{(i)}$：

$$\chi_{(1)} \leqslant \chi_{(2)} \leqslant \cdots \leqslant \chi_{(n)}$$

格罗布斯导出了 $g_{(n)} = \dfrac{\chi_{(n)} - \overline{\chi}}{\sigma}$ 以及 $g_{(1)} = \dfrac{\overline{\chi} - \chi_{(1)}}{\sigma}$ 的分布，取定显著度 α（一般为 0.05 或 0.01），可以得到表 2.19 所列的临界值 $g_0(n,\alpha)$，而

$$p\left(\frac{\chi_{(n)} - \overline{\chi}}{\sigma} \geqslant g_0(n,\alpha)\right) = \alpha$$

及

$$p\left(\frac{\overline{\chi} - \chi_{(1)}}{\sigma} \geqslant g_0(n,\alpha)\right) = \alpha$$

如果认为 $\chi_{(1)}$ 或 $\chi_{(n)}$ 可疑，则计算 $g_{(i)}$，当：

$$g_{(i)} \geqslant g_0(n,\alpha) \tag{2.132}$$

判断该测量值含有粗大误差，应予以剔除。

表 2.19　临界值 $g_0(n,\alpha)$

n / $g_0(n,\alpha)$ / α	0.05	0.01	n / $g_0(n,\alpha)$ / α	0.05	0.01
3	1.15	1.16	17	2.48	2.78
4	1.46	1.49	18	2.50	2.82
5	1.67	1.75	19	2.53	2.85
6	1.82	1.94	20	2.56	2.88
7	1.94	2.10	21	2.58	2.91
8	2.03	2.22	22	2.60	2.94
9	2.11	2.32	23	2.62	2.96
10	2.18	2.41	24	2.64	2.99
11	2.23	2.48	25	2.66	3.01
12	2.28	2.55	30	2.74	3.10
13	2.33	2.61	35	2.81	3.18
14	2.37	2.66	40	2.87	3.24
15	2.41	2.70	50	2.96	3.34
16	2.44	2.75	100	3.17	3.59

以上介绍了 3 种粗大误差的判别准则，其中 3σ 准则适用于测量次数较多的测量列，在测量次数较少时，这种判别准则可靠度不高，但它使用简便，不需要查表，所以在要求不高时常被采用。对于测量次数较少而要求较高的测量列，应采用罗曼诺夫斯基准则、格罗布斯准则，其中格罗布斯准则的可靠度最高，通常当测量次数 n 为 $20 \sim 100$ 时，其判别效果较好。当测量次数很小时，可采用罗曼诺夫斯基准则。

当判别测量列中有两个以上测得值含有粗大误差时，应首先剔除含有最大误差的测得值，然后重新计算测量列的算术平均值和标准差，再对余下的测得值进行判别，依法逐步剔除粗大误差，直至所有测得值都不含粗大误差为止。

四、测量结果的数据处理程序

对于直接测量的测量结果，应按照误差理论对各种误差进行分析处理，才能得到合理的测量结果。一般的测量多为测量条件（环境、方法、仪器等）不变的等精度测量，测量结果的数据处理可以按照以下的步骤进行。

（1）求出测量列的算术平均值。

（2）求残余误差。

（3）校核算术平均值及其残余误差。

（4）判断系统误差。

（5）求测量列单次测量的标准差。

（6）判断粗大误差。如果在测量列中发现粗大误差，则应将含此误差的测量值剔除，然后按以上步骤重新计算。

（7）求算术平均值的标准差。

（8）求算术平均值的极限误差。

（9）给出最后的测量结果。

2.7　测量不确定度的定义和相关术语

一、测量结果

测量结果是指由测量所得到的、赋予被测量的值。测量结果仅是被测量的最佳估计值，并非真值。完整地表述测量结果时，必须附带其测量不确定度。必要时应说明测量所处的条件，或影响量的取值范围。

二、测量精度

测量精度是反映测量结果与真值接近程度的量，它与误差的大小相对应，可以用误差的大小表示精度的高低，误差大的精度低，误差小的精度高。

精度可分为 3 个方面。

- 准确度：反映测量结果中系统误差的影响程度，即测量结果与测量真值的一致程度。准确度是一个定性的概念，可以用准确度高低、准确度等级定性地表示测量质量。

- 精密度：反映测量结果中随机误差的影响程度，即在规定条件下对同一被测量重复测量所得值的一致程度。
- 精确度：反映测量结果中系统误差和随机误差综合的影响程度，其定量特征可用测量不确定度（或极限误差）表示。

测量精度是综合反映测量质量的量，测量精度的定量评定用测量不确定度表示。

图 2.69 可以直观地表示测量准确度、精密度、精确度的区别和联系。图 2.69（a）的系统误差小而随机误差大，即准确度高而精密度低。图 2.69（b）的系统误差大而随机误差小，即准确度低而精密度高。图 2.69（c）的系统误差和随机误差都小，即精确度高，这是最理想的结果。

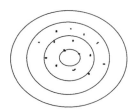 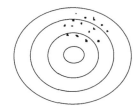 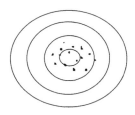

（a）系统误差小而随机误差大　　　（b）系统误差大而随机误差小　　　（c）系统误差和随机误差都小

图2.69　打靶结果

三、测量重复性

测量重复性是指在相同条件（相同测量程序、操作者、测量系统、地点和环境条件）下，在短时间内对同一被测量进行连续多次重复测量，所得结果之间的一致性。

四、测量复现性

测量复现性是指在改变了的测量条件下，对同一被测量的测量结果间的一致性，即在复现性测量条件下的测量精密度。

五、测量不确定度

测量不确定度是表征被测量的真值在某个量值范围的一个估计，是测量结果的一个参数，用于表示被测量的分散性。这个定义说明被测量的测量结果所表示的不是一个确定的值，而是分散的、无限个可能值所处的一个区间。

测量不确定度与误差是误差理论中的两个重要概念，它们的概念是不同的。它们具有相同点，都是评价测量结果质量高低的重要指标，都可作为测量结果的精度评定参数。但它们又有明显的区别，必须正确地认识和区分，以防混淆和误用。

误差是测量结果与真值之差，它以真值或约定真值为中心，是一个理想的概念，难以定量。而测量不确定度以被测量的估计值为中心，它反映人们对测量认识不足的程度，是可以定量的。

误差按特征和性质分为系统误差、随机误差和粗大误差，并可采取不同的措施减小或消除各类误差对测量的影响。但由于各类误差之间不存在绝对界限，因此在分类判别和误差计算时不易准确掌握。测量不确定度不按性质分类，而是按评定方法分为 A 类和 B 类不确定度，两类评定方法不分优劣，是按实际情况的可能性选用的。由于不确定度的评定不考虑影响不确定度因素的来源和性质，只考虑其影响结果的评定方法，它简化了分类，便于评定和计算。测量不确定度是由人们经过分析和评定得到的，它与人们的认识程度有关，评定结果可能比实际误差大或小，因此在进行不确定度分析时，应充分考虑各种影响因素，并对不确定度的评定加以验证。测量误差与测量不确定度的主要区别见表 2.20。

表 2.20　测量误差与测量不确定度的主要区别

序号	测量误差	测量不确定度
1	有正号或负号的量值，其值为测量结果减去被测量的真值	无符号的参数，用标准差或标准差的倍数或置信区间的半宽表示
2	表明测量结果偏离真值	表明被测量值的分散性
3	客观存在，不以人的认识程度而改变	与人们对被测量、影响量及测量过程的认识有关
4	由于真值未知，往往不能准确得到，当用约定真值代替真值时，可以得到估计值	可以由人们根据实验、资料、经验等信息进行评定，从而可以定量确定。评定方法有 A、B 两类
5	按性质，可分为随机误差和系统误差两类；按定义，随机误差和系统误差都是无穷多次测量情况下的理想概念	不确定度评定时一般不必区分性质，若需要区分，应表述为"由随机效应引入的不确定度分量"和"由系统效应引入的不确定度分量"
6	已知系统误差的估计值时，可以对测量结果进行修正，得到已修正的测量结果	不能用不确定度对测量结果进行修正，在已修正测量结果的不确定度中，应考虑修正不完善引入的不确定度

误差与不确定度有区别，也有联系。误差是不确定度的基础，研究不确定度首先需研究误差，只有对误差的性质、分布规律、相互联系及对测量结果的误差传递关系有了充分的认识和了解，才能更好地估计各不确定度分量，正确得到测量结果的不确定度。用不确定度代替误差表示测量结果，易于理解、便于评定，具有合理性和实用性。不确定度是对经典误差理论的一个补充，是现代误差理论的内容之一。

不确定度可以是标准差或其倍数，或是说明了置信水平的区间的半宽。以标准差表示的不确定度称为标准不确定度，以 u 表示。以标准差的倍数表示的不确定度称为扩展不确定度，以 U 表示。扩展不确定度表明了具有较大置信概率的区间的半宽。不确定度通常由多个分量组成，对每一个分量均要评定其标准不确定度。评定方法分为 A、B 两类。A类评定是用对观测列进行统计分析的方法，以实验标准差表征；B 类评定则用不同于 A 类的其他方法，以估计的标准差表征。各标准不确定度的合成称为合成标准不确定度，以 u_c 表示，它是测量结果标准差的估计值。

不确定度的表示形式有绝对、相对两种，以绝对形式表示的不确定度的量纲与被测量相同，相对形式无量纲。

六、自由度

在方差计算时，和的项数减去对和的限制数定义为自由度，记为 v。在重复性条件下，对被测量做 n 次独立测量时，所得的样本方差为 $\sum_{i=1}^{n} v_i^2/(n-1)$，其中 v_i 为残差，和的项数即为残差的个数 n；如果 n 个 v_i 之间存在 κ 个独立的线性约束条件，即 n 个变量中独立变

量的个数仅为 $n-\kappa$，则称平方和 $\sum_{i=1}^{n} v_i^2$ 的自由度为 $n-\kappa$。

若用贝塞尔公式计算单次测量标准差 σ，$\sum_{i=1}^{n} v_i^2 = \sum_{i=1}^{n}(\chi_i-\overline{\chi})^2$ 的 n 个变量 v_i 之间存在唯一的线性约束条件 $\sum_{i=1}^{n} v_i = \sum_{i=1}^{n}(\chi_i-\overline{\chi})=0$，因此平方和 $\sum_{i=1}^{n} v_i^2$ 的自由度为 $n-1$，则标准差 $\sigma = \sqrt{\dfrac{\sum_{i=1}^{n} v_i^2}{n-1}}$ 的自由度也等于 $n-1$。由此可见，系列测量的标准差的可信赖程度与自由度有密切关系，自由度越大，标准差越可信赖。

不确定度是用标准差表征的，故不确定度评定的质量也可以用自由度说明。每个不确定度都对应一个自由度，将不确定度计算表达式中总和所包含的项数减去各项之间存在的约束条件数，所得差值即为不确定度的自由度。

七、包含区间

包含区间是指基于可获得的信息确定的、包含被测量一组值的区间，被测量值以一定概率落在该区间内。包含区间可以由扩展不确定度导出。

八、包含概率

包含概率是指规定的包含区间包含被测量的一组值的概率。在 2008 年发布的《测量不确定度表示指南》中，包含概率又称"置信的水平"（Level of Confidence）。包含概率替代了曾经使用过的"置信水准"。

九、包含因子

包含因子是指为获得扩展不确定度，对合成标准不确定度所乘的数字因子，是一个大于 1 的数。包含因子一般用 κ 表示。置信概率为 p 时的包含因子用 κ_p 表示。

十、数学期望

随机变量 X 的数学期望记为 $E(X)$ 或简记为 μ_x，它用来表示随机变量本身的大小，说明 X 的取值中心或在数轴上的位置，也称期望值。数学期望表征随机变量分布的中心位置，随机变量围绕着数学期望取值。数学期望的估计值，即若干个测量结果或一系列观测值的算术平均值。数学期望是一个平均的大约数值，随机变量的所有可能值围绕着它而变化。

十一、方差

方差是指随机变量 X 的每一个可能值对其数学期望 $E(X)$ 的偏差的平方的数学期望。它表示了随机变量 X 对数学期望 $E(X)$ 的分散程度，即：

$$D_x = D(X) = E[(X-E(X))^2] \tag{2.133}$$

方差越小，随机变量的各测得值对其平均值的分散程度越小，则在不考虑系统效应的情况下，其测量品质越高，或结果越可信、越有效。

方差 $D(X)$ 的量纲是随机变量 X 量纲的平方。为了更实用及易于理解，最好用与随机变量量纲相同的量说明此分散性，即将方差开方得到：

$$\sigma_x = \sqrt{D(X)}$$

式中 σ_x 可简记为 σ，称为测量列的标准差，或称标准偏差，或均方根偏差。

十二、协方差

协方差是指两个随机变量各自误差之积的期望，是两个随机变量相互依赖性的度量。协方差用 COV(X,Y) 或 V（X,Y）表示：

$$V(X,Y) = E[(X - \mu_x)(Y - \mu_y)] \tag{2.134}$$

该定义的协方差是在无限多次测量条件下的理想概念。有限次测量时两个随机变量的单个估计值的协方差估计值用 s(x,y) 表示：

$$s(x, y) = \frac{1}{n-1}\sum_{i=1}^{n}(x_i - \overline{X})(y_i - \overline{Y})$$

式中：

$$\overline{X} = \frac{1}{n}\sum_{i=1}^{n}x_i, \overline{Y} = \frac{1}{n}\sum_{i=1}^{n}y_i$$

有限次测量时，两个随机变量的算术平均值的协方差估计值用 $s(\overline{x}, \overline{y})$ 表示：

$$s(\overline{x}, \overline{y}) = \frac{1}{n(n-1)}\sum_{i=1}^{n}(x_i - \overline{X})(y_i - \overline{Y})$$

十三、相关系数

相关系数等于两个变量间的协方差除以各自方差之积的正平方根，用符号 ρ(X,Y) 表示：

$$\rho(X,Y) = \rho(Y,X) = \frac{V(X,Y)}{\sqrt{V(Y,Y)V(X,X)}} = \frac{V(Y,X)}{\sigma(Y)\sigma(X)} \tag{2.135}$$

相关系数也是两个随机变量之间相互依赖性的度量。相关系数是一个 [-1,+1] 内的纯数。

以上定义的相关系数是在无限多次测量条件下的理想概念。有限次测量时相关系数的估计值用 r(x,y) 表示：

$$r(x, y) = r(y, x) = \frac{s(x, y)}{s(x)s(y)}$$

式中，s(x)、s(y)——x 和 y 的实验标准偏差。

十四、测量模型

测量模型是指测量中涉及的所有已知量间的数学关系。

十五、测量函数

测量函数是指在测量模型中，由输入量的已知量值计算得到的值是输出量的测得值时，输入量与输出量之间的函数关系。

2.8 测量不确定度的评定和应用

2.8.1 标准不确定度的评定方法

评定测量结果的不确定度的一般流程如图 2.70 所示。

标准不确定度即用标准差表示的不确定度，用 u 表示，其评定方法有两类。

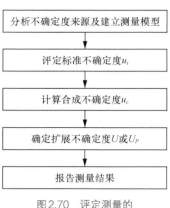

图 2.70 评定测量的
不确定度的一般流程

一、标准不确定度的 A 类评定

A 类评定用统计分析方法评定，其标准不确定度 u 等同于由系列观测值获得的标准差 σ，即 $u=\sigma$。标准差 σ 的基本计算方法有贝塞尔法、别捷尔斯法、极差法、最大误差法等。

若被测量 Y 取决于其他 N 个量 $X_1, X_2, \cdots, X_N$，则 Y 的估计值 y 的标准不确定度 u_y 将取决于 X_i 的估计值 x_i 的标准不确定度 u_{x_i}，因此需先评定 x_i 的标准不确定度 u_{x_i}。评定方法为：在其他 X_j（$j \neq i$）保持不变的条件下，仅对 X_j 进行 n 次等精度独立测量，用统计法由 n 个观测值求得单次测量标准差 σ_i，则 x_i 的标准不确定度 u_{x_i} 的数值按下列情况分别确定——如果用单次测量值作为 X_i 的估计值 x_i，则 $u_{x_i}=\sigma_i$；如果用 n 次测量的平均值作为 X_i 的估计值 x_i，则 $u_{x_i} = \dfrac{\sigma_i}{\sqrt{n}}$。

标准不确定度的 A 类评定的自由度 ν，即标准差 σ 的自由度。因标准差有不同的计算方法，故可由相应的公式计算出不同的自由度。例如用贝塞尔法计算的标准差，其自由度 $\nu = n-1$，而用其他方法计算标准差，其自由度有所不同。为方便使用，表 2.21 列出计算标准差自由度的其他几种方法。

表 2.21 计算标准差的自由度的几种方法

计算方法 \ n (ν)	1	2	3	4	5	6	7	8	9	10	15	20
别捷尔斯法		0.9	1.8	2.7	3.6	4.5	5.4	6.2	7.1	8.0	12.4	16.7
极差法		0.9	1.8	2.7	3.6	4.5	5.3	6.0	6.8	7.5	10.5	13.1
最大误差法	0.9	1.9	2.6	3.3	3.9	4.6	5.2	5.8	6.4	6.9	8.3	9.5

二、标准不确定度的 B 类评定

B 类评定不用统计分析法，而是根据有关的信息或经验，判断被测量的可能值区间 $[\bar{x}-a, \bar{x}+a]$，估计或假设被测量值的概率分布，根据概率分布和要求的概率 p 确定 κ，则 B 类标准不确定度 u_B 可由式（2.136）得到：

$$u_{\mathrm{B}} = \frac{a}{\kappa} \tag{2.136}$$

式中，a——被测量可能值区间的半宽；κ——根据概率论获得的 κ 称置信因子，当 κ 为扩展不确定度的倍乘因子时称为包含因子。

标准不确定度的 B 类评定的一般流程如图 2.71 所示。

（1）区间半宽 a 根据以下信息确定。

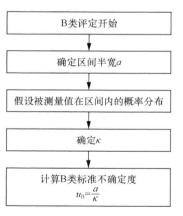

图 2.71 标准不确定度的
B 类评定的一般流程

- 以前测量的数据。
- 对有关技术资料和测量仪器特性的了解和经验。
- 生产厂家提供的技术说明书。
- 校准证书、检定证书或其他文件提供的数据。
- 手册或某些资料给出的参考数据。
- 检定规程、校准规范或测试标准中给出的数据。
- 其他有用的信息。

（2）κ 的确定方法。

- 已知扩展不确定度是合成标准不确定度的若干倍时，该倍数就是包含因子 κ。
- 假设正态分布时，根据要求的概率查表 2.22 得到 κ。

表 2.22 正态分布情况下概率 p 与置信因子 κ 间的关系

p	0.50	0.68	0.90	0.95	0.9545	0.99	0.9973
κ	0.675	1	1.645	1.960	2	2.576	3

- 假设非正态分布时，根据概率分布查表 2.23 得到 κ。

表 2.23 常用非正态分布的置信因子 κ 及 B 类标准不确定度 $u_B(x)$

分布类别	$P/\%$	κ	$u_B(x)$
三角	100	$\sqrt{6}$	$a/\sqrt{6}$
梯形（$\beta = 0.71$）	100	2	$a/2$
矩形（均匀）	100	$\sqrt{3}$	$a/\sqrt{3}$
反正弦	100	$\sqrt{2}$	$a/\sqrt{2}$
两点	100	1	a

β——梯形上底与下底之比。对于梯形分布，$\kappa = \sqrt{6/(1+\beta^2)}$。$\beta=1$ 时，梯形分布变为矩形分布；$\beta=0$ 时，变为三角形分布。

（3）概率分布按以下不同情况假设。

- 当对被测量的各随机影响量的影响效应为同等量级时，不论各影响量的概率分布是何形式，被测量的随机变化近似正态分布。
- 如果有证书或报告给出的不确定度是具有包含概率为 0.95、0.99 的扩展不确定度 U_p（U_{95}、U_{99}），此时除非另有说明，可按正态分布来评定。
- 当利用有关信息或经验估计出被测量可能值区间的上限和下限，其值在区间外的可能几乎为零时，若被测量值落在该区间内的任意值处的可能性相同，则可假设为均匀分布（或称矩形分布、等概率分布）；若被测量值落在该区间中心的可能性最大，则假设为三角分布；若落在该区间中心的可能性最小，而落在该区间上限和下限的可能性最大，则可假设为反正弦分布。
- 已知被测量的分布是两个不同大小、均匀分布的合成时，则可假设为梯形分布。

- 对被测量的可能值落在区间内的情况缺乏了解时，一般假设为均匀分布。
- 实际工作中，可依据同行专家的研究结果或经验来假设概率分布。

（4）B 类标准不确定度的自由度可按式（2.137）近似计算：

$$v_i \approx \frac{1}{2}\frac{u^2(x_i)}{\sigma^2[u(x_i)]} \approx \frac{1}{2}\left[\frac{\Delta[u(x_i)]}{u(x_i)}\right]^{-2} \tag{2.137}$$

根据经验，按所依据的信息来源的可信程度来判断 $u(x_i)$ 的相对标准不确定度 $\Delta[u(x_i)]/u(x_i)$。表 2.24 列出了按式（2.137）计算出的自由度 v_i 值。

表 2.24　按 $\Delta[u(x_i)]/u(x_i)$ 计算出的自由度 v_i 值

$\Delta[u(x_i)]/u(x_i)$	v_i
0	∞
0.10	50
0.20	12
0.25	8
0.50	2

除用户要求或为获得 U_p 而必须求得 u_c 的有效自由度外，一般情况下，B 类标准不确定度可以不给出其自由度。

2.8.2　测量不确定度的计算

一、合成标准不确定度的计算

当测量结果受多种因素影响，形成了若干个不确定度分量时，测量结果的标准不确定度用各标准不确定度分量合成后所得的合成标准不确定度用 u_c 表示。首先需分析各影响因素与测量结果的关系，准确评定各不确定度分量，随后才能进行合成标准不确定度的计算。

如果在间接测量中，被测量 Y 的估计值 y 是由 N 个其他量的测得值 $x_1, x_2, \cdots, x_N$ 的函数求得，即：

$$y = f(x_1, x_2, \cdots, x_N)$$

f 为测量函数。若各直接测得值 x_i 的测量标准不确定度为 u_{x_i}，它对被测量估计值影响的传递系数（或称灵敏系数）为 $\partial f/\partial x_i$，灵敏系数可以用 c_i 表示，则由 x_i 引起的被测量 y 的标准不确定度分量为：

$$u_i = \left|\partial f / \partial x_i\right| u_{x_i}$$

则测量结果 y 的不确定度 u_y 应是所有不确定度分量的合成，用合成标准不确定度 u_c 表征，计算公式为：

$$u_c = \sqrt{\sum_{i=1}^{N}\left(\frac{\partial f}{\partial x_i}\right)^2 (u_{x_i})^2 + 2\sum_{1\leqslant i<j}^{N}\frac{\partial f}{\partial x_i}\frac{\partial f}{\partial x_j}\rho_{ij}u_{x_i}u_{x_j}} \tag{2.138}$$

式中，ρ_{ij}——任意两个直接测量值 x_i 与 x_j 不确定度的相关系数。式（2.138）是计算合成标准不确定度的通用公式，称为不确定度传播律。

如果 x_i、x_j 的不确定度相互独立，即 $\rho_{ij} = 0$，则合成标准不确定度的计算公式为：

$$u_c = \sqrt{\sum_{i=1}^{N} \left(\frac{\partial f}{\partial x_i} \right)^2 (u_{x_i})^2} \qquad (2.139)$$

如果以测量模型 $y = x$ 简单、直接测量，应该分析和评定测量时导致测量不确定度的各分量 u_i，若相互间不相关，则合成标准不确定度按式（2.140）计算：

$$u_c(y) = \sqrt{\sum_{i=1}^{N} u_i^2} \qquad (2.140)$$

注意：分析影响测得值的各不确定度分量的计量单位需换算到被测量的计量单位。如用卡尺测量长度时，要分析温度影响产生的不确定度，应通过材料的温度系数将温度变化换算到长度变化。

如果引起不确定度分量的各个因素与测量结果没有确定的函数关系，则应根据具体情况按 A 类评定或 B 类评定确定各不确定度分量 u_i 的值，然后按不确定度合成方法计算合成标准不确定度：

$$u_c = \sqrt{\sum_{i=1}^{N} u_i^2 + 2\sum_{1 \leqslant i < j}^{N} \rho_{ij} u_i u_j} \qquad (2.141)$$

为了正确给出测量结果的不确定度，应全面分析影响测量结果的各种因素，从而列出测量结果的所有不确定度来源，做到不遗漏、不重复，以免造成合成不确定度的减小或增大，影响不确定度的评定质量。

二、合成标准不确定度 $u_c(y)$ 的有效自由度

合成标准不确定度的自由度称有效自由度，用符号 v_{eff} 表示，它表示了评定的 $u_c(y)$ 的可靠程度，v_{eff} 越大，评定的 $u_c(y)$ 越可靠。

（1）在以下情况时需要计算有效自由度 v_{eff}：

- 当需要评定扩展不确定度 U_p 时，为求得 κ_p，必须计算 $u_c(y)$ 的有效自由度 v_{eff}。
- 当用户为了了解所评定的不确定度的可靠程度而提出要求时。

（2）有效自由度 v_{eff} 的计算。

当各分量间相互独立且输出量接近正态分布或 t 分布时，合成标准不确定度的有效自由度通常可按式（2.142）计算：

$$v_{\mathrm{eff}} = \frac{u_c^4(y)}{\sum_{i=1}^{N} \dfrac{u_i^4(y)}{v_i}} \qquad (2.142)$$

且 $v_{\mathrm{eff}} \leqslant \sum_{i=1}^{N} v_i$

式中，u_i——标准不确定度分量；v_i——各标准不确定度分量的自由度。

实际计算中，得到的有效自由度不一定是一个整数。如果不是整数，可以将 v_{eff} 的小数部分舍去，取整。例如 $v_{\mathrm{eff}} = 12.85$，可取 $v_{\mathrm{eff}} = 12$。

合成标准不确定度计算流程如图 2.72 所示。

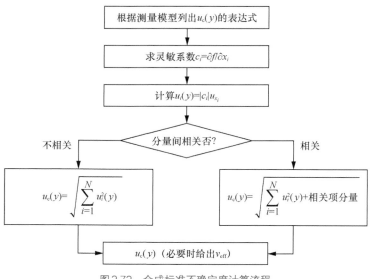

图2.72　合成标准不确定度计算流程

三、扩展不确定度的确定

扩展不确定度是被测量可能值包含区间的半宽。扩展不确定度分为 U 和 U_p 两种。在给出测量结果时，一般情况下报告扩展不确定度 U。

（1）扩展不确定度 U。

扩展不确定度 U 由合成标准不确定度 u_c 乘包含因子 k 得到，按照式（2.143）计算：

$$U = ku_c \tag{2.143}$$

测量结果可用式（2.144）表示：

$$Y = y \pm U \tag{2.144}$$

y 是被测量 Y 的估计值，被测量 Y 的可能值以较高的包含概率落在 $[y - U, y + U]$ 区间内，即 $y - U \leqslant Y \leqslant y + U$。被测量的值落在包含区间内的包含概率取决于所取的包含因子 k 的值，k 值一般取 2 或 3。

当 y 和 $u_c(y)$ 所表征的概率分布近似于正态分布，且 $u_c(y)$ 的有效自由度较大时，若 $k = 2$，则由 $U = 2u_c$ 所确定的区间具有的包含概率约为 95%；若 $k = 3$，则由 $U = 3u_c$ 所确定的区间具有的包含概率约为 99%。

在通常的测量中，一般取 $k = 2$，当取其他值时，应说明其来源。当给出扩展不确定度 U 时，一般应注明所取的 k 值，如未注明 k 值，则指 $k = 2$。

需要说明的是：用 k 乘以 u_c 仅是对不确定度的一种表达形式。由扩展不确定度所给出的包含区间具有的包含概率是相当不确定的，因为我们对 y 和 $u_c(y)$ 表征的概率分布了解有限，而且 $u_c(y)$ 本身也具有不确定度。

（2）扩展不确定度 U_p。

当要求扩展不确定度所确定的区间具有接近于规定的包含概率 p 时，扩展不确定度用符号 U_p 表示。当 p 为 0.95 或 0.99 时，分别表示为 U_{95} 和 U_{99}。U_p 由式（2.145）获得：

$$U_p = k_p u_c \tag{2.145}$$

式中，k_p——包含概率为 p 时的包含因子，由式（2.146）计算：

$$k_p = t_p(v_{\text{eff}}) \tag{2.146}$$

根据合成标准不确定度 $u_c(y)$ 的有效自由度 v_{eff} 和需要的包含概率，查 "t 分布在不同概率 p 与自由度 v 时的 $t_p(v)$ 值（t 值）表"（JJF 1059.1—2012《测量不确定度评定与表示》附录 B），得到 $t_p(v_{\text{eff}})$ 值，该值即包含概率为 p 时的包含因子 k_p 值。

扩展不确定度 $U_p = k_p u_c(y)$ 提供了一个具有包含概率 p 的区间 $[y - U_p, y + U_p]$。在给出 U_p 时，应同时给出有效自由度 v_{eff}。

如果可以确定 Y 可能值的分布不是正态分布，而是接近于其他某种分布，则不应按照 $k_p = t_p(v_{\text{eff}})$ 计算 U_p。

2.8.3　测量不确定度报告

一、测量不确定度报告

完整的测量结果应报告被测量的估计值及其测量不确定度，同时应详细报告测量有关的信息。

在报告基础计量学研究、基本物理常量测量、国际单位制单位国际比对测量的复现的结果时，使用合成标准不确定度 $u_c(y)$，必要时给出其有效自由度 v_{eff}。除上述规定或有关各方约定采用合成标准不确定度外，通常在报告测量结果时都用扩展不确定度。当涉及工业、商业、安全、健康方面的测量时，如果没有特殊要求，一律报告扩展不确定度 U，一般取 $k = 2$。

测量不确定度报告一般包括以下内容。

- 被测量的测量模型。
- 不确定度来源。
- 输入量的标准不确定度 $u(x_i)$ 的值及其评定方法和评定过程。
- 灵敏系数 $c_i = \partial f / \partial x_i$。
- 输出量的不确定度分量 $u_i(y) = |c_i| u_{x_i}$，必要时给出各分量的自由度 v_i。
- 所有相关输入量的协方差或相关系数。
- 合成标准不确定度 $u_c(y)$ 及其计算过程，必要时给出有效自由度 v_{eff}。
- 扩展不确定度 U 或 U_p 及其确定方法，还应说明计算时依据的合成标准不确定度 u_c、自由度 v、包含概率 p 和包含因子 k。
- 报告测量结果，包括被测量的估计值及其测量不确定度。必要时可以给出相对标准不确定度 u_{crel}。

二、测量结果的表示

（1）当不确定度用合成标准不确定度 $u_c(y)$ 表示时，可用以下几种方式之一表示测量结果。例如：假设被测量 Y 是标称值为 100g 的标准砝码的质量，其测量估计值 $m_s = 100.02147\text{g}$，对应的合成标准不确定度 $u_c(m_s) = 0.35\text{mg}$，则测量结果可用以下几种方式表示。

- $m_s = 100.02147\text{g}$，合成标准不确定度 $u_c(m_s) = 0.35\text{mg}$。
- $m_s = 100.02147(35)\text{g}$，括号里的数为 $u_c(m_s)$ 的数值，其末位与前面结果的末位对齐。
- $m_s = 100.02147(0.00035)\text{g}$，括号里的数为 $u_c(m_s)$ 的数值，与前面结果的单位相同。

（2）当不确定度用扩展不确定度 U 表示时，应按下列方式表示测量结果。如上例中标称值为 100g 的标准砝码的测量结果如下。

- $U = ku_c(y)$ 的形式：$m_s = 100.02147\text{g}$，$U = 0.7\text{mg}$，$k = 2$。
- $U = k_p u_c(y)$ 的形式：$m_s = (100.02147 \pm 0.00079)\text{g}$，式中正、负号后的值为扩展不确定度 $U_{95} = k_{95} u_c$，其中合成不确定度 $u_c(m_s) = 0.35\text{mg}$，自由度 $v_{\text{eff}} = 9$，包含因子 $k_p = t_{95}(9) = 2.26$，从而具有包含概率为 95% 的包含区间。

（3）不确定度也可采用相对不确定度的形式报告，例如上述测量结果可表示为如下形式。

- $m_s = 100.02147\text{g}$，$(1 \pm 7.0 \times 10^{-6})\text{g}$，$k = 2$，式中正负号后的数为 U_{rel} 的值。
- $m_s = 100.02147\text{g}$，$U_{95\text{rel}} = 7.0 \times 10^{-6}$，$v_{\text{eff}} = 9$。

三、报告不确定度时的要求

报告测量结果的不确定度时，应说明："合成标准不确定度（标准偏差）u_c""扩展不确定度（二倍标准偏差估计值）U"。

表述和评定测量不确定度时，应采用规定的符号。

不确定度单独表示时，不要加"$\pm$"。例如：$u_c(m_s) = 0.35\text{mg}$，不应写成 $u_c(m_s) = \pm 0.35\text{mg}$。

报告的不确定度的有效数字一般不超过两位，不确定度的数值与被测量的估计值末位对齐。如果计算出的不确定度位数较多，则报告值需做修约，应依据"三分之一准则"将多余位数舍去。通常在相同的计量单位下，被测量的估计值应修约到其末位与不确定度的末位一致。

扩展不确定度 U 取 $k = 2$ 或 $k = 3$ 时，不必说明 p。

在给出合成标准不确定度时，不必说明包含因子 k 或包含概率 p。例如 $u_c(m_s) = 0.35\text{mg}$（$k = 1$）是不对的，因为这不是扩展不确定度，合成标准不确定度是标准偏差，它是一个表明分散性的参数。

2.8.4　测量不确定度的应用

在校准证书中，对校准值或修正值，需给出不同参数、不同测量范围的不同值测量结果的不确定度。当实验室认可时，实验室的校准和测量能力是用实验室能达到的测量范围及在该范围内相应的测量不确定度表述的。在工业、商业、科研等日常的大量测量中，所用测量仪器是经过检定处于合格状态的，并且测量程序有技术文件明确规定，则其不确定度可以由技术指标或规定的文件评定。

在与测量有关的科研项目立项和方案论证时，应该提出目标不确定度的问题，并做出测量不确定度预先分析报告，论证目标不确定度的可行性。

2.9　参考文献

包学诚，秦莉娟，周志尧. 激光波长的标定 [J]. 上海计量测试，1998(6): 24-27.

车念曾，阎达远. 辐射度学和光度学 [M]. 北京：北京理工大学出版社，1990.

成都电讯工程学院，北京工业学院. 激光器件 [M]. 长沙：湖南科学技术出版社，1986.

方伟，禹秉熙，姚海顺，等. 太阳辐照绝对辐射计与国际比对 [J]. 光学学报，2003，23(1):113-116.

方伟，禹秉熙，王玉鹏，等. 太阳辐照绝对辐射计及其在航天器上的太阳辐照度测量 [J].

中国光学与应用光学, 2009, 2(1): 23-28.

费业泰. 误差理论与数据处理 [M]. 北京：机械工业出版社, 2000.

顾行发, 田国良, 余涛, 等. 航天光学遥感器辐射定标原理与方法 [M]. 北京：科学出版社, 2013.

国际标准局. 量和单位：GB 3100～3102—86[S]. 北京：中国标准出版社, 1987.

国家质量技术监督局计量司. 测量不确定度评定与表示指南 [M]. 北京：中国计量出版社, 2000.

韩心志, 焦世举. 航天光学遥感辐射度学 [M]. 哈尔滨：哈尔滨工业大学出版社, 1994.

郝允祥, 陈遐举, 张保洲. 光度学 [M]. 北京：北京师范大学出版社, 1988.

姜景山, 王文魁, 都亨副. 空间科学与应用 [M]. 北京：科学出版社, 2001.

江月松, 李亮, 钟宇. 光电信息技术基础 [M]. 北京：北京航空航天大学出版社, 2005.

全国法制计量管理计量技术委员会. 测量不确定度评定与表示：JJF 1059. 1-2012[S]. 北京：中国质检出版社, 2013.

蓝卉. 低温精密黑体辐射源的研制 [D]. 北京：中国计量学院, 2013.

梁顺林. 定量遥感 [M]. 范闻捷, 等, 译. 北京：科学出版社, 2009.

K. N. LIOU. 大气辐射导论 [M]. 郭彩丽, 周诗健, 译. 北京：气象出版社, 2004.

李健军, 史学舜, 郑小兵, 等. 低温绝对辐射计国内比对实验研究 [M]. 中国科学：物理学 力学 天文学, 2011, 41(6): 749-755.

李双, 王骥, 陈风, 等. 基于低温辐射计高精度光辐射定标结果 (1999 和 2003 年) 的对比研究 [J]. 激光与光电子学进展, 2006, 43(5): 67-70.

李双, 王骥, 陈风, 等. 基于低温辐射计的 InGaAs 陷阱探测器高精度光辐射定标研究 [J]. 光学技术, 2006, 32(增 1): 64-66.

李子强. 可调谐超稳定窄带宽光纤激光器 [J]. 光通信研究, 2014, (184): 61-63.

李在清. 我国光辐射计量学的发展 [J]. 照明工程学报, 1995, 6(3): 57-68.

李照洲, 郑小兵, 唐伶俐, 等. 光学有效载荷高精度绝对辐射定标技术研究 [J]. 遥感学报, 2007, 11(4): 581-08.

刘倩倩, 郑玉权. 超高分辨率光谱定标技术发展概况 [J]. 中国光学, 2012, 5(6): 0566-12.

罗军, 易维宁, 何超兰, 等. 利用野外光谱辐射计传递实现太阳辐射计绝对辐射定标 [J]. 大气与环境光学学报, 2006, 1(2): 112-116.

任杰. 固态染料可调谐激光器研究 [D]. 杭州：浙江大学, 2004.

孙立群, 朱京平, 唐天同, 等. 实现光辐射度量基准的几种方法 [J]. 应用光学, 1999, 20(2): 36-39.

苏昌林, 陈晓渊, 杨华元, 等. 高准确度辐射计的研制及性能评价 [J]. 实用测试技术, 1997, (4): 1-6.

谭锟, 王洁, 屠瑞芳, 等. 多功能太阳辐射计 [J]. 光学学报, 1991, 11(5):448-452.

谈小生, 葛成辉. 太阳角的计算方法及其在遥感中的应用 [J]. 国土资源遥感, 1995, (2):48-57.

童庆禧, 张兵, 郑兰芬. 高光谱遥感——原理、技术与应用 [M]. 北京：高等教育出版社, 2006.

王建宇, 舒嵘, 刘银年, 等. 成像光谱技术导论 [M]. 北京: 科学出版社, 2011.

王宁. 论量值溯源和量值传递 [J]. 计量与测试技术, 2016, 43(1): 54-2.

王之江, 陈杏蒲, 陆汉民, 等. 光学技术手册 [M]. 北京: 机械工业出版社, 1994.

王先华, 乔延利, Philippe Goloub, 等. 应用于全球气溶胶测量网的太阳辐射计辐射定标系统 [J]. 光学学报, 2008, 28(1): 0087-05.

王利强, 左爱斌, 彭月祥. 光波长测量仪器的分类、原理及研究进展 [J]. 科技导报, 2005, 23(6):031-03.

吴健, 杨春平, 刘建斌. 大气中的光传输理论 [M]. 北京: 北京邮电大学出版社, 2005.

许琰. 可调谐窄线宽光纤激光器研究 [D]. 哈尔滨: 哈尔滨工业大学, 2010.

谢伟. 太阳辐射计技术分析 [J]. 红外, 2003(3):9-15.

徐大刚. 美国标准局的光辐射标准 [J]. 国家计量, 1986(2):48-52.

徐文斌, 李健军, 郑小兵. 激光点阵扫描法绝对定标太阳辐射计直射通道研究 [J]. 光谱学与光谱分析, 2013, 33(1): 255-260.

徐秋云, 郑小兵, 张伟, 等. 太阳辐射计先进定标方法研究 [J]. 光学学报, 2010, 30(5): 1337-06.

荀毓龙. 遥感基础试验与应用 [M]. 北京: 中国科学技术出版社, 1991.

杨照金, 范纪红, 岳文龙, 等. 光辐射计量测试技术 [J]. 应用光学, 2003, 24(2):39-42.

杨照金, 于帅, 解琪. 迈入 21 世纪的光辐射计量测试技术 [J]. 激光与光电子学进展, 2010, 47: 031201, 1-7.

詹杰, 谭馄, 邵石生, 等. 便携式自动太阳辐射计 [J]. 量子电子学报, 2001, 18(6):0551-05.

张瑞君. 波长可调谐激光器开发现状及应用市场前景 [J]. 基础电子, 2008, CEM: 52-55.

张璇. 新型波长可调谐激光器的研究 [D]. 杭州: 浙江大学, 2012.

张艳娜. 基于可调谐激光器的太阳光谱辐照度仪定标方法 [J]. 红外与激光工程, 2014, 43(8):2678-2683.

张艳娜, 郑小兵, 李新, 等. 溯源于低温绝对辐射计的太阳光谱辐照度仪定标方法研究 [J]. 应用光学, 2015, 36(4):0572-08.

张辉, 占春连, 曹远生. 光辐射量值传递系统的建立与新发展 [J]. 中国测试技术, 2006, 32(5): 16-19.

郑小兵, 吴浩宇, 章骏平, 等. 高精度光辐射定标和标准传递方法 [J]. 科学通报简报, 2000, 45(12): 1341-1344.

郑小兵, 吴浩宇, 章骏平, 等. 不确定度优于 0.035% 的绝对光谱响应率标准探测器 [J]. 光学学报, 2001, 21(6): 749-04.

郑小兵, 袁银麟, 徐秋云, 等. 辐射定标的新型参考光源技术 [J]. 应用光学, 2012, 33(1):101-108.

中科院西安光机所标准. 光谱辐射计校准规程: Q/XG JZG 037-2005[S]. 西安: 西安中科院西安光机所. 2005.

周太明. 光源原理与设计 [M]. 上海: 复旦大学出版社, 1993.

周广宽, 葛国库, 赵亚辉. 激光器件 [M]. 西安: 西安电子科技大学出版社, 2011.

XTH-2000 and XTH-2000V Uniform Source Systems (Labsphere User Manual).

第 **3** 章

遥感干涉高光谱成像仪发射前的定标

干涉型高光谱成像仪因其干涉成像原理与其他光谱成像仪不同，因此定标方法不相同，且国外同类光谱仪定标方法的介绍也很少。本章讨论的定标方法主要针对空间调制和时空联合调制的傅里叶变换干涉光谱成像仪，对于时间调制和其他原理的干涉型光谱成像仪，可以作为借鉴。

本章介绍遥感干涉高光谱成像仪发射前定标的意义和要求，发射前的定标方法、原理、设备及数据处理。

3.1　发射前定标的意义和要求

3.1.1　遥感干涉高光谱成像仪发射前定标的意义和作用

卫星发射前或机载遥感器升空前，在遥感干涉高光谱成像仪研制生产的最后阶段需做整机性能测试，产品交付前需做产品出厂验收，在这两个阶段的测试中，辐射度定标（光谱定标、辐射定标）是其中的重要测试项目。定标将给出光谱成像仪的光谱、辐射响应性能的定量结果，主要包括：响应的光谱谱段范围和谱段数、各谱段中心波长和半宽、辐射响应动态范围、光谱响应特性、辐射定标系数数据包、响应线性度、偏振灵敏度、定标精度等。对于设有星上定标装置的光谱成像仪，还将测试星上定标装置的性能和定标精度。遥感干涉高光谱成像仪发射前定标是遥感器在轨运行后定量化应用的基础。

（1）检验光谱成像仪的主要性能是否达到设计要求，定标指标是否满足光谱成像仪总体指标要求。

（2）为干涉型高光谱成像仪在轨运行后的定量化输出提供基础数据，如光谱复原、图像处理所需的干涉光程差因子、谱段数、暗电流、相对定标系数、绝对定标系数等。遥感器的某些辐射响应性能，如响应动态范围、响应线性度、响应偏振度、光谱响应范围等，只能在实验室定标条件下完成测试。

（3）定标所得数据作为干涉型高光谱成像仪发射前的初始态数据，可用于光谱成像仪在轨运行后光谱响应、辐射响应性能及星上定标性能变化的比对基础。

（4）遥感器发射前的地面定标相对于在轨定标，可以使用精度高的测试仪器和定标方法，获得精度较高的定标结果，为遥感器输出数据的量化分析提供有利条件。在发射前的定标中，可以通过对辐射量反演、光谱反演模型和数据处理方法的大量实验，进行改进和优化，为提高在轨运行的遥感定量化产品质量打下良好的基础。

3.1.2　遥感干涉高光谱成像仪发射前定标的分类和要求

遥感干涉高光谱成像仪发射前定标有实验室定标和外场定标两大类。实验室定标在实验室内或在模拟空间环境的热真空设备内进行定标。外场定标在室外将太阳作为辐射定标的光源进行定标，以减小实验室定标使用的模拟光源与遥感在轨运行时的自然光源间的光谱差异引入的辐射度偏差。

遥感器的发射前定标环境是地面，与其在空间运行的环境不同。为了使定标定量化的数据更利于空间运行时使用，必须对发射前定标的环境、方法提出基本的要求。

（1）为了使定标测试光路与光学遥感器在轨运行时的成像方式一致，定标系统的测试光源应通过被测遥感器的全光学系统、全孔径、全视场，以平行光（无限远目标成像）的方式入射。辐射响应的定标测试应覆盖遥感器的辐射响应全动态范围。

（2）定标系统测试光源的光谱应与遥感探测目标的照明光源光谱一致，也就是说应尽量采用太阳或接近太阳的光源。如果无法做到，需对某些定标结果做光源光谱所造成偏差的修正，如全谱段响应的动态范围的修正。

（3）航天遥感器在轨运行时处于真空环境，因此地面的实验室定标测试应在模拟真空环境中进行。对于光谱成像仪，真空与空气中常压的差别会导致光学系统的焦距和光程不同，因此与这两个因素相关的性能指标应在模拟真空环境下测试，如系统焦距、MTF、光谱定标、星上定标等。

3.1.3　定标数据的相关符号

文中物理符号统一规定如表 3.1 所示。

表 3.1　物理符号统一规定

物理量名称	符号	物理量名称	符号
暗电流	a、A	绝对定标系数	D
像元响应	b	干涉光强	I
像元行序数	i，总数 I	光谱强度	$B(\sigma)$
像元列序数	j，总数 J	复原光谱	$B'(\sigma)$
CCD 块序数	M	波数	σ
均方差	σ	谱段数	n
光照度	E	时域噪声	S_t
光亮度	L	空域噪声	S_k
亮度级	k	天空方位序数	K
增益	Z	偏振	P
采集次数	m	偏振度	ΔP
响应度	R	角度	α
响应非线性度	ΔR		
相对定标系数	C		

3.2　实验室定标

实验室定标是遥感干涉高光谱成像仪在发射前的主要定标方式，它可以采用各种先进的仪器设备和先进的技术进行定标，可以对遥感器的辐射性能做全面的测试，为遥感器在轨运行提供基础数据。

实验室定标的主要内容有：光谱定标；辐射度定标，包括暗电流测试、相对定标、辐射度绝对定标，以及辐射响应动态范围、响应线性度、响应随机噪声、偏振灵敏度的测试等。

3.2.1　实验室定标设备

一、实验室定标的主要仪器设备

高光谱成像仪实验室定标的主要仪器设备有 4 类：标准辐射源和标准传递器具（黑体、标准灯、标准白板、标准光谱光源、单色仪、光谱辐射度计、标准探测器）、光源（太阳模拟器等）、光路器具及探测器（准直镜、毛玻璃、减光片、偏振片、可见 - 红外探测器）、温控真空仓。

标准辐射源和标准传递器具、光源、光路器具及探测器在 2.3 节和 2.4 节有详细介绍。

二、热真空试验设备

空间环境模拟是航天器设计、研制过程中的重要环节。热真空试验设备能在地面上模拟太空环境（如高真空、用于模拟空间冷黑的热沉、太阳辐射环境的模拟试验设备）。运载火箭、人造卫星、载人飞船、空间站、宇宙探测器以及航天飞机等各种空间飞行器都必须进行热真空试验。在卫星发射前的地面试验中，遥感相机、光谱仪也应在热真空试验设备中进行光谱、辐射度定标测试。

航天工程是高技术含量的综合工程，在航天器上采用了大量的新技术、新材料和新型器件，航天器的结构与功能不同，空间环境效应也会有很大差异。因此各国都投巨资建立自己的空间环境实验室，研制不同规格、性能的空间环境模拟试验装置，以增强航天器的可靠性。目前专业的热真空试验设备厂家和产品数量都不多，国内已有一些环境试验设备厂家自主研发了不同性能、规格的热真空试验设备。

热真空试验设备的主要核心技术是真空技术和传热技术，航天器热真空试验的 3 个基本条件是太阳辐射、真空与冷黑环境。

遥感相机、光谱仪在需进行热真空条件下的定标时，可根据仪器的尺寸、辅助设备体积、环境试验规范要求等条件选用相应规格的热真空试验设备。

3.2.2　暗电流测试和数据处理

图像数据中的所谓暗电流，就是每个探测像元输出值的本底值，即没有光照时每个像元的输出值。

在干涉型高光谱成像仪的实验室定标中，暗电流的测试是很重要的，因为在每一项定标项目的数据处理中，第一步工作就是从采集的每个像元输出值中去除暗电流。暗电流的值是干涉型高光谱成像仪响应输出数据的加性因子，其值的变化和偏差直接影响光谱仪干涉值的大小，进而影响干涉数据的复原结果。

一、暗电流的构成

在光谱成像仪中，像面光电探测器的暗电流由以下两个方面构成。

（1）光电探测器件本身的暗电流。光电探测器件内部电子的本征跃迁会产生暗电流，器件材料的杂质对暗电流影响很大。这部分的暗电流与温度有关，温度越高，热激发载流子越多，暗电流越大。各探测单元由于制造缺陷、工作温度的差异，将产生不同的暗电流。

（2）光电探测器件工作电路（驱动电路、读出电路、A/D 输出电路等）在不同增益下设置的暗电平偏置。这部分暗电流在不同增益下的值不同，而且由于电磁干扰等因素，将产生随机噪声。光电探测器件及工作电路在寿命期间的暗电流会有变化。各探测单元处于不同的电路中，暗电屏偏置量也有差异。

二、暗电流的测试

根据以上暗电流的构成和特性，为了通过测试得到较为准确的暗电流数据，可采取以下测试方法。

（1）分别测试、记录每个增益状态下的暗电流。

（2）多次采集数据，将平均值作为测量结果，减小随机噪声的影响，如取采集次数 m 为 $100 \sim 200$。

（3）规定测试温度范围（20 ± 2）℃，交付数据包时注明测试环境温度。实际使用暗电流数据时，需考虑使用时的环境温度与（20 ± 2）℃的偏差带来的影响。

（4）暗电流的测试应在开机预热后、电路进入稳定工作状态后进行。

（5）因卫星入轨运行后，采集暗电流的条件有局限性，光谱成像仪产品交付数据包中需提供各个增益的暗电流值。应该计算不同工况下采集的暗电流数据的平均值并将其作为常规使用数据，以减小工况差别引入的偏差。

三、暗电流的数据处理

每增益 Z 下暗电流的数据处理如下。

（1）计算每个像元暗电流输出的 m 次均值，以此作为该像元的暗电流值：

$$\overline{a_Z(i,j)} = \sum_{m=1}^{m} a_{Zm}(i,j) / m \tag{3.1}$$

式中，Z——增益；a——暗电流；m，m 为大于等于 1 的正整数——数据采集次数；i——探测器行序数；j——列序数。

以下（2）~（6）项的数据可以用于评价光谱成像仪成像数据性能或数据误差的分析。

（2）计算每个像元暗信号 m 次的标准方差 $\sigma a_{z(i,j)}$（暗电流的时域随机噪声）。

（3）计算 m 次均方差的面阵均值 $\overline{\sigma a_z}$ 及时域噪声的面阵均方差（时域随机噪声的空域离散性）。

（4）计算面阵所有像元暗电流的均值$\overline{A_z}$。

$$\overline{A_z} = \left[\sum_{i=1}^{i}\sum_{j=1}^{j}\overline{a_z}(i,j)\right]\bigg/(i+j) \qquad (3.2)$$

（5）计算时域噪声的相对值。

$$\overline{ZR_{aZ}} = \overline{\frac{\sigma a_z}{A_z}} \qquad (3.3)$$

（6）暗电流的面阵标准方差（暗电流的空域离散性）。

3.3 实验室定标——相对定标

3.3.1 相对定标的定义、作用、影响因素

相对定标按照字面的定义是一个广义的概念，可以表征某物理量（辐射量、光谱量等）在不同时间、不同状态、不同空间等条件下的相对定标。辐射定标中的相对定标通常是指空间上的相对定标，即标定成像仪器成像视场内各探测单元对辐射响应的非均匀性并进行校正。

光谱成像仪辐射响应相对定标的目的是校正视场内各探测单元辐射响应的不均匀性，也可称为平场。在辐射度绝对定标中，经全视场相对定标校正后，可以实现光谱辐射度绝对定标系数单值化。对于干涉型光谱成像仪，视场中光谱维各探测单元的响应值还表征了各干涉级次的干涉强度，辐射响应的不均匀性会导致干涉图数据偏差，造成复原光谱失真。因此为了获取正确的干涉图和复原光谱，必须进行辐射响应的非均匀性校正。

下面以某干涉型光谱成像仪的数据为例，分析探测器响应不均匀性的影响。表 3.2 给出了探测器非均匀性大小对干涉图校正及光谱复原准确度的影响。其中第 1 行 C 表示探测器非均匀性的平均值，第 2 行 ΔI 表示校正干涉图与原干涉图间的平均相对误差，第 3 行 ΔS 表示校正前后复原光谱的平均相对误差。当像元响应非均匀性达到 5% 时，复原光谱的偏差可以达到 20%。此数据充分说明了对于干涉型光谱成像仪，探测像元间响应非均匀性校正是非常重要的。

表 3.2　探测器非均匀性大小对干涉图校正及光谱复原准确度的影响

$C/\%$	0.54	1.08	2.17	3.25	4.06	5.14
$\Delta I/\%$	0.27	0.54	1.08	1.66	2.06	2.61
$\Delta S/\%$	1.43	2.83	6.12	10.6	14.1	19.8

光谱成像仪成像平面产生辐射响应不均匀性的主要原因有以下几个方面。

（1）像面探测器自身的响应不均匀性：探测器件制作材料、制作工艺因素会造成各个探测元间性能的差异。

（2）通常探测器由几个分区组成，并有各自的信号处理电路。信号处理电路又包括采样电路、放大电路和 A/D 转换电路。制作工艺、元器件的差异，会造成各个探测元信号处理电路传输参数不同。这些因素将引起探测器像元间响应的不均匀性。

（3）探测器工作环境因素：环境特性（温度、湿度等）的随机变化、外界的电磁干扰会造成各个电路传输性能的变化，将使响应不均匀性产生随机变化。

（4）探测器工作条件不同时，响应的非均匀性不同。因光谱成像仪工作的动态范围较宽，为了适应不同强度光信号的输入，像面探测器需设置多档增益。在不同的增益下，探测器读出电路的暗电流及各个信号传输电路的非均匀性不同，由此产生的像元响应的非均匀性也不同。

（5）对光谱成像仪而言，当观测全视场辐射均匀的目标时，像面应为响应一致的输出信号，但由于光学系统光能传输的不均匀性，将使像面视场的输出信号强度不一致。

从以上分析可以看出，（3）是随机变化因素，其他 4 项是不变因素。在进行相对定标非均匀性校正时，应根据导致非均匀性的因素，采取合理的校正方法，才能取得好的校正效果。

3.3.2 干涉型光谱成像仪相对定标的特点及方法

空间调制干涉光谱成像仪的像面图像是目标的干涉图。图 3.1 所示是空间维（垂直方向）均匀目标的像面图像。（时空调制型的像面图像则是空间图像与干涉图的叠加。）在光谱方向（水平方向）形成的是以零光程差处为中心、对称分布、高低起伏的干涉数据，而且全视场的光谱维不一定是完全双边对称的，因此直接采用简单的归一化处理不能达到均匀性校正的目的。对于这种类型的干涉型光谱成像仪的辐射度相对定标，需设法消除干涉图的影响，测试出实际的像元间响应不一致修正系数。

空间调制与时空调制的干涉型光谱成像仪的成像方法不同。空间调制干涉光谱成像仪的一次像面设置的是狭缝视场光阑，在光谱仪像面形成对应视场的图像（空间维一列）和列中每像元在光谱维（水平方向）的干涉图，干涉的零光程差处与目标的全色图像相同，可以视为快视图。图 3.1 为干涉型光谱仪入射全视场均匀辐射时的像面图像。时空调制干涉光谱成像仪的一次像面设置的是全视场光阑，在光谱仪像面上形成的是对应每一个视场目标元相应光谱相位差的干涉图，干涉的零光程差处的一列与目标的全色图像相同，而其他列则为相应光程差处的快视图。当对时空调制干涉光谱仪入射全视场均匀辐射时，因视场中所有目标元的光谱辐射都相同，各目标元在相应光程差处的干涉强度也相同，因此像面图像与入射均匀辐射的空间调制干涉光谱仪的相同（如图 3.1 所示）。鉴于以上分析的两种成像干涉型光谱仪图像数据的特点，它们辐射度相对定标的方法是相同的。

目前在实验室进行干涉型光谱成像仪相对定标时，可以采用以下两种方法：五棱镜法、二步法。

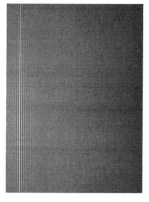

图3.1 空间维均匀
目标的像面图像

3.4 实验室定标——五棱镜相对定标法

五棱镜相对定标法就是在萨格奈克干涉光谱成像仪中用五棱镜代替剪切干涉仪进行整机的相对定标。五棱镜的材料和光路几何尺寸与干涉仪完全相同，棱镜结合面不镀分光膜，两半棱镜组合时没有剪切量，入射光线不能形成剪切干涉。剪切干涉仪与无剪切的五棱镜如图 3.2 所示。图 3.2（a）为剪切干涉仪，一条光线通过干涉仪可以被剪切为平行的两条光线，通过光谱仪的汇聚镜后，在焦平面上汇聚并干涉。图 3.2（b）是两个棱镜不错位时组成的五棱镜，光线经过五棱镜后不被剪切，不能形成干涉，因此五棱镜光谱成像仪的像面图像没有干涉图。

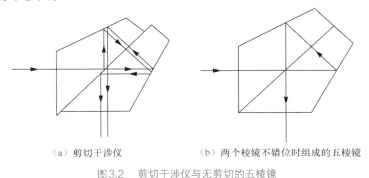

（a）剪切干涉仪　　　　　　　　　（b）两个棱镜不错位时组成的五棱镜

图3.2　剪切干涉仪与无剪切的五棱镜

采用这个方法进行相对定标测试前，需将光谱成像仪系统中的干涉仪拆掉，装入五棱镜，并做好全系统的光学穿心和像面调整。五棱镜光谱成像仪就是一个相机，其像面图像没有干涉图（见图 3.3（b）），但保持了原光学系统光能传输和图像记录的基本性能，因此可以用五棱镜成像仪测量记录像面探测器像元间响应的不均匀性，及光学系统光能传输的不均匀性。

图 3.3（a）、图 3.3（b）分别为干涉型光谱成像仪和五棱镜成像仪的像面图像。

相对定标测试系统的基本要求是其光源对五棱镜成像仪应有足够大的视场，且光能在全视场的空间分布非均匀性应优于 1%，光源强度应覆盖光谱成像仪辐射响应全动态范围，测试应分几个亮度等级进行。

（a）干涉型光谱成像仪的像面图像　　　　　　（b）五棱镜成像仪的像面图像

图3.3　干涉型光谱成像仪和五棱镜成像仪的像面图像

3.4.1 五棱镜光谱成像仪相对定标的几种方法

相对定标测试系统的光源有 3 种：积分球、积分球和平行光管、有太阳照明的天空背景作为大视场的均匀光源。

一、积分球法

图 3.4 是积分球相对定标系统示意，积分球作为相对定标的照明光源。可以使用太阳模拟器的积分球，球内的光源是卤钨灯和氙灯，在被测仪器入口外放置中性减光片，以调节入射光源强度。五棱镜光谱成像仪以积分球的出口作为均匀测试目标，要求积分球出口孔径足够大，必须满足被测五棱镜光谱成像仪的视场要求，且在全视场内辐射均匀。通过电动平移台的平移，可以在每个工况条件下用光谱辐射度计测试入射光谱成像仪的光源强度。

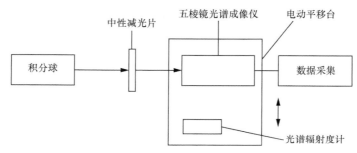

图3.4 积分球法相对定标系统示意

二、平行光法

测试系统将积分球作为照明光源，后面加入平行光管，形成均匀的平行光，再通过中性减光片调节光强，形成不同亮度的定标光源。图 3.5 为平行光法相对定标系统示意。五棱镜光谱成像仪以均匀平行光作为无穷远测试目标。这个方法的优点是入射光的状态与光谱成像仪遥感工作的状态一致。此方法应注意的问题是平行光管的口径及视场应与光谱成像仪的口径及视场相匹配，应满足全视场光分布均匀性的要求，因此需要有符合要求、设计合理的平行光管。通过电动平移台的平移，可以在每个工况条件下用光谱辐射度计测试入射光谱成像仪的光源强度。

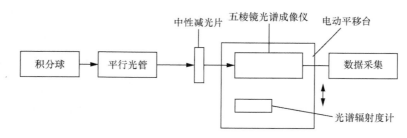

图3.5 平行光法相对定标系统示意

三、使用天空背景目标做相对定标试验

图 3.6 是使用天空背景目标做相对定标试验的示意。天空无云或云层高且均匀时，空中颗粒（水汽、固体颗粒）分布均匀，被太阳光照射后会产生空中均匀、远距离的散射光。将被测五棱镜光谱成像仪放置于地面，光轴垂直向上指向天空，则其视场角内的空中远距离的散射光形成平行光进入光谱仪。这种光源对于光谱成像仪是理想、均匀的大视场平行光，光源形式与其在轨工作时的非常接近。

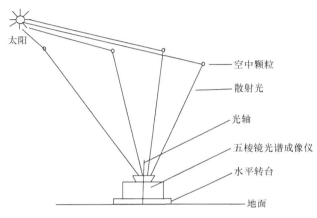

图3.6 使用天空背景目标做相对定标试验的示意

在试验中，天空视场受太阳照射角度的影响，偏向太阳的一侧亮度略高。为了克服太阳照射方位的影响，可用被测仪器在水平面的 4~8 个方位处采集数据的方法，将各方位数据平均值作为最后的结果。被测光谱成像仪放置在水平转台上，即可实现 4~8 个方位的测试。图 3.7 为 4 个方位测试俯视示意。太阳是在不停地运动的，为了减小各方位测试时视场亮度的差别，应尽量减小相邻方位测试的时间间隔。

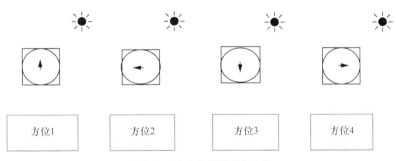

图3.7 4个方位测试俯视示意

下面以 HJ-1A 高光谱成像仪的试验结果为例，说明这个测试方法的特点。

图 3.8 是试验中第 100 列不同方位的归一化数据，可以看出各方位数据在空间方向 8 个子区（7 个纵坐标低点分出 8 个区间）中的分布有差别，经平均处理后可以消除这个差别，得到均匀分布的测试结果。

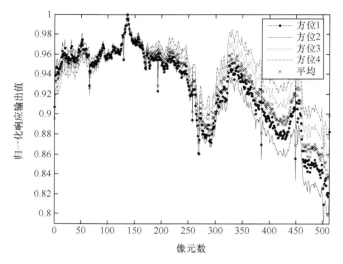

图3.8 试验中第100列不同方位的归一化数据

使用天空背景做相对定标的方法可以得到大视场、较为均匀的平行光测试光源,该方法的缺陷是天空背景亮度较低,不能获得大动态范围的测试结果,而且测试时间受天气状况的限制。

四、3 种方法光源强度空间分布均匀性比较

相对定标的测试,是以测试光源强度的空间分布完全均匀为测试基准的,因此光源的不均匀性就成为相对定标测试中的系统误差。为了提高相对定标的测试精度,应设法消除或修正光源的空间分布不均匀性。

下面以 HJ-1A 高光谱成像仪的一个测试实验为例,说明 3 种光源的特点。HJ-1A 高光谱成像仪是一个空间调制干涉光谱成像仪,其像面是空间一列(第 28 列、零光程差列)图像的干涉图。我们对 HJ-1A 高光谱成像仪(增益 1 状态)分别采用了 3 种光源、5 种条件进行测试。

(1)积分球(太阳模拟器)光路:太阳模拟器和减光片(T0.8+T0.95)。测试时间为 070311,面阵最大响应 DN 值为 3433,第 28 列减去暗电流 244,净响应值为 1459。

(2)平行光路 3456:太阳模拟器和景物模拟器(焦面放置模拟图像的平行光管),形成平行光光源。测试时间为 070311,面阵最大响应 DN 值为 3456,第 28 列减去暗电流 244,净响应值为 1405。

(3)平行光路 1184:太阳模拟器、景物模拟器和减光片(T0.3)。测试时间为 070311,面阵最大响应 DN 值为 1184,第 28 列减去暗电流 244,净响应值为 405。

(4)平行光路 814:太阳模拟器和景物模拟器。测试时间为 070311,面阵最大响应 DN 值为 814,第 28 列减去暗电流 244,净响应值为 251。

(5)天空背景:高光谱仪光轴朝天。测试时间为 070313,阴天、漫天云,测试结果采用 8 方位平均结果。面阵最大响应 DN 值为 883,第 28 列减暗电流 254,净响应值为 326.6。

图 3.9 为 5 种测试条件下光谱成像仪第 28 列(空间方向)的响应输出值。

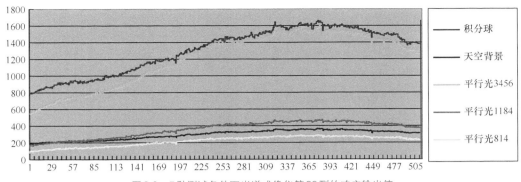

图3.9 5种测试条件下光谱成像仪第28列的响应输出值

对几种光源空间分布均匀性用相对偏差进行比较。最大偏差＝最大值－最小值；相对偏差＝最大偏差／最大值。表3.3为3种光源、5种条件下的空间分布相对偏差。

表3.3 3种光源、5种条件下的空间分布相对偏差

光路	灰度	28列响应最大值	28列响应最小值	最大偏差	相对偏差
积分球	3433	1660	787	873	0.526
平行光3456	3456	1600	547	1053	0.658
平行光1184	1184	472	145	327	0.693
平行光814	814	291	80	211	0.725
天空背景	883	364.5	175.6	188.9	0.518

由以上测试结果可以看出如下方面。

（1）不同光路中，空间分布均匀性比较：天空背景最好（相对偏差约为0.518），而且亮度低。积分球光路其次（相对偏差约为0.526）。平行光路较差（相对偏差为0.658～0.725），这与平行光管的孔径、视场同光谱仪的匹配及平行光管的设计有关。

（2）同种光源亮度越高时，空间方向最大偏差越大，相对偏差越小。

（3）天空背景的空间分布均匀性最好，可认为在相对定标中其光源分布不均匀性偏差很小，可以忽略。因此相对定标数据基本代表了相机光学系统的光能传输不均匀性。

（4）相对定标试验使用不同的光源和方法，可以比较不同光源的空间分布不均匀性差别，并选取均匀性好的方法进行相对定标，减小光源不均匀性引入的误差。

3.4.2 相对定标程序

（1）准备：根据定标试验大纲检查相关文件、数据记录表格是否齐备。检查测试仪器（光源、光路器具、光学元件）及被测仪器、数据采集系统是否齐备，工作状态是否正常。检查测试环境是否达到要求。

（2）搭建测试光路：根据测试方法的原理框图搭建光路。调试光路中各测试仪器、光学元件、被测仪器的光轴共轴，固定各仪器的位置。在天空背景光路测试时，被测仪器放置于水平转台上，光轴垂直向上。

（3）做电测准备：连接控制电源、数据采集系统。预热各测试仪器。

（4）采集暗电流：在待测五棱镜光谱成像仪无光入射的情况下，采集各增益的暗电流。

（5）采集数据：调整光源亮度（调整积分球内卤钨灯的电流或氙灯窗口光栏，或调整减光片的透过率），在被测五棱镜光谱成像仪响应动态范围内，每个增益下分 4～8 个亮度等级采集光谱成像仪的响应输出值和光源强度值。每个工况的数据采集采用多次采集方法，采集次数为 30～100 次，将多次采集数据的平均值作为测量结果。

在天空背景光路测试中，转动水平转台，使被测光谱成像仪分别在 4～8 个空间方位进行测试，在每个方位状态下采集各增益数据。（由于天空背景亮度较低，可能每个增益下只有一个亮度满足动态范围要求。）

（6）数据处理：按照相对定标数据处理方法处理各增益数据，给出各增益、各亮度级的相对定标系数。一般情况下每个增益下分 4～8 个亮度级。

3.4.3　相对定标数据处理

相对定标的数据处理分三个步骤。

1. 暗电流数据处理：按照式（3.1）计算各增益下各像元的暗电流 m 次采集数据的均值 $\overline{a_z}(i,j)$。

2. 剔除面阵数据中的坏像元。

探测器，尤其是红外探测器，由于制造工艺的原因存在一些坏像元，即响应失常的像元。在高光谱相机研制和使用过程中，强烈振动或者其他不确定性因素（如宇宙射线或者粒子轰击），可能会使探测器中的某几个或者一些像元的性能严重降低，甚至失效，这种像元称为坏像元。坏像元的存在将使高光谱图像中某些位置数据产生畸变（或称为失真），造成干涉数据异常，从而降低干涉成像质量，为此必须采取适当的方法修正坏像元数据。

要修正坏像元数据，首先要确定坏像元的判据。对探测器照明中上强度的均匀光，以面阵平均响应 $\overline{DN}$ 为基准，设定坏像元响应的阈值。例如，设阈值 $DN_{B(i,j)}$ 有如下限制：

$$DN_{B(i,j)}\begin{cases} \geqslant (1+0.3)\overline{DN} \\ \leqslant (1-0.3)\overline{DN} \end{cases} \tag{3.4}$$

达到式（3.4）条件的像元值将被剔除，然后通过空间维邻域平均以及干涉维插值得到数据的均值来代替，从而消除坏像元数据的影响。

图 3.10 为坏像元修正前的图像和修正前后的数据立方体。

3. 按在各增益 Z、各亮度级 E（强度值或相对强度值）下采集的数据，分别计算相对定标系数。

（1）读取各增益 Z、各亮度级 E 下各像元 m 次采集的响应值 $b_{ZEm}(i,j)$，计算 m 次的均值 $\overline{b_{ZE}}(i,j)$：

$$\overline{b_{ZE}}(i,j) = \sum_{m=1}^{m} b_{ZEm}(i,j)/m \tag{3.5}$$

i、j 分别为探测器行、列序数。

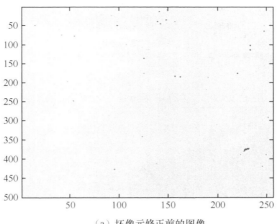

（a）坏像元修正前的图像

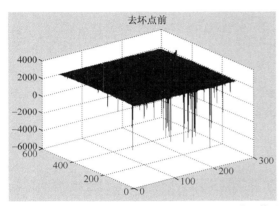
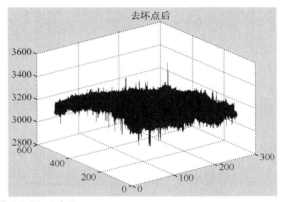

（b）坏像元修正前后的数据立方体

图3.10 坏像元修正前的图像和修正前后的数据立方体

对于使用天空背景目标的相对定标方法，每方位采集的数据进行时域平均后，需再对4~8个方位的数据进行平均计算，将平均结果作为基础数据处理。

（2）计算各像元的响应值 $b_{ZE}(i,j)$：

$$b_{ZE}(i,j) = \overline{b_{ZE}}(i,j) - \overline{a_Z}(i,j) \tag{3.6}$$

（3）计算像元响应的面阵均值 $\overline{b_{ZE}}$：

$$\overline{b_{ZE}} = \sum_{i=1}^{n_i} \sum_{j=1}^{n_j} [\overline{b_{ZE}}(i,j) - \overline{a_{ZE}}(i,j)]/(n_i + n_j) \tag{3.7}$$

n_i、n_j 分别为行、列总像元数。

（4）计算相对定标系数 $C_{ZE}(i,j)$：

$$C_{ZE}(i,j) = \frac{\overline{b_{ZE}}(i,j) - \overline{a_Z}(i,j)}{\overline{b_{ZE}}} \tag{3.8}$$

（5）计算响应非线性度。

① 计算响应曲线 $R_Z = f[E, \overline{b_{ZE}}]$、拟合直线 RO_{ZE}。

② 计算响应非线性度 ΔR_Z：

$$\Delta R_Z = \frac{(\overline{b_{ZE}} - RO_{ZE})_{\max}}{b_{ZE1} - b_{ZE7}} \times 100\% \tag{3.9}$$

图 3.11 为响应线性度测试曲线。

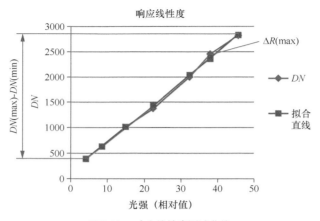

图3.11　响应线性度测试曲线

若计算结果是响应非线性度很小，例如小于 1%，则后续计算中每增益的相对定标系数可以只用中间亮度级的数据，实测的非线性度成为相对定标的误差项。

3.4.4　相对定标精度分析

根据现代误差理论，采用测量不确定度评定测量结果的质量高低。因此定标精度也采用不确定度表示和评定。

五棱镜光谱成像仪相对定标测得的相对定标系数是一个间接测量结果，其定标不确定度受测量方法、测量设备及各直接测量量的影响，由以下几个影响因子的不确定度分量合成确定。

u_1——相对定标时，校正光源的不均匀性，即测量视场内光亮度空间分布的不均匀性。通常用光亮度最大、最小值之差与视场中心光亮度值之比来表示。此项误差将形成相对定标测量结果的系统误差，应该在定标前对校正光源做光亮度空间分布不均匀性和时间稳定性测试，并加以修正。但由于测量方法、设备等方面的局限，修正结果仍会存在残余误差。

校正光源的时间稳定性，即多次采样期间光源输出光亮度的时域分散性。一般相机采样频率较高，多次采样时间很短（几秒），此间光源的时间稳定性是很高的，此项误差影响很小，可以忽略。

u_2——探测器的照明随机噪声，主要是探测器本身的光子噪声、散粒噪声、转移噪声以及驱动电路、信号处理电路的噪声，使探测元输出信号出现随机噪声。首先计算每个探测元光照响应值的多次测量平均值（每个增益 Z、每个亮度级 E）$\overline{b_{ZE}}(i,j)$ 和标准偏差 $S[\overline{b_{ZE}}(i,j)]$，计算此标准偏差的面阵均值及其与面阵响应均值之比（随机噪声的相对值）。

$$u_2 = \frac{\sum_{i=1}^{i}\sum_{j=1}^{j} s\left[\overline{b_{ZE}}(i,j)\right]/(n_i + n_j)}{\overline{b_{ZE}}} \tag{3.10}$$

取各增益中中等亮度级的数据计算，最后将各增益中此标准偏差的最大值作为相机整体的评价数据。

u_3——暗电流噪声。光电探测器本身产生的暗电流受工作温度、环境温度变化的影响会发生变化，探测器工作电路受到电磁干扰，也会引起暗电流的变化，这些因素都将引起暗电流随机噪声的产生。暗电流噪声的不确定度采用暗电流多次测量的标准偏差来计算。计算各增益面阵标准差的平均值及其与面阵暗电流均值之比（相对值），如式（3.3）所示。

$$u_3 = \overline{ZR_{aZ}} = \overline{\frac{\sigma_{aZ}}{A_Z}} \tag{3.11}$$

最后将各增益中此标准偏差的最大值作为相机整体的评价数据。

u_4——探测器响应的非线性度。如果探测器存在较大的响应非线性度，而相对定标系数不是按照各工作亮度等级给出的，那么响应非线性度将直接影响相对定标的精度。此项标准不确定度用非线性度计算，如式（3.12）所示。

$$u_4 = \Delta R_Z = \left[\frac{(\overline{b_{ZE}} - RO_{ZE})_{\max}}{b_{ZE1} - b_{ZE7}} \right] \times 100\% \tag{3.12}$$

式中，RO_{ZE}——拟合直线的值。

最后将各增益中非线性度的最大值作为相机整体的评价数据。

u_5——五棱镜测量方法引入的不确定度。五棱镜相对定标法使用没有分光膜层的五棱镜替代干涉型光谱仪中的干涉仪进行相对定标测试，最后恢复原干涉仪系统时，需重新做全系统的调试，因此将引入不同的系统调试和无分光膜层的偏差。此项误差的标准不确定度可以由系统调试误差的经验数据估算，分光膜层的偏差可由膜层的均匀性和光谱透过率的不一致性数据估算。

综合以上分析，五棱镜相对定标法的不确定度 $u_{五棱镜}$ 应由 5 项主要分量合成确定，如表 3.4 所示。

表 3.4 五棱镜相对定标法的不确定度

u_1	校正光源的不均匀性
u_2	探测器的照明随机噪声
u_3	暗电流噪声
u_4	探测器响应的非线性度
u_5	五棱镜测量方法引入的不确定度
$u_{五棱镜法}$	$u_{五棱镜法} = \sqrt{u_1^2 + u_2^2 + u_3^2 + u_4^2 + u_5^2}$

3.4.5 五棱镜相对定标法的特点

五棱镜相对定标法是原理很好的方法，但是工程实施中的一些问题影响了该方法的可行性。

下面以 HJ-1A 高光谱成像仪为例，介绍五棱镜相对定标法试验结果。

图 3.12（a）为实验室采集的原始干涉图，图 3.12（b）和图 3.12（c）分别为采用积分球五棱镜相对定标系数和太阳五棱镜相对定标系数修正后的干涉图。从修正后的干涉图可以看出这两套系数没有达到修正干涉图的目的，反而引入了误差。

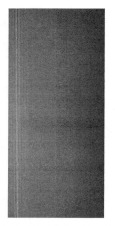

（a）实验室采集的原始干涉图　　（b）采用积分球五棱镜相对　　（c）采用太阳五棱镜相对定标
　　　　　　　　　　　　　　　　　定标系数修正后的干涉图　　　　系数修正后的干涉图

图3.12　实验室采集的原始干涉图及采用五棱镜法相对定标系数修正后的干涉图

3.5　实验室定标——二步相对定标法

相对定标的目的是修正探测器上像元间响应的不一致性，后者是当光谱成像仪全视场入射均匀辐射时产生的不均匀响应输出，是光谱成像仪响应性能中空间域的系统误差，在辐射定标中需进行校正。通过分析发现，像元间响应的高频不一致性主要由探测器组件（包括电路部分）的特性引起；低频不一致性主要由光谱成像仪系统光能传输不均匀引起。由于干涉型光谱成像仪的像面探测器上得到的是探测目标的干涉图，因此，相对定标系数的获取分两步进行，第一步是对光谱成像仪探测器组件进行测试（像面图像无干涉图），获取高频相对定标系数 C_1，第二步是对光谱成像仪全系统进行测试（像面图像有干涉图），获取低频相对定标系数 C_2，两者结合得到最终相对定标系数。

3.5.1　探测器像元间响应不均匀性修正系数 C_1

在干涉型光谱成像仪整机装配前，将像面 CCD 探测器组件置于光路中进行探测器像元间响应不均匀性测试。对测试光源要求如下。

（1）测试光源在探测器光接收面处应保证光照度分布均匀，测试前应对光源照度分布均匀性进行测试。

（2）某些探测器光接收面外有边框，当漫射光照明时，边框周边光减弱，光强分布出现暗边。因此不能采用漫射光照明，只能用平行光或远距离发射光照明。

（3）光源的光谱应符合探测器光谱响应范围，光源强度应满足探测器响应动态范围。

一、测试方法和设备

1. 标准灯光源相对定标法

图 3.13 所示为用标准灯光源进行 CCD 探测器组件像元响应不均匀性测试装置。采用标准灯作相对定标的光源，是因为其光辐射是稳定的，且在一定距离外光照度是均匀的。调节标准灯的工作电流可以调节光辐射的强度，从而进行探测器件响应线性度的测试。通过电动平移台的平移，可以在每个工况条件下用探测器测试入射到 CCD 探测器的光照度。

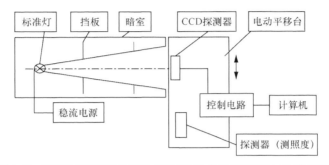

图3.13　用标准灯光源进行CCD探测器组件像元响应不均匀性测试装置

2. 平行光源相对定标法

图 3.14 所示为平行光源相对定标法测试装置示意。积分球及内置光源作照明光源（也可采用太阳模拟器，内置卤钨灯和氙灯），积分球出口处的毛玻璃位于准直镜的焦面（焦距为 f），减光片放置于准直镜外，可以通过调整减光片的透过率改变光源的强度。利用电动平移台的平移，在每个工况条件下用探测器测试入射 CCD 探测器的光照度。

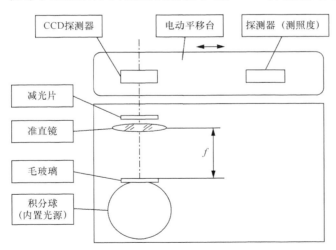

图3.14　平行光源相对定标法测试装置示意

3. 单色仪作相对定标光源

由于光谱仪采用的像面探测器性能各异，尤其某些红外探测器对不同波长的响应均匀性差异较大，因此有必要做各单色光的响应不均匀性校正。要求用单色仪作光源，组合准直镜，搭建输出均匀的平行光路，进行探测器组件的相对辐射定标。

二、定标程序

定标程序与 3.4.2 小节五棱镜相对定标程序基本相同。

（1）准备：根据定标试验大纲检查相关文件、数据记录表格是否齐备；检查测试仪器（光源、光路器具、光学元件）及被测仪器、数据采集系统是否齐备，工作状态是否正常；检查测试环境是否达到要求。

（2）搭建测试光路：根据测试方法的原理框图搭建光路；调试光路中各测试仪器、光学元件、被测仪器的光轴共轴，固定各仪器的位置。

（3）做电测准备：连接控制电源、数据采集系统；预热各测试仪器。

（4）采集暗电流：在无光照情况下，采集待测像面探测器组件各增益的暗电流。

（5）采集数据：调整光源亮度（调整积分球内卤钨灯的电流或氙灯窗口光栏，或调整减光片的透过率），在被测像面探测器响应动态范围内，每个增益下分 4～8 个亮度等级采集光谱仪 CCD 探测器的响应输出值和光源强度值。每个工况的数据采集采用多次采集方法，采集次数为 30～100 次，将多次采集数据的平均值作为测量结果。

（6）数据处理：按照相对定标数据处理方法处理各增益数据，给出各增益、各亮度级的相对定标系数。

三、像面探测器像元间响应不均匀性测试的数据处理

像面探测器像元间响应不均匀性测试的数据处理有两种常用方法。

1. 一点校正法

一点校正法以面阵响应均值为基准进行归一化，按照不同增益 Z、不同照明光强度 E 分别计算响应不均匀性系数。

数据处理方法与 3.4.3 小节五棱镜光谱成像仪相对定标数据处理方法相同。最后按照式（3.8）计算像面探测器的相对定标系数 $C_{1ZE}(i,j)$：

$$C_{1ZE}(i,j) = \frac{\overline{b}_{ZE}(i,j) - \overline{a}_Z(i,j)}{\overline{b}_{ZE}}$$

这种方法最简单，适用于响应线性度较好的光谱仪。

图 3.15 为像元间响应不均匀性修正系数 C_1 修正效果，图 3.15（a）为像元间响应不均匀性修正系数 C_1，图 3.15（b）为 C_1 修正前的像面干涉图，图 3.15（c）为 C_1 修正后的像面干涉图。

（a）像元间响应不均匀性修正系数 C_1

图 3.15　像元间响应不均匀性修正系数 C_1 修正效果

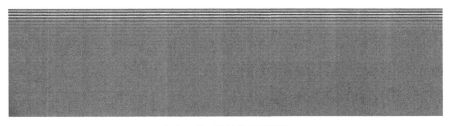

（b）C_1修正前的像面干涉图

（c）C_1修正后的像面干涉图

图3.15 像元间响应不均匀性修正系数C_1修正效果（续）

2. 二点校正法

二点校正法的原理如图 3.16 所示，实线曲线是某像元 (i, j) 对应不同输入光照度的响应曲线，虚线曲线是探测器面阵所有像元响应平均值的响应曲线，将后者作为探测器每个像元的归一化响应曲线，就可以校正像元响应的不均匀性。需求解在任意照度下第 (i, j) 像元响应值 $b_{ij}(E)$ 与其校正值 $b'_{ij}(E)$ 间的函数关系 f：

$$b'_{i,j}(E) = f\left[b_{i,j}(E)\right]$$

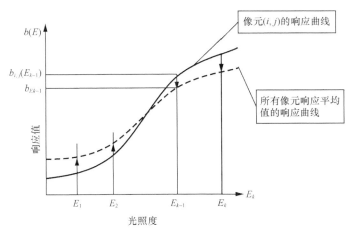

图3.16 像面探测器响应均匀性二点校正法原理

二点校正法适用于探测器为线性响应或响应非线性度很小的条件。设第 (i,j) 个像元的响应输出值 $b_{ij}(E)$ 与其校正值 $b'_{ij}(E)$ 间的关系为：

$$b'_{i,j}(E) = C_{1(i,j)} \cdot b_{i,j}(E) + a_{(i,j)} \tag{3.13}$$

式中，$C_{1(i,j)}$、$a_{(i,j)}$——非均匀性校正因子。

依次在两个不同强度的均匀辐照度下定标，就可以确定校正因子 $C_{1(i,j)}$、$a_{(i,j)}$。利用系

统依次将 $K \geqslant 2$ 个不同均匀辐照度 E_k 下的输出 $b_{ij}(E_k)$ 作为辐射定标点，以 $\left[(b_{ij}(E_k), \overline{b}_k)\right]$ 与 $\left[(b_{ij}(E_{k+1}), \overline{b}_{k+1})\right]$ 确定的直线作为第 (i, j) 个探测单元的归一化校正曲线，根据线性插值原理，在任意照度 E 下，当第 (i, j) 个探测单元的输出值 $b_{ij}(E)$ 满足 $b_{ij}(E_k) < b_{ij}(E) \leqslant b_{ij}(E_{k+1})$ 时，$b_{ij}(E_k)$ 与其校正值 $b'_{ij}(E_k)$ 之间的关系为：

$$b'_{i,j}(E) = C_k(i, j)b_{i,j}(E) + a_k(i, j) \tag{3.14}$$

$$C_k(i, j) = \frac{\overline{b}_{k+1} - \overline{b}_k}{b_{i,j}(E_{k+1}) - b_{i,j}(E_k)}$$

$$a_k(i, j) = \frac{b_{i,j}(E_{k+1})\overline{b}_k - b_{i,j}(E_k)\overline{b}_{k+1}}{b_{i,j}(E_{k+1}) - b_{i,j}(E_k)}$$

$$b_{ij}(E) \in [b_{ij}(E_k), b_{ij}(E_{k+1})], \quad k = 1, 2, \cdots, K-1$$

式（3.14）中 C_k、a_k 为非均匀性校正系数。当 $b_{ij}(E) \leqslant b_{ij}(E_1)$ 时，取：

$$b'_{ij}(\varphi) = C_1(i, j)b_{ij}(E) + a_1(i, j) \tag{3.15}$$

当 $b_{ij}(E) > b_{ij}(E_k)$ 时，取：

$$b'_{ij}(E) = C_{k-1}(i, j)b_{ij}(E) + a_{k-1}(i, j) \tag{3.16}$$

该算法计算量小，适用于探测器单元响应特性为线性或非线性的场合。

像元间响应的高频不均匀性主要由探测器及输出电路的特性决定，因此直接决定了相对定标系数的量值大小。对于一些性能良好的探测器和设计较好的电路，此项不均匀性值很小。当 C_1 值对相对定标精度影响很小、允许忽略时，C_1 可以作为残留系统误差不予修正。

3. 校正测试光源照明不均匀性

在像面探测器像元间响应不均匀性测试中，需对采集数据进行分析，如发现存在光源照明不均匀性，应加以校正。

例如，图 3.17 为像面探测器像元间响应不均匀性测试及校正，图 3.17（a）为其中的一幅定标图像，图 3.17（b）为暗电流图像，图 3.17（c）为图 3.17（a）的去暗电流图像，图 3.17（d）为图 3.17（c）的第 245 行图像。

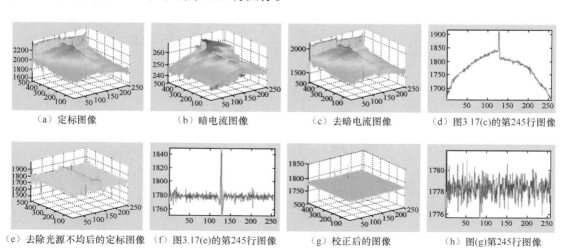

（a）定标图像　　　（b）暗电流图像　　　（c）去暗电流图像　　　（d）图3.17(c)的第245行图像

（e）去除光源不均后的定标图像　（f）图3.17(e)的第245行图像　（g）校正后的图像　（h）图(g)第245行图像

图 3.17　像面探测器像元间不均匀性测试及校正

由图 3.17（d）可以看出，由于受定标点光源球面波及 CCD 器件遮光罩等的影响，图 3.17（c）所示的定标图像中，不仅包含探测器本身的非均匀性，而且包含了入射到探测器上的光源分布的不均匀性，因而在求解探测器响应非均匀性校正系数时，应从定标图像中去掉光源分布不均匀的影响。

利用曲线拟合的方法得到图 3.17（c）定标图像每一行曲线的基线，即每一行的光源分布不均匀性，将图 3.17（c）定标图像减去其每一行曲线的基线后再加上其均值，可得到只有 CCD 探测器本身不均匀性的定标图像，即图 3.17（e），图 3.17（f）为图 3.17（e）的第 245 行图像。图 3.18（a）为据图 3.17（c）系列图像表示的未去除光源分布不均匀影响时的 CCD 所有探测单元的响应曲线，其非均匀性平均值为 3.6%。图 3.18（b）为据图 3.17（e）系列图像表示的去除光源分布不均匀影响后的 CCD 所有探测单元的响应曲线，其非均匀性平均为 0.54%，这就是 CCD 器件本身的非均匀性。

我们选取两幅不同强度照明的、经光源分布不均匀性校正后的图像，用式（3.16）计算出定标校正系数，对图像进行校正。图 3.17（g）为校正后的图像，图 3.17（h）为其第 245 行图像，图 3.18（c）为校正后 CCD 所有探测单元的响应曲线，其非均匀性平均为 0.07 %。

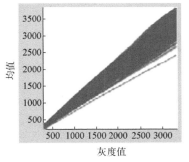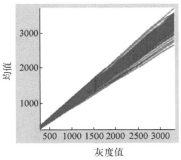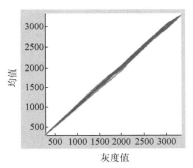

（a）未去除光源分布不均匀的响应曲线　　　（b）去除光源分布不均匀的响应曲线　　　（c）校正后的响应曲线

图 3.18　CCD 探测单元响应曲线

3.5.2　测试光谱成像仪全系统响应不均匀性系数 C_2

光谱成像仪全系统相对定标的方法与五棱镜光谱成像仪相对定标的方法相同。

一、测试方法和设备

相对定标测试系统的光源有 3 种：积分球、积分球和平行光管、有太阳照明的天空背景作为大视场的均匀光源。

1. 积分球法

图 3.19 是积分球法相对定标系统示意，积分球作为相对定标的照明光源。测试系统的中性减光片，用于调节入射光源强度。积分球出口孔径足够大，必须满足被测光谱成像仪的视场要求，且在全视场内辐射均匀。通过电动平移台的平移，可以在每个工况条件下用光谱辐射度计测试入射光谱成像仪的光源强度。

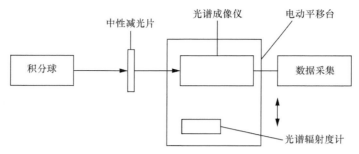

图 3.19　积分球法相对定标系统示意

2. 平行光法

测试系统采用积分球照明光源，后面加入平行光管，形成均匀的平行光，再通过中性减光片调节光强，形成不同亮度的定标光源。图 3.20 为平行光法相对定标系统示意。光谱成像仪以无穷远测试目标的均匀平行光作为入射光源，与光谱成像仪遥感工作的状态一致。平行光管的口径及视场应与光谱成像仪匹配，应满足全视场光分布均匀性的要求，因此需要有符合要求、设计合理的平行光管。通过电动平移台的平移，可以在每个工况条件下用光谱辐射度计测试入射光谱成像仪的光源强度。

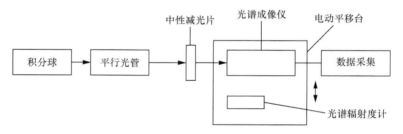

图 3.20　平行光法相对定标系统示意

3. 使用天空背景目标做相对定标试验

图 3.21 是使用天空背景目标做相对定标试验示意。天空无云或云层高且均匀时，将被测光谱成像仪放置于地面，光轴垂直向上指向天空，则其视场角内的空中远距离的散射光形成平行光进入光谱仪。这种光源对于光谱成像仪是理想、均匀的大视场平行光，入射光源形式与其在轨工作时非常接近。

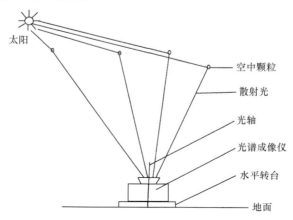

图 3.21　使用天空背景目标做相对定标试验示意

在试验中，天空视场受太阳照射角度的影响，偏向太阳的一侧亮度略高。为了克服太阳照射方位的影响，可用被测仪器在水平面的 4 ~ 8 个方位处采集数据，将各方位数据平均值作为最后的结果。被测光谱成像仪放置在水平转台上，即可实现 4 ~ 8 个方位的测试。图 3.22 为 4 个方位测试俯视示意。太阳是在不停地运动的，为了减小各方位测试时视场亮度的差别，应尽量减小相邻方位测试的时间间隔。

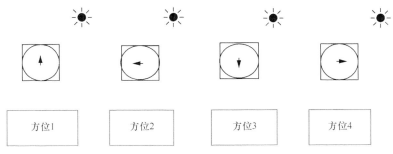

图3.22　4个方位测试俯视示意

二、定标程序

二步法定标程序与 3.4.2 小节相对定标程序基本相同。

（1）准备：根据定标试验大纲检查相关文件、数据记录表格是否齐备。检查测试仪器（光源、光路器具、光学元件）及被测仪器、数据采集系统是否齐备，工作状态是否正常。检查测试环境是否达到要求。

（2）搭建测试光路：根据测试方法的原理框图搭建光路。调试光路中各测试仪器、光学元件、被测仪器的光轴共轴，固定各仪器的位置。

（3）做电测准备：连接控制电源、数据采集系统。预热各测试仪器。

（4）采集暗电流：在待测光谱成像仪无光入射情况下，采集各增益的暗电流。

（5）采集数据：每个增益下分 4 ~ 8 个亮度等级采集光谱成像仪的响应输出值，可通过调整被测光谱成像仪入口处减光片的透过率调节光源强度。每个亮度级下分别采集 4 ~ 8 个方位的数据，每个工况的数据采集采用多次采集方法，采集次数为 30 ~ 100 次，将多次采集数据的平均值作为测量结果。

（6）数据处理：使用天空背景目标的相对定标方法需计算 4 ~ 8 个方位数据的平均值。

三、光谱成像仪全系统响应不均匀性系数 C_2 测试的数据处理

对整机全系统输入充满孔径和视场的均匀光时，采集的图像数据为带有干涉条纹的干涉图像。对采集的图像数据进行拟合、归一化，计算出归一化相对定标系数 C_2。由于系统响应不均匀是整个视场范围内的一个低频渐变的效应，因此采取低次（2 ~ 4）多项式拟合，将低频基线作为系统响应相对定标基准。拟合的方法有一维拟合和二维拟合，其中一维拟合只对各个光谱维进行拟合；二维拟合先对干涉维进行多项式拟合，再对拟合结果的空间维进行多项式拟合，最后对二维拟合的结果进行归一化处理。图 3.23 为干涉图二维拟合示意，图 3.24 为光谱成像仪全系统响应相对定标测试数据图像，图 3.25 为二维拟合获取的光谱仪系统相对定标系数 C_2。

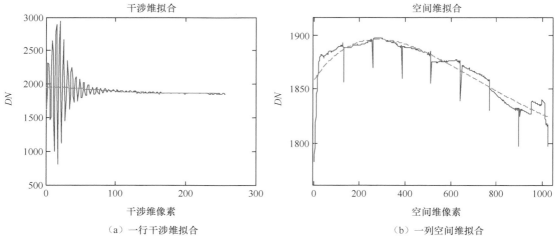

（a）一行干涉维拟合　　　　　　　　　　　（b）一列空间维拟合

图 3.23　干涉图二维拟合示意

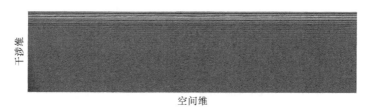

图 3.24　光谱仪全系统响应相对定标测试数据图像

图 3.25　二维拟合获取的光谱仪系统相对定标系数 C_2

最后将以上两项相对定标系数相乘，得到总的相对定标系数 $C(i, j)$ 为：

$$C(i, j) = C_1(i, j) \cdot C_2(i, j) \tag{3.17}$$

对干涉图像进行相对定标修正的时候直接用各像元响应数据除以该相对定标系数，就完成了整个像面的相对定标，也称为平场处理。

图 3.26 为相对定标修正前后的干涉图。

（a）相对定标修正前的干涉图

图 3.26　相对定标修正前后的干涉图

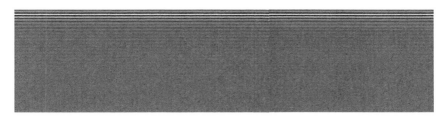

（b）相对定标修正后的干涉图

图 3.26 相对定标修正前后的干涉图（续）

黄旻采用的拟合方法，很好地去除了干涉图的背景噪声。首先在光谱方向上采用多项式拟合方法获得基线。经过实际的数据处理工作验证，拟合的阶数在 23～28 时效果最好（不同增益条件下略有不同，以原始干涉图与拟合后的干涉图的相对偏差的绝对值之和最小来判断）。在光谱维拟合完成后，由干涉图除去拟合的背景图，就完成了光谱方向的平场。然后利用均匀面光源获得的干涉图，沿干涉维相加，最后在空间方向上进行归一化，获得的归一化系数作为空间方向的平场系数。

四、二步法相对定标精度分析

高光谱成像仪像面探测器上各像元点 (i, j) 的相对定标系数 $C(i, j)$ 由式（3.17）确定，即：

$$C(i, j) = C_1(i, j) \cdot C_2(i, j)$$

$C_1(i, j)$——CCD 探测器相对定标时，面阵各像元的相对响应系数。

$C_2(i, j)$——全系统相对定标时的相对定标系数。（见 3.5.1 小节）

相对定标工作是分两步完成的，影响相对定标精度的各误差因子（不相关）所产生的不确定度分量如下。

u_1——CCD 探测器相对定标时，校正光源的空间分布不均匀性和不稳定性误差。

u_2——全系统相对定标时，校正光源的空间分布不均匀性和不稳定性误差。

u_3——暗电流的随机噪声 u_a，在两步相对定标中均需进行去除暗电流处理，且采用多次（n 次）采样的平均值作为测量结果，则平均值的不确定度为：

$$u_3 = \frac{u_a}{\sqrt{n}}$$

u_4——照明随机噪声 u_b，在两步相对定标中均有 u_b 的影响。且采用多次（n 次）采样的平均值作为测量结果，则平均值的不确定度为：

$$u_4 = \frac{u_b}{\sqrt{n}}$$

u_5——全系统相对定标时，做二维拟合数据处理产生的误差。

u_6——探测器响应的非线性度。

则相对定标系数的合成不确定度由以上各不确定度分量的方和根计算，如表 3.5 所示。

表 3.5 干涉型光谱成像仪实验室相对定标系数（二步法）的合成不确定度

u_1	CCD 探测器相对定标时校正光源空间分布的不均匀性
u_2	全系统相对定标时校正光源空间分布的不均匀性
u_3	暗电流噪声，$u_3 = \frac{u_a}{\sqrt{n}}$（2 次）

续表

u_4	照明随机噪声，$u_4 = \dfrac{u_b}{\sqrt{n}}$（2 次）
u_5	做二维拟合数据处理产生的误差
u_6	探测器响应的非线性度
$u_{c二步法}$	$u_{c二步法} = \sqrt{u_1^2 + u_2^2 + 2 \times u_3^2 + 2 \times u_4^2 + u_5^2 + u_6^2}$

　　由于相对定标存在误差，可以对相对定标平场后的结果再进行非均匀性测试，作为定标结果的评价，并进一步分析误差性质，对系统误差做进一步修正。

　　五、其他方法

　　姚乐乐介绍了一种基于统计思想对空间调制的干涉型成像光谱仪进行在轨相对辐射校正的方法，并通过对 HJ-1A 卫星上的干涉型成像光谱仪 HSI 测得的实际在轨数据进行相应的处理，来验证该相对辐射校正处理效果。结果表明该方法可以达到修正 CCD 响应不均匀性、光场不均匀性和减小非线性相位偏移的多重作用，提高复原光谱的精度。

　　由于高光谱成像仪具有特殊的数据立方体特性，其相对辐射度定标方法相比一般 CCD 相机有所不同。高光谱成像仪一次曝光的（一帧）面阵数据由空间维和光谱维构成，可以获得视场内空间维上百个地元的干涉强度值，而这些干涉强度值又据其离零光程位置的远近而呈现一定的分布衰减特性（光场的干涉原理）。（相机的推扫方向与空间维方向垂直。）

　　这个相对辐射度定标方法根据数据分布的实际特性，分别分维、分层处理数据，从空间维进行相对辐射校正。从相机推扫的大量数据立方体中，抽取同一光谱维的一行（空间维所有像元）值组成一层数据，则每个光谱维都有一层数据，每层数据具有相似的干涉特性；计算出空间维中每个光程差域上每列像元（光程差域一列数据）的均值和标准差，以及该光程差域空间维所有像元（整个光程差域数据）的均值和标准差，就可以计算出每个像元的校正模型，并利用该模型对该景数据进行相对辐射度校正。均值和标准差可以通过对所有在轨图像进行统计来获得，同时依据景物辐射的正态分布特性，它们应该具有一致的统计信息，如果不一致，则是 CCD 响应不均匀或入射光场不均匀造成的，需要消除。利用上面的理论就可以求得一层的 CCD 校正模型，进而可以求得高光谱成像仪上百层上像素的辐射校正模型。图像越多，图像对应地物的辐射强度分布越丰富，所得结果就越能够真实地反映像元的特性。（详见第 5 章）

　　这个方法可以实现空间维的响应不均匀性校正，但没有校正光谱维（每个光程差之间）的响应不均匀性。在卫星发射前的地面推扫实验中，可以利用大量的推扫图像，采用此方法进行相对辐射定标。

　　赵葆常、薛斌提出一种对称等光程差行校正的空间维相对辐射定标方法。对于具有完全对称干涉图的空间调制干涉光谱成像仪，其输出干涉图的特性：以零光程差为对称轴，两侧干涉图完全相同；对高稳定度、均一的激励源，具有相同光程差值的一行，其 CCD 输出理应相同。相对辐射定标就是根据这一特性，对行（空间维一行，而不是整个 CCD）进行平场。

由于 CCD 探测器件具有非常好的稳定性,在其未老化期间,时间采样响应一致性很好,故只需要考虑在 CCD 空间方向响应的一致性即可。在对 CCD 空间方向响应的一致性进行标定时,可采用均匀光源直接照射光学系统,通过对对应目标空间方向的 CCD 的输出进行平场校正,得到空间维的校正系数。

这个方法的特点是只进行空间维对称列的相对辐射校正,只是面阵图像的部分平场。

3.6 实验室定标——光谱定标

干涉型光谱成像仪光谱定标的目的是标定光谱仪干涉的主要参数,确定高光谱成像仪复原光谱的谱段数、各谱段中心波长的位置和光谱带宽,测定零光程差的位置和最大光程差。

3.6.1 光谱定标的原理

根据第 1 章介绍的基于萨格奈克横向剪切分束器的干涉型光谱成像仪的原理,横向剪切分束器将一束入射光沿垂直于光轴的方向(横向)剪切成两束互相平行的相干光,这两束光之间的横向距离称为横向剪切量 d。图 3.27 为干涉型光谱成像仪剪切干涉示意,光谱仪中被剪切的两束平行光通过成像镜(傅氏镜),汇聚于成像面的探测器平面上,并发生干涉。

图 3.28 是萨格奈克干涉仪计算两束相干光光程差的等效光路示意。

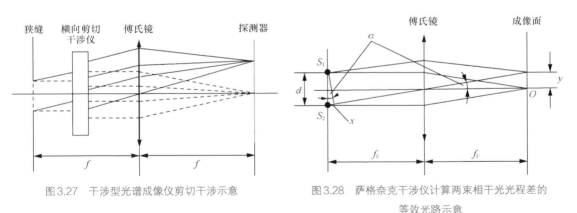

图 3.27 干涉型光谱成像仪剪切干涉示意 　　　图 3.28 萨格奈克干涉仪计算两束相干光光程差的
　　　　　　　　　　　　　　　　　　　　　　　　　　　　　等效光路示意

某一像点 S 的光线被萨格奈克干涉仪剪切成两个虚像 S_1、S_2 的平行光线,这两条光线通过傅氏镜后在焦平面的成像面处相交并干涉,它们的光程差 x 为:

$$x = d \cdot \sin\alpha$$

式中,α——视场角。对于傅氏镜有:

$$\sin\alpha \approx \tan\alpha = \frac{y}{f_F}$$

式中,y——像面光谱维干涉点到轴上点 O(零光程差点)的距离;

f_F——傅氏镜的焦距。

则这两条光线干涉的光程差为：

$$x = \frac{dy}{f_F} \tag{3.18}$$

对于任意波长，$y = 0$ 处光程差为零，干涉强度均为极大值。在实际的干涉型光谱成像仪中，干涉仪分束膜的作用使分束的一束光存在半波损失，使干涉结果产生 180°度相位翻转，零光程差的干涉强度成为最小值，干涉条纹为暗纹。对于输入的复色光，干涉图呈现的是零光程差处为暗纹，正、负一级为亮纹，以后的干涉强度逐级减弱。因此，利用复色光的干涉图可以确定零光程差的位置。

当对干涉型光谱成像仪输入波数为 σ_1 的单色光时，其干涉光的强度分布 $I(x)$（略去直流分量）为：

$$I(x) = B(\sigma_1)\cos(2\pi\sigma_1 x) \tag{3.19}$$

式中，x——光程差；$B(\sigma_1)$——单色光的强度。

如果系统输入均匀的单色光，则单色光的干涉图是等间隔的干涉条纹，干涉条纹的周期反映了波数 σ_1 的光程差。

干涉图的相位因子为 $2\pi\sigma x = 2\pi n$，当 n 为正整数时干涉强度为极大值，干涉条纹为亮纹。两条亮纹间的光程差为一个波长 λ，其在光谱维的距离周期为：

$$y_1 = \frac{\lambda}{d / f_F}$$

n 条亮纹的光程差 x_n 表示为：

$$x_n = \frac{d \cdot N_n \cdot S}{f_F} = n/\sigma = n \cdot \lambda \tag{3.20}$$

式中，d——干涉仪剪切量；N_n——n 对条纹占有的像元数；S——光谱方向的像元尺寸，即光谱维的采样间隔；f_F——博氏镜的焦距。

则一个像元对应的光程差 DOPD 为：

$$\text{DOPD} = \frac{d \cdot s}{f_F} = \frac{n\lambda}{N_n} \tag{3.21}$$

由式（3.21）可以看出，萨格奈克干涉光谱成像仪的 DOPD 是确定光谱仪干涉光程差的核心参数，而且可以通过输入波长 λ 的单色光，读取其 n 对干涉条纹占有的像元数，测定 DOPD。采集了干涉数据后，采用测定的 DOPD 进行光谱复原，就可以获得复原光谱的波长位置、谱线宽度，测定光谱仪的相应误差。依此原理，通过一个波长即可完成光谱定标，但由于光谱仪的采样点是离散的像元，干涉条纹的峰谷位置不能完全与像元位置吻合，读取干涉条纹占有的像元数存在误差，所以光谱定标需选用多个波长的数据，通过优化选用最佳的参数值。

由宽谱光的干涉图，可以确定零光程差的位置和单边过零最大像元数 $N_{\max}$，即最大采样点数，进而计算最大光程差 L：

$$L = \text{DOPD} \cdot N_{\max} \tag{3.22}$$

光谱仪的光谱分辨率与干涉图最大光程差的关系为：

$$\delta\sigma = \frac{1}{2L} \tag{3.23}$$

式中，$\delta\sigma$——光谱分辨率，即傅里叶变换光谱仪的最小可分辨波数差；L——最大光程差。

波数分辨率与波长分辨率之间的关系为：

$$\delta\sigma = \delta\lambda \cdot \sigma/\lambda \tag{3.24}$$

因此，测得干涉图最大光程差，就可以确定光谱分辨率，并且可以根据光谱仪工作的光谱范围内波数等间隔的关系，计算出谱段数、各谱段的中心波长及谱段范围。谱段数 n 由式（3.25）计算：

$$n = \Delta\sigma/\delta\sigma \tag{3.25}$$

式中，$\Delta\sigma$——光谱仪工作光谱范围。

在实际傅里叶变换光谱仪的应用中，我们无法得到 $(-\infty, +\infty)$ 内所有的连续干涉数据，只可以测量到某一有限的最大光程差 L，此时实际干涉数据为理想干涉数据与一个截断函数的乘积，即：

$$I_r(x) = \begin{cases} I(x) & x \leqslant L \\ 0 & x > L \end{cases} = I(x) \cdot T(x)$$

式中，$T(x) = \text{rect}(x/2L) = 1$（对任意 $|x| < L$）——矩形截断函数；$I_r(x)$——实际干涉数据；$I(x)$——理想干涉数据。

相应的复原光谱数据为：

$$B_r(\sigma) = B_i(\sigma) * t(\sigma) \tag{3.26}$$

式中，$B_r(\sigma)$——实际获得的光谱数据；$B_i(\sigma)$——理想的光谱数据；*——卷积运算；$t(\sigma)$——截断函数的逆傅里叶变换，即：

$$t(\sigma) = F^{-1}\{Tx\} = 2L \cdot \frac{\sin(2\pi\sigma L)}{2\pi\sigma L} = 2L \cdot \text{sinc}(2\pi\sigma L) \tag{3.27}$$

$t(\sigma)$ 即仪器谱线函数（Instrumental Line Shape，ILS），相当于输入单谱线光谱时由干涉仪得到的光谱，是仪器对无限窄的单色谱线的响应，简称仪器函数（Instrument Function）。

由以上分析可看出，在傅里叶变换光谱仪中，波数为 σ_0 的单色谱线的干涉图被矩形窗口函数截断后，其复原的重建光谱不再是无限窄的谱线，将退化为中心在 σ_0 处的 sinc 函数，即实际的谱线函数，其半峰全宽将加宽。截断函数也可称为窗口函数，不同的截断函数的仪器谱线函数也不同。仪器谱线函数可以在光谱复原的数据处理中选取、确定，因此它引入的误差是可知的系统误差，是可以修正的。

干涉型光谱成像仪谱段内的光谱响应可以按照高斯曲线进行分析。干涉型光谱成像仪在定标过程中，需要经过一次傅里叶变换，在变换过程中会受仪器谱线函数的影响，同时，数据的信噪比也会发生变化，这些都会影响最终的定标精度。

3.6.2 光谱定标的实验测试设备

一、干涉型光谱成像仪光谱定标测试的要求

由于光谱仪的 d/f 值在遥感工作环境中会变化，例如 d/f 值在常温空气与航天的真空环境中不同，因此干涉型光谱成像仪发射前的光谱定标除常温常压下的测试外，还需在模拟

航天环境的实验装置（热真空设备）中进行，同时光谱仪的成像焦面需按真空状态装调，如图 3.29 所示。

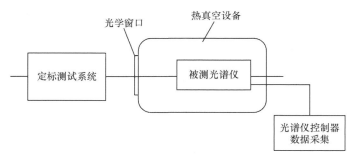

图3.29 光谱仪在真空环境下的定标测试

输入光谱仪的定标光源应为平行光，与光谱仪遥感工作状态一致。遥感器是针对无穷远目标成像进行光学系统设计的，当目标非无穷远时，其在系统焦平面的成像是离焦的，图像及干涉条纹的调制度都会下降，因此在这种状态下定标会影响定标精度。

单色光输入时应均匀充满光谱仪光谱维视场，尽量采集较多的可读取条纹数。输入光源可以只充满光谱仪的部分孔径，但在测试视场中的能量需达到足够的信噪比要求。

对于单色光的个数，应在工作谱段范围内多选几个，并尽量覆盖长、短波区域，通过不同波长计算结果的比对，优化选取 DOPD 值。计算 DOPD 后，再复原光谱进行验算。

定标光源需满足光谱仪响应动态范围的要求并有足够的强度，以保证较高的信噪比，提高数据采集的精度。光谱定标是测试干涉参数，与光谱仪的响应度无关，可以在光谱仪常用增益下测试。

二、主要设备

在实验室进行干涉型成像光谱仪光谱定标测试的主要设备有：已知波长及谱线宽度的标准光源、使光源均匀的漫射光器具、准直镜、热真空设备。

1. 已知波长及谱线宽度的标准光源

已知波长及谱线宽度的单色光，且波长及谱线宽度值的精度达 0.1nm，谱线宽度应小于被测光谱仪光谱分辨率的 1/10。

单色仪的波长精度可以达到 0.1nm，且在工作谱段范围内可以依次输出的波长间隔很小。但单色仪的输出谱线宽度受出、入射狭缝的影响而加宽。单色仪照明光源的输出功率有限，在部分光谱区域的辐射强度很弱，信噪比低。

激光具有单色性好、辐射强度高、谱线宽度窄、波长精度高的特点，是理想的标准光源。现在激光器已有各种不同工作谱段的产品，波长覆盖紫外 200nm 到红外十几 μm，波长精度可以小于 0.001nm。激光的谱线宽度很窄，可以达到 pm 量级。激光器的辐射功率范围很大，从几 nW 到 MW 级。激光的发散角小，因此在测试光路中的杂散光少。

光谱定标的标准单色光源波长必须与光谱仪的工作谱段匹配，但受激光工作物质和激光技术的限制，激光器产品的工作波长有一定的局限性。随着激光技术与制造工艺的发展，激光产品及其应用具有很好的发展前景，新的单波长和可调谐激光器发展很快，将为辐射定标领域提供更多的可用产品，成为辐射测试的新型单色光源。

干涉型光谱成像仪的光谱定标测试，可以在工作谱段内选用几个（两个以上）单波长激光器，最好能选用相应谱段的可调谐激光器，这样就可以在宽波段范围内调节波长，便于测试波长的更换，使测试更便捷。

激光功率稳定器是专门用于稳定激光输出功率的仪器，常在激光测试中与激光光源组合使用。

引起激光功率起伏的原因有电源电流波动、腔镜和腔体支架形变、激光模式跳变、自发辐射、激活介质增益系数以及腔体损耗系数的变化等。

稳定激光功率变化主要有两个途径。

（1）稳定激光器本身。通过电源调整、腔内空气隔离、频率稳定以及选用温度系数小的支架等方法，可将激光器输出功率波动控制在 1% 左右。

（2）稳定激光器的输出光束。不管是什么原因引起的激光功率变化，反映在输出光束上都是一个合成的效果，即光功率无规律的起伏。通过光反馈的方法直接对激光输出光束进行调制，以抵消激光束的这种功率起伏，光的输出功率波动可控制在 10^{-4} 量级。（姚和军）

2．漫射光器具

漫射光器具是指可使光源辐射均匀化的光学器具，包括漫射板、漫射透射屏和积分球。漫射板的反射率可以达到 90% 以上。漫射透射屏的透光率可以达到 80% 以上，透射光路设置更方便。在测试光路中采用动态漫射器使漫射光高频闪烁，可以有效地消除单色光干涉的散斑效应，为此常将漫射板（或屏）与运动机构联用。积分球的漫射性能最好，但对辐射光源有一定的辐射衰减。积分球应当按照定标系统的光学匹配关系选择其出口直径，并按照积分球设计原则和结构条件要求选择积分球的直径。

3．准直镜

准直镜的作用是使在其焦平面的辐射光线成为出射的平行光。光谱定标的光源是单色光，对准直镜的像差要求不高。在光路设计中，准直镜的孔径和焦距应与光谱仪达到光学匹配，满足充满光谱仪部分孔径和光谱维视场的要求。

4．热真空设备

按照遥感器的遥感环境试验要求选取专用的热真空设备。

3.6.3　光谱定标的方法和实验测试设备

干涉型光谱成像仪光谱定标的测试设备可以根据测试方法、测试精度的要求，以及可行的测试条件去选取。下面推荐几种测试方法。

一、使用单色仪和准直镜的光谱定标系统

单色仪光谱定标系统如图 3.30 所示。单色仪的出口置于准直镜的焦平面上，入射、出射狭缝宽度可以根据光谱定标需要的谱线宽度调节。可以在被测光谱成像仪工作谱段范围内选择 5 个以上波长进行测试。

二、使用激光器和准直镜的光谱定标系统

激光器和准直镜光谱定标系统如图 3.31 所示。在激光器方面，采用数个单波长激光器依次测量，最好使用可调谐激光器。激光功率稳定器用于稳定激光的传输功率。分束镜可以是固定于光路中的平板玻璃，它使光源的小部分光能反射至测量仪器。波长计测量光波的准确波长，其波长精度至少应比被测光谱成像仪的光谱分辨率高 3 个数量级。法布里 - 珀罗干涉仪用于测量单色光源的谱线宽度。激光经扩束镜扩束后，照明一个由电机带动的旋转漫射屏，漫射屏可以消除激光干涉的散斑效应。旋转漫射屏置于准直镜的焦面上，使光路中传输的激光成为平行光。减光片可以调节光源的强度，以满足测试光谱成像仪动态范围的要求。

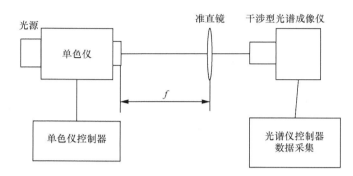

图3.30　单色仪光谱定标系统

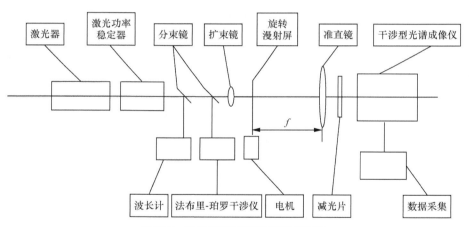

图3.31　激光器和准直镜光谱定标系统

三、使用激光器和积分球，并连用准直镜的光谱定标系统

图 3.32 是激光光源积分球（单色积分球）和准直镜光谱定标系统。此方法首先将激光引入积分球，利用积分球获得均匀、漫射的单色光源，将积分球出口置于准直镜的焦平面处，使定标光源成为均匀的单色平行光，输入干涉型光谱成像仪进行光谱定标。减光片可以按照干涉型光谱成像仪的动态范围调节光源的强度。

激光进入积分球前，先通过激光功率稳定器获得稳定的输出功率，并通过分束镜分光至波长计和法布里 - 珀罗干涉仪，进行波长和激光线宽的测试，再通过反射镜引入积分球。在积分球内引入激光处，可以装置旋转漫射板，用于消除激光的散斑效应。激光光源也可以通过耦合光纤引入积分球，并采取将局部传输光纤置入超声池内的方法，消除激光的散斑效应。

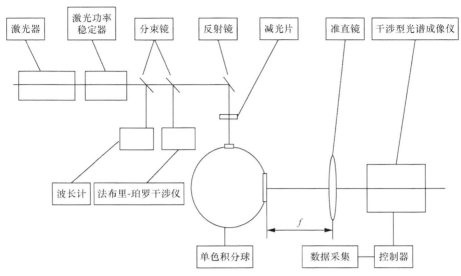

图 3.32 激光光源积分球和准直镜光谱定标系统

四、几种典型的激光光源积分球辐射定标装置

由于激光器产品发展很快，激光光源积分球已成为一种新型的辐射定标专用光源。下面介绍几种典型的装置。

英国国家物理实验室（NPL）在 20 世纪 90 年代建立了基于激光的辐射定标装置。绝对辐射定标溯源于基准低温辐射计，激光光源积分球是定标系统的光源。图 3.33 是该装置定标光源结构。光源主要由可调谐染料激光器、多模光纤、波长计和积分球组成。激光通过光纤输入积分球，部分光纤置于超声池内，用于消除激光干涉的散斑效应。积分球上装有光电二极管，可将控制信号送入电光调制器，用于调节激光的辐射功率，使激光辐射的稳定度达到 ±0.02%。积分球内径为 25mm，内壁涂层为硫酸钡。此光源用于测量滤光片辐射计光谱响应度，不确定度达 ±0.04%。

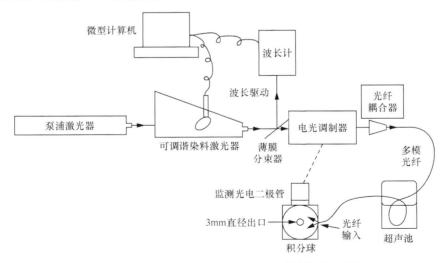

图 3.33 NPL 的基于激光的辐射定标装置的定标光源结构

美国国家标准技术研究院（NIST）建立了均匀光源光谱辐照度和辐亮度响应度定标

装置（SIRCUS），其测试系统示意如图 3.34 所示。由可调谐激光器输出的激光先通过强度稳定器，光功率的稳定度可控制在 0.1% 以内。一部分激光分至迈克尔逊干涉仪（波长计）测量激光波长，波长测量精度达到 0.001nm。还有一部分激光分至法布里 - 珀罗干涉仪（光谱分析仪），测量激光带宽和模式稳定度。激光由光纤引入积分球，形成均匀的准朗伯光源。使用积分球内的扫描振镜或将一段光纤置入超声池内，可以消除激光干涉的散斑效应。积分球上安装了作为监测探测器的光电二极管，实时测量积分球辐通量的变化。

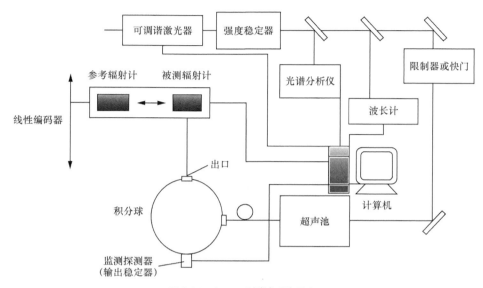

图3.34 SIRCUS测试系统示意

SIRCUS 的激光光源根据测试所需的工作谱段，选择不同的可调谐激光器。在 210 ~ 1050nm 光谱波段，连续可调谐性由氩离子激光或倍频掺钕钒酸盐激光泵浦的染料激光和钛宝石激光来实现。一些离散的光波长由泵浦激光提供。SIRCUS 的染料激光光谱波段范围为 415 ~ 700nm。SIRCUS 安装了准连续锁模激光系统，该系统包括产生可见和红外光的光学参量振荡器（Optical Parametric Oscillator，OPO）系统和产生可见和紫外辐射的双倍频、三倍频和四倍频系统。这些非线性光学系统利用辐射的脉冲性质和锁模激光具有高峰值功率的特点，相对于连续波激光，锁模激光更容易产生和频和差频光辐射。此系统用于产生 210nm ~ 3μm 可调谐光辐射。锁模掺钕钒酸盐激光泵浦周期极化铌酸锂（PPLN）OPO 用于 1350 ~ 5000nm，掺钕钒酸盐激光二次谐波泵浦三硼酸锂（LBO）OPO 用于 700 ~ 2000nm。连续波一氧化碳、二氧化碳和同位素二氧化碳激光分别用于 5000 ~ 7000nm、9000 ~ 12000nm、8000 ~ 11000nm 光谱范围的测量。图 3.35 是 SIRCUS 采用的部分激光的波长、输出功率和覆盖光谱范围。

SIRCUS 装置可以做辐射定标，不同的辐射定标应用，可以选用不同尺寸的积分球。积分球可以与平行光管组合作定标光源。SIRCUS 系统用标准探测器进行辐射定标。300 ~ 960nm 光谱范围的辐亮度和辐照度测量，采用了六元硅陷阱探测器作为参考标准探测器。参考标准辐照度探测器由基准低温辐射计定标，用于决定参考面辐照度，从而直接标定待测仪器光谱辐照度和辐亮度响应度。辐照度和辐亮度响应度定标综合标准不确定度低于 0.1%。

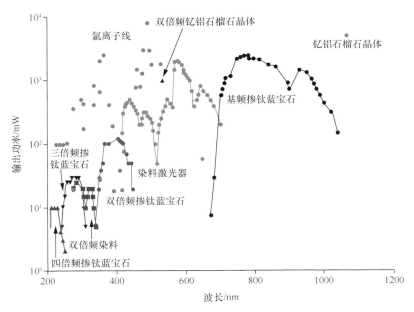

图 3.35　SIRCUS 采用的部分激光波长、输出功率和覆盖光谱范围

　　德国物理技术研究院（PTB）建立了窄带波长可调谐连续波激光系统 TULIP，用于 UV-C 至近红外光谱范围的辐射定标。图 3.36 是该装置的辐射定标系统示意。激光输出可导入积分球或锥形多模光纤（Taper Multimode Fibre，TMF）。波长计用于测量连续波激光波长，高分辨率阶梯光栅光谱仪用于记录准连续激光的光谱分布。TULIP 使用激光功率稳定器补偿激光功率的漂移和波动，使用监视技术修正测量中测试平面处辐射场的变化。激光由液体光导引入硫酸钡涂层积分球后形成均匀辐照度场，用于波长大于 500nm 光谱范围的测量。TULIP 装置中，液体光导与一机械振动部件相连，则可扰乱传输模式，从而有效地抑制由激光空间相干引起的散斑效应。锥形多模光纤同积分球相比具有高光通量和无荧光的优势，因而在波长小于 500nm 的光谱波段，TULIP 使用锥形多模光纤替代积分球，采用超声池来消除散斑效应。锥形多模光纤的输出仍是高度偏振的。

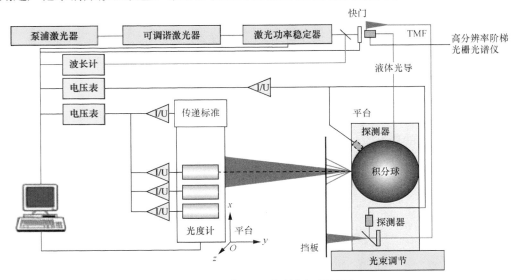

图 3.36　PTB 的 TULIP 辐射定标系统示意

　　TULIP 装置包括两套可调谐激光系统，即连续波激光系统和准连续波激光系统。其中连续波激光系统光谱覆盖范围为 360～460nm 和 565～960nm（见图 3.37）。波长可调谐激光器由倍频 Nd:YVO₄ 泵浦激光器输出 532nm 激光泵浦。在 460～565nm 的光辐射可由氩离子激光器和 Nd:YVO₄ 泵浦激光器输出激光部分填补。准连续波激光系统由配有 OPO 及倍频和三倍频系统的锁模钛宝石激光器组成，脉冲宽度为 130～200fs，重复频率为 80MHz，覆盖光谱范围为 230～1600nm 和 1700～3000nm（见图 3.38）。

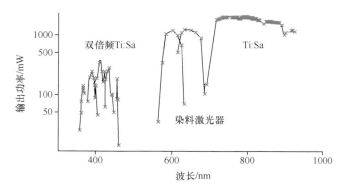

图 3.37　TULIP 装置中采用的各种连续波激光系统的光谱功率

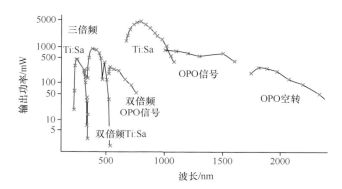

图 3.38　TULIP 装置中采用的各种准连续波激光系统的光谱功率

　　在避光测量室内，待测仪器（光度计）和参考陷阱探测器安装在三轴平动台上。配有精密光阑的恒温三元反射式硅陷阱探测器作为参考标准探测器（传递标准），其光谱功率响应度溯源于 PTB 辐射测量基准低温辐射计。

　　由于窄带通、高动态范围、波长可精确测量、高均匀辐射场，同经典的基于单色仪的装置的测量不确定度相比，TULIP 装置的不确定度显然更低。光度计带通范围内的不确定度可以从 0.5% 左右的典型值减至 TULIP 装置的 0.15%。

　　中科院通用光学定标与表征技术重点研究室建立了一套采用宽调谐单色面光源的光谱辐亮度响应度扫描定标系统。图 3.39 为该系统示意。高功率、可调谐波长的激光导入积分球后，在积分球出口形成均匀、朗伯性的面光源。激光功率稳定器可以调节积分球输出辐亮度的动态范围。为了使积分球光源出射光场具有良好的朗伯特性，设计外部激光双光路导入方式，通过调整分束镜的入射角度使得两路光的功率近似相等。采用积分球内部旋转漫射板的方法去除由于激光空间相干性产生的散斑。在积分球上安装监测探测器，用来监测和修正定标过程中由入射激光功率波动引起的积分球光源辐亮度变化。

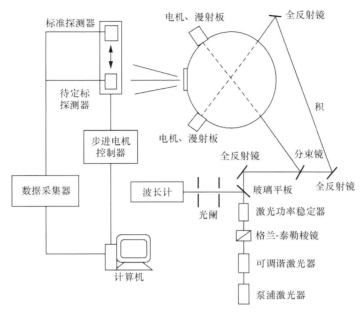

图3.39 采用宽调谐单色面光源的光谱辐亮度响应度扫描定标系统示意

积分球出射光的绝对光谱辐亮度由标准探测器校准，标准探测器的光谱辐亮度响应度溯源于低温绝对辐射计。

上位机软件控制二维平移台，使标准探测器和待定标探测器相继对准积分球出口中心进行观测，采用替代法把标准探测器的光谱辐亮度响应度传递到待定标探测器。

利用图 3.39 所示定标系统进行光谱辐亮度响应度绝对定标，不确定度主要来自标准探测器的定标精度、光源的辐射特性以及标准传递过程。国内、外初步研究结果表明，其合成标准不确定度可达 0.5%～1%，明显优于传统单色仪系统 5% 左右的定标不确定度。

3.6.4 光谱定标程序

（1）准备：根据定标试验大纲检查相关文件、数据记录表格是否齐备；检查测试仪器（光源、光路器具、光学元件）及被测仪器、数据采集系统是否齐备，工作状态是否正常。检查测试环境是否达到要求。

（2）搭建测试光路：根据测试方法的原理框图搭建光路；调试光路中各测试仪器、光学元件、被测仪器的光轴共轴，固定各仪器的位置。

（3）做电测准备：连接控制电源、数据采集系统；预热各测试仪器。

（4）采集暗电流：在待测光谱成像仪无光入射的情况下，采集增益下的暗电流。

（5）采集数据：输入宽谱光源，采集白光干涉图。输入单色光源（单色仪或激光器），调节光源输出所需测试的波长位置和强度，采集光谱测试数据（波长、光谱带宽）。用被测干涉型光谱成像仪采集单色光干涉数据，采集次数为 200～500 次，取多次采集数据的平均值作为测量结果。光谱成像仪采集数据后，若数据检查回放无差错，可进行下一步测试。记录采集数据文件名、实验条件（日期、时间、环境温度、湿度）。依次完成各波长的测试。

（6）数据处理：按照光谱定标的要求进行数据处理并给出测试结果。

3.6.5　光谱定标数据处理

一、读取单色光 σ_i 的干涉图数据，计算 DOPD$_i$

干涉型光谱成像仪的实验室光谱定标用单色光作为定标光源，单色光入射到光谱仪系统，得到明暗相间的等间隔干涉条纹，图 3.40 为 632.8nm 光谱定标干涉图像，图 3.41 是 632.8nm 光谱定标某一行的干涉曲线。光谱定标数据处理的主要工作就是对激光干涉条纹的周期进行计算，并依此计算出光谱仪的光程差因子。

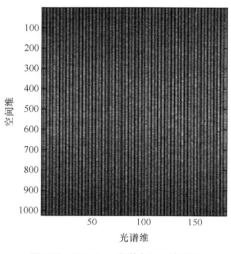

图3.40　632.8nm光谱定标干涉图像

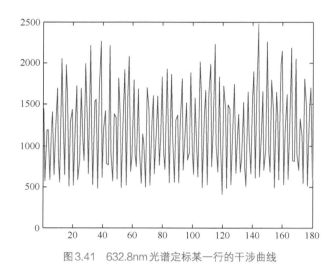

图3.41　632.8nm光谱定标某一行的干涉曲线

具体步骤如下。

（1）干涉型光谱成像仪采集宽谱光源的干涉图，确定干涉图零光程差位置和单边过零采样点数 N_{max}。

（2）对干涉型光谱成像仪输入波长为 λ_i 的单色光，采集单色光干涉图数据，对多次（200～500 次）采集的结果进行平均，然后进行预处理（去暗电流、去除坏像元、相对定标修正）。

（3）读取光谱维每行干涉图的数据，用数峰值的方法计算干涉条纹的完整周期数，即计算 n 对条纹对应的数据点数 N_n，计算光谱仪的光程差因子 DOPD。

数据读取方法 1：读取干涉条纹的完整周期，即 n 对条纹对应的数据点值。

数据读取方法 2：获取固定像元数内的条纹频率，计算条纹周期。

① 精确读取条纹数法。

根据式（3.21）得：

$$\mathrm{DOPD} = \frac{d \cdot s}{f_F} = \frac{n\lambda}{N_n} = \lambda_i / x_{\lambda_i} \tag{3.28}$$

式中，引入 $x_{\lambda_i} = N_n / n = \lambda_i/\mathrm{DOPD}$，可称为波长 λ_i 的单位光程差系数。此参数表征了在这个干涉型光谱成像仪中的光谱维，波长 λ_i 的干涉条纹一个周期占有的像元数。在光谱仪的工作谱段内仅有几个波长点的 x_{λ_i} 为整数，即干涉极大值与采样点（像元）中心位置重合，采样点的输出极大值与干涉极大值一致，读取整数 n 的 N_n 也是整数，没有误差。但定标测试的其他波长，尤其使用激光光源时，因激光产品波长点的限制，不能满足 x_{λ_i} 为整数的条件，x_{λ_i} 的小数部分是干涉极大值与像元中心位置的偏差 ΔN，这是干涉的相位差，它将按照余弦函数的规律随干涉级次逐级累积，并以小数部分累计达到整数为周期，依次循环直至最大光程差为止。由于干涉型光谱成像仪的像面探测器是由序列像元组成的，每个像元的输出值是每个波长的光源在此光程差上干涉强度的积分响应。探测器像元对于每个光波的干涉图是离散采样的，因此采集波长 λ_i 的干涉图与理论的无穷密集采样点干涉图的干涉周期、读取的 n 个条纹的像元数 N_n 存在误差，且为周期性误差。图 3.41 是光谱仪采集的激光干涉曲线，图 3.42 是波长为 632.8nm 的单色光的采样点加密的理论干涉曲线（部分），二者对比可显示其差异。

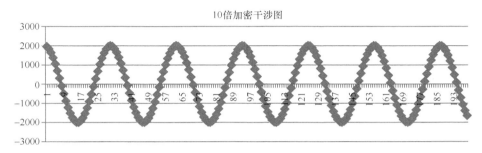

图 3.42　波长为 632.8nm 的单色光的采样点加密的理论干涉曲线

基于以上原理，读取干涉数据应分析其规律，选择偏差小的取值方法。

例如光谱仪理论 DOPD = 203.75nm，入射激光波长为 632.8nm，单边最大采样点数 180 元内的干涉条纹数 n = 57.96。波长为 632.8nm 的激光的单位光程差系数 $x_{\lambda_i} = \dfrac{\lambda_i}{\text{DOPD}} = \dfrac{632.8}{203.75} = 3.1058$，其小数部分即干涉条纹一个周期与像元整数位的偏差 ΔN_1，这个偏差的累积周期为：

$$T_{\Delta N_1} = \frac{1}{\Delta N_1} = \frac{1}{0.1058} = 9.45$$

则像元数为 9.45 的整倍数或接近整倍数时，干涉条纹最大值与像元中心位置的偏差最小；而当像元数为 9.45/2 的整倍数时，干涉条纹最大值与像元中心位置的偏差最大。

这个偏差就是 DOPD（一个像元代表的光程差）的偏差，进而产生计算（复原）波长的偏差。

在最大光程差范围内选取 4 点读取 n、N_n，计算 DOPD，其中 2 点读取像元值与理论计算值整数偏差 ΔN 最小。数据和计算结果见表 3.6。

表 3.6　数据和计算结果

条纹序数 n	像元序数 N_n	理论像元序数 N $N = n \times 3.1058$	理论与读值差（与整数之差）ΔN	$x_{\lambda_i} = N_n / n$	DOPD = λ / x_{λ_i}	$\lambda = \text{DOPD} \times \dfrac{N_n}{n}$
19	59	59.00957055	0.00957055	59/19=3.10526	203.78326	632.8000
47	146	145.9710429	−0.0289571	146/47=3.10638	203.70978	632.7999
52	161	161.4998773	0.4998773	161/52=3.09615	204.38261	632.7992
57	177	177.0287117	0.0287117	177/57=3.10526	203.78326	632.8000
平均				3.10326	203.91472	

按照平均值计算复原波长:

$$\lambda = \text{DOPD} \times \frac{N_n}{n} = 203.91472 \times 3.10326 = 632.80039\text{nm}$$

与波长标准值的偏差 $\delta\lambda = 632.80039 - 632.8 = 0.00039$nm。

由计算结果可看出,单独选择 ΔN 小的条纹的 n 处数据,复原波长偏差小(例如 $n = 19$、$n = 57$),反之则偏差大(例如 $n = 52$);取几点平均值时,计算结果的精度可以平均,最好直接选择 $\delta\lambda$ 最小的 DOPD 值。

② 采样点加密读取条纹数法。

数据处理时,对采样点做多倍或 10 倍加密,可以通过设置程序,选取干涉极大值与像元位置中心重合的条纹数。

光谱定标时,由于探测器和电路的噪声、光能分布的不均匀等因素,视场局部区域的信噪比较低,计算的 DOPD 值偏差明显较大。如图 3.43 所示的是某光谱仪输入 488nm 单色光时,计算的 DOPD 值在空间维的分布曲线。其中显示空间维每一行的 DOPD 值均不同,但视场中间部分数据分布较均匀、变化小,因此可以将中间区域几百行的平均值作为 DOPD 值的最后结果。

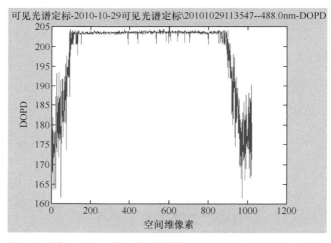

图 3.43 输入 488nm 单色光时计算的 DOPD 值在空间维的分布曲线

二、对不同波长计算的 DOPD 结果进行优化处理

干涉仪的干涉图离散采样点、有限采样点及最大光程差决定了光谱仪的波数间隔、最大和最小波数、光谱分辨率。因此,此类光谱仪的光谱点中心波长不可能与光谱定标时测试光源的光谱点中心波长完全吻合,光谱定标时每个测试谱线的定标结果都存在不同程度的误差,定标应该选取多个测试波长,进行数据处理的优化,取平均值作为最后结果,减小单次测量误差的影响。

根据傅里叶变换的原理,在这一步计算中可以对干涉数据采样点进行加密,以提高计算结果的精度。采用不同波长计算的 DOPD 值进行各波长干涉图的光谱复原,计算各测试波长的偏差(复原波长与标准波长的差值),选取各波长偏差均最小或平均偏差最小的 DOPD 值作为优化最佳值,并采用优化的 DOPD 值再次进行光谱复原和验证。

以优化结果 DOPD 值进行光谱复原，计算光谱复原得到的各波长 λ_{ir} 与标准波长 λ_{is} 的偏差 $\delta\lambda_i = \lambda_{ir} - \lambda_{is}$，计算波长偏差的平均值和标准方差 σ_λ：

$$\sigma_\lambda = \sqrt{\left(\sum_{i=1}^m \left(\delta\lambda_i - \overline{\delta\lambda_i}\right)^2\right)/(m-1)} \tag{3.29}$$

σ_λ 即光谱定标的波长不确定度，作为光谱仪光谱定标精度的检验结果。

三、光谱定标结果

按照 3.6.1 小节的各公式计算光谱仪最大光程差 L、光谱分辨率、谱段数、各谱段的中心波长和光谱响应范围。

3.6.6　光谱定标精度分析

光谱定标的精度取决于各测量过程和计算中引入的误差。在光谱定标的第一步中，读取单色光干涉图的条纹级数 n 和相应的像元数 N_n，按照式（3.28）计算 DOPD 值：

$$\mathrm{DOPD} = \frac{n\lambda}{N_n} = \lambda/x_{\lambda_i}$$

计算结果的主要不确定度因素是 n 对应像元数的不确定度 u_N 和输入标准波长值的不确定度 $u_{\lambda S}$。根据不确定度传播律，DOPD 的不确定度 u_D 为：

$$u_D = \sqrt{\left(\frac{n}{N_n}u_{\lambda S}\right)^2 + \left(\frac{n\lambda}{N_n^2}u_N\right)^2} \tag{3.30}$$

在第二步的 DOPD 验算中，按照式（3.21）计算复原光谱 λ：

$$\lambda = \mathrm{DOPD} \times N_n / n$$

则复原光谱 λ 的不确定度 u'_λ 为：

$$u'_\lambda = \sqrt{\left(\frac{N_n}{n}u_D\right)^2 + \left(\frac{\mathrm{DOPD}}{n}u_N\right)^2} \tag{3.31}$$

将式（3.30）代入式（3.31）：

$$u'_\lambda = \sqrt{\left(\frac{N_n}{n}\right)^2\left[\left(\frac{n}{N_n}u_{\lambda S}\right)^2 + \left(\frac{n\lambda}{N_n^2}u_N\right)^2\right] + \left(\frac{\mathrm{DOPD}}{n}u_N\right)^2} = \sqrt{(u_{\lambda S})^2 + 2\left(\frac{\lambda}{N_n}u_N\right)^2} \tag{3.32}$$

此外在光谱复原中，由于干涉光学系统的轴上点与实际像面探测元的中心存在偏差，对于单边干涉的傅里叶变换，产生一个相位差，会造成干涉图的位移偏差。虽然在光谱复原时会采取单边过零采样和相位修正的方法进行校正，但仍有残留误差，并将影响复原光谱位置的精度。我们以 u_r 表示此项误差引入的不确定度，则复原光谱的总不确定度 u_λ 为：

$$u_\lambda = \sqrt{(u_{\lambda S})^2 + 2\left(\frac{\lambda}{N_n}u_N\right)^2 + u_r^2} \tag{3.33}$$

式中的参数说明如下。

$u_{\lambda S}$——输入单色光波长值的不确定度。对于激光光源，除半导体激光器外，激光的输出波长值在激励和调谐状况不变时是不会变化的，波长值的标定精度主要由定标系统中的波长测试仪器决定。例如，一般的波长计的波长测试精度可以达到 10^{-6}。

u_N——读取单色光干涉图第 n 级条纹的像元数时，读值与整数的差，差最大为 0.5（大于 0.5 时干涉强度值可累积至下一个像元）。如果读干涉图时详细分析、选取偏差 ΔN 小的方法，此项不确定度可以达到 0.3 以下。这项误差反映了实际干涉条纹峰值位置与像元中心位置的偏差，还包含干涉图像中暗电流噪声、照明噪声、装配引起的像元位置偏差。

u_r——光谱复原产生的光谱位置不确定度。例如经相位修正后，零光程差位置偏移为 0.3/DOPD = 0.3/203.75 = 1.47×10^{-3} 像元，可以达到约 0.0015 像元，即光程差偏差为 0.3nm，则光谱复原产生的波长偏移为 0.3nm。

式（3.33）是光谱定标精度的理论分析式，在光谱仪设计阶段可以采用这个方法对定标精度进行评估、核算，可以根据经验或仿真计算确定各不确定度因子的值。表 3.7 为干涉型光谱成像仪实验室光谱定标的不确定度。在确定了光谱定标结果 DOPD 值后，需进行各波长复原光谱的偏差验证。

表 3.7　干涉型光谱成像仪实验室光谱定标的不确定度

$u_{\lambda S}$	输入单色光波长值的不确定度
$u_N \times 2$	读取单色光干涉图第 n 级条纹的像元数时，读值与整数的差。其中包含了干涉图像中暗电流噪声、照明噪声、装配引起的像元位置偏差 在计算 DOPD 和光谱复原的过程中两次读取干涉数据的不确定度
u_r	光谱复原产生的光谱位置的不确定度
合成不确定度 u_λ	$u_\lambda = \sqrt{(u_{\lambda S})^2 + 2\left(\dfrac{\lambda}{N_n}u_N\right)^2 + u_r^2}$

3.7　实验室定标——光谱辐射度的绝对定标

3.7.1　光谱辐射度绝对定标的原理

一、光谱辐射度的绝对定标系数

干涉型光谱成像仪的光谱辐射度的绝对定标是为了测定光谱成像仪的光谱响应函数，建立复原光谱值与输入目标光谱辐亮度间的定量关系。

已知光谱强度分布为 $B(\sigma)$ 的光入射干涉型光谱成像仪，得到像面的干涉强度分布（略去直流分量和常数）为：

$$I(x) = \int_{\sigma_1}^{\sigma_n} C(i,j)K(\sigma)R(i,j;\sigma)B(\sigma)\cos(2\pi\sigma x)\mathrm{d}\sigma + I_0(i,j)\cdots \qquad (3.34)$$

式中，x——光程差，x 坐标为行方向；i——行像元序数，总个数 N_i；j——列像元序数，总个数 N_j；σ——波数（cm^{-1}），σ_1、σ_n 分别为光谱仪工作起始波数和截止波数；$I_0(i,j)$——像元 (i,j) 的零输入响应；$C(i,j)$——相对定标系数；$R(i,j;\sigma)$——光谱响应函数；$K(\sigma)$——sinc 函数，是由于矩形采样产生的调制函数：

$$K(\sigma) = \mathrm{sinc}\left(\sigma\frac{dsk}{f_F}\right) \qquad (3.35)$$

式中，d——横切干涉仪的剪切量；k——探测器像元占空比；s——光谱维像元尺寸；f_F——傅氏镜的焦距。

空间调制型和时空调制型光谱成像仪获取目标点干涉数据的方式不同，对干涉数据的采集、处理方法也不同。空间调制型光谱成像仪像面一次曝光的单帧图像，是空间维、零光程差列每个像元的图像与其在光谱维的光谱干涉图组成的，沿光谱维的一行数据即空间像元的点干涉图，由点干涉图就可得到复原光谱。光谱成像仪沿光谱维方向推扫时，逐帧获取二维空间信息。辐射定标需测定零光程差列每个像元复原光谱值与物方共轭目标在入瞳的辐射亮度的定量关系。当测试目标在全视场内均匀时，每个目标单元的光谱辐射亮度是相同的，则当空间维各像元的光谱响应度均匀一致时，各像元的光谱辐射度绝对定标系数也相同，定标系数可以单值化。但在实际的遥感图像中，相对辐射校正往往不完善，残留像元间的响应不均匀性将影响定标精度，因此最好还是计算空间维每个像元的定标系数。

时空调制型光谱成像仪一次曝光的像面单帧图像中，每像元的输出值为共轭物元在相应视场角、某光程差的干涉强度，空间维同一列、同一光谱维的各像元虽对应不同物元，但光程差相同，而光谱维的各行像元则对应不同物元的不同光程差。图3.44是时空调制干涉光谱成像仪入射均匀辐射时的像面干涉图，最暗的为零光程差列。

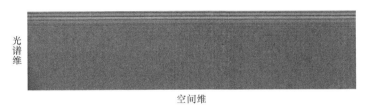

图3.44　时空调制干涉光谱成像仪入射均匀辐射时的像面干涉图

光谱成像仪沿光谱维推扫（每帧推扫一个单元光程差）时，每个采样单元逐帧获取逐级光程差干涉值，最后可获得共轭物元全部光程差的干涉图，因此每个采样单元点干涉图的数据需逐帧依次逐列抽取。图3.45为时空调制干涉光谱成像仪点干涉数据抽取示意，$t_1 \sim t_5$ 表示推扫的 5 个顺序曝光时刻，$x_1 \sim x_5$ 表示像面上的 5 个光程差单元（像元）。在 t_1 时刻，某地物目标元 A 成像于像面 x_1 位置，其干涉光程差为 t_1；随着光谱仪的推扫运动，在 t_2 时刻，物元 A 成像于 x_2 位置，此时其干涉光程差为 x_2。依此类推，直至达到最大光程差，再开始下一个循环。

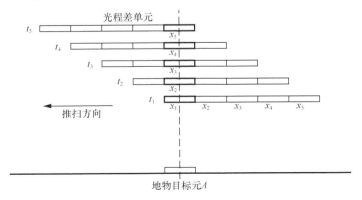

图3.45　时空调制干涉光谱成像仪点干涉条纹抽取示意

在数据处理时，第一步需拼接干涉图，t_1 帧抽 x_1 列，t_2 帧抽 x_2 列，依次抽取，直至最大光程差 L，组成一个新的干涉图 LAMIS，这是空间维一列像元的全光程差干涉图。下一步可以提取地物目标元 A 的点干涉图，即光谱维的一行数据，由点干涉图就可以复原地物目标元 A 的光谱。

辐射定标需测定光谱成像仪零光程差列各像元的辐射定标系数。当测试目标在全视场内均匀时，每个目标单元的光谱辐亮度相同，如果使像面各像元的光谱响应度均匀一致，那么每个目标单元在同一光谱维的干涉强度也相同，则零光程差列像元在光谱维的一行数据，等效于其点干涉图，此时单帧图像的形式和数据与空间调制型均匀目标单帧图像的一样。根据这个原理，时空调制型光谱成像仪进行辐射定标时，只要测试光源为全视场的均匀辐射，则光谱成像仪采集干涉图像信息时不用进行推扫，而可以采用凝视工作状态连续采集的方式，此时可以采用单帧图像提取点干涉图。在这个条件下，空间维、零光程差列各像元的光谱辐射度绝对定标系数也相同，定标系数可以单值化。

提取零光程差列某个像元的点干涉图 $I(x)$，进行相应像元的零输入响应修正、相对定标后的像元响应不均匀性修正、滤波、相位修正、傅里叶变换后，得到复原光谱强度分布 $B'(\sigma)$：

$$B'(\sigma) = FT^{-1}[I(x)] \qquad (3.36)$$

定标中使用光谱辐射度标准传递仪器，测试入射光谱成像仪的标准光谱辐亮度值 $L(\sigma)$，按照式（3.37）确定绝对定标系数 $D(\sigma)$。

$$D(\sigma) = \frac{B'(\sigma)}{L(\sigma)} \qquad (3.37)$$

$D(\sigma)$ 表示在波数 σ 处输出 DN 值对应的入射光谱辐亮度（ $\mathrm{DN \cdot W^{-1} \cdot m^2 \cdot sr \cdot \mu m}$ ）。空间方向零光程差列的每一个像元，都将产生与谱段数 n 相同个数的绝对定标系数。相对辐射校正不完善时，最好每个空间像元计算一个绝对定标系数。

绝对定标系数 $D(\sigma)$ 实际表征了光谱成像仪的光谱响应性能，做归一化处理后，即光谱成像仪的光谱响应函数。

二、光谱成像仪响应线性度

本书在 2.3.4 小节介绍了光电探测器性能，响应线性度是一个重要的指标。线性度是描述光谱成像仪的光照输出信号与输入光强保持线性关系的程度。在响应线性区内，光谱成像仪输出 DN 值与输入光能成正比。光谱成像仪的暗电流和噪声限制了线性区的下限，而上限则受饱和效应或过载的限制。

线性度指标是指光谱成像仪的实际响应曲线接近直线的程度，用非线性误差 δ 来度量：

$$\delta = \frac{\Delta_{\max}}{I_2 - I_1}$$

式中，$\Delta_{\max}$——实际响应曲线与拟合直线之间的最大偏差；I_2、I_1——线性区最大和最小响应值。图 3.46 为光谱成像仪响应线性度测试结果。

在辐射度绝对定标测试中，需要采集不同亮度级下干涉型光谱成像仪的响应输出 DN 值和光源输入辐亮度值，按照式（2.73）计算面阵每个像元的非线性误差，并计算面阵的平均值作为光谱成像仪性能的评价指标。

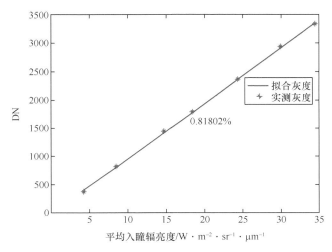

图3.46 光谱成像仪响应线性度测试结果

三、光谱成像仪响应动态范围

干涉型光谱成像仪的动态范围由测试光谱成像仪在每个增益下可以响应的最大、最小入射辐亮度值和其对应的输出值决定。对于干涉型光谱成像仪，像面干涉图是响应结果，每个干涉图的最大值，即零光程差处最大值，就是响应最大值（DN）。一般遥感相机的总体设计都有入射辐亮度的动态范围要求，或以太阳高角、地表反射率的形式给出入射辐亮度的动态范围。

入射辐亮度的指标是光谱平均辐亮度（单位 $W \cdot m^{-2} \cdot sr^{-2} \cdot \mu m$），而像面干涉图是入射光谱积分响应的结果，直接受光谱成像仪光谱响应的影响，不同光谱的响应值不同，因此光谱平均辐亮度相同但光谱分布不同的光源，其积分响应结果是不同的。

例如图 3.47 所示的辐亮度平均值相等、光谱分布不同的两个光谱。

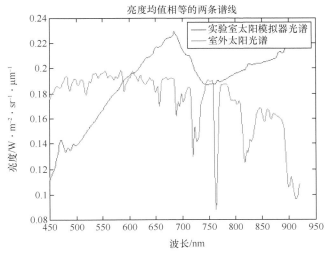

图3.47 光谱辐亮度平均值相等、光谱分布不同的两个光谱

两个光谱值乘以光谱成像仪的光谱响应函数（光谱辐射绝对定标系数）后，可以获得

光谱成像仪对两个光谱的等效光谱响应值，它们的积分值相差 20.5%，如图 3.48 所示。

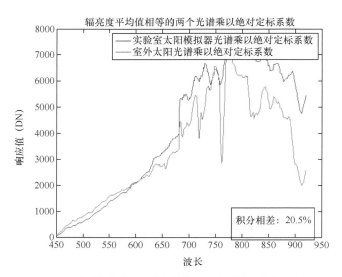

图3.48 光谱辐亮度平均值相等的两个光谱的积分响应差别

由此计算结果可以看出，实验室定标光源的光谱与室外工作的入射太阳光谱的差别，将造成总响应度的差别。因此光谱仪的动态范围，应为与输出 DN 值对应的输入等效光谱辐亮度值 L_e，即：

$$L_e = \frac{\int_{\lambda_1}^{\lambda_n} L_{(\lambda)} \cdot R_{(\lambda)} \mathrm{d}\lambda}{\int_{\lambda_1}^{\lambda_n} R_{(\lambda)} \mathrm{d}\lambda} \qquad (3.38)$$

式中，$L_{(\lambda)}$——入瞳处的光谱辐亮度值，单位为 $\mathrm{W} \cdot \mathrm{m}^{-2} \cdot \mathrm{sr}^{-1} \cdot \mu\mathrm{m}^{-1}$；$R_{(\lambda)}$——光谱成像仪的光谱响应（归一化系数）；$\lambda_1$、$\lambda_n$——光谱成像仪工作谱段的起始波长和终止波长。

L_e 为光谱成像仪工作谱段内的等效辐亮度，单位为 $\mathrm{W} \cdot \mathrm{m}^{-2} \cdot \mathrm{sr}^{-1}$。

按照式（3.38）计算的等效辐亮度可以合理反映光谱成像仪的响应特性，由此计算的动态范围数据才实际有效。实际的遥感目标反射光谱形状各异，除非其光谱分布与实验室定标光谱分布接近，响应度也接近，否则响应度会有差别。在实际应用中，动态范围数据是遥感应用中的参考数据。为利于应用的简化，实验室定标建立动态范围表时，直接用定标光源平均光谱数据，在后续应用中，也直接采用目标平均光谱数据，但应考虑目标光谱与定标光源谱的差别，加以适当修正。

四、光谱成像仪响应偏振度

响应偏振度又称偏振灵敏度，是评价光谱成像仪对不同偏振态入射光响应性能差别的指标。在遥感观测中，许多目标的辐射或反射光是具有偏振性的，响应偏振度的性能直接关系到遥感器对目标的观测能力。

遥感系统中，任何光学界面都会引起非正入射光波偏振态的改变，特别是具有 45°反射镜、棱镜、光栅的光学系统。在干涉型光谱成像仪中，干涉仪的分光面就是 45°反射面，而且分光膜也有偏振度，且偏振度是波长的函数。因此在干涉型光谱成像仪的设计

中，需对分光膜的偏振度提出要求，例如要求镀膜偏振度的全谱段差小于8%，分光面的S、P光透射、反射差小于7%。（白加光）

在被测光谱成像仪入瞳处放置可绕光轴旋转、改变入射光偏振方向的偏振片，测试光谱成像仪响应最大、最小输出值，可按式（3.39）计算响应偏振度P：

$$P = \frac{I_\mathrm{M} - I_\mathrm{m}}{I_\mathrm{M} + I_\mathrm{m}} \tag{3.39}$$

式中，I_M——响应最大值；I_m——响应最小值。

偏振度计算公式中的响应值应为仪器的有效响应值，即去除暗电流值，则在某一增益下有：

$$P = \frac{I_\mathrm{M} - I_\mathrm{m}}{I_\mathrm{M} + I_\mathrm{m} - 2I_0} \tag{3.40}$$

式中，I_0——同一增益下的零输入响应。

测试用的偏振片本身是偏振元件，它的偏振度直接影响测试结果，因此偏振片的偏振度应尽量大，至少在1∶500以上。

干涉型光谱成像仪的偏振灵敏度与视场、增益无关，但受像元响应随机因素的影响，不同增益、面阵中不同像元的测试结果会有差别，应以测试平均值作为测量结果，并计算标准偏差，评价偏振灵敏度结果的不确定度。

3.7.2 光谱辐射度的绝对定标的设备和方法

一、对光谱辐射度绝对定标的要求

定标测试光学系统需与被测光谱成像仪满足光学匹配关系，应实现对干涉型光谱成像仪全系统、全孔径、全视场的定标。定标光源在全视场内辐射均匀。

定标光源的光谱应与遥感器遥感工作时的光源光谱接近。因为光谱成像仪探测器接收的是光源整个谱段干涉光谱的积分值，受光谱成像仪光谱响应的影响，光源光谱不同时，即使谱段内光谱平均值相等，积分响应的响应度和动态范围也会不同。例如航天遥感器在轨运行时接收的辐射主要是太阳光源对地物的反射辐射，太阳光谱是高色温、短波强的光谱，如果定标光源采用色温只有3000K的卤钨灯，而可见光硅探测器的光谱响应峰值在800nm，这样势必造成积分响应的差异，使定标测试的光谱成像仪响应动态范围出现较大偏差。

定标光源应采用平行光，与光谱成像仪遥感工作时测试无穷远目标的工作状态一致。如果定标光源处于有限远，像面照度与无限远物面的状态不同，测试的辐射度响应就会有偏差。

对于一个光学成像系统，当成像距离比透镜的半径大很多并设光学系统无能量损失时，其像面照度E为：

$$E = L\frac{\pi D^2}{4l'^2} \tag{3.41}$$

式中，L——入射光源亮度；D——透镜的孔径；l'——像距。即像面照度与像距的平方成反比。根据光学系统成像的高斯公式：

$$\frac{1}{f'} = \frac{1}{l'} - \frac{1}{l} \tag{3.42}$$

式中，f——像方焦距；l'——物距。当物距为无穷远时，像距等于像方焦距，像面不离焦；当物距为有限远时，像距加大，像面离焦，像面照度将下降。

例如光学系统像方焦距为 100mm，当物距 $l = -300$mm 时，像距 $l' = 150$mm，则像面照度 E_1 与像距平方成反比，$E_1/E_\infty = 100^2/150^2 = 0.44$，像面照度下降了。

在光谱成像仪的每个增益的动态范围内，应分数个亮度等级进行光谱辐射度定标，以减小响应非线性的影响。

当辐射定标输入全视场均匀的辐射时，空间维的辐射定标系数可以单值化，但是为了减少随机噪声等因素造成的各行数据误差，以及响应均匀性校正残留误差的影响，最好计算零光程差列、空间维每个像元的辐射定标系数。

在实验室常温常压下，只要定标光源相对光谱成像仪处于非离焦状态，测量的光谱成像仪响应度就与真空非离焦状态时一样。因此辐射定标可以在常温常压下完成。

二、光谱辐射度绝对定标的主要设备

1. 光源

干涉型光谱成像仪光谱辐射度定标的光源根据被测光谱成像仪的工作谱段配置。

在空间对地观测、环境监测等领域，可见光 - 短波红外波段（350~2500nm，或称太阳反射波段）是最重要的工作波段之一。在这个波段，主要使用积分球专用光源，积分球径和出光口径由定标测试系统的光学设计确定。

（1）太阳模拟器：美国的蓝菲光学公司生产的太阳模拟器系列产品，积分球的光源有短波辐射强的氙灯、离子灯和长波辐射强的卤钨灯，使合成光谱的光谱分布及强度达到太阳辐射地物或星体反射谱的水平，详见 2.4.1 小节。

（2）中科院安徽光机所研发了 LED 与卤钨灯复合的参考光源，这是一种新型的可调光谱参考光源。积分球中安装了多个 LED 发光模块，每一个 LED 发光模块分别安装了 36 个不同中心波长的 LED。通过电源控制箱调节各通道上的电流，可以得到与预设目标光谱尽可能接近的光谱。这种光源的最大优点是很好地解决了定标光源与遥感器探测目标光源的差异，可以提高定标的精度。

（3）对于工作在 2.5μm 以上红外谱段的光谱成像仪的辐射定标，可以使用黑体标准辐射源。应根据工作谱段、有效发射率、有效孔径、温度调节精度的要求选择黑体辐射源，详见 2.3.3 小节。

（4）在 3.6.3 小节的"四、几种典型的激光光源积分球辐射定标装置"中，介绍了用于光谱定标、光谱辐射度定标的专用光源的典型装置。这些装置以可调谐激光器为辐射源，通过积分球或光纤传输，作为多波长、具有一定功率的定标辐射光源。这些装置包括 NPL 在 20 世纪 90 年代建立的基于激光的辐射定标装置，NIST 建立的均匀光源光谱辐照度和辐亮度响应度定标装置（SIRCUS），PTB 建立的窄带波长可调谐连续波激光系统 TULIP，中科院通用光学定标与表征技术重点研究室建立的一套采用宽调谐单色面光源的光谱辐亮度响应度扫描定标系统。这些专用光源系统都可以作为光谱辐射度定标测试的辐射源。

2. 准直镜

定标光源与准直镜组合形成平行光。准直镜的口径、焦距应与被测光谱成像仪达到光学匹配。

3. 减光片组

在定标光源自身不能或不便调节光源强度时，定标测试系统中可配置中性减光片，用于调节定标光源输入光谱成像仪的辐射强度。减光片的透光率应可逐级调节，可以采用不同透光率的一组减光片。减光片在测试孔径内的透光率应均匀，且在全工作谱段内透光率应一致。

4. 辐射度标准

辐射定标中，入射至被测光谱成像仪的光源辐亮度需要测量标准值。测量仪器是经过检定或校准的，能以一定的精度测定辐射量值，常用的有以下几种。

（1）光谱辐射度计——详见 2.4.6 小节，用于测量目标的光谱辐亮度或光谱相对幅值分布。可以根据工作谱段选择不同规格的光谱辐射计。光谱辐射度计在不同的检定条件下的测量精度不同，标准灯板法检定的精度为 4%~5%，低温辐射计检定的精度达到 1%~1.5%。

（2）多波段辐亮度陷阱探测器——详见 2.3.4 小节，用于测量目标在工作谱段内的光谱辐亮度值。多波段辐亮度陷阱探测器通过低温辐射计标定，因此测量精度很高，可以达到 1%。

（3）经过标定的积分球光源——辐射定标测试系统中的积分球光源，通过经检定的陷阱探测器标定输出辐亮度值，就可以作为标准光源使用。

三、光谱辐射度绝对定标的方法

高光谱成像仪光谱辐射度绝对定标的测试光路如图 3.49 所示。积分球光源经准直镜成为平行光，入射高光谱成像仪。减光片用于调节入射光的强度。光谱辐射度计或陷阱探测器用于测量光源系统的光谱辐射亮度 L，其作为标准亮度的传递仪器。电动平移台作为每个测量工况下高光谱成像仪和光谱辐射度计的换位平台。每个增益下动态范围内分数个亮度级（可分 3~7 个）测试高光谱成像仪的响应。

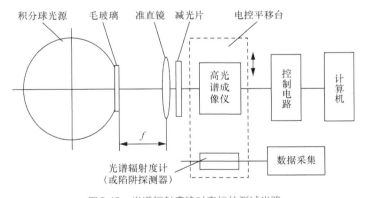

图3.49　光谱辐射度绝对定标的测试光路

四、光谱成像仪响应偏振度的测试

测试光路同绝对辐射定标测试光路，在图 3.49 中毛玻璃右侧（或高光谱成像仪入口处）放置偏振片，偏振片垂直于光轴，使偏振光充满高光谱成像仪视场。设置高光谱成像仪处于常用增益、中上亮度级状态，绕光轴转动偏振片，仔细观测高光谱成像仪的输出最大值、最小值，在高光谱成像仪输出最大值和最小值两个状态采集数据。采集次数为100～300次，取多次采集数据的平均值作为测量结果。

3.7.3 光谱辐射度的绝对定标的程序

一、准备

根据定标试验大纲检查相关文件、数据记录表格是否齐备。检查测试仪器（光源、光路器具、光学元件）及被测仪器、数据采集系统是否齐备，工作状态是否正常。检查测试环境是否达到要求。

二、搭建测试光路

根据测试方法的原理框图搭建光路。调试光路中各测试仪器、光学元件、被测仪器的光轴共轴，固定各仪器的位置。

三、做电测准备

连接控制电源、数据采集系统。预热各测试仪器。

四、采集暗电流

在无光照情况下，采集待测光谱成像仪在各增益下的暗电流。

五、采集数据

调整光源亮度，在被测光谱成像仪响应动态范围内，每个增益下分 4～8 个亮度等级的工况采集数据。每个工况的数据采用多次采集方法，采集次数为 100～300 次，取多次采集数据的平均值作为测量结果。完成被测光谱成像仪的响应输出值数据采集后，控制电动平移台将光谱辐射度计（或陷阱探测器）移至测试位置，采集光源辐亮度标准值。绝对定标测试后，进行偏振度测试，旋转偏振片，采集光谱成像仪输出最大、最小值，采集次数为 100～300 次，取多次采集数据的平均值作为测量结果。

六、数据处理

按照绝对定标数据处理方法处理各增益数据，计算出各增益、各亮度级的绝对定标系数，并计算各增益的响应非线性度、动态范围。计算光谱成像仪的暗噪声、照明噪声。计算光谱成像仪的响应偏振灵敏度。

1. 每增益暗电流数据和暗电流噪声

计算每像元多次采集数据的平均值、时域噪声（多次测量的标准方差相对值），暗电流和时域噪声的面阵均值及标准方差相对值（空域离散性）。

2. 每增益的照明噪声

（1）计算每个光亮度级 L 下，100～300 次采集的每像元输出值的均值$\overline{b'}_{zl}(i,j)$、每像元值减去暗电流后的多次平均值。

（2）多次测量的标准方差（时域照明噪声）、噪声相对值。

（3）计算相对时域噪声的面阵均值和标准方差（空域离散性）。不同亮度时域噪声不同，计算 7 亮度级平均值。

以上（1）、（2）项是表征光谱成像仪探测器性能的参数。

3. 计算绝对定标系数

对每个增益、每个光亮度级 L 下每像元输出值的多次测量均值 $\overline{b}'_{ZL}(i,j)$ 进行以下处理：去除暗电流，进行相对定标系数、坏像元修正。

在面阵干涉图中，对零光程差列每个像元 i 提取点干涉图数据，复原光谱 $B'_{ZLi}(\sigma)$，与同工况下测试的入射光谱成像仪的光谱辐亮度标准值 $L_{ZL}(\sigma)$ 进行比对，计算得到增益 Z、亮度级 L 下第 i 行、谱段 σ 的绝对定标系数 $D_{ZLi}(\sigma) = \dfrac{B'_{ZLi}(\sigma)}{L_{ZL}(\sigma)}$。绝对定标系数的单位为 $\text{DN} \cdot \text{W}^{-1} \cdot \text{m}^2 \cdot \text{sr} \cdot \mu\text{m}$。如果标准光谱测试设备输出光谱的波长坐标点与待测试光谱成像仪的不同，需要对其数据进行重采样。

4. 光谱成像仪响应动态范围

光谱成像仪的响应动态范围由测试光谱成像仪在每个增益下可以响应的最大、最小输出值和其对应的入射辐亮度值决定。对于干涉型光谱成像仪，像面干涉图是光谱成像仪的响应结果，每个干涉图的零光程差处最大值就是响应最大值（DN）。

光谱成像仪的动态范围，应为与输出 DN 值对应的输入等效光谱辐亮度值 L_e，即：

$$L_e = \frac{\int_{\lambda_1}^{\lambda_n} L_{(\lambda)} \cdot R_{(\lambda)} \, \mathrm{d}\lambda}{\int_{\lambda_1}^{\lambda_n} R_{(\lambda)} \, \mathrm{d}\lambda}$$

式中，$L_{(\lambda)}$——入瞳处的光谱辐亮度（分布）值，单位为 $\text{W} \cdot \text{m}^{-2} \cdot \text{sr}^{-1} \cdot \mu\text{m}^{-1}$；$R_{(\lambda)}$——光谱成像仪的光谱响应（归一化系数）；$\lambda_1$、$\lambda_n$——光谱成像仪工作谱段的起始波长和终止波长；$L_e$——光谱成像仪工作谱段内的等效辐亮度，单位为 $\text{W} \cdot \text{m}^{-2} \cdot \text{sr}^{-1}$。

按照式（3.38）计算的等效辐亮度可以合理反映光谱成像仪的响应特性，由此计算的动态范围数据才实际有效。在实际应用中，为利于应用的简化，实验室建立动态范围表时，直接用定标光源平均光谱数据，在后续应用中，也直接采用目标平均光谱数据，但应考虑目标光谱与定标光源谱的差别，加以适当修正。

5. 光谱成像仪响应线性度

在辐射度绝对定标测试中，在每个增益、每个亮度级下，采集干涉型光谱成像仪的响应输出和光源输入辐亮度值。对于每个增益绘制每个像元的响应曲线，并绘制拟合直线。

按照第 2 章中的式（2.73）计算面阵每个像元的响应非线性误差 δ：

$$\delta = \frac{\Delta_{\max}}{I_2 - I_1}$$

式中，$\Delta_{\max}$——实际响应曲线与拟合直线之间的最大偏差；I_2、I_1——线性区最大和最小响应值。

计算面阵的平均值和均方差作为光谱成像仪性能的评价指标。

6. 光谱成像仪响应偏振灵敏度

按 3.7.1 小节，用偏振度测试方法采集光谱成像仪的响应输出，计算多次采集数据的平均结果，对干涉数据做去除暗电流、响应不均匀性处理。对零光程差列每个像元，找出相应的最大值、最小值，按照式（3.40）计算偏振度，最后计算此列像元偏振度的平均值作为光谱成像仪的偏振度性能指标。

3.7.4　光谱辐射度绝对定标的精度分析

高光谱成像仪的光谱辐射度定标是为了确定零光程差列探测单元的光谱响应函数，即复原光谱值 $B'(\sigma)$ 与输入光谱辐亮度值 $L(\sigma)$ 之比（σ——光谱波数）。根据光谱辐射度绝对定标方法分析，影响绝对定标精度的各误差因子（互不相关）如下。

- u_1——相对定标的不确定度；一般达到 2%～3%。
- u_2——光谱复原引起的不确定度，其中包括信噪比降低、矩形采样的 sinc 函数、相位修正引起的不确定度；一般达到 3.4%。选择好的光谱复原算法和误差修正算法，此项误差将减小。
- u_3——暗电流的随机噪声引起的不确定度分量；一般达到 0.2%～0.35%。
- u_4——由照明随机噪声引起的不确定度分量；一般达到 0.3%～0.5%。
- u_5——由偏振引起的不确定度分量；达到 3%～4%。
- u_6——定标光源的不均匀性；一般小于 1%。
- u_7——响应非线性度引起的误差；一般小于 1%。如果绝对定标按亮度级测试，分别给出各亮度级的定标系数，则此项误差可以忽略。
- u_8——基准光谱辐亮度 $B(\sigma)$ 的不确定度；在绝对定标测试中，定标方法不同、采用的辐亮度传递标准不同时，此项误差也不同。用标准灯板方法检定的光谱辐射度计传递辐射亮度时，不确定度达到 3%～5%。采用辐亮度陷阱探测器传递辐亮度时，不确定度小于 2%。

光谱辐射度绝对定标的精度如表 3.8 所示。

表 3.8　光谱辐射度绝对定标的精度

误差项	内容
u_1	相对定标的不确定度
u_2	光谱复原引起的不确定度
u_3	暗电流的随机噪声引起的不确定度分量
u_4	由照明随机噪声引起的不确定度分量
u_5	由偏振引起的不确定度分量
u_6	定标光源的不均匀性
u_7	响应非线性度引起的误差
u_8	基准光谱辐亮度 $B(\sigma)$ 的不确定度

绝对辐射定标系数总的合成不确定度 u_D：

$$u_D = \sqrt{u_1^2 + u_2^2 + u_3^2 + u_4^2 + u_5^2 + u_6^2 + u_7^2 + u_8^2}$$

3.8 光谱辐射度定标的数据处理

3.8.1 干涉数据光谱复原的数据处理

一、干涉数据光谱复原的数据处理流程

干涉型光谱成像仪直接采集获取的干涉数据，分两部分进行处理，最后得到复原光谱数据。图 3.50 为光谱复原数据处理流程。

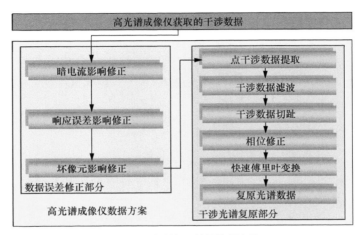

图3.50 光谱复原数据处理流程

1. 数据误差修正

（1）相对定标修正。

干涉型光谱成像仪的探测器所采集到的信号融合了很多噪声，主要包括暗电流噪声和响应误差等，前者表现为和干涉图信号相加的噪声，后者表现为和干涉图相乘的随机信号噪声，分别称为加法噪声和乘法噪声。对于干涉型光谱成像仪，相对定标修正包括数据的暗电流影响修正及响应误差影响修正（平场）。

暗电流的大小与光照强度无关，而与 CCD 像素的本征材料、大小、温度等有关。由于受到加工工艺的限制，每个像元面积大小各不相同，导致了 CCD 响应不均匀性。相对定标工作是仪器定标的一个重要组成部分，具体的方法详见相对定标部分内容。

（2）坏像元影响修正。

干涉型光谱成像仪的成像面是图谱合一的，探测器每个像元的响应关系到图像和干涉图的质量。探测器坏像元的存在，使像元响应发生突出的变化，直接改变了干涉图幅值，将造成干涉图畸变及复原光谱的偏差。因此这个数据误差必须修正。

坏像元的产生、判据及修正，详见 3.4.3 小节。

2. 干涉光谱复原

（1）点干涉图提取。

空间调制型和时空调制型光谱成像仪获取目标点干涉数据的方式虽不同，但在光谱辐

射度绝对定标测试时，均采用全视场的均匀辐射照明，光谱成像仪像面一次曝光的单帧图像形式是相同的。因此点干涉图的提取方法也相同，空间维、零光程差列每个像元沿光谱维的一行数据，即空间像元的点干涉图，由点干涉图就可得到复原光谱。

（2）干涉数据滤波。

通常获得的干涉图是实际有效干涉图数据（也称为交流分量或调制分量）与低频噪声数据（也称为直流分量）的叠加，如果不对低频噪声进行滤除，会引起复原光谱的失真，从而影响其后续应用。

目前有很多滤除低频噪声的方法，但是针对干涉图数据的特殊性，通常采用的方法有差分滤波或者曲线拟合滤波等。差分滤波方法简单而且处理速度快，但会引入相位误差（影响很小），通过后续的相位修正处理可以将其消除；曲线拟合滤波方法不会引入相位误差，但是其处理过程需要耗费大量的时间资源，从而降低处理效率。

假定某一波数 σ 的单色光干涉图表达式为：

$$I_\sigma(x_i) = B(\sigma)\cos(2\pi\sigma x_i)\Delta\sigma \qquad i = 1, 2, \cdots, n$$

式中，x——光程差；i——光程差序数。

干涉图的差分滤波即相当于后式减去前式：

$$
\begin{aligned}
I'_\sigma(x_i) &= I_\sigma(x_{i+1}) - I_\sigma(x_i) \\
&= B(\sigma)[\cos(2\pi\sigma x_{i+1}) - \cos(2\pi\sigma x_i)]\Delta\sigma \\
&= -2B(\sigma)\left\{\sin\left[2\pi\sigma\left(\frac{x_{i+1} + x_i}{2}\right)\right] \times \sin\left[2\pi\sigma\left(\frac{x_{i+1} - x_i}{2}\right)\right]\right\}\Delta\sigma \\
&= -2B(\sigma)\left\{\sin\left[2\pi\sigma\left(x_i + \frac{\Delta x}{2}\right)\right] \times \sin\left(2\pi\sigma\frac{\Delta x}{2}\right)\right\}\Delta\sigma
\end{aligned}
$$

式中的 Δx 是光程差间距，在满足采样定理的条件下有公式 $\Delta x = 1/2\sigma$，由此我们可以得到式（3.43）：

$$
\begin{aligned}
I'_\sigma(x_i) &= I_\sigma(x_{i+1}) - I_\sigma(x_i) \\
&= -2B(\sigma)\left\{\sin\left[2\pi\sigma\left(x_i + \frac{\Delta x}{2}\right)\right] \times \sin\left(2\pi\sigma\frac{\Delta x}{2}\right)\right\}\Delta\sigma \\
&= -2B(\sigma)[\cos(2\pi\sigma x_i)\sin(\pi\sigma\Delta x)]\Delta\sigma
\end{aligned}
\qquad (3.43)
$$

从式（3.43）中我们可以看出，差分后的干涉图经复原后得到的光谱图与原始的光谱图之间有一个正弦关系。在复原光谱的过程中，应当消除差分的影响。

（3）干涉数据切趾。

如在 3.6.1 小节中所述，实际干涉数据 $I_r(x)$ 为理想干涉数据 $I_i(x)$ 与一截断函数的乘积，相应的复原光谱数据变为：

$$B_r(\sigma) = B_i(\sigma) * t(\sigma)$$

式中，$B_r(\sigma)$——实际得到的光谱数据；$B_i(\sigma)$——理想情况下的光谱数据；"*"——卷积运算；$t(\sigma)$——截断函数的逆傅里叶变换，即仪器线型函数：

$$t(\sigma) = F^{-1}[T(x)] = 2L \cdot \frac{\sin(2\pi\sigma L)}{2\pi\sigma L} = 2L \cdot \mathrm{sinc}(2\pi\sigma L)$$

$t(\sigma)$ 是一个 sinc 函数，为振荡收敛函数，其曲线如图 3.51 所示。

sinc 函数的特点是它有一系列的正、负旁瓣，正旁瓣往往是虚假信号的来源，而强大的负旁瓣（为主峰强度的 22%）又常使邻近的微弱光谱信号被"淹没"，因此必须采取适当的措施抑制旁瓣，抑制旁瓣的做法通常被称作切趾。

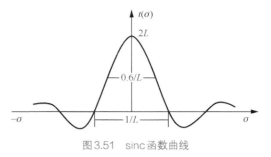

图 3.51 sinc 函数曲线

目前有很多的切趾函数，如矩形切趾函数、梯形切趾函数、三角形切趾函数、Happ Gentzel 函数等，如图 3.52 所示，图中 v 为波数。切趾函数选取的好坏，对复原光谱有较大的影响。例如在高光谱成像仪的反演算法中采用了汉宁窗函数，这种函数分辨率较高，压制噪声的效果也比较好。

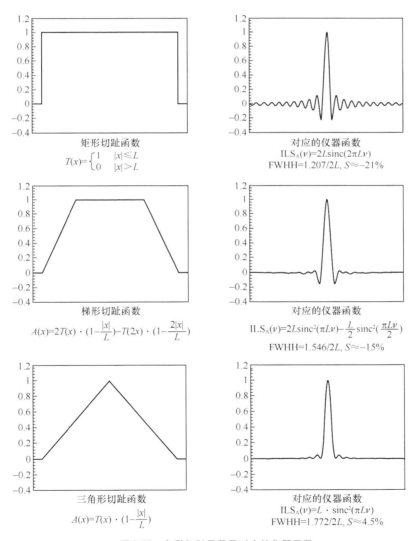

矩形切趾函数

$$T(x)=\begin{cases} 1 & |x| \leqslant L \\ 0 & |x| > L \end{cases}$$

对应的仪器函数

$$\text{ILS}_A(v)=2L\text{sinc}(2\pi Lv)$$

FWHH$=1.207/2L$, $S \approx -21\%$

梯形切趾函数

$$A(x)=2T(x) \cdot (1-\frac{|x|}{L})-T(2x) \cdot (1-\frac{2|x|}{L})$$

对应的仪器函数

$$\text{ILS}_A(v)=2L\text{sinc}^2(\pi Lv)-\frac{L}{2}\text{sinc}^2(\frac{\pi Lv}{2})$$

FWHH$=1.546/2L$, $S \approx -15\%$

三角形切趾函数

$$A(x)=T(x) \cdot (1-\frac{|x|}{L})$$

对应的仪器函数

$$\text{ILS}_A(v)=L \cdot \text{sinc}^2(\pi Lv)$$

FWHH$=1.772/2L$, $S \approx 4.5\%$

图 3.52 各种切趾函数及对应的仪器函数

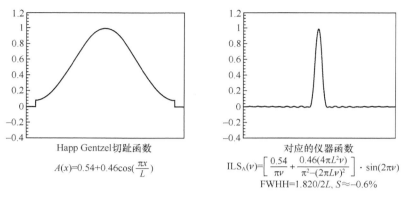

图3.52　各种切趾函数及对应的仪器函数（续）

　　相里斌提出一种新的切趾方法，能够保证复原光谱的准确性和切趾效果。该切趾方法和复原光谱如图 3.53 所示，由两步组成：第一步，采用小双边干涉图加权方法修正过零采样干涉图；第二步，采用大双边切趾函数 [如图 3.53（a）所示] 进行切趾。

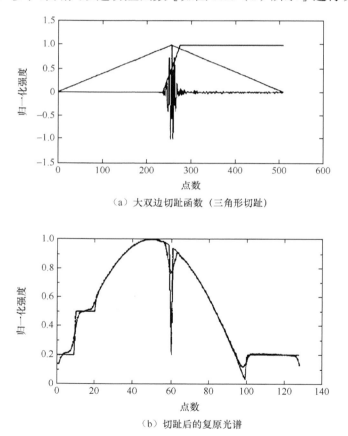

（a）大双边切趾函数（三角形切趾）

（b）切趾后的复原光谱

图3.53　切趾方法和复原光谱

　　这种方法对于各种切趾函数都是适用的，其切趾效果与理想情况下采用相应切趾函数对单、双边干涉图进行切趾的效果相同。研究发现，对空间调制干涉光谱成像仪，10% 以上过零采样足以保证复原光谱的准确性，能够有效修正系统的某些误差。但在使用过零采样干涉图进行数据反演时，还存在一些细致的问题，通过对加权修正干涉图、切趾方法等的研究，这些问题可以得到解决。采用过零采样方式，干涉型光谱成像仪的原始数据量与双边采样相比将减少近一半，这对工程应用十分重要。采用双边采样干涉图对复原光谱工作而言固然理想，但当仪器的分辨率较高、数据量很大时，数据传输将成为一个瓶颈，如使用高比率数据压缩，势必还会引入误差。这时采用过零采样干涉图就成为一种很好的方案，它能够在保证复原光谱质量的同时，有效减少干涉图原始数据量，减轻系统其他环节的压力，从而从整体上提高仪器的性能。在仪器方案设计时，应统筹考虑复原光谱理论与有关工程问题。

（4）相位修正。

相位误差的产生因素很多，例如读出干涉图时很难正好从 $x=0$ 的原点开始。在获得的干涉图数据中，通常存在两类相位误差，一类是光学元件（如分束器、透镜等）均匀性低导致的入射光的相位偏移，以及电子线路误差、间隔采样等导致的频率的变化；另一类主要是系统装调误差、主极大位置定位不精确引入的相位误差。

由于实际目标光谱为扩展谱，因此相位误差的存在将使得复原光谱产生畸变，因此有必要采取有效的相位修正方法，消除干涉图的相位误差。

理想的干涉数据与光谱数据存在如下的傅里叶变换关系：

$$I(x) = \int_{-\infty}^{+\infty} B(\sigma)\exp\{i2\pi\sigma x\}\mathrm{d}\sigma \tag{3.44}$$

$$B(\sigma) = \int_{-\infty}^{+\infty} I(x)\exp\{i2\pi\sigma x\}\mathrm{d}x \tag{3.45}$$

由于存在相位误差，则干涉数据和光谱数据的关系变为：

$$I'(x) = \int_{-\infty}^{+\infty} B(\sigma)\exp\{i2\pi\sigma x\}\exp\{i\varphi(\sigma)\}\mathrm{d}\sigma \tag{3.46}$$

$$B'(\sigma) = \int_{-\infty}^{+\infty} I'(x)\exp\{i2\pi\sigma x\}\mathrm{d}x = B(\sigma)\exp\{i\varphi(\sigma)\} \tag{3.47}$$

可将式（3.47）改写成：$B'(\sigma) = B_\mathrm{r}(\sigma) + iB_\mathrm{i}(\sigma)$，其相位谱为：

$$\varphi(\sigma) = \mathrm{tg}^{-1}\frac{B_\mathrm{i}(\sigma)}{B_\mathrm{r}(\sigma)} = \mathrm{tg}^{-1}\frac{\int_{-\infty}^{+\infty} I'(x)\sin(2\pi\sigma x)\mathrm{d}x}{\int_{-\infty}^{+\infty} I'(x)\cos(2\pi\sigma x)\mathrm{d}x} \tag{3.48}$$

则真实的复原光谱为：

$$B(\sigma) = \exp[-i\varphi(\sigma)]\int_{-\infty}^{+\infty} I'(x)\exp\{-i2\pi\sigma x\}\mathrm{d}x \tag{3.49}$$

目前相位修正一般采取以下两种方法：一种是默茨（Mertz）方法，另一种是福曼（Forman）方法。福曼方法的结果要优于默茨方法，但是福曼方法计算时间要长于默茨方法。

默茨方法：对称选取零光程差附近的点，利用公式求出相位谱 $\varphi(\sigma)$，这部分点由于强度大，信噪比较大，可以认为相位谱是比较准确的，同时可以求得全干涉图的相位谱 $\varphi'(\sigma)$，两者之间的差即偏移量。

$$\triangle\varphi(\sigma) = \varphi(\sigma) - \varphi'(\sigma) \tag{3.50}$$

福曼方法：

$$I(x) = F(x)*I'(x) \tag{3.51}$$

式中，$F(x) = \int_{-\infty}^{+\infty} \exp\{-i\varphi(\sigma)\} \exp\{i2\pi\sigma x\} d\sigma$

$F(x)$ 即修正函数。

真实光谱的干涉图应为对称干涉图。相位谱决定的相位因子的傅里叶变换 $F(x)$ 与非对称干涉图 $I'(x)$ 卷积后就能够得到对称干涉图 $I(x)$；对 $I(x)$ 进行傅里叶变换，就可得到复原光谱 $B(\sigma)$。

我们可以结合两种方法的优点，采用退卷积的方法。$\varphi(\sigma)$ 可以利用"小双边"干涉图并由式（3.48）求得。由式（3.51）得出经相位修正后的干涉图数据，对这个干涉图进行傅里叶变换就可以得到真实的光谱图。

（5）光谱反演复原。

干涉型光谱成像仪获取的数据是干涉数据，不可以直接应用，需要进行光谱反演。根据傅里叶变换光谱学的基本定义，干涉数据与光谱数据间存在傅里叶变换关系，若光谱数据到干涉数据的变换被视为傅里叶变换，则干涉数据的光谱反演只需一次傅里叶逆变换即可实现，这是目前通用的光谱反演方法。

20 世纪 60 年代中期，库里（Cooley）和图基（Tukey）提出了快速傅里叶变换，使得干涉光谱技术的应用获得了重大突破。快速傅里叶变换技术与快速发展的计算机技术相结合，成为数字信号处理技术的一个基本的分析工具。离散傅里叶变换除了库里和图基提出的快速算法外，还有其他一些快速算法，这些算法都在一定程度上减少了离散傅里叶变换中的运算次数。

通过对干涉光谱数据进行数据反演获得复原光谱，是干涉光谱成像处理的主要内容和关键技术。选择正确得当的计算技术，不但能够获得高分辨率光谱，降低光谱噪声，而且还能节约计算时间，提高分析速度。

二、工程化软件研究

黄旻在研究光谱复原算法的同时还进行了工程化软件开发的工作。

软件包分为 7 个独立的模块，即暗电流去除模块、响应误差修正模块、坏像元修正模块、滤波模块、切趾模块、光谱复原模块、光谱辐射定标模块，地面预处理系统根据需要调用相应的接口函数。

数据预处理系统通过外部接口向光谱成像处理软件发送数据，该数据包括仪器参数、定标数据及原始干涉图数据。地面预处理系统根据需要可以进行暗电流去除、响应误差修正、坏像元修正、滤波、切趾、快速傅里叶变换和相位修正处理，还可以运用光谱定标数据对复原后的光谱数据进行光谱定标。

软件的输入输出数据项如下。

输入数据项：

（1）定标数据（Calibration Data）；

（2）仪器参数（Instrument Data）；

（3）原始干涉图数据（Original Interferogram Data）。

输出数据项：

（1）去除暗电流后的干涉图数据（Dark Current Omitting Data）；

（2）响应误差纠正后的干涉图数据（Response Error Corrected Data）；

（3）坏像元修正后的干涉图数据（Bad Pixels Modified Data）；

（4）滤波后的干涉图数据（Filtered Interferogram Data）；

（5）切趾后的干涉图数据（Apodized Interferogram Data）；

（6）相位修正后的光谱数据（Phase Corrected Data）；

（7）光谱定标数据（Calibrated Spectrum Data）。

光谱复原算法软件包接口设计，需要考虑接口的功能、数据元素及消息描述、接口优先级、通信协议和质量特性。在具体设计过程中，所有接口的具体实现方式体现在函数调用过程中。光谱复原算法软件包共分为 7 个功能模块，则有 7 个外部接口函数，相对于地面应用系统来说，其间有一定的关系，但是就软件包内部而言，7 个接口函数是相互独立的。光谱复原算法软件包的结构如图 3.54 所示。

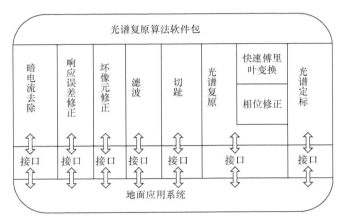

图3.54　光谱复原算法软件包结构

软件界面使用 Qt 开发，可在 Windows、UNIX、Linux 等多种操作系统中运行。软件采用了多文档窗口界面，其他功能处理均在主窗口下的子窗口内完成。

黄旻在完成环境与灾害监测卫星高光谱成像仪地面反演软件以外，完成了绕月探测卫星干涉光谱成像仪地面处理软件的开发，并获得了两项软件著作权。

三、干涉图横纹误差的修正

时空调制型光谱成像技术又称为 LASIS，具备高信噪比、高分辨率、高稳定度等优点，可解决传统光谱成像技术中高分辨率与高信噪比间的矛盾，是实现高分辨率光谱遥感的有效手段。

由于 LASIS 采用面阵成像与线阵干涉推扫相结合的工作方式，因此在高分辨率航天遥感应用中，需要探测器具有高的帧频和量子效率，满足卫星的速高比，并满足信噪比要求。采用此技术的探测器通常采用特殊工艺，如采用背照式感光并减少基板厚度。虽然满足高量子效率和高帧频，但入射光会透过基板并被配线电路反射，导致干涉数据受反射横纹数据影响，无法通过傅里叶变换方法准确反演光谱信息。相里斌等从 LASIS 成像机理入手，建立横纹影响干涉成像模型，给出横纹影响的修正方法，并通过实际数据验证修正方法的有效性。

假定 LASIS 系统中傅氏镜焦距为 f，横向剪切干涉仪的剪切量为 d，入射光束的视场

角为 θ，入射光谱为 $B(\sigma)$，光谱范围为 $\sigma_1 \sim \sigma_2$，则探测器像面上，距零光程差为 y 处对应的干涉数据为：

$$I(y) = \frac{1}{2}\left[\int_{\sigma_1}^{\sigma_2} B(\sigma)\mathrm{d}\sigma + \int_{\sigma_1}^{\sigma_2} B(\sigma)\cos(2\pi\sigma x)\mathrm{d}\sigma\right] = \frac{1}{2}\left[I_0 + \int_{\sigma_1}^{\sigma_2} B(\sigma)\cos(2\pi\sigma x)\mathrm{d}\sigma\right] \quad (3.52)$$

式中，σ——波数（cm^{-1}）；x——横向剪切成两束的相干光间的光程差，可表述为：

$$x = d \cdot \sin\theta = dy/f \quad (3.53)$$

式（3.52）为理想情况下的干涉数据表达式，实际数据通常会受误差影响。在诸多误差中，探测器误差是一个重要的方面，一般包括探测器暗电流及像元间响应不一致两类误差。除此之外，为了满足某些应用需求而采用的特殊工艺往往会产生非常规误差，如采用背照式探测器时，由于工艺原因，探测器基板的厚度不足以吸收全部入射光，部分长波长的入射光会穿透探测器基板并被配线层电路反射，使得获取的干涉数据中存在明显的横纹误差数据（图像如图 3.55 所示），并最终影响反演的光谱数据。由于横纹数据与入射光的波长及能量有关，因此其影响分析和修正较之常规探测器误差要复杂得多。

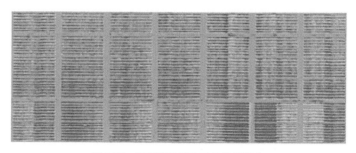

图3.55　探测器的横纹误差数据图像

基板在长波存在一定的透过率，同时配线层对透过光具有一定的反射。假定透过率为 $t(x,\sigma)$，探测器的像元响应为 $q(\sigma)$，配线层的反射率为 $r(x,\sigma)$，则实际获得的干涉数据为：

$$I'(x) = \frac{1}{2}\left\{\int_{\sigma_1}^{\sigma_2} q(\sigma)\left[1 + t(x,\sigma)r(x,\sigma)\right]B(\sigma)\mathrm{d}\sigma + \right.$$
$$\left. \int_{\sigma_1}^{\sigma_2} q(\sigma)\left[1 + t(x,\sigma)r(x,\sigma)\right]B(\sigma)\cos(2\pi\sigma x)\mathrm{d}\sigma\right\} \quad (3.54)$$

令 $p(x,\sigma) = t(x,\sigma)r(x,\sigma)$、$B'(\sigma) = q(\sigma)B(\sigma)$，则有：

$$I'(x) = \frac{1}{2}\left\{\int_{\sigma_1}^{\sigma_2}\left[1 + p(x,\sigma)\right]B'(\sigma)\mathrm{d}\sigma + \int_{\sigma_1}^{\sigma_2}\left[1 + p(x,\sigma)\right]B'(\sigma)\cos(2\pi\sigma x)\mathrm{d}\sigma\right\}$$
$$= \frac{1}{2}\int_{\sigma_1}^{\sigma_2} B'(\sigma)\mathrm{d}\sigma + \frac{1}{2}\int_{\sigma_1}^{\sigma_2} p(x,\sigma)B'(\sigma)d\sigma + \quad (3.55)$$
$$\frac{1}{2}\int_{\sigma_1}^{\sigma_2} B'(\sigma)\cos(2\pi\sigma x)\mathrm{d}\sigma + \frac{1}{2}\int_{\sigma_1}^{\sigma_2} p(x,\sigma)B'(\sigma)\cos(2\pi\sigma x)\mathrm{d}\sigma$$

式（3.55）给出了横纹误差影响下的干涉数据模型，可以看出，式中的第 1 项和第 3 项为理想情况下的干涉数据表达式，可以反演出准确光谱，第 2 项和第 4 项为横纹影响下干涉数据表达式，需要消除该项误差数据的影响。

由式（3.55）可以看出，要准确反演光谱，需要精确获取 $p(x,\sigma)$、$B(\sigma)$ 及 $q(\sigma)$。由于系统获取的数据中存在干涉条纹的调制影响，横纹误差数据难以提取，只能从探测器本身来计算误差数据。

首先分析探测器像元响应 $q(\sigma)$。理想情况下所有像元的 $q(\sigma)$ 恒定不变，但由于工艺等原因，像元间响应存在不一致性误差，由于采用的材料一致，因此该误差与入射光的波长无关。当不存在横纹误差影响时，可以通过实验室全波段定标方法准确获取该误差。但受横纹误差的影响，全波段定标方法不可行。由于横纹误差只来源于长波光，同时像元间响应不一致性误差与波长无关，因此可以通过短波光定标方法获取像元间响应不一致性误差数据。

对于横纹误差数据，由于其与入射光波长有关，因此只能通过单色光入手，确定不同波长对应的误差数据。假定入射到探测器的单色光为 $S(\sigma)$，在没有其他误差的情况下，探测器的输出为：

$$g(\sigma) = q(\sigma)S(\sigma) \qquad (3.56)$$

由于探测器基板的透射及电路的反射，实际输出变为：

$$g'(\sigma) = q(\sigma)S(\sigma) + q(\sigma)t(x,\sigma)r(x,\sigma)S(\sigma) = [1 + t(x,\sigma)r(x,\sigma)]q(\sigma)S(\sigma) \qquad (3.57)$$

令 $p(x,\sigma)=t(x,\sigma)r(x,\sigma)$，则有：

$$g'(\sigma) = [1 + p(x,\sigma)]q(\sigma)S(\sigma) \qquad (3.58)$$

由于探测器像元间响应的不一致性，假定光谱响应均值为 $\overline{q}(\sigma)$，不同像元间响应相对于均值的偏差为 $\delta = q(\sigma)/\overline{q}(\sigma)$，则有：

$$g'(\sigma) = \delta[1+ p(\sigma)]\overline{q}(\sigma)S(\sigma) \qquad (3.59)$$

式中，$\overline{q}(\sigma)S(\sigma)$ 为探测器输出平均值，令 $g''(\sigma) = \overline{q}(\sigma)S(\sigma)$，则有：

$$g'(\sigma) = \delta[1+ p(\sigma)]g''(\sigma) \qquad (3.60)$$

式中，δ 可由短波光定标获取，$g''(\sigma)$ 为无横纹影响下的探测器输出平均值，由于 $g''(\sigma)$ 只能通过 $g'(\sigma)$ 获取，而探测器实际输出中已经存在横纹影响，因此无法直接获取 $g''(\sigma)$。事实上，探测器横纹具有区域性和周期性特点，探测器输出中存在无横纹区域，可以通过该部分数据获取输出平均值，由此可以得到：

$$p(\sigma) = \frac{g'(\sigma)}{\delta g''(\sigma)} -1 \qquad (3.61)$$

由于横纹影响只出现在长波处，可以选择一系列离散的单色光计算对应的 $p(\sigma)$，并通过曲线拟合的方法，得到任意波长的 $p(\sigma)$ 值。

由式（3.55）可以看出，一旦得到 δ 和 $p(\sigma)$，在 $B(\sigma)$ 已知的情况下，可以直接消除横纹影响。通过对实际数据的分析，虽然横纹影响只出现在长波处，但受横纹数据的调制，在傅里叶变换后，误差数据只出现在反演光谱的短波处，对长波没有影响（如图 3.56 所示）。因此，通过对实际数据的光谱反演，可以准确得到长波复原光谱数据，利用该数据，可以得到横纹影响修正后的干涉数据：

$$I''(x) = I'(x) - \frac{1}{2}\int_{\sigma_1}^{\sigma_2} p(x,\sigma)B'(\sigma)\mathrm{d}\sigma - \frac{1}{2}\int_{\sigma_1}^{\sigma_2} p(x,\sigma)B'(\sigma)\cos(2\pi\sigma x)\mathrm{d}\sigma \qquad (3.62)$$

通过上述分析可以看出，修正方法的关键是横纹误差系数的获取，理论上需要获取所有波长处的横纹误差系数。受限于实验条件，实际上只能获取有限离散波长数据，任意波长横纹误差系数可以通过数据插值的方法得到。图 3.57 给出了不同波长的横纹误差系数，可以看出，横纹误差随着波长的增大而增大。

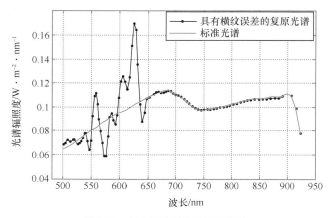

图3.56　具有横纹误差的复原光谱

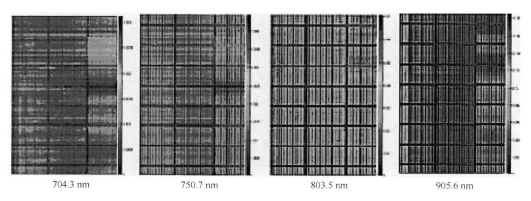

图3.57　不同波长的横纹误差系数

　　利用获取的横纹误差系数，我们对实际仪器获取的干涉数据进行修正，仪器获取的具有横纹误差的原始干涉图如图 3.58 所示。理想情况下，长光程差处干涉数据虽然有一定的周期性，但调制度较低，由图 3.58 可以看出，由于横纹误差的存在，实际干涉数据中长光程差位置信号调制度受到影响，出现局部增强现象。

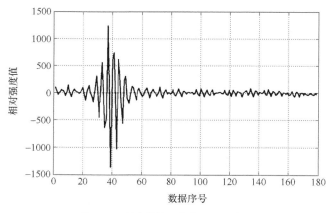

图3.58　具有横纹误差的原始干涉图

　　对图 3.58 的干涉数据进行光谱反演，得到横纹误差影响下的复原光谱数据，如图 3.59 所示。可以看出，由于横纹的影响，反演光谱的短波处存在很大的误差，但长波处误差影响很小。

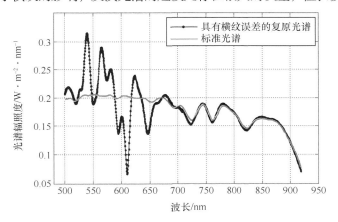

图3.59　横纹误差影响向下的复原光谱数据

利用图 3.59 反演得到的长波光谱数据及横纹误差系数，可以得到探测器横纹电路产生的误差数据，如图 3.60 所示。

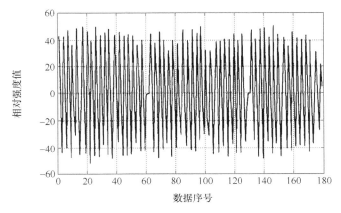

图3.60　探测器横纹电路产生的误差数据

利用横纹误差数据对原始干涉数据进行修正，得到横纹误差修正后的干涉数据，如图 3.61 所示。可以看出，误差修正后，消除了局部增强信号影响。

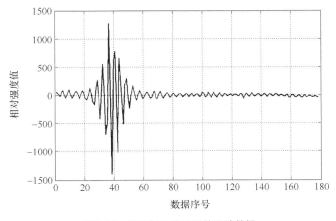

图3.61　横纹误差修正后的干涉数据

对图 3.61 所示的横纹误差修正后的干涉数据进行光谱反演，得到修正后的反演光谱数据，如图 3.62 所示。可以看出，横纹误差修正后，反演光谱精度大幅提高。

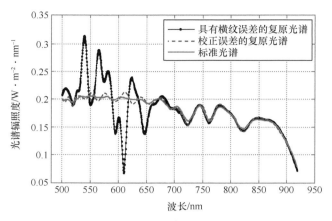

图3.62　修正后的反演光谱数据

根据计算，横纹误差修正前，全波段范围内反演光谱与标准光谱的相对偏差为 10.36%；横纹误差修正后，全波段范围内反演光谱与标准光谱的相对偏差为 1.68%。对于短波（波长小于 700nm）部分来说，横纹误差修正前的光谱相对偏差为 15.43%，横纹误差修正后的光谱相对偏差为 1.63%，说明该方法可以有效修正横纹误差影响，提高反演光谱的精度。

通过仪器实际获取数据的验证，修正后的反演光谱相对偏差较修正前大幅降低，充分表明了修正方法的有效性，目前该方法已经成功应用于 LASIS 的工程化研制中。

通过实际数据的验证可以看出，虽然横纹修正后反演光谱的相对偏差极大地降低了，但是反演光谱短波仍然有残余误差存在。该残差数据表明，在计算横纹误差系数的过程中，由于没有充分消除常规误差，横纹误差系数的精度有所降低。因此，后续的研究将从定标方法和数据处理方法两方面入手，进一步提高常规误差的修正精度，从而提高横纹误差系数的精度。

石大莲等采用以上方法对光谱成像仪图像的横纹误差进行了修正。

3.8.2　光谱复原数据处理的新方法和新发展

一、高低频分步定标的辐射定标方法

吕群波分析了噪声对定标精度的影响，提出了一种高低频分步定标的辐射定标方法，可以减小噪声的影响，提高定标精度。采用这个方法处理复原光谱，同样可以提高反演光谱的精度。

定标数据精度明显受到噪声的影响，噪声的不确定性，向获得的定标数据中引入了不确定性。但是仪器信噪比的提高很困难，因此，在低信噪比情况下如何抑制噪声对辐射定标的影响至关重要。

对于空间调制干涉光谱成像仪，利用帕塞瓦尔（Parseval）定理可以得出结论：完整

干涉数据的信噪比 SNR_{in} 与对应的完整光谱数据的信噪比 SNR_{sp} 以及光谱数据的谱段数 N 之间存在如下的近似关系：

$$SNR_{in} = SNR_{sp} \cdot \sqrt{N} \tag{3.63}$$

由式（3.63）可看出：傅里叶变换使得反演后的光谱数据的信噪比明显降低，在仪器谱段范围以及干涉数据的信噪比确定的情况下，反演光谱的谱段数越多（光谱分辨率越高），反演的光谱数据的信噪比越低。在满足应用要求的情况下，设计的谱段数应尽量少，从而保证反演光谱具有较高的信噪比。

基于以上分析，利用干涉数据的特点，可以提出一种辐射定标方法，从而有效提高辐射定标的精度。

傅里叶变换光谱仪的干涉数据，在零光程差附近的信噪比较高，由这些数据反演的光谱数据必然存在较高的信噪比。同时，由前文的分析结论可知，要提高反演光谱的信噪比，应尽量减少反演光谱的谱段数，即降低其光谱分辨率，这也意味着减小有效的最大光程差范围。由此，我们将低信噪比情况下干涉数据的定标分为两个步骤：小光程差范围反演光谱（我们称之为低频光谱）定标及全光程差和小光程差的干涉数据反演光谱差值（我们称之为残差光谱）定标。其基本处理过程如图 3.63 所示。

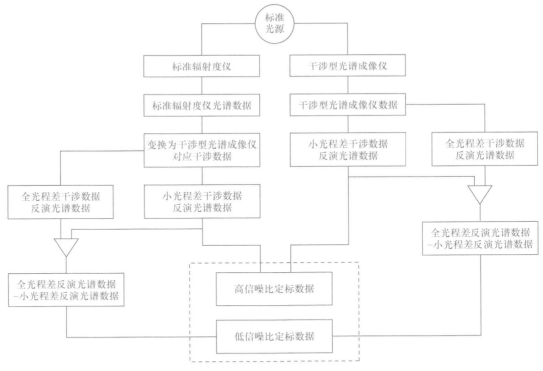

图3.63 低信噪比情况下干涉数据定标的基本处理过程

全光程差反演光谱与小光程差反演光谱间的残差光谱，主要由两部分数据组成，一是噪声数据，二是高频光谱数据。对于高频光谱数据的定标，我们假定其所有波段处的定标数据基本相同，由此我们可以通过求取残差光谱定标数据的均值，获得残差光谱的定标数据，同时降低噪声数据的影响。

下面对这一方法进行计算机仿真，具体操作步骤如下。

（1）利用标准光谱辐射度仪和干涉型光谱成像仪对同一标准光源进行数据采集。

（2）按照图 3.63 所示步骤对两种仪器获得的数据进行处理，得到定标数据。

（3）利用标准光谱辐射度仪及干涉型光谱成像仪对真实目标进行数据采集。

（4）对干涉型光谱成像仪采集数据进行复原，并利用得到的定标数据进行辐射定标。

（5）分析定标后数据，给出分析结果，并与常规定标方法的结果进行比较。

其中，由标准光谱辐射度仪获得的标准光源数据如图 3.64 所示。

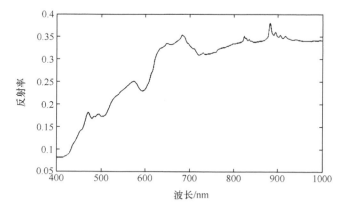

图 3.64　由标准光谱辐射度仪获得的标准光源数据

我们对图 3.64 所示的光谱数据进行傅里叶变换处理，获得符合干涉型光谱成像仪参数要求的干涉数据如图 3.65 所示。

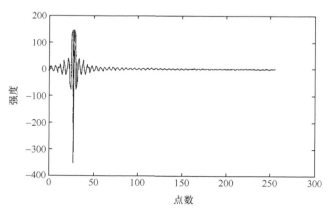

图 3.65　傅里叶变换得到的干涉数据

利用变换得到的干涉数据以及傅里叶变换关系，按照干涉型光谱成像仪的波数间隔，最终得到全光程差干涉数据的重采样光谱数据，如图 3.66 所示。

利用变换得到的小双边干涉数据以及傅里叶变换关系，按照干涉型光谱成像仪的波数间隔，我们得到小光程差干涉数据的重采样光谱数据（低频光谱），如图 3.67 所示。可以看出，由于光程差减小，得到的重采样光谱的分辨率明显要低于全光程差干涉数据的重采样光谱。

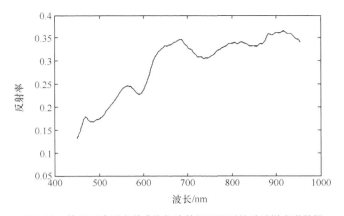

图3.66 按照干涉型光谱成像仪波数间隔得到的重采样光谱数据

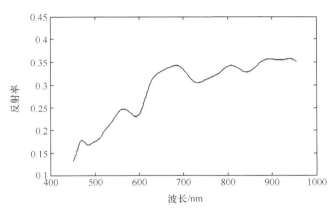

图3.67 小光程差干涉数据的重采样光谱数据（低频光谱）

在得到全光程差以及小光程差的干涉数据重采样光谱数据后，我们可以得到重采样光谱数据的差异（高频光谱），如图 3.68 所示。

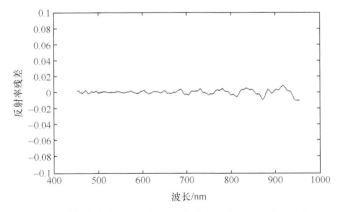

图3.68 全光程差与小光程差的干涉数据的重采样光谱数据的差异（高频光谱）

利用设计的干涉型光谱成像仪，对相同的标准光源进行数据采集，得到标准光源的干涉数据。在对数据进行修正后（包括相对定标及暗电流去除），最终的干涉数据如图 3.69 所示。

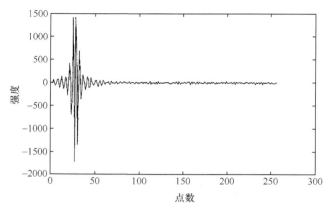

图3.69 干涉型光谱成像仪采集的标准光源干涉数据

对干涉数据进行复原，得到全光程差干涉数据复原光谱数据（如图 3.70 所示）以及小光程差干涉数据复原光谱数据（如图 3.71 所示），全光程差和小光程差的干涉数据复原光谱差值（高谱光谱）如图 3.72 所示。

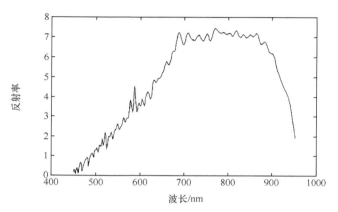

图3.70 全光程差干涉数据复原光谱数据

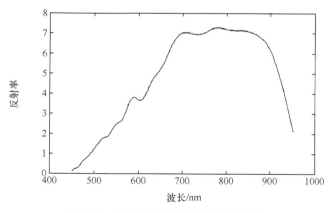

图3.71 小光程差干涉数据复原光谱数据

利用标准光谱辐射度仪和干涉型光谱成像仪得到高频及低频光谱数据，最终得到的低频定标数据如图 3.73 所示，高频定标数据如图 3.74 所示。

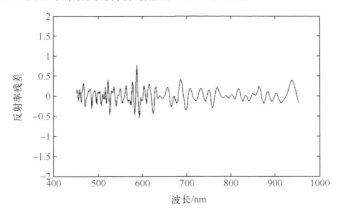

图 3.72　全光程差与小光程差的干涉数据复原光谱差值（高频光谱）

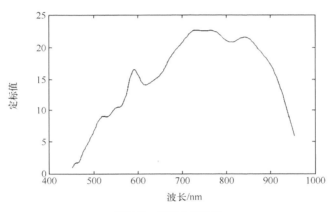

图 3.73　低频定标数据

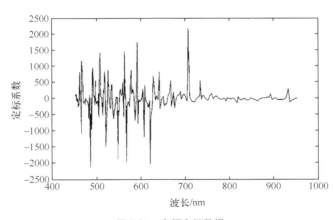

图 3.74　高频定标数据

　　获得的高频定标数据，由于受到噪声的影响很大，因此需要对噪声进行抑制。由得到的高频定标数据可以看出，噪声分布在某一条基线的两边。因此，我们近似地认为，高频定标数据在所有波长处的值相同，即上述的基线值。对高频定标数据进行处理后，得到的最终高频定标数据如图 3.75 所示。

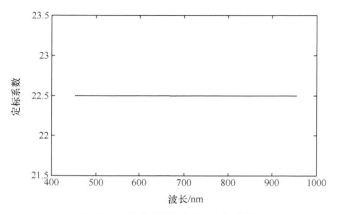

图3.75　处理后的最终高频定标数据

　　我们利用干涉型光谱成像仪得到的实际地物目标干涉数据，对得到的定标数据进行验证。首先对干涉数据进行相对定标及暗电流去除，并消除干涉数据中的直流分量，最终的实际地物目标干涉数据如图 3.76 所示。实际地物目标对应的标准光谱数据如图 3.77 所示。

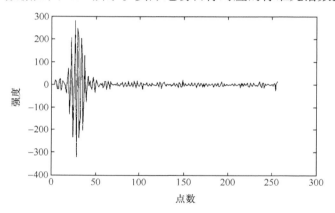

图3.76　最终的实际地物目标干涉数据

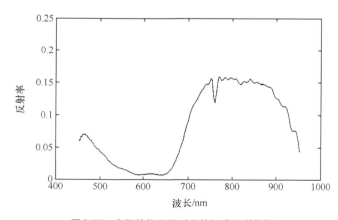

图3.77　实际地物目标对应的标准光谱数据

　　对干涉数据进行光谱反演，并利用得到的低、高频定标数据对反演后的光谱数据进行辐射定标，最终得到的定标后光谱数据如图 3.78 所示。

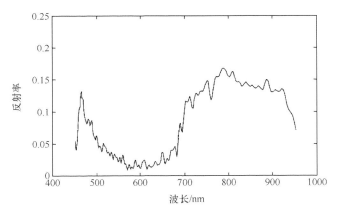

图3.78 最终得到的定标后光谱数据

为了显示方法的有效性,我们对常规定标方法进行了计算机仿真。为了抑制噪声对定标数据的影响,我们在计算标准光源干涉数据的光谱值时,对其进行了切趾操作,由标准光源干涉数据反演的光谱数据如图 3.79 所示。

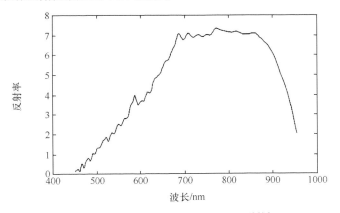

图3.79 由标准光源干涉数据反演的光谱数据

利用得到的反演光谱数据及定标公式,我们得到最终的定标数据,如图 3.80 所示。利用图 3.76 所示的干涉数据,我们对实际地物目标的反演光谱进行定标,最终得到常规定标方法下的辐射定标光谱数据,如图 3.81 所示。

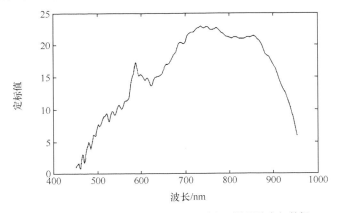

图3.80 利用反演光谱数据及定标公式得到的最终定标数据

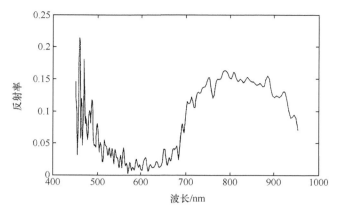

图3.81　常规定标方法下的辐射定标光谱数据

我们对两种辐射定标方法的结果进行对比，如图 3.82 所示，可以看出，本书所提方法（高低频独立定标方法）在噪声抑制方面要明显优于常规定标方法，特别是在短波处，高低频独立定标方法受噪声影响要小得多。

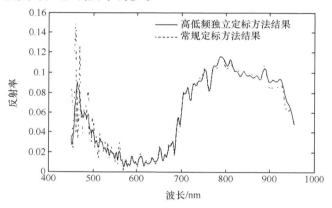

图3.82　两种辐射定标方法的结果对比

图 3.83 给出了本书所提的高低频独立定标方法的结果与标准光谱数据间的差异，差异的标准偏差（Standard Deviation）为 0.01471。图 3.84 给出了常规定标方法的结果与标准光谱数据间的差异，差异的标准偏差为 0.02267。由结果可以看出，高低频独立定标方法的结果精度要明显优于常规定标方法的结果精度。

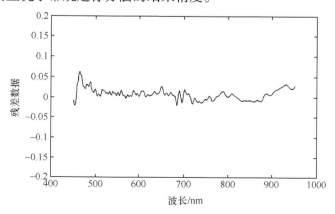

图3.83　高低频独立定标方法的结果与标准光谱数据间的差异

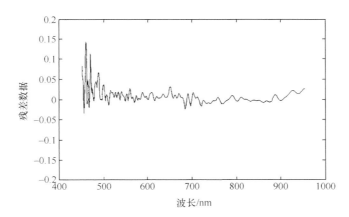

图3.84 常规定标方法的结果与标准光谱数据间的差异

通过分析与计算机仿真可以看出，本文提出的低信噪比情况下的干涉型光谱成像仪的辐射定标方法，与常规定标方法比较，前者在抑制噪声方面优势明显。

在干涉型光谱成像仪定标时，为了提高定标精度，克服吉布斯（Gibbs）振荡、随机噪声的影响，一般可以从两个方面入手：一是前面提到的利用小双边光程差降低分辨率、反演大信噪比光谱以定标，二是采用光谱范围内较平稳的部分数据点定标，不考虑剧烈起伏处的数据点。通常认为辐射定标曲线是一个整体慢变化的曲线，因此可以在全谱段范围内只取十余个点，而后通过插值得到定标数据。

将干涉型光谱成像仪的辐射定标分为两个步骤，其优点是可以同时保证从两个方面抑制噪声的影响，但是由于光程差减小，其反演光谱的分辨率低，因此只能提高低分辨率反演光谱（低频光谱）的定标精度。

二、用现代谱估计算法进行干涉光谱复原的方法

"谱估计"这一概念来源于随机信号处理。所谓谱估计或功率谱估值，即通过统计的方法，观测一定数量的样本数据，并以此样本数据去估计一个平稳随机信号的功率谱。功率谱在随机信号的分析和变换中起着类似于频谱在确定性信号中所起的作用。谱估计的应用领域包括雷达信号处理、声呐、通信、生物、医学、地震检测等许多领域。在电子战中，谱分析可用来对目标进行分类、识别等。

现代谱估计采用参量法来改进功率谱估计的分辨能力，如自回归（Auto-Regressive）模型法、最大熵法和特征向量频率估计法等。这些方法不再认为观测到的 N 个数据以外的数据全为零，因此消除了经典法的缺陷，提高了谱估计的分辨率。其中参数法包含具有代表性的伯格（Burg）递推算法，能对较短的观察序列进行比较准确的估计，因此得到了普遍的应用。此外，在特征向量算法中，加权多信号分类（Multiple Signal Classification，MUSIC）算法在低信噪比时有一定的优势。

研究者使用传统干涉光谱复原算法、伯格法、加权 MUSIC 算法在不同的信噪比和采样长度检测 3 种算法的性能差异和优缺点。需要特别注意的是，在采用传统复原算法时，一般都要对数据进行切趾处理。但在现代谱估计中，预处理时无须进行切趾处理，因为现代谱估计的一条重要假设就是不再默认观测不到或估计不到的数据全为零。

3 种算法对激光光谱的窄谱线复原结果如图 3.85 所示。这个结果表明，加权 MUSIC 算法和伯格法都有很好的性能，光谱分辨率高，半高宽度仅为传统复原算法的 1/5，而且

收敛特性理想。特别是加权 MUSIC 算法，其设计初衷就是从噪声中检测出单频信号，其复原结果已经很接近理想激光信号的谱特性；而且由于较高的光谱分辨率，可以精确地确定其频率点。传统复原算法需要进行曲线拟合才能得到准确的频率点。

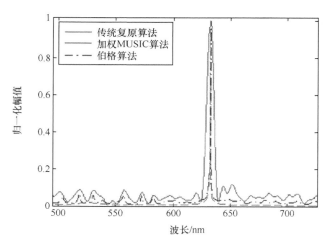

图3.85　3种算法对激光光谱的窄谱线复原结果

用同样的方法对标准高岭石光谱进行处理，得到的不同信噪比下的复原光谱如图 3.86 所示。

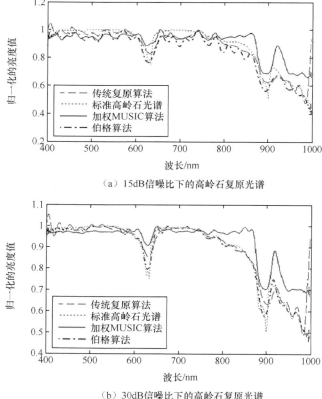

（a）15dB信噪比下的高岭石复原光谱

（b）30dB信噪比下的高岭石复原光谱

图3.86　不同信噪比下的高岭石复原光谱

结合图 3.86 的复原光谱可知，谱估计方法得到了更高的谱分辨率。在信噪比高时，伯格算法性能较好，可从截断信号中以更高的谱分辨率复原出光谱曲线，其复原光谱曲线的大部分与原始光谱曲线重合，幅度的细微起伏都能很好地反映出来，即谱估计方法比较准确地通过自相关函数的外推，恢复出了截断信号中被认为已经丢失的细节信息；但当分辨率降低时，伯格算法复原的光谱曲线中出现了较多的假峰，而当噪声较大、信噪比低时，其性能已不再优于传统复原算法。

此外，谱估计的两种算法都涉及了阶数的选取问题。虽然 AR 自回归模型阶数的选取有一些准则，但实际中遵循这些准则得到的结果并不一定最优，需要反复比对，选取合适的阶数。加权 MUSIC 算法对阶数的选取敏感，常常也需要多次调试。

现代谱估计算法涉及了大量的矩阵运算，速度上可能要慢于直接利用快速傅里叶变换的传统复原算法。

三、基于混合模型的光谱反演方法

吕群波通过对干涉数据的数学模型分析，推导出了干涉数据的混合模型，并提出了基于混合模型的光谱反演方法。他利用通用光谱反演方法及基于混合模型的光谱反演方法对干涉数据进行了光谱反演，并将反演光谱与标准光谱进行了对比。由仿真结果可以看出，基于混合模型的光谱反演方法的反演光谱精度要优于通用光谱反演方法的反演光谱精度。

由干涉型光谱成像仪的原理可知，当输入光为复色光时，假定其光谱范围为 $\sigma_1 \sim \sigma_2$（σ 为波数），则获得的干涉图为：

$$I(x) = \int_{\sigma_1}^{\sigma_2} B(\sigma)\cos(2\pi\sigma x)\mathrm{d}\sigma \tag{3.64}$$

通常情况下，仪器只能获得最大光程差为 L 的干涉数据，可以理解为无限长光程差干涉数据与矩形截断函数的乘积，在此条件下可以确定仪器的分辨率为 $\delta\sigma = \dfrac{1}{2L}$。

从数学角度来分析，由式（3.64）定义的干涉数据可以看作无穷多余弦函数的叠加，余弦函数的频率由波数 σ 确定，幅值由光谱 $B(\sigma)$ 确定。通常情况下，无法得到所有波数位置处的连续光谱，而是按稍低于或等于最大光谱分辨率的采样间隔得到离散光谱。假定光谱采样间隔为 $\Delta\sigma$，离散光谱的采样点数为 N，则离散光谱为：

$$B(\sigma) = [B(\sigma_1), B(\sigma_2), \cdots, B(\sigma_n)] \tag{3.65}$$

式中，$\sigma_1, \sigma_2, \cdots, \sigma_n$ 表示光谱间隔为 $\Delta\sigma$ 的离散光谱的中心波数位置，假定在 $\Delta\sigma$ 间隔内的光谱值相同，利用式（3.65）的离散光谱代替式（3.64）的连续光谱，可以得到：

$$I(x) = \sum_{n=1}^{N} \int_{\sigma_n - \frac{\Delta\sigma}{2}}^{\sigma_n + \frac{\Delta\sigma}{2}} B(\sigma_n)\cos(2\pi\sigma x)\mathrm{d}\sigma = \sum_{n=1}^{N} B(\sigma_n)\int_{\sigma_n - \frac{\Delta\sigma}{2}}^{\sigma_n + \frac{\Delta\sigma}{2}} \cos(2\pi\sigma x)\mathrm{d}\sigma \tag{3.66}$$

$$= \sum_{n=1}^{N} B(\sigma_n)\cos(2\pi x\sigma_n)\mathrm{sinc}(\pi x\Delta\sigma)\Delta\sigma$$

令

$$g(x,\sigma_n) = \cos(2\pi x\sigma_n)\mathrm{sinc}(\pi x\Delta\sigma)\Delta\sigma \tag{3.67}$$

则式（3.66）可简化为：

$$I(x) = \sum_{n=1}^{N} B(\sigma_n)g(x,\sigma_n) \tag{3.68}$$

由于函数 $g(x,\sigma_n)$ 是确定的，由式（3.68）可以看出，干涉数据可以看作一系列确定函数的线性组合，离散光谱值就是对应的线性组合系数。与光谱的线性混合模型类似，式（3.68）可以看作干涉数据的线性混合模型。因此，一旦确定了干涉数据及式（3.67）所描述的函数，即可通过线性解混合方法得到光谱数据。

采用傅里叶逆变换方法反演光谱数据，通常需要经过干涉数据预处理、切趾、相位修正及傅里叶逆变换等过程。傅里叶逆变换实现干涉数据到光谱数据的转换，得到反演光谱。基于混合模型的光谱反演方法则在相位修正后进行干涉数据解混合，最后得到反演光谱。

通常情况下以一定的光程差间隔采样得到离散数据，假定采样点为 $x_1, x_2, \cdots, x_M$，可以得到离散的干涉数据。将离散的干涉数据和光谱数据以向量形式描述：

$$\boldsymbol{I} = [I(x_1), I(x_2), \cdots, I(x_M)]^{\mathrm{T}} \tag{3.69}$$

$$\boldsymbol{B} = [B(\sigma_1), B(\sigma_2), \cdots, B(\sigma_N)]^{\mathrm{T}} \tag{3.70}$$

此时，式（3.68）的混合模型可以简化为如下的形式：

$$\boldsymbol{I} = \boldsymbol{GB} \tag{3.71}$$

式中，矩阵 $\boldsymbol{G}$ 的形式如下：

$$\boldsymbol{G} = \begin{bmatrix} g(x_1, \sigma_1) & g(x_1, \sigma_2) & \cdots & g(x_1, \sigma_N) \\ g(x_2, \sigma_1) & g(x_2, \sigma_2) & \cdots & g(x_2, \sigma_N) \\ \vdots & \vdots & & \vdots \\ g(x_M, \sigma_1) & g(x_M, \sigma_2) & \cdots & g(x_M, \sigma_N) \end{bmatrix} \tag{3.72}$$

式（3.72）的矩阵 $\boldsymbol{G}$ 为 $M \times N$ 维矩阵（通常情况下 $M \geq N$），当矩阵 $\boldsymbol{G}$ 的秩 $\mathrm{rank}(\boldsymbol{G}) = N$ 时，式（3.71）所描述的线性方程组为恰定方程，此时方程组有唯一解；当 $M > N$ 且矩阵 $\boldsymbol{G}$ 为列满秩，则式（3.71）所描述的线性方程组为超定方程，此时方程组没有唯一解，但可以得到约束条件下的最小二乘解。通常情况下，由于受到各种噪声的影响，式（3.71）变为：

$$\boldsymbol{I} = \boldsymbol{GB} + \boldsymbol{\delta} \tag{3.73}$$

式中：

$$\boldsymbol{\delta} = [\delta(x_1), \delta(x_2), \cdots, \delta(x_M)]^{\mathrm{T}} \tag{3.74}$$

此时，不论方程组为恰定方程还是超定方程，式（3.73）的解都可以归结为约束条件下的最小二乘解。

对上述光谱反演方法进行了计算机仿真，计算机仿真采用的光谱数据如图 3.87 所示，其对应的干涉数据如图 3.88 所示。仿真过程中简化了通用处理步骤，只对反演流程中的不同之处进行了仿真和对比，因此对干涉数据进行了预处理，并消除了相位误差，其信噪比为 30dB，傅里叶变换反演流程中的切趾函数采用三角函数。为评价反演光谱的精度，将得到的反演光谱数据与标准光谱进行对比，采用光谱相对偏差作为评价标准，定义如下：

$$R_{\mathrm{error}} = \frac{1}{N} \sum_{n=1}^{N} \frac{\left| \hat{S}_n - S_n \right|}{S_n} \times 100\% \tag{3.75}$$

式中，S——标准光谱；$\hat{S}$——复原光谱；N——光谱谱段数。

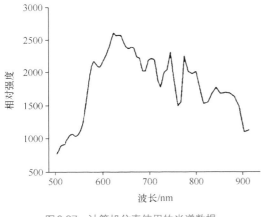

图3.87 计算机仿真使用的光谱数据

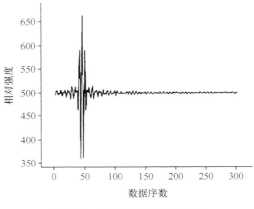

图3.88 计算机仿真的干涉数据

图 3.89 给出了基于傅里叶逆变换光谱反演方法得到的反演光谱与标准光谱的对比，其光谱相对偏差为 4.7255%。图 3.90 给出了基于干涉数据混合模型光谱反演方法得到的反演光谱与标准光谱的对比，其光谱相对偏差为 2.3557%。

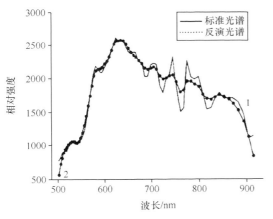

图3.89 基于傅里叶逆变换光谱得到的
反演光谱与标准光谱的对比

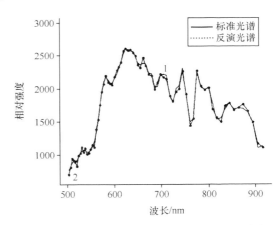

图3.90 基于干涉数据混合模型光谱反演方法得到的
反演光谱与标准光谱的对比

本书提出的干涉数据混合模型是一种理想情况下的简化模型，由于受到各种因素的影响，实际的模型与简化模型有一定的差距，但是通过实验室的定标及计算机分析，可以得到实际仪器对应的一系列函数 $g(x, \sigma_n)$，从而可以通过解混合方法得到反演光谱。由仿真结果可以看出，基于混合模型的光谱反演方法的反演光谱精度要优于通用光谱反演方法得到的光谱精度。

四、干涉光谱数据处理技术的发展趋势

干涉光谱成像技术是集光学、光谱学、精密机械、计算机、数据处理等技术于一体的综合性技术，干涉光谱成像技术的发展与上述各项技术的发展息息相关，而随着干涉光谱技术的发展及工程化应用，干涉光谱反演技术与仪器的联系也更紧密。目前干涉光谱反演技术呈现出如下的特点。

（1）随着仪器方案多样性的发展及仪器的工程化应用，干涉光谱数据处理技术也由通用化向专用化发展。自迈克尔逊干涉仪出现至今，已经出现了多种类型的仪器，以干涉型光谱成像仪来说，其可以分为时间调制型、空间调制型及时空调制型三大类，虽然不同类型仪器的光谱数据处理具有一定的技术继承性，但是无法通用。如 Desrochers 等针对时空调制干涉光谱成像仪，提出一套地面工程化光谱反演处理流程，其简化反演模型与光谱光度成像接收器（Spectral and Photometric Imaging Receiver，SPIRE）基本一致，但是其实际的工程化光谱反演系统与 SPIRE 却存在着很大的差别。

（2）随着干涉光谱技术的发展及仪器的工程化应用，光谱数据处理的关键处理步骤由傅里叶变换转向数据误差修正。根据干涉光谱技术的基本原理可知，干涉数据与光谱数据间存在傅里叶变换关系，这是最初光谱数据处理技术的核心。然而由于设计和加工的缺陷，仪器不可能是理想的系统，此外由于应用环境影响，最终仪器获取的数据中存在很多误差，此时简单的傅里叶变换无法满足高精度光谱数据处理的应用需求。随着干涉光谱技术及相关技术的发展，各种数据修正方法开始应用到光谱数据处理中。因此，实际的光谱数据处理包含一系列复杂的过程，用于修正数据中的误差。由于傅里叶变换只完成频谱变换，对误差修正来说毫无意义，因此虽然傅里叶变换是光谱数据处理中不可缺少的步骤，但在实际的系统中，它不再是一个关键步骤，而与高精度定量化反演有关的误差修正则成为光谱数据处理的关键步骤。

以 SPIRE 为例，其实际的工程化光谱数据处理系统中包括了 6 个大的处理模块，其中通用的处理模块 1 个、傅里叶变换模块 1 个，其余 4 个模块都是数据误差修正模块。

对于仪器的误差，有些误差可以通过实验室定标获取，有些误差只能够通过一定的数据处理方法获得，有些误差则无法修正，只能在设计和使用过程中尽量降低误差的影响。此外，针对不同类型的仪器，误差的影响程度也不相同，如对于时间调制干涉光谱成像仪来说，动镜的倾斜误差及非线性误差直接影响反演光谱的准确性；对于空间调制干涉光谱成像仪来说，光学系统的不一致性误差将极大地影响反演光谱的精度；对于时空调制干涉光谱成像仪来说，系统光学畸变及平台的姿态对反演光谱的准确性影响很大。

干涉光谱成像技术作为近年来发展起来的一种新型光谱成像技术，它的诸多优点和应用前景受到国内外研究领域的广泛关注，在航空航天领域得到了广泛的应用。我国的仪器研制水平已经走在了世界的前列，但是数据处理方面的工作进展尚显不足，针对特定仪器研制的专用工程化系统较少。光谱数据处理是仪器应用过程中的一个重要环节，迫切需要对其进行系统化的研究。

3.8.3 干涉型光谱成像仪辐射定标后的光谱特性评价

光谱特性是光谱成像仪应用的重要特性。在干涉型光谱成像仪完成发射前辐射定标后，可以通过测试光谱与标准光谱的比对，检验光谱成像仪探测光谱的准确度，对光谱成像仪的光谱特性进行评价。

针对光谱特性的评价方法是对光谱维信息进行分析，通过计算复原测试光谱与标准光谱曲线的近似程度，并进行评价，主要的方法有：光谱相对偏差、光谱相对二次误差（Relative Quadratic Error，RQE）、相关系数、光谱角、欧氏距离，还有最大谱相似度、最大谱信息散度等。

在此介绍常用的几种方法。

1. 光谱相对偏差

为评价反演光谱的精度，将得到的反演光谱数据与标准光谱进行对比，采用光谱相对偏差作为评价标准，定义如下：

$$R_{\text{error}} = \frac{1}{N} \sum_{n=1}^{N} \frac{\left| \hat{S}_n - S_n \right|}{S_n} \times 100\% \tag{3.76}$$

式中，S——标准光谱；$\hat{S}$——复原光谱；N——光谱谱段数。

2. 光谱角

光谱角方法在光谱角匹配方法（Spectral Angle Mapping，SAM）的基础上进行计算，把光的广义夹角、谱看作多维矢量来计算光谱向量，通过计算待测光谱与参考光谱之间的"角度"来确定两个光谱向量之间的相似性，夹角越小，光谱越相似。此方法还应用于地物的光谱分类，在地物分类时，按照给定的相似性的阈值对未知光谱进行分类。

采用光谱角方法衡量光谱反演后得到的光谱 t 与参考光谱 r 的形状相似程度，参考光谱可以选取经过标定的光谱辐射计测试光谱。则两个光谱向量 t、r 间的光谱角 θ 为：

$$\theta = \arccos \frac{t \times r^{\text{T}}}{\| t \| \times \| r \|} = \arccos \left[\frac{\sum_{i=1}^{n} t_i r_i}{\left[\sum_{i=1}^{n} t_i^2 \right]^{1/2} \left[\sum_{i=1}^{n} r_i^2 \right]^{1/2}} \right] \tag{3.77}$$

式中，$r = (r_1, r_2, \cdots, r_n)$；$t = (t_1, t_2, \cdots, t_n)$；$r_i$、$t_i$ 表示像元在 i 个波段上的反射率；$\| \|$ 表示计算光谱向量的模。

θ 的值域为 $[0, \pi/2]$，其值越小，说明两光谱相似程度越高。从式（3.77）可以看出 θ 值与光谱向量的模是无关的，因为两个向量的夹角不受向量长度的影响，即与图像的增益系数无关。也可通过计算两向量间的夹角余弦值表征它们的相似程度，其值域为 $[0, 1]$，值越接近 1 说明相似程度越高。

3. RQE

RQE 是将原来的 RQE 值公式由连续的积分公式改变为离散的求和公式来计算的，其反映的是标准光谱 $\hat{S}_i$ 与光谱反演后光谱 S_i 在幅值上的差异。RQE 的计算公式如下：

$$\text{RQE} = \frac{\sqrt{\sum_{i=1}^{N} [(\hat{S}_i - S_i)^2]}}{\sum_{i=1}^{N} S_i} \tag{3.78}$$

RQE 值有效地说明了光谱反演后的光谱与标准光谱在相应频段上的误差。

3.9　发射前的外场定标

3.9.1　发射前的外场定标的目的和意义

遥感器定标将建立遥感器输出信号的数值与探测目标入射辐亮度值之间的定量关系。

外场定标的主要特点是以太阳光为光源（色温高），遥感器星下点指向向下，以地表均匀的、不同灰阶等级的靶面作为定标目标，同时测试分析大气传输和环境背景的影响，对遥感器进行光谱辐射度定标。外场定标的工作状况更接近遥感器在太空飞行时观测地物的工作状况。室外辐射定标的光源为太阳，可以有效地改善实验室辐射定标时定标光源（太阳模拟器）短波波段辐亮度低，导致的干涉型光谱成像仪短波输出信噪比低、光谱复原精度低的缺点。通过室外辐射定标模拟遥感光谱仪探测地物目标的太阳反射光谱特性，可以得到地物目标的准确光谱信息，并与实验室定标的结果进行相互验证。因此外场定标是遥感器升空前非常重要的定标方法之一。

中科院安徽光机所于 2006 年 4 月在云南天文台对 FY-2（05 星）扫描辐射计进行了发射前可见光通道外场定标，采用辐亮度法进行辐射定标，取得了大量的试验数据和可靠的定标结果。

中科院西安光机所与中科院安徽光机所于 2007 年在外场条件下对 HJ-1A 的高光谱成像仪进行了光谱辐射度定标，以及辐射响应的非线性度和动态范围、光谱复原的测试，与实验室定标结果进行比对；通过数据处理和分析，对不同定标方法进行比较，对实验室定标结果的不足之处进行合理修正。

3.9.2 发射前外场定标的原理和方法

HJ-1A 的高光谱成像仪于 2007 年 2 月在云南大理进行了外场定标测试试验。

在外场条件下进行高光谱成像仪的光谱辐射度定标，以太阳为光源，在不同的太阳高角下，将不同反射率的漫射板用作目标，对高光谱成像仪建立不同的入射辐亮度等级，按照式（3.37），即 $D(\sigma) = \dfrac{B'(\sigma)}{L(\sigma)}$ 进行辐射度定标，得到定标系数 $D(\sigma)$，式中 $L(\sigma)$ 为入瞳辐亮度，$B'(\sigma)$ 为高光谱成像仪复原光谱的输出值。图 3.91 所示为外场辐射定标试验布局示意。图 3.92（a）、图 3.92（b）所示为试验现场。

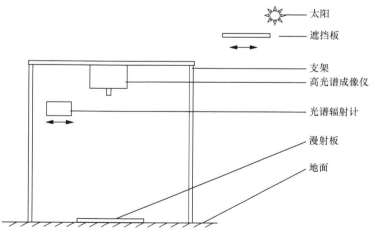

图 3.91　外场辐射定标试验布局示意

将高光谱成像仪放在距地面足够高的支架上，使高光谱成像仪的星下点指向垂直于地面的漫射板。漫射板放在高光谱成像仪下方的地面上，由太阳光与天空漫射光照明。试验中测量高光谱成像仪入瞳处的辐亮度,即漫射板反射光谱辐亮度,有两种方法:一是通过基于实验室标准传递的光谱辐射计测量,二是通过太阳、大气、漫射板进行相关测量后计算高光谱成像仪入瞳辐亮度。

(a)试验现场1　　　　　　　　　　(b)试验现场2

图3.92　HJ-1A高光谱成像仪外场辐射定标试验现场

由于实验室定标环境条件与外场定标环境条件有非常大的差异,基于实验室标准传递方法所确定的漫射板光谱辐亮度的精度相对比较低,而太阳-大气-漫射板测量方法的精度相对较高,为通常的在轨卫星场地定标所采用。外场定标的漫射板反射辐亮度测量将同时采用上述两种方法,通过多种设备、两种方法测量结果的分析比较与互相验证,最终得到高光谱成像仪入瞳光谱辐亮度。

一、太阳-大气-漫射板测量方法

太阳-大气-漫射板测量方法以非常稳定的大气外太阳辐照度 $E_0(\lambda)$ 为标准,通过大气透过率 $T(t,\lambda)$ 测量、天空漫射(包括地物背景)反射/总辐射反射比测量,结合漫射板反射比因子、标准大气数据、辐射传输计算得到漫射板反射光谱辐亮度。

太阳-大气-漫射板测量法的总辐射漫射板反射光谱辐亮度 $L_{\text{total, panel}}(\lambda,\theta)$ 由式(3.79)给出:

$$L_{\text{total,panel}}(\lambda,\theta) = \frac{E_0(\lambda)\cos\theta}{\pi r^2} \times \frac{\text{BRF}_{\text{panel}}(\lambda,\theta,0)T(\theta,\lambda)}{1-V_{\text{sky,panel}}(\lambda)/V_{\text{total,panel}}(\lambda)} \tag{3.79}$$

式中,$E_0(\lambda)$——大气外太阳常数;θ——太阳天顶角;$V_{\text{sky,panel}}(\lambda)$——光谱辐射计对天空漫射(包括地物背景)的漫射板反射的测量计数值;$V_{\text{total,panel}}(\lambda)$——光谱辐射计对总辐射反射的测量计数值;$T(\theta,\lambda)$——大气透过率;$r^2$——日-地距离因子;$\text{BRF}_{\text{panel}}(\lambda,\theta,0)$——漫射板的双向反射比因子。

外场条件下,并不能够直接测量得到直射太阳的漫射板反射辐射,而且受到定标支架、附近环境中高于漫射板平面的物体的反射影响,漫射板的漫射反射的情况是比较复杂的。为准确得到漫射板反射光谱辐亮度,用光谱辐射计分别测量漫射板不遮挡直射太阳的总辐射反射和遮挡直射太阳的漫射反射的相对光谱辐亮度,得到天空漫射辐射反射/总辐射反射比,据此将漫射部分折算到直射部分而得到漫射板反射光谱辐亮度。

遮挡直射太阳后的漫射板漫射辐射反射光谱辐亮度为：

$$L_{\text{dif}}(\lambda,\theta) = \frac{E_0(\lambda)\cos\theta}{\pi}\text{BRF}_{\text{panel}}(\lambda,\theta,0)T(\theta,\lambda) \times \frac{V_{\text{sky,panel}}(\lambda)/V_{\text{total,panel}}(\lambda)}{1 - V_{\text{sky,panel}}(\lambda)/V_{\text{total,panel}}(\lambda)} \qquad (3.80)$$

大气透过率采用已经定标的太阳辐射计在定标测量时刻同步对太阳测量，结合太阳辐射计定标参数、地理信息参数、照明几何条件等计算得到太阳辐射计测量波段的大气光谱透过率。其他波段的大气光谱透过率，以太阳辐射计测量结果为参照，结合气象参数、地理信息参数、大气数据，通过辐射传输计算得到。

太阳 - 大气 - 漫射板测量方法中所用的漫射板双向反射比因子由实验室测量给出。

方法中所引用的大气外太阳常数参照美国材料实验协会（American Society of Testing Materials，ASTM）标准 E-490，大气数据从中等分辨率的大气传输（Moderate Resolution Atmospheric Transmission，MODETRAN）标准大气数据库引用。

二、基于实验室标准传递的高光谱成像仪入瞳光谱辐亮度测量

实验室标准传递的方法以实验室标准为基准，以光谱辐射计为载体，将辐射标准传递至外场太阳照明的漫射板，给出高光谱成像仪入瞳光谱辐亮度为：

$$L(\theta,0,\lambda) = \frac{\text{BRF}(0,45°,\lambda)E_0(\lambda)}{\pi} \times \frac{\text{DN}_{\text{panel}}(\theta,0,\lambda)}{\text{DN}_{\text{stand}}(0,45°,\lambda)} \qquad (3.81)$$

式中，$E_0(\lambda)$——标准灯光谱辐照度；$\text{BRF}(0,45°,\lambda)$——实验室检定时标准漫射板方向反射比因子；$\text{DN}_{\text{panel}}$——光谱辐射计的外场漫射板反射测量电压值；$\text{DN}_{\text{stand}}$——光谱辐射计的实验室检定测量电压值。

3.9.3　实验准备与要求

（1）仪器的定标检测：参试的光谱辐射计、太阳辐射计、光谱照度计均应在出发前完成辐射定标、响应线性检测和稳定性检测。

（2）实验电源：实验前应检查供电电源、设备自带电源工作正常，接地可靠。

（3）高光谱成像仪支架定位：应按照试验时段太阳照射的方位，计算好仪器支架位置，保证实验时支架及辅助设备不影响太阳光源对目标漫射板的辐射。

（4）高光谱成像仪及辐亮度测量仪器（辐射度计、亮度计等）的吊装：应可靠、牢固。仪器光轴应垂直向下且对准目标板中心，吊装高度应满足视场小于目标板面积。

（5）漫射板定位：漫射板水平置于被测高光谱成像仪正下方，中心法线与光谱仪同心。

（6）时间校准：所有参试仪器、人员使用的时钟统一校准。

（7）环境辐射：测试现场相关区域应为低反射面，人员需着深色服装。

（8）辐射测量与记录：各种测量均应采用多次测量方法。测量前做好记录表格（包括电子版）的设计和准备。

（9）辐射测量设备应在实验前完成数据处理软、硬件准备，相关的实验数据应在实验当天完成整理和有效性检验，初步测量结果及实验报告应于当于提交，为当天实验结果的分析提供判定的依据。

（10）气象数据与地理信息数据：实验过程中应及时收集气压、湿度、温度、风力、风向等气象数据和经纬度、海拔等地理信息数据。

3.9.4　外场定标的环境条件、试验布局、主要试验设备和试验流程

一、环境条件

为了减少地理位置和大气质量引起的误差，选择纬度低，大气透明度高、稳定性好的地点作为定标场地，要求工作时天气晴朗无云，大气干燥清洁，太阳高角在 $-60° \sim 60°$，工作时间如北京时间 9:00 ~ 16:00。

二、试验布局

试验布局如图 3.91 所示。被测高光谱成像仪吊装在支架上，距地面 2.5m，光谱仪星下点指向地面。光谱仪正下方水平放置漫射板（形状为边长是 1.2m 的正方形）。

几个交替同步的测量设备全部安装于光谱辐射计转台上，需测量时，通过转台转动至高光谱成像仪下方，与高光谱成像仪交替对漫射板进行测量。同步测量设备安装于高光谱成像仪的同一支架上，与高光谱成像仪同时对漫射板进行测量。独立测量设备的测量与高光谱成像仪测量无关，安装于其他位置。

在太阳直射方向上布置遮挡板，用于在测试过程中的某个环节挡住漫射板上的太阳直射光。

三、主要试验设备

高光谱成像仪外场定标主要试验设备如表 3.9 所示。

表 3.9　高光谱成像仪外场定标主要试验设备

序号	设备名称	性能及用途
1	8 通道绝对辐亮度计 RadStd-8	中心波长（单位为 nm）514、550、628、675、750、830、900、960，带宽为 10nm，由低温辐射计传递的标准不确定度为 2%。用于漫射板绝对辐亮度测量和校准
2	光谱辐射度计 ASD-NIR	光谱范围为 340 ~ 1072nm。用于漫射板光谱辐亮度测量、漫射 / 总辐射比测量
3	光谱辐射计 IS1921VF-256	光谱范围为 380 ~ 1050nm，光谱通道个数为 256。用于漫射板光谱辐亮度测量、漫射 / 总辐射比测量
4	太阳光谱辐照度计 IS1822-256	光谱范围为 380 ~ 1050nm，光谱通道个数为 256，太阳跟踪精度为 0.1°。用于高光谱成像仪外场定标环境影响评估
5	太阳辐射计 CE-317	波段为 440nm、670nm、830nm、1020nm，带宽为 10nm。用于大气光学厚度测量
6	漫射参考板	面积为为 1.2m×1.2m，6 块板的反射率分别为 0.99、0.8、0.65、0.5、0.3、0.2（编号依次为：1#、2#、3#、4#、5#、6#）
7	计算机	用于数据处理

四、试验流程

高光谱成像仪外场定标测试于 2007 年 2 月 23 日、24 日在云南大理进行。

2 天进行了 8 轮测试，每一轮测试都对 6 块不同反射率的漫射板依次进行测量。对每块板测量 3 次，即挡光、不挡光、再挡光，每个条件下分别由高光谱成像仪、光谱辐射计、绝对辐亮度计采集数据。高光谱成像仪每次需采集 4 个增益的测量数据。高光谱成像仪多轮次（不同太阳高角）地对不同反射率的漫射目标进行测量，将获得大动态范围、多辐亮度级的数据。

在试验过程中，太阳辐射计和辐照度计、自动气象站组成大气环境测量系统，全天候同步采集数据，实时进行大气光学环境测量。

对测量数据进行如下有效性验证。

（1）光谱辐射计测量数据有效性判据：对光谱辐射计当天（剔除坏数据后）的测量数据一致性进行线性相关分析，各光谱辐射计之间相同波段上的数据相关性应优于 0.99。

（2）太阳辐射计测量数据有效性判据：按照时间序列，相同波段上，太阳辐射计测量信号与光谱辐射计扣除漫射并折算至垂直入射面信号之间的线性相关系数优于 0.9。

（3）光谱照度计测量数据有效性判据：相同波段上，按照时间序列插值的光谱照度计测量信号与光谱辐射计测量信号之间的线性相关系数优于 0.9。

（4）高光谱成像仪外场定标检验的实验数据有效性判据：每次采集数据后立即回放，若干涉图数据有异常，立即重采。

然后，计算如下相关数据。

（1）定标系数：由各测试数据，按照 3.9.2 小节中叙述的两种方法，计算出高光谱成像仪各增益、亮度级的入瞳辐亮度值。高光谱成像仪各工况下的输出干涉数据，经干涉图暗电流、相对辐射校正处理后，做光谱复原，得到复原光谱数据。按照式（3.37）计算光谱辐射度定标系数。

（2）响应线性度：根据试验中测试、计算的高光谱成像仪各增益、各亮度级入瞳辐亮度及对应的响应输出数据，计算高光谱成像仪响应线性度。

3.9.5 外场定标的结果

一、数据有效性验证结果

两种辐射度计独立测量结果的相关性（一致性）：图 3.93 为 2 月 23 日光谱辐射计 ASD-NIR 与绝对辐射度计 RedStd-8 测试值（550nm）的相关性曲线，相关性 R 为 0.9998。此结果说明辐射测量数据具有很高的一致性，数据有效、可靠。

定标过程大气数据分析：图 3.94 为 2 月 23 日 8：43—16：10 大气光学特性测量结果中波长 440nm 点的数据，横坐标 m 为大气质量，纵坐标 $In(V)$ 为大气光学厚度。从图中可看出大气光学厚度随大气质量呈线性变化，曲线没有明显的偏离和抖动，说明定标过程中大气稳定。

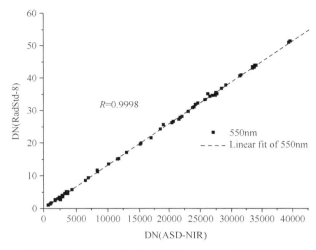

图3.93　2月23日光谱辐射计ASD-NIR与绝对辐射计RedStd-8测试值（550nm）的相关性曲线

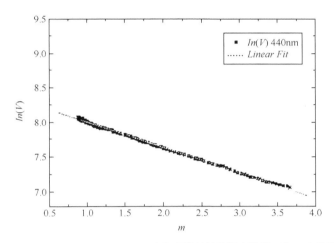

图3.94　2月23日8：43—16：10大气光学特性结果中波长440nm点的数据

二、定标结果

两种辐亮度测量结果比较如下。

外场定标试验中，对基于太阳 - 大气 - 漫射板方法测量的辐亮度与基于实验室标准测量的辐亮度进行了比对，二者相对百分差小于6%。

比较两种方法测试复原光谱与输入标准光谱之相对偏差（谱段内平均值），太阳大气漫射板方法的光谱复原相对偏差为2.7%，实验室标准方法的光谱复原相对偏差为3.1 %。可见太阳 - 大气 - 漫射板方法精度高些。

与室内定标，即用室内定标数据复原外场测试光谱比较，图 3.95 中红色曲线为复原光谱曲线，绿色为辐射计测量光谱。可看出二者的光谱形状在长波区偏差小，短波区偏差大，说明室内定标光源色温低、短波弱，定标结果短波区信噪比低、偏差大。

三、外场定标试验中推扫成像结果

图 3.96 为外场定标试验中据定标结果处理的外景推扫图像，是经光谱复原、图像处

理、拼接处理的 RGB 彩色图像。

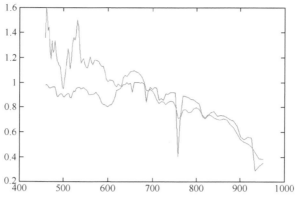

图3.95 用室内定标数据复原外场测试光谱

图3.96 外场定标试验中由定标结果处理的外景推扫图像

3.9.6 外场定标的精度分析

（1）太阳-大气-漫射板测量方法的不确定度分析如表 3.10 所示。

表 3.10 太阳-大气-漫射板测量方法的不确定度分析

误差项	不确定度 /%
太阳常数	2.0
太阳辐射计测量	2.0
辐射传输计算	2.0
遮挡	2.5
漫射／总辐射比测量	2.5
漫射板反射比因子	2.0
同 步	2.0
合成不确定度	5.7

（2）基于实验室标准传递的入瞳光谱辐亮度测量方法的误差分析如表 3.11 所示。

表 3.11 基于实验室标准传递的入瞳光谱辐亮度测量方法的误差分析

误差项	不确定度 /%
光谱辐射计定标	5.2
光谱辐射计测量	2.0
环境 / 视场一致性	2.0
同步	2.0
总误差	6.2

其中，光谱辐射计定标误差包括实验室内的测量、灯和板之间的距离、标准灯、标准板、电源、波长、杂散光等引起的实验室定标误差，还包括由实验室定标环境与野外环境的差异等因素造成的误差。在 800nm 以上波段，光谱辐射计的定标误差将比所给值要高。其他的误差项指的是外场测量引入的各项误差。所给出的光谱辐射计定标误差参考了同类型 ASD 设备的文献、报道，也参照了 FY-2 扫描辐射计可见光通道外场定标经验。为保证测量结果的准确、可靠，光谱辐射计测量光谱辐亮度由高精度波段式陷阱辐射计进行同步测量检验与验证。

3.10 参考文献

白加光，王忠厚，白清兰，等 . 萨格奈克横向剪切干涉仪设计方法的研究 [J]. 航天器工程，2010, 19 (2):87-91.

陈福春，陈桂林，詹丽珊 . FY-2 多通道扫描辐射计的可见光外场定标 [J]. 量子电子学报，2005, 22 (2):295-298.

崔燕 . 光谱成像仪定标技术研究 [D]. 西安：中国科学院西安光学精密机械研究所，2008.

崔燕，计忠瑛，高静，等 . 空间调制干涉光谱成像仪偏振度测试 [J]. 光子学报，2008, 37 (6):1205-1207.

崔燕，计忠瑛，石大莲，等 . 空间调制干涉光谱成像仪线性度测试 [J]. 光子学报，2009, 38 (11):2849-2852.

高静，计忠瑛，崔燕，等 . 空间调制干涉光谱成像仪光谱定标技术研究 [J]. 光子学报，2009, 38 (11): 2853-2856.

高静，计忠瑛，崔燕，等 . 空间调制干涉光谱成像仪的室外定标技术研究 [J]. 光学学报，2010, 30 (5):1321-1326.

高晓惠 . 高光谱数据处理技术研究 [D]. 西安：中国科学院西安光学精密机械研究所，2013.

顾行发，田国良，余涛，等 . 航天光学遥感器辐射定标原理与方法 [M]. 北京：科学出版社，2013.

中国人民解放军总装备部.星载遥感仪器红外通道辐射定标方法:GJB 4036—2000[S]. 北京:中国人民解放军总装备部军标出版发行部,2001.

韩刚.干涉光谱复原算法研究[D].西安:中国科学院西安光学精密机械研究所,2012.

黄旻.傅里叶变换光谱成像仪数据处理技术研究[D].西安:中国科学院西安光学精密机械研究所,2009.

黄旻,相里斌,吕群波,等.空间调制型干涉光谱成像仪数据处理方法[J].光谱学与光谱分析,2010,30(3):855-858.

计忠瑛,相里斌,崔燕,等.超光谱成像仪的实验室定标[J].航天器工程,2010,19(1):67-71.

景娟娟,吕群波,周锦松,等.图像融合效果评价方法研究[J].光子学报,2007,36(增刊):313-317.

景娟娟,相里斌,吕群波,等.干涉光谱数据处理技术研究进展[J].光谱学与光谱分析,2011,31(4):865-870.

李志刚,郑玉权.基于激光的光谱辐射定标[J].光谱学与光谱分析,2014,34(12):3424-3428.

罗军,易维宁,彭妮娜.辐亮度法的FY-2扫描辐射计可见光定标[J].光电工程,2007,34(8):68-75.

吕群波.干涉光谱成像数据处理技术[D].西安:中国科学院西安光学精密机械研究所,2007.

吕群波,相里斌,黄旻,等.空间调制干涉光谱成像仪数据误差修正方法,2007.光子学报,2009,38(7):1746-1750.

吕群波,姚涛,相里斌,等.干涉数据光谱反演方法研究[J].光谱学与光谱分析,2010,30(1):114-117.

马德敏,王建宇,马艳华.基于向量相关的高光谱图像真实性检验[J].激光与红外,2007,37(1):90-93.

孟宪刚,张爱武,胡少兴,等.一种推帚式高光谱相机非线性相对辐射校正方法[J].小型微型计算机系统,2014,35(7):1676-1680.

彭妮娜,罗军,易维宁,等.扫描辐射计可见通道发射前外场定标方法对比与分析[J].红外与激光工程,2007,36(5):597-601.

王明远,等.空间对地观测技术导论[M].北京:军事谊文出版社,2002.

相里斌,赵葆常,薛鸣球.空间调制干涉成像光谱技术[J].光学学报,1998,18(1):18-22.

相里斌,计忠瑛,黄旻,等.空间调制干涉光谱成像仪定标技术研究[J].光子学报,2004,33(7):850-853.

相里斌,袁艳.单边干涉图的数据处理方法研究[J].光子学报,2006,35(12):1869-1874.

相里斌,王忠厚,刘学斌,等.环境减灾-1 A卫星空间调制型干涉光谱成像仪技术[J].航天器工程,2009,18(6):43-49.

相里斌,王忠厚,刘学斌,等."环境与灾害监测预报小卫星"高光谱成像仪[J].遥感技术与应用,2009,24(3):257-262.

相里斌,吕群波,袁艳,等.探测器横纹误差对大孔径静态干涉成像光谱仪影响的建模

与修正 [J]. 光谱学与光谱分析 , 2012, 32(4):1137-1141.

谢敬辉 , 廖宁放 , 曹良才 . 傅里叶光学与现代光学基础 [M]. 北京 : 北京理工大学出版社 , 2007.

薛彬 . CE—1 干涉成像光谱仪信息处理及应用研究 [D]. 西安 : 中科院西安光学精密机械研究所 , 2016.

薛利军 , 李自田 , 李常乐 . 光谱成像仪 CCD 焦平面组件非均匀性校正技术研究 [J]. 光子学报 , 2006, 35(5): 693-696.

杨本永 . HJ 超光谱成像仪外场辐射定标入瞳光谱辐射亮度测试 [R]. 合肥 : 中科院安徽光学精密机械研究所 , 2007.

杨冬甫 . 热真空试验技术与设备发展概述 [J]. 科学仪器与装置 : 中国仪器仪表 , 2008(9):75-78, 84.

姚和军 , 吕正 , 李在清 . 高精度激光束功率稳定器的研究 [J]. 计量学报 , 2000, 21(3):161-166.

姚乐乐 , 赵卫 , 范士明 . 空间调制光谱成像仪相对辐射校正方法研究 [J]. 中国空间科学技术 , 2009(5):48-53.

殷世民 , 计忠瑛 , 崔燕 . 傅里叶变换成像光谱仪 CCD 像元响应非均匀性校正 [J]. 航天器工程 , 2010, 19(1): 41-45.

张黎明 . HJ 超光谱成像仪外场辐射定标入瞳光谱辐射亮度测试细则 [R]. 合肥 : 中科院安徽光学精密机械研究所 , 2006.

赵葆常 , 杨建峰 , 薛彬 , 等 . 嫦娥一号干涉成像光谱仪的定标 [J]. 光子学报 , 2010, 39(5):769-775.

郑小兵 , 吴浩宇 , 章骏平 , 等 . 高精度光辐射定标和标准传递方法 [J]. 科学通报 , 2000, 45(12):1341-1344.

郑小兵 . 高精度卫星光学遥感器辐射定标技术 [J]. 航天返回与遥感 , 2011, 32(5):36-43.

郑小兵 , 袁银麟 , 徐秋云 , 等 . 辐射定标的新型参考光源技术 [J]. 应用光学 , 2012, 33(1):101-107, 147.

周磊 , 彭妮娜 , 张黎明 , 等 . 基于标准探测器的 FY-2(05) 星扫描辐射计可见通道外场定标 [J]. 遥感技术与应用 , 2007, 22(1):20-25.

Shi Dalian, Liu Xuebin, Wang Shuang, et al. 2013. Calibration and correction of the CCD spectral response nonuniformity for Fourier transform imaging spectrometer. SPIE Vol. 8910, 89101C-1-8.

第 **4** 章

遥感干涉光谱成像仪在轨星上定标

干涉型光谱成像仪原理、结构较为复杂，国内外对此类遥感载荷及相应定标技术的介绍很少。但是，光学遥感器的星上定标技术存在许多共性，定标方法、定标结构都有参考意义，因此本章主要介绍遥感干涉光谱成像仪的星上定标技术，同时也介绍一些光学遥感相机的星上定标技术。

4.1　遥感干涉光谱成像仪星上定标系统的作用和意义

遥感器在发射前都进行了定标测试，但运输、发射过程中的振动、冲击会对遥感器产生影响。遥感器在轨运行中，物理环境的变化、环境的污染等因素，会不可避免地使遥感器的光学、机械结构和电子学部件发生性能改变，或使探测器上的图像或干涉条纹的位置发生改变，导致实验室定标建立的数字化输出数据和输入辐射之间的关系发生变化。此外，随着遥感技术的发展，遥感器的寿命也不断增长，对遥感器长期在轨运行的监测更加必要。为了在轨运行中能准确地获得仪器输出数据与输入辐射的响应关系，必须对这些变化进行监测和校正，即对遥感器进行在轨飞行定标。定标的方法有场地定标、交叉定标和星上定标。使用不同的定标方法，可以通过不同定标结果的比对和互相印证，从不同的角度提供分析问题的依据，有利于获得较为合理、可靠的定标结果。

在轨场地定标需要在卫星过境同时进行地物目标同步测量，要求目标面积大、辐射均匀性高。测试还会受天气条件的影响，人力、物力代价较高。在轨交叉定标要求有遥感探测性能匹配的卫星载荷和相应数据，满足条件的机会有限。

星上定标系统安装在遥感器上，定标测试的标准（光谱定标、辐射度定标的标准）也设置在遥感器上，在定标测试过程中，可以根据定标工作模式或需要进行定标，不受外界大气条件的影响。星上定标测试的结果，相比场地定标和交叉定标，是更能直接反映遥感器工作状况的数据，可以及时、便捷地对遥感器的响应变化进行修正。因此遥感器的星上定标是在轨飞行定标最重要的手段，星上定标技术也越来越受到遥感器设计者的重视。

4.2　遥感干涉光谱成像仪星上定标系统的要求和设计难点

遥感干涉光谱成像仪星上定标系统的设计要求与发射前定标的要求基本相同，主要是定标功能和建立定标测量传递标准的要求，但不同的是星上定标系统的结构是主体结构的一部分，受主体结构设计的约束和限制。

4.2.1 定标功能的要求

对于遥感干涉光谱成像仪的星上定标，要求能够实现光谱定标、辐射度的相对定标和绝对定标。

星上光谱定标可以检测光谱成像仪测量光谱功能的变化，对相关参数进行在轨定量化测试，为相关参数的修正提供数据。

星上辐射度的相对定标，要求对像面图像进行在轨响应均匀性校正，修正发射前辐射度响应均匀性测试结果的变化。

星上辐射度的绝对定标，要求在轨运行期间定期或不定期进行光谱成像仪绝对响应度的测试，即测试光谱成像仪对应标准输入辐亮度的响应输出值，检测在轨运行期间光谱成像仪响应度的变化，修正响应定标系数。

4.2.2 建立定标测量传递标准的要求

要求作为定标测量传递标准（或基准）的光源赋值应具有足够的精度和稳定性。

（1）光谱定标：干涉型光谱成像仪星上光谱定标有绝对和相对两种方法。星上绝对光谱定标根据已知的标准光谱对干涉型光谱成像仪进行光谱定标，要求定标系统的光源具有已知的、稳定的、谱线宽度足够窄的谱线。相对光谱定标则要求时间相对，即测试干涉型光谱成像仪相对于发射前干涉光谱的变化，要求定标光源的参照基准光谱具有利于识别的窄线宽特征光谱，谱线位置具有长期稳定性。

（2）星上辐射度的相对定标：要求定标光源的辐射强度在定标视场内分布均匀，且均匀性是长期稳定的。

（3）星上辐射度的绝对定标：要求定标光源的辐射强度经过辐射标准的传递和检定，且具有长期稳定性。

（4）星上定标辐射光源（如内置灯）及定标系统中的漫射板、反射镜等元件的光学性能衰变，将引起定标光源辐射值的变化，因此星上定标系统还需设置辐射能监测装置，将辐射能的变化信息反馈到定标系统的数据处理中，用于定标结果的修正。

4.2.3 对星上定标系统结构的要求

要求星上定标系统能够将定标光源引入主系统，完成全系统、全孔径、全视场的定标，但不能影响主系统的功能。在实际的设计中，星上定标系统插入主系统的结构方式，受卫星总体设计、干涉型光谱成像仪主体结构、空间体积、重量，以及在轨工作模式等条件的限制和约束，存在许多困难，并由此产生了不同光学遥感器的不同星上定标系统，而且很难实现理想的全面星上定标。

4.3　遥感干涉光谱成像仪星上定标辐射光源

4.3.1　星上定标系统内置光源

一、黑体

对于红外波段（2.5μm 以上）的星上辐射定标，内置光源采用黑体。

黑体的光谱辐射量和温度之间存在着精确的对应关系，用其作为标准源，就可以提高定标的精度。星载黑体的难点主要在于黑体的选择，以及精确的温控。

MODIS 上采用了一种具有 V 形槽表面的黑体，其表面经过抛光、阳极氧化、再抛光处理，发射率可达到 0.997。

12 个温度探测器被安置在黑体上来监控黑体温度。黑体具有良好的温度均匀性，其波动应在 0.03 ～ 0.08K 的范围内。黑体从 270K 加热到 315K 的时间为 130min，对应的冷却时间为 180min。温度探测器为玻璃式压缩热电调节器，被精确标定，它所带来的不确定度约为 0.013K。

在黑体定标的过程中既可以使用 315K 和 270K 两个温度进行两点定标，也可以利用黑体被加温到 315K 然后冷却到 270K 的这个均匀过程所提供的多种辐射尺度进行多点定标。

上海技术物理研究所研制的 MERSI 作为气象卫星 FY-3 上的扫描式光谱成像仪，其中，长波红外通道的在轨辐射定标，通过仪器扫描镜观测星上面源黑体实现。由热力学定律可知，面源黑体的辐射能主要与黑体温度和表面发射率有关。因此，面源黑体温度的稳定度和均匀性对星上在轨定标精度起着决定性的作用。

星上扫描镜的结构可能使部分太阳光通过结构间隙直接照射到黑体表面，也有部分机械零件对太阳光散射的杂光入射到黑体表面。这些非正常光辐射会使黑体产生温度变化，影响黑体温度的稳定性和均匀性。经过实验和仿真，扫描镜附近区域设置了遮光板，可有效地抑制太阳光的污染，对黑体有良好的保护效果。

国外扫描工作方式成像的红外相机，都有控温黑体参考源用于星上辐射定标。控温黑体大多放置在旋转扫描镜超出扫描成像视场的两侧，通过对黑体精确控温，一个被控制在地面观测目标的最低温度点，另一个被控制在地面观测目标的最高温度点。相机在对地扫描成像前，先对低温黑体成像，获取动态范围下限的辐射温度。在对地扫描成像完成后再对高温黑体成像，获取动态范围上限的辐射温度。定标点图像数据和温度数据都记录下来并下传，使用这些数据可以推算所有成像视场内目标的辐射温度，也可以将其作为绝对辐射参考源与其他红外扫描成像仪输出图像数据进行比对。红外扫描成像仪星上定标的原理及定标响应示意如图 4.1 和图 4.2 所示。

HJ-1B 卫星红外相机星上定标系统利用侧面套筒校正黑体，实现中、长波在轨辐射校正。卫星红外相机扫描镜每扫过地物条带一行，光学系统就会观测一次校正黑体，测温电路同时对校正黑体的温度和扫描镜温度进行同步测量。通过温度与探测器输出信号幅值之间的变化关系，修正地面定标时获得的辐射反演公式，可实现热红外波段在轨的辐射校正

（见图 4.3）。卫星在轨运行时，校正黑体的温度保持在 (293 ± 5)K，在进行星上定标时，将校正黑体加热到 (328 ± 5)K，通过校正黑体高、低温两点实现星上定标。

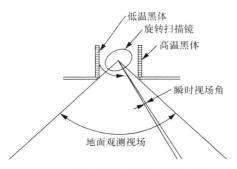

图 4.1　红外扫描成像仪星上定标的原理

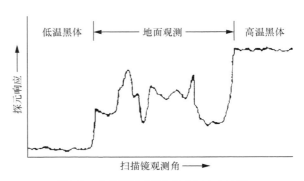

图 4.2　红外扫描成像仪的定标响应示意

　　HJ-1B 卫星自 2008 年发射至 2010 年，共对红外相机热红外通道进行了 7 次星上定标。

　　利用星上定标前后对青海湖的定标数据，用 TERRA 卫星的 MODIS-31、32 通道辐亮度与同时相 HJ-1B 卫星热红外通道辐亮度（通过定标系数求得）进行比较分析，对 HJ-1B 卫星红外相机星上定标结果进行精度检验，结果表明 HJ-1B 卫星红外相机自发射以来，星上定标系统相对精度下降了 1.5% 左右。

　　二、内置光源

　　星上定标内置光源将随遥感器升空工作，因此要求器件或装置必须满足遥感环境的要

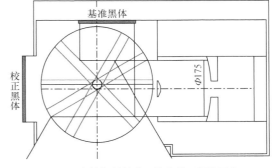

图 4.3　在轨辐射基准黑体和校正黑体示意

求，包括抗震、耐腐蚀、耐真空挥发、长寿命、强稳定性等要求。随着科学技术的飞速发展，新型的照明光源 LED 以及小型的激光器会有能适应遥感工作环境的产品出现。但是至今对于可见、短波红外谱段的星上定标，应用成熟、可靠的是钨丝灯，主要有卤钨灯，此外还有些星上定标使用气体灯。

　　1.　特点

　　（1）辐射强度——钨丝灯的电光转化效率高，达到一定辐射光功率的电功耗低。

　　（2）辐射光谱——钨丝灯的辐射光谱色温低，一般达到 2700 ~ 3100K，远低于太阳光谱 6000K 的色温，由此钨丝灯辐射光谱中短波和近红外辐射都较低。

　　（3）体积小，便于安装。

　　（4）钨丝灯是历史上工艺、设计最成熟的照明器件。

　　（5）钨丝灯的结构：灯丝以及灯丝与玻璃壳封接部位，是钨丝灯中力学性能最薄弱的环节。因此星上定标选用和设计钨丝灯时，需做好力学性能的计算、测试和校验，保证空间飞行的可靠性。应选用高强度灯丝材料，设计力学性能合理的灯座，做好部件级的环境试验。

　　（6）卤钨灯光辐射的稳定性主要取决于驱动电源的稳定性，电源的稳定性应比光辐射

的稳定性高一个数量级。

2. 环境试验

星上定标系统的器件必须按照空间环境的要求进行相关的环境试验。定标灯需做以下几方面的测试。

（1）力学试验。

（2）热真空试验。

（3）作为真空封接的光电器件，需做真空检漏测试。

（4）寿命试验：在批量产品中按照有关的技术规范，抽样进行寿命试验。

（5）辐射稳定性测试。

3. 在星上定标系统中的应用

（1）作为星上辐射定标的标准辐射源。

定标灯需做传递标准辐射值的检定，辐射应稳定。一些遥感器用多个控制不同电压的灯，实现多级辐射强度的定标。如印度的远距离探测卫星（Indian Remote Sensing Satellite，IRS）上的模块化光电扫描仪（Modular Optoelectronic Scanner，MOS）使用两个 CMH8-60 灯作为 3 个星上模块的定标源，其中一个作为主定标源，另一个用来比较两个灯自身的性能。定标灯设置有 4 个电压级，在定标过程中要依次用各个电压级点亮。EO-1 的 ALI 上也使用了灯定标。整个星上辐射定标系统包括 3 个美国伟伦（Welch Allyn）公司的充气灯和一个直径 0.8in（1in=2.54cm）的积分球。灯被分成 3 个能级，在定标过程中由高到低分别被各个能级点亮，在一次定标中可提供 3 级辐射定标数据。其提供的绝对辐射定标精度可达到 2%。MOS 的数据统计表明，随着点燃次数和点燃时间的增加，灯的性能会有所改变，其带来的不确定度大约为 0.3%。

（2）作为星上相对辐射定标的照明光源。

定标灯通过星上定标光学系统（如柯勒光学系统），或与匀光器件（如积分球、漫射板）组合，形成照明视场内的均匀辐射。

（3）作为星上光谱定标的照明光源，依靠定标光学系统中的光谱玻璃或具有特征反射光谱的漫射板，实现星上光谱定标。

4. 星上定标汞灯及其他谱线灯

太阳后向散射紫外辐射计（Solar Backscatter Ultraviolet Spectrometer，SBUV），SBUV/2 的仪器光路是双光栅单色仪，仪器前的漫射板用于每周一次的在轨定标，并采用星载汞灯的发射谱线进行在轨监测，以保证反照率定标的精度。结果表明，漫射板的反射率随时间推移不断退化，如 250nm 的反射率每年降低约 3%，且长波区观测到的退化明显较小。

紫外臭氧垂直探测仪（SBUS）是 FY-3A 气象卫星的有效载荷，其光学系统也是双光栅单色仪。为了监测仪器在轨光谱变化，SBUS 装有定标汞灯，每月进行一次光谱定标。当 SBUS 进入轨道阴影后，开启汞灯、预热，标准漫射板移入光路，分别测量汞灯在真空下的 4 条谱线：184.950nm、253.728nm、296.815nm 和 365.120nm。利用 SBUS 扫描汞灯的 4 条谱线，通过高斯拟合找到每条谱线的峰值位置，再利用修正后的光谱定标公式得到测量的汞灯谱线，将其与标准谱线比较，从而对其测量精度进行评估。

太阳光谱分光计是采用全息光栅的双单色仪构成的分光计，仪器内部安装有内定标灯：2个用于监测紫外波段的氘灯和2个用于监测可见、红外波段的钨带灯。光栅步数和观测波长间的关系及狭缝函数则采用板载氩空心阴极灯得到。

FY-3A SBUS 的标准灯模式，是汞灯 253.7nm 光谱线测量，用于仪器自身波长定标。在轨测试汞灯光谱与地面整星热真空试验测试结果比对，一致性为 −0.035～0.035nm。在轨测试汞灯波长为 253.730nm，与标准波长 253.728nm 相差 0.002nm。

5. 半导体发光二极管 LED

LED 拥有寿命长、稳定性高、功耗低、发光效率高、体积小、抗冲击抗振动性强等诸多优点，十分适合在苛刻的空间环境中使用。随着发光材料研究的不断深入、结构的不断优化，如今 LED 的发光效率已经达到 100lm/W。从 A1GalnP 红光 LED 的老化实验可以看出，LED 老化的前 250h，辐射强度变化比较明显，持续工作 3000h 的衰减度小于 3%，峰值变化小于 1.5%，稳定性可以满足星上定标的要求。因此选用 LED 作为星上定标光源，需进行足够长时间的老练试验。

当前 LED 作为新型的照明光源发展很快，已有辐射单色光、白光等多种产品，作为星上定标的照明光源，其可以根据光谱、辐射强度的要求选用。

我国在 2010～2015 年相继发射了 3 个天绘一号卫星，其上的立体测绘相机形成了立体测绘卫星的组网运行。

天绘一号卫星搭载的相机种类和数量较多，分别选用高亮度白光和红外 LED 作为全色通道和多光谱相机近红外谱段的星上内定标光源。经过老练和筛选的 LED 安装在相机焦平面附近，在不遮挡成像光路的前提下，利用其发散角度大的特点覆盖照明各相机的焦平面的 CCD 阵列探测器。LED 采用恒流源控制，以保证其发光的稳定性和重复性。星上内定标 LED 光源在焦平面附近的安装位置关系如图 4.4 所示。

理论上 LED 定标光源在焦平面 CCD 上产生的辐照度为：

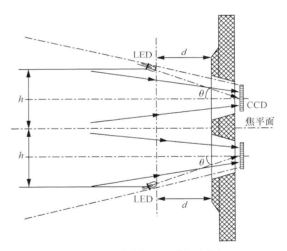

图 4.4　星上内定标 LED 光源在相机焦平面附近的安装位置和照明关系

$$E = \frac{4I\cos\theta\sin^2\theta}{h^2} \tag{4.1}$$

式中，I——LED 在轴向上的辐射强度；h——LED 到达 CCD 光敏面中心法线的垂直高度；θ——LED 轴向与 CCD 光敏面法线间的夹角。

在星上定标光源的具体设计中，可根据上述照明几何关系来确定 LED 的数量和布局，同时还需要合理地匹配 h、I 和 θ 这 3 个参数，并控制好 LED 的驱动电流，才能获得足够的信噪比和覆盖所有像元的照明光斑，对自相机光学系统以后的焦平面成像和处理单元进行辐射定标和监测。

相对辐射校正只与辐射光源的辐射稳定性有关，并不需要严格确定 LED 定标光源的绝对辐照度值，所以 LED 发光的可靠性、环境适应性以及光场分布的稳定性尤为重要。

天绘一号卫星相机所用 LED 光源为日亚公司的高品质工业级器件，在可靠性中心进行了严格的老练、测试和筛选，保证了重复性和可靠性，并且通过天绘一号 01 和 02 星得到了验证。

星上定标不确定度包括：真空环境对 LED 光强产生的影响（2%）、温度对 LED 光强产生的影响（2%）、空间辐射对 LED 光强产生的影响（0.5%）、LED 光强随时间的变化（0.3%）、CCD 的输出随机量（0.6%）、综合不确定度为 2.9%。

图 4.5（b）所示为三线阵相机在发射前后星上内定标数据的比较，图 4.5（a）显示发射前和在轨运行状态下 LED 在相机焦平面上产生的相对照度分布未发生明显变化，各瞬时视场输出图像灰度保持一致，说明 LED 自身和焦平面 CCD 以及后续成像处理电路的状态都没有发生显著变化，短期内无须对其进行校正。

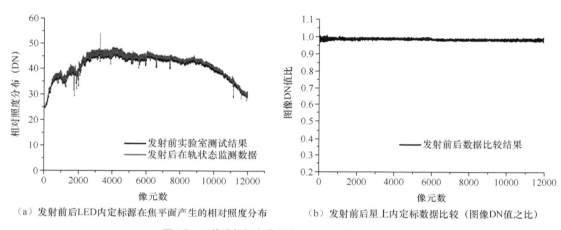

（a）发射前后 LED 内定标源在焦平面产生的相对照度分布　　（b）发射前后星上内定标数据比较（图像 DN 值之比）

图 4.5 三线阵相机在发射前后星上内定标结果比较

4.3.2 星上定标系统外置光源

一、太阳

太阳可以被看作一个均匀的朗伯源。在大气层外，太阳辐照度的光谱分布是稳定的（太阳辐射变化 <0.2%），其光谱积分值可以认为是一个常数，即太阳常数，其总辐射值为 1365W/m^2。地物目标的光谱主要是反射太阳光谱，地物目标的光谱分布与太阳光的光谱分布比较一致，因此太阳光作为基准光源是很理想的定标源，可以通过太阳定标器将太阳辐射引入星载遥感器，对星载遥感器进行绝对定标。这种方法的缺点是：太阳定标器接收的太阳光受卫星运行位置的约束，与星上定标内置光源方法相比，这种方法的定标次数及便利性有局限。

1. 对星载太阳定标器的主要要求

（1）一年四季都能接收到太阳辐射。

（2）太阳定标器输出的辐亮度要稳定，并且在一年四季中太阳对卫星照射角不同的情况下，太阳定标器输出的辐亮度一致。

（3）太阳定标器工作稳定、可靠，寿命长。

（4）太阳定标器系统能以全孔径、全视场和全系统的方式对遥感器进行定标，定标光能均匀照明探测器焦平面内的所有像元。

（5）太阳定标器输出的辐亮度应满足遥感器动态范围要求，定标工作点要在遥感器响应动态范围内的适当点上。

（6）太阳定标器的定标，应选在卫星刚飞出地球的阴影区，星下点大气也处在阴影区，而太阳光恰好照射到太阳定标器时进行。

将太阳光源引入星载遥感器主要有两种方法：通过光纤组和通过漫射板导入太阳光，而以漫射板导入方法居多。下面介绍几种太阳定标器。

2. 太阳 - 光纤组

法国的 SPOT-5 卫星有两台高分辨率几何（High Resolution Geometry，HRG）相机和一台高分辨率立体（High Resolution Stereo，HRS）相机。对于 HRG 相机和 HRS 相机，它们的星上辐射校正系统具有星上相对定标和绝对定标系统，其相对定标采用灯定标系统；而绝对定标就是太阳定标，使用光纤对准太阳引入太阳光，然后用光束分离器将太阳光耦合到定标的光学系统中。

为了保证一年四季都能接收到太阳辐射，高分辨率可见（High Resolution Visible，HRV）相机使用了西格玛光机（SELFOC）公司制造的梯度折射率光锥棒组成的 3 组光纤，每组光纤中光纤外表面的不同部分以不同角度指向太阳，形成一个光纤列阵，当太阳入射角在 $-6° \sim 6°$ 内变化时，光纤棒输出范围在 1% 之内，光纤是由掺杂硅拉出来的。试验表明它们在模拟的空间粒子辐射环境中不变色，光纤束长度约为 3m，它的外端垂直和几乎垂直于太阳光线，它的内端经分束立方体反射后在 HRV 焦面上成像。这些光纤的像沿列阵交错排列成两行，以覆盖全色和多谱段 CCD 列阵。图 4.6 所示为 SP0T-HRV 相机定标部件及定标光源输入相机原理。

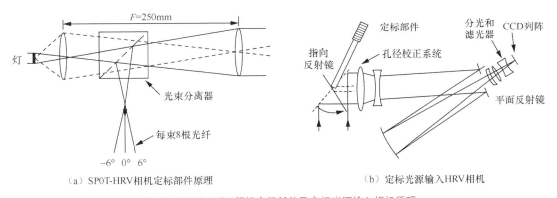

（a）SP0T-HRV相机定标部件原理　　　　　　（b）定标光源输入HRV相机

图4.6　SP0T-HRV相机定标部件及定标光源输入相机原理

3. 太阳 - 漫射板

使用漫射板引入太阳光的星上定标系统，主要结构有漫射板、衰减器和漫射板监视器。衰减器用于适当减弱引入的太阳辐射，以满足遥感器响应动态范围的要求。漫射板监视器的作用是监测漫射板反射率的变化，及时修正反射率数据，提高定标精度。

太阳 - 漫射板星上定标系统，以太阳照射的漫射板作为基准源，对遥感器进行辐射度的绝对定标。大气层外太阳的辐照度是一个相对恒定的值（太阳常数），在漫射板的 BRDF 已知、阳光对漫射板的入射角度恒定的情况下，受太阳照射的漫射板的光谱辐亮度也是一个相对恒定的值。

本书第 2 章介绍了定义物体漫射特性的物理量双向反射分布函数 BRDF——反射辐亮度 $L'(\theta',\varphi')$ 和入射辐照度 $E(\theta,\varphi)$ 的比值时，写作：

$$\mathrm{BRDF}(\theta,\varphi;\theta',\varphi') = \frac{L'(\theta',\varphi')}{E(\theta,\varphi)}$$

式中，θ、φ——入射光的天顶角和方位角；θ'、φ'——反射光的天顶角和方位角。

该函数表示不同入射角条件下物体表面在任意观测角的反射特性，其量纲为球面度$^{-1}$，即 sr^{-1}。

在太阳 - 漫射板星上定标系统中，$E(\theta,\varphi)$ 就是入射到漫射板上的太阳辐照度，$L'(\theta',\varphi')$ 即漫射板反射并输入遥感器的辐亮度。漫射板的 BRDF 值需在卫星发射前使用精度高的仪器设备和标准进行标定。

由式（2.21）可以看出：（1）在漫射板的 $\mathrm{BRDF}(\theta,\varphi;\theta',\varphi')$ 不变的条件下，定标的辐亮度 $L'(\theta',\varphi')$ 与 $E(\theta,\varphi)$ 成正比，太阳光入射角度 θ、φ 的变化将引起入射亮度的变化。因此在设计这个太阳定标系统时，需结合卫星运行轨道设计星上定标的工作模式，保证该角度一年四季内在较小的范围内变化；也可考虑在定标时实时测量阳光对漫射板的入射角度，结合漫射板的 BRDF，计算出其光谱辐亮度。（2）在保证 $E(\theta,\varphi)$ 达到设计要求时，如果漫射板的 BRDF 有变化，反射率衰减了，会造成辐亮度 $L'(\theta',\varphi')$ 下降。因此太阳定标系统需要设计漫射板反射率的监测机构。

太阳 - 漫射板星上定标系统的优点有：（1）一般引入太阳光的漫射板设在光谱仪的前端，而且可以做成大面积漫射板，容易实现对光谱仪的全系统、全孔径定标。（2）太阳光谱与地物反射光谱接近，短波强，是理想的定标光源。（3）系统结构简单。（4）这个定标方法较适用于 0.4 ~ 2.5μm 谱段的定标。

这个方法的缺点是遥感器引入太阳光的方向受卫星运行位置的限制，因此定标的频次不如内置光源多。漫射板处于卫星外部，工作环境恶劣，一旦被污染造成反射率衰变，会影响定标精度，必须采取漫射板防护和反射率监测的技术措施。

用太阳照射的漫射板作为星上定标基准源对遥感器进行绝对辐射定标，是一种简单可行的星上定标方案，其涉及的技术、工艺基本是成熟的。预计星上绝对辐射定标精度可以达到 5%。国外 SeaWiFs、MERIS、MODIS、MOS、MOMS-2P，英国的 AATSR、欧洲航天局的 SPECTRA 等遥感器的星上定标都采用了太阳 - 漫射板的星上定标方法。

（1）ETM 是 1999 年 4 月 15 日发射的美国陆地卫星 7 上的有效载荷之一。

为了提高定标精度，ETM 具有两种太阳定标器：可展开的漫射板全孔径太阳定标（Full Aperture Solar Calibration，FASC）器和部分孔径太阳定标（Partial Aperture Solar Calibration，PASC）器。在正常运行时，部分孔径太阳定标每天进行一次，全孔径太阳定标每 4 ~ 6 周进行一次。全孔径太阳定标器的漫射板直径约为 51cm。表面涂烧结的聚四氟乙烯，它具有较高的光谱反射比、接近理想的朗伯特性以及空间环境中的高稳定性。漫射板可以转动，不定标时把它转离通光孔径，藏在盖子下面，以防受紫外辐照、高能粒子轰击以及卫星所释放气体的污染。卫星在北极附近飞出阴影区后，将漫射板转到孔径前面，使太阳光反射进入遥感器进行定标。定标不确定度小于 5%。

（2）多角度成像光谱辐射计（Multi-angle Imaging Spectroradiometer，MISR）的太阳定标器。MISR 是 EOSAM-1 卫星的 5 种有效载荷之一，它由 9 个相机组成，4 个前视相机、4

个后视相机和 1 个天底相机，其星上定标器的重要部件是一对可展开的漫射板。漫射板上涂有一种蓝菲光学公司生产的 Spectralon 反射材料，这是一种纯的聚四氟乙烯经烧结压制成的聚合物，它具有较高的反射比和良好的朗伯特性。漫射板在不定标时被收藏起来而受到保护。大约每个月打开漫射板一次，用于定标。在北极上空，前置漫射板向后扫动，使太阳光经它漫射进入后视相机和天底相机。在南极上空，后置漫射板向前扫动，用于前视相机和天底相机定标。天底相机在两套观测系统之间起连接作用。使用 3 种抗辐射的 PIN 光电二极管和 2 种高量子效率的陷阱二级管对漫射板进行监测，以探测器为基准进行辐射定标。4 个抗辐射光电二极管被封装成一个组件，每一个光电二极管对应 MISR 的一个谱段。整个仪器有 5 个这样的组件，两个用于天底观测，两个分别用于前视相机和后视相机，另外一个安装在测角仪臂上用于监测漫射板反射比的角度特性。

（3）总臭氧测绘图光谱仪（Total Ozone Mapping Spectrometer，TOMS）的太阳定标器。

TOMS 的辐射定标系统由 3 块铝制漫射板组成，它们表面不涂涂层，利用的是铝本身的稳定性。它们被装在一个圆盘上，其截面是三角形，外面有加热罩，作用是防止卫星释放的气体凝聚在漫射板上。在辐射定标时，由步进电机驱动圆盘带动漫射板，使其处于定标位置。TOMS 的辐射定标系统具有 3 种功能。① 太阳定标。在卫星经过北极时，测量太阳照射漫射板的辐亮度，以确定大气的反照率。② 对 3 块漫射板（分别是遮盖的、工作的和基准的）进行太阳定标，推算发射后暴露的漫射板特性的衰变。③ 测量发射前后漫射板反射比的变化。在卫星运行期间，漫射板的反射比是由漫射比标定装置测量的，测定时间选在卫星夜间飞行期间。该装置由漫射器和水银荧光灯组成，灯的装置使扫描镜能交替观测到灯和漫射板。在太阳定标时，通过圆盘的转动可使漫射板由太阳照射或由装在它上方的灯照射，两者的入射角相等，但它们的照射方向在漫射板法线的两侧。

4.　太阳 - 漫射板组

2002 年 2 月欧洲航天局发射的 Envisat-1 搭载了中分辨率成像光谱仪（Medium Resolution Imaging Spectrometer，MERIS），光谱仪采用太阳作为定标参考标准，并用固定在选择盘上的漫射板组实现辐射定标和光谱定标。选择盘由步进电机驱动，可选择 5 个位置分别进行对地观测、辐射定标、暗电流定标、漫射板衰减特性监测和光谱定标。如图 4.7 所示，选择盘上共有 3 个漫射板、1 个光阑和 1 个快门，其中漫射板 1、漫射板 2 和快门联合完成辐射定标。漫射板 1 使用频繁，用于辐射定标的实施，在卫星飞过南极且太阳垂直于天底方向照射遥感器时进行辐射定标。此时由太阳光照射的漫射板插入 MERIS 的视场，漫射板提供整个光谱范围和视场内的反射比的标准。漫射板 2 则较少使用，用于监测漫射板 1 在轨期间反射特性的改变。当选择盘调至快门时，地物辐射和太阳光均被挡掉，用于定标 MER1S 的暗电流输出。

MERIS 采用掺杂铒、钬、镝等稀土元素氧化物的漫射板作为星上光谱定标装置，即图 4.7 中的 "漫射板 + 滤光片"，将这些氧化物的特征反射光谱作为光谱定标参考标准。这种方法可以实现全孔径、与观测模式光路相同的定标。

5.　太阳 - 漫透射板

搭载在俄罗斯空间站 MIR 的遥感舱 PRIRODA 上的 MOS 采用直射太阳光和漫透射板完成星上辐射定标。定标时，空间舱直接对准太阳，漫透射板则在空间舱窗口后面移入光路，如图 4.8 所示。

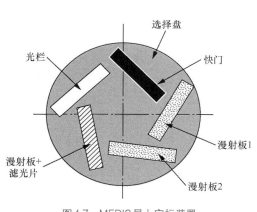

图4.7　MERIS星上定标装置

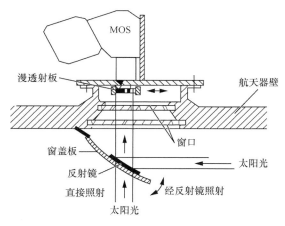

图4.8　MOS星上辐射定标示意

6. 太阳 - 反射棱镜

欧洲航天局 PROBA 上的 CHRIS 利用反射棱镜将太阳光引入其入瞳，作为星上辐射定标的亮目标，而暗电流输出则利用人工设定的地面暗目标来定标。

7. 太阳 - 积分球

在 CBERS-1 的红外多光谱扫描仪（Infrared Multispectra Scanning System，IRMSS）上使用的太阳定标器属国内首次使用。它与美国陆地卫星 MSS、TM 及法国 SPOT 卫星HRV 相机的太阳定标器不同，采用宽视场光学系统，如图 4.9 所示。它由光闸、防辐射窗、入射物镜组、场镜、匀光器（积分球）、内反射镜、出射物镜和出射反射镜组成。太阳光经入射物镜组进入太阳定标器，汇聚后经场镜进入匀光器。匀光器的出口为均匀的面光源，位于出射物镜的焦点，它发出的光线经内反射镜、出射物镜以平行光射出，然后由出射反射镜、扫描镜引入扫描仪进行定标。

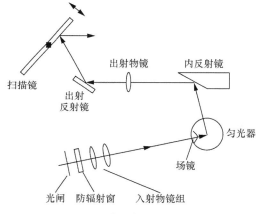

图4.9　IRMSS太阳定标器光学系统原理

在光学系统设计中需考虑的主要问题及采取的技术途径如下。

（1）为了使太阳光入射角处于 $-7° \sim 7°$ 范围内，太阳定标器输出的辐亮度变化不要大于 2.5%。宽视场入射物镜组，使在 $-7° \sim 7°$ 范围内入射的太阳光都能进入光学系统，并用非球面来校正轴上点及轴外点的像差。这样既可提高入射光能的均匀性，又可减少透镜数，提高光能利用率。此外，采用场镜及特殊加工工艺，以校正在入射角 $-7° \sim 7°$ 范围内输出辐亮度的变化值。

（2）为了满足在扫描仪第一焦面中 8mm 成像范围内，像面辐照度的不均匀性不能大于 2% 的要求，选择积分球匀光方案。通过计算，选取合适的参数来达到均匀性的要求，把绝对定标和相对定标结合起来。积分球内涂层采用聚四氟乙烯，提高近红外谱段输出的辐亮度。

（3）为了使太阳定标器的输出辐亮度与地景辐亮度匹配，定标点选在地景辐亮度的动态范围中点附近，设计中根据辐射能量传递的计算，通过选取光学系统参数来达到此要求。

（4）太阳定标器的保护措施。为了防止尘埃污染光学表面以及长时间的太阳辐照、高能粒子辐照造成太阳定标器光学性能衰减，在太阳定标器入口处和输出端分别装有光闸和平面镜。它们为常闭式，只在太阳定标期间打开。如果每两周定标一次，每次 20min 左右，这样两年累计打开时间才 18h 左右。此外在入口处设置了防辐照玻璃，这样可以有效地保护太阳定标器，使光学性能稳定。

二、月亮

月亮是除太阳外视张角最大的地外目标物，其反射率的变化率约为 1×10^{-8}/a。如此稳定的反射特性使月亮非常适合作为卫星反射太阳通道的参考辐射基准源。同时，遥感仪器对月观测数据具有不受地球大气影响、月亮光谱能够覆盖可见 - 近红外全部谱段等优点，因此基于对月观测数据的研究越来越受到关注，对月观测已成为星载遥感仪器辐射定标和验证的一种新方法。MODIS 已成功地利用月球观测实现了对漫射板稳定性的监测。MODIS 定期调整观测模态，使仪器处于几乎同样的月球相位角上对月球进行观测，用于对 MODIS 太阳反射波段辐亮度定标的稳定性监测。SeaWiFS、Hyperion 都利用月亮进行了星上辐射定标。

1. NASA 的月亮定标

月球是除太阳外我们所能观察到的最亮、最大的光源，依靠反射太阳光而发光，其光谱特性与太阳光谱和其自身的吸收、反射特性有关。利用月球进行定标，观测角度和天体距离等的影响都能够精确算出，关键是获得准确的月球光谱分布。

NASA 开展了多年的"自动月球观测"（Robotic Lunar Observatory，ROLO）项目，观测月球和恒星，得到月球和恒星的图像，并以织女星（Vega）为标准，测量其亮度，推导出夜间大气模型，再将该模型的参数应用于月球，得到大气外月球的光谱辐射特性。同时，ROLO 每年都用场发射灯（Field Emission Lamp，FEL）和 Spectralon 漫射板对仪器进行定标，得出另一套定标参数，再将这套参数应用于月球图像，推导出大气层外月球的光谱辐射特性。但是两种方法得到的结果存在明显差异，其中近红外的差异达 36%，短波红外的差异则更大。目前 ROLO 项目小组正在采取各种措施，使二者更加吻合，从而得到正确的月球光谱分布，以便遥感仪器能够利用月球进行星上定标。

NASA 一直利用对地静止环境卫星（Geostationary Operational Environment Satellite，GOES）探索利用月球进行星上定标的可行性，并做了大量的研究工作。GOES 用成像仪观测月球，对所获取的图像数据进行分析，采用统计的方法处理，得到月球积分亮度或标准积分亮度。将 GOES 图像的不同方法的统计结果和地面模型结果进行比较，发现存在一定差异（小于 10%），GOES 还不能直接用于绝对定标。GOES 仍然在寻找更精确的月球辐照模型，改进数据处理方法，以期实现利用月球进行星上定标的目标。

在夜间，天体目标除月球外，还有大量的恒星，它们也被寄以期望，但是其亮度无法达到要求，最亮的恒星也只有相当于 10% 左右的反照率，目前还无法直接用于星上定标。

月球定标方法目前可对太阳漫射板进行衰减评价与监测。月球盈亏角度、平衡摆动以及日月距离变化所引起的月球表面反射率的变化小至可以忽略，使得月球表面的有效反射率可以被认为基本恒定。这样通过测量月球表面的反射的太阳辐亮度与漫射板获取的太阳辐亮度数据相比较，就可以判定太阳漫射板的衰减程度，得到漫射板的衰减数据，并依此作为对漫射板衰减的校正依据。

2. FY-3C 的 MERSI

FY-3C 是中国新一代极轨气象卫星的首颗业务星，于 2013 年 9 月 23 日成功发射运行。其主要载荷之一 MERSI 由上海技术物理研究所研制，利用 45° 镜跨轨扫描，结合卫星运动完成地物目标的全球观测，共设置 19 个太阳反射波段（可见光 - 近红外波段，0.41 ~ 2.13μm）通道和 1 个红外发射波段（11.25μm）通道。20 个通道中，星下点空间分辨率为 250m 的有 5 个（每个通道为 40 元探测器阵列并扫），1000m 的有 15 个（10 元探测器阵列并扫）。在 1.5s 的扫描周期内，获取跨轨方向约 2900km、沿轨方向约 10km 条带的图像数据。MERSI 增加了对月观测功能，改进了太阳反射波段的在轨辐射定标。

（1）MERSI 对月观测的原理和方法：MERSI 的冷空视场设置在星下点右侧 70° 方向上，在这个方向获取宽 1.13° 范围内的连续 24 个采样点数据（1km 通道）。随着卫星围绕地球运行，MERSI 的冷空视场在空间中扫描成环面，如图 4.10 所示，当月亮运行至该环面中时，就会被 MERSI 观测到。图 4.10 中 V_{MERSI} 和 V_{Moon} 分别为 MERSI 和月球的速度，V_P 为 MERSI 投影在圆环面上的速度，r_{ar} 为卫星绕地球运行的半径。月亮对地球的张角约为 0.5°，所以 24 个采样点可以满足单通道获取月亮完整图像的需求。

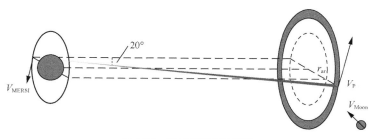

图4.10　星月空间位置关系

（2）MERSI 观测的月亮辐亮度和辐照度计算：MERSI 使用二次多项式对观测计数值 DN 进行定标，建立起入射辐亮度和输出 DN 值的定量关系及相关的定标系数。对月观测的数据，经卫星、月亮距离因子的修正，依据发射前的定标系数，可用于计算单像元测量的辐照度，并对月亮图像中像元的辐照度进行积分，从而得到观测月亮全圆盘的辐照度值。将全部可见 - 近红外通道的月亮辐照度按照波长顺序排列作图，可显示月亮的辐照度光谱情况，如图 4.11 所示。月亮反射率光谱较为平缓，太阳光经过月亮反射后，反射能量的光谱与太阳光谱相似。从图 4.11 中可看出测量结果的能量分布趋势为可见光谱段能量最大，靠近紫外和红外波段的能量较小。从定性角度分析，观测结果与理论分析情况相符。

（3）对月观测：MERSI 自在轨工作以来，对月观测的频率约为每月一次。由于 FY-3C 为太阳同步卫星，MERSI 的冷空视场朝向卫星前进方向的右侧，因此月亮进入冷空视场时，太阳、月亮、卫星之间的相对位置关系是基本固定的。截至 2014 年 12 月，共收集到 11 个月的 MERSI 对月观测数据。

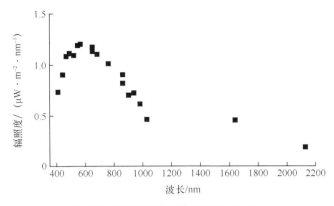

图4.11 月亮辐照度光谱（2013-11-21）

经对 MERSI 历次的对月观测结果的变化情况分析，各通道月亮辐照度观测值的相对变化为 5% ~ 10%。选择一个辐射响应变化小且每次均有有效数据的通道作为基准，利用通道间月球辐照度比值的方法回避月相角订正影响，可以实现对其他通道探测响应衰减的长期监视。定义通道辐照度比值为某通道辐照度与参考通道辐照度的比值。通道 3 处于焦面的中间位置，且每次对月观测均获得有效的观测数据，故选择通道 3 作为参考通道。对辐照度比值进行随时间变化的线性回归分析，并做 F 检验显著性水平分析。

（4）测试结果：FY-3C 的 MERSI 收集分析了在轨工作以来的全部 11 组对月观测数据，利用通道间辐照度比值方法移除月相角，太阳、月亮、卫星相对距离等因素对月亮辐照度观测值的影响，开展了可见光 - 近红外波段的辐射定标工作，实现了 MERSI 太阳反射通道的辐射定标系数动态跟踪和评估。通过分析 MERSI 在轨一年多以来的辐照度比值可以发现，通道 8、9 的辐射响应衰减较大，分别达到了 14.55% 和 8.42% 的年衰减率。通道 1、6、10、11、16 和 19 的年衰减率在 1.15% ~ 4.72% 内。在现有精度条件下，其余 10 个通道的辐射响应变化没有通过显著性检验，无法通过本方法准确监测。另外，月亮反射率一般不超过 10%，因此此次测试的结论反映了 MERSI 在低反射率下的辐射响应情况。

研究结果可以用于订正 MERSI 数据的辐射定标系统性偏差，提高 MERSI 全寿命期的辐射定标精度。

3. FY-2F 的 VISSR

现介绍自主建立的基于月球辐射校正的内黑体定标（Calibration of Inner Blackbody Corrected by Lunar Emission，CIBLE）方法及其实际应用效果。

对月定标结果主要用于校正遥感仪器在轨辐射响应的系统性偏差。FY-2F 卫星在轨月球观测图像可直接用于红外波段在轨月球定标。

实际上，星载黑体是红外波段理想的在轨参考源，但是由于 FY-2 卫星 VISSR 的黑体被设置在后光路（因此该黑体被称为内黑体），且当分别进行冷空观测和内黑体观测时，二者经过的光学通路不尽相同，因此，传统的全光路黑体定标方法不适用于内黑体定标。为此，利用内黑体进行在轨辐射定标时，必须准确计算包括主镜、次镜等前光路组件及定标平面镜等定标光路组件的辐射贡献。

经过多年技术攻关，FY-2 卫星在轨定标工作组建立了 FY-2（03 批）卫星的 CIBLE 方法。CIBLE 方法以实验室定标结果为基准，以在轨月球定标和内黑体定标为核心，通过星地间不同等级辐射基准间的传递，实现了 FY-2 卫星在轨绝对辐射标定，这从机理上解决了地球同步轨道上仅有单个内黑体的红外遥感仪器在轨高精度绝对辐射定标难题。从 2012 年 7 月开始，CIBLE 方法已在 FY-2F 卫星中业务运行，并作为重大技术突破在 FY-2F 卫星在轨交付中得到各方认可。测试表明：FY-2F 卫星红外波段定标精度可达 0.5K（在测试点 300K）、2～3K（在测试点 220K），显著提高了大气运动矢量、云分类等定量产品的精度。

CIBLE 方法已于 2013 年 3 月和 5 月分别在 FY-2E 和 FY-2D 卫星中业务运行。分析 FY-2F 卫星在星蚀期前后，红外波段定标斜率随环境温度变化的曲线，可看出在星蚀期间，波段 IR1～IR4 的定标斜率存在明显的日内变化特性。以 IR1 为例，定标斜率日内最大相对变化可达 3%，若不修正，则对应观测 300K 目标时的亮温误差将达 2K。此外，随着卫星退出春季星蚀期，VISSR 红外波段的定标斜率将逐日快速增大，并在夏至前后达到最大，这与整星温度上升且探测器制冷余量减小密切相关。不难看出，CIBLE 定标结果可以较好地反映在轨条件下 VISSR 定标参数的时变特性，这是 CIBLE 具有较高定标精度的根本保证。

4.4　星上定标光学器件及标准传递器具

4.4.1　漫射板

星上定标系统中的漫射板常用来引入太阳的辐射，要求漫射板具有理想的朗伯特性，在工作谱段的反射率分布平坦。

太阳和漫射板的星上定标需要计算通过漫射板反射的辐射标准值，因此需在实验室对漫射板的 BRDF 进行精确的测定。漫射板作为遥感器的星上器件，必须进行材料和组件的环境测试，包括力学、热真空、真空挥发、抗粒子辐照、真空紫外辐照等测试。

星上定标漫射板的最好材料是使用烧结工艺的聚四氟乙烯，它是用优质的粉料压铸成型后，再经过高温烧结处理的。聚四氟乙烯为长链高分子有机聚合物，通过高温融合，分子间互相渗透和缠绕，形成具有刚性的整体，机械强度将得到提高。这种材料抗粒子辐照性能很好，真空挥发也非常小。聚四氟乙烯板材料的反射率很高，但板材的厚度需达到 6mm 以上，才能具有 95% 以上的反射率。

陈福春介绍了一种星上太阳定标用漫射板的性能测试结果。这种漫射板是为地球同步卫星遥感器研制的，由安徽光机所生产。漫射板的材料是聚四氟乙烯（PTFE）。（1）为了清除制造、存储过程造成的污染，对 5cm 厚的样品进行真空、高温处理。试验条件为温度 105℃，真空度 10^{-3}Pa，烘烤时间 30h。试验前后对漫射板的反射率进行了测试，可以看出，真空烘烤效果明显，反射率不仅得到提高，而且在 350～2500nm 的范围内差异减小。聚四氟乙烯漫射板被污染后，长波段反射率下降程度明显大于短波段。图 4.12 为样品 P1 烘烤前（P1-A）和烘烤后（P1-B）的反射率曲

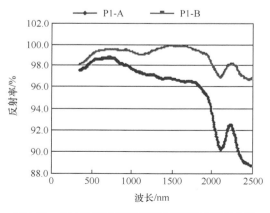

图 4.12　样品 P1 真空烘烤前和烘烤后的反射率曲线

线。（2）真空紫外辐射：样品置于真空度优于 10^{-3}Pa 的真空罐中，用 5kW 的短弧氙灯照射。聚四氟乙烯漫射板可能应用于地球同步轨道遥感仪器的在轨定标，按照在轨运行 4 年、每周定标一次、每次 30min 估算，总暴露时间为 104h。调节光源功率，紫外波段的功率相当于 3 倍的太阳辐照度。4 块样品的照射时间分别为 120h（样品 P1）、90h（样品 P2）、20h（样品 P3）和 40h（样品 P4）。紫外辐射后进行反射率测量，结果各波段的反射率均有不同程度的下降，表 4.1 所示为 4 块样品经过紫外辐射后反射率下降的最大值和最小值。

表 4.1　4 块样品经过紫外辐射后反射率下降的最大值和最小值

反射率	样品 P1（120h，单位为 %）	样品 P2（90h，单位为 %）	样品 P3（20h，单位为 %）	样品 P4（40h，单位为 %）
最大值	2.06	1.75	1.61	3.23
最小值	0.32	−0.11	−1.07	0.20

紫外辐照的测试结果说明：反射率下降程度与辐射总量相关，辐照时间越长，反射率下降程度越大。短波红外 1.5μm 左右的下降程度最大，而并不是通常所认为的紫外波段。反射率下降程度与波段无明显的相关性。整体下降程度小于 4 年在轨的预估值 5%；初期变化大，逐年渐变幅度小（小于 0.5%/ 年）。

目前使用的材料主要有聚四氟乙烯树脂材料，以蓝菲光学公司的 Spectralon 产品为主；此外还有偏钛酸锌（$ZnTiO_4$）和硅酸钾混合物、热控漆 YB-71、氧化锌（ZnO）和聚甲基硅酮树脂混合物 S13G/LO。

很多星上定标系统中的漫射板安装于卫星的外部，工作环境较为恶劣。聚四氟乙烯材料材质松软，抗粒子冲击能力差，尤其是经太阳暴晒后，会分离出有机物和硅基物质，累积形成薄层，使反射率大大降低。因此漫射板的防污染、对入射太阳辐射的衰减，以及对其反射性能衰变的监测是很重要的。

例如，SeaWiFS 在漫射板前安装了一个太阳光强衰减板，可使太阳辐射能量衰减一个数量级，从而延长漫射板的工作寿命。

MODIS 安装了太阳漫射板，并设有屏蔽门，屏蔽门只在太阳定标工作时打开。在漫射板辐射入口处设置有上百个小孔的金属衰减屏，可以在海洋水色波段的高增益定标时使用。MODIS 还装备了太阳漫射板监视仪，这是一个内部装有 9 个硅光电二极管的积分球，可以交替测量入射的太阳光和太阳漫射板的漫射光。

有些遥感器使用铝材做漫射板。TOMS 的辐射定标系统由 3 块铝制漫射板组成，它们表面不涂涂层，而是利用铝材本身的稳定性。它们被装在一个圆盘上，其截面是三角形，外面有加热罩，作用是防止卫星释放的气体凝聚在漫射板上。

4.4.2　积分球

积分球是光学遥感器星上定标系统中使用较多的器件，它的特点是体积小，可以起到集光、匀光且防止杂散光的作用，对入射光辐射的耦合效率高，能将输入的光辐射于出口处，形成接近理想朗伯体的光辐射源。积分球可以作为星上内置光源的集光器和灯座安装箱，也可作为引入外置光源的集光、匀光器件。

设计星上定标积分球球体内径时，应根据入口、出口直径计算，并充分考虑光辐射的转换效率及出口光辐射的均匀性。设计光辐射入口时，直射光不能进入出口，以免产生杂散光。

积分球的壳体是金属材料，球体采用聚四氟乙烯材料，但聚四氟乙烯球体的最小厚度应大于 6mm，以保证积分球有较高的漫射率。聚四氟乙烯球体经高温融合处理后，先做成型芯，按金属盒体内壁尺寸加工，以过盈配合装入金属盒内，金属盒对聚四氟乙烯球体起到力学加固的作用。球体型芯装入金属盒后，再按照设计图纸要求将内球面加工成型。

CBERS-1 的 IRMSS、环境卫星的高光谱成像仪、探测卫星的高光谱成像仪等遥感器都使用了星上定标积分球。

4.4.3 光谱玻璃和光谱反射板

在干涉型光谱成像仪星上定标系统中，可以采用具有特征吸收峰的光谱玻璃或漫射板进行光谱定标。

在聚四氟乙烯材料中掺入氧化钬（Ho_2O_3）、氧化镝（Dy_2O_3）、氧化铒（Er_2O_3）等稀土氧化物，则其反射光谱中将存在一些吸收光谱，这些特征光谱是已知的，由此可以用这些反射特征光谱进行光谱定标。

图 4.13 是掺杂稀土氧化物的参考板的反射光谱曲线。

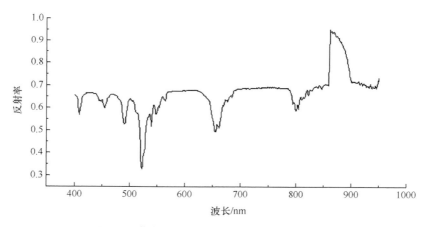

图 4.13 掺杂稀土氧化物的参考板的反射光谱曲线

在玻璃材料中掺入某些稀有元素，则可以产生具有特征吸收峰的透射光谱。图 4.14 是钕镨玻璃 NV 的透射光谱。图 4.15 是石英玻璃 JGS1 的透射光谱。图 4.16 是钬玻璃 HO 的透射光谱。

这些光谱材料都具有一些特征光谱，谱线位置可以通过光学材料的测试确定。这些吸收谱线的位置是由掺杂元素决定的，只要材料不被破坏，特征谱线的位置是不会改变的。我们可以根据干涉型光谱成像仪工作谱段、光谱分辨率、照明光源的光谱强度，选择易于稳定识别的特征光谱作为光谱定标的基准谱线。在光谱仪设计阶段，可以通过数据仿真，将光谱曲线数据按照光谱仪的干涉参数转换成干涉数据，再通过光谱复原处理得到复原光谱，分析各特征光谱的识别结果，可以确定所选特征光谱对光谱仪的适用性。

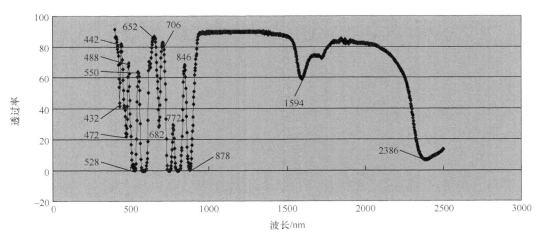

图 4.14 钕镨玻璃 NV 的透射光谱

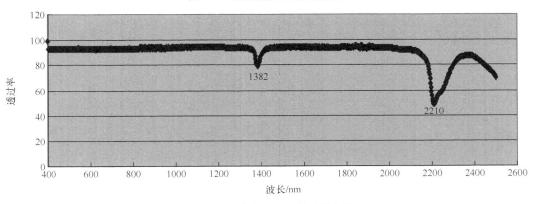

图 4.15 石英玻璃 JGS1 的透射光谱

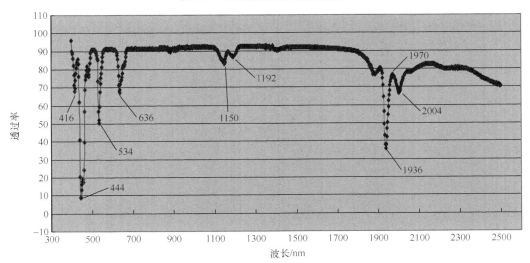

图 4.16 钬玻璃 HO 的透射光谱

由光学玻璃的特性可知，光的透过率与光穿过光学玻璃的长度有如下关系：

$$\frac{I}{I_0} = e^{-kx}$$

（4.2）

式中，I_0——入射光强度；I——出射光强度；x——光穿过介质的长度；k——介质的吸收系数，是波长的函数，且不同介质的吸收系数不同。

可见，介质的吸收与光穿过介质的长度有关，可以加大介质长度，获得我们需要的特征吸收光谱的深度。

4.4.4 光辐射探测器

星上定标系统中使用光辐射探测器监测遥感器对辐射能响应的衰变，较常使用的有光电二极管。光电二极管体积小，容易安装，优质的光电二极管性能稳定。2.3.4 小节中介绍了硅光电二极管的特性，它响应线性度好，响应速度快，长期稳定性优于 $1\% \sim 2\%/$ 年，非常适宜做辐射能监测器件。

监测结构形式的设计，需结合星上定标系统及遥感器系统的结构统筹考虑。例如可以将光电二极管安装在定标光源光路旁，也可以装在积分球出口旁或太阳光入射光路旁，接收光源的散射光，实现光能变化的测试，并通过输出信息的反馈进行定标数据的校正，或通过信息反馈进行光能输入的控制。

比值辐射计则用于轮流观测太阳光和被太阳光照射的漫射板，监测漫射板反射特性在轨期间的变化。这种方法在多个光谱成像仪上得到了应用，如美国的 HIRIS、MODIS、Hyperion 和欧洲航天局的高分辨率成像光谱仪（High Resolution Imaging Spectrometer，HRIS）等。

为满足我国卫星遥感器定量化研究与应用的需求，中科院安徽光机所开展了基于"太阳 - 漫射板 - 比值辐射计"的星上定标装置研制，要求辐射定标不确定度优于 5%，比值辐射计对 BRDF 的监视精度优于 1.5%。

在采用漫射板导入太阳光作为定标光源对星上遥感器进行定标的方法中，同时利用比值辐射计监测漫射板受时间及空间环境影响的变化，定标原理如图 4.17 所示。舱门关闭时，星载遥感器和比值辐射计观测漫射板，得到遥感器和比值辐射计的背景响应。门打开角度 a 时，太阳光透过门缝直接照亮比值辐射计，此时漫射板未被照亮，得到比值辐射计对太阳的响应。门打开角度 b 时，太阳光照亮漫射板，门缝错开，得到星载遥感器和比值辐射计对漫射板的响应，最后关闭舱门，定标过程结束。整个定标过程的完成需要可靠的结构设计来保证。

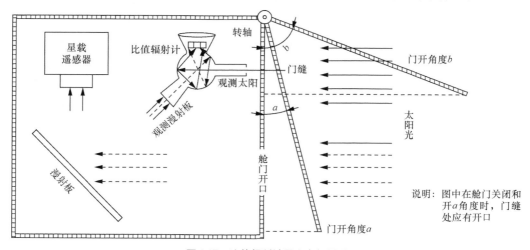

图 4.17　比值辐射计星上定标原理

太阳照明漫射板形成已知辐亮度的漫射光源，作为星载遥感器在太阳反射波段的星上辐射标准，结合遥感器观测漫射板响应值得到其响应系数。在定标过程中，比值辐射计对漫射板反射特性进行监测跟踪，以实时矫正辐射标准。

比值辐射计原理如图 4.18 所示。比值辐射计有两个观测通道，分别用于观测太阳辐照度和漫射板辐亮度。以积分球作为以上两个观测通道的匀光器，采用多路辐亮度探测器（中心波长分别为 470nm、650nm、825nm）对积分球内壁辐亮度进行探测。通过观测立体角、入射孔径的设计，使两个观测通道入射能量值相当。通过定标门控制，可便捷有效地实现太阳观测、漫射板观测与暗背景观测的切换，得到漫射板/太阳辐射比值（简称辐射比）。将定标时刻获得的辐射比与卫星发射后首次定标时刻获得的初始辐射比相比对，通过角度修正，即可获得漫射板的变化值。

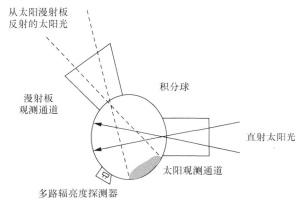

图4.18 比值辐射计原理

4.4.5 太阳辐射衰减器

辐射衰减器有很多结构形式，例如 ALI 的太阳定标通过漫射仪把太阳辐射引入成像仪，而太阳辐射的衰减则通过镜头挡板上的一系列开槽实现。挡板上的 7 个开槽被设计为可以线性地改变辐射量，其范围相当于地球反射量值的 0%～90%。

MODIS 的衰减板是一块打有 2mm 孔径的孔的多孔板，用于对太阳进行衰减，衰减板可衰减掉 90% 的太阳光，以提供两个级别的辐射输入。

GOES 的多孔板在结构和原理上都与 MODIS 衰减板不相同。对于地面试验板，孔径大小 $d = 50～100\mu m$，孔中心距 $S = 5mm$，相邻孔之间距离相等。板从两个方面对太阳起到衰减作用：一是孔径很小，有效通光面积小，以孔径 $d = 50\mu m$ 计算，通光面积约为总面积的 19.2×10^{-6}；二是光线经过小孔后，产生衍射效应，强度再次衰减。衍射效应与波长有关。不同波长的衰减系数约为 0.50（$\lambda = 450nm$）、0.45（$\lambda = 550nm$）和 0.33（$\lambda = 750nm$）。这样，板的总衰减系数在 10^{-5} 左右。同时由于衍射效应，太阳通过多孔板各小孔所成的像能够更大面积、更均匀地覆盖扫描镜面，选择合适的孔距，光谱较宽的通道不会产生干涉效应，全孔径的效果会更好。定标时，多孔板插入扫描镜前，定标结束后，多孔板撤出。结构和操作比较简单。这个方法的难点是需通过试验确定合理的孔距，要精确测量不同波段的衰减系数，且多孔板的插入机构存在卡滞的风险。

4.4.6　光导纤维和自聚焦透镜

光导纤维（简称光纤）是由石英、玻璃等材料制成的传光纤维，可以制成光纤束、传像纤维束和光学纤维板等光纤元件，用来传送光能及图像信息等。它具有可弯曲、数值孔径大和分辨率高等优点。

（1）传光纤维束的直径小，柔韧性好，可以弯曲，因此可以在弯曲的路径上实现光线的传输，有利于特殊结构的光路设计。光纤体积小，可以设计结构紧凑、轻巧的光路。光纤束可以分割成多束，输入、输出端可以根据需要的形式重新排列和布局，光路形式更加灵活。

（2）数值孔径大，光纤端面的受光角大，集光能力强，通常比光学透镜大好几倍。例如 K9 材料的光纤，数值孔径 NA=0.551，孔径角为 33°26′，和透镜对应的 F/ 数为 f/0.91。

使用不同的材料可以制作不同用途的光纤，如红外光纤、紫外光纤、塑料光纤等。由于光纤的特殊性能，它现在已广泛应用于光通信、光纤传感等领域。

自聚焦透镜是通过离子交换技术，在玻璃纤维中实现折射率呈径向分布的微型光学透镜。自聚焦透镜的芯体截面折射率是按抛物线规律分布的，子午光线在光纤中的传播轨迹是正弦波，呈现周期性。因此自聚焦透镜的焦距和成像规律与透镜的长度有关。

目前自聚焦透镜产品的直径多在 2mm 以下，大口径的自聚焦透镜制作工艺难度较大。

光学遥感器的星上定标光学结构，受遥感器空间、体积、重量的限制，需要灵巧、小型的定标光路，能选用光纤和自聚焦透镜是非常有利的。

法国的 SPOT-5 卫星有两台 HRG 相机和一台 HRS 相机。HRG 相机和 HRS 相机的星上辐射校正系统具有星上相对定标和绝对定标系统，其相对定标采用灯定标系统；而绝对定标就是太阳定标，使用光纤对准太阳引入太阳光，然后用光束分离器将太阳光耦合到定标的光学系统中。

为了保证一年四季都能接收到太阳辐射，HRV 相机使用了 Selfoc 公司制造的由梯度折射率光锥棒组成的 3 组光纤，每组光纤中光纤外表面的不同部分以不同角度指向太阳，形成一个光纤列阵，太阳入射角在 −6° ～ 6° 内变化时，光纤棒输出范围在 1% 之内。光纤是由掺杂硅拉出来的，试验表明它们在模拟的空间粒子辐射环境中不变色。光纤束长度约为 3m，它的外端垂直或几乎垂直于太阳光线，它的内端经分束立方体反射后在 HRV 焦面上成像。这些光纤的像沿列阵交错排列成两行，以覆盖全色和多谱段 CCD 列阵。（顾名澧）

地球 - 太阳系统可溯源辐射测量基准（Traceable Radiometry Underpinning Terrestrial and Helio Studies，TRUTHS）项目于 2002 年向欧洲航天局提交，TRUTHS 系统包括光谱定标单色仪（Spectral Calibration Monochromator，SCM）、低温绝对辐射计（Cryogenic Absolute Radiometer，CAR）、太阳光谱辐射监测仪（Solar Spectral Irradiance Monitor，SSIM）、偏振传递辐射计（Polarization Transfer Radiometer，PTR）和地球成像仪（Earth Imager，EI）等。SCM 分别对 3 个不同的光谱区进行了优化，并将光栅叠放在一起以采用一个公用传动轴。从每个光栅色散出来的光谱辐射被耦合到一束光纤内，通过排列布置光纤，将光辐射从矩形狭缝转变为圆形，从而可利用单透镜将其准直为近似平行的光束。只要保证光纤束的弯曲半径不发生明显的变化，光纤内沿光轴方向的透射

能量就不会发生变化。光纤束末端输出的光辐射可以通过 CAR 来测量，并用来校准其他仪器。（夏志伟）

4.4.7　星上定标器的单色仪

单色仪光谱分辨率远高于遥感仪器的光谱分辨率，如果将单色仪空间化，则可以连续扫描得到遥感仪器各光谱通道的响应函数，这将大大提高星上光谱定标的精度。目前仅有 MODIS 将单色仪作为其星上光谱定标装置。单色仪位于 MODIS 的 SRCA 中，位于光源和输出准直仪之间，光源为有内置灯的积分球。积分球发出的光辐射经单色仪分光后进入准直仪，经准直扩束后进入 MODIS 进行星上光谱定标。

SRCA 具有光谱自定标功能，在出射狭缝旁边离轴放置一个硅光电二极管，并在硅光电二极管前放置一片钕镨玻璃滤光片（Didymium Filter），利用滤光片的典型吸收峰和硅光电二极管输出信号的极小值，即可建立单色仪光栅转动编码器码值与输出波长之间的关系，从而完成光谱自定标。由于采用了单色仪作为星上光谱定标装置，MODIS 达到了较高的光谱定标精度，在小于 1μm 的光谱波段，其光谱定标精度优于 1nm。

目前 TRUTHS 项目正在进行研究，用单色仪作为绝对定标系统的组件，将单色仪与低温辐射计相结合，使定标数据可直接溯源至国际单位制（SI），作为在轨光谱辐射基准，经标准传递实现自身和其他在轨仪器的绝对定标，精度水平可以大大提高。（夏志伟）

4.4.8　标准探测器

由多个光电探测器组合成的陷阱探测器，具有反射损失非常小、对入射光偏振态不敏感、光电转换效率和灵敏度非常高、辐射传输精度高的优点，可以直接溯源于高精度的低温辐射计，作为辐射测量系统中的标准探测器，可以进行绝对辐射度的测量。

基于辐亮度标准探测器的新型星上定标方法，其绝对标准依赖于辐亮度标准探测器。标准探测器为全固化结构，采用成熟的半导体器件，国外相关研究结果表明，其温度系数、响应长期稳定性和抗辐照性能等方面均可满足工程应用需求。从整体上考虑，基于辐亮度标准探测器的星上定标方法传递环节较少，精度较高，长期稳定性更好，体积、重量和功耗相对较低。上述诸多优点，都为基于辐亮度标准探测器的新型星上定标方法的工程实用化提供了很好的技术可行性和保证。JPL 在其 1999 年年底开始运行的 MISR 上，就采用了这种新型星上定标方法，共安装了 4 只辐亮度标准探测器，分别提供 4 个波段的绝对辐亮度标准。其 3 年间的不确定度约为 3%，是目前所有在轨星载遥感器中绝对精度最高的。

FY-3C 的 MERSI 中的可见星上定标器（Visible Onboard Calibrator，VOC），被用来监视 MERSI 响应的系统变化，而 VOC 的输出变化由陷阱探测器来完成监测。在 VOC 内装有 4 个单通道和 1 个无滤光片的白光陷阱探测器。

某型号高光谱成像仪的积分球星上定标系统中，积分球一个窗口通道安装了标准辐亮度陷阱探测器，用于监测星上定标光源辐射的稳定性。（李照洲，胡秀清，李东景）

4.4.9　低温辐射计

本书 2.3.4 小节中介绍了低温辐射计。低温辐射计的工作原理与常温下的电替代绝对辐射计相同，但采用了制冷低温和超导技术，使绝对辐射测量的精度提高了 3～4 个数量级。目前低温辐射计是辐射标准传递链中精度较高的标准器具。但是低温辐射计的技术和设备较为复杂，将其空间化、在遥感器空间结构中采用，难度较大。

TRUTHS 系统中包括光谱定标单色仪，采用低温绝对辐射计测量定标光源的输出辐射。TRUTHS 定标传递链的优势在于低温绝对辐射计的使用，杜绝了定标传递链从地面到空间的中断，保证了定标的一致性。TRUTHS 所能达到的数据测量精度与目前其他遥感仪器的数据精度相比，可提高一个数量级。（夏志伟）

4.5　遥感干涉光谱成像仪星上定标系统的定标方法

由于干涉型光谱成像仪原理和结构的复杂性，星上定标系统的设计具有很多局限性。在本节中，我们从星上定标光源引入主系统的结构形式和实现的定标功能方面，介绍几种星上定标的方法。

4.5.1　星上辐射度的相对定标

星上辐射度的相对定标，要求对像面干涉图像进行在轨响应非均匀性校正，修正发射前辐射度响应均匀性测试结果的变化。要实现辐射响应非均匀性校正，定标光源需均匀照明被校正的像面视场。

柯勒照明系统是典型的均匀照明光学系统，其特点是发光面通过聚光镜成实像，聚光镜后安放视场光阑。但是柯勒照明系统轴向长度较大，不适用于空间结构受限的星上定标系统。星上定标系统使用较多的均匀照明方法，主要是借助积分球或漫射板实现匀光，而且定标系统需与主系统达到像面视场匹配。

一般干涉型光谱成像仪的一次像面视场面积小，可以设计在一次像面插入星上定标系统，实现全视场均匀照明，完成定标后退出主系统，不过这种方法存在运动机构卡滞的风险。

4.5.2　星上光谱定标

星上光谱定标可以检测光谱成像仪测量光谱位置功能的变化，对相关参数进行在轨定量化测试，为相关参数的修正提供数据。星上光谱定标可以有两种方式：一是引入标准光谱，进行光谱绝对定标；二是建立基准光谱，进行相对光谱定标。

相里斌介绍了一种飞行定标方法，采用经过实验室定标设备标定的辐射光源（或引入太阳光），使其在光谱成像仪一次像面的边视场入射，那么将在二次像面探测器边缘的几行得到标准干涉图。在入射狭缝两端分别设置一个单色光源和一个全谱光源，单色光源用来确定干涉图频率，从而标定仪器的光谱位置和分辨率，全谱光源用来标定仪器的辐射度响应和零光程差位置。图 4.19 为定标光源在一次像面入射、利用边缘视场分别进行光谱定标和辐射度定标的示意。

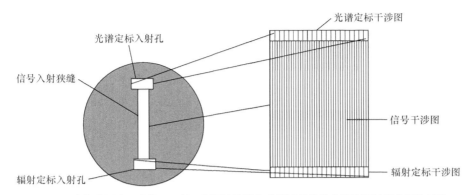

图 4.19　定标光源在一次像面入射、利用边缘视场分别进行光谱定标和辐射度定标的示意

利用材料透射或反射光谱中的特征吸收峰进行光谱定标。在干涉型光谱成像仪星上定标系统中，可以采用具有特征吸收峰的光谱玻璃或漫射板进行光谱定标。

MOS 和 HIRIS，我国的 HJ、探测卫星光谱成像仪均采用具有特征吸收峰的滤光片进行星上光谱定标。这些定标系统中都以内置灯作定标光源，通过滤光片得到特征光谱，作为光谱定标的参考标准。

MERIS 和 SPECTRA 则采用掺杂铒、钬、镝等稀土元素氧化物的漫射板作为星上光谱定标装置，利用这些氧化物的特征反射光谱作为光谱定标参考标准。Hyperion 也利用其盖板涂料的特征反射光谱作为 SWIR 波段光谱定标的参考标准之一。此类光谱定标多以太阳作定标照明光源。

图 4.20 是从干涉型光谱成像仪的一次像面引入特征定标光源的光谱定标方法。

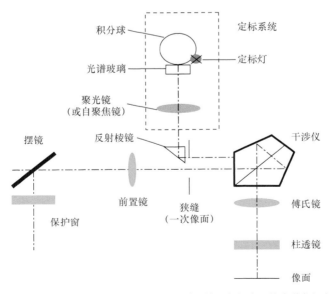

图 4.20　从干涉型光谱成像仪的一次像面引入特征定标光源的光谱定标方法

干涉型光谱成像仪的干涉仪处于系统一次像面之后，一次像面之前的光学系统（前置镜）的衰变，对光谱仪的干涉性能基本没有影响。因此从一次像面引入特征定标光源的光谱定标方法，可以很好地测试光谱成像仪的干涉性能。

此方法的辐射光源为内置定标灯的积分球，通过置于积分球出口的、具有特征吸收光谱的光谱玻璃，形成具有特征光谱的定标光。定标光经过聚光镜和插入一次像面前方的反射棱镜，照明一次像面狭缝的一端，在光谱成像仪二次成像面一边的数行形成特征光谱的干涉图。卫星发射前在地面热真空试验中获得的干涉图复原光谱，即星上光谱定标的基准光谱。卫星在轨运行后，星上定标通过复原光谱与基准光谱的比对，检测光谱成像仪干涉数据的变化，进行相对光谱定标。

定标系统中的聚光镜可以是一个镜组，需有一定的孔径。如果采用自聚焦镜做定标光源的成像镜，将定标光源的积分球出口成像在一次像面处，定标系统的体积会大大缩小。自聚焦镜是经过离子交换实现折射率径向分布的光学透镜，一般直径只有 3 ~ 5mm。

星上定标系统中设置单色仪，用于光谱成像仪的光谱定标。由于单色仪的光谱分辨率远高于光谱成像仪的光谱分辨率，且光谱位置精度高，用单色仪的输出光谱作参考标准光谱，可以实现星上绝对光谱定标，减小定标误差，大大提高星上光谱定标的精度，定标精度可以达到 1nm。对于干涉型光谱成像仪，可以像在实验室定标一样，在工作谱段内多选择几个波长点，提高光谱定标的精度；对于色散型光谱成像仪，则可以扫描得到光谱成像仪各光谱通道的响应函数。这个方法的难点就是结构复杂。

目前 MODIS 成功地使用这个方法实现了星上光谱定标。

其他星上光谱定标参考标准。

有一些光谱成像仪利用发射特征谱线的光源进行光谱定标，如利用激光二极管的 HRIS 和利用 Pt-Cr/Ne 空心阴极灯的扫描成像大气吸收光谱仪（Scanning Imaging Absorption Spectrometer for Atmospheric Cartography，SCIAMACHY）等。

太阳后向散射紫外辐射计（Solar Backscatter Ultraviolet Spectrometer，SBUV）是运行于 NOAA 卫星上双单色仪结构的光谱辐射计，SBUV/2 前的漫射板的在轨定标每周进行一次，并采用星载汞灯的发射谱线进行在轨监测，以保证反照率定标的精度。

我国的 SBUS 是 FY-3 卫星的主要载荷之一，是一台工作在 160 ~ 400nm 波段的高性能扫描式光谱仪。SBUS 采用了埃伯特 - 法斯蒂（Ebert-Fastie）型光栅双单色仪结构。

高精度在轨光谱定标方法需要已知的高分辨率的目标光谱作为参考光谱，对参考光谱与仪器的狭缝函数进行卷积，在仪器采集信号所占带宽内，对卷积后的参考光谱进行积分平均。最后对处理后的参考光谱与测量光谱进行匹配，得到两者差别最小时的光谱位置变化值，即完成仪器光谱定标。

在轨光谱定标对参考光谱的绝对幅值要求不高，只要求参考光谱的相对分布，因为绝对幅值的误差可通过对测量光谱的处理来消除。参考光谱可通过软件模拟得到，也可以是由国际公认的高精度高分辨率仪器测得的光谱。

SBUS 的在轨光谱定标方法与 NOAA 卫星的 SBUV 相同，为了监测仪器在轨光谱变化，SBUS 装有定标汞灯，每月进行一次光谱定标。当 SBUS 进入轨道阴影后，开启汞灯、预热，标准漫射板移入光路，分别测量汞灯在真空下的 4 条谱线：184.950nm、253.728nm、296.815nm 和 365.120nm。利用 SBUS 扫描汞灯 4 条谱线，通过高斯拟合找到每条谱线的峰值位置，再利用修正后的光谱定标公式得到测量的汞灯谱线，得到的结果如表 4.2 所示。

表 4.2 对 SBUS 进行光谱定标的定标误差结果   单位: nm

标准波长	定标后的波长	误差
184.950	184.943	0.007
253.728	253.718	0.01
296.815	296.81	0.005
365.120	365.123	−0.003

由表 4.2 可知，利用参考光谱对 SBUS 进行光谱定标后测得的汞灯谱线与标准谱线的最大误差为 0.01nm，而 SBUS 要求的波长精度为 0.05nm，因此满足仪器指标要求。

在轨运行期间，SBUS 仪器性能稳定，通过对 SBUS 数据和 SBUV/2 数据 DN 值及臭氧垂直廓线的对比，可以发现两种数据具有较好的精度，在大多数臭氧层，SBUS 廓线数据的平均相对偏差在 10% 以内。

光谱成像仪星上光谱定标的外部参考标准还可以应用大气吸收线和太阳谱线，如 760nm 处的 O_2 吸收线（如在 MERIS 上），484nm、863nm 处的夫琅和费线等。

4.5.3　星上辐射度的绝对定标

星上辐射度的绝对定标是在轨测试干涉型光谱成像仪的绝对光谱辐射响应度，建立输入辐亮度与光谱仪输出值的定量关系。以辐射源作为绝对定标基准，要求星上定标光源的辐射值必须具有一定的标准传递精度，且具有长期稳定性。

用星上定标灯（或星载黑体）作为标准辐射源时，光源应具有长期稳定性或及时的监测修正，定标光源应实现对光谱仪的全系统、全孔径、全视场定标，定标光源的辐射值应经过发射前的标定。这些要求往往很难得到全面实现。

使用太阳作为星上绝对定标光源，较易实现对光谱仪的全系统、全孔径、全视场定标，但是引入太阳光的方法会带来一些变化因素。例如用漫射板引入太阳光，漫射板的反射率会产生衰变，每次定标时的光源入射角度也存在不确定性，针对这些问题需要采取相应的监测措施。采用光纤引入太阳光也有类似的问题。

德国空间中心设计的 MOS 于 1996 年发射升空，星上采用两种方式进行定标：非全光路的灯定标和全系统、全口径的太阳漫射板定标。太阳漫射板定标每 14 天进行一次，将漫射板转入视场，太阳以 40° 角入射，定标数据最大变化达到 7%。卫星发射升空后，同时采用撒哈拉沙漠作为辐射校正场进行绝对定标。MOS 发射升空 5 年后对不同定标方法的结果进行了比较。在可见光中的 1～6 谱段上，星上定标灯定标系数与其他两种定标系数相差较远。经分析认为，这种明显的差别是星上定标灯未进行全系统的定标，定标系数中没有包含全系统变化而造成的；太阳漫射板定标系数低于辐射校正场定标系数，这是在

这些谱段中漫射板反射率的衰减造成的。（陈福春）

MODIS 采用漫射板引入的太阳光实现星上辐射定标，为了解决漫射板反射率衰变问题，其星上定标系统还设有漫射板反射率变化监测装置，在轨定标时同时获得监测数据，并通过数据产品表格提供修正数据，使相应数据及时得到修正，保证了在轨定标的稳定性。

图 4.21 显示的是基于辐亮度标准探测器的新型星上定标方法，可从根本上克服基于辐射源定标法精度难以实质性提高的缺陷，彻底解决"太阳＋漫射板"星上定标方法中漫射板反射率变化的难题。该方法借鉴了可收放式漫射板能够全光路定标的优点，采用日光作为辐射源（在动态范围的低端可采用月光），解决了光谱差异问题。其绝对标准不依赖于漫射板和太阳（或月亮）辐射数据，

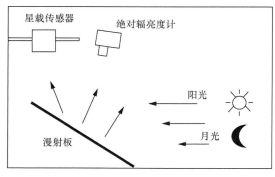

图4.21 基于辐亮度标准探测器的新型星上定标方法

而由星上绝对辐亮度计提供。这种定标方法不必担心太阳辐射变化给定标结果带来误差，同时解决了漫射板反射率变化的难题。

新型的基于辐亮度标准探测器的星上定标方法，其绝对标准依赖于辐亮度标准探测器。标准探测器为全固化结构，采用成熟的半导体器件，国外相关研究结果表明，其温度系数、响应长期稳定性和抗辐照性能等方面均可满足工程应用需求。从整体上考虑，基于辐亮度标准探测器的星上定标方法传递环节较少，精度较高，长期稳定性更好，体积、重量和功耗相对较低。上述诸多优点，都为基于辐亮度标准探测器的星上定标方法的工程实用化提供了很好的技术可行性和保证。JPL 在其 1999 年年底开始运行的 MISR 上，就采用了这种新型星上定标方案，共安装了 4 只辐亮度标准探测器，分别提供 4 个波段的绝对辐亮度标准。其 3 年间的不确定度约为 3%，是目前所有在轨星载遥感器中绝对定标精度最高的。事实上，如此高的绝对定标精度和长期稳定性，也是基于辐射源的定标方法无法达到的。

4.5.4　星上定标光源引入主系统的结构形式

一、定标光源通过摆镜或反射镜引入主系统

定标光源由光谱仪的前方，通过摆镜或反射镜引入光谱仪主系统。例如我国的 HJ-1A 的高光谱成像仪是通过摆镜从前端引入定标光源。星载太阳定标器可通过将漫射板插入主系统前方引入太阳光进行定标。又如 MODIS 的太阳定标可通过扫描镜引入漫射板反射的定标太阳光。这种方法的特点是可以实现全系统星上定标。

二、星上定标器安装在主光学系统的次镜上

FY-2 气象卫星的扫描辐射计采用同轴 R-C 光学系统和南北方向望远镜筒步进扫描的方案。可见光星上定标器安装在次镜上，随望远镜筒一起在南北方向步进。可见光星上定标器由一个折射棱镜、两个平面反射镜和一组光栏组成。卫星在轨时，太阳入射方向与主

光轴夹角在 −23.5° ~+23.5° 间变化，为了保证每天都能进行定标，定标器的两个平面反射镜成一夹角，三个光阑的视场均为 20°，相互间有部分区域重合。卫星在轨时，太阳光束首先通过光栅进入棱镜组，再进入主光学系统进行定标。图 4.22（a）所示为 FY-2C 卫星的扫描辐射计光学系统，图 4.22（b）所示为可见光星上定标器原理。（陈福春）

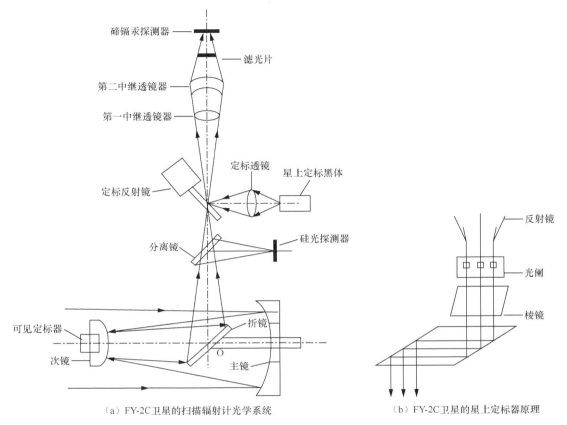

（a）FY-2C卫星的扫描辐射计光学系统 　　　　　　　（b）FY-2C卫星的星上定标器原理

图4.22　FY-2C卫星的扫描辐射计光学系统和星上定标器原理

FY-2C 卫星的扫描辐射计采用在成像光路中的一次像面插入定标反射镜，将星上定标黑体辐射标准源引入成像光路的方式实现星上热红外定标。星上定标黑体控制在一个恒定的温度，扫描成像辐射计每完成一次全圆盘成像后，定标反射镜就会转入光路中，实现对星上定标黑体成像获取黑体温度的输出信号，从而建立输出信号与定标黑体辐亮度之间的关系。由于采用了一种部分光路的定标方式，未考虑前端光学系统的影响，因此只能实现相对辐射定标。星上定标装置提供均匀的标准辐射源，对探测器像元响应的变化进行监测和校准，并校准像元响应的非均匀性。（刘志敏）

三、定标光源从光谱仪主光学系统的一次像面引入

如 4.5.2 小节所述，星上定标光源从一次像面处引入主系统。这种方法虽然是部分系统、部分视场的定标，但是对于干涉型光谱成像仪，定标光源是在干涉仪前插入的，而干涉仪的干涉性能是全视场一致的，因此像面部分视场的干涉图可以反映光谱仪的干涉性能，部分视场的光谱定标可以满足系统干涉性能测试的要求。

我国探测卫星高光谱成像仪就采用这种方法。

MOS 光谱成像仪配备有微型光学系统，用于相对辐射定标。图 4.23 所示为 MOS 光谱成像仪星上定标原理，在光谱成像仪的狭缝处用微型光学系统引入定标灯光，监视光谱成像仪和焦平面探测器的稳定性，实现相对辐射定标。

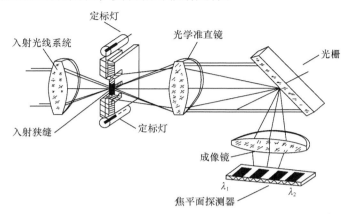

图 4.23　MOS 光谱成像仪星上定标原理

刘志敏介绍了资源一号 02 星的红外多光谱扫描仪（CBERS-2 的 IRMSS）针对可见光、短波红外、长波红外成像设计的星上定标装置。该扫描仪的定标方式也采用了部分光路定标，设计的星上定标装置的作用是对红外探测元之间的响应不一致性进行标定，同时对一次像面后的光学元件、红外探测器、探测器前置放大器等部件的性能稳定性进行监测。热红外谱段 9 的星上定标采用常温黑体和高温黑体作为定标源。常温黑体安装在旋转快门上，在扫描镜非线性段内，将旋转快门上的常温黑体转入主成像光路，获取常温黑体的定标信号。高温黑体有较高的稳定性，其辐射信号通过定标光路，由旋转快门上的反射镜引进主成像光路，获取高温黑体的定标信号。图 4.24 所示为 CBERS-2 的 IRMSS 光路和星上定标装置布局。

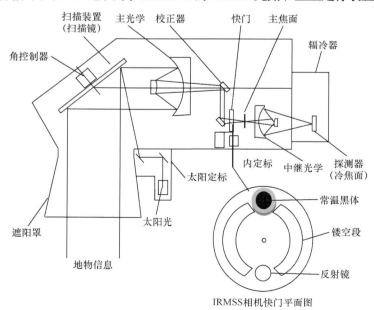

图 4.24　CBERS-2 的 IRMSS 光路和星上定标装置布局

4.6 国内遥感干涉光谱成像仪的星上定标

4.6.1 环境卫星高光谱成像仪星上定标系统

我国的环境卫星已于 2008 年发射，由西安光机所研制的星上载荷 HJ-1A 的高光谱成像仪是空间调制干涉光谱成像仪，是国际上第一个搭载于业务卫星的干涉型光谱成像仪。HJ-1A 的高光谱成像仪上装有星上定标系统。

一、星上定标系统的组成

星上定标系统由积分球、光谱玻璃和准直镜组成。定标灯为卤钨灯，置于积分球入口处，在积分球的出口形成均匀的定标面光源。积分球出口处装有光谱玻璃，定标光辐射经光谱玻璃的吸收，使其光谱存在特定吸收峰，且其光谱分布已知，可以依此进行相对光谱辐射定标。

图 4.25 所示为高光谱成像仪总体布局示意。定标光辐射通过光谱玻璃和准直镜到达摆镜，摆镜从相机工作位置旋转 90° 后，将定标光均匀面元成像于高光谱成像仪像面上，实现高光谱成像仪的局部视场光谱定标。

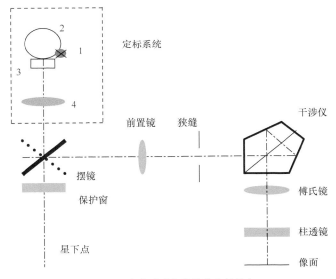

图4.25 高光谱成像仪总体布局示意

图 4.25 中的定标系统：1 为定标灯，2 为积分球，3 为光谱玻璃，4 为准直镜。

定标灯是 15W 的小型柱状卤钨灯，采用高强度钨铼灯丝，并设计了短螺旋、小悬臂的灯丝结构，使定标灯具有较好的力学性能。灯脚上通过点焊焊接了焊片，用于通电线的连接。灯座采用了夹持灯泡封接玻璃的结构，灯座与积分球盒体连接处使用隔振阻尼元件，保证了定标灯安装后的抗震性能（此灯座结构设计获国家专利）。定标灯除进行常规的光电性能、稳定性、寿命、力学、热真空等方面的测试外，还进行了真空检漏测试。常规的氦质谱检漏法无法精确测定和排除器件材料本身的吸附，测试结果可信性差。国防科技工业真空计量一级站专门设计了检漏系统，采用静态总压法精确地测试了卤钨灯内的充气压力（实际上灯内充气压力小于 1 个大气压，并非理论讲述的 4 个大气压），测量灯的漏率的精度可以达到 $1 \times 10^{-8} Pa \cdot m^3/s$ 量级。定标灯的控制电源电压稳定性优于 1%。

积分球是安徽光机所研制的产品，球体内径为 35mm。球体材料为经高温融合的聚四氟乙烯，经原料前期处理（粒度筛选和真空处理）、压制成型、高温融合后，积分球体成型；然后采取低温环境装配的工艺，将积分球装入盒体内，以保证积分球体在空间高/低温环境下不松动。在压制成型前和高温融合后，以同样工艺、同样材料的平板样品进行材料的反射率检测。

图 4.26 所示为与积分球同材料、同工艺的聚四氟乙烯样品进行空间粒子辐照测试的结果，总辐照量为 $8.73 \times 10^3 rad$（SI），蓝、红色曲线分别为辐照前、后的反射率曲线，在 350 ~ 900nm 工作谱段中，反射率几乎没有变化。

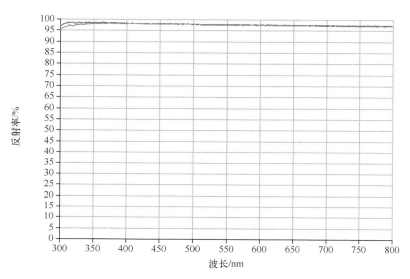

图4.26 聚四氟乙烯样品进行空间粒子辐照测试的结果

积分球体装入盒体后，通过机械加工达到设计尺寸要求。积分球盒体采用导热性能较好的铝合金。

在积分球出口处安装了钕镨光谱玻璃，其透射特征光谱如图 4.14 所示。

定标系统的光辐射经过准直镜后成为平行光。

高光谱成像仪的入口处设置一个摆镜，光谱仪采集地物目标信息时，摆镜使主光轴指向地球。当卫星运行至星下点为暗区时，将摆镜翻转 90°，此时点亮定标灯，即可以将定标光引入主系统，进行星上光谱定标。

二、星上光谱定标的原理、特点和定标精度分析

定标辐射光源卤钨灯的辐射光谱曲线如图 4.27 所示。

此辐射光经过钕镨光谱玻璃后，变成图 4.28 所示的星上定标光谱曲线。

定标光源在高光谱成像仪像面上形成的干涉图如图 4.29 所示。

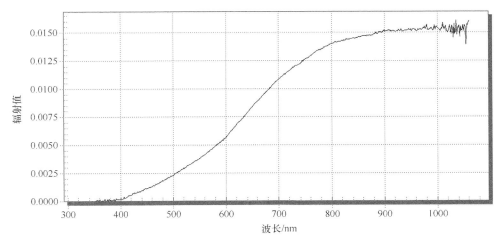

图 4.27 卤钨灯的辐射光谱曲线

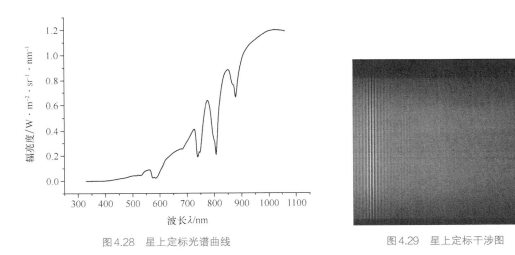

图 4.28 星上定标光谱曲线　　　　　　　图 4.29 星上定标干涉图

在高光谱成像仪工作谱段 0.45~0.95μm 内，平均光谱分辨率为 5nm，带宽由短波至长波逐步加大。在定标光谱中，特征吸收谱线宽度与高光谱成像仪的相应谱段分辨率匹配的谱线，通过光谱复原容易被识别。在设计阶段，应通过真空环境中的多次测试，选择稳定可靠、精度高的谱线作为星上光谱定标的基准光谱。

这种定标方法可以实现全系统、全孔径、大部分视场的光谱定标。这种方法的缺点是定标光源需摆镜运动到位才能引入主系统，因此定标过程存在摆镜运动失效的风险。

星上光谱相对定标，是高光谱成像仪在卫星运行中相对于地面真空状态的复原光谱位置的相对定标，即在干涉图的采集、存储、数据处理方法都不变的条件下，比较高光谱成像仪在轨运行时与在地面真空状态时星上定标复原光谱的差别和变化。

星上相对光谱定标的精度，即此定标结果的不确定度，主要的影响因素如下。

（1）导致星上定标干涉图变化的各随机因素，如数据采集、数据压缩/解压等环节的随机因子 u_1。其影响程度由高光谱成像仪设计结果确定，一般可以达到波长偏差小于 1nm。

（2）读取点干涉图、光谱复原处理中产生的误差，如相位误差 u_2，一般能达到波长偏差在 0.3nm 以下。

（3）影响高光谱成像仪干涉因子变化的因素，如干涉仪光轴相对于探测器坐标的变化，会引起高光谱成像仪干涉的零光程差位置变化，造成相位误差 u_3。这个误差是系统误差，通过对定标数据的分析，可以判断系统误差的值并加以修正。

定标光谱中特征光谱位置是由光学材料中的物质决定的，是不会改变的。此外定标灯的辐射强度的变化对特征光谱位置没有影响。

星上光谱相对定标的各误差因子及总不确定度如表 4.3 所示。一般星上光谱定标波长位置总不确定度可以达到 2nm。

表 4.3　星上光谱相对定标的各误差因子及总不确定度

项目	内容
u_1	数据采集、数据压缩 / 解压等环节的随机因子
u_2	点干涉图读取、光谱复原处理中产生的误差
u_3	高光谱成像仪干涉因子变化产生的相位误差
u	$u = \sqrt{u_1^2 + u_2^2 + u_3^2}$

三、星上定标数据处理方法

星上定标主要实现光谱相对定标功能，即对高光谱成像仪测试光谱波长位置的变化进行监控。数据处理的任务是对高光谱成像仪输出的光谱进行特征位置的辨别和记录。数据处理主要步骤如下。

（1）提取解压后的星上定标数据。

（2）判断星上定标数据的状态是否正常：先分析干涉图像形态是否正常，再分析各列（光谱维）点干涉曲线的相对幅值、调制度等是否正常。

（3）抽取计算列的点干涉图数据，读取零光程差位置数据。进行干涉图预处理：坏像元修正、减暗电流、相对定标修正等。

（4）光谱复原：输入干涉图零光程差位置和 DOPD 数据，对其进行星上定标干涉数据滤波、切趾、相位修正、快速傅里叶变换，用定标公式乘绝对定标系数，最后得到星上定标复原光谱。

（5）读取星上定标复原光谱特征峰位置。

（6）与地面热真空测试的星上定标复原基准光谱进行比对，计算特征峰位置偏差。

（7）DOPD 的修正，根据第 3 章光谱定标的原理：

$$\text{DOPD} = \frac{d \cdot s}{f_{\text{F}}} = \frac{n\lambda}{N_n} = \lambda / x_{\lambda i}$$

式中，引入 $x_{\lambda i} = N_n / n = \lambda_i / \text{DOPD}$，可称为波长 λ_i 的单位光程差系数。此参数表征了在这个干涉型高光谱成像仪的光谱维中，波长为 λ_i 的干涉条纹一个周期占有的像元数。由式（3.28）可见，波长与 DOPD 成正比，二者的物理量纲均为长度（单位为 nm）。

当特征谱线位置偏差小于星上定标不确定度时，无须修正 DOPD 值，否则应按照正比关系修正 DOPD 值。如果几个特征光谱的偏差不一致，可取偏差平均值，如各谱线偏差方向有矛盾，应进一步分析数据或重新采集数据。

（8）验算 DOPD 值：修正了 DOPD 值后，需重新做光谱复原，并检测特征光谱位置的偏差。可以对 DOPD 值进行优化，直至特征光谱位置的偏差达到星上光谱定标精度要求为止。

四、星上定标结果

图 4.30 所示为高光谱成像仪正样产品进行热真空试验时的星上定标复原光谱结果，可以看出在常温常压、室温常压、高温真空（1,7）、低温真空（1,7）、常温真空等不同条件下，星上定标复原光谱的两个典型吸收峰位置不变，一个吸收峰在805.56nm 处，均方差为 1.2nm，另一个吸收峰在 881.58nm 处，均方差为 0.7nm，星上定标的不确定度小于2nm，证明星上定标系统的定标性能是可靠的。

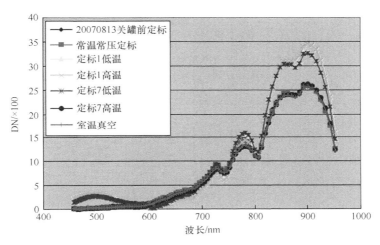

图4.30 高光谱成像仪正样产品进行热真空试验时的星上定标复原光谱曲线

4.6.2 某型号卫星高光谱成像仪星上光谱定标系统

西安光机所研制的某型号卫星高光谱成像仪是一种时空调制干涉光谱成像仪，在高光谱成像仪内部设计了星上光谱定标系统。图 4.31 所示为此定标系统的示意。

定标灯光辐射通过积分球匀光，在积分球出口透过光谱玻璃得到具有特征吸收峰的定标光源，再通过反射棱镜照明一次像面的边缘视场，形成与二次像面共轭的定标物面。积分球上安装了两个定标灯，一个作为工作灯，另一个作为备份灯。定标物面的定标工作区选择在主系统空间视场的边缘，占用空间方向的数行像元，光谱方向充满全视场。此方案能够实现部分系统、部分口径和光谱方向全视场光谱定标的功能。此星上光谱定标系统的原理、数据处理方法、定标精度，都与环境卫星高光谱成像仪的星上光谱定标系统相同。应说明的是，时空调制干涉光谱成像仪的星上定标采用均匀照明，与实验室定标相同，单帧干涉图可以直接提取点干涉图进行光谱复原。

图 4.32 所示为高光谱成像仪红外光谱仪像面干涉图像。

星上定标的工作模式为：当卫星运行到星下点、处于黑暗非工作区时，点亮星上定标光源进行定标。这个定标工作模式不影响主系统的工作，因此减少了定标的限制，可以提高定标的频次，有利于光谱定标的监测。

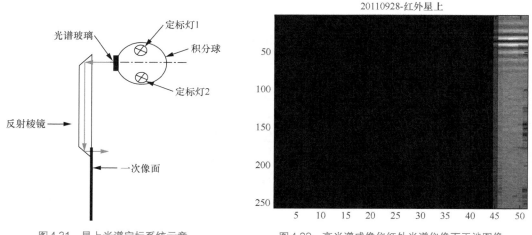

图4.31 星上光谱定标系统示意   图4.32 高光谱成像仪红外光谱仪像面干涉图像

该系统避免了通过摆镜转动实现从主系统前方引入定标光源所带来的风险，以及结构庞大的弊病。反射棱镜结构紧凑，系统结构简单，占用光学系统的轴向空间小。在这个定标系统中，选用光谱玻璃材料做反射棱镜，可以利用棱镜的长光程加深特征光谱的深度，利于特征光谱的识别。例如在 900～2500nm 谱段工作的红外光谱仪中，选石英玻璃 JGS1 做反射棱镜，利用其 1382nm 处的吸收峰做星上光谱定标的特征谱线。

时空调制干涉高光谱成像仪的可见、红外系统在轨运行后星上定标的结果：复原光谱中吸收谷（或高透峰）的谱线位置，均达到不确定度小于 2nm 的定标精度。（这个时空调制干涉高光谱成像仪的星上光谱定标系统获国家专利。）

4.6.3　积分球星上定标系统

李东景介绍了某型号高光谱成像仪的积分球星上定标系统，图 4.33 所示为该定标系统原理。星上定标系统采用卤钨灯照射积分球，输出均匀面光源。钕镨滤光片放置在星上定标积分球出口处，用它的特征吸收谱线进行波长定标。导光系统的作用是将积分球出口的面光源经过望远镜成像在高光谱成像仪狭缝处。

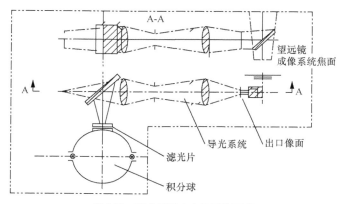

图4.33　积分球星上定标系统原理

星上定标积分球采用聚四氟乙烯材料，球内径为 60mm。积分球的两个入口处各安装一个 10W 的卤钨灯，分别作为工作光源和备份光源。积分球出口安装滤光片，另有一个出口安装监测辐射稳定性的标准辐亮度陷阱探测器（探测器是由 3 片硅光电二极管构成的陷阱式光辐射亮度探测器）。卤钨灯前设有 GrB 材料的滤光玻璃罩，抑制了光源的红外辐射，调整了光源的色温。灯座采用聚四氟乙烯材料制作，具有稳定、耐热、抗辐射和一定的柔性特点，易于灯泡的固定和安装。

星上定标系统设计了具有软启动功能的标准灯稳流源电路。标准灯软启动时间为 20s，20s 后进入电流稳定状态，经过 3 次测试计算，输出电流稳定性为 0.043%（增加重复性误差），输出频率稳定性可达到 0.645%，从而满足了系统对星上定标灯（输出频率）的变化率不超过 1% 的要求。

4.6.4 FY-3

FY-3C 的 MERSI 有两个主要模块，一个为光机模块，另一个为 VOC 星上定标器。

MERSI 的设计包括两个可见光星上定标设备：可见红外星上定标器（VOC）和冷空观测（SV），冷空观测得到暗信号。VOC 是第一个在风云系列卫星上采用的可见光星上定标设备。图 4.34 所示为 VOC 的结构，它由 3 个主要的光学部件构成：6cm 直径的小型积分球、光线扩束系统、陷阱探测器。

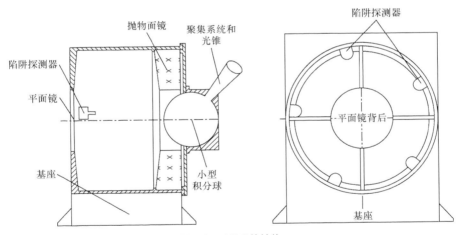

图 4.34 VOC 的结构

（左图为纵剖面示意，VOC 由基座、聚集系统和光锥（太阳收集系统）、小型积分球、平面镜、抛物面镜和陷阱探测器组成，MERSI 扫描接收来自抛物面镜反射的定标器辐射；右图为正对 MERSI 扫描镜的 VOC 前视图）

积分球内有两个卤钨灯，太阳光可通过光锥收集到积分球内。光线扩束系统包括一个平面镜和一个抛物面镜，后者使得从积分球出来的小光束能够充满 MERSI 的大口径。从积分球出射的光束经过平面镜反射到抛物面镜上成为平行光，形成一个准高斯光束，该光束即 MERSI 的定标光源。陷阱探测器安装在 VOC 的出口边缘，它包括 4 个硅探测器（470nm、550nm、650nm 和 865nm 通道）和一个无滤光片全色探测器。VOC 安装在MERSI 仪器主体旁边，便于扫描镜扫描 VOC 的出口部分，并在卫星经过南极时观测太阳光源信号。内置灯辐射或太阳光经小型积分球匀光后，再由光线扩束系统准直成平行光线，平行光线充满整个 MERSI 口径，被每条扫描线探测到。但是，如果内部灯关闭或太阳光未进入光锥，则 VOC 的辐射输出为零。

VOC 被用来监视 MERSI 响应的系统变化，这种变化由 MERSI 的响应衰减和 VOC 自身的输出变化共同引起。VOC 的输出变化由陷阱探测器来完成监测。陷阱探测器相对稳定，能够直接探测出 VOC 的辐射输出。全孔径星上黑体设计成 V 形槽面，黑体表面通过阳极氧化处理，具有很高的有效发射率。MERSI 除扫描星上黑体外，还扫描冷空信号，从而实现热红外通道的两点法辐射定标。

虽然 MERSI 可见光星上定标器不能实现星上绝对辐射定标，但它可以作为一个辐射源来监视 MERSI 的辐射响应衰减，VOC 可用于监视 MERSI 响应的相对变化。

处理了 MERSI 2008 年 7 月 1 日—2011 年 7 月 15 日这 3 年间的辐射响应衰减数据，陷阱探测器检测到了内部定标灯的照度衰减，数据显示了 MERSI 在不同日期内部定标灯开启状态时 VOC 的辐射输出变化趋势。

自 2008 年 7 月 1 日起，VOC 定标灯照度输出的衰减率在所有谱段均超过 5%，而 MERSI 仪器小于 550nm 通道的衰减率超过 10%。从 MERSI 扫描 VOC 的信号中扣除 VOC 输出源的变化，可以推导出 MERSI 在所有太阳反射通道的响应衰减率。由处理结果可见，卫星发射后响应总衰减率超过 10% 的有第 1（470nm）、8（412nm）、9（443nm）、10（490nm）和 11（520nm）通道。最大衰减率在第 8 通道，3 年内衰减近 20%。有两个绿光通道（550nm 和 565nm）和一个近红外通道（1030nm）衰减率超过 5%。在 650～980nm 的近红外通道较稳定，其 3 年间的衰减率低于 5%。响应衰减的速率随时间间隔不同而不同，这意味着 MERSI 设备响应随时间呈非线性变化。第一年衰减快，一年后衰减速率变慢，并在某些时段有小的起伏波动。

在此期间，每年还进行了 MERSI 的场地定标和基于 Terra/MODIS 的交叉定标，多次验证上述定标和跟踪结果，为分析各通道响应衰减提供了充分的依据。

MERSI 的定标跟踪和验证方法，为它的产品反演和定量应用提供了重要信息，积累了仪器维护和定标系数在轨更新经验。通过这些方法得到的定标结果已应用到业务定标系数的 3 次更新。

4.7 国外遥感干涉光谱成像仪的星上定标

干涉型光谱成像仪的星上定标原理复杂、方法典型，是数据高精度应用的重要环节。国内外相关研究较少，并无完整的文献可供参考，因此干涉型光谱成像仪的星上定标工作开展具有一定的先创性。其他类型的光谱成像仪发展早，技术成熟，具有一定可供借鉴的经验。如美国 AVIRIS 实验室实验方法明确、定标步骤完整、实验结果详细，其方法和步骤已被后续色散型光谱成像仪实验室定标所采用；美国 MODIS 谱段范围宽，星上采用多种定标方法，包括太阳定标、黑体定标、灯定标等，被认为代表着当今星上定标源最高设计水平，具有较高的参考价值；美国 FTHSI 是第一台星载空间调制干涉光谱成像仪，与西安光机所研制的环境卫星高光谱成像仪原理相同，其定标相关文献甚少，但同样具有很高的借鉴价值。本节着重介绍几个典型的国外光谱成像仪星上定标结构和方法。

4.7.1　MODIS

美国的 MODIS 是国外在轨运行时间长、星上定标技术较完善、数据产品质量稳定的一种光谱成像仪，因此其数据产品应用较为广泛，且常被用于其他遥感器在轨交叉定标的参考数据。本节中将介绍 MODIS 的星上定标机构和定标方法。

一、MODIS 简介

MODIS 是美国 Terra 和 Aqua 极地轨道环境卫星搭载的一种重要的探测仪器，这两个卫星分别于 1999 年和 2002 年发射升空，现已在轨运行二十几年。MODIS 是 NASA 的 EOS 计划的重要探测仪器，能探测云、气溶胶、辐射收支平衡，同时还能通过能量、二氧化碳、水循环反映的地气相互作用，进行全球陆地、海洋和大气的综合探测，在可见光 - 红外的光谱范围内每两天将地球整个表面扫描一次。

MODIS 的工作谱段覆盖了从可见光、近红外到热红外（0.41 ～ 14.4μm）的光谱区间，共设置了 36 个光谱通道。空间分辨率有 3 种，250m、500m 和 1km，各谱段的空间分辨率不同。

谱段 band 1 ～ 19、26 的波长范围是 0.41 ～ 2.2μm，是反射太阳谱段（Reflective Solar Bands，RSB），在白天采集数据。谱段 band 20 ～ 25 和 27 ～ 36 是热辐射波段（thermal emissive bands，TEB），在白天和夜间连续测量。MODIS 的观测数据可以生产出约 40 种科学数据产品。

MODIS 由一个双面扫描镜旋转对地扫描，以穿轨扫描的方式、每次 10km 的宽度获取地物目标的光谱图像信息。目标的辐射光通过 MODIS 的扫描孔进入扫描腔及扫描镜。连续旋转的双面扫描镜将入射光反射至一个折叠镜，同时进入由两个离轴、共焦抛物面镜组成的望远镜。不同光谱波段的光通过 3 个分光镜和滤光片，分别由 4 个光路进入不同的焦平面组件（FPA），由不同的光电探测器阵列接收。这 4 个焦平面组件为：可见光组件、近红外组件、短波红外和中波红外组件、长波红外组件。后两个焦平面组件设有辐射制冷器，需制冷到约 85K。在 FPA 上分别安装有各波段的光电探测器和 A/D 变换器，它们将图像变为数字信号，然后通过格式化器和缓冲器将信号输出。

MODIS 的光学孔径是 18cm。由于扫描列宽的要求，扫描镜的设计尺寸较大，达到 57.8cm × 21.0cm × 5.0cm。

二、MODIS 星上定标机构和功能

MODIS 发射前经过了不同级别和环境下的定标和性能测试。在轨运行期间，MODIS 利用星上定标装置和多种定标方法对仪器进行定标和性能变化的监测，保证了数据产品的质量。

MODIS 携带的星上定标器 OBC（On-board Calibrators）共有 4 个部分：太阳漫射板 SD（solar diffuser）、太阳漫射板稳定性监测器 SDSM（solar diffuser stability monitor）、光谱辐射定标装置 SRCA（spectral-radiometer calibration assembly）、V 形槽黑体 BB（v-grooved blackbody）。图 4.35 所示为 MODIS 星上定标装置。

太阳漫射板和太阳漫射板稳定性监视器用于太阳反射谱段的定标，太阳漫射板稳定性监视器用于监视星上太阳漫射板 BRDF 的衰减。空间观察窗用于获得仪器的零输入响应

值，可以用于反射太阳谱段 RSB 和热辐射谱段 TER。光谱辐射定标装置用于所有 36 谱段的空间定标和反射太阳波段的光谱定标，同时也可以对太阳光反射波段的辐射温度进行有限的监测。黑体用于 3.5 ~ 14.4μm 热红外波段的校准基准。

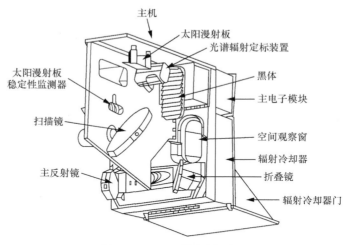

图4.35　MODIS星上定标装置

1. 扫描镜的工作过程

MODIS 的扫描镜以 20.3rad/min 的转速旋转工作，双面扫描镜的每一面接连观察一系列星上定标装置和对地球观测 1354 帧，横跨 55 列，周期为 1.477s。图 4.36 所示是 MODIS 双面扫描镜扫描工作模式。

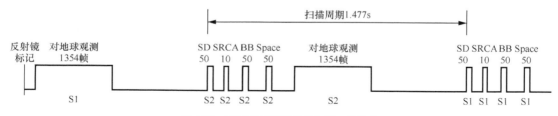

图4.36　MODIS双面扫描镜扫描工作模式

图 4.36 中，SD（太阳漫射板）、SRCA（光谱辐射定标装置）、BB（黑体）、Space（冷空间观察）为星上定标装置，上一行数字为观测的帧数，下一行为扫描镜的面 S1 或 S2。

图 4.37 所示为扫描镜依次扫描各定标装置，以及扫描冷空间观察窗、观测月亮和地球，将各个扫描辐射信息反射至主镜（无限远望远镜）的示意。

（1）扫描镜扫过太阳漫射板：当遥感器运行到北极点附近，处于昼夜分界线的白昼一侧时，太阳漫射板的屏蔽门打开，太阳光将在 2min 内完全照射太阳漫射板。被太阳漫射板散射的光照射到扫描镜上，入射角的范围是 49.6° ~ 50.9°。在此期间太阳漫射板稳定性监测器也同时工作。

（2）扫描镜扫过光谱辐射定标装置：光谱辐射定标装置的入射角范围是 38.1° ~ 38.4°。光谱辐射定标装置跟踪 MODIS 从发射前到在轨运行期间辐射定标的变化，同时标定太阳反射波段的响应的上下限，标定这些波段的中心波长，还需测试各探测组件在穿轨方向以及 36 个波段沿轨方向的空间偏移。

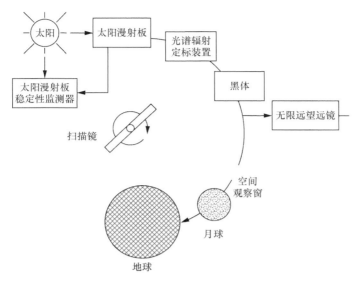

图 4.37　扫描镜扫描工作示意

（3）扫描镜扫过黑体：黑体的入射角范围是 26.6°～27.3°。扫描镜每次扫描都对黑体进行观察。在此期间可以进行热辐射波段的定标，黑体可以提供定标曲线的近似恒温的温度点。

（4）扫描镜扫过空间观察窗：空间观察窗的入射角是 10.9°～11.6°。扫描镜每一次扫描时都会通过空间观察窗进行深太空测量，提供 36 个谱段的定标曲线中的零信号参考点。

对于热辐射波段，它可以提供在用黑体进行线性校准时所需的第二个校准点，进而用于获取热辐射波段的增益和零点补偿。每年通过太空观测窗能捕捉到月亮 2～6 次，而且每次都是处于 2/3 满月状态，因此使用多年的月球观测数据可以对太阳光反射波段进行月亮定标。

（5）扫描镜扫过对地观测窗口：对地观测窗口的入射角范围是 10.5°～65.5°。对地观测的视场在正垂直于沿轨方向的扫描平面上，共包含 110° 范围。整个扫描周期的其余部分被用于格式化科学和电子数据、执行命令、进行直流恢复操作。

2. 太阳漫射板 SD 和太阳漫射板稳定性监测器

MODIS 的太阳反射波段在轨时由太阳漫射板定标，SDSM 太阳漫射板稳定性监视器也同时工作，监测太阳漫射板的双向反射率的变化。

太阳漫射板可以对 MODIS 进行全孔径、全系统定标，用于对可见光 - 近红外和短波红外波段（0.4μm、2.2μm）等太阳反射波段的校正。

（1）太阳漫射板 SD。

太阳漫射板是用太空级别的聚四氟乙烯材料制作的，该材料在可见光、近红外、中红外光谱区反射率较高，且具有很好的朗伯特性。图 4.38 所示为太阳漫射板的外观。

MODIS 的 Level 1B（L1B）对于反射太阳谱段的主要数据产品是大气顶层（Top of Atmosphere，TOA）地球场景的反射系数，这个反射系数是根据遥感器来自太

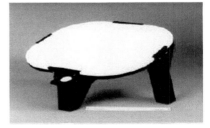

图 4.38　太阳漫射板的外观

阳漫射板对太阳漫射光的观测得到的。太阳漫射板的 BRF 提供了反射太阳波段定标参考。

在发射前使用可追溯到 NIST 的漫射基准的参考漫射板，对太阳漫射板的 BRF 进行了标定，获取了 6 个波长（0.4μm、0.5μm、0.6μm、0.7μm、0.9μm、1.7μm）和 9 个照射方向的测量值，再通过多项式插值得到整个太阳反射波段的 BRF。

太阳漫射板机构上设置了孔径门作为屏蔽门，在不定标时它是关闭的，防止太阳光持续照射漫射板。（但是在 2003 年 5 月，屏蔽门出现异常。自 2003 年 7 月以后，将屏蔽门设置为常开状态。）

在漫射板的孔径门处安装了一个透过率为 8.5% 的衰减屏，这是一个打了上百个小孔的薄金属板。在高增益的海洋水色波段定标时容易出现饱和，此时需要加入衰减屏。太阳反射波段定标需要在有和无衰减屏两种状态下对太阳漫射板进行观测。在进行无衰减屏定标时，打开屏蔽门后，移动衰减屏至打开位置进行定标，然后关闭衰减屏和屏蔽门。MODIS 在轨运行时，太阳漫射板衰减屏的透过率是太阳照射角度的函数，可以从太阳漫射板的一系列观测数据（包括有和无衰减屏的测试）中获得。

太阳反射波段的定标频率较高，第一年每周一次，以后是每两周一次。

（2）太阳漫射板稳定性监测器 SDSM。

在轨运行中，为了监测太阳漫射板被太阳长期照射后的衰变和双向反射因子的变化，MODIS 在定标装置中设计了太阳漫射板稳定性监测器。太阳漫射板稳定性监测器的核心部分是一个内径 5cm 的、用聚四氟乙烯材料制成的积分球。图 4.39 所示为太阳漫射板稳定性监测器的子系统。

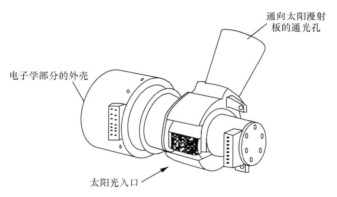

图4.39 太阳漫射板稳定性监测器的子系统

在积分球的内壁装有 9 个滤光片和对应波段的硅光电二极管，它们的光谱与 MODIS 的 0.41 ~ 0.94μm 的 9 个波段接近（中心波长的标称值最多相差 3nm）。太阳漫射板稳定性监测器有一个步进电机和电子系统，用于控制其运动和数据采集。太阳漫射板稳定性监测器工作时，交替观测太阳光、来自太阳漫射板的漫射太阳光和一个暗区。太阳漫射板稳定性监测器观测暗背景的信号用于修正硅光电二极管的暗信号漂移。图 4.40 所示为 MODIS 使用太阳漫射板和太阳漫射板稳定性监测器定标的示意，图中太阳漫射板的衰减屏（Solar Diffuser Screen，SDS）是可选择的。

太阳漫射板稳定性监测器观测太阳时，在通道上安装了一个固定的透过率为 1.44% 的衰减屏，这是为了使太阳漫射板稳定性监测器对观测太阳光和观测来自太阳漫射板的漫射太阳光的响应相匹配。

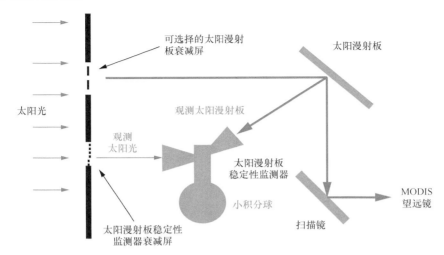

图4.40　MODIS使用太阳漫射板和太阳漫射板稳定性监测器定标的示意

　　太阳漫射板稳定性监测器可以通过对太阳的直接观测和对来自太阳漫射板的太阳漫射的观测的比值，得到太阳漫射板的光谱反射率BRF，并且可以通过太阳漫射板稳定性监测器的9个探测器观测值的时间序列，分析计算太阳漫射板在9个波长上响应值的衰变系数，用于确定MODIS太阳反射波段的定标系数。MODIS在反射率探测的绝对定标精度达到2%。

　　图4.41所示为从2000年2月到2006年5月根据太阳漫射板稳定性监测器监测的结果做出的太阳漫射板在反射太阳波段的8个波段（D1 ~ D8）的衰减结果。（D9波段的结果没有在趋势图中显示。）

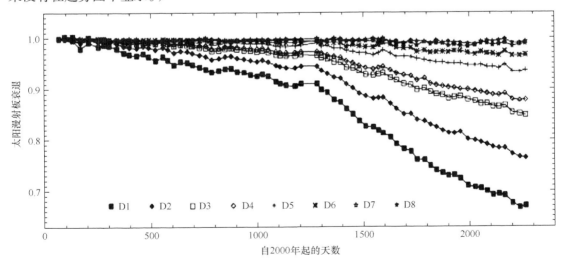

图4.41　太阳漫射板6年内在反射太阳波段的8个波段的衰减结果

　　经过6年以上的运行（2003年5月太阳漫射板的屏蔽门出现故障后，太阳漫射板处于常开状态，太阳光照射更多），太阳漫射板的BRF累积的衰减大约是：波段D1（0.41μm）的为32%，波段D2（0.47μm）的为23%，波段D3（0.53μm）的为15%，波段D4（0.55μm）

为 12%，波段 D5（0.65μm）的为 6%，波段 D6（0.75μm）的为 3%，波段 D7~D9（大于 0.86μm）的小于 1%。

3. 光谱辐射定标装置 SRCA

光谱辐射定标装置是用于监测在轨光谱、空间和辐射性能的复杂的组装体。这个装置包括一个光源组件、一个单色仪和一个准直镜。光源组件包括光源、排序中性密度滤光片和一个热源。光源是一个直径为 25.4mm 的积分球，内部装有 4 个 10W 和 2 个 1W 的灯（1 个 10W 的灯和 1 个 1W 的灯是备份灯）。光谱辐射定标装置的积分球光源可以以恒定辐射强度或恒定电流的模式运行，积分球光源的光谱可以覆盖 MODIS 全部光谱范围。图 4.42 所示为 MODIS 光谱辐射定标装置 SRCA 的光路和结构。

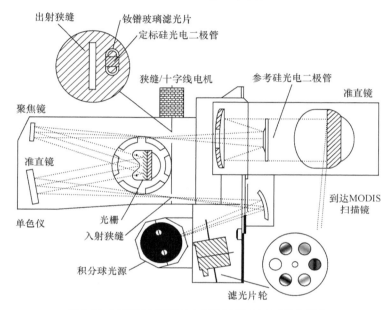

图 4.42　MODIS 光谱辐射定标装置 SRCA 的光路和结构

在积分球光源和准直镜之间有一个单色仪。这个单色仪有可互换的光栅和反射镜，几个入射、出射狭缝及标尺组件。单色仪的输出光通过准直镜传输到 MODIS 扫描镜，并且充满 MODIS 孔径的大约 1/4。

光谱辐射定标装置可以在 3 个模式下工作：空间、光谱和辐射度。空间模式跟踪沿扫描方向和沿轨方向，所有 36 个光谱段的空间位置数据。光谱模式测量反射太阳波段的中心波长和波段宽度的改变。辐射度模式监测反射太阳波段定标（响应）的稳定性。

在空间模式下，用反射镜替换光栅，同时运行积分球光源和热源，并将沿轨和穿轨的标尺交替放在光谱仪出口，对所有的波段测量沿轨和穿轨相对位置的数据。光谱辐射定标装置测得每一个探测器在扫描方向的相对位置和每一个波段在轨道方向上的质心位置。仪器在轨期间，光谱辐射定标装置监测每一个探测器在扫描方向位置的漂移和在轨道方向每一波段质心位置的漂移情况，根据在轨数据以及同发射前探测器的位置进行对比，计算出不配准量。空间模式的运行以双月测量为基础。

在光谱模式下，30W 和 10W 两个灯的辐射曲线用于光谱模式。30W 灯的辐射曲线用于短波光谱段，同时 10W 灯的辐射曲线用于其他谱段。星上积分球发出的光辐射经单色仪分光后进入准直镜，经准直扩束后进入 MODIS 完成星上光谱定标。单色仪的光栅在光谱检测时与排序滤光片一起使用，光谱辐射定标装置可通过运用光栅和排序滤光片，逐级输出可见、近红外和短波红外的带通光谱，实现对 MODIS 各波段的波长定标，以及对系统光谱响应和带宽的测量。光谱辐射定标装置的光谱仪具有光谱自定标功能，在出射狭缝旁边离轴放置一个硅光电二极管（SiPD），并在硅光电二极管前放置一片钕镨玻璃滤光片，利用滤光片的典型吸收峰和硅光电二极管输出信号的极小值，即可建立单色仪光栅转动编码器码值与输出波长之间的关系，从而完成光谱自定标。同时，在准直镜中心附近内置一个参考硅光电二极管，它提供了从光谱辐射定标装置测量的相对光谱响应（Relative Spectral Responses，RSR）中消除光源光谱的信息，可以消除定标光源对相对光谱响应测量的影响。图 4.43 所示为光谱辐射定标装置测得的 MODIS 第 3 光谱通道的相对光谱响应曲线。

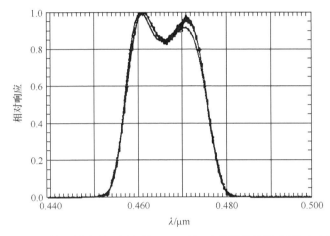

图4.43　光谱辐射定标装置测得的MODIS第3光谱通道的相对光谱响应曲线

MODIS 在轨时的白天，来自地球观察入口的弥散光可以严重影响利用波长定标光谱辐射定标装置参考硅光电二极管的响应，因此在轨光谱辐射定标装置的光谱测量在晚间进行。光谱测量一年四季都可操作。

因硅光电二极管的光谱响应截止在 $1.05\mu m$ 波长，因此 SWIR 波段（第 5、6、7、26 光谱通道）没有在轨光谱测量。

由于采用了单色仪作为星上光谱定标装置，MODIS 达到了很高的光谱定标精度，在小于 $1\mu m$ 的光谱波段，其光谱定标精度为 1nm。例如总结 MODIS 2006 年光谱辐射定标装置在光谱模式下的活动和它 4 年在轨的光谱测量情况，结果显示反射太阳波段中心波长和波段宽度的变化是非常小的，中心波长变化小于 0.5nm，波段宽度变化小于 1nm。

在每月采用一次辐射度模式的基础上，主要跟踪反射太阳波段探测器的辐射度的稳定性。将光栅换成反射镜，入射和出射的孔径完全打开，则积分球可以作为一个多级辐射源监测 MODIS 的可见光、近红外和短波红外波段的辐射响应。3 个 10W 和 1 个 1W 灯的组合可以提供 4 种不同的亮度级，即 3 个 10W、2 个 10W、1 个 10W 和 1 个 1W。在 1 个 10W 及 1W 时，通过插入一个透过率为 0.25 的中性密度滤光片，又可提供 2 个亮度级。为了减少光源不稳定性对测试的影响，光谱辐射定标装置的光源运行在辐射恒定的状态下，用一个硅光电二极管对光谱辐射定标装置电源进行反馈，对它的输出进行控制。

4. 黑体

MODIS 是美国 Terra 和 Aqua 卫星上的遥感器，该遥感器有 16 个覆盖中波和长波的成像谱段。对于中波红外和长波红外波段（band 20 ~ 36，3.6 ~ 14.4μm）工作谱段，星上定标装置的黑体将会提供具有 1% 绝对精度的全口径、全系统的辐射定标。

MODIS 上的黑体是刻有 40.5° 的 V 形槽的铝板，其表面经过抛光、阳极氧化、再抛光处理，发射率可达到 0.997，这个黑体在地面已经过发射率大于 0.999 的黑体定标系统标定。12 个被包裹在玻璃内的电热调节器被安置在黑体上，来监控黑体温度。电热调节器被精确标定，它所带来的不确定度约为 0.013K，可以溯源至 NIST 标准。黑体具有良好的温度均匀性，其波动应在 0.03 ~ 0.08K 的范围内。黑体从 270K 加热到 315K 的时间为 130min。相应的冷却时间为 180min。图 4.44 所示为黑体到扫描镜的辐射示意。图 4.45 所示为 MODIS 的星上定标黑体外形。

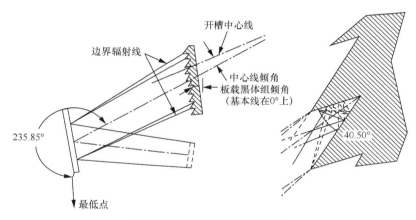

图 4.44　黑体到扫描镜的辐射示意

探测器温度可由式（4.3）获得：

$$T = \frac{1}{a_0 + a_1 \cdot \ln(Rt) + a_2 \cdot \ln(Rt)^2 + a_3 \cdot \ln(Rt)^3} \tag{4.3}$$

式中，Rt——电热调节器电阻；a_0、a_1、a_2、a_3——电热调节器系数。

定标时对 12 个温度探测器进行平均，就可以获得黑体温度，并且黑体的辐射覆盖了整个仪器的入射口径，可以方便地对仪器进行定标。

通常，黑体在 MODIS 的周围温度上浮动，但是这个温度可以通过 12 个平均间隔、精密的电热调节器测量和控制，高点达到 315K。

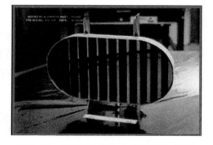

图 4.45　MODIS 的星上定标黑体外形

对于黑体，扫描镜观测空间的每个扫描线，因此每 1.477s 可能完成 2 点 16 个热波段的辐射度定标。相对低温黑体选用了冷空间。探测元每完成一次线扫描，都要先后对高温黑体和低温冷空间成像，以获取两个定标温度点的响应，也可以在冷却过程中，在温度不变化期间适当地选择多点辐射定标。

三、MODIS 的星上定标内容和方法

MODIS 仪器基本定标处理的结果是得到大气顶层辐射和反射率标定的斜率和截距。MODIS 定标数据产品包括下面 4 项。

（1）对于太阳反射波段：辐射率、余弦反射率、有效计数值 DN。

（2）对于发射波段：辐射率。

（3）反射波段中心波长相对发射前定标的漂移。

（4）沿扫描线方向像元的相对位移和沿轨道方向波段的位移。

（1）、（2）项内容是基本的定标产品，在 MODIS 的定标算法中占有相当份量。在定标处理方面，MODIS 内部定标设备能够将发射前实验室定标转换为在轨定标，检测光谱漂移和监测探测器位置在发射前后及在轨运行期间的变化。

1. 太阳反射波段的定标

对于太阳反射波段，MODIS 的 L1B 主要数据是大气顶层（TOA）的反射因子 $\rho_{EV}\cos(\vartheta_{EV})$，它是使用线性方程计算的，如式（4.4）所示：

$$\rho_{EV}\cos(\vartheta_{EV}) = m_1 \cdot DN^*_{EV} \cdot d^2_{ES}(EV) \tag{4.4}$$

式中，ϑ_{EV}——各地面观测（Earth View，EV）像元对应的太阳天顶角；m_1——与遥感器系统增益相关的定标系数；DN^*_{EV}——经过背景噪声、温度、观测角修正后的地面观测的辐射响应 DN 值；$d_{ES}(EV)$——遥感器进行此点测试时的地日距离，单位为太空单位（AU）。

MODIS 反射太阳波段的星上定标是通过观测太阳漫射板（SD）获得反射率的，即：

$$\rho_{SD}\cos(\vartheta_{SD}) = m_1 \cdot DN^*_{SD} \cdot d^2_{ES}(SD) \tag{4.5}$$

式中，ϑ_{SD}——在轨观测太阳漫射板时的太阳天顶角；ρ_{SD}——发射前定标时测定的太阳漫射板的反射率；DN^*_{SD}——经过背景噪声、温度、观测角修正后的观测太阳漫射板的辐射响应 DN 值；$d_{ES}(SD)$——遥感器进行太阳漫射板观测时的地日距离，单位为太空单位（AU）。

由式（4.6）可以确定定标系数 m_1。由于长期日照会使太阳漫射板的反射率衰减，设衰减因子为 Δ_{SD}。使用太阳漫射板定标时，如果加入了透过率 1.44% 的衰减屏（SDS），定标系数还需要一个衰减系数 Γ_{SDS}，不加入衰减屏时 $\Gamma_{SDS}=1$，则有：

$$m_1 = \frac{\rho_{SD}\cos(\vartheta_{SD})}{DN^*_{SD} \cdot d^2_{ES}(SD)} \cdot \Delta_{SD} \cdot \Gamma_{SDS} \tag{4.6}$$

MODIS 太阳漫射板定标系数 m_1 是波段、探测元、扫描镜面的函数，每次太阳漫射板定标后将产生 1340 个 m_1 定标系数，并建立相应的 L1B 查找表，遥感器的数据需据此定期进行更新。

MODIS 的 L1B 还同时生产了辐亮度产品，辐亮度通过式（4.7）计算：

$$L_{EV} = \frac{E_{sun}\rho_{EV}\cos(\vartheta_{EV})}{\pi} \tag{4.7}$$

式中，E_{sun}——经各波段的光谱响应函数加权计算出的太阳辐照度。

结果表明，MODIS 在反射率探测的绝对定标精度达到 2%。

MODIS 还定期调整观测模态，使仪器处于几乎同样的月球相位角上对月球进行观测，

用于对 MODIS 太阳反射波段辐射度定标的稳定性监测。图 4.46 所示为来自月球观测的 Terra MODIS 的太阳反射波段在可见光谱范围的长期响应趋势曲线。

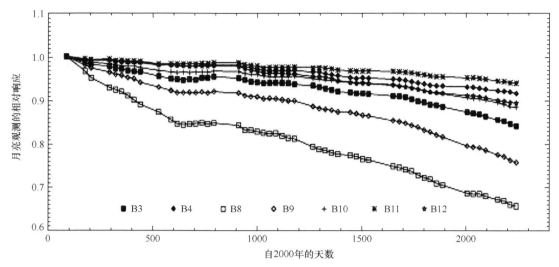

图 4.46　来自月球观测的 Terra MODIS 的太阳反射波段在可见光谱范围的长期响应趋势曲线

2. 热辐射波段的定标

热辐射波段的定标是基于扫描镜的扫描，通过星上黑体，使用二次运算方法实现的。

TOA 的辐射度 L_{EV} 是 MODIS 的热辐射波段的重要数据产品，它是在 L1B 中使用二次运算方法计算的，如式（4.8）所示：

$$A_{\text{RVS,EV}} \cdot L_{\text{EV}} + (A_{\text{RVS,SV}} - A_{\text{RVS,EV}}) \cdot L_{\text{SM}} = a_0 + b_1 \cdot \text{DN}_{\text{EV}} + a_2 \cdot \text{DN}_{\text{EV}}^2 \qquad (4.8)$$

式中，RVS（Response Versus Scan Angle）——响应对应的扫描角；SV（Space View）——空间观察窗；SM（Scan Mirror）——扫描镜。DN_{EV} 是减掉仪器背景的探测器的地球观测（EV）响应值；补偿值 a_0 和非线性值 a_2 是周期性的，使用在轨黑体加热和冷却周期；线性系数 b_1 是每次扫描时根据传感器对黑体的响应确定的。L_{SM} 值是扫描镜散发的光，它不能完全从背景中减去，因为事实上，EV 和 SV 是处在不同的入射角（Angle of Incidence，AOI）时的观测，具有不同的 RVS。扫描镜散发的光是在每个热辐射波段探测器相对光谱响应上用普朗克方程计算出的。

扫描镜的温度由遥感传输数据确定。线性系数 b_1 是在每次扫描用式（4.9）计算的：

$$A_{\text{RVS,BB}} \cdot \varepsilon_{\text{BB}} \cdot L_{\text{BB}} + (A_{\text{RVS,SV}} - A_{\text{RVS,BB}}) \cdot L_{\text{SM}} + A_{\text{RVS,BB}} \cdot (1 - \varepsilon_{\text{BB}}) \cdot \varepsilon_{\text{CAV}} \cdot L_{\text{CAV}} = $$
$$a_0 + b_1 \cdot \text{DN}_{\text{BB}} + a_2 \cdot \text{DN}_{\text{BB}}^2 \qquad (4.9)$$

式（4.10）与式（4.9）几乎相同。附加值 L_{CAV} 表示反射来自在轨定标黑体的扫描腔（Cavity，CAV）热辐射。如果黑体是完全辐射体，那么腔的贡献就不存在了。黑体定标是在几个辐射度水平下进行的。黑体周期提供在温度（或辐射度）从 270K 到 315K 期间的热辐射波段的响应，因此在二次方程运算中可以做补偿和非线性值的更新。

MODIS 在轨运行期间进行星上定标和性能的测试，产生相关的数据产品，包括太阳漫射板衰减、镜面响应差别、反射太阳波段的响应对应扫描角变化、热辐射波段探测器的短期和长期的稳定性、光谱定标的中心波长和波段宽度变化等。这些数据编制成表格，供数据处理中及时更新和修正，保证 MODIS 运行中的定标精度和数据质量。

MODIS 对定标精度的要求：对于反射太阳波段典型场景辐射度反射率因子是 ±2%，对于反射太阳波段辐射度产品是 ±5%。对于热辐射波段辐射度产品要求是 ±1%，除了波段 20 是 ±0.75%、波段 21（一个火探测器低增益段）是 ±10%，波段 31、32（海洋表面温度）是 ±0.5%。

四、星上定标结果

MODIS 的设计寿命是 6 年，但它们至今还在轨运行，并不断地输出其数据产品，其生产者和地面应用系统也始终对这些数据进行着跟踪和研究。

A. Wu 在 2015 年的文章中介绍了基于 2002 ～ 2015 年这 14 年期间 MODIS 和 AVHRR 同步对地观测的比较。这个研究采用 3 种方法检验 Terra and Aqua MODIS bands 1 and 2 in Collection 6 L1B 的定标稳定性和一致性。这 3 种方法是：在假定不变的沙漠场地上检验；在冷、明亮的南极冰盖上检验；同步对地观测。结果显示 2 个仪器的 2 个波段的稳定性在 1% ~ 2% 以内。

Rajendra Bhatt 在 2016 年的文章中介绍了响应对应扫描角新的校正方法的研究，利用对沙漠和热带强对流云层目标的观测，得到响应对应扫描角校正因子。

MODIS 在轨定标和性能检测对今后遥感器的设计、发展和检测提供了非常有益的信息。

4.7.2 TRUTHS

TRUTHS 项目于 2002 年向欧洲航天局提交，主张在轨建立可溯源到国际单位制的高精度定标基准，将地面可溯源至国际单位制的传递链扩展到空间应用，使其担当"空间计量实验室"的角色。2015 年 Paul D. 等人对此项任务进行了更深入的研究。

TRUTHS 的主要目标是以高精度观测 10 年的气候变化，且具有改善其他遥感仪器性能的能力，通过交叉定标使它们采集到更好的气候数据。

TRUTHS 系统包括光谱定标单色仪、低温辐射计、太阳光谱辐射监测仪、偏振传递辐射计和地球成像仪等。在轨定标系统包括光谱定标单色仪、低温辐射计和偏振传递辐射计，低温辐射计作为主基准，是定标系统的核心。

光谱定标单色仪采用了 3 个双光栅单色仪，为 TRUTHS 提供单色光源，如图 4.47 所示。光谱定标单色仪分别对 3 个不同的光谱区进行了优化，并将光栅叠放在一起以采用一个公用传动轴。从每个光栅色散出来的光谱辐射被耦合到一束光纤内。通过排列布置光纤，使输入端为线型排列，输出端排列成多边形，光纤束出射端总外径为 650μm，核心只有 640μm。光纤束将光辐射束从矩形转变为圆形，从而可利用单透镜将其准直为近似平行的光束，最后形成一个直径为 3mm 的图像。只要保证光纤束的弯曲半径不发生明显的变化，光纤内沿光轴方向的透射能量就不会发生变化。光纤束末端输出的光辐射可以通过低温辐射计来测量，并用来校准其他仪器。

光谱定标单色仪采用太阳光作为光源，其预期的光谱输出与太阳直射相比明显偏小，因此低温辐射计中专门设计了具有较高响应度的腔体，确保测量单色仪的输出功率的不确定度小于 0.1%。

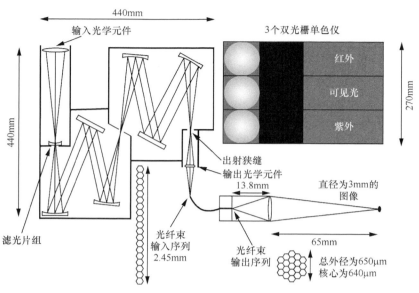

图4.47 光谱定标单色仪光路示意

采用太阳作为 TRUTHS 的光源，短期内的太阳辐射比较稳定，且太阳光的光谱分布与地物目标的光谱分布一致，使太阳成为较理想的定标光源。TRUTHS 的定标传递链的优势在于低温绝对辐射计的使用，杜绝了定标传递链从地面到空间的中断，保证了定标的一致性。TRUTHS 的数据精度和目前其他遥感仪器的数据精度比较，可提高一个数量级，如表 4.4 所示。

表 4.4 TRUTHS 的数据精度和目前其他遥感仪器数据精度比较

参数	光谱 /μm	光谱分辨率 /nm	TRUTH 精度 /% (zδ)	其他精度 /%
地球辐亮度	0.32 ~ 2.45	5 ~ 10	0.3	2 ~ 5
太阳总辐照度	0.2 ~ 35		0.02	0.2
太阳光谱辐照度	0.2 ~ 2.5	0.5 ~ 10	0.2	2

4.7.3 MERIS

2002 年 2 月欧洲航天局发射的 Envisat-1 搭载了 MERIS，该光谱仪在 390 ~ 1040nm 范围内有 15 个通道，波段位置和光谱宽度可根据地面控制系统的指令进行编程设计，调整的最小步距是 1.25nm。它的空间分辨率分 300m 和 1km 两种模式。MERIS 是以推扫式成像的，它使用的面阵 CCD 有 740 × 520（空间维个数 × 光谱维个数）个像元。

图 4.48 所示为 MERIS 总体光路，图中的光谱仪是 5 个相同结构的相机，布局如图 4.49 所示。

图 4.49 中定标光源将由选择盘装置调节输出的光进入地球观察窗。

图 4.50 所示为 MERIS 星载定标机构（Calibration Mechanism）选择盘。

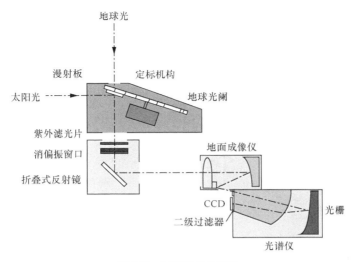

图 4.48　MERIS 总体光路

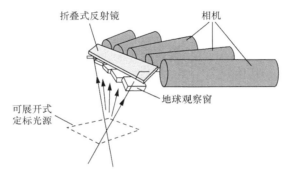

图 4.49　光学单元的布局

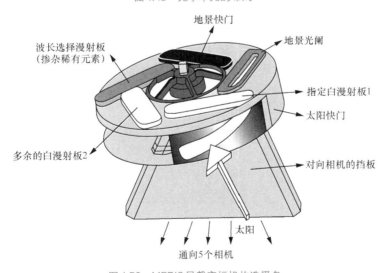

图 4.50　MERIS 星载定标机构选择盘

　　如图 4.50 所示，MERIS 采用固定在选择盘上的漫射板组实现辐射定标和光谱定标。选择轮由步进电机驱动，可选择 5 个位置分别进行对地观测、辐射定标、暗电流定标、漫射板衰减特性监测和光谱定标。选择盘上共有 3 个漫射板、一个光阑和一个快门，其中漫射板 1、漫射板 2 和快门联合完成辐射定标。在卫星飞过南极且太阳在垂直于天底方向照射遥感器时进行辐射定标。此时由太阳光照射的漫射板插入 MERIS 的视场，采用太阳光作为定标参考标准，漫射板提供整个光谱范围和视场内的反射比的标准。指定的漫射板 1 使用频繁，在 MERIS 的寿命期内，用于定标的漫射板暴露于太阳光的时间累计约 1h。漫射板 2 则较少使用，衰减很小，用于监测漫射板 1 在轨期间反射特性的改变。当选择盘调至快门时，地物辐射和太阳光均被挡掉，用于定标 MERIS 的暗电流输出。MERIS 采用掺杂铒、钬、镝等稀土元素的氧化物的漫射板作为星上光谱定标装置，即图 4.50 中的波长选择漫射板，将这些氧化物的特征反射光谱作为光谱定标参考标准。MERIS 还能实施两种光谱定标方法：第 11 波段专门用于 O_2 的测量，O_2 吸收峰在 760nm ；太阳观察时利用其夫琅和费线进行光谱定标，这些谱线大约在 393nm、485nm、588nm、655nm、855nm、867nm 处。

这种星上定标方法可以实现全孔径、与观测模式光路相同的定标。

定标结果：2013 年 Delwart S. 总结了 MERIS 在轨运行 10 年辐射和光谱定标的状况。漫射板 1 使用频繁，其 10 年内在 412nm 的反射率衰减小于 2%。已获得的数据分析显示，MERIS 光谱稳定性优于 0.05nm。

4.7.4　Hyperion

美国的 Hyperion 是搭载在 EO-1 卫星上的一个高光谱成像仪，于 2000 年 11 月 21 日随卫星发射升空。Hyperion 刈幅宽度是 7.7km，空间分辨率是 30m。Hyperion 是光栅色散型光谱仪，在前置光学系统后由分光镜分成两路，反射光路是可见光（400～1000nm）系统，透视光路是短波红外（900～2500nm）系统，两路光分别通过光栅进入焦平面装置。Hyperion 共有 220 个谱段，光谱分辨率为 10nm。图 4.51 所示为 Hyperion 光谱成像仪外观。

图4.51　Hyperion光谱成像仪外观

图 4.52 为 Hyperion 的成像模式示意。

图 4.52 显示了 Hyperion 的几种成像模式。左侧为仪器外形，指出太阳定标隔板（Solar Calibration Baffle）和望远镜的光阑盖板（Aperture Cover）的位置。右侧为成像模式示意。在望远镜的光阑盖板的背面（朝向仪器内部）涂有硅树脂涂层。

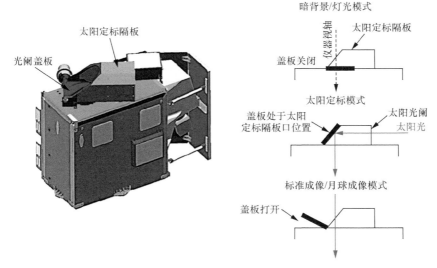

图 4.52 Hyperion 的成像模式示意

暗背景 / 灯光模式：暗电流测试和定标灯测试状态，此时光阑盖板盖住光阑口，处于关闭位置，定标灯不点亮时测试暗电流，灯点亮时进行辐射定标。

太阳定标模式：太阳定标状态，此时光阑盖板盖在太阳定标隔板口的位置，太阳光照射到盖板背面的涂层上，再漫射进入望远镜，太阳光的入射角是 53°。

标准成像 / 月球成像模式：正常成像和月亮成像状态，此时光阑盖板处于打开位置，地物目标反射光或月亮反射光进入望远镜成像。

卫星发射前，Hyperion 在地面进行了全系统的辐射定标，辐射定标使用了两种辐射基准。初级基准是可溯源于 NIST 的 1000W 石英卤素灯，通过 Spectralon 板提供标准辐射值。次级基准是具有高量子效率的陷阱探测器，是由热释电辐射探测器传递标准辐射值的。在 Hyperion 地面定标中，使用 ASD 光谱辐射计作为传递标准辐射值的传递辐射计。

Hyperion 的星上辐射定标的内部定标光源，使用 4 个石英卤素灯（1.06A，4.25 V），照明处于关闭状态时的望远镜盖。盖子涂层为 IIT 研究所研制的 S13GP/LO-1 硅树脂，是白色漫射热控涂层。定标灯需成对使用，每对分为一主一副。每组需要 2 个灯，以使照明达到适当的辐射量级。这种灯在地面经过了寿命实验。以灯为基础的定标在太阳定标之后、盖板处于关闭状态时进行，之后就进行暗电流测试。在卫星发射后的最初 3 年，灯定标频率较高。2009 年的数据显示，仪器运行 8 年后，灯的辐射强度有些下降。

Hyperion 在轨观察太阳，可以测量太阳的光谱辐射。太阳照射到 Hyperion 望远镜盖背面的入射角是 53°，Hyperion 在此时采集太阳定标数据。但 Hyperion 的视场角只有 0.43°。为了确保指向正确，航天器要进行姿态调整，使太阳光的入射角在法线周围 6° 范围内变化，并导出由太阳挡板引起的太阳辐射的渐晕。2000 年 12 月 12 日，Hyperion 第一次通过可见光 - 近红外和短波红外焦平面采集了太阳数据。太阳定标每周进行一次。此外，Hyperion 接收穿过大气层的太阳光，利用大气层中气体的吸收峰来进行光谱定标的验证。基于太阳穿过大气采集数据的光谱信号、仪器盖板的反射光谱，与标准的大气光谱的对比分析，验证在轨光谱与发射前光谱定标结果的变化，进行光谱定标。

Hyperion 在轨光谱定标：图 4.53 为 Hyperion 以太阳为基础的定标采集模式和太阳定

标采集的光谱曲线。

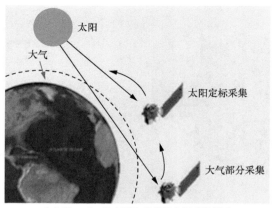

（a）Hyperion以太阳为基础的定标采集模式

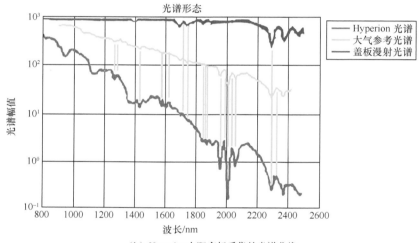

（b）Hyperion太阳定标采集的光谱曲线

图 4.53　Hyperion太阳定标

图 4.53（a）显示了 Hyperion 以太阳为基础的定标采集模式。当航天器飞过大气层外并直接被太阳照射时，进行太阳定标采集。当航天器飞在被穿过大气层的太阳照射的区域时，进行大气部分采集，可以利用大气吸收线进行光谱定标，并跟踪光谱定标的稳定性。

图 4.53（b）为 Hyperion 太阳定标采集的光谱曲线，纵坐标表示光谱幅值，横坐标表示波长。红色曲线为 Hyperion 采集的大气光谱，黄色曲线为大气参考光谱，蓝色曲线为盖板漫射光谱。

月亮定标：每月一次的观察值是在一个经过全月的、确定的相位角采集的，同 SeaWiFS 和 ASTER 一致。Hyperion 的月亮定标模式同仪器的对地观测光路一致，是全系统定标。

月亮的辐射稳定，月球表面平静，使月亮反射光谱成为超高光谱和多波段可见、红外成像仪基于卫星定标的满意对象。使用月亮进行仪器稳定性能的长期监测可以显示仪器的衰减。

2014 年 Xi Shao 总结 Hyperion 在轨运行多年后，通过月亮定标观测值分析仪器稳定性的结果：从 2004 年到 2010 年 Hyperion 可见波段（$0.5\mu m<\lambda<0.9\mu m$）的衰减是 $(4.25\pm0.36)\%$，短波红外波段（$\lambda>0.9\mu m$）是 $(5.24\pm1.39)\%$。2010 年 Hyperion 观察值的变化系数：可见波段是 $(0.96\pm0.06)\%$，短波红外波段是 $(1.11\pm0.34)\%$。

4.7.5　MISR

JPL 在其 1999 年底开始运行的 MISR 上采用了新型星上定标方案，共安装了 4 只辐亮度标准探测器，分别提供 4 个波段的绝对辐亮度标准。其 3 年间的不确定度约为 3%，是目前所有在轨星载遥感器中绝对精度最高的。

MISR 仪器是推扫成像的，仪器由 9 个独立的相机组成，从最低点到末端有 70.5° 的观察角：4 个前视相机（A_f、B_f、C_f、D_f）、4 个后视相机（A_a、B_a、C_a、D_a）和一个天底相机（A_n）。每个相机有 4 个光谱波段，有 4 个线阵 CCD，对应的测量光谱段分别为 446nm、558nm、672nm 和 866nm。每个线阵 CCD 有 1504 个元素。每个相机都有特定的地球视场角，每个相机有一个独特的镜头、相机头电子电路和 A/D 转换控制。

MISR 仪器使用星载定标器（on-board calibrator，OBC），提供每两月一次的仪器增益系数的更新。OBC 由 2 个 Spectralon 材料的漫射板、高量子效率（High Quantum Efficiency，HQE）光电二极管、抗辐射 PIN 光电二极管和一个测角器组成。图 4.54 为 MISR 仪器和星上定标器示意。

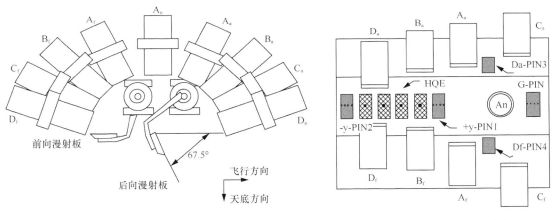

（a）漫射板的位置　　　　　　　　　　（b）各组件在MISR上的定位

图4.54　MISR仪器和星上定标器的示意

图 4.54（a）中右边漫射板展开了 67.5°，左边漫射板处于收藏位置。航天器飞行方向是朝右边，以天底方向向下）。图 4.54（b）说明 4 个 HQE 光电二极管包、5 个 PIN 光电二极管包和 9 个相机在 MISR 光学装置上的定位。

在星上定标器中使用 Spectralon 材料的漫射板，为 9 个相机的观察提供一个均匀的目标，进行波段间、相机间的相对定标。定标时两个漫射板的工作模式：在北极上空，前置漫射板向后扫动，使太阳光经它漫射后进入后视相机和天底相机。在南极上空，后置漫射板向前扫动，用于前视相机和天底相机定标。天底相机在两套观测系统间起连接作用。

由于担心 NIR 的 HQE 光电二极管的长期稳定性，在 MISR 星上定标器的设计中更多地装入了 PIN 光电二极管探测器标准。5 个 PIN 光电二极管包：2 个装在最低点，在 MISR D 相机的前方和尾部各安装一个，还有一个安装在测角器上。PIN 光电二极管包由 4 个二极管组成，每个配备的滤光片与 MISR 的一个光谱段相匹配。

HQE 光电二极管包内部有 3 个光电二极管串联，组成光陷阱构造的探测器。单个谱段的光谱滤光片被黏合在密封包装的窗口。每个 HQE 二极管包装的滤光片，对应 MISR 的单个光谱段。选用 HQE 光电二极管是为了提供板辐射度绝对测量的探测器标准。在发射前的实验室定标中，使用与星载 HQE 陷阱探测器相同视场、孔径、滤光片的陷阱探测器传递辐射基准。

测角器是一个机械装置，用于检测与角度成函数关系的漫射板的辐射。板的反射率是沿轨方向角度的函数，角度计是包括在对板反射率的监测器内的。测角器保持在一个与航天器飞行方向平行的平面内。

MISR 的星上定标提供了 9 个相机的平场定标，对漫射板和星上定标器光电二极管的稳定性进行了监测，并定期观测相机响应度变化，得到相应的校正数据。

总结 MISR 的星上定标不确定度：绝对定标不确定度为 3.9%，相机间和谱段间相对定标不确定度均为 1.2%，像元间相对定标不确定度为 0.5%。

4.8　光谱成像仪星上定标技术发展趋势

遥感技术的快速发展对遥感数据定量化应用也提出了更高的要求，卫星系统将加快定量化系统的建设和发展。直接、有效获取定量数据的星上定标技术也更加受到卫星系统的重视，必将推动卫星有效载荷加强星上定标技术的发展和建设。

星上定标技术更加全面。在定标方式上，朝着全系统、全孔径、全视场目标发展；在定标功能上，追求全面实现相对辐射定标、绝对辐射定标、光谱定标和仪器衰减变化的监测。

标准传递的精度不断提高。标准源、标准探测器技术不断提高，传递链缩短，星上定标精度不断提高。如星上定标采用辐亮度陷阱探测器做辐射定标传递标准，可以使辐射定标精度降至 1%。目前，还有将高精度低温辐射计加入星上定标系统中的设想和初步实验。

辐射源多种方法结合。辐射源：除星上内置光源外，更多的遥感器发展使用太阳光源、月亮反射光源定标。光谱源：除现在采用的反射、透射吸收峰介质、大气吸收峰、单色仪外，今后将有更多的新光源，如可靠的激光、光电二极管等。

星上定标装置在轨工作的寿命更长，这也是有效载荷的发展趋势。因此对星上定标技术中各工作机构、元件的可靠性要求更高。

目前我国的遥感载荷的星上定标技术与国际上的先进载荷的星上定标技术还有较大差距，星上定标功能和机构较少，影响了载荷数据的定量化应用。为了更好地适应遥感技术和应用的发展，卫星系统和载荷总体的设计和规划就需更加重视星上定标的建设，追踪辐射测试技术和相关技术领域的新成果，加强星上定标中关键技术的攻关，使星上定标技术更好地适应遥感定量化发展的需要，在提高遥感数据定量化应用水平的工作中发挥更大的作用。

4.9　参考文献

白云鹏. 星载多光谱遥感器太阳定标技术研究 [J]. 航天返回与遥感, 1996, 17(4): 14-21.

查鹏. 空间相机星上辐射定标技术的研究 [J]. 红外, 2006, 27(3):32-38.

陈福春, 陈桂林, 王淦泉. 卫星遥感仪器的可见光星上定标 [J]. 海洋科学进展, 2004, 22(增刊 1): 34-38.

陈福春, 陈桂林. FY-2C 发射前后可见光星上定标的比较 [J]. 量子电子学报, 2007, 24(6): 709-713.

陈福春, 陈桂林. 用于地球同步轨道遥感仪器星上定标的漫射板特性分析 [J]. 科学技术与工程, 2008, 8(2):371-375.

陈海龙. 星上定标技术概述 [J]. 红外, 2003(6): 9-14.

崔燕. 光谱成像仪定标技术研究 [D]. 西安: 中国科学院西安光学精密机械研究所, 2009.

高静, 计忠瑛, 王忠厚, 等. 空间调制干涉光谱成像仪的星上定标系统 [J]. 光子学报, 2010, 39(5): 902-906.

高静, 计忠瑛, 王忠厚, 等. 空间调制干涉光谱成像仪的星上定标系统稳定性研究 [J]. 光谱学与光谱分析, 2010, 30(4):1013-1017.

顾名澧. 星载多光谱遥感器太阳定标技术的进展 [J]. 中国空间科学技术, 2002(2): 35-43.

顾行发, 田国良, 余涛, 等. 航天光学遥感器辐射定标原理与方法 [M]. 北京: 科学出版社, 2013.

郭强, 陈博洋, 张勇, 等. 风云二号卫星在轨辐射定标技术进展 [J]. 气象科技进展, 2013, 3(6): 6-12.

韩启金, 闵祥军, 傅俏燕, 等. HJ-1B 卫星红外多光谱相机星上定标精度分析 [J]. 航天返回与遥感, 2010, 31(3): 41-47.

胡秀清, 孙凌, 刘京晶, 等. 风云三号 A 星中分辨率光谱成像仪反射太阳波段辐射定标 [J]. 气象科技进展, 2013, 3(4): 71-83.

黄旻, 相里斌, 袁艳, 等. 干涉型超光谱成像仪星上定标方法研究 [J]. 遥感技术与应用, 2004, 19(3): 214-216.

计忠瑛, 相里斌, 王忠厚, 等. 干涉型超光谱成像仪的星上定标技术研究 [J]. 遥感技术与应用, 2004, 19(4): 280-283.

李东景, 于平, 齐心达. 星上定标积分球系统的设计 [J]. 光电子技术, 2011, 31(1): 57-62.

李孟凡, 徐伟伟, 邹鹏, 等. 比值辐射计响应特性 [J]. 光学学报, 2016, 36(2): 1-7.

李晓晖, 颜昌翔. 成像光谱仪星上定标技术 [J]. 中国光学与应用光学, 2009, 2(4):309-315.

李照洲. 基于辐亮度标准探测器的高精度辐射定标方法与应用研究 [D]. 合肥: 中国科学院安徽光学精密机械研究所, 2005.

李照洲, 郑小兵, 唐伶俐, 等. 光学有效载荷高精度绝对辐射定标技术研究 [J]. 遥感学报, 2007, 11(4): 581-588.

李占峰, 王淑荣, 黄煜, 等. 紫外臭氧垂直探测仪高精度在轨光谱定标方法 [J]. 光学学报, 2013, 33(2):1-5.

刘志敏 . 航天遥感器中波红外通道星上辐射定标技术研究 [D]. 武汉 : 华中科技大学 , 2012.

马文坡 . 光学遥感器星上定标的新进展 [J]. 航天返回与遥感 , 1996, 17(3):28-31.

麦镇强 , 李凤有 , 任建伟 , 等 . 星上定标光源 LED 长期工作的稳定性 [J]. 发光学报 , 2007, 28(5):748-753.

钮新华 , 周巨广 , 陈帅帅 , 等 . FY-3/ 中分辨率光谱成像仪星上黑体的在轨太阳污染模拟与抑制 [J]. 光学精密工程 , 2015, 23(7):1822-1828.

庞伟伟 , 郑小兵 , 李健军 , 等 . 溯源于低温辐射计的高精度遥感器辐射定标技术 [J]. 大气与环境光学学报 , 2014, 9(2):138-148.

任建伟 , 李宪圣 , 刘洪兴 , 等 . 宽视场空间光学相机星上相对辐射定标系统 [J]. 光电工程 , 2014, 41(9):1-5, 11.

万志 , 李葆勇 , 刘则洵 , 等 . 测绘一号卫星相机的光谱和辐射定标 [J]. 光学精密工程 , 2015, 23(7):1867-1873.

王淑荣 , 李福田 , 宋克非 , 等 . FY-3A 气象卫星紫外臭氧垂直探测仪 [J]. 光学学报 , 2010, 29(9): 2590-2593.

王之江 . 光学技术手册 [M]. 北京 : 机械工业出版社 , 1987.

王忠厚 , 计忠瑛 . 轻型高灵敏度干涉成像光谱仪实验室绝对光谱定标与星上相对辐射度定标 [J]. 863 航天技术通讯 , 1999, 10: 55-61.

吴荣华 , 张鹏 , 杨忠东 , 等 . 基于月球反射的遥感器定标跟踪监测 [J]. 遥感学报 , 2016, 20(2): 278-289.

相里斌 , 计忠瑛 , 黄旻 , 等 . 空间调制干涉光谱成像仪定标技术研究 [J]. 光子学报 , 2004, 33(7): 850-853.

相里斌 , 王忠厚 , 刘学斌等 . 环境减灾 -1 A 卫星空间调制型干涉光谱成像仪技术 [J]. 航天器工程 , 2009, 18(6): 43-49.

相里斌 , 王忠厚 , 刘学斌 , 等 . 环境与灾害监测预报小卫星高光谱成像仪 [J]. 遥感技术与应用 , 2009, 24(3):257-262.

夏志伟 , 王凯 , 方伟 , 等 . 基于航天单色仪的在轨辐射定标应用与发展 [J]. 光学精密工程 , 2015, 23(7): 1180-1191.

徐家骅 . 计量工程光学 [M]. 北京 : 机械工业出版社 , 1981.

徐骏 , 杨本永 , 李平付 , 等 . 比辐射星上定标器结构设计及有限元分析 [J]. 机械设计与制造 , 2013(5):36-39.

杨本永 , 张黎明 , 沈政国 , 等 . 光学传感器星上定标漫射板的特性测量 [J]. 光学精密工程 , 2009, 17(8):1851-1858.

杨本永 , 张黎明 , 陈洪耀 , 等 . 可见 - 短波红外高光谱星上定标用积分球系统的设计 [J]. 光学学报 , 2009, 29(12): 3545-3550.

西安光学精密机械研究所 . 一种柱状卤钨灯灯座 : 中国 , ZL 2012 2 0558026.4[P]. 2013-06-05.

西安光学精密机械研究所 . 时空联合调制干涉成像光谱仪的星上光谱定标系统 : 中国 , ZL 2012 2 0437939.0 [P]. 2013-03-27.

A. Wu, X. Chen, A. Angal, et al. 2015. Assessment of the Collection 6 Terra and Aqua

MODIS bands 1 and 2 calibration performance. SPIE Vol. 9607, 96072B-1-10.

P. Barry, J. Shepanski, C. Segal. 2002. Hyperion on-orbit validation of spectral calibration using atmospheric lines and an on-board system. SPIE 4480: 231-235.

B. N. Wennya, X. Xiongb, S. Madhavanc. 2012. Evaluation of Terra and Aqua MODIS thermal emissive band calibration consistency. SPIE 8533: 853317-1-9.

Carina Olij, Jos Groote Schaarsberg, Henri Werij, et al. 1997. Spectralon diffuser calibration for MERIS. SPIE Vol. 3221:63-74.

Carol J. Bruegge, Valerie G. Duval, Nadine L. Chrien, et al. 1998. MISR prelaunch instrument calibration and characterization results. IEEE VOL. 36, NO. 4: 1186-1198.

S. Delwart, L. Bourg. 2013. MERIS calibration:10 years. SPIE Vol. 8866: 88660Y-1-16.

N. Fox, J. Aiken, J. J. Barnett, et al. 2003. Traceable radiometry underpinning terrestrial and helio studies (TRUTHS). SPIE Vol. 4881: 395-406.

G. Baudin, S. Matthews, R. Bessudo. 1996. Medium Resolution Imaging Spectrometer (MERIS) calibration sequence. SPIE 2819 :141-150.

P. Jarecke, K. Yokoyama, P. Barry, 2002. On-orbit solar radiometric calibration of the Hyperion instrument. SPIE, 2002 4480:225- 230.

J. L. Bézy, S. Deiwart, G. Gourmelon, et al. 1997. Medium Resolution Imaging Spectrometer (MERIS). SPIE Vol. 2957:31-41.

Mark Folkman, Jay Peariman, Lushalan Liao, et al. 2001. EO-1/Hyperion hyperspectral imager design, development, characterization, and calibration. SPIE Vol. 4151: 40-51.

G. Mmermann, A. Neumann, H. Simnich, et al. 1993. MOS/PRlROD--an Imaging VIS/NIR spectrometer for ocean remote sensing. SPIE 1937: 201 -206.

Nadine L. Chrien, Carol J. Bruegge, Robert R. Ando. 2002. Multi-angle Imaging SpectroRadiometer (MISR) on-board calibrator (OBC) in-flight performance studies. IEEE VOL. 40, NO. 7: 1493-1499.

Pamela Barry, John Shepanski, Carol Segal. 2002. Hyperion on-orbit validation of spectral calibration using atmospheric lines and an on-board system. SPIE Vol. 4480: 231-235.

Paul D. Green, Nigel P. Fox, Daniel Lobb, et al. 2015. The Traceable Radiometry Underpinning Terrestrial and Helio Studies (TRUTHS) mission. SPIE Vol. 9639: 96391C-1-10.

P. Jarecke, K. Yokoyama, P. Barry. 2001. On-orbit radiometric calibration the Hyperion instrument. IEEE, 0-7803-7031-1/01 (C).

Rajendra Bhatt, Amit Angal, David R. Doelling, et al. 2016. Response versus scan-angle corrections for MODIS reflective solar bands using deep convective clouds. SPIE 9881: 98811L-1-7.

H. Schwarzor, K. H. Summich. 2000. Potentials of combined in-orbit calibration methods demonstrated by the MOS-IRS mission. SPIE Vol. 4135: 324-330.

William L. Barnes, Thomas S. Pagano, Vincent V. Salomonson. 1998. Prelaunch characteristics of the Moderate Resolution Imaging Spectroradiometer (MODIS) on EOS-AM1.

IEEE VOL. 36, NO. 4: 1088-1100.

Williams Barnes, Xiaoxiong Xiong. Tony Salerno, et al. 2005. Operational activities and on-orbit performance of Terra MODIS on-board calibrators. SPIE 5882: 58820Q-1-12.

Xiaoxiong Xiong, Junqiang Sun, William Barnes, et al, 2007. Multiyear on-orbit calibration and performance of Terra MODIS reflective solar bands. IEEE VOL. 45, NO. 4: 879-889.

Xiaoxiong Xiong, William Barnes. 2006. An overview of MODIS radiometric calibration and characterization. Advances in Atmospheric Sciences, VOL. 23, NO. 1: 69-79.

X. Xiong, J. Sunb, G. Meisterc, et al. 2008. Characterization of MODIS VIS/NIR spectral band detector-to-detector differences. Proc. of SPIE Vol. 7081: 70810C-1-10.

X. Xiong, H. Erives, S. Xiong, et al. 2005. Performance of Terra MODIS solar diffuser and solar diffuser stability monitor. SPIE Vol. 5882: 58820S-1-10.

X. (Jack) Xiong, N. Cheb, Y. Xiec, et al. 2006. Four-years on-orbit spectral characterization results for Aqua MODIS reflective solar bands. SPIE Vol. 6361: 63610S-1-9.

Xiaoxiong Xiong, Kwo-Fu Chiang, Aisheng Wu, et al. 2008. Multiyear on-orbit calibration and performance of Terra MODIS thermal emissive bands. IEEE VOL. 46, NO. 6: 1790-1803.

Xiaoxiong (Jack) Xiong, Sriharsha Madhavan. 2010. Characterization of Terra MODIS blackbody uniformity and stability. SPIE Vol. 7807: 78071E-1-9.

Xi Shao, Changyong Cao, Sirish Uprety, et al. 2014. Comparing Hyperion lunar observation with model calculations in support of GOES-R Advanced Baseline Imager (ABI) calibration. SPIE Vol. 9218: 92181X -1-9.

Yong Xie, Xiaoxiong Xiong, John J Qu, et al. 2006. Uncertainty analysis of Terra MODIS on-orbit spectral characterization. SPIE Vol. 6296: 62961K-1-10.

第 **5** 章

遥感干涉高光谱成像仪辐射校正场定标

辐射校正场定标是遥感器在轨飞行中定标的主要方法。以地球表面大面积、均匀的地物做为辐射校正的场地，在遥感器飞越场地上空的同时对场地进行观测，实现辐射校正的辐射定标方法，称为辐射校正场定标。习惯上简称其为辐射场定标、场地定标，也可称其为替代定标。本章介绍国内外辐射定标场；遥感器场地定标的基本方法和测量设备；环境卫星高光谱成像仪的辐射场定标和真实性检验；高光谱成像仪图像条带噪声处理；光谱成像仪在飞行中的光谱定标和相对定标；场地自动化定标。

5.1 遥感干涉高光谱成像仪辐射校正场定标的目的和要求

一、在轨定标的必要性

在轨定标是遥感技术发展的需要。随着全球变化研究计划的制订和遥感应用日趋定量化，进一步改进卫星定量遥感精度的要求越来越迫切。定量遥感技术的发展、全球资源和环境变化的遥感监测以及多光谱、多时相和多种卫星传感器遥感数据的综合应用和定量分析技术的发展，越来越迫切地对卫星传感器的辐射定标提出了高精度的要求。

遥感器的衰变要求长期、及时的监测。星载遥感器的性能通常随着光学元件和电子元件的老化以及空间环境的变化而变化，每个遥感器都存在性能稳定性问题，只是在不同的设计和技术条件下，衰变的程度不同。例如陆地卫星 4-TM 在天上工作 600 天后，其 2、3 和 4 通道的增益变化分别为 6.6%、2.4% 和 12.9%。SMS-2 卫星上的 VISSR 在一年内增益下降 25%。

随着卫星遥感技术的发展，遥感器的设计寿命不断延长，遥感器性能的长期监测显得更加重要。

由于星载遥感器存在性能稳定问题，因此发射前的定标结果需要调整，而且地面定标设备不能完全模拟空间环境的情况，所以进行在轨飞行中定标是十分必要的。飞行中定标是星载遥感器在工作状态下的定标，其定标结果可以更真实地反映遥感器的工作可靠性。

二、辐射场定标的意义

星载遥感器在轨辐射定标方法有星上定标、交叉定标和替代定标（辐射场定标）。星上定标机构受遥感器结构、空间、重量等条件限制，不能满足定标性能全面测试的要求。同时随着时间的推移，星上定标系统自身的性能也不断下降，难以保证定标结果的正确性。

红外定标源采用的星上参考黑体一般只能实现 1K 的定标精度。可见 - 近红外定标源采用标准灯或引入太阳光，效果均不理想，难以实现高精度的辐射定标。交叉定标有一些条件要求，需有同目标、同步测量的高精度参考遥感器的相应数据，还需进行观测几何、光谱波段、动态范围匹配的数据处理等。

20 世纪 80 年代初，以美国亚利桑那大学光学科学中心 P. N. Slater 教授为代表的一批科学家，提出了利用地球表面大面积均匀稳定的地物目标，以实现在轨卫星遥感器的辐射校正的方法。辐射场定标是当卫星过境时，通过地面同步地表反射率和大气参数的测量，进行绝对辐射定标的方法。辐射场定标又可称为替代定标，是一种很有前途和行之有效的定标方法。目前用辐射场定标方法对可见光和近红外波段的定标精度可达 6%～3%。

利用大面积均匀稳定的辐射场测量数据，能够形成一个统一的标准，可以实现多星、多传感器、多时相数据的比对，便于开展更多的应用。

辐射场定标时，卫星遥感器处于遥感工作状态，可以实现全系统、全孔径、全视场定标。这个定标方法可以在卫星全寿命期间长期、定时进行辐射定标和真实性检验。

辐射场定标测量工作量大，耗费人力、物力较多。此外，这个定标方法的地面大气测量精度受气候稳定性的影响。场地面积与遥感器空间分辨率的匹配也会对应用造成一定的限制。

5.2　辐射场定标研究的国内外发展现状

美国 NASA 和亚利桑那大学在美国的新墨西哥州的白沙（WSMR）、加利福尼亚爱德华兹空军基地的干湖床和索诺拉沙漠（Sonora Desert）建立了辐射校正场，并已对多颗卫星进行了辐射校正工作。法国在其东南部的马塞市附近也建立了 La Crau 辐射校正场，并开展了工作。欧洲航天局在非洲撒哈拉沙漠、日本与澳大利亚在澳大利亚北部沙漠区都建立了地面辐射校正场。美国在夏威夷、日本在日本海也建立了海面辐射校正场。据美、法公布的资料，目前用辐射场定标的方法已成功地对 Landsat-4、Landsat-5 卫星的 TM，SPOT 卫星的 HRV，NOAA-9、NOAA-10、NOAA-11 卫星的 AVHRR，Nimbus-7 卫星的 CZCS 以及 GOES-7 卫星的 VISSR 进行辐射校正，在可见和近红外波段的校正精度可达 3%～5%。这表明辐射场定标方法是一种行之有效的方法，为国际遥感界公认，其正在被进一步研究用于高分辨率光谱成像仪和中分辨光谱成像仪的辐射校正。20 世纪 90 年代，辐射场定标校正已成为各种新型遥感卫星和遥感仪器实现质量控制的重要组成部分，并为此成立工作组，广泛开展国际合作，专门安排了定标和验证计划。为了加强国与国之间对地遥感的相互合作与互相补充，促进国际合作，交流地球观测卫星传感器的定标和反演资料的真实性检验的工作经验，以使参加国和国际用户受益，于 1984 年成立了对地观测卫星委员会（CEOS）和真实性检验工作组（WGCV），这大大推进了辐射校正工作的深入进行。（张广顺等）

国际上对场地定标方法研究最深入、开展场地试验时间最长的是美国亚利桑那大学光学科学中心遥感组，代表人物有 P. N. Slater、S. F. Biggar 和 K. J. Thome。从 1987 年利用白沙场地对 TM 进行辐射定标以来，成功对 Landsat-5 的 TM、Landsat-7 的 ETM+、SPOT、MODIS、SeaWiFS、ALI、Hyperion、Ikonos、ASTER、MISR 等多个传感器进行辐射定标，得到了多个传感器不同时期的定标系数，同发射前定标、在轨星上定标等多种定标方法的结果比较，证明了场地定标方法的有效性。在场地定标方法中，最常用的 3 种方法——反射率基法、辐照度基法和辐亮度基法，都是亚利桑那大学遥感组首先提出并最先应用于辐射定标试验的。

美国和法国的遥感技术和应用部门还建立了野外机动遥感试验车，以便灵活、快速地获取绝对辐射定标和真实性检验所需的地面实测数据。除此之外，它们还在海洋和陆地上选择了临时性同步观测试验区，并多次开展了卫星和地面同步观测试验。加拿大也在其北部大草原开展了卫星、飞机、地面三方同步观测，以便对卫星传感器做出客观评价。

我国在遥感信息定量化研究方面的工作起步虽晚，但已取得了一定的成果。有关部门及研究机构已充分认识到辐射校正工作的重要性和紧迫性，针对各专业部门的应用要求建立了十多个各种类型的下垫面的试验场。1987 年以来有关部门酝酿和开展了这方面工作，1993 年完成方案论证、选址和测量工作，进入建设阶段。在原国家计划委员会、原国防科学技术工业委员会和原中国航天工业总公司领导的支持下，由国家卫星气象中心牵头，于 1993 年成立了中国遥感卫星辐射校正场专题论证组，进行了场地选址综合考察，完成了技术方案的编写和论证，形成了综合技术方案。方案于 1994 年 12 月通过了以王大珩院士为主任、陈述彭院士为副主任的评审委员会的评审。

1993 年和 1994 年先后组织有关专家通过现场考察，确定甘肃省敦煌市西部党河洪积扇区为可见光和近红外波段的绝对辐射校正场，青海省的青海湖为热红外波段的绝对辐射校正场。国内的一些遥感信息定量化研究项目，在 "863" 计划中的空间对地观测计划、遥感信息获取与处理计划、国家重大空间工程计划及相继的几个五年计划的遥感应用计划中，得到了支持与落实。国内相关领域的专家进行了多方面的工作，开展了有关辐射定标的一些理论工作和实验研究。同时，国内建立了场地观测仪器辐射定标实验室，进行了方法性实验和光谱仪器的定标。随着我国遥感技术的发展与气象卫星、资源卫星和军事卫星的相继发射，以及多年对辐射定标场的地面测量和预研工作积累，近年来国内开展这方面工作的条件已经成熟。

我国自 20 世纪 90 年代以来，相继利用敦煌和青海湖等国家级辐射定标场，针对CBERS-01/02/02B、HJ-1A/B、ZY-1 02C、ZY-3、GF-1 和 FY-1/2/3C 等多颗卫星进行了在轨辐射定标，完成了各卫星遥感器在轨辐射性能的监测和定标及时修订。

5.3 辐射定标试验场的要求和选择原则

辐射定标试验场作为遥感器辐射定标的标准目标靶场，它的特性将直接影响辐射定标的精度。因此对辐射定标试验场的选择和建设，需要提出相应的要求和原则。

5.3.1 辐射定标试验场地表特性

场地特性主要包括场地地表特性和场地大气特性两个方面。具体要求如下。

（1）地表具有中 / 高反射率。定标场地地表的反射率应不低于 0.2，这样地表反射信号足够强，可以减少大气程辐射引入的不确定度的影响。

（2）大面积。试验场需有足够大的试验区域，以满足不同空间分辨率的遥感器的需求，最好能有一定的扩展区域，可使目标区外光散射及大气环境的影响降到最小。

（3）具有朗伯特性。试验场地表应尽量接近朗伯表面，地表反射率的方向敏感性低，可以减小甚至消除由于太阳和卫星观测角不同而引入的不确定度。

（4）具有均匀性。整个试验目标区域内地势平坦（倾斜度小于 5°），空间均匀性好，地表反射率较高，光谱特性一致性好。均匀性好可以减小不同分辨率的遥感器空间几何、光谱配准误差的影响，也可以减小地面测量目标点不足或代表性不够带来的误差。

场地均匀性可以采用高密度测点测量结果的标准方差和极值偏差来评价。

（5）地表反射光谱曲线平滑。这一点对利用试验场进行交叉定标很重要，可以减小不同光谱分辨率的遥感器间光谱响应匹配带来的误差，提高相互定标的精度。

（6）地表特性（反射率、光谱）时间稳定性好。地表反射特性和光谱特性随季节变化小，且长期、常年变化也小。最好试验场无植被覆盖，如沙漠、戈壁、干湖等。

地表特性的时间稳定性可以采用地面周期性测试（如每年内、每季内等），或利用多个遥感器多次过境观测数据进行分析、评价。

5.3.2　场地大气特性

1. 大气干洁、稳定，能见度好，气溶胶含量低

要求试验场海拔高（要求在 1km 以上），可以减小未知气溶胶垂直分布和气溶胶类型引起的误差。

大气中气溶胶对太阳光的吸收和散射，直接影响光学遥感器接收的辐射信号，气溶胶光学厚度和气溶胶类型是辐射传输和大气校正的重要参数。分析试验场气溶胶散射光学厚度的变化，对指导遥感器定标和真实性检验、提高遥感器定量应用的水平都有重要意义。

对试验场气溶胶光学厚度的研究，需要根据多年收集的气溶胶光学厚度数据，分析气溶胶光学厚度月平均变化情况，得到统计规律结果。

2. 气候干旱

试验场区域气候干旱、雨量少，则多云天气少，进行场地测量和遥感器过境观测的有利机会多，利于进行辐射场定标试验。水汽含量对于近红外波段辐射定标影响较大，因此试验场应选择水汽含量低的区域。降雨量少，可以减小由降雨引起的地表反射率变化，利于地表特性的稳定。

水汽含量也是大气校正的重要参数。水汽含量数据主要通过试验场附近气象站多年的探空测试，经数据处理、分析，得到月平均水汽含量变化的统计结果。

此外，选择大型试验场时还应对试验工作条件提出相关要求。

（1）试验场的交通、通信、生活方便、安全，有相关测试的试验台站，如气象站等。

（2）周边环境污染小，对试验场破坏小，利于试验场特性的长期稳定。

5.4 国内外辐射定标试验场

5.4.1 国内试验场

一、敦煌辐射校正场

我国从 20 世纪 90 年代起开始辐射定标试验场的选址工作，最终选择敦煌辐射校正场作为国产卫星在轨定标试验场。

敦煌辐射校正场具有地势平坦、地表均一、方向特性好的优势，已得到国际上的认可，适用于可见 - 近红外遥感器的在轨绝对辐射定标。敦煌辐射校正场已被成功地用于对我国 CBERS 系列卫星、HJ 系列卫星、FY 系列卫星、HY-1 卫星、北京一号卫星等多个卫星的绝对辐射定标。

敦煌辐射校正场位于甘肃省敦煌市的西部约 35km 的党河冲积扇上，扇基位于鸣沙山北缘，扇缘北邻疏勒河的冲积平原。场地东西宽约 60km，南北长约 40km，其地理坐标为 40.04 ~ 40.28°N 和 94.17 ~ 94.5°E。场地中均匀区域面积为 25km×25km，均匀区的中心地理位置为 40°05′N，94°24′E，该场地南低北高，北面海拔约为 1250m，南面海拔约为 1105m，场地边缘分布了稀疏的植被，而中心位置则无任何植被。选定的测试区（标定区）基本位于整个场区的中心位置，面积约为 400m×400m，中心海拔约为 1229m。敦煌辐射校正场基本特征参数如表 5.1 所示。

表 5.1 敦煌辐射校正场基本特征参数（童进军）

特征参数		敦煌辐射校正场
位置		甘肃省敦煌市，40°5′N，94°24′E
海拔		1194m
面积		30km×35km
表面特征		戈壁沙漠，无植被
气候特征		干燥大陆性气候
年平均气象参数	气压	887.6hPa
	气温	9.5℃
	可降水	34.1mm
	相对湿度	43.9%
	日照时间	3270h
	晴天日数	111.3 天
	能见度大于 10km 的日数	288.2 天
可见光 - 近红外波段表面反射率		14% ~ 30%

1. 敦煌辐射校正场的特点

（1）场地地域开阔、地形平坦，具有很好的空间均匀性。敦煌辐射校正场中地物类型均一部分的面积达 40km×30km，地域十分开阔。地势南低北高，微向东倾斜。由南向北倾斜的坡降仅有 5‰，由西向东倾斜的坡降为 2.5%，因此地形十分平坦，对绝对辐射校正工作十分有利。

（2）场地地物类型均一且稳定，场区表面的光学均匀性好。党河洪积扇上的沉积物为含砾砂土，系细砾的软戈壁。沉积物的空间分布与其他洪积扇一样，从扇基到扇缘，分带性结构比较明显。从扇基到扇缘，沉积物砾石颗粒由粗变细，地形由凹凸不平逐渐变为平坦。除南部和西部有少量稀疏植被分布外，其余地区基本上无植被分布，场地测量区选择在洪积扇前部的平坦地带。

受蒸发量大于降雨量的影响，该场地地壳有薄层胶结物。胶结层厚 2～5cm，形成该地区的一个保护层，表层的砂砾一般不会被风吹走。这样，该区的地物类型不仅单一，而且较稳定，有利于绝对辐射校正测量。

图 5.1 为 1999 年 6 月用 CE313 野外辐射计和 FR ASD 野外光谱仪测量的敦煌辐射校正场地表光谱反射率。

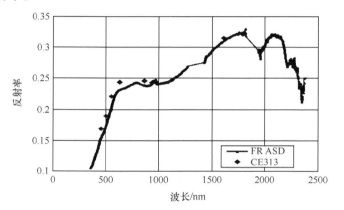

图5.1　1999年6月用CE313野外辐射计和FR ASD野外
光谱仪测量的敦煌辐射校正场地表光谱反射率

图 5.2 是 2008 年在敦煌辐射校正场测量的地表光谱反射率。

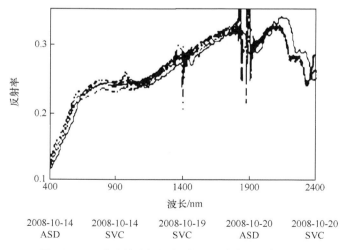

图5.2　2008年在敦煌辐射校正场测量的地表光谱反射率

从图 5.2 中可以看出，场地的反射率在可见光 - 近红外波段均呈现缓慢、平稳上升的特点，而且不同日期的测量值误差很小。

比较 1999 年和 2008 年的测量结果，敦煌辐射校正场地表光谱反射率变化很小。根据国家卫星气象中心于 2000 年至 2008 年对敦煌辐射校正场地表光谱测量结果（共 9 次，均是在 7—10 月期间测量的），在 350 ~ 1250nm 光谱区间，光谱反射率的一致性好，且多年的地表光谱反射率曲线非常接近，光谱数据变化范围为 2.88% ~ 6.5%，平均为 3.88%。这说明敦煌辐射校正场地表光谱反射率随时间变化很小，在可见光、近红外波段范围内具有较好的光谱均匀性，光谱特性具有很好的时间稳定性。

敦煌辐射校正场场区表面的光学均匀性好，试验区反射率变化小于等于 2%，中心区反射率变化小于等于 1%。

此外，分析 MODIS 于 2005 年、2006 年、2008 年、2009 年，共 22 次过境敦煌辐射校正场观测的表观反射率数据，进行太阳天顶角和日地距离校正后的结果表明，忽略地表下垫面和大气变化的影响，敦煌辐射校正场上空的反射率在 4 年中变化不大，4 个波段的相对偏差为 5%、4.2%、3.2% 和 4.6%，也说明敦煌辐射校正场的地表特性很稳定。

影响场区地表光学稳定性的主要因素是降雨和人为破坏，但是敦煌辐射校正场所在地气候干燥、雨季气温高的特点，以及风的恢复作用，对维持场区光学稳定性有良好作用。

（3）敦煌辐射校正场的地表呈灰色，反射率低，在 350 ~ 1250nm 光谱区间，反射率为 14% ~ 30%，且光谱反射率的一致性好。定标场地反射率低，不会使遥感器出现饱和现象，因此不需对待定标的遥感器进行增益调整。场地反射率基本位于卫星遥感器动态范围的中间部分，可以满足大多数卫星遥感器的在轨辐射校正需求。

（4）大气干洁、无污染。据 1992 年、1993 年、1995 年和 1996 年的敦煌市大气监测资料（见表 5.2），敦煌市的二氧化硫（SO_2）、氮氧化物（NO_x）和总悬浮微粒（Total Suspended Particulate，TSP）3 项指标均优于国家二级标准（《大气环境质量标准》，GB3095-82）。其中 SO_2 和 NO_x 的年平均值达到国家一级标准。

表 5.2　1992 年、1993 年、1995 年和 1996 年的敦煌市大气监测资料　　单位：mg/nm^3

监测项目	1992 年平均值	1993 年平均值	1995 年平均值	1996 年平均值	国家二级标准	国家一级标准
二氧化硫	0.028	0.012	0.028	0.044	0.15	0.05
氮氧化物	0.029	0.024	0.031	0.041	0.10	0.05
总悬浮微粒	0.21	0.25	0.202	0.358	0.30	0.15

（5）夏季和秋季的气溶胶光学厚度小。据 2003 年至 2009 年 7 年间气溶胶光学厚度的数据，得到月平均气溶胶光学厚度，如表 5.3 所示。

表 5.3　敦煌多年月平均气溶胶光学厚度

月份	1 月	2 月	3 月	4 月	5 月	6 月	7 月	8 月	9 月	10 月	11 月	12 月
月平均气溶胶光学厚度 /nm	0.186	0.205	0.220	0.207	0.165	0.151	0.154	0.140	0.142	0.144	0.160	0.183
相对标准差 /%	15.79	14.03	6.99	15.74	5.61	10.88	8.57	3.29	7.45	8.16	7.61	12.28

可以看出，春季的 3 月、4 月，由于强风引起风沙，大气气溶胶浓度提高，气溶胶光学厚度达到一年中的峰值。夏季由于雨季的影响，大气中的气溶胶随雨水降落，空气中的气溶胶含量降低。秋季时天气较稳定，大气气溶胶光学厚度处于比较稳定的低值。图 5.3 为敦煌辐射校正场 2003—2009 年 550nm 处气溶胶光学厚度月平均值曲线。

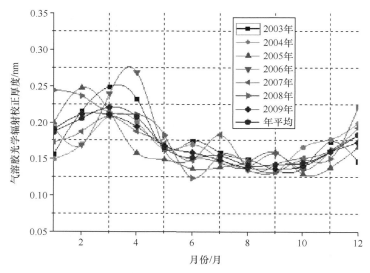

图 5.3　敦煌辐射校正场 2003—2009 年 550nm 处
气溶胶光学厚度月平均值曲线（谢玉娟）

表 5.4 统计了敦煌地区一年中小于等于 0.15、0.2、0.25、0.3 的气溶胶光学厚度的天数分别占全年天数的百分比。光学厚度与能见度成负相关关系，光学厚度为 0.15 相当于能见度 38km，全年内光学厚度小于等于 0.15 的天数占全年天数的 58%；光学厚度为 0.2 相当于能见度 26.7km，全年内光学厚度小于等于 0.2 的天数占全年天数的 73%。适合定标的夏、秋两季的大气气溶胶光学厚度基本在 0.15 左右。

表 5.4　一年中小于等于某一气溶胶光学厚度的天数占全年天数的百分比

大气气溶胶光学厚度 /nm	小于等于 0.15	小于等于 0.2	小于等于 0.25	小于等于 0.3
能见度 /km	38	26.7	20	16
占全年天数的百分比 /%	58	73	86	92

（6）敦煌辐射校正场的水汽变化小。据敦煌市气象探空站 2003—2009 年测试的气象探空数据，经数据处理得到水汽含量，并统计计算出的月平均水汽含量，如图 5.4 所示。从图中可以看出敦煌辐射校正场水汽含量多年的变化规律。表 5.5 是敦煌辐射校正场多年月平均水汽含量统计数据。

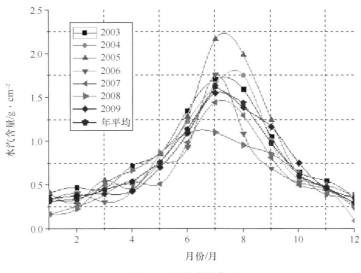

图5.4 月平均水汽含量

表 5.5 敦煌辐射校正场多年月平均水汽含量统计数据

月份	1 月	2 月	3 月	4 月	5 月	6 月	7 月	8 月	9 月	10 月	11 月	12 月
多年月 平均值 /g·cm⁻²	0.309	0.339	0.445	0.537	0.757	1.137	1.623	1.435	0.975	0.604	0.462	0.293
相对偏差 /%	30.57	23.18	18.14	19.67	15.43	12.42	18.38	23.47	18.88	12.76	9.99	32.9

敦煌辐射校正场的水汽含量一年中夏季（6—9 月）高，冬季（11 月至翌年 3 月）低，7 月、8 月达到水汽含量的峰值，大气干燥、多风的冬、春季则是全年中水汽含量最少的季节。年际间对应月份水汽含量变化除夏季稍大些，其他月份变化不大。夏季水汽含量在 $1.0 \text{g} \cdot \text{cm}^{-2}$ 以上，冬季水汽含量在 $0.4 \text{g} \cdot \text{cm}^{-2}$ 左右，多年的月平均水汽含量的相对标准差在 35%～55%，全年水汽含量在 $0.2 \sim 2 \text{g} \cdot \text{cm}^{-2}$ 的区间内变化。如果去除恶劣天气的数据，水汽含量的变化会小很多。总体来看敦煌辐射校正场的水汽变化比较小。

（7）大气臭氧特性。从 NASA TOMS 数据库获取的 2005—2010 年 6 年的臭氧数据，可以分析敦煌场的大气臭氧特性。据臭氧数据统计计算月平均臭氧含量变化，多年月平均臭氧含量及相对标准差如表 5.6 所示。

表 5.6 多年月平均臭氧含量及相对标准差

月份	1 月	2 月	3 月	4 月	5 月	6 月	7 月	8 月	9 月	10 月	11 月	12 月
多年月平均 臭氧含量 /DU	329.0	342.5	346.2	330.1	313.7	305.2	287.6	284.3	281.2	286.7	297.6	312.9
相对偏差 /%	33.25	33.80	33.24	33.77	34.11	33.35	33.50	33.80	33.75	33.74	34.03	33.6

图 5.5 为敦煌辐射校正场 2005—2016 年臭氧含量月平均值曲线。

由此结果可以看出，敦煌辐射校正场的臭氧含量多年来均呈现夏、秋季（6—10 月）低，冬、春季（1—4 月）高的特点，每月的年际间臭氧含量差异不大，尤其在太阳天顶角较小、适合定标的夏、秋季（7—10月），臭氧含量基本稳定在 284 DU 左右。全年臭氧含量变化的相对标准差为 8%，全年臭氧含量在 280～360DU 的区间内变化。

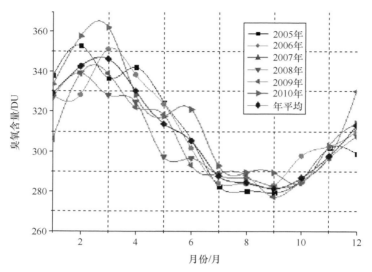

图5.5　敦煌场2005—2010年臭氧含量月平均值曲线（谢玉娟）

（8）晴天日多，光照条件好。敦煌地处内陆，四周为沙漠、戈壁，属于典型的大陆性气候，具有太阳辐射强、光照充足、降水量少、蒸发强烈、能见度较好的特点。据敦煌市气象站 1984—1993 年实测资料的统计，敦煌年平均降水量仅有 34.1mm，年平均晴天日达 111.3 天（总云量小于 2）。

2. 敦煌辐射校正场存在的问题

（1）晴天日虽多，却比较集中在秋、冬两季。表 5.7 为敦煌地区 1984—1993 年平均晴天日统计。气象学上的晴天是指云量（包括高云和低云）小于 2 的天气，而辐射校正要求的天气标准是碧空无云。如果在有云的条件下测量，而云正好又在测量区上空，辐射校正工作就不能进行；若测量区周围有云，云的散射也易造成天空漫射辐照度的各向异性突出，对反射率测量结果有影响。

表 5.7　敦煌地区 1984—1993 年平均晴天日统计

月份	1 月	2 月	3 月	4 月	5 月	6 月	7 月	8 月	9 月	10 月	11 月	12 月	总计
晴天日 / 天	12.5	7.4	5.7	4.9	4.9	5.3	7.7	11.4	13.9	14.9	11.5	11.2	111.3

由于绝对辐射校正要求对地物重复观测多次，至少要有 3 次是成功的，并且为监测卫星传感器变化需要一年进行两次星地同步观测。而敦煌完全碧空无云的天气较少，对于重复观测周期较长的卫星（如资源卫星），如果错过一次星地同步观测的机会，要等很长的时间才能弥补，敦煌辐射校正场很难满足定期重复观测的要求。

（2）地物虽均一，但场地表面十分脆弱。敦煌场地表面有 2～5cm 厚的微胶结含砾砂土层，其中砾石占 50%～80%，砂土占 50%～20%，局部有少量砾石。这一特殊的表层结构是长期在劲风的作用下形成的。而胶结层以下的含砾砂土层，其结构与表面有很大的差别，砂土占 70%，砾石占 30%，颜色也较深。在场地上用较重的步伐行走，就会破坏表面的胶结层，汽车通过场地时会把表层下面的深色土壤翻转上来，从而改变场地的光谱特征，影响星地同步观测工作的测量精度。

（3）场地总悬浮微粒（TSP）的不稳定性，影响对大气光学厚度的测量。

敦煌戈壁沙漠年平均沙暴天数为 8 天左右，流沙出现的天数为 39 天，浮尘天数为 58 天。这些数据表明影响敦煌场地大气透明度的主要因子是浮尘总量。5 月、6 月的浮尘出现频率最高，影响最大（约为大气分子漫射影响的 2 倍），7 月开始下降，到 8 月以后，浮尘的影响基本小于大气分子的漫射影响。（巩慧）

敦煌地区的 TSP 值有逐年增长的趋势，1996 年的平均值还曾超过国家二级标准。这是因为该地区易出现沙尘暴、浮尘和扬沙等灾害天气，会给 TSP 值造成影响。据 1992 年、1993 年、1995 年和 1996 年 1 号监测点（鸣沙山）TSP 的测量结果，4 年共 320 个瞬间样品 TSP 年平均值为 0.27mg/nm^3，小于国家二级标准 0.3mg/nm^3。在 320 个瞬间样品中，TSP 超标样品有 38 个，占 12%。其超标量多数为 1 倍，少数为 11 ~ 13 倍，如表 5.8 所示。

表 5.8　1992 年、1993 年、1995 年和 1996 年鸣沙山 TSP 超标样品分类统计

超标倍数	1	2	3	4	5	10	11	13
超标样品数	25	4	3	2	1	1	1	1
比例 /%	65	10	8	5	3	3	3	3

在 38 个超标样品中，就有 13 个为晴天较多的第三季度样品，占超标样品的 34%，这显然对观测不利。如果资源卫星在星地同步观测瞬间的 TSP 超标，将影响大气光学厚度测量，尤其是影响气溶胶光学厚度的测量。

3. 对敦煌辐射校正场的工作建议（中国资源卫星应用中心王志民，1999 年）

（1）充分发挥敦煌场地地域开阔平坦、地物类型均一的优势，选择适当的测量方法，尽可能在减少测量数的情况下，保证测量精度，从而避开晴天日相对较少的弱点。

（2）保护好敦煌场地表面胶结层，建议：①多设几个测量区，从而减少支架仪器、测量人员踩踏对胶结层的破坏；②改进测量区的采样方法，建议把测量仪放置在特制的"测量车"或可遥控的轻便小飞机上，这样既保护了场地表面，又提高了采样的质量。

（3）采取适当措施，争取在一年内实现两次重复观测。具体建议：①加强对测量方法和测量仪器的改造，实现测量遥控和自动化，快速捕捉有效测量日，快速测量，机动灵活地完成第二次测量任务；②另外择址测量。

（4）建议着手进行第二个辐射校正场的选址，其理由如下。①就敦煌辐射校正场目前情况看，很难实现每年除 8 月、9 月、10 月最佳观测时间以外的第二次星地同步测量，需要选择第二个辐射校正场，来弥补敦煌场的不足。②从科学试验的角度来看，有必要采取多场测试、多种方法测试，以便进行相互验证，以获取最佳的测试结果。例如，美国除白沙试验场外，在加利福尼亚爱德华兹空军基地还有一个干湖床试验场；法国除本土的 La Crau 场外，也希望在异地有试验场。③敦煌场的 TSP 值有逐年增长的趋势，如果 TSP 值继续增加，也必须选择第二个辐射校正场。

二、青海湖试验场

青海湖（99.5 ~ 100.7°E，36.3 ~ 37.0°N）位于青海省境内，是我国最大的内陆高原微

咸水湖，属于地质稳定的内陆湖，湖区长 106km、宽 63km，面积约为 4635km²，环湖周长约为 360km。青海湖平均深度约为 20m，最大深度约为 28.7m，平均海拔约为 3200km。青海湖气候为高寒半干燥性草原气候，大气干洁，湖水水面温度分布均匀。

青海湖试验区内水表温度分布均匀，水表温度变化小于 1℃。场区水质清洁，可见光反射率为 3%～5%，近红外波段反射率为 1% 左右。青海湖地区海拔高，气溶胶粒子少，气溶胶接近大陆型，光学厚度为 0.1 左右。

青海湖试验场是开展遥感卫星热红外通道辐射校正的理想试验场，已作为我国遥感卫星辐射校正标准场地之一，广泛应用于国内外卫星热红外波段的在轨绝对辐射定标。表 5.9 为青海湖试验场基本特征参数。

表 5.9　青海湖试验场基本特征参数（童进军）

特征参数		青海湖试验场
位置		青海省青海湖（99.5～100.7°E，36.3～37.0°N）
海拔		3196km
面积		4635km²
表面特征		微咸水湖，平均深度为 20m
气候特征		高寒半干燥性草原气候
年平均气象参数	气压	686.6hPa
	气温	0.8℃
	可降水	434.5mm
	相对湿度	69.8%
	日照时间	2981.2h
	晴天日数	56.9 天
	能见度大于 10km 的日数	358.1 天
可见 - 近红外波段表面反射率		0.4～0.58μm 的为 3%～5%，0.58～1.04μm 的为 1%

1. 青海湖试验场的特点

青海湖作为热红外波段的辐射校正场，具有很多得天独厚的优势，对热红外波段的绝对辐射校正十分有利。

（1）湖面开阔，面积大。青海湖是我国最大的内陆高原微咸水湖，最长处约为 106km，最宽处约为 63km，湖面面积约为 4635km²，如此大的水面对绝对辐射校正场的测试工作十分有利。

（2）湖水深度大，表面温度变化小。青海湖最大深度约为 28.7m，平均深度约为 20m。据水深资料，青海湖 25m 水深线距岸仅有 2.5～8km，水深梯度为 3～10m/km，水深大于 20m 的湖区面积约为 2620km²，占全湖面积的 56.5%。热红外波段绝对辐射校正场的测量区选择在海心山至湖的南岸广阔水面。据我国遥感卫星辐射校正场考察团 1994 年 6 月 30 日在青海湖海心山周围大约 30km×30km 的范围内实测的水温，从青海湖东南岸码头至海心山，水表面温度变化小于 0.6℃，相邻两个测点（点距为 2～3km）水表面温度变化仅有 0.1～0.2℃。如此宽阔的水面和微弱的水表面温度变化，能够满足热红外波段绝对辐射校正的需要。

（3）大气无污染。青海湖位于青藏高原东北隅，海拔约为3196m，湖区周围除有少数居民点外，无大型工厂，青海湖的大气清洁无污染。

（4）青海湖中水生生物少。青海湖的浮游生物种类和数量少，浮游植被可见种类约有35种，以硅藻为主；浮游动物可见种类约有17种，以原生动物为主。浮游生物主要分布于湖面的西南部，东北部次之。垂直分布规律不明显，对绝对辐射校正影响不大。

（5）青海湖的湖流与湖浪。青海湖的湖流主要是围绕海心山形成的主体环流，局部地区有次一级的湖湾回流。主体环流主要是布哈河水自西而东注入及西北风的推压引起的，2m水深处流速最大，向下递减，表层最大流速为7.7～5.5cm/s。由于流速较小，对辐射测量的影响不大。青海湖的湖浪是由风引起的，无风时水平如镜，风起时波涛起伏，风大浪高，浪的强度取决于风的能量。绝对辐射校正在大风条件下是不能进行的，因此当湖浪较大时辐射校正的观测工作也需停止。

2. 青海湖校正场存在的问题

（1）大风日较多，晴天日较少。据青海省气象局提供的气象资料，1984—1993年青海湖平均年晴天日为56.9天，而且晴天日较多的月份主要集中在11月、12月和翌年1月，对辐射校正观测十分不利，如表5.10所示；1984—1993年平均大风日为51.9天，是敦煌的5.9倍，这些条件均不利于辐射校正工作。

表 5.10　青海湖地区 1984—1993 年平均年晴天日、大风日统计

月份	1月	2月	3月	4月	5月	6月	7月	8月	9月	10月	11月	12月	年平均值
平均年晴天日 / 天	9.4	4.3	2.5	2.4	1.2	1.3	1.8	3.2	3.0	7.8	10.6	9.4	56.9
平均年大风日 / 天	5.8	7.5	9.2	5.4	2.9	2.8	2.2	1.2	0.7	2.0	5.6	6.5	51.9

（2）冬季湖面冰封，气温低。青海湖最冷月（1月）的平均气温为 −10.4～−14.7℃，晴天日最多的月份为10月至翌年2月。气温低，湖面冰冻增加了辐射校正测量的难度。表5.11为青海湖地区1984—1993年10月至翌年2月平均气温。

表 5.11　青海湖地区 1984—1993 年 10 月至翌年 2 月平均气温

青海湖晴天最多月份	10月	11月	12月	1月	2月
平均气温 /℃	1.7	−4.4	−8.3	−12.6	−8.9
最高气温 /℃	16.4	11.1	7.2	4.4	8.8
最低气温 /℃	−10.9	−7.5	−24.5	−26.9	−23.8

3. 对青海湖试验场的工作建议（中国资源卫星应用中心王志民，1999 年）

（1）加强远程遥测、遥感的测量方法研究，提高数据采集、处理的自动化水平。

（2）加强对青海湖小气候的研究。当青海湖不受外来天气系统影响时，表现出局地湖陆环流小气候的显著特征。因此尽管每年7月、8月、9月青海湖能满足全天总云量小于

2 的晴天日较少，但由于小气候的影响，有可能出现较多可以进行热红外绝对辐射校正的工作日。这类天气现象虽然短暂，但如果出现在卫星过境时间，也可以用于红外相机的绝对辐射定标，增加青海湖的星地同步观测天数。

三、内蒙古定标与真实性检验试验场

内蒙古贡格尔辐射校正场（以下简称内蒙古辐射校正场）是由原中科院遥感所（现空天研究院）建立的用于进行卫星传感器在轨辐射定标与遥感数据真实性检验的辐射校正场。

内蒙古辐射校正场位于内蒙古自治区赤峰市克什克腾旗境内（116°40′E，43°26′N，海拔约为1236m）。场地地表平坦，覆盖针毛草，高度小于10cm，场地面积约为3km×3km，适合对中等反射率目标的定标。在贡格尔草原南侧有一个高度约50m、直径约300m的小山——砧子山，可作为在轨定标和真实性检验的天然靶标。场地南面约2km处有达里湖，其面积约为228km²，该湖可作为场地定位的目标场。

内蒙古辐射校正场离北京仅半天的路程，且辐射校正场交通便利，当地有较好的后勤保障条件，适合大规模试验的开展。

自2006年起，中科院遥感所前往内蒙古中部开展场地考察实验，并获取了多年的实测数据，为今后进行定标系数的验证提供了基础。

经考察后，最终确定了贡格尔草原作为可见-近红外波段的辐射定标与真实性检验的试验场地，达里湖和岗更湖作为热红外通道的辐射定标与真实性检验场，苏尼特左旗和二连浩特作为备用的真实性检验场地。表5.12为内蒙古辐射校正场各场地的位置及用途。

表5.12　内蒙古辐射校正场各场地的位置及用途

场地名称	地表类型	经度	纬度	用途
贡格尔草原	低矮草地	116°40′E	43°26′N	可见-近红外通道在轨辐射定标及真实性检验
达里湖	咸水湖	116°38′E	43°21′N	可见-近红外通道低反射率目标的真实性检验，热红外通道的辐射定标及真实性检验
岗更湖	淡水湖	116°55′E	43°17′N	可见-近红外通道低反射率目标的真实性检验，热红外通道的辐射定标及真实性检验
苏尼特左旗	沙草地，植被有针茅草	113°33′E	43°49′N	可见-近红外通道的真实性检验（备用）
二连浩特	沙草地，植被有骆驼刺	112°06′E	43°37′N	可见-近红外通道的真实性检验（备用）

1. 贡格尔草原试验场

（1）地表光谱反射率和时间稳定性：贡格尔草原地表覆盖有大面积、均匀分布的针毛草。图5.6为贡格尔草原2006—2010年多次测量的地表反射率。可以看出不同年份的反射率曲线形状基本相同，350～1000nm的反射率逐步增加，1000～2500nm的反射率在0.3左右波动。不同年份的反射率的绝对值有所变化，变化幅度约为0.03，主要受地表覆盖的草地生长状况影响。一般情况下地表草地生长得越好，反射率越低，而草地的生长状况主要受当地气候和降雨量的影响。由图5.6可以看出，不同年份的光谱反射率有较大的差异，尤其是在600～700nm波段范围内，若草地处于生长期，光谱曲线会表现为小的吸收；若草地已经完全枯萎，则曲线呈线性上升趋势。同敦煌地表反射率相比，贡格尔草原的地表

反射率年际变化较大，因此无法利用历史数据进行在轨辐射定标，需要实地到场地同步测试，获取地表光谱数据。

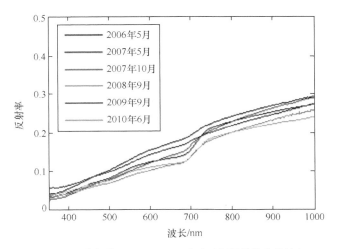

图5.6 贡格尔草原2006—2010年多次测量的地表反射率

内蒙古辐射校正场地表覆盖大面积、均匀分布的针毛草，不仅可以作为卫星传感器的辐射校正场，而且可作为叶面积指数、归一化植被指数（Normalized Difference Vegetation Index，NDVI）等数据的真实性检验场。

（2）地表光谱空间均匀性：2008 年 9 月对内蒙古贡格尔草原地表反射率进行测量，采用由中心向周围测量的方法。测量路线如图 5.7 所示，场地大小为 500m×500m。首先将参考板放在场地中心，测量一组参考板数据，然后沿正东方向（E）对场地进行测量，测量 250m 后，向正北方向（N）测量 125m，之后再转向场地中心进行测量。完成正东方向场地的反射率测量后，依次用同样的方法对东北方向（NE）、正北方向（N）、西北方向（NW）、正西方向（W）、西南方向（SW）、正南方向（S）和东南方向（SE）进行测量。图 5.8 是 8 个方向测量的反射率和相对方差（标准方差与平均反射率的比值），可看出不同方向的反射率曲线形状一致，反射率的变化较小，其相对变化小于 5%，表明场地具有较好的光谱空间均匀性。

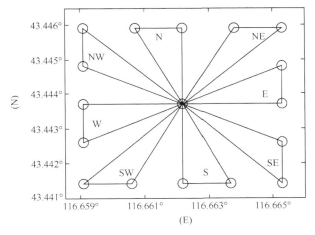

图5.7 2008年内蒙古贡格尔草原测量路线

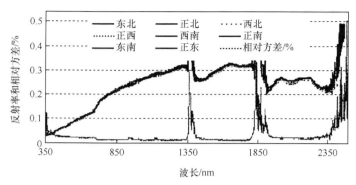

图5.8　8个方向测量的反射率和相对方差（光谱范围350～2500nm）

（3）贡格尔草原的气象状况：根据离贡格尔试验场北部80km的锡林浩特市气象站的气象资料，可以看出试验场的气象状况。表5.13列出了锡林浩特气象观测站1996—2005年的气象观测数据，即气温、相对湿度、总云量、降水量、日照时数的10年的月平均值。由表5.13看出，贡格尔试验场很适合在春秋季节作为辐射定标真实性检验场。

表5.13　锡林浩特市气象观测站1996—2005年的气象观测数据

气象要素	1月	2月	3月	4月	5月	6月	7月	8月	9月	10月	11月	12月
气温 /℃	−17.6	−14.2	−5.9	14.5	14.5	18.2	20.0	18.3	13.0	3.1	−8.4	−11.7
相对湿度 /%	73	53	52	32	41	47	68	72	52	50	65	63
总云量（阴天为 10）	1.6	1.7	3.9	3.7	4.7	5.2	6.2	5.2	3.4	3.8	3.5	3.6
降水量 /mm	2.6	0.8	7.9	1.8	14.8	56.7	110.5	131.5	9.9	3.0	4.2	3.4
日照时数 /h	232.4	246.4	264.2	279.6	317.6	276.6	265.3	274.9	301.3	237.0	197.5	173.6

2008年9月对实验场地的气溶胶进行测量，采用的仪器为E318太阳光度计。根据兰利气溶胶反演方法，得到4天对应时刻550nm气溶胶光学厚度（具体见表5.14）。测试结果表明，贡格尔草原场地在晴朗天气下气溶胶光学厚度都很小，以4天测量的平均结果作为卫星过境时刻的气溶胶光学厚度值，即假设9月24日卫星过境时刻气溶胶光学厚度为0.1208。

表5.14　4天对应时刻550nm气溶胶光学厚度

日期	9月27日	9月29日	10月1日	10月3日
550nm 气溶胶光学厚度	0.0826	0.1131	0.2148	0.0726

2. 达里湖与岗更湖试验场

达里湖又称为"达里诺尔湖"，位于内蒙古赤峰市克什克腾旗西部，贡格尔草原的西南部，面积约为 2.38 万 hm²，水域面积约为 240km²，水储量约为 1.6G m³，水深为 10～13m，属于苏达型半咸水湖，是内蒙古第三大湖。经纬度为 116°38′E、43°21′N。它处于贡格尔草原的正南方向，两者相距约 3.5km。达里湖周边无工业，湖水清洁无污染，可作为低反射率目标和水体温度验证的理想真实性检验场地。

岗更湖位于达里湖东侧，两者相距约 25km。岗更湖面积小于达里湖，水域面积约为 17km²，水深为 1～5m。与达里湖不同，岗更湖是淡水湖，水体反射率要低于达里湖。

2010 年 6 月对上述两个场地进行测量，得到达里湖和岗更湖的水体反射率，测量结果如图 5.9 所示。（顾行发等）

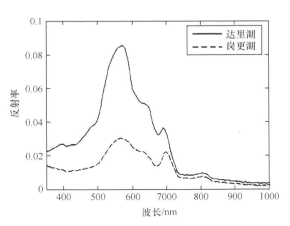

图5.9 2010年测量的内蒙古达里湖和
岗更湖的水体反射率

3. 苏尼特左旗试验场

苏尼特左旗试验场位于苏尼特左旗镇，整个场地由细沙和绒茅草组成，草地较稀疏，整个光谱以沙地光谱反射率为主。

（1）地表反射光谱及时间稳定性：2007 年和 2009 年中科院遥感所对该场地进行了测量，图 5.10 为测量的苏尼特左旗试验场光谱反射率。此反射率曲线显示两年的反射率形状相同，但 2009 年的反射率略高于 2007 年，可能是受到了测量光谱仪衰减或两次测量时刻太阳高角差异的影响，但两次测量的变化在 0.01～0.03 内，说明该场地地表光谱时间稳定性较好，稳定性优于贡格尔草原。

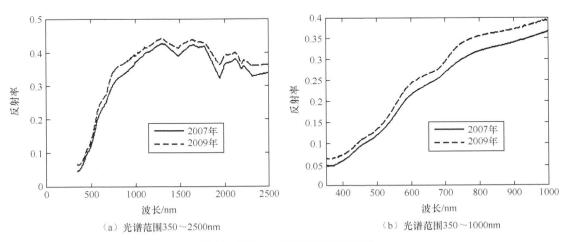

（a）光谱范围350～2500nm

（b）光谱范围350～1000nm

图5.10 苏尼特左旗试验场光谱反射率

苏尼特左旗场地的反射率高于贡格尔草原，且草地覆盖稀疏，反射率随季节的变化要小于贡格尔草原，这个场地可以作为真实性检验场地。

（2）地表光谱的空间均匀性：2007 年 10 月 24 日对苏尼特左旗场地进行了测量，将场地分成 5 个区域，分别用区域 A、区域 B、区域 C、区域 D、区域 E 表示，如图 5.11 所示。

测量时先从区域 A 开始，沿着点 A1、A2、A3 的路线进行地表光谱采集，然后沿点 B1、B2、B3、C1、C2、C3、D1、D2、D3，依次对区域 B、区域 C 和区域 D 进行测量。最后沿着点 A1、B1、C1、D1、A1、C1 的路线对区域 E 进行测量。分别求出 5 个区域反射率的平均值，其结果如图 5.12 所示。不同方向的反射率最大相对方差小于 4%，表明苏尼特左旗场地地表类型单一，场地具有很好的均匀性。图 5.12 所示为苏尼特左旗多点测量的地表反射率。

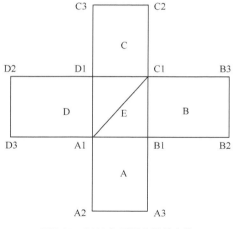

图 5.11　2007 年测量苏尼特左旗地表反射率的区域划分

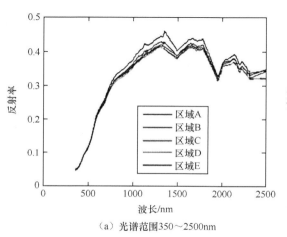

（a）光谱范围 350～2500nm

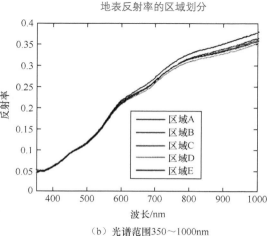

（b）光谱范围 350～1000nm

图 5.12　苏尼特左旗多点测量的地表反射率

（3）苏尼特左旗的气象。表 5.15 所示为苏尼特左旗的气象资料。

表 5.15　苏尼特左旗的气象资料

气象要素	1 月	2 月	3 月	4 月	5 月	6 月	7 月	8 月	9 月	10 月	11 月	12 月
气温 /℃	−18.9	−15.2	−5.9	15.1	15.1	18.7	21.1	19.1	13.7	3.9	−8.7	−11.9
相对湿度 /%	71	46	46	22	33	39	60	66	47	48	59	58
总云量（阴天为 10）	1.8	1.4	3.9	3.5	5.3	4.9	6.2	4.9	3.2	3.7	2.6	2.4
降水量 /mm	0.6	0	3.6	0	2.9	23.3	53.9	87.9	8.9	11.2	2.4	2.5
日照时数 /h	234.6	247.9	265.0	306.2	300.7	312.5	279.1	283.6	293.1	242.0	205.9	203.8

4. 二连浩特试验场

二连浩特试验场位于二连浩特市以东约 15km 处，经纬度为 112°06′E、43°37′N。二连浩特试验场交通便利，后勤条件好，且有高空探空站，可方便获得当地气象、探空数据。二连浩特沙地场地范围内地表平坦，地表覆盖类型以骆驼刺为主，土壤为亮沙。整个场地的骆驼刺呈簇状分布。2007年9月中科院遥感所在二连浩特试验场进行了场地测量，图5.13所示为测试的二连浩特沙草地地表反射率。反射率在10%~45%内，且随波长的增加而变大，350~1000nm的反射率逐渐升高，由5%增加到45%，1000nm以后，反射率在40%~50%内变动。二连浩特场地反射率适中，可作为辐射定标真实性检验的候选场地。

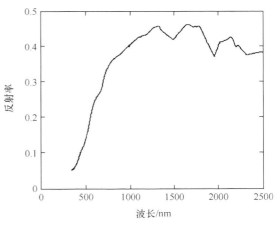

图5.13　二连浩特沙草地地表反射率

表5.16所示为二连浩特的气象资料。

表5.16　二连浩特的气象资料

气象要素	1月	2月	3月	4月	5月	6月	7月	8月	9月	10月	11月	12月
气温 /℃	−16.5	−13.1	−4.3	15.8	15.8	19.8	22.6	20.0	14.5	4.9	−7.2	−9.7
相对湿度 /%	73	47	46	27	31	35	54	66	46	47	58	55
总云量（阴天为10）	1.2	0.9	3.6	3.8	4.5	3.9	4.8	4.2	2.6	2.9	2.0	1.8
降水量 /mm	1.8	0	1.6	0	3.1	51.3	60.3	116.6	8.5	11.6	0.4	1.7
日照时数 /h	216.9	261.3	257.1	314.4	315.1	331.0	272.5	280.8	280.7	241.1	214.6	214.9

5. 内蒙古试验场的大气特性

贡格尔草原、达里湖、岗更湖、苏尼特左旗、二连浩特试验场都位于锡林郭勒盟及周边地区。该地区属中温带半干旱、干旱大陆性气候，寒冷、风沙大、少雨。春季多风、易干旱，夏季温凉、雨水不均，秋季凉爽、霜雪早，冬季漫长。该地区风多，年平均风速大都在4~5m/s内，西南部风速为5m/s以上。最大风速普遍在24~28m/s内，局部瞬间风速可达34m/s。大风（风力大于等于8级）日数全年为60~80天。全年盛行偏西风。

（1）气象特性。

根据锡林浩特、苏尼特左旗、二连浩特以及附近的朱日和镇、张北县、乌兰察布市等的6个气象观测站，在1996—2005年地面气象观测数据和相关高空数据中提取的重点要素，包括气温、相对湿度、总云量、降水量和日照时数，归纳了10年的月平均值，并绘制了6个站、5种要素的10年间月平均值的分布曲线，如图5.14~图5.18所示。

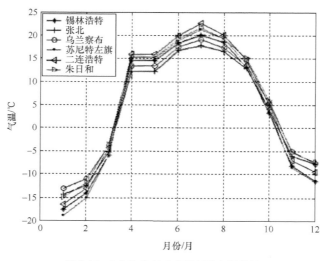

图5.14　6个站的10年间月平均气温统计

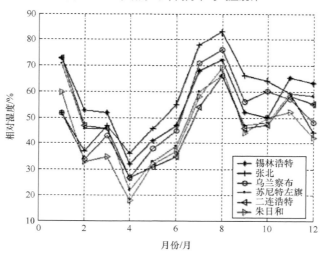

图5.15　6个站的10年间月平均相对湿度统计

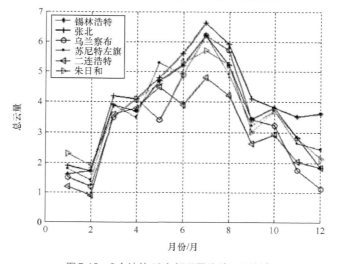

图5.16　6个站的10年间月平均总云量统计

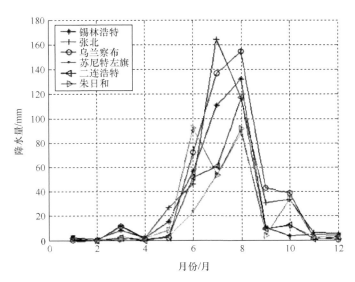

图5.17　6个站的10年间月平均降水量统计

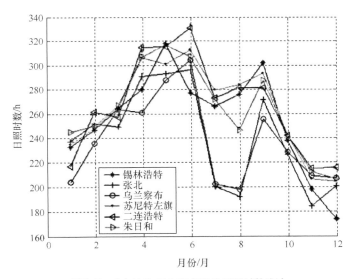

图5.18　6个站的10年间月平均日照时数统计

由图 5.14～图 5.18 所示的数据可以分析内蒙古试验场地区的气象特性。

① 气温：6 个站点测试的月平均气温相差不大，而且在 4—5 月各地区的气温变化都很小，最低平均气温为 12.2℃（张北），最高平均气温为 15.8℃（二连浩特）。

② 相对湿度：6 个站点测试的月平均相对湿度在 3—6 月最小，均在 50% 以内，朱日和、二连浩特、苏尼特左旗低于其他地区。

③ 总云量：6 个站点测试的月平均总云量在 6—8 月较高，朱日和、二连浩特低于其他地区。

④ 降水量：6 个站点测试的月平均降水量在 1—5 月和 9—12 月较少，且均小于40mm。

⑤ 日照时数：6 个站点测试的月平均日照时数除张北、乌兰察布外，在 3—9 月大于 260h。

（2）探空数据分析。

根据锡林浩特和二连浩特两个站 10 年（1996—2005 年）的常规探空数据，并计算获得每个观测时段大气柱水汽含量。图 5.19、图 5.20 显示了两个地区多年水汽含量的月平均分布。

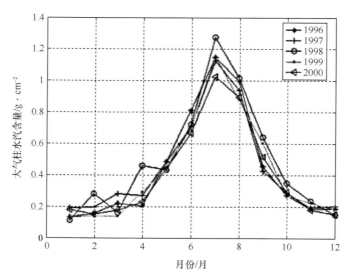

图5.19　锡林浩特1996—2000年水汽含量的月平均分布

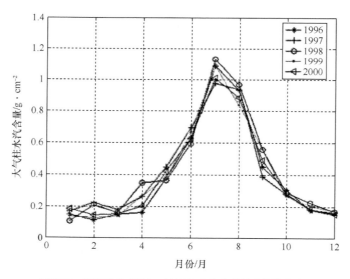

图5.20　二连浩特1996—2000年水汽含量的月平均分布

从锡林浩特和二连浩特（1996—2000 年）的常规探空测量水汽含量结果可以看出，两个站上空大气中的水汽含量比较接近，水汽含量的月变化也一致，每年的 5 月、9 月为 0.4g/cm² 左右，6 月、7 月、8 月这 3 个月的水汽含量高于其他月份。

四、策勒考察场

策勒考察场隶属于新疆和田地区，场地位于一个高台顶部，四周被戈壁包围。地表层主要成分是含细砾的中细沙、沙砾石和含砾粗沙，砾石分布较均匀，磨圆度较差，以细砾为主，结构较紧凑，颜色主要是黑色、灰色和白色，其中黑色约占 30%，灰色、白色约占 60%。

1. 地理气象概况

表 5.17 是策勒考察场与敦煌辐射校正场在地理、气象概况方面的对比情况。

表 5.17 策勒考察场与敦煌辐射校正场在地理、气象概况方面的对比情况

特征参数		敦煌辐射校正场	策勒考察场
位置		甘肃省敦煌市 40°5′N，94°20′E	新疆策勒县 36°51′N，80°50′E
海拔		1194m	1560m
地区面积		30km × 35km	30km × 30km
表面特征		戈壁沙漠，无植被	戈壁沙漠，无植被
气候特征		干燥大陆性气候	暖温带极干旱气候
年平均 气象参数	气温	9.5℃	11.9℃
	可降水量	34.1mm	33.0mm
	相对湿度	43.9%	42.7%
	日照时间	3270h	2580h

从表 5.17 可以看出，策勒的平均气温较敦煌略高，相对湿度和可降水量都略低，其气候特征更有利于场地的恢复。策勒考察场的地理优势：交通便利，离策勒县城近，且场地距离国道不远；天气状况良好，晴天日数多，恢复能力好；场地开阔；策勒地区是主要以粮棉、林果、药材产业为基础的农牧旅游经济区，所以此场地作为辐射校正场，工业污染影响小，对环境条件长期稳定性有利。

2. 地表光谱反射率

2007 年 8 月用 ASD FR 光谱辐射计在策勒测试了地表反射光谱。本次实验所使用的仪器有 ASD FR 野外光谱仪［光谱范围为 350 ~ 2500nm、光谱分辨率为可见 - 近红外段 3nm、短波红外段 10nm，使用了视场角为 8°的探头、标准参考板即 helon 板（50cm × 50cm、反射率约 0.99，接近理想的漫射板，作为反射参考标准板）］。在太阳辐照度不变期间，分别对参考板和测量目标进行数据采集，通过计算可获得被测目标反射比。

在实地测量时，选取测点周围均匀分布的 4 点和中心点进行测量，并在这 5 次测量前后各测一次参考板，以两次的均值作为对参考板的响应值。通过采用反射率因子修正的方法计算反射比，对每个测点计算其 5 个采样点的反射光谱，然后取 5 条光谱曲线的平均值作为该测点的测量结果，最后对所有测点的测量结果进行统计，从而得到了 350 ~ 2500nm 的光谱曲线，并同时获得了不同波长的光谱反射率及标准差。图 5.21 所示为策勒及敦煌地表反射率。

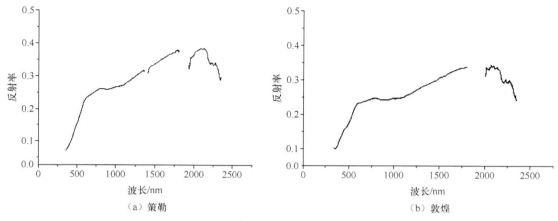

图5.21 策勒及敦煌地表光谱反射率

由于 1300～1400nm、1810～2000nm 的水汽吸收作用很强，而 2350nm 之后仪器的噪声大，导致这 3 个光谱段信噪比很小，故将此段截去。图 5.21（a）所示为 8 月 30 日在策勒考察场测试的地表光谱反射率，可以看出：（1）策勒考察场中心区平均反射率在 0.289 左右，基本位于卫星遥感传感器响应动态范围的中心段，可以满足大多数卫星遥感传感器的辐射校正；（2）策勒地表反射率最大值在 2100nm 附近，约为 0.38，紫外区反射率小；（3）策勒考察场中心区反射率均匀性较好。

图 5.22 所示为策勒考察场地表反射率标准差，可以看出，其标准差皆低于 3.0%，在波长 700nm 后标准差在 1.5% 左右波动，平均偏差约 1.3%。因此该场地对高空间分辨率的遥感器辐射校正来说，可作为基本参照区域。

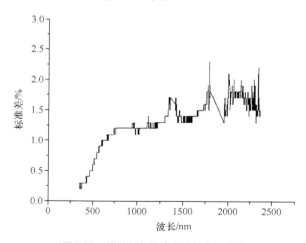

图5.22 策勒考察场地表反射率标准差

所以策勒考察场的地理条件和地表反射率符合作为辐射校正场的条件，且与敦煌辐射校正场相比其具有一定的优势。

3. 对发展策勒考察场的几点建议（李帅，2008 年）

（1）如作为辐射定标试验场还需做大量的测试，对场地长期稳定性、气象条件的稳定性、大气等相关方面提供更可靠的数据。

（2）加强辐射定标相关测试条件的建设，以便能及时、方便地为遥感载荷在轨定标服务。

五、塔克拉玛干沙漠研究区

塔克拉玛干沙漠研究区位于塔克拉玛干沙漠的西北部。塔克拉玛干沙漠处于我国新疆的塔里木盆地中央，是我国最大的沙漠，也是世界第二大沙漠，同时还是世界最大的流动性沙漠。整个沙漠东西长约 1000km，南北宽约 400km，面积达 $3.3 \times 10^5 km^2$。平均年降水量不超过 100mm，最低只有 4mm；而平均蒸发量高达 2500~3400mm，年日照时数可达 3000~3500h，夏季炎热，冬季寒冷，昼夜温差大，全年三分之一日为风沙日。

塔克拉玛干沙漠地区是典型的大陆性气候，风沙强烈，温度变化大，全年降水量少，植被也极其稀少。除少部分地区外，塔克拉玛干的其他地区均为形态复杂的沙丘所占。

选择该沙漠作为研究区域是由于塔克拉玛干沙漠的以下特性。

（1）沙漠范围广阔且地物单一，地表辐射特性随时间的变化小。该地地表沙丘分布相对均匀，反射特性相对稳定，并且随时间变化小，适宜作为辐射定标场。

（2）气候温暖适度，年降水量极低，从西部的 38mm 到东部的 10mm 不等。极低的年降水量减少了降水对地表反射率的影响，可以尽可能多地获取影像，为开展辐射定标提供良好的条件。

（3）该地区主要是流动沙丘，但其高度一般在 100~200m，地表可近似于朗伯体，方向特性弱，但仍需考虑其 BRDF 特性。

（4）场地大气特性稳定，气溶胶、水汽含量相对小，减小了对定标结果的影响。利用 2009—2010 年塔克拉玛干沙漠 HJ-1B CCD 相机的影像，以 500 像素 ×500 像素为基准对影像进行重采样，设置采样区相对方差为 0.02，初步选择塔克拉玛干沙漠均匀区。然后，基于统计分析原理，筛选出塔克拉玛干沙漠研究区，确定研究区中心点经纬度，并以此为依据，下载对应的塔克拉玛干沙漠研究区影像数据。表 5.18 所示为利用塔克拉玛干沙漠研究区 HJ-1B CCD1 影像统计分析的数据。

表 5.18 利用塔克拉玛干沙漠研究区 HJ-1B CCD1 影像统计分析的数据

传感器	成像日期	波段号	波段均值	波段标准差	中心点经度	中心点纬度
HJ1BCCD1	2010-01-06	波段 1	44.3699	0.7131	81.6914E	39.4449N
		波段 2	48.0085	0.9483		
		波段 3	67.8786	1.1486		
		波段 4	53.0161	0.9306		
HJ1BCCD1	2010-05-14	波段 1	52.8058	0.9455	81.5295E	39.6337N
		波段 2	60.0382	0.8550		
		波段 3	80.0452	1.2540		
		波段 4	64.9037	1.0165		

续表

传感器	成像日期	波段号	波段均值	波段标准差	中心点经度	中心点纬度
HJ1BCCD1	2010-07-07	波段 1	56.5353	0.8096	81.5295E	39.6337N
		波段 2	61.2498	0.7545		
		波段 3	80.3434	1.2222		
		波段 4	63.2366	1.2144		
HJ1BCCD1	2009-08-07	波段 1	51.0921	0.6981	81.8287E	39.8327N
		波段 2	56.2752	0.7146		
		波段 3	75.0101	0.9449		
		波段 4	59.2121	0.8451		
HJ1BCCD1	2009-08-11	波段 1	50.0351	0.6131	81.7930E	39.9708N
		波段 2	55.4906	0.6441		
		波段 3	74.1965	0.8660		
		波段 4	59.4838	0.8568		
HJ1BCCD1	2009-09-19	波段 1	58.4458	0.9847	81.5957E	39.6438N
		波段 2	61.246	0.9371		
		波段 3	78.0167	0.9371		
		波段 4	61.1956	1.1328		
HJ1BCCD1	2009-09-27	波段 1	45.3901	0.6610	81.6406E	39.7299N
		波段 2	50.0497	0.7461		
		波段 3	66.1605	0.6596		
		波段 4	52.8264	0.6673		
HJ1BCCD1	2009-10-01	波段 1	45.2077	0.7542	81.7657E	39.7045N
		波段 2	49.1043	0.6955		
		波段 3	65.2771	1.0832		
		波段 4	51.9130	0.7884		
HJ1BCCD1	2009-11-01	波段 1	57.7615	0.9403	81.8983E	39.6435N
		波段 2	64.0900	1.1928		
		波段 3	90.4384	1.4693		
		波段 4	66.3838	1.2190		
HJ1BCCD1	2009-12-31	波段 1	43.4447	0.8905	81.9610E	39.6312N
		波段 2	45.4822	0.9607		
		波段 3	61.9055	1.1854		
		波段 4	48.2578	0.9606		

塔克拉玛干沙漠研究区分析场地特性数据。

1. 空间均匀性

选取塔克拉玛干沙漠研究区成像较好的一幅 HJ-1 CCD 相机影像数据，以 25×25、75×75、125×125、175×175 个像元进行采样，统计不同采样大小条件下场地 DN 值的相对差异（见表 5.19）。统计结果表明，不同采样大小下场地的 DN 值差别不大，4 个波段的 DN 值差异均在 1% 以内，说明场地地表均一、空间均匀性较好。

表 5.19　塔克拉玛干沙漠研究区不同采样大小条件下 DN 值的相对差异

采样大小		25×25 个像元	75×75 个像元	125×125 个像元	175×175 个像元
DN 均值	波段 1	103.712	103.698	103.782	103.956
	波段 2	104.956	104.812	104.927	105.137
	波段 3	142.228	141.926	142.067	142.325
	波段 4	104.946	104.563	104.607	104.707
与 25×25 个像元采样区 DN 均值相对差异 /%	波段 1		−0.01	0.07	0.24
	波段 2		−0.14	−0.03	0.17
	波段 3		−0.21	−0.11	0.07
	波段 4		−0.37	−0.32	−0.23

2. 时间稳定性

选取塔克拉玛干沙漠研究区范围内 2000—2010 年的时间序列 MODIS 影像，通过提取影像表观反射率，并通过日地距离校正因子、太阳天顶角等的归一化处理，获取场地时间序列的归一化表观反射率，如图 5.23 所示。由图可知，塔克拉玛干沙漠研究区常年归一化表观反射率稳定，基本稳定在 0.16 ~ 0.23 内，4 个波段多年归一化表观反射率均值分别为 0.19、0.19、0.20 和 0.21。这个结果说明塔克拉玛干沙漠研究区与敦煌辐射校正场的归一化表观反射率（0.2 ~ 0.25）相近，同时也验证了塔克拉玛干沙漠研究区的场地具有很好的时间稳定性。

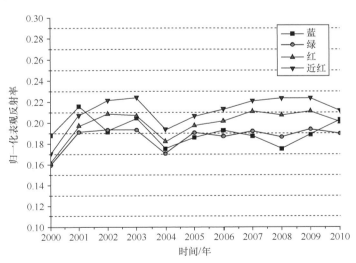

图 5.23　塔克拉玛干研究区时间序列归一化表观反射率

3. 场地方向特性分析

由于塔克拉玛干沙漠研究区地处塔克拉玛干沙漠，很难进行现场测量，因此要获得其实测 BRDF 数据就更加困难。依据 Thome 和巩慧等人的研究成果，为尽量减小场地方向特性给定标结果带来的影响，在开展定标时，所选择的定标影像的观测天顶角应尽量得小，以减小方向误差。

4．场地大气特性分析

（1）气溶胶光学厚度分析。

塔克拉玛干沙漠研究区气溶胶光学厚度的分析方法是，通过收集塔克拉玛干沙漠研究区 2006—2009 年的 MOD04 数据，处理得到 4 年间的气溶胶含量。对 4 年间每个月的数据取平均值，得到每年每月的气溶胶含量，最终获取塔克拉玛干沙漠研究区每个月的550nm 处气溶胶平均值和各月间的相对标准差，如图 5.24 和表 5.20 所示。由图 5.24 可以看出，塔克拉玛干沙漠研究区每年 3 月、4 月气溶胶含量最高，多年平均最高值为 0.216，而 8 月、9 月气溶胶含量较低，平均最低值为 0.134，整体气溶胶含量较低且相对稳定，比较适合开展辐射定标工作。表 5.20 表明，塔克拉玛干沙漠研究区的整体气溶胶含量较低，为塔克拉玛干沙漠研究区作为辐射定标场提供合理性依据。

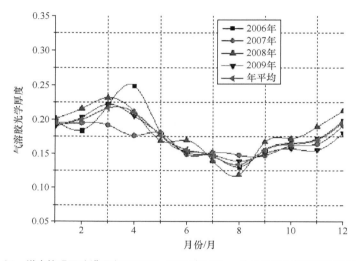

图5.24　塔克拉玛干沙漠研究区2006—2009年550nm处月平均大气气溶胶光学厚度

表 5.20　塔克拉玛干沙漠研究区多年 550nm 处月平均大气气溶胶光学厚度和相对标准差

月份	1 月	2 月	3 月	4 月	5 月	6 月	7 月	8 月	9 月	10 月	11 月	12 月
多年月平均值	0.195	0.200	0.216	0.210	0.177	0.156	0.147	0.134	0.156	0.165	0.171	0.196
相对标准差 /%	2.18	5.74	6.84	12.17	2.57	5.16	2.88	8.11	4.90	3.36	7.22	5.88

（2）水汽含量分析。

利用下载的塔克拉玛干沙漠研究区的 MOD05 影像，分析该场地的水汽含量。图 5.25 所示为塔克拉玛干沙漠研究区 4 年（2006—2009 年）的月平均水汽含量。由图可以看出，该场地水汽含量具有很好的规律性，由于所处纬度、降水量等因素影响，每年的 6—10 月水汽含量较高，冬季水汽含量整体偏低。由表 5.21 可知，水汽含量最高的是 7 月，平均最高值可达 2.07g/cm²，而全年平均最低值出现在冬季，最低至 0.34g/cm²，整体水汽含量在 0.3～2.1g/cm² 内。这一结果与敦煌辐射校正场相比基本一致，可以把该研究区确定为辐射校正研究区。

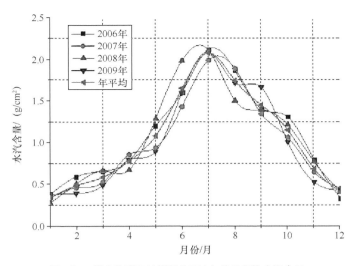

图5.25 塔克拉玛干沙漠研究区4年的月平均水汽含量

表 5.21 塔克拉玛干沙漠研究区多年月平均水汽含量和相对标准差

月份	1月	2月	3月	4月	5月	6月	7月	8月	9月	10月	11月	12月
多年月平均值 / $(g \cdot cm^{-2})$	0.339	0.483	0.580	0.773	1.077	1.651	2.072	1.742	1.448	1.145	0.680	0.398
相对标准差 /%	11.92	15.24	13.61	8.49	15.61	12.19	2.54	8.88	8.58	10.48	15.88	11.36

（3）臭氧含量分析。

塔克拉玛干沙漠研究区臭氧含量也利用 NASA TOMS 网站数据来分析，通过收集 2007—2010 年的臭氧数据，得出月平均臭氧含量分析图，结果如图 5.26 和表 5.22 所示。由图和表可知，该研究区臭氧含量也具有很强的规律性，每年 3 月臭氧含量最高，8 月、9 月、10 月这 3 个月的臭氧含量相对较低。由表 5.22 可知，塔克拉玛干沙漠研究区平均臭氧含量在 280 ~ 360DU 之间，相对变化不大，对辐射定标影响较小，有利于开展辐射定标工作。

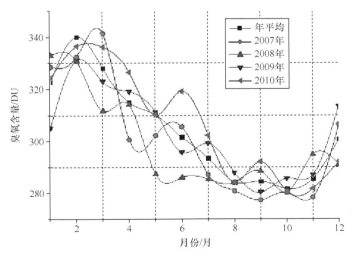

图5.26 塔克拉玛干沙漠研究区 2007—2010 年月平均臭氧含量

表 5.22 塔克拉玛干沙漠研究区多年月平均臭氧含量和相对标准差

月份	1月	2月	3月	4月	5月	6月	7月	8月	9月	10月	11月	12月
多年月平均值 /DU	322.7	340.0	328.0	315.0	310.2	301.2	293.4	284.1	284.4	281.5	285.4	300.7
相对标准差 /%	3.29	4.46	3.53	2.99	6.20	4.06	2.53	0.90	2.13	0.83	2.19	3.18

六、嵩山固定式靶标场

1. 固定式靶标场的特点和选址要求

人工靶标由于具有良好的光谱平坦性、朗伯性及均匀一致性等光学特性优势，目前基于活动靶标的相机在轨性能检测方式，正在被广泛应用于各类高分辨率光学卫星遥感器的在轨 MTF、空间分辨率、响应线性度等指标的在轨检测及在轨绝对辐射定标试验中。人工移动靶标的初期制作投入量较小，但是在应用过程中存在运行成本高、人工投入量大的问题。选址建设固定式靶标场，在场地中铺设多种不同反射率的灰阶靶标和辐射状靶标，从而使高分辨卫星遥感器的在轨 MTF、分辨率的日常检测和绝对辐射定标的准实时性成为可能，是一种行之有效的解决途径。

固定式靶标场应选取气象条件良好、地势平坦、交通方便的地区，同时要考虑到征地可行性、后期运行维护便利、便于管理等诸多方面的问题。

2. 嵩山固定式靶标场建设概况

随着我国在轨高分辨率卫星的日益增多，建设固定的在轨检测永久性靶标场势在必行。

为满足我国陆地观测卫星高分辨率相机的在轨 MTF 及空间分辨率、响应线性度、动态范围等指标的实时检测需求，经国家发展与改革委员会批复，在资源三号卫星数据处理中心建设项目支持下，中国资源卫星应用中心目前已成功建成了我国第一个固定式靶标场——中国嵩山固定式靶标场。经过对国内多个备选场的地形、气象条件、征地可行性的详细分析，固定式靶标场最终选址建设在河南登封市纸坊水库北侧附近。

固定式靶标场主要建设辐射状分辨率靶标和大面积矩形靶标两种类型，同时设计有航空分辨率靶标，用于满足机载相机的分辨率检测需求。

嵩山固定式靶标场的总体设计如图 5.27 所示，包含辐射状分辨率靶标、刃边靶标、大面积灰阶靶标、点光源点阵、航空分辨率靶标、遥感塔、无人机起降跑道、轻型旋翼无人机起降场等。

（1）辐射状分辨率靶标。

辐射状分辨率靶标由黑白相间的宽度渐变幅条组成，布设在场地的东北区域，最大弦长 4m，总的半径长度为 96m，弦径比为 1 : 24，扇形张角为 112°，对比度为 1 : 12（低反射率为 5%，高反射率为 60%），可以满足分辨率优于 4m 的高分辨率卫星相机的分辨率检测需求。

（2）刃边靶标。

刃边靶标由 2 块大小为 35m×35m、反射率为 5% 的黑色靶标和 1 块大小为 35m×35m、反射率为 60% 的白色靶标构成，布设在场地的西南区域。两条黑白线相互垂直并与卫星轨道方向有一个约 7° 的夹角，便于 MTF 在轨检测时实现重采样，提高 MTF 在轨检测精度。

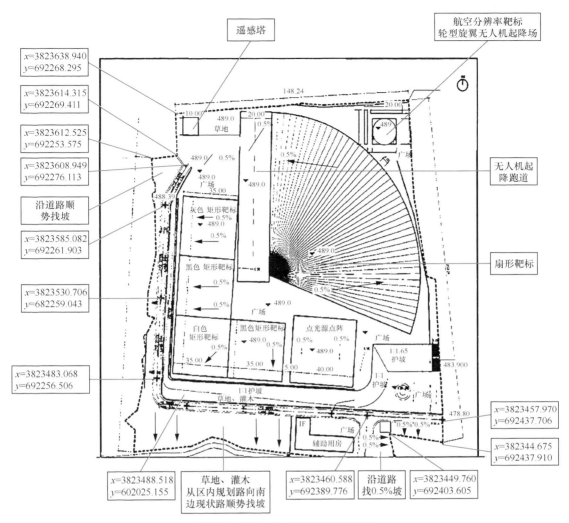

图5.27 嵩山固定式靶标场的总体设计

（3）大面积灰阶靶标。

刃边靶标再加上1块中等反射率靶标即可构成大面积灰阶靶标，反射率分别为5%、40%、60%。由布设在场地西侧和南边的4块靶标组成，用于完成相机在轨绝对辐射定标、响应线性度、动态范围和辐射分辨率的在轨检测。

（4）4×4的点光源点阵。

4×4点光源点阵由16个反射式点光源，按照非整像素间隔，沿星载光学遥感器飞行方向布设4×4点光源阵列组成，布设在场地东南角40m×40m范围内。点光源点阵提供一种精度更高的、针对高分辨率卫星进行在轨的二维MTF测量的方式，可以与基于刃边靶标的MTF检测结果进行相互对比验证，从而提高MTF检测结果的精度及其有效性。

（5）航空分辨率靶标。

航空分辨率靶标包括2组黑白相间的条纹，条纹最小宽度为4cm，按照12%递增，一组条纹沿航线方向布设，另一组条纹垂直于航线方向布设。航空分辨率靶标布设在场地的东北角。

（6）遥感塔。

场地的西北角建有 60m 高的遥感塔一座，遥感塔垂直方向分 5 层，配置了大气、温湿度、辐射量及热通量等方面的分层自动观测仪器，用于场地大气参数及蒸散参数的实时观测及获取。

（7）无人机起降跑道。

在辐射状分辨率靶标和灰阶靶标之间的空余场地，建设了无人机起降跑道，用于机载航空摄影测量试验中无人机的起降。

（8）轻型旋翼无人机起降场。

在场地的东北角建设了轻型旋翼无人机起降场，用于机载航空摄影测量试验中轻型旋翼无人机的起降。

图 5.28 所示为嵩山固定式靶标场整体效果。

嵩山固定式靶标场的耐候性涂层的整体结构由下弹上硬的多层涂层组成（见图 5.29），分为基底、底层涂料、中间过渡层和表层涂料。考虑到耐候性需求和光谱特性要求，表层涂料采用具有抗紫外耐候性、柔韧性的面层改性丙烯酸材料，其绘制光谱特性和耐候性能均满足靶标图案的要求。基底为水泥混凝土，底层涂料为强渗透性抗碱材料，有封闭混凝土毛细孔的作用，能提高与基础水泥混凝土的粘接力，防止涂层起壳脱落，同时具有防渗水和防返碱功能；中间过渡层的作用主要是作为表层涂料和底层涂料间的弹性缓冲区，可有效提高两层之间的粘接力。

图5.28 嵩山固定式靶标场整体效果

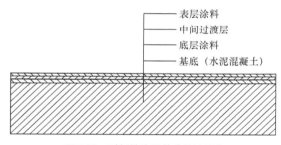

表层涂料
中间过渡层
底层涂料
基底（水泥混凝土）

图5.29 耐候性涂层整体构造示意

3. 场地光谱性能

（1）方向 - 半球反射比测试。

将太阳光作为相同入射几何照明条件，选定靶标场不同的位置作为方向 - 半球反射比检测点，获取靶标场的方向 - 半球反射比，抽样测量和现场测量的结果如图 5.30 所示，样品分布曲线为抽样测量结果，靶标分布曲线为现场测量结果。60% 靶标、40% 靶标和 5% 靶标平均方向 - 半球反射比分别为 0.607、0.438 和 0.045。

（2）光谱反射率一致性。

根据靶标场方向 - 半球反射比现场测量数据，计算出不同反射率靶标的光谱非平坦性结果：60% 靶标、40% 靶标和 5% 靶标的光谱非平坦性分别为 2.0%、2.4% 和 4.5%。

（3）场地非均匀性测试。

针对场地中 3 块不同反射率靶标区域，每块靶标测量了 16 个点，不同点位置非均匀性曲线分布如图 5.31 所示。经计算得到 60% 靶标、40% 靶标和 5% 靶标的场地非均匀性分别为 1.63%、1.97% 和 1.58%。

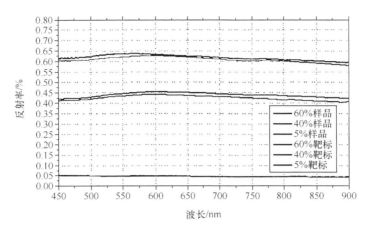

图 5.30 抽样测量和现场测量的结果

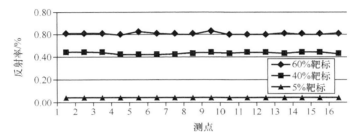

图 5.31 不同点位置非均匀性曲线分布

4. 场地几何点位放样测绘

固定靶标场的几何点位放样，采用了河南省地质信息连续采集运行系统发布的 GPS 差分数据，用南方 S82-T 型 GPS 接收机进行了场地的控制测量，4 个控制点布设在场地四周，在控制点基础上采用南方 NTS-362R 全站仪进行了场地 404 个特征点位的放样测绘。放样特征点时，首先在场地中央架设全站仪，放样出灰阶靶标的 A1 至 A4 点、B1 至 B4 点，辐射状靶标的中心点为 O，而后在 O 点架设仪器，放样出辐射状靶标的各特征点，从而确保了场地中靶标内部特征点位置的相对精度。场地特征点分布如图 5.32 所示。

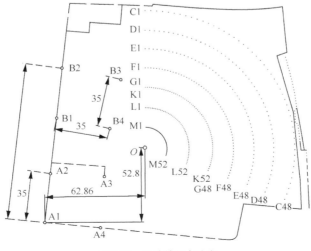

图 5.32 场地特征点分布

5. 场地的应用

2013 年 6 月 15 日 GF-1 卫星对嵩山固定式靶标场进行了成像观测，基于固定式靶标场观测影像（见图 5.33），对 2m 相机进行了在轨 MTF 解算。该场地还应用于 CBERS-2C 和 CBERS-3 卫星在轨几何检校。

6. 场地业务化运行展望

中国嵩山固定式靶标场内，建有遥感塔一座，塔上搭载有大气、温湿度、辐射量及热通量等方面的分层自动观测仪器，用于场地大气参数及蒸散参数的实时获取。目前，场地内已配有自动太阳辐射计 CE318，后期还将计划配备场地大气、温湿压、反射率、辐照度、BRDF 等参数的自动长期观测仪器，所观测数据实

图5.33　GF-1卫星嵩山固定式靶标场影像

时通过网络自动传输至位于北京的中国资源卫星应用中心。随着相关设备的相继投入和算法的深入研究，基于该场地可实现陆地观测卫星在轨辐射定标、在轨几何检校，以及相机 MTF、分辨率、响应线性度等指标的在轨性能检测的业务化与常态化。

中国嵩山固定式靶标场，经过两年多建设，目前已投入运行，该定标场是我国目前建成并投入使用的第一个固定式靶标场。目前，GF-1、CBERS-3、CBERS-2C 等卫星已基于该定标场完成了绝对辐射定标及相机在轨 MTF、分辨率、响应线性度等指标的在轨性能检测，实际应用效果表明，该定标场能够满足星载高分辨率相机在轨性能检测及绝对辐射定标的技术需求。（李照洲）

七、航空航天共用的高分辨遥感综合自动化定标场——包头场

原中科院光电研究院（现空天研究院）所属的包头场是航空航天共用的高分辨遥感综合自动化定标场。2014 年包头场成为自主辐射定标网络系统（Radiometric Calibration Network，RadCalNet）第一批 4 个示范场之一，并逐步开始提供高精度、高稳定、高频次、可溯源、全球统一质量标准的无人值守场地辐射定标服务。2015 年光电研究院研制了地面/大气真值测量系统，包括 4 个部分，分别为目标特性自动观测系统、CE318、小型气象站和总控计算机。目标特性自动观测系统通过光纤探头将地面靶标的辐射量导入可见-近红外光谱仪，获取地面辐亮度；CE318 用于测量大气参数，包括 AOD、Angstrom 系数、大气浑浊度等；小型气象站用于测量温、压、风、湿等气象参数；获取的数据汇总到总控计算机自动处理，并按照 RadCalNet 的数据协议格式将测量数据上传到 NASA 数据处理中心，最终实现定标数据共享与发布。光电研究院的定标方法直接获取了高光谱地表辐射，避免了多光谱到高光谱曲线的扩展，然而，其价格较为昂贵，更加适合小面积均匀人工目标的观测。（详见 5.13.1 小节）

5.4.2　国外辐射场

经过多年发展，国际上建立了一系列辐射校正场。如美国建立的新墨西哥州的白沙试验场、Railroad Valley 试验场、Lunar Lake 试验场、加利福尼亚爱德华兹空军基地的干湖床和 Ivanpah 试验场等；法国的 La Crau 试验场；加拿大的 Newell County 试验场；澳大利

亚建立了 Tinga Tingana、Uardry Hay、Lake Frome 3 个试验场；我国 20 世纪末建立的敦煌辐射校正场。各场地的经纬度及场地面积如表 5.23 所示。（高海亮）

表 5.23　各场地的经纬度及场地面积

场地	国家	纬度 N/ (°)	经度 E/ (°)	海拔 /m	场地面积 /km × km
白沙	新墨西哥，美国	+32.23	−106.28	1196	40 × 40
Chuck Site	新墨西哥，美国	+32.92	−106.35	1196	0.5 × 0.5
Railroad Valley	内华达中心，美国	+38.504	−115.692	1300	10 × 15
Lunar Lake	内华达，美国	+38.40	−115.99	1750	1.5 × 2.5
Ivanpah	加利福尼亚，美国	+35.550	−115.388	800	3 × 7
干湖床	加利福尼亚爱德华兹空军基地，美国	+34.96	−117.86	694	1 × 2
Newell County	亚伯达牧场，加拿大	+50.30	−111.63	750	7 × 7
Tinga Tingana	澳大利亚南方Strzelecki 沙漠	−29.00	+139.83	100	19 × 19
Uardry Hay	新南方威尔士澳大利亚	−34.39	+145.31	94	2 × 2
Lake Frome	澳大利亚	−30.85	+139.75	0	10 × 10
La Crau	法国	+43.55	+4.85	20	15 × 10
敦煌	中国	+40.20	+94.43	1160	25 × 25

一、美国白沙试验场

白沙试验场位于新墨西哥州圣安地列斯山脉以东，美国沙漠西南部，由于位于 Chuck 地区北部，通常也被称为 Chuck 定标场。试验场的地理位置为 32.23°N、106.28°W，海拔约为 1200m，气溶胶含量低，地表反射率高，地面接近朗伯表面。离白沙试验场 Chuck 地区南部约 60km 处有气象站，可以提供卫星或飞机过境时刻的大气参数。白沙试验场的面积很大，达到 40km × 40km。

白沙试验场表面覆盖平坦的石膏砂，厚度从距湖床外边缘的 30cm 处至中心附近超过 1.5m。在石膏砂厚度小于 1m 的湖泊沉积区域，存在植物。地下水位接近地表附近（约 2m 深以内），径流缓慢。

白沙试验场附近存在大型树木和大型石膏沙丘，白沙场反射率在可见 - 近红外波段很高，且光谱平坦，但在短波红外波段反射率较低。地表反射率随季节变化，冬季反射率最低，地表部分被地下水覆盖或变得潮湿。在经过夏季雨水干燥后的深秋季节，反射率最高。

白沙试验场从 20 世纪 80 年代中期以来，被广泛用于光学卫星遥感器的在轨辐射定标，如 Landsat TM、SPOT/HRV。白沙场也可用于机载遥感器的辐射定标。

二、美国 Railroad Valley 试验场

Railroad Valley 试验场是一个干湖床，位于美国内华达州。场地地理位置为 115.692°W、38.504°N，海拔约为 1.3km。试验场位于内华达州的伊利（Ely）市和托诺帕（Tonopah）

市中间。Railroad Valley 试验场面积小于白沙试验场，只有白沙试验场的四分之一，适合定标的面积约为 10km×10km。

场地无植被覆盖，气溶胶含量很低。在正常的天空清洁的日子，气溶胶光学厚度在 550 nm 处小于 0.05，水平能见度接近 60km。在整个沙漠，气溶胶水平变化非常小。然而在有云出现和有极端的风的条件时，气溶胶可以非常显著地越过沙漠。

该场地比白沙试验场更容易受到云的影响，冬季 12 月至翌年 3 月和夏季 7 月、8 月云量较多。

利用 Landsat TM、SPOT 和 AVHRR 影像，评价 Railroad Valley 场地的空间均匀性。图像分析结果表明，Landsat TM 和 SPOT HRV 在 2km×2km 区域内测点图像变化在 1.5% 以内。分析 AVHRR 影像，在 3km×3km 面积内不同像元间的变化小于 1%，说明场地具有很好的空间均匀性。不同月份、不同年份的图像均匀性分析结果显示，场地在不同时间具有很好的均匀性，至少从仲夏到晚秋如此。

Railroad Valley 场地的光谱反射率通常大于 0.3，低于白沙试验场，除蓝色波段和 1.4 μm、1.8μm 处的吸收波段外，光谱曲线很平坦。在理想情况下，反射率在一年内保持不变，但多次测量的结果表明，场地反射率受土壤湿度影响很大，尤其是在受大范围气候影响的冬季和有周期大雨的夏季。冬季地下水位上升，场地的反射率最低。整个场地具有很好的朗伯性，当遥感器的观测角小于 30° 时，可以认为地表为朗伯体。

三、Ivanpah 试验场

Ivanpah 试验场海拔约为 0.8km，位于加利福尼亚州与内华达州交界处，地理位置为 35.550°N、115.388°W，面积约为 3km×7km。在可见 - 近红外波段，Ivanpah 试验场的光谱反射率曲线形状与 Railroad Valley 相似，但比其更亮，干燥时也比白沙试验场亮。除了少数阴沉的雨天外，这片沙漠的反射率是非常稳定的。Ivanpah 比白沙和 Railroad Valley 空间均匀性更好。Ivanpah 的交通更方便，距离附近的旅馆只有 15min 的路程。

四、美国小试验场

在满足遥感器空间分辨率的条件下，可以选择一些小的试验场，在卫星过境时获取目标光谱图像数据进行场地替代定标，提高遥感器定标的频率，得到更多的时间系列定标数据，有利于及时获得遥感器的响应变化信息。例如：为了对 Landsat-7（于 1999 年 4 月 15 日发射）上搭载的 ETM+ 多光谱绘图仪进行在轨替代定标，除了 4 个大的试验场测试外，还需增加定标的频次。

在距离 RSG（Remote Sensing Group，在亚利桑那大学）实验室 30min 路程处，找到了符合均匀性要求的小试验场——图森（Tucson）的一个沥青停车场，它是北马郡市场（Pima County Fairgrounds，PCFG）的一部分，面积约为 90m×90m，可以覆盖遥感器的 3×3 个像元（遥感器空间分辨率为 30m）。

1999 年 7 月 31 日至 11 月 4 日，Landsat-7 卫星 7 次过境图森场时，地面同步进行了地表反射率和天气参数、气溶胶光学厚度的测量和计算。图 5.34 是测试的 PCFG 沥青场地表反射率和作为参考的 Ivanpah、Railroad Valley 和白沙试验场的地表反射率。在图 5.34 中，光谱曲线在 940nm、1400nm、2100nm 和 2500nm 附近噪声较大，这是由于大气中的水汽吸收造成信噪比低。PCFG 的地表反射率在短波段略低。

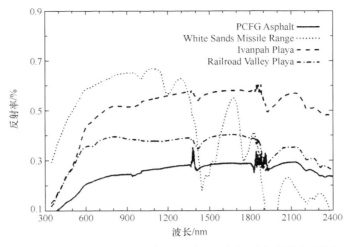

图5.34 PCFG沥青场测试的地表反射率和3个大参考场的地表反射率

通过这 7 次的数据处理，用反射率基方法完成了对 ETM+ 的辐射定标，定标的精度在所有波段达到 ±5%，在可见 - 近红外波段达到 3% ~ 5%。

五、法国 La Crau 试验场

法国 La Crau 试验场的地理位置为 43°55′N、4°85′E，位于法国南部的阿尔勒市（Arles）和马赛市（Marseille）之间，在马赛市东北方向约 50km 处。La Crau 的气候属于干旱、阳光明媚的地中海气候类型，夏季炎热干燥，冬季寒冷潮湿。La Crau 年平均降雨量只有610mm，自然生态接近半沙漠。数月无雨，7 月植被逐渐干旱并死亡，在冬季和春季，土壤湿润，绿色植物季节性地涌现，但是一年中大多数时间其表面是一个不变的表面。La Crau 常年有风，全年无云天数多，有利于辐射定标的开展。

La Crau 地表的覆盖层是由红色砂质黏土、鹅卵石和稀疏的植被组成的。场地附近有小面积、不规则的卵石堆和石标，除了在日出和日落的几分钟，其他时间对场地辐射特性的影响可以忽略。图 5.35 为 La Crau 场地表面平均的光谱反射率。这个光谱与裸土壤的是相似的，从可见到近红外波段反射率规则地增加。在一年的这个时间，自然植被不足的影响是有限的。在红外 1430 ~ 1450nm 和 1820 ~ 1900nm 处（更强）有明显的吸收特性。

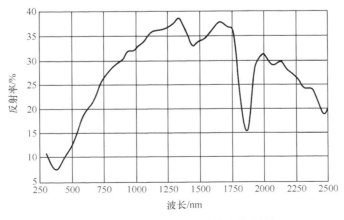

图5.35 La Crau 场地表面平均的光谱反射率

La Crau 试验场地势平坦，面积约为 15km × 10km，中部是精心挑选的试验区域，面积约为 400m × 400m，用于遥感器的绝对辐射定标。在冬季和春季，对试验场及周围地区的地表 BRDF 测量数据的分析结果表明：该区域反射率数据有良好的均匀性和稳定性。根据 ATSR-2 在 La Crau 试验场的影像数据分析，试验场中心地区地表均匀，图像灰度值一致，表明试验场具有良好的空间均匀性。TOA 反射率经大气校正后，反演得到地面反射率，结果与实测值非常吻合。La Crau 试验场具有很好的通信和交通条件，利于大型试验和多次在轨定标试验的开展。法国多年来一直利用 La Crau 试验场进行在轨定标试验，特别是用于 SPOT HRV 遥感器的定标。

六、加拿大 Newell County 试验场

Newell County 牧场位于加拿大亚伯达省梅蒂逊哈特市西北，地理坐标为 50°3′N、111°63′W，海拔约为 750m。Newell County 试验场是一个约 7km × 7km 的大牧场。场地地表类型为草地，随气候变化相对缓慢，具有面积大、植被覆盖均匀的特点。亚伯达省的 Newell County 试验场反射率小于沙漠场。该场地主要用于 TM、ETM+ 等资源卫星的绝对辐射定标。

七、澳大利亚 Lake Frome 试验场

Lake Frome 试验场位于澳大利亚中部，南澳大利亚州东北部，中心经纬度约为 30°85′S、139°75′E，面积约为 2700km²，海拔近海平面，地面平坦，为干盐湖床。Lake Frome 大气干洁、空气清新、气溶胶很小、纬度低、太阳直射强，在测量过程中，受大气影响小。Lake Frome 试验场地为干盐湖床的中心位置，场地地表由细盐颗粒结晶而成，结晶盐厚处可达 10cm，薄处仅有几微米。场地地表非常坚硬，由于干旱和结晶的作用，形成鞍裂结晶。试验场周围区域是较松软的泥土和薄盐。整个地表呈白色，反射率最高可达 70%。实验场地无任何植被，其地表反射率的变化主要由盐颗粒的水分决定。由于该地区干旱少雨，在一定时期内，可认为地表反射率不发生变化。场地非常平坦，不同测点的反射率随水分含量的差异而有所变化，但在局部范围内，可认为地表为均匀的。在实际测量过程中，发现实验场地的地表反射率随观测角度的不同而差异很大，因此当使用大角度观测图像时，必须考虑地表非朗伯特性的影响。但当卫星使用小角度观测时，可以忽略地表方向性影响，认为地表为朗伯体。图 5.36 为 Lake From 试验场多个测点的地表反射率。可以看出不同测点的反射率由于水分含量的差异，在 20% ~ 70% 内变化。除 Dark 测点外，其他几个测点的反射率曲线形状都类似。在 350 ~ 600nm 波段反射率呈线性上升趋势；960 ~ 1020nm、1160 ~ 1220nm、1400 ~ 1500nm、1890 ~ 2020nm 为 4 个明显的吸收峰。Dark 测点的地表类型是土壤，无盐颗粒覆盖。这个测点的反射率与其他几个测点有明显差异，反射率较为平缓，除 350 ~ 600nm 反射率呈线性上升趋势外，其他波段反射率都在 20% ~ 30%。

场地气溶胶数据从距离 Lake Frome 北部约 200km 的 Tinga Tingana 气象站获取。2009 年 2 月我国环境卫星过境时，此场地 550nm 的气溶胶光学厚度为 0.066。

Lake Frome 试验场地表反射率高，尤其适合可见光波段高反射率目标的定标研究。试验场地表坚硬，不易被测量过程的活动破坏，有利于长期多次地面测量的实施。场地地表特性的长期稳定性好，可以在一年内多次对场地成像，实现时间序列定标。场地不同，测

点反射率不同，利用这个特点可以实现部分测点定标，反演出定标系数，另一部分测点可对定标结果进行真实性检验。

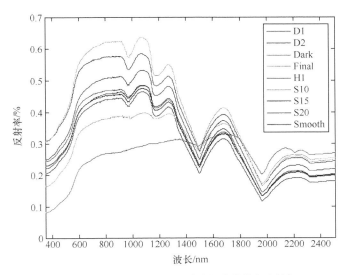

图5.36　Lake Frome试验场多个测点的地表反射率

我国处于高纬度地区的试验场，与位于低纬度的澳大利亚试验场形成了气候互补条件。我国与澳方试验场联合定标，有利于我国卫星遥感器实现全天候定标，及时获得场地定标与真实性检验结果。此外，联合定标可以根据不同地区的综合定标技术研究，为我国卫星在全球范围的综合定标分析提供基础数据，从而提高我国卫星的在轨定标精度，将我国卫星的全球化应用提高到新的水平。基于这一目的，2009 年 2 月，原中科院遥感所同澳大利亚联邦科学与工业研究组织（Commonwealth Scientific and Industrial Research Organisation，CSIRO）科学家合作，在 Lake Frome 试验场开展了我国环境卫星过境同步地面测量，测量了地表 BRDF，对环境卫星 HJ-1A 高光谱成像仪在轨辐射定标系数进行了真实性检验。

5.5　辐射校正场定标测试的基本设备

卫星光学遥感器的场地替代定标，需要进行卫星同步观测区的辐射校正场地面几何位置、地表光学特性的测量，进行观测区域大气光学特性测量、观测区气象参数测量。对于红外遥感器，需要进行地物目标红外辐射的测量。在这些测量中使用的测量仪器有光谱辐射计、太阳辐射计、漫射白板、红外辐射计等。对于前 3 种仪器，本书第 2 章中有对其主要结构、功能的介绍。

红外辐射计是用于测量地物目标红外辐射的仪器。CE312 热红外辐射计由光学系统和 PC 操作软件控制的数据采集、显示和处理两部分构成。光学系统内置一块镀金反射镜和一个测量腔体内部温度的铂电阻，系统内有一个可旋转的滤光片轮，每块滤光片镶嵌在滤光片轮上。仪器测量时，来自目标的红外辐射通过光学透镜、滤光片等光学组件到达热电探测器上。每个通道进行一次数据采集，获得一组来自光学系统头部腔体内部和镀金反射镜的辐射（测量内部辐射时，镀金反射镜旋转至挡住视场的位置），及来自目标和腔体的辐射值。同时，腔体内置的铂电阻记录下镀金反射镜的温度，利用普朗克函数可获得镀金反射镜的辐亮度。CE312 光学系统如图 5.37 所示。

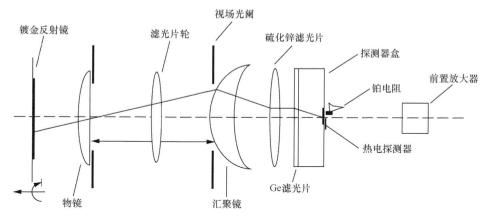

图 5.37　CE312 光学系统

CE312-1b 共有 4 个通道，波段范围分别为 8～14μm、11.5～12.5μm、10.3～11.3μm 和 8.2～9.2μm。仪器测温范围为 −80～50℃，温度分辨率为 0.01℃，响应时间为 1s，仪器视场角为 10°，工作环境温度为 −20～50℃，数据重复率优于 99.65%。

CE312 热红外辐射计带宽辐亮度和分谱辐亮度，都是通过测量不同温度下的标准黑体源，建立辐射计计数值与辐射能量之间的线性关系进行定标的。

5.6　辐射场测试内容和数据处理

5.6.1　试验场地表光学特性测量

一、场地地物反射率测量

（1）测量时间：与被定标或测量的遥感器飞过试验场的过境时间同步，在过境时间前后 1h 之内完成所有地面采样点的测量。

（2）试验区域的地点和面积：试验区域的地理位置根据卫星飞行路线选择，由全球定位系统仪器确定测点位置。试验区域的面积可以根据遥感器的地元分辨率选择。同步观测区的面积至少应覆盖遥感器地元分辨率的 3×3 个纯像元，试验区域尽量覆盖卫星飞行轨迹方向和垂直轨迹方向数十个像元。应根据试验场地表物质和植被状况，选择足够大的测量面积，以充分反映试验场的地表空间均匀性。

（3）测点和测量路线：测点应均匀分布于试验区域的各个角落和各方位。测点间隔应综合考虑遥感器地元分辨率、试验区域面积、测量时间来确定。应根据测量设备条件（步行、车载），保证在规定的测量时间内能够完成各测点的测量，选择最佳测量路线。

以环境卫星在敦煌场地定标时的场地测量为例。环境卫星 HJ-1A、HJ-1B 星搭载的

CCD 相机空间分辨率为 30m，搭载的高光谱成像仪的空间分辨率为 100m。2008 年 10 月，在环境卫星过境敦煌场地时，地面同步进行了场地特性测量。

试验前在敦煌场区进行了采样点位的选择。为了在短时间内完成地面数据的测量，将 600m×600m 的试验区域以经、纬度方向为列、行方向布置好采样点位，采样点行、列方向各间隔 50m，场区 4 个端点处分别插一面大的红色旗帜作为标记，每个采样点处插有一面小旗，为方便和指导测量，将每一行所用的小旗设为同一颜色，不同行之间小旗颜色不同，共有 13×13 个采样点，即 169 个采样点，如图 5.38 所示。

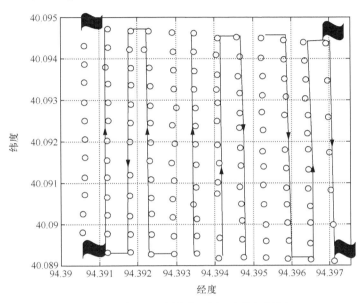

图5.38　试验区采样点位及测量路线（巩慧）

地表光谱特性数据采用 FR ASD 野外光谱仪和 SVC HR-1024 光谱仪进行测量。光谱测量时，以中间的南北线将试验区分成两部分，两台仪器同时从中间向东、西方向进行测量。在敦煌试验场区的两个采样点位置之间选择 9 个子点，先在第一个采样点位上测量两次白板，连续测量两个采样点间的 9 个子点的地面光谱，每个子点测量两次，完成一组测量后，到第二个采样点位进行下一组测量，每一组测量所需时间约为 1.4min。整个试验区共获取 156 组测量数据，共约 1500 条地面光谱数据。为了减小太阳天顶角和大气状况变化的影响，所有测量在卫星过境前后 1h 内完成。同时利用全球定位系统对采样点进行精确定位。

在环境卫星过境内蒙古贡格尔草原试验场进行的地面同步测量中，场地大小为 500m×500m，采用在试验区中心放置参考板、分 8 个方向放射状进行测量的方式（见图 5.7）。每个区域的测量时间为 12～15min，整个测量时间约为 2h。

（4）测量仪器及测量注意事项：用连续光谱仪或波段式光谱仪测量地表反射光谱，用高反射率的朗伯白板做标准参考板，二者采集同目标光谱数据后，经数据处理得到目标的反射率。光谱仪的工作谱段应与遥感器工作谱段匹配。

测量注意事项如下。

- 光谱仪的位置：光谱仪的探头光轴应正对被测目标，与被测平面法线同轴，夹角

在 ±10° 以内。一般情况探头距目标面 1.5m 左右。可根据观测视场内物种的均匀程度选择尽量大的探头视场角。

- 标准白板的反射校正：在场地测量中，标准白板应水平放置。应尽量增加白板校正的时间频次，以减小太阳辐照度或天气变化对测量的影响。
- 测量时应防止光的阴影及周围物体漫射光的影响。
- 测量时间和频度：场地光谱测量应在 10:00 ~ 14:00 完成，应在天空无云、晴朗的天气下进行。每个测点应采样 5 次以上，取平均值为测量结果，减少随机噪声等因素的影响。
- 做好辅助数据采集和测试条件记录：野外地物光谱测量受测量时环境条件的影响，如太阳高角、太阳方位角、云量、风、地面目标的波向、地面物种及均匀性等。而后续的遥感器地物光谱辐射量的反演还要受到观测条件的影响，如大气条件、观测的高角、方位角、遥感器的参数和运动等因素。除在测点必须采集定位数据外，还需详细记录环境参数、仪器参数及观测目标的相关数据。

（5）地物反射率的数据处理：场地测量时利用光谱仪测量地物的反射光谱，光谱仪采用 DN 值测量模式，同时测量相同照明条件下的标准反射白板的反射光谱，通过式（5.1）计算地物的反射率 ρ_g：

$$\rho_g = \frac{V_g(\lambda)}{V_p(\lambda)}\rho_p(\vartheta) \tag{5.1}$$

式中，λ——波长；$V_g(\lambda)$——采样点的地表测量光谱 DN 值；$V_p(\lambda)$——参考板测量光谱 DN 值；$\rho_p(\vartheta)$——在太阳角度为 ϑ 时参考板垂直观测的绝对反射率，根据参考板在实验室中测得的 BRDF 值进行插值得到。

对场地测量的所有光谱取平均值，得到场地平均反射光谱，再同遥感器各波段光谱响应函数进行卷积运算，即可得到各波段相应的等效反射率：

$$\rho_i = \frac{\int_{\lambda_1}^{\lambda_2}\overline{\rho_g}(\lambda)R_i(\lambda)\mathrm{d}\lambda}{\int_{\lambda_1}^{\lambda_2}R_i(\lambda)\mathrm{d}\lambda} \tag{5.2}$$

式中，ρ_i——遥感器第 i 波段的等效地表反射率；$\overline{\rho_g}(\lambda)$——场地平均反射光谱；$R_i(\lambda)$——遥感器第 i 波段的光谱响应函数。（张玉香、傅俏燕、高海亮、Slater）

二、地物表面 BRDF

1. BRDF、BRF 定义

双向反射分布函数 BRDF——$f_{(\vartheta_i,\varphi_i,\vartheta_v,\varphi_v)}$ 为沿 ϑ_v、φ_v 方向从物体表面反射的光谱辐亮度 $\mathrm{d}L_{(\vartheta_i,\varphi_i,\vartheta_v,\varphi_v)}$ 与从 ϑ_i、φ_i 方向入射到表面的光谱辐照度 $\mathrm{d}E_{(\vartheta_i,\varphi_i)}$ 之比：

$$f_{(\vartheta_i,\varphi_i,\vartheta_v,\varphi_v)} = \frac{\mathrm{d}L_{(\vartheta_i,\varphi_i,\vartheta_v,\varphi_v)}}{\mathrm{d}E_{(\vartheta_i,\varphi_i)}} \tag{5.3}$$

式中，ϑ_i、φ_i——入射天顶角、方位角；ϑ_v、φ_v——反射（观测）天顶角、方位角。$f_{(\vartheta_i,\varphi_i,\vartheta_v,\varphi_v)}$ 的单位量纲为球面度的倒数（sr^{-1}）。

反射率因子 BRF——$R_{(\vartheta_i,\varphi_i,\vartheta_v,\varphi_v)}$ 定义为在给定方向的照射和观测条件下，物体反射的辐通量 $\mathrm{d}\Phi'_{(\vartheta_i,\varphi_i,\vartheta_v,\varphi_v)}$ 与处在相同照射条件下的完全反射漫射体反射的辐通量 $\mathrm{d}\Phi'_{\text{朗伯}(\vartheta_i,\varphi_i,\vartheta_v,\varphi_v)}$ 的比

值。朗伯体的反射率$\rho_{朗伯}=1$，则：

$$R_{(\vartheta_i,\varphi_i,\vartheta_v,\varphi_v)}=\frac{\mathrm{d}\Phi'_{(\vartheta_i,\varphi_i,\vartheta_v,\varphi_v)}}{\mathrm{d}\Phi'_{朗伯(\vartheta_i,\varphi_i,\vartheta_v,\varphi_v)}}=\frac{L'_{(\vartheta_i,\varphi_i,\vartheta_v,\varphi_v)}\cos\vartheta_v\mathrm{d}\Omega_{\vartheta_v}\mathrm{d}S}{\left(\dfrac{E_{(\vartheta_i,\varphi_i)}\rho_{朗伯}}{\pi}\right)\cos\vartheta_v\mathrm{d}\Omega_{\vartheta_v}\mathrm{d}S} \tag{5.4}$$

$$=\pi\frac{L'_{(\vartheta_i,\varphi_i,\vartheta_v,\varphi_v)}}{E_{(\vartheta_i,\varphi_i)}}=\pi f_{(\vartheta_i,\varphi_i,\vartheta_v,\varphi_v)}$$

反射率因子$R_{(\vartheta_i,\varphi_i,\vartheta_v,\varphi_v)}$是个无量纲的数值，等于 BRDF 乘以 π。在实际应用中，由于 BRF 测量、计算更加方便，因此常用 BRF 表征物体的表面反射特性。

目标反射率$\rho_{\mathrm{t}(\vartheta_i,\varphi_i,\vartheta_v,\varphi_v)}$由式（5.5）计算：

$$\rho_{\mathrm{t}(\vartheta_i,\varphi_i,\vartheta_v,\varphi_v)}=\frac{L_{\mathrm{t}(\vartheta_i,\varphi_i,\vartheta_v,\varphi_v)}}{L_{\mathrm{r}(\vartheta_i,\varphi_i,\vartheta_v,\varphi_v)}}\rho_{\mathrm{r}(\vartheta_i,\varphi_i,\vartheta_0,\varphi_0)}K_{\mathrm{r}(\vartheta_i,\varphi_i,\vartheta_v,\varphi_v)} \tag{5.5}$$

式中，$L_{\mathrm{t}(\vartheta_i,\varphi_i,\vartheta_v,\varphi_v)}$和$L_{\mathrm{r}(\vartheta_i,\varphi_i,\vartheta_v,\varphi_v)}$——测试的目标和参考板辐亮度；$\rho_{\mathrm{r}(\vartheta_i,\varphi_i,\vartheta_0,\varphi_0)}$——参考板的垂直观测反射率；$K_{\mathrm{r}(\vartheta_i,\varphi_i,\vartheta_v,\varphi_v)}$——参考板反射率修正系数，当参考板为完全朗伯体时，$K=1$。

2．BRDF、BRF 测量方法

需要测试目标场地不同观测天顶角（0°～70°，间隔10°）、不同观测方位角（0°～350°，间隔10°）的反射辐亮度，同时还需测量参考反射板垂直方向的反射辐亮度。

测量采用不定点测量方法，探测器平台依场地大小和设备条件确定：对于大面积场地（km² 量级）常用直升飞机，对于较小的场地（m² 量级）一般用测量架作为搭载平台。

安徽光机所在 1994 年、1996 年采用自行研制开发的 VF921 智能型地物光谱辐射计，进行了敦煌场地的 BRDF 测量。BRDF 测量系统示意如图 5.39 所示，主要由以下几部分组成：支架部分用轻型不锈钢管做成稳固的三角形支架，可随时安装和拆卸，便于携带；扫描部分由两个步进电机组成二维扫描系统，在计算机的控制下，电机带动辐射计探测头运动，实现对地面的二维扫描；辐射计传感器部分用 CCD 阵列器件构成光传感器，可实现光、电信号的快速转换；控制、存储部分由便携式计算机完成扫描电机的控制、辐射计的测量以及测量数据的存储。

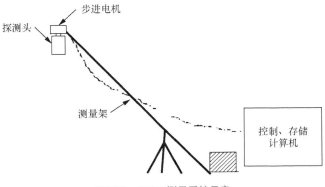

图5.39 BRDF测量系统示意

测量系统的布局为探测头到地面被测目标间形成扫描锥体，探测头传感器位于扫描锥体的顶部，整个测点分布在锥体的底面上，如图 5.40 所示。探测器与被测表面距离大于 1.5m。

测点随探头的天顶角 ϑ_v 和方位角 φ_v 的变化而
变化。

为保证不定点测量的精度，在测量上应满足
以下条件：（1）天气应当晴朗无云，能见度要高，
风力小；（2）应注意避免测量架的阴影对测量的
影响，测量过程中需根据太阳角度的变化，调整
测量架的方位；（3）保证一个测量周期（小于
15min）内，在 ϑ_v、φ_v 变化时照明和测试条件基本
一致；（4）测量目标区域必须是够大，地面应当平
整，表观要均匀。

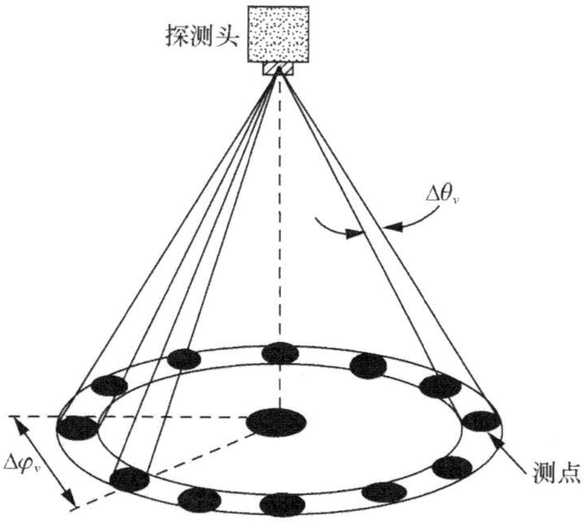

图5.40　不定点测量示意

5.6.2　场区大气光学特性测量

大气气溶胶是一种重要的大气微量成分，不仅与云、降水形成等大气物理过程密切相
关，而且会对光波在大气中的辐射传输、光的散射和吸收产生重要影响。气溶胶光学厚度
和它的类型是辐射传输计算和大气校正的基本参数，它在辐射校正和定标中起着非常重要
的作用，它的测量精度直接影响到大气校正的最终精度。在利用辐射校正场对卫星传感器
进行辐射定标和对卫星数据进行大气校正时，必须对气溶胶的光学特性有较精确的测量，
才能提高辐射定标和大气校正的精度。

太阳辐射计是进行大气光学特性测量最基本的仪器之一，它选用可见 - 近红外通
道，这些通道根据需要可以设在吸收带内或者窗区，跟踪太阳做太阳直射辐射测量，然
后利用兰利法推算出不同波长的大气总消光光学厚度。用气压测值可计算分子散射瑞利
（Rayleigh）光学厚度，从总的光学厚度中减掉瑞利散射和气体吸收就得到气溶胶光学厚
度。由不同波长上的气溶胶光学厚度还可以推出气溶胶的其他重要参数（如龙格参数、粒
子谱分布等）。太阳辐射计的吸收通道还用来反演吸收气体总量，如臭氧吸收的 Chappuis
带和 940nm 水汽吸收带，可以用来反演垂直大气层总的臭氧量和水汽量。

根据朗伯定律，穿过地球大气到达地面的太阳单色直射辐照度可以表示为：

$$E(\lambda) = E_0(\lambda)d_s \exp\left[-m\tau_{\mathrm{atm}}(\lambda)\right]t_{\mathrm{g}}(\lambda) \tag{5.6}$$

式中，$E(\lambda)$——穿过地球大气到达地面的太阳单色直射辐照度；$E_0(\lambda)$——日地平均距
离处地球 TOA 的太阳单色直射辐照度；d_s——日地距离因子；m——大气质量数；$\tau_{\mathrm{atm}}(\lambda)$——
不包括吸收气体影响的大气光学厚度，主要是分子散射光学厚度和气溶胶光学厚度；
$t_{\mathrm{g}}(\lambda)$——吸收气体透过率。

如果用测量仪器的输出电压 V 代表 E，式（5.6）可写成：

$$V(\lambda) = V_0(\lambda)d_s \exp\left[-m\tau_{\mathrm{atm}}(\lambda)\right]t_{\mathrm{g}}(\lambda) \tag{5.7}$$

式中，V_0——定标常数，在大气相对稳定的条件下，进行不同太阳天顶角情况下的太阳
直射辐射测量，仪器输出电压 V 是 m 的函数；V_0 是从一系列观测值外插到 m 为 0 时的电压值。

将式（5.7）写成自然对数形式，即：

$$\ln V(\lambda) - \ln d_s - \ln t_{\mathrm{g}}(\lambda) = \ln V_0(\lambda) - m\tau_{\mathrm{atm}}(\lambda) \tag{5.8}$$

做式（5.8）左边相对 m 的直线，直线的斜率就是垂直光学厚度 $-\tau$，截距就是太阳光度计在大气外界测得的电压信号 V_0，此即兰利法。对于无水汽吸收的波段，大气垂直总光学厚度 τ 为：

$$\tau_{(\lambda)} = \tau_{r(\lambda)} + \tau_{\alpha(\lambda)} + \tau_{g(\lambda)} \tag{5.9}$$

式中，$\tau_{r(\lambda)}$——分子散射光学厚度，由地面气压测值计算出来；$\tau_{\alpha(\lambda)}$——气溶胶散射光学厚度；$\tau_{g(\lambda)}$——吸收气体光学厚度。在可见 - 近红外波段，气体吸收主要是臭氧和水汽的吸收，在没有气体吸收的通道，式（5.9）右边的第 3 项可以忽略，这时从总光学厚度减去瑞利散射光学厚度，就可以计算出气溶胶光学厚度。

大气分子瑞利散射光学厚度采用以下的经验公式计算：

$$\tau_{r(\lambda)} = 0.008569\lambda^{-4}(1 + 0.0113\lambda^{-2} + 0.00013\lambda^{-4})\frac{P}{1013.25} \tag{5.10}$$

式中，波长 λ 以 μm 为单位；P——大气压强。

在可见 - 近红外光谱区（0.4 ～ 1.0μm），$\tau_{g(\lambda)}$ 可认为是仅由臭氧吸收引起的。因此只要确定了 $\tau_{r(\lambda)}$ 和 $\tau_{g(\lambda)}$，则用大气总光学厚度减去瑞利散射光学厚度和臭氧光学厚度，即可得到气溶胶光学厚度 $\tau_{\alpha(\lambda)}$。

臭氧光学厚度采用式（5.11）计算：

$$\tau_{g(\lambda)} = a_g(\lambda)\frac{U}{1000} \tag{5.11}$$

式中，$a_g(\lambda)$——臭氧吸收系数，具体见表 5.24；U——臭氧含量（单位为 DU），臭氧含量从 NASA 网站提供的地球探测遥感器 TOMS 的遥感数据处获取。

表 5.24　CE318 各波段的臭氧吸收系数

波段 /nm	1020	1640	870	670	440	500	936	380	340
$a_g(\lambda)$	0.0000491	0	0.00133	0.0445	0.0026	0.0315	0.000493	0	0.0307

假定气溶胶粒子谱分布满足龙格分布，依据式（5.12），利用 440nm 和 870nm 两个波段的气溶胶光学厚度（$\tau_{\alpha\lambda}$），计算得到 Angstrom 系数 α 和大气浑浊系数 β，由此可以导出 550nm 波长处的气溶胶光学厚度：

$$\tau_{\alpha\lambda} = \beta\lambda^{-\alpha} \tag{5.12}$$

Angstrom 系数 α 反映了气溶胶粒子组成的变化，α 大表明小粒子含量较多，α 小表明大粒子含量较多，如表 5.25 所示。系数 β 是波长 1μm 处大气气溶胶光学厚度，反映了气溶胶浓度的大小，β 越小表明能见度越好，大气越清洁，天气越晴朗。

表 5.25　不同类型气溶胶的 Angstrom 系数 α

气溶胶类型	α
大陆型	1.2
海洋型	0.22
城市型	1.35
沙漠型	0.38

在地面测得的直射太阳辐射信号中，在 940nm 附近，水汽吸收带不符合 Bouguer 定律，Bouguer 指数消光定律是对单色辐射而言的。依照 Bruegge 等和 Halthore 等的研究成果，此时的水汽透过率用两个参数表达式模拟：

$$T_\omega = \exp(-a\omega^b) \tag{5.13}$$

式中，T_ω——通道上的水汽吸收率；ω——大气路径水汽总量；a 和 b——常数，在给定的大气条件下，它们与太阳光度计 940nm 通道滤光片的波长位置、宽度和形状有关，还与大气中的温压递减率和水汽的垂直分布有关。a 和 b 由辐射传输方程模拟来确定。为了在各种大气条件下能有效利用太阳光度计反演水汽量，有必要研究 a 和 b 对这些条件的灵敏度。

在 940nm 水汽吸收带，太阳光度计对太阳直射辐照度的响应可表示为：

$$V(\lambda) = V_0(\lambda)d_s \cdot \exp[-m\tau(\lambda)]T_\omega \tag{5.14}$$

式中，τ——分子散射和气溶胶散射光学厚度，它们相互独立，气溶胶光学厚度通过其他通道（如 870nm 和 1020nm）内插得到。斜程水汽量 $\omega = m \cdot PW$，PW 为垂直水汽柱总量。将式（5.13）代入式（5.14），并两边取对数，得：

$$\ln V + m\tau = \ln(V_0 d_s) - am^b \cdot PW^b \tag{5.15}$$

在稳定和无云大气条件下，以 m^b 值为 x 轴，以式（5.15）左边为 y 轴画直线，直线的斜率为 $-aPW^b$，y 轴截距为 $\ln(V_0 d_s)$。该方法称为改进的兰利法。

5.6.3　场区气象参数测量

探空及常规气象测量使用的仪器主要有无线电探空仪、气压计、空气温度计、风速风向仪、湿度计等，测量风、气压、湿度等气象参数。

无线电探空仪是一个具有无线传输功能的气球仪器平台，包含了可以直接测量所处位置的空气温度、湿度、高度和压力的仪器，高度大约可以达到 30km。

5.7　辐射校正场定标的基本方法和原理

辐射校正场定标（下文简称"辐射场定标"）也可称为替代定标，是选择辐射均匀、面积足够大的场地作为观测目标，在卫星遥感器过境的同时，通过地面或飞机进行同步测量，实现卫星遥感器的在轨辐射定标。因此，这样的辐射场也可称作辐射校正场。场地绝对辐射定标的流程如图 5.41 所示。

辐射场定标基本有 3 种方法，即反射率基法、辐照度基法和辐亮度基法。反射率基法是在卫星飞越辐射校正场上空的同时，进行场地地面反射比测量、大气消光观测和气象、探空观测。辐照度基法除与反射率基法所需观测设备相同外，另外需增加漫射辐射与总辐射之比观测。这种方法避开了对气溶胶模型所做的假设，因而减少了与之相关的误差。辐亮度基法是将经过精确标定的辐射计放在待定目标上方足够高的位置上（如置于海拔 3000m 以上的飞机上），从空中与卫星同步测量场区目标的辐亮度，然后将机载辐射计获得的辐亮度转换成卫星高度处辐亮度，实现在轨遥感器的辐射定标。

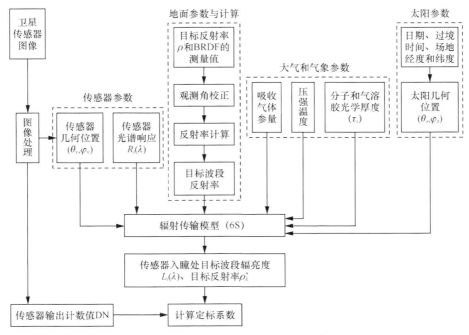

图 5.41　场地绝对辐射定标的流程（王志民）

5.7.1　反射率基法

　　卫星遥感器辐射场反射率基法定标过程包括卫星同步（准同步）地表光谱和大气测量、星地光谱匹配、辐射传输计算、遥感器输出数据提取与定标系数确定等几个部分。

　　反射率基法的具体做法是，在卫星飞越定标试验场上空的同时，进行场地地面反射比测量、场地周围大气消光测量和探空及常规气象观测，同时获取场区各采样点的定位信息。通过对观测数据的处理，获得辐射定标计算的中间参数。对这些参数进行星地仪器光谱匹配因子计算，输入 6S 辐射传输模型，得到卫星观测高度遥感器入瞳处各光谱通道的表观辐亮度或表观反射率。另外对卫星观测图像进行地标导航，进行星地测区几何配准，然后提取测区内卫星观测像元记数值并取平均，同时提取卫星扫描冷空间时的记数值，获取计数值的偏移量。对表观反射率与卫星观测记数值进行比较，得到卫星各通道定标系数。

　　遥感器第 i 波段的等效表观辐亮度 L_i 为：

$$L_i = \int_{\lambda_1}^{\lambda_2} R_i(\lambda) \cdot L_i(\lambda) \mathrm{d}\lambda \Big/ \int_{\lambda_1}^{\lambda_2} R_i(\lambda) \mathrm{d}\lambda \tag{5.16}$$

　　式中，$R_i(\lambda)$——遥感器第 i 波段归一化的光谱响应函数；$L_i(\lambda)$——第 i 波段在波长 λ 处的表观辐亮度。

　　遥感器第 i 波段的等效辐亮度 L_i 与遥感器输出计数值 DN_i 间的关系如下：

$$L_i = (\mathrm{DN}_i - \mathrm{DN}_{0i}) / D_i \tag{5.17}$$

　　式中，D_i——遥感器第 i 波段辐亮度定标系数，即辐亮度的增益系数；DN_{0i}——计数值的偏移量。

　　遥感器在波长 λ 处的辐亮度 $L_\lambda(\vartheta_v, \vartheta_S, \varphi_v - \varphi_S)$，可以表示为表观反射率：

$$\rho_{\lambda}^{*}(\vartheta_{\mathrm{V}}, \vartheta_{\mathrm{S}}, \varphi_{\mathrm{V}} - \varphi_{\mathrm{S}}) = \frac{\pi d^{2} L_{\lambda}(\vartheta_{\mathrm{V}}, \vartheta_{\mathrm{S}}, \varphi_{\mathrm{V}} - \varphi_{\mathrm{S}})}{E_{0\lambda}\mu_{\mathrm{S}}} \tag{5.18}$$

式中，$E_{0\lambda}$——大气外界的太阳辐照度；ϑ_{S} 和 φ_{S}——太阳的天顶角和方位角；ϑ_{V} 和 φ_{V}——遥感器观测的天顶角和方位角；$\mu_{\mathrm{S}} = \cos\vartheta_{\mathrm{S}}$——太阳天顶角的余弦；$d^{2}$——平均与实际日地距离之比。

对于朗伯特性较好的地面目标，表观反射率 ρ_{i}^{*} 可表示为：

$$\rho_{\lambda}^{*}(\vartheta_{\mathrm{V}}, \vartheta_{\mathrm{S}}, \varphi_{\mathrm{V}} - \varphi_{\mathrm{S}}) = \left\{ \rho_{Ai}(\vartheta_{\mathrm{V}}, \vartheta_{\mathrm{S}}, \varphi_{\mathrm{V}} - \varphi_{\mathrm{S}}) + \frac{[\tau_{i}(\mu_{\mathrm{S}})\rho_{i}\tau_{i}(\mu_{\mathrm{V}})]}{(1 - \rho_{i}S_{i})} \right\} T_{gi} \tag{5.19}$$

式中，$\rho_{Ai}(\vartheta_{\mathrm{V}}, \vartheta_{\mathrm{S}}, \varphi_{\mathrm{V}} - \varphi_{\mathrm{S}})$——大气本身产生的向上的散射反射率；$\tau_{i}$——大气自身透过率；$\rho_{i}$——地表反射率；$S_{i}$——大气半球反照率；$\tau_{i}(\mu_{\mathrm{S}})$ 和 $\tau_{i}(\mu_{\mathrm{V}})$——太阳—目标与目标—遥感器路径上的总大气散射透过率；T_{gi}——吸收气体透过率。

在太阳垂直入射、平均日地距离条件下，表观反射率 ρ_{i}^{*} 与遥感器输出计数值的关系为：

$$\rho_{i}^{*}(\vartheta_{\mathrm{V}}, \vartheta_{\mathrm{S}}, \varphi_{\mathrm{V}}, \varphi_{\mathrm{S}}) = (\mathrm{DN}_{i} - \mathrm{DN}_{0i}) / C_{i} \tag{5.20}$$

式中，C_{i}——遥感器第 i 波段反射率定标系数；DN_{0i}——计数值的偏移量。

式（5.17）和式（5.20）为遥感器可见 - 近红外波段的定标公式。

如果遥感器的辐射响应特性是线性的，则在测定遥感器的输出计数偏移量（暗电流）后，可以按照定标公式计算定标系数。如果遥感器的响应特性是非线性的，则可使用两点法或多点法计算偏移量和定标系数。

两点法的定标公式为：

$$\begin{cases} D_{t} = \dfrac{\mathrm{DN}_{1} - \mathrm{DN}_{2}}{L_{1} - L_{2}} \\ \mathrm{DN}_{0t} = \mathrm{DN}_{1} - L_{1}D_{t} \end{cases} \tag{5.21}$$

多点法定标时，须采用最小二乘法计算定标系数 D_{i} 和偏移量 DN_{0i}。

反射率基法较适用于空间分辨率低于 100m 的遥感器定标，有利于遥感器过境时地面反射率的测量。Biggar 提出地面测量应获取地表和参考板的完整 BRDF 数据，在辐射传输方程的计算中，应考虑辐射偏振的影响。

反射率基法定标流程如图 5.42 所示。

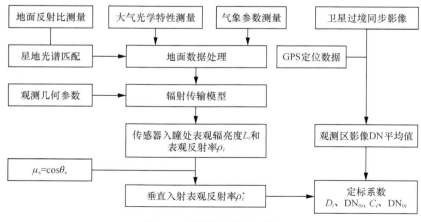

图5.42 反射率基法定标流程

5.7.2 辐照度基法

辐照度基法是在反射率基法的基础上进行了改进的场地定标方法,其定标过程与反射率基法基本相同,不同处为需增加漫射辐射与总辐射的测量,以实测的漫射辐射与总辐射的比值代替反射率基法中对气溶胶模式的假设,使气溶胶模式的假设只对大气向上的程辐射反射率 ρ_A 和大气半球反照率 s 产生影响,减小了由于气溶胶模式(气溶胶复折射指数和粒子谱分布)假设带来的误差,提高了辐射定标精度。将漫射辐射与总辐射之比作为参量输入辐射传输模型,计算大气顶的辐亮度值,实现遥感器的辐射定标。辐照度基法最大的不确定性来自漫射辐射与总辐射比的测量精度。图 5.43 是辐照度基法辐照度测量过程示意。

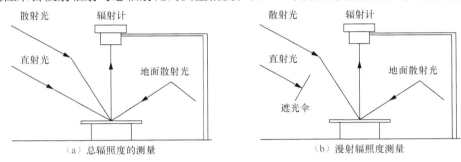

图 5.43 辐照度基法的漫射辐照度与总辐照度的测量过程示意(Biggar)

臭氧、水汽等吸收气体的影响降低了可见光和短波红外大气窗区的表观反射率,吸收可以从散射过程中分离出来,单独用吸收测量来确定。$\rho_{At}(\vartheta_v, \vartheta_s, \varphi_v - \varphi_s)$、$S_i$ 和 T_{gi} 通过辐射传输计算模型得到。

太阳—目标路径总的大气散射透过率 $\tau(\mu_S)$ 可表示为:

$$\tau(\mu_S) = e^{-\delta/\mu_s} + \frac{\int_0^{2\pi}\int_0^1 L^0(\mu_v, \mu_s, \varphi_v - \varphi_s)\mu d\mu d\varphi}{\mu_S E_s} = e^{-\delta/\mu_s} + \frac{E_d^0}{\mu_S E_s} \tag{5.22}$$

式中,L^0 和 E_d^0——到达地面不含反射、仅由散射过程产生的辐亮度和辐照度。

将太阳天顶角方向的漫射辐射与总辐射之比定义为:

$$\alpha_s = \frac{E_d(\mu_S)}{E_G(\mu_S)} = \frac{E_d(\mu_S)}{E_s \mu_s e^{-\delta/\mu_s} + E_d(\mu_S)} \tag{5.23}$$

式中,$E_d(\mu_S)$ 和 $E_G(\mu_S)$——漫射辐照度和总辐照度。$E_d(\mu_S)$ 包括大气内的漫射辐照度 $E_d^0(\mu_S)$ 以及大气和地面间对直射光和漫射分量的耦合项,如图 5.44 所示,可表示为:

$$E_d(\mu_S) = \frac{1}{1-\rho s}\left[E_d^0(\mu_S) + E_s \mu_s e^{-\delta/\mu_s}\rho s\right] \tag{5.24}$$

将式(5.23)、式(5.24)代入式(5.22),可得:

$$\tau(\mu_S) = \frac{(1-\rho s)e^{-\delta/\mu_s}}{1-\alpha_s} \tag{5.25}$$

根据光路可逆原理,$\tau(\mu_S)$ 与 $\tau(\mu_V)$ 具有相同的含义,可表示为:

$$\tau(\mu_V) = \frac{(1-\rho s)e^{-\delta/\mu_v}}{1-\alpha_v} \tag{5.26}$$

式中,α_V——观测方向漫射辐照度与总辐照度之比,则式(5.19)可写成:

$$\rho_{\lambda}^{*}\left(\vartheta_{\mathrm{V}},\vartheta_{\mathrm{S}},\varphi_{\mathrm{V}}-\varphi_{\mathrm{S}}\right)=\left\{\rho_{Ai}\left(\vartheta_{\mathrm{V}},\vartheta_{\mathrm{S}},\varphi_{\mathrm{V}}-\varphi_{\mathrm{S}}\right)+\frac{\mathrm{e}^{-\delta/\mu_{\mathrm{s}}}}{1-\alpha_{\mathrm{s}}}\times\frac{\mathrm{e}^{-\delta/\mu_{\mathrm{V}}}}{1-\alpha_{\mathrm{V}}}\rho\left(1-\rho s\right)\right\}T_{gi}\qquad(5.27)$$

图 5.44 为地面接收辐照度的分解示意，图中（1）表示太阳直接辐照度$E_s\mu_{\mathrm{S}}\mathrm{e}^{-\delta/\mu_{\mathrm{s}}}$；（2）表示大气散射辐照度$E_d^0$；（3）表示地气耦合辐照度$E_s\mu_{\mathrm{S}}\dfrac{\tau(\mu_{\mathrm{S}})}{1-\rho s}$。

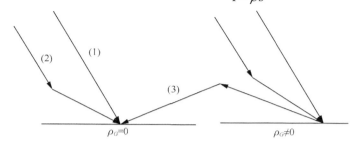

图5.44　地面接收辐照度的分解示意

用辐射传输方程计算表观反射率时，最重要的输入数据是气溶胶光学厚度。气溶胶模式通过假定气溶胶的折射指数和粒子谱分布来选取，对于表观反射率的计算精度，气溶胶模式的假设引入的误差大于测量误差的影响。

辐照度基法是将辐照度的测量结果α_{s}和α_{V}代入式（5.27），对气溶胶的假定只影响ρ_A和s的确定，s用于对辐照度测量值进行地气耦合订正的$1-\rho s$项，ρ_A在高反射率目标情况下，其贡献相对较小。这个方法降低了对气溶胶的完整、准确描述的要求，提高了定标的精度。利用该方法对 FY-1C 卫星的 5 次定标结果表明，大部分日期辐照度基法和反射率基法定标结果非常吻合，这肯定了辐照度基法的正确性，但在气溶胶含量较大时，辐照度基法提高定标精度的优点显现出来，能够减少辐射传输模式给气溶胶散射计算带来的误差，提高最终的绝对辐射定标精度。

这种方法存在几点不足：（1）需要假定地面测量和卫星过境期间大气稳定；（2）需根据漫射辐射与总辐射之比测量该时刻的太阳天顶角和观测天顶角，经过内插或外推，计算卫星过境时刻对应观测几何方向的漫射辐射与总辐射的比值，计算过程较为复杂；（3）在测量漫射辐射度时，挡光器械遮挡直射光的同时，也遮挡了一小部分漫射光，需对这部分漫射辐射度进行校正。

卫星遥感器辐照度基法定标流程如图 5.45 所示。

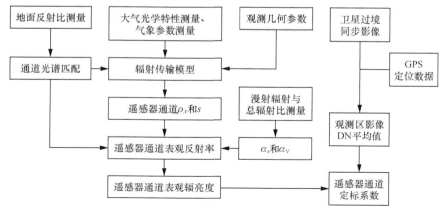

图5.45　卫星遥感器辐照度基法定标流程

5.7.3 辐亮度基法

Kriebel 在 1981 年首次采用辐亮度基法进行定标试验。他使用一个已经标定好的、视场角为 6° 的辐射计,在 11km 高的飞机上标定 Meteosat 卫星的可见光通道,辐射计对地面采样面积平均为:在农作物区直径为 1km,在有云区和海区直径为 20km。Hovis 等人和 Abel 等人用 Learjet 和 U-2 飞机分别在平均海拔 11.8km 和 11.9km 处对 VISSR、AVIIRR 和 TM 进行了辐亮度基法定标。Slater 等在 1987 年也利用装在直升机上的已标定过的辐射计对 TM 进行了辐亮度基法定标。

辐亮度基法是在定标场地上空一定高度的飞机平台上,搭载一台经过定标的、稳定的辐射计,在卫星飞过场地上空时同时对场地成像,并保证观测几何同卫星遥感器基本相同,得到场地上空飞机高度处的辐亮度。然后对飞机飞行高度至大气顶的大气吸收和散射影响进行修正,得到 TOA 的辐亮度。

飞机飞行的高度一般在 3km 以上,而大部分水汽和气溶胶集中在大气下部,因此所需的大气修正比在地面附近测量时要小得多。辐射计所在高度越高,大气修正越小。

辐亮度基法定标具有以下特点。

(1)测量所采用的辐射计必须进行绝对辐射定标,要求辐射计有较高的稳定性,辐射计定标的误差将是辐亮度基法确定的遥感器定标系数的主要误差。

(2)由于只需对飞机飞行高度以上的大气进行修正,避免了低层大气的修正误差,有利于提高校正精度。

(3)由于搭载于飞机上的辐射计地面视场较大,可在瞬间连续获取大量数据,所以对场地表面均匀性的要求较低。

在场地替代定标的 3 种方法中,辐亮度基法定标精度最高,同时对场地测量要求也高。辐亮度基法需要在卫星过境的同时利用飞机、用相同的观测几何对场地进行测量,所需费用巨大;要求航空图像与卫星图像相互配准,要求观测几何具有一定的指向精度;要求飞机上搭载的辐射计与卫星遥感器尽量达到光谱匹配,以减小辐亮度传递中的误差。此外,需考虑卫星过境时场地空域是否可用、大气条件能否满足飞行要求,在定标计算中还需考虑剩余大气的校正误差。因此辐亮度基法在实际定标应用中有一定的局限性,不像其他两种方法那样经常使用。

卫星遥感器场地辐亮度基法定标的流程如图 5.46 所示。

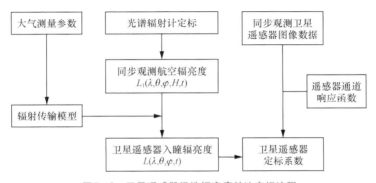

图5.46 卫星遥感器场地辐亮度基法定标流程

5.7.4 3种定标方法的比较

一、3种定标方法的精度分析

Biggar 根据 Landsat TM 和 SPOT 在美国白沙场地定标的结果，对 3 种定标方法的误差源和不确定度进行了比较分析和评价。表 5.26 ~ 表 5.28 分别为反射率基法、辐照度基法（改进的反射率基法）和辐亮度基法的定标误差分析。误差源对应 TM 第二波段或 HRV 第一光谱谱段。表中误差值列的量是百分比值，误差为 1σ。

表 5.26 反射率基法定标误差分析

误差源	误差值 /%	对总误差的贡献 /%
气溶胶组合体折射率的选择（$1.44 - 0.005i$，复数折射率值）		2.0
气溶胶尺寸分布的选择 　气溶胶类型 　气溶胶尺寸限定 　Junge 参数	 0.2 0.5	3.0
光学厚度测量 　消光光学厚度 　进入 Mie 和 Rayleigh 中的分割	 5.4 5.0 2.0	1.1
吸收计算 　O_3 数量误差	 20.0	1.3
垂直分布	1.0	1.0
固有的程序编码精度	1.0	1.0
非偏振对偏振的编码	0.1	0.1
地表非朗伯特性°	1.2	1.2
地表反射率测量（BRF） 　参考板定标 　漫射场地校正 　测量	 2.0 0.5 0.5	2.1
$\mu_s = \cos\theta_s$ 值的不确定度	0.2	0.2
总误差（方和根）		4.9

需说明的是，不确定度是依赖波长的，某些误差对不同波段的值是不同的。以上结果的测量条件是白沙试验场，海拔约为 1200m，天气无云，能见度达到 100km 以上。气溶胶光学厚度在 0.54μm 波长处，可以在 0.01 ~ 0.12 变化。

表 5.27 辐照度基法（改进的反射率基法）定标误差分析

误差源	误差值 /%	对总误差的贡献 /%
消光光学厚度	5.0	1.0
地表反射率测量	2.1	2.1
球形天体反照率和大气反射率 大气模型误差	1.0	1.0
漫射与总辐照度比值测量 　　场地测量 　　覆盖遮挡的漫射成分 　　对于新角度的外推 　　板双向反射率因子（BRF） 　　校正（$\theta_s \approx 50°$）	 2.0 2.0 1.0 2.2 	2.3 （0.5） （0.5） （0.25） （2.2）
在 μ_s 和 μ_v 中的不确定度	0.4	0.1
总误差（方和根）		3.5

表 5.28 辐亮度基法定标误差分析

误差源	误差值 /%	对总误差的贡献 /%
辐射度计定标 　　板定标 　　灯定标 　　标尺刻度不确定度 　　传递不确定度 　　灯的布置（$1/r^2$，角度阵列） 　　灯电流稳定性引起的辐照度变化 　　电压测量误差	 2.0 1.3 1.2 0.5 0.3 0.5 0.5	2.5
测量精确度 　　数据记录器精度 　　辐射计稳定性 　　角度指示误差（±10°）	 0.5 0.5 1.1	1.3
高度差的校正 　　（反射率基法中的不确定度）	 5.0	< 0.1
总误差（方和根）		2.8

二、3 种定标方法的比较

国内外学者对反射率基法、辐照度基法、辐亮度基法 3 种场地辐射定标方法进行研究分析，总结了 3 种定标方法的特点，如表 5.29 所示。

表 5.29　3 种定标方法的特点

比较项	反射率基法	辐照度基法	辐亮度基法
可定标波段	可见光 - 近红外	可见光 - 近红外	可见光 - 近红外 （也可用于热红外波段定标）
被标定遥感器空间分辨率	高空间分辨率	高、低空间分辨率	高空间分辨率
测量参数	地面目标反射率； 大气光学特征参量	地面目标反射率； 大气光学特征参量； 漫射辐射与总辐射之比	地面目标反射率； 大气光学特征参量
测量条件	星地同步观测； 星地观测几何一致或进行观测角校正	星地同步观测； 星地观测几何一致	星地同步观测； 星地观测几何一致； 机载辐射计经过严格光谱和辐射定标
大气传输模型	大气辐射传输模型	大气辐射传输模型	大气辐射传输模型
最终结果	遥感器入瞳处辐亮度	得到遥感器高度的表观反射率，进而求得遥感器入瞳处辐亮度	遥感器入瞳处辐亮度 （也可用于红外波段的辐射定标）
精度	精度较高	精度较高	精度高
优点	投入的测试设备和获得的测量数据相对较少。不仅省工、省物，且满足精度要求	利用漫射辐射与总辐射之比描述大气气溶胶的散射特性，减少了反射率基法中对气溶胶光学参量的假设带来的误差	大气对辐亮度基法的定标精度影响较小。飞机飞行高度越高，需要的大气校正就越简单，精度就越高。辐亮度基法更适合低空间分辨率遥感器的定标
缺点	需要对大气气溶胶的一些光学参量做假设。 需要精确测量场区的反射比	数据测量较多。漫射辐射与总辐射之比在高纬度地区带来的误差较大。需要精确测量场区的反射比	为了进行大气校正，还需要反射率的全部数据，因此该方法投入的设备、人力、资金都较多

5.8　我国环境卫星高光谱成像仪的辐射场定标

　　环境卫星 HJ-1A 于 2008 年 9 月 6 日在太原卫星发射中心成功发射，上面搭载有我国第一个对地观测的高光谱传感器——高光谱成像仪（Hyper Spectrum Imager，HSI）。HSI 的空间分辨率为 100m，幅宽为 50km，波段范围为 0.459～0.956μm，共有 115 个波段。HSI 的光谱分辨率随波长而变化，平均光谱分辨率为 4.32nm，其中分辨率最高为 2.08nm（中心波长 460nm），最低为 8.92nm（中心波长 951nm）。

　　HJ-1A 高光谱成像仪设有星上光谱定标装置，并在发射前进行了实验室定标和外场定标。为了监测 HSI 在轨飞行后的仪器状态及其变化，中国资源卫星应用中心分别于 2008 年 10 月和 2009 年 8 月对环境卫星高光谱成像仪进行了辐射场定标。

5.8.1 高光谱成像仪的辐射场定标方法

HSI 的辐射场绝对定标采用的是反射率基法，主要包括以下几个步骤。

（1）计算观测几何。

基于 HSI 过顶时间、日期和场地地理经纬度，计算出当时的太阳几何参数（太阳天顶角和太阳方位角），以及 HSI 的观测几何参数（观测天顶角和观测方位角）。

（2）处理大气数据。

通过对同步测量大气数据的处理，利用兰利法计算出 0.55μm 波长上的大气气溶胶光学厚度值。

（3）计算表观反射率。

将卫星观测几何及大气气溶胶光学厚度等参数输入 6S 模型，计算出光谱间隔为 2.5nm 的大气吸收透过率、太阳入射方向散射透过率、卫星观测方向散射透过率、大气程辐射、大气半球反射率等大气参数，然后将同步测量的场地平均反射率重新采样成 2.5nm 间隔，根据式（5.28）计算出 2.5nm 间隔的表观反射率 $\rho^*(\lambda)$:

$$\rho^*(\lambda) = \rho_0(\lambda) + \rho(\lambda) \cdot \tau_g(\lambda) \cdot \tau_\uparrow(\lambda) \cdot \tau_\downarrow(\lambda) / [1 - \rho(\lambda)s(\lambda)] \tag{5.28}$$

式中，$\rho_0(\lambda)$——大气自身反射率，即大气程辐射；$\rho(\lambda)$——地表反射率；$\tau_g(\lambda)$——大气吸收透过率；$\tau_\uparrow(\lambda)$——入射光经地表反射后到达遥感器入瞳处的散射透过率；$\tau_\downarrow(\lambda)$——太阳从大气层顶到达地表时的大气散射透过率；$s(\lambda)$——大气半球反射率；$\rho^*(\lambda)$——遥感器 HSI 入瞳处表观反射率。

（4）计算遥感器 HSI 入瞳处的表观辐亮度 L^*。

可由式（5.29）计算 HSI 第 i 通道的表观辐亮度 L_i^*:

$$L_i^* = \frac{\rho_i^* \cos(\vartheta_s) E_s}{\pi \cdot d_s} \tag{5.29}$$

式中，ϑ_s——太阳天顶角；E_s——HSI 各通道对应的太阳等效辐照度（单位为 W/(m^2·μm)）；d_s——日地距离修正因子；ρ_i^*——HSI 各通道等效表观反射率，可利用各通道中心波长对表观反射率曲线 $\rho^*(\lambda)$ 线性插值得到。

各通道大气层外太阳等效辐照度 E_s 可表示为：

$$E_s = \frac{\int_0^\infty \text{RSR}(\lambda) E_0(\lambda) \mathrm{d}\lambda}{\int_0^\infty \text{RSR}(\lambda) \mathrm{d}\lambda} \tag{5.30}$$

式中，$E_0(\lambda)$——波长为 λ 时大气层顶的太阳辐照度 [单位为 W/(m^2·μm)]，可以从 MODTRAN 4.0 自带的数据文件中得到；$\text{RSR}(\lambda)$——HSI 各通道的相对光谱响应函数。

环境卫星 HJ-1A 高光谱成像仪各通道的定标系数，即光谱仪对入射辐亮度的光谱响应，但未给出各通道内部归一化的相对光谱响应函数。国外针对高光谱传感器的在轨定标研究中，往往采用高斯型函数构建各通道的光谱响应函数，如 EO-1 卫星上的 Hyperion 高光谱传感器和 AVIRIS 航空成像光谱仪。

高海亮针对 HJ-1A 高光谱成像仪的辐射场定标，分析了几种光谱响应函数对高光谱成像仪计算 115 个通道辐射定标的影响。在氧气和水汽吸收通道，不同形状的光谱响应函数对应的定标系数差异较大，其中差异大于 7% 的通道有 7 个，介于 3% 和 7% 之间的通道数目为 9 个。在大气窗口，不同形状的光谱响应函数对高光谱成像仪定标结果影响很小，最大差异小于 3%，此类型的通道数目为 99 个。在此分析的基础上提出了定标计算的改进方法，在对高光谱成像仪进行在轨辐射定标时，为了简化定标处理过程，可采用脉冲型光谱响应函数（即插值方法），计算得到高光谱成像仪各通道的定标系数。在当前应用中，高光谱成像仪图像主要利用大气窗口的相关通道。在这类通道中，光谱响应函数的影响很小。通过分析可以确定，采用这种高光谱成像仪定标方法，不仅可以忽略光谱响应函数的影响，而且该方法对绝大多数通道都具有较高的可信度，满足绝大部分应用的需求。

（5）计算高光谱成像仪定标场地图像 DN 值。

高光谱成像仪的图像分为 Level 0、Level 1A、Level 1、Level 2 等 4 级，其中 Level 0 级图像为高光谱成像仪下传的干涉图像，Level 1A 级图像为经过傅里叶变换后的原始 DN 值图像，Level 1 级图像为在此基础上经过辐射定标后的表观辐亮度图像，Level 2 级图像则为根据卫星轨道位置及卫星姿态等参数，经过系统级几何粗校正后的辐亮度图像。

在对高光谱成像仪进行辐射定标时，采用 Level 1A 级的原始 DN 值图像，它是高光谱成像仪 Level 0 级图像经傅里叶变换光谱复原后的 Level 1A 级图像（是各光谱通道的单通道图像，即单色图像）。定标场地的图像为高光谱成像仪各通道 DN 值图像，首先对图像进行几何校正和条带噪声处理，然后根据场地的经纬度，确定 6×6 个像元大小、图像均匀的区域，计算图像的平均 DN 值。

（6）计算定标系数。

将图像平均 DN 值 $\overline{DN_i}$ 和各通道的表观反射率 ρ_i^* 代入式（5.31）计算，可得到各通道的表观反射率定标系数 R_i，其中 θ 为卫星过境时刻的太阳天顶角：

$$R_i = \frac{\overline{DN_i}}{\rho_i^* \cos\vartheta} \times d_s \tag{5.31}$$

同理，利用图像平均 DN 值 $\overline{DN_i}$ 和表观辐亮度 L_i^*，假设高光谱成像仪各通道成线性响应，且截距为 0，根据式（5.32），可得到各通道的辐亮度定标系数 A_i：

$$A_i = \frac{\overline{DN_i}}{L_i^*} \tag{5.32}$$

说明，①干涉型高光谱成像仪在使用傅里叶变换方法进行光谱复原时，第一步就是去除图像响应 DN 值的暗电流，即偏置。因此 Level 1A 级产品输出是光谱复原后的单通道图像 DN 值，没有偏置，定标计算时可以假设截距为 0。高光谱成像仪在轨飞行中 Level 1A 级的处理方法（光谱复原），与发射前实验室定标的数据处理原理、方法相同，可参看第 3 章相关内容。②此定标方法对于时空调制干涉光谱成像仪同样适用，仅前期图像产品从 Level 0 级到 Level 1A 级的处理方法不同，即干涉图像的点干涉图提取方法不同。

5.8.2　高光谱成像仪的辐射场定标试验

2008 年 10 月 10 日—25 日，在敦煌辐射校正场开展环境卫星的在轨辐射定标试验。该试验以中国资源卫星应用中心为牵头单位，联合中科院遥感所、民政部卫星减灾应用中心、国家环境保护部卫星环境应用中心、中科院安徽光机所和中国东方红卫星股份有限公司等多家单位共同开展。高光谱成像仪经过敦煌场地的时间为 2008 年 10 月 20 日。

在卫星运行一年后，高光谱成像仪的增益由 0.7 倍调整为 1.0 倍。为测量新增益下高光谱成像仪各通道的定标系数，2009 年 8 月，中国资源卫星应用中心联合中科院遥感所、民政部卫星减灾应用中心、自然资源部航遥中心、北京大学、武汉大学等，再次前往敦煌开展针对环境卫星的同步定标测量试验，得到新增益下的高光谱成像仪定标系数。

一、卫星过境观测几何

两次卫星过境日期分别为 2008 年 10 月 20 日和 2009 年 8 月 24 日。根据卫星过境时间、场地经纬度等，计算出两次过境时刻的观测几何，如表 5.30 所示。

表 5.30 卫星过境时刻观测几何

成像日期 （年 - 月 - 日）	过境时间	增益	太阳天顶角 / (°)	太阳方位角 / (°)	观测天顶角 / (°)	观测方位角 / (°)
2008-10-20	12:45	0.7	52.084	162.216	10	97.180
2009-08-26	12:32	1.0	33.8828	146.283	20.2372	97.5375

二、地面反射率测量结果

2008 年 10 月 20 日和 2009 年 8 月 26 日，在环境卫星高光谱成像仪过境敦煌辐射校正场的前后两个小时，开展地面光谱测量，获得试验场地的地表反射率。

2008 年试验时，对场地的地表反射率进行同步测量的仪器为 ASD FR 光谱仪。场地大小为 600m×600m，每隔 50m 设立一个点，共有 13×13 个测点，每个点测量 4 次参考板、16 次地表，整个测量过程在 2h 内完成。图 5.47 为 2008 年 10 月敦煌场地所有测点的平均反射率和标准均方差。整个场地的平均反射率在 0.15～0.25，标准均方差小于 0.01。

2009 年试验采用 ASD FR 光谱仪测量地表反射率，首先对参考板进行连续 4 次测量，然后在参考板周边 500m×500m 范围内随机测量 16 条地表光谱，不同测点的位置间隔为 50m。图 5.48 为 2009 年 8 月 26 日敦煌场地所有测点的地表平均反射率。在 400～1000nm，场地反射率在 20%～30%，反射率随波长增加。与 2008 年测试结果相比，反射率曲线形状和幅值非常接近，表明场地具有很好的均匀性和稳定性。

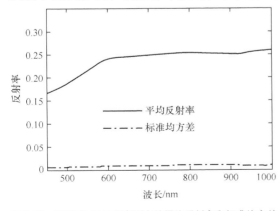

图 5.47 2008 年 10 月所有测点的平均反射率和标准均方差

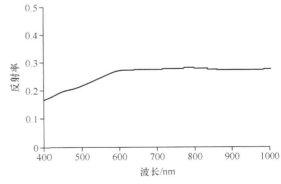

图 5.48 2009 年 8 月所有测点的地表平均反射率

三、试验场大气条件测试结果

在卫星过境当天，在试验场进行气溶胶光学厚度同步测量。大气气溶胶测量采用太阳光度计 CE318,测量时间为 8:00—14:00。采用手动和半自动测量模式,测量时间间隔为 2min。根据气溶胶反演原理,利用兰利法进行场地气溶胶光学厚度反演,得到卫星过境时刻的 550nm 气溶胶光学厚度。2008 年 10 月 20 日卫星过境时刻为 12:45,测试气溶胶光学厚度为 0.205。2009 年 8 月 26 日卫星过境时刻为 12:32,对应的气溶胶光学厚度为 0.243。两次测试结果比较接近,都在 0.2 附近。根据场地大气特点和历史研究成果,假设气溶胶光学厚度模式为沙漠型。

将敦煌场地的大气特征、观测几何、地表反射率等参数输入辐射传输模型,假设地表为朗伯体,计算出 450~1000nm 的大气层自身反射率 ρ_0、大气半球反射率 s、大气吸收透过率 τ_g、卫星方向和太阳方向散射透过率 $\tau_\uparrow$ 和 $\tau_\downarrow$。图 5.49(a)、图 5.49(b)和图 5.50 分别为 2008 年和 2009 年敦煌场地大气参数。由图中曲线可以看出,卫星方向和太阳方向散射透过率 $\tau_\uparrow$ 和 $\tau_\downarrow$ 随波长增加而增大,这是由于大气散射透过率主要受气溶胶影响,其影响随波长增加而减弱,卫星方向散射透过率大于太阳方向散射透过率,因为卫星观测天顶角较小。

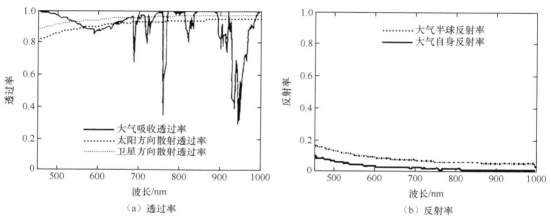

图 5.49 2008 年 10 月 20 日敦煌场地大气参数

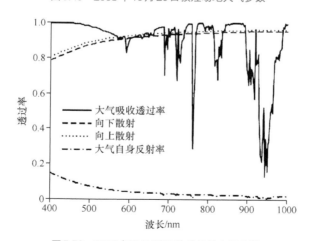

图 5.50 2009 年 8 月 26 日敦煌场地大气参数

四、表观反射率和表观辐亮度

将大气参数的结果代入式(5.28)和式(5.29),即可计算敦煌场地的表观反射率和表观辐亮度。因大气参数数据的光谱分辨率为2.5nm，则需将场地反射率数据重采样成相同光谱分辨率。

图 5.51（a）为敦煌场地 2009 年 8 月 26 日高光谱成像仪各通道地表反射率和表观反射率，图 5.51（b）为表观辐亮度曲线，单位为 $W \cdot m^{-2} \cdot sr^{-1} \cdot \mu m^{-1}$。同地表反射率相比，敦煌场地表观反射率在波长小于 540nm 时大于地表反射率，波长大于 540nm 后则小于地表反射率，这主要是由于不同波长对气溶胶的散射能力有所差异。此外，由于氧气和水汽吸收的影响，687nm、720nm、760nm、820nm 和 900~960nm 的波段表观反射率明显低于地表反射率，呈现多个吸收峰。可根据高光谱成像仪各通道中心波长，对 400~1000nm 的表观反射率曲线进行线性插值，由此可得到对应通道的等效反射率。

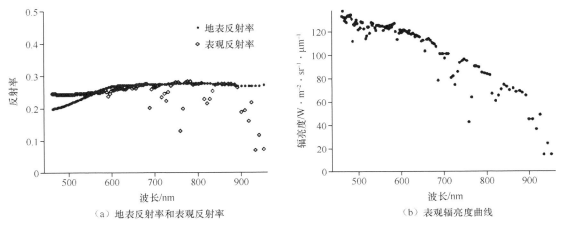

（a）地表反射率和表观反射率 　　　　　　（b）表观辐亮度曲线

图5.51　敦煌场地2009年8月26日高光谱成像仪地表及表观反射率和表观辐亮度曲线

图 5.52 为 2008 年 10 月 20 日敦煌场地地表及表观反射率，图 5.53 为 2008 年 10 月 20 日敦煌场地表观辐亮度曲线。

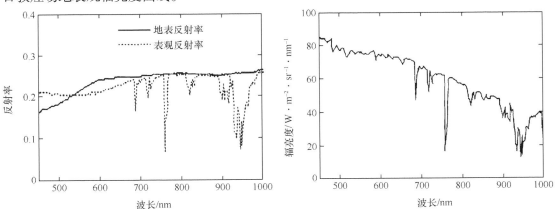

图5.52　2008年10月20日敦煌场地地表及表观反射率 　　　图5.53　2008年10月20日敦煌场地表观辐亮度

五、计算定标系数

首先对高光谱成像仪的图像进行几何校正，然后根据定标场地的位置和经纬度，在图像中确定 6×6 个像元大小的区域，计算图像的平均 DN 值。利用式（5.31）可以计算各通道反射率定标系数 R_i，利用式（5.32）可以计算各通道辐亮度定标系数 A_i。图 5.54 和

图 5.55 分别为 2008 年 10 月 20 日和 2009 年 8 月 26 日高光谱成像仪辐亮度定标系数。

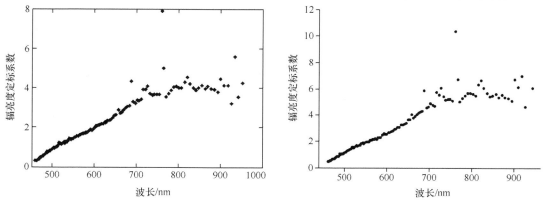

图5.54 2008年10月20日高光谱成像仪辐亮度定标系数 图5.55 2009年8月26日高光谱成像仪辐亮度定标系数

5.8.3 高光谱成像仪的辐射场定标精度分析

高光谱成像仪辐射场定标系数的误差是由定标过程各测量环节的误差综合影响的结果，主要有地表测量误差、大气参量测量误差和卫星图像数据采集处理误差。环境卫星高光谱成像仪场地定标精度分析，以 2008 年 10 月敦煌场地定标实验数据为例。

一、地表测量误差

（1）测量仪器误差：包括测量光谱仪和参考板误差。

（2）场地稳定性误差：不同时间场地测量的误差。测量仪器误差和场地稳定性误差引入定标系数的不确定度为 5%。

（3）场地均匀性误差：整个场地不同测点反射率的差异。引入定标系数的不确定度为 4%。

二、大气参量测量误差

（1）气溶胶光学厚度误差：将 550nm 气溶胶光学厚度由 0.147 增加到 0.2 或减小到 0.1，在 687.5nm、760 ~ 765nm、930 ~ 955nm 波段引起的不确定性为 1% ~ 1.5%，其他波段的不确定性均小于 1%。

（2）选择不同大气类型引入的误差：大气类型由 6S 模型中的中纬度冬季转换成用户自定义型，其中水汽含量为 1 g/cm^2，臭氧含量为 0.295cm ~ atm，计算由此引起的定标系数的不确定性。大气类型对定标系数的影响较大，560 ~ 625nm 和 930 ~ 960nm 波段范围引起的不确定性皆大于 3%，主要受水汽和臭氧吸收的影响较大，其中水汽吸收通道 945nm 引起的不确定性最大，可达 8.4%。

（3）气溶胶模式由沙漠型转换成大陆型后，与定标系数的差异为 0 ~ 2.6%，当波长小于 545nm 时，引起的不确定性小于 1%，当波长为 545 ~ 960nm 时，不确定度为 1% ~ 2.6%。

三、观测几何测量计算误差

观测几何包括太阳天顶角、太阳方位角、观测天顶角、观测方位角。太阳天顶角和太阳方位角根据卫星过境时间及场地经纬度计算得到，计算精度较高，估计计算误差为 0.1°，向定标系数引入的误差小于 0.3%。观测天顶角和观测方位角由卫星过境时的几何信息得到，估算观测角度误差为 1° 时，向定标系数引入的误差为 0.15%。

四、卫星图像数据引入的不确定度

根据定标系数的计算公式（5.31），卫星图像数据的误差将百分之百传递给定标系数。

卫星图像数据的误差包括图像不均匀性误差、场地邻边效应、场地的定位误差及随机误差。

（1）卫星图像不均匀性误差是指由于探测元响应不一致产生的误差，由此引入定标系数的不确定性 t_1 可由式（5.33）计算：

$$t_1 = \frac{\text{std}(DN_i)}{\text{avg}(DN_i)} \times 100\% \tag{5.33}$$

式中，$\text{avg}(DN_i)$——高光谱成像仪第 i 通道场地图像的平均 DN 值；$\text{std}(DN_i)$——高光谱成像仪第 i 通道场地图像的标准方差。

高光谱成像仪前 20 个通道的图像数据存在条带噪声，对图像的均匀性和定标结果有很大影响。通过实验分析了条带噪声向定标系数引入的不确定度，在去除条带噪声之前，误差最高的通道为第 3 通道，最高可达到 8.29%。条带噪声去除后，图像不均匀性误差迅速降低到 4% 以下，同高光谱成像仪的其他无条带噪声的通道影响较一致。因此在定标之前需对高光谱成像仪的图像进行条带噪声去除处理。

（2）场地邻边效应是指场地周围的地表对场地图像的影响。根据场地中心的经纬度，在图像上选择不同面积大小的场地区域，得到各区域的平均 DN 值，利用式（5.34）计算出场地邻边效应。由于敦煌场地地表开阔，均匀区域大小可达 30km×40km，选择大小分别为 0.5km×0.5 km、1km×1km、2km×2km、4km×4km 和 10km×10km 的场地，计算场地邻边效应产生的不确定性。场地邻边效应 t_2 由式（5.34）计算：

$$t_2 = \frac{\text{avg}(DN_i) - \text{avg}(DN_i^*)}{\text{avg}(DN_i)} \times 100\% \tag{5.34}$$

式中，$\text{avg}(DN_i^*)$——不同面积或不同位置的场地图像平均灰度值；$\text{avg}(DN_i)$——原始场地图像平均灰度值。

计算结果：不同面积场地图像灰度值对定标结果造成的误差约为 1%。

（3）场地的定位误差 t_3 是由于图像上场地位置定位不准确产生的误差。将场地图像分别向上、下、左、右移动 5 个像元，计算新的场地平均 DN 值，利用式（5.34），计算出场地定位误差产生的定标系数不确定度。实验计算结果 t_3 约为 2%。

（4）图像的随机误差是由仪器硬件产生的，是由仪器的制造水平决定的。

五、定标系数总的不确定度

定标系数总的不确定度由以上各误差项合成得到，用平方和的根计算辐射定标系数总的不确定度，结果如图 5.56 所示。

从图 5.56 可以看出，高光谱成像仪所

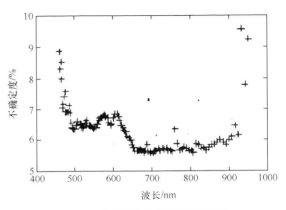

图 5.56　定标系数总的不确定度结果

有通道定标系数总的不确定度为 5%~7%，平均不确定度为 6.17%。其中，前 7 个波段（456~480nm）和最后 3 个波段（930~951nm）受卫星图像和水汽的影响较大，定标系数的不确定度大于 7%。

5.9　环境卫星高光谱成像仪定标系数真实性检验

5.9.1　卫星遥感器定标结果真实性检验的意义和基本方法

真实性检验是通过独立的方法，评价由卫星遥感器得到的遥感数据产品质量的过程，包括辐射定标结果的真实性检验、几何定位精度的真实性检验，以及遥感反演的大气、地表物理参数产品的真实性检验等。通过真实性检验可以确定遥感数据产品的质量和数据处理方法的质量，确保卫星数据产品的准确性和可靠性，是对卫星遥感精度的全面评价。遥感数据产品的真实性检验和评价，能够提高产品质量的可信度，将使产品得到更好的应用，提高遥感数据产品的利用率。

美国 NASA 早在 20 世纪 70 年代就在美国及周边地区规划了 289 个试验区，从中筛选出若干个基本试验区和综合试验区，进行了多次飞行试验和详尽的地面调查，并为了 EOS 传感器的定标、遥感数据产品和遥感模型的验证，组织了 EOS 的试验场会议。全球化的遥感检验场的利用，大大提高了 MODIS 等传感器的数据质量和应用水平。

在定量遥感中，通过一定的算法，使用遥感资料反演各种地球物理参数，如地表反射率、反照率、LAI、FPAR 等，其中地表反射率是最基本的物理量之一，其他遥感定量产品都是在地表反射率的基础上通过一定的数学模型得到的。因此地表反射率是一项很重要的数据产品，也是进行遥感产品真实性检验的一个关键量，需要通过现场测量，以精确的地表反射率作为基准，将遥感数据处理得到的结果与其进行比较，检验遥感数据产品的真实性。因此真实性检验也被认为是对数据产品的定标，也是对物理特性参数的算法精度的评价。遥感器辐射定标结果和数据产品的真实性检验也成为遥感器定标的一个重要组成部分。

遥感数据产品的真实性检验的方法，与遥感器在轨辐射定标的替代定标、交叉定标的方法是相似的。

一、遥感数据产品的真实性检验的步骤

遥感数据产品的真实性检验有 3 个步骤：

（1）获取遥感图像并根据一定的算法生成不同级别的数据产品（几何定位、辐射定标、物理参数反演）；

（2）在地面开展同步的、独立的遥感应用观测实验，获取相应的信息和参数（如像元几何位置信息、辐亮度、各种地球物理参数、各种遥感应用参数等）；

（3）比较遥感数据产品与同步观测实验获得的信息或参数，对二者进行比对分析。

遥感数据产品的真实性检验过程可以用图 5.57 表示。

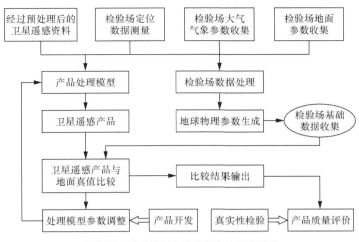

图5.57 遥感数据产品的真实性检验过程

二、定标系数的真实性检验的基本方法

定标系数的真实性检验的基本方法通常有两种：基于地面实测数据的定标系数真实性检验和基于参考卫星数据的定标系数真实性检验。

以地面实测数据为标准的真实性检验方法，是在卫星过境试验场地的同时（或近期），在试验场同步开展地面测量试验，通过对地面采集数据的处理，经过尺度转换和大气校正，得到实测表观辐亮度，建立地表测量参数同卫星反演产品的直接联系，通过两者的比对，实现相关产品的真实性检验。

以参考卫星数据为基础，选择参考遥感器与被检验遥感器对均匀地表同时成像的影像对，通过遥感器数据的比对，实现遥感器数据产品的真实性检验。

5.9.2 环境卫星HSI基于地面实测数据的表观辐亮度产品真实性检验

我国的环境卫星 HJ-1 于 2008 年 9 月 6 日在太原成功发射，在 HJ-1A 上搭载的高光谱成像仪随之升空。2008 年 10 月，它在敦煌辐射校正试验场进行了首次在轨场地定标。卫星运行一年后，高光谱成像仪的增益由 0.7 倍调整为 1.0 倍，因此于 2009 年 8 月在敦煌辐射校正试验场进行了高光谱成像仪的第二次在轨场地定标。

高光谱成像仪基于地面实测数据的真实性检验工作进行了 4 次：（1）2008 年 9 月在内蒙古试验场；（2）2008 年 12 月在白洋淀试验场；（3）2009 年 2 月在澳大利亚 Lake Frome 试验场；（4）2009 年 9 月在内蒙古试验场。

一、2008 年 9 月在内蒙古试验场

原中科院遥感所定标与真实性检验小组（简称定标组）于 2008 年 9 月下旬在内蒙古贡格尔辐射校正场开展针对高光谱成像仪的地面同步试验，对高光谱成像仪的定标系数进行验证。

内蒙古贡格尔辐射校正场位于我国内蒙古自治区中部，距北京约 600km，场地中心经纬度为 116°40′E、43°26′N。场地地表平坦，均匀面积约有 3km×3km。整个场地地表覆盖类型为低矮的针毛草。试验期间草地已经枯黄，地表为裸土和枯草的混合地表。在试验场南部约 1 km 处，有一座高度约 110m 的砑子山，它可作为场地定位的天然靶标。

试验日期为 2008 年 9 月 27 日—10 月 3 日，其间对试验场地进行多天连续测量。高光谱成像仪在试验场获取图像的日期为 9 月 24 日，为减小时间不一致引起的误差，以 2008 年 9 月多次地面测量数据的平均反射率，作为内蒙古试验场地的地表光谱。图 5.58 是贡格尔草原 2008 年 4 次测量的地表反射率。4 次测量日期分别为 9 月 27 日、9 月 29 日、10 月 1 日和 10 月 3 日，结果表明不同日期的测量结果具有较好的一致性。

试验期间对试验场地的气溶胶进行测量，采用的仪器为 CE318 太阳光度计。根据兰利气溶胶反演方法，得到 4 天对应时刻的 550nm 气溶胶光学厚度，具体如表 5.31 所示。结果表明，贡格尔草原场地在晴朗天气下气溶胶光学厚度都很小，以 4 天测量的平均结果作为卫星过境时刻的气溶胶光学厚度值，即假设 9 月 24 日卫星过境时刻气溶胶光学厚度为 0.1208。

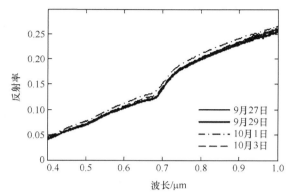

图 5.58　贡格尔草原 2008 年 4 次测量的地表反射率

表 5.31　4 天对应时刻的 550nm 气溶胶光学厚度

日期	9 月 27 日	9 月 29 日	10 月 1 日	10 月 3 日
550nm 气溶胶光学厚度	0.0826	0.1131	0.2148	0.0726

将地面测量光谱和大气气溶胶光学厚度输入改进后的 6S 模型，根据高光谱成像仪过境时刻的观测几何（见表 5.32），模拟得到大气层顶的表观辐亮度。其中，假设大气模型为中纬度冬季，大气气溶胶类型为大陆型，地表为朗伯体，地面海拔为 1270m。采用同辐射定标类似的方法，得到高光谱成像仪在贡格尔草原场地的表观辐亮度。

表 5.32　高光谱成像仪过境时刻的观测几何

日期	太阳天顶角	太阳方位角	观测天顶角	观测方位角
9 月 24 日	45.1506°	161.673°	0°	97.5°

采用 2008 年 10 月敦煌试验定标系数，对 9 月 24 日成像的高光谱成像仪 Level 1A 级图像进行相对辐射校正、条带噪声去除，并根据 2008 年 10 月敦煌试验定标结果，对高光谱成像仪图像数据进行绝对辐射定标，反演得到贡格尔草原表观辐亮度图像。根据场地位置，选择 5×5 个像元的区域，计算出场地的平均辐亮度，同实测数据经辐射传输计算后的表观辐亮度进行比较，具体结果如下：图 5.59 表示利用 2008 年 9 月内蒙古试验数据对高光谱成像仪进行真实性检验的结果。其中图 5.59（a）为地面实测表观辐亮度和图像反演表观辐亮度的相互比对，图 5.59（b）为两者的相对差异，即（地面实测表观辐亮度 − 图像反演表观辐亮度）/ 地面实测表观辐亮度。可以看出，绝大多数通道两者的差异在 10% 以内，约有 12 个通道的差异大于 10%，主要分布在气体吸收通道和蓝绿通道。表观辐亮度相对差异如表 5.33 所示。

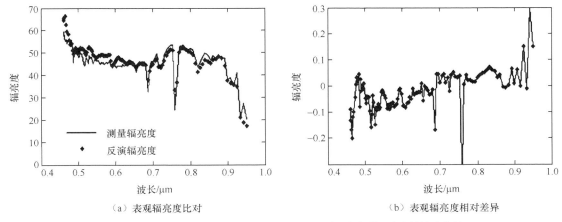

（a）表观辐亮度比对　　　　　　　　　　（b）表观辐亮度相对差异

图5.59　利用2008年9月内蒙古试验数据对高光谱成像仪进行真实性检验的结果

表 5.33　贡格尔草原 2008 年 9 月表观辐亮度相对差异（高海亮等）

相对差异	小于 5%	5% ~ 10%	10% ~ 20%	大于 20%
波段数目	68	35	9	3

二、2009 年 2 月在澳大利亚 Lake Frome 试验场

高光谱成像仪在轨运行半年后，为进一步监测其各通道的辐射性能，原中科院遥感所联合原环境保护部，同澳大利亚 CSIRO 科学家合作，在澳大利亚 Lake Frome 试验场开展联合测量试验。试验期间对试验场地的地表及大气参数进行测量，为进行高光谱成像仪表观辐亮度产品的真实性检验提供基础数据。

Lake Frome 试验场位于澳大利亚中部、南澳大利亚州东北部，中心经纬度约为 30°85′S、139°75′E，海拔约为 0m。Lake Frome 试验场地为干盐湖床，场地地表由细盐颗粒结晶而成。整个地表呈白色，反射率最高可达 70%。试验场地无任何植被，其地表反射率的变化主要由盐颗粒的水分决定。

根据 Lake Frome 试验场地的特点，针对高光谱成像仪在该地区成像的实际情况，可做如下假设。

（1）由于该地区干旱少雨，在一定时期内（半个月内），可假设地表反射率不发生变化。在真实性检验过程中，高光谱成像仪在该场地获取图像的日期为 2009 年 2 月 27 日，野外光谱采集日期为 2 月 10 日—2 月 13 日。根据此假设，将野外采集的地表光谱直接用于高光谱成像仪定标的真实性检验，忽略此时间段地表变化引起的误差。

（2）Lake Frome 试验场场地非常平坦，不同测点的反射率随水分含量的差异而有所变化，但在局部范围（大小为 500m × 500m）内，可认为地表为均匀的。实际处理中，在对高光谱成像仪图像进行相对辐射校正的基础上，对其在该地区的图像进行几何精校正，使其最大误差小于 1 个像元。然后根据测量过程中记录的 GPS 测量路线，确定各测点的具体位置，忽略由于图像配准向验证结果引入的误差。

（3）试验中发现试验场地的地表反射率随观测角度的不同而差异很大，因此当大角度观测图像时，必须考虑地表非朗伯特性的影响。但当卫星小角度观测时，可以忽略地表方向性影响，认为地表为朗伯体。在实际测量过程中，卫星在该地区获取的图像观测角度约为 20°，可以认为在此条件下地表为朗伯体，对地表测量的反射率不进行非朗伯体校正。

试验期间共测量 4 个测点，各点的具体位置如表 5.34 所示，测量仪器为 ASD 光谱仪和参考板。经过数据处理得到各测点平均反射率，如图 5.60 所示。可以看出，由于水分含量的差异，不同测点的反射率在 20%~70% 内变化。

表 5.34　Lake Frome 场地 4 个测点的具体位置

测点名称	经度	纬度
D1	139°42′26″E	30°43′8″S
S20	139°39′54″E	30°51′11″S
Smooth	139°41′29″E	30°47′23″S
Final	139°43′45″E	30°45′59″S

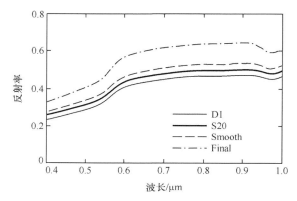

图5.60　澳大利亚 Lake Frome 场地各测点平均反射率

场地气溶胶数据从距离 Lake Frome 北部约 200km 的 Tinga Tingana 气象站获取。卫星过境时刻 550nm 的气溶胶光学厚度为 0.066。同时根据场地位置及过境时间，计算出高光谱成像仪成像时刻的观测几何，如表 5.35 所示。

表 5.35　澳大利亚 Lake Frome 场地高光谱成像仪成像时刻的观测几何

日期	太阳天顶角	太阳方位角	观测天顶角	观测方位角
2 月 27 日	34.1246°	124.403°	20°	97.5°

将 Lake Frome 场地反射率、大气气溶胶光学厚度及成像时刻的观测几何输入改进后的辐射传输模型，计算出高光谱成像仪各通道表观辐亮度。同时将 Lake Frome 地区的高光谱成像仪图像进行条带噪声去除和绝对辐射定标。在此基础上进行几何精校正，根据试验期间的各测点的位置，提取对应像元的表观辐亮度。将图像反演的表观辐亮度同地面实测的表观辐亮度进行比对，以实测数据为标准，比较二者性能的差异，具体结果如图 5.61 所示。

图 5.61 为澳大利亚 Lake Frome 场地表观辐亮度比对的具体结果，可以看出两者吻合

得非常好。为定量分析两者的差异，计算出各测点实测表观辐亮度同图像反演辐亮度的相对差异，具体结果如图 5.62 所示。

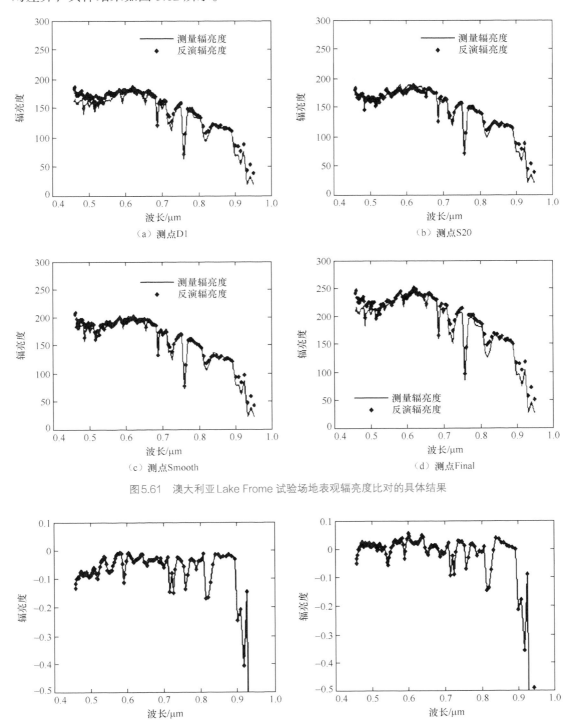

图5.61 澳大利亚 Lake Frome 试验场地表观辐亮度比对的具体结果

图5.62 澳大利亚 Lake Frome 试验场地表观辐亮度相对差异的具体结果

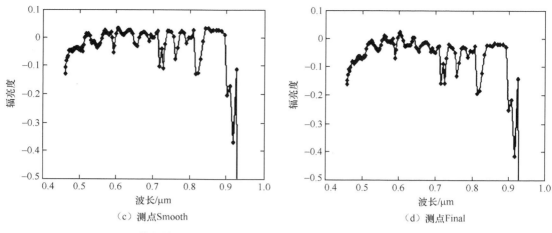

（c）测点Smooth　　　　　　　　　　　　　　　　　（d）测点Final

图5.62　澳大利亚Lake Frome试验场地表观辐亮度相对差异的具体结果（续）

　　分析澳大利亚 Lake Frome 场地 4 个测点实测表观辐亮度同图像反演表观辐亮度的相对差异曲线，可以发现，4 个测点的相对差异规律具有一致性：在绝大多数通道，两者的相对差异小于 10%；在短波波段，有部分波段的相对差异大于 10%；在臭氧、水汽等吸收通道，两者的差异都大于 10%，其中在 950nm 的水汽吸收通道，两者的差异高达 50%。将表观辐亮度相对差异分为小于 5%、5%～10%、10%～20%、大于 20% 这 4 种类型，分别统计不同差异的波段数目，具体结果如表 5.36 所示。

表 5.36　澳大利亚 Lake Frome 试验场地表观辐亮度不同相对差异的波段数目（高海亮，顾行发等）

测点名称	小于 5%	5%～10%	10%～20%	大于 20%
D1	58	41	10	6
S20	100	7	3	5
Smooth	95	7	8	5
Final	73	23	13	6

三、2008 年 12 月在白洋淀试验场

　　为了进一步验证 HSI 飞行定标系数的精度，中国资源卫星应用中心与北京师范大学于 2008 年 12 月 6 日在河北白洋淀进行了一次同步观测试验，试验区地理位置为 115.8988°E、38.9725°N，地物类型为冬小麦，其实测地表反射率如图 5.63 所示，相应 HSI 图像上目标位置 115 个谱段的灰度 DN 值如图 5.64 所示。HSI 过白洋淀时天气晴朗、大气稳定，瞬时气溶胶光学厚度在 550nm 处为 $\tau_{t550} = 0.343$，边界层气象距离约为 19.575km，瞬时大气垂直柱水汽含量约为 $u_t = 1.4925 \text{g/cm}^2$。将各种实测参数输入 MODTRAN 模型，由此计算出 HSI 入瞳处的辐亮度，如图 5.65 红色曲线所示；用 HSI 图像上目标灰度值除以敦煌辐射校正场绝对定标系数得到的入瞳处的辐亮度，如图 5.65 黑色曲线所示。

　　从图 5.65 分析可知，敦煌试验场绝对定标系数求得传感器入瞳处辐亮度，与 MODTRAN 输入实测参数求得遥感器入瞳处辐射亮度曲线分布趋于一致，前面 45 个波段（0.45～0.575μm）中，两者的差别很小，两者差值小于 1.0%，后面波段（0.575～0.96μm）的差值

略大，两者差值小于 3.0%，其整体结果差别不大，说明敦煌试验场的绝对定标结果是可靠的。

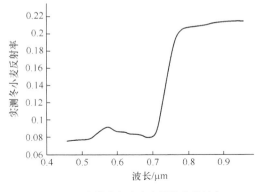

图 5.63 白洋淀冬小麦实测地表反射率

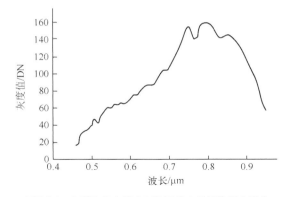

图 5.64 白洋淀冬小麦在 HSI 图像上目标位置 115 个谱段的灰度 DN 值

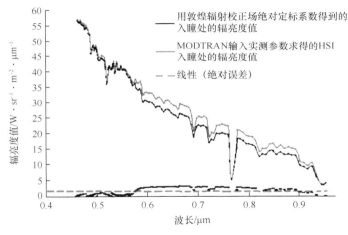

图 5.65 辐亮度值比对

定标系数和在 MODTRAN 中输入实测参数求得的辐亮度间存在差别，一方面是由于满权重传递的误差存在（如目标地物反射率测量误差和辐射传输模型误差），另一方面是由于 HSI 数据采集存在累计误差，这些累计误差在各个波段所占比重不同，造成后面波段的误差较大。

通过河北白洋淀进行的同步观测试验进一步验证敦煌辐射校正场定标精度，验证结果表明定标结果合理可靠，为 HSI 高光谱数据的定量化应用研究奠定了基础。

四、2009 年 9 月在内蒙古试验场

2009 年 8 月，环境卫星高光谱成像仪的增益被调整，由此前的增益 1（0.7 倍增益）调整为增益 2（1.0 倍增益）。为了验证新增益下的辐射定标系数，确保高光谱成像仪表观辐亮度产品的有效性，原中科院遥感所定标小组于 2009 年 9 月再次前往内蒙古达里湖地区，开展地面同步试验。试验时间为 9 月 17 日至 27 日，共进行 11 天测量，期间高光谱成像仪获取场地图像的日期为 9 月 23 日。

图 5.66 是贡格尔草原 2006—2010 年 6 次实测的地表反射率，可以看出不同年份的光谱反射率有较大的差异。尤其是在 600～700nm 波段范围内，若草地处于生长期，则光谱曲线上出现小的吸收；若草地已经完全枯萎，则呈线性上升趋势。在 700～1000nm 波段，2008 年与 2009 年的两条测量曲线一致，表明在近红外波段，不同年份场地反射率保持不变。在测量地表反射率的同时，利用太阳光度计 CE318 对当天的大气进行测量，得到 9 月 23 日全天的气溶胶光学厚度。高光谱成像仪成像时刻为 11:12，对应的气溶胶光学厚度为 0.072。

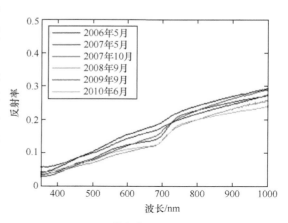

图5.66　贡格尔草原2006—2010年
6次实测的地表反射率

将卫星过境当天测点得到的地表反射率、大气气溶胶光学厚度代入辐射传输模型，结合卫星过境时刻的观测几何（见表 5.37），计算出高光谱成像仪 115 个通道的表观辐亮度。同时对当天的高光谱成像仪图像进行条带噪声去除和绝对辐射定标，根据场地位置，提取出试验场地上空各通道表观辐亮度。将实测辐亮度和图像反演辐亮度进行比对，实现辐亮度的真实性检验。

表 5.37　内蒙古贡格尔场地卫星过境时刻的观测几何

日期	太阳天顶角	太阳方位角	观测天顶角	观测方位角
9 月 23 日	45.2034°	161.358°	7.62°	97.0207°

图 5.67（a）是内蒙古贡格尔场地实测表观辐亮度同图像反演表观辐亮度的比对。可看出两者吻合得非常好，甚至在一些气体吸收通道，两者的差异也非常小。图 5.67（b）是两个表观辐亮度的相对差异。结果表明，在新的增益下，高光谱成像仪所有通道的辐亮度差异均小于 10%。这一结果不仅说明新的增益能更精确地反演各地区辐亮度，也表明 2009 年敦煌辐射校正场定标试验结果具有比较高的精度和可靠度。其中两者相对差异小于 5% 的波段数目有 89 个，相对差异在 5%～10% 内的有 26 个（见表 5.38）。

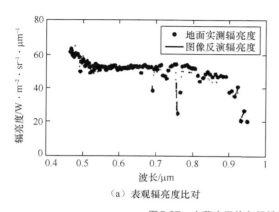

（a）表观辐亮度比对

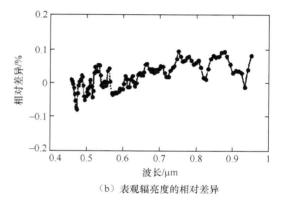

（b）表观辐亮度的相对差异

图5.67　内蒙古贡格尔场地2009年表观辐亮度比对结果

表 5.38　内蒙古场地 2009 年表观辐亮度不同相对差异的波段数目（高海亮，顾行发等）

相对差异	小于 5%	5% ~ 10%	10% ~ 20%	大于 20%
波段数目	89	26	0	0

5.9.3　环境卫星 HSI 基于参考卫星数据的表观辐亮度产品真实性检验

以参考卫星数据为基础，选择参考遥感器与被检验遥感器对均匀地表同时成像的影像对，通过遥感器数据的比对，实现遥感器数据产品的真实性检验。对环境卫星高光谱成像仪的辐射性能检验，利用当前国际上定标系统较为完善、使用最广的 MODIS 为参考，进行分析评价。对高光谱成像仪辐亮度产品的验证工作，具体步骤如下。

（1）确定平坦均匀的大面积（场地面积至少为 5km × 5km）试验场地，提取同一天经过该场地的高光谱成像仪图像和 MODIS 图像。

（2）将高光谱成像仪图像进行相对辐射校正、绝对辐射定标处理，提取场地区域内所有通道的平均辐亮度曲线。

（3）根据 MODIS 的经纬度信息，提取对应区域的各通道辐亮度。

（4）光谱通道的配准处理。方法 1：在 400 ~ 1000nm 波长范围内，高光谱成像仪有 115 个光谱通道，MODIS 有 20 个光谱通道。在高光谱成像仪辐亮度曲线中，对 MODIS 各通道中心波长值在高光谱成像仪对应谱段进行插值处理，得到相应的辐亮度值。方法 2：结合 MODIS 各通道的光谱响应函数，将高光谱成像仪辐亮度曲线进行卷积处理，得到对应 MODIS 通道的等效辐亮度。

（5）将高光谱成像仪辐亮度曲线和 MODIS 自身反演的各通道辐亮度值绘制在同一图像上，实现高光谱成像仪辐亮度的主观评价。将二者对应通道辐亮度值进行比对，得到二者的相对差异，实现高光谱成像仪的客观定量评价。

在实际中，遥感器的响应并非完全线性的，对具有不同反射率的目标的反演能力是有差别的。对于高亮目标，有些遥感器会出现饱和现象；而对水体等暗目标，由于信号太弱，图像上主要是噪声和仪器底电平等信息，很难反演出目标本身的信息。因此对遥感器定标性能进行真实性检验时，需要利用高、中、低不同反射率的目标进行测试。根据目标类型的不同，可分为高、中、低反射率 3 类：高反射率目标为干盐池；中反射率目标为枯萎草地；低反射率目标为水体。

一、高反射率目标表观辐亮度产品的真实性检验

高反射率目标选择茶卡盐湖作为试验区。茶卡盐湖位于我国青海省东北部，距青海湖约 60km。茶卡盐湖面积约为 10km × 10km，场地中心经纬度为 99°6′E、36°41′N。整个场地主要由结晶盐颗粒组成，地表呈白色，场地反射率为 40% ~ 50%。高光谱成像仪过境该场地的日期为 2009 年 4 月 27 日，同时获取 MODIS 遥感器在该地区对应日期的影像。对高光谱成像仪图像进行相对辐射校正和绝对辐射定标，反演出茶卡盐湖上空的表观辐亮度，同时根据场地经纬度提取 MODIS 图像上对应位置的表观辐亮度，将两者进行比较，结果如图 5.68 所示。

由此比对结果可以看出，两者吻合得很好，MODIS 的 7 个谱段的表观辐亮度非常接

近高光谱成像仪的表观辐亮度，这表明高光谱成像仪在探测地表光谱曲线特征的同时，也具有较高的反演精度。

表 5.39 为高光谱成像仪与 MODIS 匹配通道的表观辐亮度比对结果。由表中数据可看出，除第 3 通道外，其他通道的相对差异均小于 5%，表明高光谱成像仪除蓝通道的个别通道外，均具有较高的定标精度，对高反射率目标的反演结果同 MODIS 对应通道具有一致性，两者的差异小于 5%。

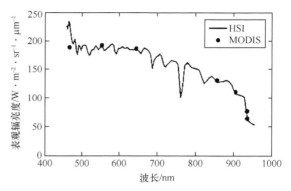

图5.68 茶卡盐湖表观辐亮度比对结果

表 5.39 高光谱成像仪与 MODIS 匹配通道的表观辐亮度比对结果

通道	中心波长 /nm	MODIS 表观辐亮度 /W · m^{-2} · sr^{-1} · μm^{-1}	HSI 匹配表观辐亮度 /W · m^{-2} · sr^{-1} · μm^{-1}	相对差异 /%
1	646.5	185.2750	181.7438	1.91
2	856.7	127.7160	127.6824	0.03
3	465.6	189.3610	220.2452	16.31
4	553.7	191.7590	186.5971	2.69
17	904.1	108.7760	107.3217	1.34
18	935.3	61.8323	63.7005	3.02
19	936.1	74.5016	70.8956	4.84

二、中反射率目标表观辐亮度产品的真实性检验

中反射率目标选择内蒙古达里湖地区的贡格尔草原作为试验区。高光谱成像仪图像获

取日期为 2009 年 9 月 23 日，并利用场地的经纬度信息得到对应日期的 MODIS 图像。将高光谱成像仪反演的表观辐亮度图像与提取的 MODIS 的表观辐亮度数据进行比对。图 5.69 是比对结果。由图 5.69 可以看出，二者对应通道的表观辐亮度值差异很小，其中通道 1、3、4、10、11、12 的相对差异小于 5%，通道 2、18 的相对差异小于 10%，通道 17、19 的相对差异在 10%~20%。验证结果如表 5.40 所示。

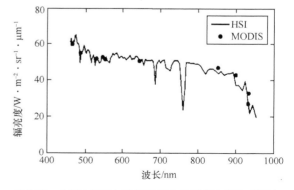

图5.69 内蒙古贡格尔草原2009年表观辐亮度比对结果

表 5.40　贡格尔草原 2009 年高光谱成像仪与 MODIS 验证结果

通道	中心波长 /nm	MODIS 表观辐亮度 /W·m^2·sr^{-1}·μm^{-1}	HSI 匹配表观辐亮度 /W·m^{-2}·sr^{-1}·μm^{-1}	相对差异 /%
1	646.5	50.6700	51.5049	1.65
2	856.7	47.2969	44.3984	6.13
3	465.6	60.2109	60.3570	0.24
4	553.7	51.5980	53.1656	3.04
10	486.9	55.1544	54.2868	1.57
11	529.7	51.8719	51.6858	0.36
12	546.8	52.7391	53.6971	1.82
17	904.1	43.1958	38.6555	10.51
18	935.3	27.1933	25.1649	7.46
19	936.1	32.6815	26.1554	19.97

2008 年 10 月 20 日高光谱成像仪（HSI）在敦煌辐射校正场进行了场地辐射定标，并计算出 HSI 的表观辐亮度。为了验证和评价辐射定标的结果，以 MODIS 的数据为参考，获取同日 MODIS 在敦煌辐射校正场的图像，通过辐射定标和几何校正，计算出敦煌辐射校正场的表观辐亮度。为定量化分析两者间的差异，通过插值将 HSI 的表观辐亮度转换成 MODIS 对应通道的表观辐亮度。MODIS 同 HSI 对应的通道共有 12 个，分别为通道 1～4、10～12、17～19。同 HSI 的表观辐亮度比较，发现两者非常接近（见图 5.70），计算出二者的相对差异如表 5.41 所示。从表 5.41 可以看出，除 940nm 的辐亮度差异为 7.69%，其他 9 个通道的相对差异均小于 5%，优于 HSI 定标系数的总的不确定度 7%，证明了定标系数的正确性。

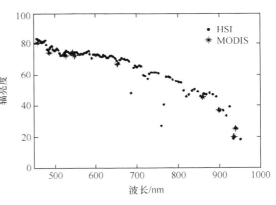

图 5.70　2008 年 10 月 20 日 MODIS 和 HSI 的表观辐亮度

表 5.41　MODIS 和 HSI 的表观辐亮度相对差异

通道	1	2	3	4	10
波段中心波长 /nm	654.28	861.66	460.81	549.8	489.048
相对差异 /%	2.92	3.78	4.28	1.13	3.35
通道	11	12	17	18	19
波段中心波长 /nm	530.056	547.028	902.044	935.07	940.1
相对差异 /%	2.08	4.44	-1.27	0.31	-7.69

三、低反射率目标表观辐亮度产品的真实性检验

低反射率目标选择贡格尔草原附近的达里湖和岗更湖作为试验区。以 2009 年实验期间获取的图像为研究对象,分别提取达里湖和岗更湖上空的 MODIS 表观辐亮度值和 HSI 辐亮度值,将两者进行比较,其结果如图 5.71 和图 5.72 所示。

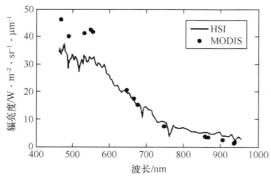 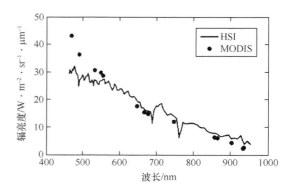

图5.71　内蒙古达里湖2009年表观辐亮度比对结果　　　图5.72　内蒙古岗更湖2009年表观辐亮度比对结果

根据达里湖和岗更湖图像表观辐亮度的比对结果可以看出,在 450～550nm 区间,MODIS 的表观辐亮度要大于 HSI 反演表观辐亮度。在 550nm 之后,MODIS 的表观辐亮度同 HSI 表观辐亮度比较接近。采用与前两种反射率目标相同的方法,计算出两种表观辐亮度在 MODIS 对应通道的相对差异,具体结果如表 5.42 和表 5.43 所示。需说明的是,在对水体反演表观辐亮度时,MODIS 的通道 13～16 响应正常,未发生饱和,也采用到与 HSI 的比对中。

表 5.42　内蒙古达里湖 2009 年高光谱成像仪与 MODIS 相对差异具体结果

通道	中心波长 /nm	MODIS 辐亮度 /W·m^{-2}·sr^{-1}·μm^{-1}	HSI 匹配辐亮度 /W·m^{-2}·sr^{-1}·μm^{-1}	相对差异 /%
1	646.5	20.9065	19.3588	7.4
2	856.7	4.0236	5.3181	32.17
3	465.6	46.6205	33.7727	27.56
4	553.7	41.9874	32.1729	23.37
10	486.9	40.4405	30.8372	23.75
11	529.7	41.5213	31.4780	24.19
12	546.8	42.9312	32.9794	23.18
13	665.6	17.6182	16.5186	6.24
14	676.7	15.4969	15.4173	0.51
15	746.4	7.6612	8.9330	16.6
16	866.2	3.7294	5.1477	38.03
17	904.1	2.8780	4.6390	61.19
18	935.3	1.7420	3.6900	111.82
19	936.1	1.9844	3.7328	88.11

表 5.43　内蒙古岗更湖 2009 年高光谱成像仪与 MODIS 相对差异具体结果

通道	中心波长 /nm	MODIS 辐亮度 /W · m⁻² · sr⁻¹ · µm⁻¹	HSI 匹配辐亮度 /W · m⁻² · sr⁻¹ · µm⁻¹	相对差异 /%
1	646.5	17.0960	18.3294	7.21
2	856.7	6.1418	7.1779	16.87
3	465.6	42.3426	29.7764	29.68
4	553.7	27.9774	25.7765	7.87
10	486.9	35.5938	27.0569	23.98
11	529.7	29.9878	25.9986	13.3
12	546.8	29.0940	25.9751	10.72
13	665.6	15.0111	16.0393	6.85
14	676.7	14.3552	15.2304	6.1
15	746.4	11.6609	12.8567	10.25
16	866.2	5.6629	6.6472	17.38
17	904.1	4.1194	5.5160	33.9
18	935.3	2.2308	4.1756	87.18
19	936.1	2.4481	4.2743	74.60

　　达里湖和岗更湖地区 MODIS 和 HSI 表观辐亮度定量比较结果表明，HSI 反演水体表观辐亮度的误差要大于中、高反射率目标。分析有以下 3 个因素：（1）HSI 接收的水体信号弱，图像噪声相对较大；（2）对 HSI 表观辐亮度产品实际的底电平不为零，导致误差增大；（3）MODIS 和 HSI 的观测几何不一致，引起表观辐亮度的差异。

　　虽然在暗目标区域中 HSI 反演的表观辐亮度同 MODIS 有较大误差，但它可以很好地刻画出 MODIS 表观辐亮度的变化趋势，且 HSI 图像的光谱分辨率和辐射分辨率远高于 MODIS 图像。高光谱成像仪反演的水体表观辐亮度除个别通道外，相对差异小于 30%，因此其可以应用于水色遥感。

5.10　高光谱成像仪光谱复原图像条带噪声处理

　　条带噪声是航天遥感相机图像中一种普遍存在的特殊噪声，条带噪声的特征与扫描成像方式有关：摆扫式相机中条带噪声垂直于扫描方向分布，而推扫式遥感相机中条带噪声沿扫描方向分布。

　　条带噪声的存在掩盖了遥感图像中的真实数据信息，对图像质量以及精度产生了严重的影响，为遥感图像的后续处理带来很多不利因素。对于遥感光谱成像仪，这些噪声的存在严重影响了高光谱图像地物光谱特征提取和识别的精度，降低了各种遥感数据定量分析技术的有效性。

　　图 5.73 是一幅红外相机拍摄的带条带噪声的图像。图 5.74 是一个推扫式遥感相机图像局部灰度拉伸的显示结果。

图 5.73　红外相机拍摄的带条带噪声的图像

图 5.75 是 CBERS-1 卫星 CCD 相机蓝光波段（0.45～0.51μm）的原始图像。

图5.74 推扫式遥感相机图像局部灰度拉伸的显示结果

图5.75 CBERS-1 卫星 CCD
相机蓝光波段的原始图像

条带噪声几乎出现在所有的遥感光谱仪数据中，是机载和星载光谱成像仪数据的一种常见噪声。美国 EO-1 卫星搭载的 Hyperion 高光谱成像仪在某些波段出现垂直条带噪声。类似的条带噪声也在出现在 Landsat MSS、MOS-B、TM 和 CHRIS 等的图像中，如图 5.76 所示。除搭载平台的运动外，仪器的原理及结构也决定了条带噪声的方向和形式。

Landsat MSS

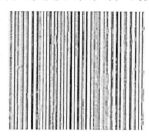

Hyperion（第 1 波段）

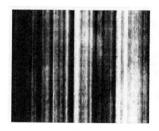

MOS-B（第 12 波段）

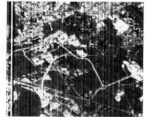

CHRIS（第 1 波段）

图5.76 国外光谱仪单波段的含条带噪声图像

图 5.77 是一幅 MODIS 影像，带有条带噪声（第 5 波段，1024 像素 ×1024 像素）。可以看出条带噪声是影像中具有一定周期性、方向性且呈条带状分布的一种特殊噪声。MODIS 图像的条带噪声以第5 波段和第 26 波段最为明显。MODIS 条带噪声有如下特点：①条带噪声呈水平分布，除第 26 波段影像外，其宽度基本为一个像元；②相邻两个条带噪声的中心线之间的距离等于扫描条带宽度。

图 5.78 为 HJ-1A 高光谱成像仪在轨数据复原之后得到的图像。从图中可以看到，图像含有沿推扫方向的条带噪声，并且不同波段的条带噪声并不完全相同。HJ-1A 高光

图5.77 带有条带噪声的MODIS影像
（第 5 波段,1024 像素 × 1024 像素）

谱成像仪在轨图像在前 20 个波段具有明显的条带噪声。其中条带的宽度分为两种，一种是较宽的条带，大概占 64 个像元；另一种条带宽度为 20 多个像元，表现为或明或暗的条带。图 5.79 为 Hyperion 原始第 8 波段的图像。

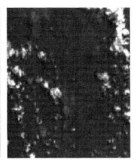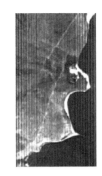

图5.78　HJ-1A高光谱成像仪在轨数据复原之后得到的图像　　　　图5.79　Hyperion 原始
第8波段的图像

5.10.1　图像条带噪声的特征

遥感相机图像普遍存在一种特殊的条带噪声，其主要特征如下。

（1）具有明显的方向性。条带噪声的特征与扫描成像方式有关：摆扫式相机的条带噪声垂直于扫描方向分布，而推扫式遥感相机的条带噪声沿扫描方向呈带状分布，并贯穿整幅图像。

（2）许多图像的条带噪声具有显见的固定模式，呈现为周期性的、明暗相间的栅条，布满图像的整个空间。但栅条受其他噪声影响，会出现周期不规则的现象。

（3）条带具有一定的宽度，有些细至一个像元，有些宽度达到几十个像元。

（4）条带噪声幅度较小，对比度较小。

（5）对于遥感光谱成像仪，条带噪声具有波长相关性，同一场景、不同波长（或波段）图像的条带噪声不同，条带周期、幅值和对比度不同。

5.10.2　条带噪声的产生机理

（1）条带噪声的产生主要归咎于多个 CCD 探测单元间响应的不一致性。这种不一致性的产生主要有以下原因。

- 器件本身的非均匀性。材料、制造工艺等因素会造成探测单元性能的差异，如辐射度响应、光谱响应的差异。
- 探测器一列（行）或一个分区输出共用一个放大器，将会造成不同单元信号的放大系数不同。
- 像元间暗电流的非一致性。
- 像元间环境温度、电磁干扰的不均匀性。
- 卫星发射前对探测器响应非均匀性校正的残留误差。

（2）某些遥感相机的交叉扫描方法造成图像的条带噪声，如 Landsat Thematic Mapper

的图像。由于正反交叉扫描，探测单元存在辐射迟滞效应，其平均值出现辐射的衰落，图像中出现条带噪声。

（3）遥感器本身的结构缺陷造成条带噪声，如具有狭缝的光谱成像仪，狭缝缺陷对焦平面的辐射度有影响。但是狭缝缺陷的影响是很小的。光谱成像仪的狭缝位于光学系统的一次像面上，是系统的一次像面视场光阑，其尺寸的偏差只影响像面视场的范围，对像面照度基本没有影响，而且狭缝偏差的量是很小的。例如 HJ-1A 高光谱成像仪的狭缝宽度为 0.028mm，偏差和缺陷小于 0.001mm。

（4）条带噪声图像的周期性主要源于探测像元的周期分布。入射到探测器上的光线，经周期分布的探测元表面和封接玻璃间的多次反射，回到探测元并产生光电响应，会形成周期性的条带图像。微米量级的探测元接缝使入射光线发生衍射，不同波长的入射光衍射角不同，多次反射后到达探测面的结果也不同，将会形成不同形式的条带。

以上分析探测器一列（行）像元随机的、不规则的响应不均匀性，和有固定模式的辐射响应变化，在遥感器推扫或摆扫的运动中形成了特殊的条带噪声。

5.10.3　图像条带噪声去除处理方法

常用于条带噪声去除的方法可以分为两类。一类是空间 - 频率域滤波法，其缺点是对计算要求高，不容易选择正确的频率成分，对地物分布复杂的地表，在去除条带的同时也去除了某些细节，降低了图像质量，只适用于几何纠正前的数据。另一类是针对图像灰度值特征进行的归一化和匹配方法，典型的有直方图匹配法、矩匹配法。但是传统的矩匹配法改变了图像在成像行或列方向的均值分布，使图像灰度在空间分布上产生一定的畸变。因此各种去除条带噪声的处理方法尚存在一定的不足之处，还需根据不同遥感器图像、噪声的特点，通过分析、试验选择合适的方法，以期取得更好的校正效果。

下面介绍几个环境卫星 HJ-1A 高光谱成像仪图像的条带噪声处理方法。

一、通过滤波改进的矩匹配方法

式（5.35）是相对辐射校正的原理公式，即利用星上定标数据或者图像统计数据计算遥感器的每个探测元的增益和偏移量：

$$DN_{cal\_i} = \frac{DN_{raw\_i} - B_i}{NG_i} \tag{5.35}$$

式中，DN_{cal_i}——探测元在相对定标后的数字计数值；DN_{raw_i}——探测元原始采集的数字计数值；B_i——第 i 个探元归一化后的偏置量，也就是暗电流，单位为 DN；NG_i——第 i 个探元归一化后的增益，其值通常接近 1，单位为 DN。

矩匹配法把各列入射辐射强度的均值和方差看作近似相等（假设 CCD 沿列方向扫描获取图像）。矩匹配法选取一个 CCD 元为参考，将其他 CCD 元校正到该 CCD 元的反射率。该方法通过计算每个探测器的标准差 σ_i 和整个波段（或者参考探测器）的平均标准差 σ_R 来计算增益，即：

$$NG_i = \frac{\sigma_i}{\sigma_R} \quad \sigma_R = \frac{1}{N} \sum_{j=1}^{N} \sigma_j \tag{5.36}$$

式中，N——一排探测元的总数。通过计算每个探测器元采集到的数据的平均值 P_{kj} 和整个波段数据的平均值 P_k 来计算偏置量，即：

$$B_i = P_{kj} - \frac{\sigma_i P_k}{\sigma_R} \tag{5.37}$$

将式（5.36）、式（5.37）代入式（5.35），得到矩匹配法的校正公式：

$$\mathrm{DN}_{cal\_i} = \frac{\mathrm{DN}_{raw\_i} - \left(P_{kj} - \dfrac{\sigma_i P_k}{\sigma_R} \right)}{\dfrac{\sigma_i}{\sigma_R}} = \frac{\sigma_R}{\sigma_i}\mathrm{DN}_{raw\_i} - \frac{\sigma_R}{\sigma_i}P_{kj} + P_k \tag{5.38}$$

式中，P_{kj}——高光谱成像仪图像第 k 波段第 j 列的均值；P_k——图像某一波段的均值。

改进的矩匹配法未采用整个图像均值，而是对图像均值的列曲线和图像方差列曲线进行平滑滤波处理，得到平滑处理后的列均值和方差，再利用式（5.39），得到改进的矩匹配法的校正公式：

$$\mathrm{DN}_{cal\_i} = \frac{\mathrm{DN}_{raw\_i} - \left(P_{kj} - \dfrac{\sigma_i P_{Cj}}{\sigma_{Cj}} \right)}{\dfrac{\sigma_i}{\sigma_{Cj}}} = \frac{\sigma_{Cj}}{\sigma_i}\mathrm{DN}_{raw\_i} - \frac{\sigma_{Cj}}{\sigma_i}P_{kj} + P_{Cj} \tag{5.39}$$

式中，P_{kj}——HSI 图像第 k 波段第 j 列的均值；P_{Cj}——图像某一波段第 j 列平滑滤波后的均值；σ_i——每个探测器的标准差；σ_{Cj}——第 j 列曲线平滑滤波后的方差。其中，滤波方法可采用平均值法、多项式拟合法和滑动窗口滤波法等。

去除条带噪声处理实验以 ENVI 4.3 软件为基础，以 IDL 6.3 为开发工具，实现改进的矩匹配法的运算。

由美国 RSI 公司开发的交互式数据语言（Interactive Data Language，IDL）是第 4 代科学计算可视化语言，具有集开放性、高维分析能力、科学计算能力、实用性及可视化分析为一体的特点，集成了所有科学计算环境中所需要的工具，使用户可以对任意科学数据进行可视化分析。IDL 是对科学数据进行获取、可视化显示、分析及应用开发的理想软件工具，作为面向矩阵的可视化语言，是跨平台应用开发的最佳选择。它集可视、交互分析、图像处理为一体，为用户提供完善、灵活、有效的开发环境。IDL 具有如下特征：高级图像处理能力、交互式二维和三维图形技术、面向对象的编程方式、OpenGL 图形加速、量化可视化表现、集成的数学和统计学算法、灵活的数据输入 / 输出方式、跨平台图形用户界面工具包、开放式数据库互连（Open Database Connectivity，ODBC）兼容数据库存取及多种程序连接工具等。（郑逢斌）

支晶晶分别采用平均值法、多项式拟合法和移动窗口滤波法的矩匹配方法，处理了 HJ-1A 卫星高光谱成像仪图像的条带噪声。

（1）基于平均值滤波的改进矩匹配法基本思想是：将原始图像的列均值和方差分段取平均，再由平均列均值和方差拟合出平滑滤波后的列均值和方差，代入改进的矩匹配法的校正公式，计算得到图像去除条带噪声后的 DN 值。

具体做法是：把含有噪声的原始图像 $f(x,y)$ 的列均值和方差分别转换成 $m \times n$ 的数组，再由新数组的列均值和方差拟合出平滑滤波后的列均值和方差，代入改进的矩匹配法的校正公式，计算得到图像去除条带噪声后的 DN 值。

此方法的具体实现步骤如下：

① 初始化有关参数和变量，读入原始图像；

② 读取原始图像的 DN 值，存放于数组 Initial_Image 中；

③ 求出图像的列均值、列方差，分别存入变量 fRow_Mean、fRow_Std；

④ 将 $1 \times k$ 的列均值和列方差数组分别转换成 $m \times n$ 的数组；

⑤ 由新数组的列均值和列方差拟合出平滑滤波后的列均值 fNew_Mean 和列方差 fNew_Std；

⑥ 根据算法，由式（5.39）计算得到图像处理后的 DN 值；

⑦ 所得图像即条带噪声去除后的图像，保存图像并显示。

实验中，为了对 HJ-1A 卫星高光谱成像仪图像的前 20 个波段进行去除条带噪声的操作，应用此方法对每个波段的 512×512 个 DN 值做了如下处理：首先求得每列的列均值和方差，将 1×512 的列均值和列方差分别转换成 $m \times n$ 的数组，再由新数组的列均值和列方差拟合出平滑滤波后的列均值和方差。实验中 $m \times n$ 的值分别取 8×64、64×8、16×32、32×16、4×128、128×4，实验结果表明，在 $m \times n$ 的值取 64×8 的情况下，去除条带噪声后图像的列均值曲线与原始图像的列均值曲线拟合得最好，去除条带噪声后的图像也最清晰。

此方法有如下优点：此方法适用于各种场景的高光谱图像，对图像地物类型的单一性和灰度分布的均匀性均无要求，也不需要事先了解条带分布的周期性、规律性；对于地物均匀分布状况下成像的图像和地物非均匀分布状况下成像的图像，都有很好地去除条带噪声的效果，此改进的矩匹配法能够较好地恢复和保持地物真实反射率的空间分布情况，可用于高光谱图像条带去除的批处理。

但是基于平均值滤波的改进矩匹配法在消除噪声的同时也会对图像的高频细节成分造成破坏和损失，使图像模糊，这是平均值法的固有缺陷。（支晶晶）

（2）基于多项式拟合滤波的改进矩匹配法：根据多项式拟合的最小二乘原理，用多项式拟合滤波算法处理图像，可使变化较缓和变化剧烈的数据都获得良好的平滑效果。

假设给定数据点 $(x_i, y_i)(i = 0,1,\cdots,m)$，$\varphi$ 为所有次数不超过 n（$n \leq m$）的多项式构成的函数类，求：

$$P_n(x) = \sum_{k=0}^{n} a_k x^k \in \varphi \tag{5.40}$$

使得式（5.41）最小：

$$I = \sum_{i=0}^{m} [P_n(x_i) - y_i]^2 = \sum_{i=0}^{m} \left(\sum_{k=0}^{m} a_k x_i^k - y_i \right)^2 = \min \tag{5.41}$$

当拟合函数为多项式时，称为多项式拟合，满足式（5.41）的 $P_n(x)$ 称为最小二乘拟合多项式。

基于多项式拟合滤波的改进矩匹配法基本思路是：先计算获得图像的列均值、列方差；然后应用最小二乘法对原始图像的列均值和方差进行拟合，返回一系列的拟合系数，再根据拟合系数产生一个多项式，即平滑滤波后的列均值和方差。再代入改进的矩匹配法的校正公式，计算得到图像去除条带噪声后的 DN 值。

此方法的具体实现步骤如下：

① 初始化有关参数和变量，读入原始图像；

② 读取原始图像的 DN 值，存放于数组 Initial_Image 中；

③ 求出图像的列均值、列方差，分别存入变量 fRow_Mean、fRow_Std；

④ 对原始图像的列均值和方差进行拟合，返回一系列的拟合系数 fFit_Mean、fFit_Std；

⑤ 根据拟合系数产生多项式 fMean、fStd，即平滑滤波后的列均值和方差；

⑥ 根据算法，由式（5.39）计算得到图像处理后的 DN 值；

⑦ 所得图像即为条带噪声去除后的图像，保存图像并显示。

实验中，应用多项式拟合法，针对 HJ-1A 卫星高光谱成像仪图像需要去除前 20 个波段的条带噪声，对每个波段的 512×512 个 DN 值做了如下处理：首先求得每列的列均值和方差，设定拟合阶次 n，用 poly_fit 函数对原始图像的列均值和方差进行拟合，返回一系列的拟合系数；由 poly 函数根据拟合系数产生多项式，即平滑滤波后的列均值和方差。实验中 n 的值分别取 1、2、3、4、5……，实验结果表明当 n 的值取 5，即拟合阶次为 5 时，去除条带噪声后图像的列均值曲线与原始图像的列均值曲线拟合得最好，去除条带噪声后图像也最清晰。

此方法可使变化较缓和变化剧烈的数据都获得良好的平滑效果，有效地去除图像条带噪声，较好地恢复和保持地物真实反射率空间分布情况，明显改善矩匹配法产生的"带状效应"。

（3）基于滑动窗口滤波的改进矩匹配法基本思想是：首先求出图像的列均值和列方差，然后利用类似空域滤波的方式进行图像的滑动滤波，即以列均值序列为基准，将窗口沿图像的行方向（与条带垂直方向）滑动，计算这个滑动窗口所包含的列均值和列方差的平均值，用于代替中心点的列均值和列方差，代入改进的矩匹配法的校正公式，计算得到图像去除条带噪声后的 DN 值。

此方法的具体实现步骤如下：

① 初始化有关参数和变量，读入原始图像；

② 读取原始图像的 DN 值，存放于数组 Initial_Image 中；

③ 求出图像的列均值、列方差，分别存入变量 fRow_Mean、fRow_Std；

④ 计算出滑动窗口所包含的列均值和列方差的平均值；

⑤ 用计算得到的平均值代替滑动窗口中心点的列均值和列方差，代入式（5.39）计算得到图像处理后的 DN 值；

⑥ 所得图像即条带噪声去除后的图像，保存图像并显示。

实验中，应用滑动窗口滤波法，针对 HJ-1A 卫星高光谱成像仪图像需要去除前 20 个波段的条带噪声，对每个波段的 512×512 个 DN 值做了如下处理：首先求得每列的列均值和方差，设定滑动窗口大小 m，利用 for 循环计算出滑动窗口所包含列均值和列方差的平均值，即平滑滤波后的列均值和方差。实验中 m 的值分别取 3、5、7、9 等奇数，实验结果表明当 m 的值取 31，即滑动窗口的大小为 31 时，去除条带噪声后图像的列均值曲线与原始图像的列均值曲线拟合得最好，去除条带噪声后图像也最清晰。

为了能改变中心点与其他点具有相同权值的局限性，同时为满足图像的整体滤波效果与降低细节损失，可加上权值，权值的大小从中心点向两侧递减到 1。在加上权值的基于滑动窗口滤波的改进矩匹配法中，需要将滑动窗口所包含列均值和列方差分别乘以其对应的权值，然后求和，除以其对应的权值之和，计算出滑动窗口所包含列均值、列方差的平均值；代入式（5.39）计算得到图像处理后的 DN 值。

此方法以矩匹配思想为基础，结合空域滤波思想，进行图像的滑动滤波，一般不会发生图像灰度分布不均匀时应用矩匹配法产生的失真，进行条带噪声消除后，各列灰度分布更符合自然地物的辐射分布，去除条带噪声后图像也最清晰。

将传统矩匹配法中"参考图像"的平均值和标准差，分别用平滑滤波处理后的列均值和方差来代替，这种改进的矩匹配方法能减少图像信息的丢失，并能在保持原始图像特征的前提下，有效地去除条带噪声。

二、利用相关谱段对应行或列的均值和方差作为参考的矩匹配法

陈劲松提出用一种改进的矩匹配法处理条带噪声。

SZ-3 上携带的 CMODIS 是我国首批上天的中分辨率光谱仪，有 34 个波段。其中某些波段具有较好的质量，基本不含条带噪声。而且这些图像与含有条带噪音的图像往往具有很高的相关性。由于这些波段在波长上与有条带噪声的波段很相近，可以认为同一地物在不同波段上对应于同一传感器的数据之间呈线性关系，据此提出一种改进的矩匹配方法。选择与含有条带噪声的图像相关性很高的、不含有条带噪声的另一波段的图像作为参考图像（这两幅图像的内容是同一地区）。这两幅图像对应的 CCD 扫描行所记录的是同一地物。由于这两幅图像具有很高的相关性，对应扫描行所记录地物灰度的变化可认为具有线性关系。因此可把含有条带噪声图像的每一个传感器形成的子图像（每个 CCD 所记录的行）数据的均值和方差，调整到参考图像对应传感器形成的子图像数据的均值和方差上。对处理后的图像，再调整每个像元的灰度值，以保证这一波段的光谱特性。

改进的矩匹配公式为：

$$\mathrm{DN}_{\mathrm{cal}\_i} = \left(\frac{\sigma_R}{\sigma_i} \mathrm{DN}_{\mathrm{raw}\_i} - \frac{\sigma_R}{\sigma_i} P_{kj} + P_R \right) \times A_{V2} / A_{V1} \tag{5.42}$$

其中：$\mathrm{DN}_{\mathrm{raw}\_i}$、$\mathrm{DN}_{\mathrm{cal}\_i}$ 分别为含条带图像第 i 个 CCD 扫描行各像素校正前、后的灰度值；σ_R、P_R 为参考图像对应 CCD 扫描行的方差、均值；σ_i、P_{kj} 为第 i 个 CCD 扫描行的方差、均值；A_{V1} 和 A_{V2} 分别为参考图像和含条带图像的均值。

用傅里叶变换法可以在频率域和空间域中去除 CMODIS 数据中的条带噪声。这种方法可用于 CMODIS 几何纠正前后的数据。重建法在对地物分布复杂的地表进行去除条带噪声操作的同时，也能去除某些细节，使整个图像平滑，降低图像质量。如果要使这种方法具有更好的效果，需要较准确地确定噪声的频率特性。矩匹配法对于均匀分布的地物的 CMODIS 数据具有较好的条带噪声去除效果。在地物较复杂导致灰度分布不均匀的情况下，使用矩匹配法会导致图像上反映的地表光谱信息的分布发生畸变。这种方法也只适合于几何纠正前的数据。用改进的矩匹配法去除条带噪声的效果更好，去除条带噪声后的图像仍然能保持图像原有的波谱特性，图像几乎没有失真。这种方法利用了含有条带噪声图像与相关性很高的、不含条带噪声的图像作为参考图像来去除条带噪声。参考图像的质量和相关性的高低对去除条带噪声的效果有直接影响。

高海亮采用基于多波段匹配的改进矩匹配方法消除 HJ-1A 高光谱成像仪图像的条带噪声。处理方法基本与陈劲松的方法相同，使用没有条带噪声，但与有条带噪声波段相关的波段图像做参考，以相对应位置探测元的均值和方差计算所需探测元的校正值。具体计

算公式为：

$$\mathrm{DN}_{\mathrm{cal\_}i} = \frac{\sigma_{Ri}}{\sigma_i}\mathrm{DN}_{\mathrm{raw\_}i} - \frac{\sigma_{Ri}}{\sigma_i}P_{kj} + P_{Ri} \tag{5.43}$$

式（5.43）在形式上与式（5.38）相同，但参考均值 P_{Ri} 与方差 σ_{Ri} 的计算不同。其中：

$$P_{Ri} = P_i(R)\frac{M(C)}{M(R)} \tag{5.44}$$

式中，$P_i(R)$——参考波段 R 第 i 个探测元的平均灰度值；$M(C)$ 和 $M(R)$——参考波段和噪声波段整幅图像的均值。

$$\sigma_{Ri} = \sigma_i(R)\frac{S(C)}{S(R)} \tag{5.45}$$

式中，$\sigma_i(R)$——参考波段 R 第 i 个探测元的标准均方差；$S(C)$ 和 $S(R)$——参考波段和噪声波段整幅图像的标准均方差。

三、二次灰度系数校正法

条带噪声的去除方法较多，如矩匹配法、直方图匹配法、频域低通滤波法、插值法、主成分分析法、空间域滤波等。针对不同探测器数据中条带噪声的特点，还研究出了很多特定条带噪声去除方法。

插值法适合仅占一两个像元的窄条带噪声消除，HJ-1A 高光谱成像仪的条带噪声比较宽，插值法并不适用。主成分分析法计算量太大，条带噪声经常混杂于各主成分图像中，很难去除，目前不单独用于条带噪声去除，而是与其他方法合并使用。空间域滤波的方法虽然在形式上去除了一部分噪声，但空间域滤波会引起相邻像元光谱混合。现针对 HJ-1A 高光谱成像仪复原光谱图像的条带噪声，提出用一种二次灰度系数校正法进行处理。

HJ-1A 高光谱成像仪光谱复原后的图像数据中，短波波段的图像存在较明显的两种条带噪声，一种宽度为 64 个像元，另一种呈现为窄条带，宽度为 20 多个像元。因暗电流在光谱复原过程中已经进行了消除，即使有残留也是非常小的，所以在进行条带噪声修正处理时，忽略暗电流影响。

二次灰度系数校正法的思想是：仪器中各种不一致性因素引起干涉图变化，使复原得到的每一行光谱数据被放大或缩小同样的倍数，不同行的光谱数据放大或缩小的倍数不同。单波段图像灰度系数校正分两步进行，先在同一组 CCD 分区中消除像元响应的不一致性引起的较窄的条带噪声，再消除不同 CCD 响应的不一致性引起的较宽的条带噪声。

算法具体的步骤如下。

（1）将一景原始图像 Initial_image 按每 64 行为一块，划分成 8 块子图像 Sub_image(k)（k=1:8）。

（2）去除 Initial_image 中的饱和像元，这些像元不参加均值计算，消除饱和像元对均值的影响。

（3）分别求每一块子图像的均值 Sub_image_mean(k)（k=1:8）和行均值 Row_mean(i)（i=1:64），将每块图像中的每个点的值乘以块图像的均值，然后除以行均值，第一次调整灰度值：

$$\mathrm{Image1}(i,j) = \mathrm{Initial\_image}(i,j) \times (\mathrm{Sub\_image\_mean}(k)/\mathrm{Row\_mean}(i))$$

其中，k = round(i/64) + 1。

饱和像元的灰度值保持不变，不进行调整，得到去除同一 CCD 分区内像元响应不一致引起的较窄条带噪声的图像 Image1。

（4）计算 Image1 的 8 个分块的 Sub_image1_mean(k)（k=1∶8）图像均值和整个图像的均值 image1_mean，将每块图像中的每个点的值乘以整个图像的均值，然后除以块均值，第二次进行灰度值的调整：

$$Image2(i,j) = Image1(i,j) \times (image1\_mean/Sub\_image1\_mean(k))$$

其中，k = round(i/64)+1。

饱和像元的灰度值保持不变，不进行调整，得到去除不同 CCD 芯片响应不一致引起的宽带噪声的图像 Image2。

对比实验结果发现，利用直方图匹配法和矩匹配法去除条带噪声得到的图像，在偏斜度和陡度两个指标上与原始图像偏差较大，而二次灰度系数校正法不仅较好地消除了条带噪声，更好地保留了原始图像偏斜度和陡度特征信息，同时较好地保留了原始图像在均值、方差、信息熵等方面的特征，还具有很好的图像信息保持能力及光谱信息保持能力。

四、其他方法

（1）常威威提出了 4 种去除条带噪声的处理方法：①自适应滑动匹配方法（在滑动滤波的基础上，结合矩匹配思想提出的一种空域的条带噪声去除新方法，即按一定窗口大小有选择地进行移动的行均值和标准差的反复迭代匹配调整）；②结合边缘检测的小波变换方法；③利用奇异点检测的小波变换方法；④基于匹配思想的自适应消噪方法。

以处理 OMIS 图像为例，这 4 种方法均取得较好的效果。

（2）王玉龙提出了基于图正则低秩表示的条带噪声去除方法。大多数已有的高光谱图像条带噪声去除方法，都只将含有条带噪声波段的子图像看作孤立的个体，并对其采用相应的去噪算法，而忽略了一幅高光谱图像中不同波段子图像之间的相关性。由于没有或者很少考虑并充分利用不同波段子图像之间的高度谱相关性和高光谱数据空间的局部流形结构，因此很难得到更好的结果，为此提出了一种新的基于图正则低秩表示的条带噪声去除方法。

使用新的去噪方法，采用两个遥感数据集进行实验。第一个数据集为由我国发射的环境卫星上的高光谱成像仪获取的江西省鄱阳湖地区的高光谱图像数据集，对含条带噪声的第 5、8 波段图像进行去噪处理，条带噪声基本去除，但仍有残留。第二个数据集为由 HYDICE 传感器在 1995 年获取的城市数据集，抽选出 109、138 谱段图像，用新方法进行去噪实验，结果对城市图像细节的保留效果较好。

5.10.4　去噪声图像质量评价方法

目前对图像质量的评价主要通过两种途径实现，即主观评价和客观评价。主观评价就是通过目视对比去噪前后图像，属于定性评价；客观评价就是通过计算一定的参数指标，定量评价去噪方法在噪声去除及纹理保持等方面的能力和算法的复杂度等。评价应包括以下方面：对图像原始非噪声信息的保留；去除噪声的能力；保持边缘细节纹理等的能力；

计算的复杂度和算法效率及适应性等。要判断一种噪声去除方法的效果应根据以上这些方面来进行综合评价。

图像噪声去除的基本目标是在最大限度地去除噪声的同时，尽量保持原来图像的非噪声信息，主要是均匀区域的辐射特性及边缘、纹理、细小特征和点目标等。对于应用来讲，还要求算法简单且具有较高的计算效率，不同的应用对去噪效果的要求也会有所不同。对于那些需要保持细节信息的应用，会更加强调去噪算法保持细节信息的能力；而对于大尺度翻译或制图等应用而言，噪声的去除效果可能会更加重要。（常威威）

一、通用噪声图像质量评价指标

广泛应用的噪声图像的质量评价指标主要如下。

1. 图像整体质量的评价

噪声去除算法对图像信息的保持能力主要从均值、方差、偏斜度、陡度、信息熵、梯度等方面进行评价，原始图像与处理后的图像的这些指标越接近，表明条带噪声去除算法的图像保持能力越强。

（1）均值和方差。

图像均值是指整个图像的平均强度，它反映了图像的平均灰度，即图像所包含目标的平均辐射量。图像方差代表了图像区域中所有像素的灰度偏离均值的程度，它反映了图像的不均匀性。它们均为反映图像整体特征的指标。一般情况下，如果地形、植被不同，其辐射特性不同，辐射量也不同，反映到图像中就有不同的图像均值。图像区域中的地形差异大，人工目标多，或噪声污染严重，图像的灰度值变化就大，图像方差也会更大。

若图像大小为 $M \times N$，则其均值 μ 和方差 σ^2 分别为：

$$\mu = \frac{1}{M \times N} \sum_{i=1}^{M} \sum_{j=1}^{N} x_{ij} \tag{5.46}$$

$$\sigma^2 = \frac{1}{M \times N} \sum_{i=1}^{M} \sum_{j=1}^{N} (x_{ij} - \mu)^2 \tag{5.47}$$

其中，x_{ij} 为图像中像素点 (i, j) 的灰度值。在定量计算中，我们常用标准偏差 σ 代替方差。

（2）直方图偏斜度。

偏斜度反映图像直方图分布形状偏离平均值周围对称形状的程度，计算公式为：

$$S = \sum_{i=1}^{M} \sum_{j=1}^{N} \left[(x_{ij} - \mu)^3 P(x_{ij}) \right] / \sigma^6 \tag{5.48}$$

其中，$P(x_{ij})$ 为灰度级为 x_{ij} 的概率密度函数，σ^2 为图像方差，μ 为图像均值。

（3）直方图陡度。

陡度表达图像灰度直方图的分布形状是集中在平均值附近还是向两边扩展，陡度高意味着图像的凸显程度好。陡度的计算公式为：

$$k = \sum_{i=1}^{M} \sum_{j=1}^{N} \left[(x_{ij} - \mu)^4 P(x_{ij}) \right] / \sigma^8 \tag{5.49}$$

其中，$P(x_{ij})$ 为灰度级为 x_{ij} 的概率密度函数，σ^2 为图像方差，μ 为图像均值。

（4）基于信息熵的评价标准。

图像所具有的信息量的度量即熵。图像信息熵反映图像的细节表现能力，信息熵由全部像素所含信息的熵累计得到，熵值越大表示所含信息越丰富。信息熵的计算公式为：

$$H = -\sum_{i=0}^{L-1} P(x_i) \log P(x_i) \tag{5.50}$$

式中，x_i 为灰度值，$P(x_i)$ 为该灰度级的概率密度函数，L 为最大灰度级。

（5）平均梯度。

影像的清晰度可采用平均梯度来衡量。平均梯度能够反映图像中微小细节反差和纹理变化的特征，表达图像的清晰度。平均梯度越大，图像越清晰，其计算公式为：

$$G = \frac{\sum_{i=1}^{M}\sum_{j=1}^{N}\sqrt{[\Delta xf(i,j)]^2 + [\Delta yf(i,j)]^2}}{MN} \tag{5.51}$$

其中，$\Delta xf(i,j)$、$\Delta yf(i,j)$ 分别为像素点 (i,j) 在 x、y 方向上的一阶差分值。

2. 去噪声图像的质量评价

具体进行噪声去除效果的评价时，经常采用的图像质量评价指标是信噪比（SNR）或峰值信噪比（PSNR）及均方误差（MSE）。其定义分别为：

$$\text{SNR} = 10\lg \frac{\sum_{i=1}^{M}\sum_{j=1}^{N}{x'_{ij}}^2}{\sum_{i=1}^{M}\sum_{j=1}^{N}(x'_{ij} - x_{ij})^2} \tag{5.52}$$

$$\text{PSNR} = 10\lg \frac{a_{\max}^4}{\sum_{i=1}^{M}\sum_{j=1}^{N}(x'_{ij} - x_{ij})^2} \tag{5.53}$$

$$\text{MSE} = \frac{\sum_{i=1}^{M}\sum_{j=1}^{N}(x'_{ij} - x_{ij})^2}{a_{\max}^2} \tag{5.54}$$

其中，x'_{ij} 为去噪处理后图像中像素点 (i, j) 的灰度值，$a_{\max}$ 为图像灰度值的最大值。

信噪比或峰值信噪比越高，则代表图像质量越好；去噪后图像的信噪比或峰值信噪比提高得越多，则代表此方法的噪声去除能力越强。

3. 相关系数

高光谱图像具有很高的光谱分辨率，相邻波段的图像数据具有很大的相关性，而条带噪声的存在使这种相关性遭到了一定程度的破坏，即条带噪声图像与相邻波段无条带噪声图像间的相关性降低了。因此，可以通过计算条带噪声图像与相邻波段无条带噪声图像之间的相关系数，来评价条带噪声的去除效果。相关系数可用式（5.55）进行计算：

$$H = \frac{\sum_{i=1}^{M}\sum_{j=1}^{N}(x_{ij} - \mu_x)(y_{ij} - \mu_y)}{\sqrt{\left[\sum_{i=1}^{M}\sum_{j=1}^{N}(x_{ij} - \mu_x)^2\right]\left[\sum_{i=1}^{M}\sum_{j=1}^{N}(y_{ij} - \mu_y)^2\right]}} \tag{5.55}$$

其中，x_{ij}、y_{ij} 分别为相邻波段图像 (i, j) 位置的灰度值；μ_x、μ_y 分别为两幅图像的灰度均值；H 为两个波段的相关系数。

二、条带噪声图像质量改善评价

1. 条带噪声图像质量改善评价函数

专门针对条带噪声提出的图像质量评价函数 IQ 为图像质量因子：

$$IQ = 10\lg_{10}\left[\frac{\sum_{i=1}^{M}d_R^2[i]}{\sum_{i=1}^{M}d_E^2[i]}\right]\tag{5.56}$$

$$d_R[i] = m_{IR}[i] - m_I[i]\tag{5.57}$$

$$d_E[i] = m_{IE}[i] - m_I[i]\tag{5.58}$$

其中，$m_{IR}[i]$、$m_{IE}[i]$、$m_I[i]$分别为原始条带噪声图像、条带噪声去除后图像及无条带噪声图像中的各行均值（穿轨方向的行均值）。IQ 值主要反映了图像条带去除前后在条带分布方向上的变化，其值越大，说明条带噪声去除效果越好。（Giovani）

2. 列均值分布

比较原始图像与去条带噪声后的图像的列均值分布。在原始图像中，受条带噪声现象影响，列均值分布呈波浪状的有规则起伏。去条带噪声后，图像列均值曲线的条带噪声起伏已被消除，并且其与原始图像的列均值曲线拟合得越好，说明原始图像信息得到了越好的保留。

列均值比因子与这个方法功能类似，据去条带噪声后图像及原始图像列均值与整帧图像均值之比做出分布曲线，可以显示去条带噪声后图像与原始图像的拟合程度，反映对原始信息的保留能力，同时反映对条带噪声的去除效果。（支晶晶，高海亮）

三、光谱信息保持能力评价标准

通过计算条带噪声去除前后两条光谱曲线的近似程度，进行光谱信息保持能力的评价，主要方法有：平均相关系数法、平均光谱角度距离法、平均欧氏距离法。

1. 平均相关系数法

一景数据中所有空间像元条带噪声去除前后对应光谱向量之间相关系数的平均值，用于衡量一景数据在条带噪声去除前后的平均光谱相关程度，定义为：

$$\overline{\gamma} = \frac{1}{m \times n}\sum_{i=1}^{m}\sum_{j=1}^{n}\gamma_{od}(i,j)\tag{5.59}$$

其中：

$$\gamma_{od}(i,j) = \frac{\sum_{k=1}^{l}\left[o(i,j)_k - \overline{o(i,j)}\right]\left[d(i,j)_k - \overline{d(i,j)}\right]}{\sqrt{\sum_{k=1}^{l}\left[o(i,j)_k - \overline{o(i,j)}\right]^2}\sqrt{\sum_{k=1}^{l}\left[d(i,j)_k - \overline{d(i,j)}\right]^2}}\tag{5.60}$$

式中，$\gamma_{od}(i,j)$表示空间像元 (i,j) 在条带噪声去除前后的两个光谱向量之间的相关系数；m、n 和 l 分别为数据立方体的行数、列数和波段数；$o(i,j)$ 表示空间像元 (i,j) 在条带噪声去除前的原光谱向量；$d(i,j)$ 为条带噪声去除后的光谱向量；$\overline{o(i,j)}$和$\overline{d(i,j)}$表示光谱向量的均值。

$\overline{\gamma}$的计算值范围为 $-1 \leqslant \overline{\gamma} \leqslant 1$。$\overline{\gamma}$的值越接近于 1，则表示条带噪声去除前后的光谱信息的相关性越强，光谱信息保持能力越好。

2. 平均光谱角度距离法

一景数据中所有空间像元条带噪声去除前后对应光谱向量之间夹角的平均值，用于衡量一景数据在条带噪声去除前后的平均光谱角度匹配程度，定义为：

$$\overline{\theta} = \frac{1}{m \times n}\sum_{i=1}^{m}\sum_{j=1}^{n}\theta_{od}(i,j)\tag{5.61}$$

其中：

$$\theta_{od}(i,j) = \arccos\left[\frac{\sum_{k=1}^{l} o(i,j)_k \, d(i,j)_k}{\sqrt{\sum_{k=1}^{l}\left[o(i,j)_k\right]^2}\sqrt{\sum_{k=1}^{l}\left[d(i,j)_k\right]^2}}\right] \tag{5.62}$$

式中，$\theta_{od}(i,j)$ 表示空间像元 (i,j) 在条带噪声去除前后的两个光谱向量之间的光谱角度距离；m、n 和 l 分别为数据立方体的行数、列数和波段数；$o(i,j)$ 表示空间像元 (i,j) 在条带噪声去除前的原光谱向量；$d(i,j)$ 为条带噪声去除后的光谱向量。

$\overline{\theta}$ 的计算值范围为 $0 \leqslant \overline{\theta} \leqslant \pi/2$。$\overline{\theta}$ 的值越接近于 0，则表示条带噪声去除前后数据立方体的光谱信息差异越小，光谱信息保持能力越好。

3. 平均欧氏距离法

一景数据中所有空间像元条带噪声去除前后对应光谱向量之间欧氏距离的平均值，用于衡量一景数据在条带噪声去除前后光谱的平均欧氏距离，定义为：

$$\overline{D} = \frac{1}{m \times n}\sum_{i=1}^{m}\sum_{j=1}^{n} D_{od}(i,j) \tag{5.63}$$

其中：

$$D_{od}(i,j) = \sqrt{\sum_{k=1}^{l}\left[o(i,j)_k - d(i,j)_k\right]^2} \tag{5.64}$$

式中，$D_{od}(i,j)$ 表示空间像元 (i,j) 对应的条带噪声消除前后的两个光谱向量之间的欧氏距离；m、n 和 l 分别表示数据立方体的行数、列数和波段数；$o(i,j)$ 表示空间像元 (i,j) 对应的条带噪声去除前的原光谱向量；$d(i,j)$ 表示条带噪声去除后的光谱向量。

$D_{od}(i,j)$ 的值越大，表示 (i,j) 对应的条带噪声去除前后的两个光谱向量差异越大。$\overline{D}$ 越大，表示该条带噪声去除方法对光谱信息的保持能力越差，反之则表示光谱信息保持能力越好。

光谱角度和相关系数仅能够描述两个光谱向量在形状上的相似性，不能分辨两个光谱向量在幅度上的差异。欧氏距离能够描述两个光谱向量在形状和幅度上的差异，但同一个欧氏距离值可能对应若干种形状和幅度的差异状况。在欧氏距离相同的条件下，两个光谱向量的形状越相似，表明两个光谱向量的变化量越小，光谱信息保持得越好。为了克服欧氏距离评价标准不确定性的困难，同时弥补光谱角度和相关系数仅能描述光谱向量在形状上差异的缺点，将欧氏距离分别与光谱角度或光谱相似度结合，现提出两种既考虑光谱向量形状的相似性，又考虑光谱幅度差异的光谱相似度算法，每种均可单独作为去除条带噪声前后数据立方体光谱信息保持能力的评价标准。

（1）基于欧氏距离和光谱角度的光谱相似度（Spectral Similarity Value Based on Euclidean Distance and Spectral Angle，SSVBEDSA）定义：

$$\overline{\text{SSVBEDSA}} = \frac{1}{m \times n}\sum_{i=1}^{m}\sum_{j=1}^{n} \text{SSVBEDSA}_{od}(i,j) \tag{5.65}$$

其中：

$$\text{SSVBEDSA}_{od}(i,j) = \sqrt{D_{od}(i,j)^2 + \theta_{od}(i,j)^2} \tag{5.66}$$

式中，$\text{SSVBEDSA}_{od}(i,j)$ 表示空间像元 (i,j) 对应的条带噪声消除前后的两个光谱向量之间的光谱相似度；$D_{od}(i,j)$ 表示空间像元 (i,j) 对应的条带噪声消除前后的两个光谱向量之间的欧氏矩离；$\theta_{od}(i,j)$ 表示空间像元 (i,j) 在条带噪声去除前后的两个光谱向量之间的光谱角度。

$\text{SSVBEDSA}_{od}(i,j)$ 的值越小，表示空间像元 (i,j) 在条带噪声去除前后的光谱差异越小，光谱信息保持能力越好。

（2）基于欧氏距离和相关系数的光谱相似度（Spectral Similarity Value Based on Euclidean Distance and Correlation Coefficient，SSVBEDCC）定义：

$$\overline{\text{SSVBEDCC}} = \frac{1}{m \times n} \sum_{i=1}^{m} \sum_{j=1}^{n} \text{SSVBEDCC}_{od}(i,j) \tag{5.67}$$

其中：

$$\text{SSVBEDCC}_{od}(i,j) = \sqrt{D_{od}(i,j)^2 + \left[\frac{1}{\gamma_{od}(i,j)}\right]^2} \tag{5.68}$$

式中，$\text{SSVBEDCC}_{od}(i,j)$ 表示空间像元 (i,j) 对应的条带噪声去除前后的两个光谱向量之间的光谱相似度；$D_{od}(i,j)$ 表示条带噪声去除前后的两个光谱向量之间的欧氏距离；$\gamma_{od}(i,j)$ 表示条带噪声去除前后的两个光谱向量之间的相关系数。$\text{SSVBEDCC}_{od}(i,j)$ 的值越小，表示空间像元 (i,j) 在条带噪声去除前后的光谱差异越小，光谱信息保持能力越好。

5.10.5 HJ-1A高光谱成像仪图像数据条带噪声处理实验

一、HJ-1A 星 HSI 在 2008 年 10 月 1 日获取的广州图像数据

选取 2008 年 10 月 1 日广州 HJ-1A 星 HSI 图像为实验数据，分别采用矩匹配法、均值补偿法、相关系数法、平均值法、多项式拟合法、滑动窗口法和加权滑动窗口法，对带有条带噪声的图像进行了处理。由图 5.80 去除条带噪声前后图像对比可以看出，采用加权滑动窗口改进的矩匹配法［见图 5.80（e）～图 5.80（h）］，对于地物非均匀分布状况下成像的图像，能较好地去除条带噪声，又能恢复和保持地物真实反射率空间分布情况。

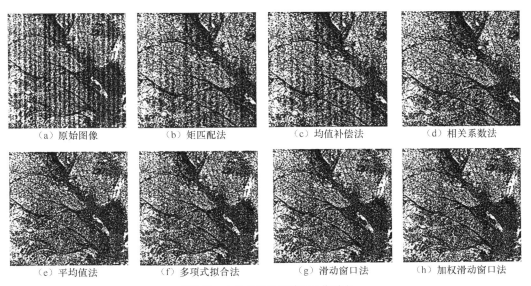

（a）原始图像	（b）矩匹配法	（c）均值补偿法	（d）相关系数法
（e）平均值法	（f）多项式拟合法	（g）滑动窗口法	（h）加权滑动窗口法

图5.80 去除条带噪声前后图像对比

二、HJ-1A 星 HSI 在 2008 年 9 月 9 日获取的数据

高晓惠对 HJ-1A 高光谱仪于 2008 年 9 月 9 日获取的数据［见图 5.81（a）］，使用直方图匹配法、矩匹配法和二次灰度系数校正法进行图像数据条带噪声去除。经过直方图匹配法和矩匹配法处理后的结果如图 5.81（b）和图 5.81（c）所示，二次灰度系数校正法处理后的结果如图 5.81（d）所示。

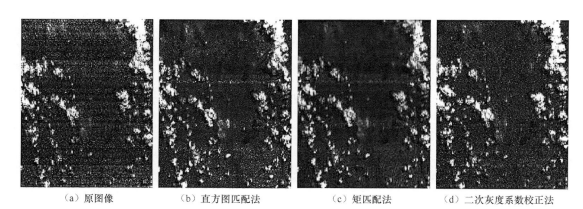

　（a）原图像　　　　　　（b）直方图匹配法　　　　　　（c）矩匹配法　　　　　（d）二次灰度系数校正法

图5.81　利用3种条带噪声去除方法的结果

1. 图像信息保持能力

图 5.82 为原图像和分别利用 3 种方法去除条带噪声后得到的图像的行均值曲线，从图中可以清楚地看到，利用矩匹配法和直方图匹配法得到的图像的行均值曲线比较平直，表现为近似相等的常量，这常常不符合小范围非均匀地表的实际情况。与矩匹配法和直方图匹配法相比，利用二次灰度系数校正法去除条带噪声后得到图像的行均值与原图像的行均值吻合更好，更多地保留了原图像的信息。

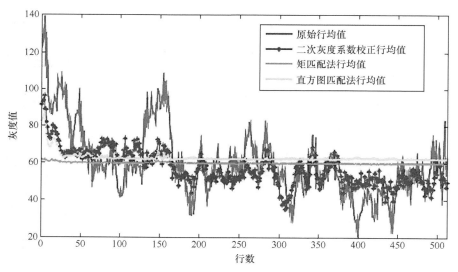

图5.82　原图像行均值和分别利用3种方法去除条带噪声后得到的图像的行均值曲线

表 5.44 所示为图像信息保持能力参数计算对比。

表 5.44 图像信息保持能力参数计算对比

指标	直方图匹配法	矩匹配法	二次灰度系数校正法	原始图像
均值	60.0474	60.0428	60.0237	60.0487
标准差	7.7835	7.7838	7.7799	7.7853
偏斜度	12.3412	−0.0980	0.4488	0.5872
陡度	40.7796	0.4432	3.1682	2.7096
信息熵	6.8059	7.0503	6.8272	6.9924

通过多种评价指标对 3 种条带噪声去除方法的图像特征信息保留能力进行评价。对比发现，利用直方图匹配法和矩匹配法去除条带噪声得到的图像在偏斜度和陡度两个指标上与原始图像偏差较大，而二次灰度系数校正法更好地保留了原始图像偏斜度和陡度特征信息，同时较好地保留了原始图像在均值、方差、信息熵等方面的特征。

2. 光谱信息保持能力评价

对于光谱数据立方体来说，其不仅包含图像信息，还包含了光谱信息，因此衡量条带噪声去除算法的信息保持能力时，不仅要包括图像信息的保持能力，还要包括光谱信息的保持能力。

采用矩匹配法和二次灰度系数校正法对含有条带噪声的前 20 个波段直接进行条带噪声去除。任意选取几个像元，比较前 20 个波段在去除条带噪声前后的光谱曲线变化。我们选取坐标为（285,60）、（342,365）、（365,342）、（60,285）的 4 个像元，其前 20 个波段在去除条带噪声前后的谱线变化如图 5.83 所示。

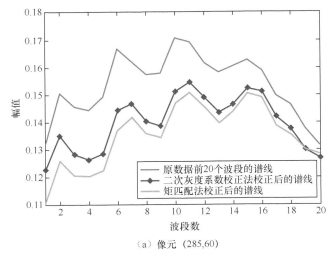

（a）像元（285,60）

图 5.83 前 20 个波段在去除条带噪声前后的谱线变化

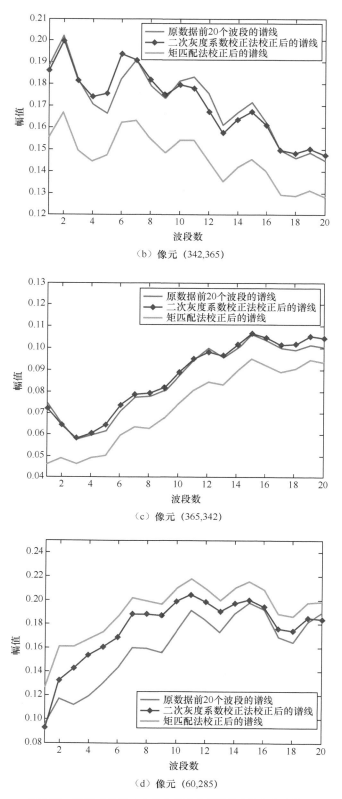

（b）像元（342,365）

（c）像元（365,342）

（d）像元（60,285）

图5.83 前20个波段在去除条带噪声前后的谱线变化（续）

应用每一景数据的平均光谱相关系数、平均欧氏距离、平均光谱角度及两种光谱相似性计算方法进行条带噪声去除算法的光谱信息保持性能评价，结果如表5.45所示。经过对比，二次灰度系数校正法不仅较好地去除了条带噪声，还具有很强的图像信息保持能力及光谱信息保持能力。

表 5.45 光谱信息保持能力对比

指标	矩匹配法	二次灰度系数校正法
平均相关系数	0.7388	0.8031
平均欧氏距离	0.2141	0.0846
平均光谱角度	0.1538	0.0490
SSVBEDSA	0.2485	0.0992
SSVBEDCC	2.0478	1.4603

5.11 光谱成像仪在飞行中的光谱定标

光谱定标是遥感光谱成像仪定标的重要内容。遥感光谱成像仪在飞行中进行光谱定标的方法，包括采用星上定标装置进行光谱定标，以及通过航空器或卫星姿态的变动，直接获得太阳辐射，进行光谱定标。除此之外，遥感光谱成像仪在飞行中可以利用大气吸收谱线进行光谱定标。

5.11.1 利用大气吸收谱线进行飞行中光谱定标的原理、方法

一、原理

大气气体吸收特征谱是非常明显的，在反演陆地或海洋的表面反射率时，波长定标的误差可以在这些特征谱线周围引入重大的误差。以典型的AVIRIS光谱参数为例，采样间隔10nm，每个通道有高斯型光谱响应函数，半峰宽度为10nm。计算两个光谱的比值，一个是对应正确波长的光谱，另一个是在所有通道上有1nm的波长偏移的光谱。图5.84显示两个光谱的比值，在覆盖大气气体吸收波段，比值超过1。

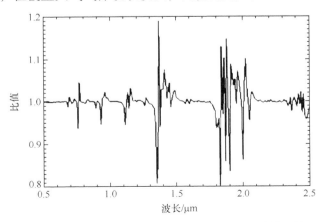

图5.84 正确波长光谱与每通道有1nm波长偏移光谱的比值

　　由此可见，在吸收带周围，波长位置的很小误差可以在反演反射光谱的过程中引起很大的误差。为了消除这些独特的误差，对于通道位置和形状的光谱定标精度要求，必须达到半峰宽的 1%。因此利用遥感光谱仪接收的大气传输光谱在大气吸收波段的误差灵敏性，可以检测光谱仪的波长偏差和波段宽度误差，可以进行反演反射光谱的大气校正。

　　Gao 等使用光谱成像仪数据本身的观测形貌实现数据的精确光谱定标。Gao 介绍的运算方法，是以测量的大气水汽、氧气、二氧化碳波段及太阳夫琅禾费线，同相应的计算波段间的光谱匹配为基础的。利用光谱匹配的方法，分析高光谱成像仪获得的表观反射率与 MODTRAN 计算的参考光谱之间的差异，进行光谱成像仪在轨的波长定标。这个方法已经应用到由航空器和卫星搭载的光谱成像仪获得的实际数据中。

　　通过两个光谱的比对确定光谱偏移量的原理：遥感光谱成像仪的测试光谱的波长用实验室定标系数确定。模拟参考的太阳光谱与在轨遥感器同样的空间环境下，由辐射传输方程计算产生。参考光谱与遥感器光谱仪的光谱响应函数卷积后，其波长也会被"改正"。这两个光谱经归一化处理后，若在大气吸收波段附近的光谱形状截然不同，显示光谱仪在轨环境与实验室环境波长定标存在光谱偏移。当在测量光谱中假设的光谱偏移，使得归一处理后的测试光谱和标准参考光谱，在大气吸收波段附近的光谱形状非常相近时，两个光谱的标准差将最小，由此可以确定光谱仪的光谱偏移量。

　　二、计算方法

1. 光谱匹配法

　　参考光谱是太阳的高分辨率、大气气体透射光谱，使用辐射传输方程计算。大气气体的吸收系数使用 HITRAN 2000 数据库的数据，这个由 O_2、CH_4、CO、CO_2、N_2O、H_2O 组成的、具有 $0.05cm^{-1}$ 高光谱分辨率的逐条计算代码，是 1996 年由 W. Ridgway 创建的。计算中引入太阳和观测几何、卫星高度、地面海拔的值。高分辨率参考光谱被卷积到中分辨率（0.2nm）光谱，并同 O_3 的透射光谱（分辨率也是 0.2nm）融合。这些光谱进一步卷积到需定标仪器的光谱采样和光谱响应函数。初始太阳辐照度谱（分辨率为 $1cm^{-1}$）由 MODTRAN 3.5 程序获得。

　　当使用太阳光谱形貌进行波长定标时，用表观辐亮度（L）和大气顶太阳辐照度（E_0）做比对。当使用陆地吸收特性形貌时，比较表观反射率 ρ^*。表观反射率 ρ^* 定义为：

$$\rho^* = \pi L / (\mu_0 E_0) \tag{5.69}$$

　　式中，μ_0——太阳天顶角的余弦。

　　每种情况，都要对两个经过线性插值的连续光谱进行归一化（假定许多物质的表面反射率是线性的），然后计算观测光谱与模拟光谱的标准偏差。

　　标准偏差是波长偏移的函数。偏差最小的波长位置，就是仪器波长偏移的位置。

　　如通常的光谱成像仪一样，光谱响应函数 $S_i(\lambda;\delta)$ 假设使用高斯函数：

$$S_i(\lambda;\delta) = \exp\left[-\left(\frac{\lambda - \lambda_c(i) - \delta}{C\sigma_i}\right)^2\right] \tag{5.70}$$

　　式中，$\lambda_c(i)$——通道 i 的名义中心波长；C——依照正常标准调整的初始常数；σ_i——通道 i 的名义带宽，即半峰宽（Full Width Half Maximum，FWHM）$FWHM_i$ 与其增量之和，

$\sigma_i = \mathrm{FWHM}_i + \Delta F_i$；$\delta = \Delta\lambda$，波长偏移量，注意 δ 依赖于在 $S_t(\lambda;\delta)$ 中的计算。

由式（5.70）可知，光谱仪的测试光谱是 δ 与 ΔF 的函数，因此在光谱匹配的运算中，两个光谱的偏差由这两个因子决定。

光谱偏移是通过一个最优化程序确定的，价值函数 X^2 达到最小，即：

$$X^2(\delta, \Delta F) = \sum_{i=1}^{N_c} \left[\rho_i^t(\delta, \Delta F) - \rho_i^r \right]^2 \tag{5.71}$$

式中，$\rho_i^t(\delta, \Delta F)$——对于光谱仪通道 i，假设光谱偏移 δ，ΔF 的表观反射率；ρ_i^r——通道 i 的参考太阳透射光谱；N_c——光谱仪中选择用于光谱匹配计算的通道数，可在有大气吸收波段的周围一个小的区域内选择。

采用式（5.71），在每个反复改变 δ、ΔF 值的迭代过程中完成运算，寻求 X^2 达到最小时的 δ、ΔF 解。

高光谱成像仪光谱性能参数受到中心波长和带宽变化的综合影响。二维代价函数能充分体现这种综合效应，但时间成本非常高。处理时间过长会对算法的改进、精度的提高以及成果的时效性造成很大的影响。因此需要对光谱参数反演的算法进行优化和改进。

对中心波长和带宽在光谱参数反演过程中相互影响的研究发现，中心波长的变化对带宽的反演结果影响非常大，而带宽的偏差对中心波长的反演结果影响相对较小，尤其偏差在 0.5nm 以内的影响非常小。

基于以上分析结果，对二维代价函数反演光谱参数的算法进行了优化。首先在光谱成像仪数据的空间方向上进行等间距稀疏抽样，利用抽样数据，通过式（5.71）同时反演 $\Delta\lambda$ 和 ΔFWHM。然后将反演结果中的带宽分布情况在空间方向全视场内进行 3 次多项式拟合，再将拟合的结果作为带宽输入值进行中心波长反演。中心波长反演过程与二维反演算法近似，不同之处只是将拟合的带宽结果作为已知量，减少了一维的计算。最后将定标后的中心波长作为已知量进行带宽的反演。带宽的反演同样只需要在带宽维搜索最小值求解。优化后的反演算法既考虑中心波长偏移和带宽变化对载荷光谱性能的综合影响，又提高了计算效率。定标过程中采用优化算法。在高光谱影像数据上选择 10 行穿轨方向数据（1024×10 个像元，每个像元有 128 个波段），利用优化算法进行计算，对其中一行数据在空间方向上进行等间距稀疏抽样，得到 102 个像素数据作为常规算法计算的样本。根据算法，优化搜索区间及步长的设置，由于减少了一维运算，反演效率比常规算法反演效率提高了 94 倍。

以 PHILLS 光谱仪在氧气吸收 760nm 波段进行波长定标为例，图 5.85～图 5.87 是采用光谱匹配方法进行在轨光谱定标的几个图示。

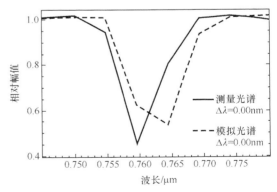

图 5.85　PHILLS 的测量光谱与模拟光谱（在大气氧气波段 0.76μm 附近处出现一个吸收峰）

图 5.85 中的实线是光谱成像仪 PHILLS 在 2000 年 5 月 17 日，从一次飞行试验中获得的测量光谱，其波长是基于实验室定标获得

的。这里显示归一化光谱在 0.76μm 氧气波段附近出现一个吸收峰。虚线是相应的太阳和观察几何条件计算的太阳透射光谱（也做了归一化处理）。测量与模拟光谱都在感兴趣的波段进行归一化处理。图 5.85 中两个光谱的形状非常不同，显示航行环境同实验室环境相比，PHILLS 仪器的波长定标可能存在偏移。模拟光谱由高分辨率、基于 HITRAN2000 线数据库的逐线大气透射系数获得，并卷积到 PHILLS 光谱上（分辨率为 4.52nm），模拟光谱的波长是正确的。

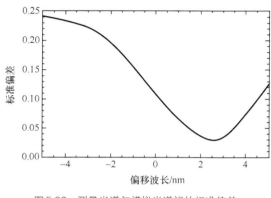

图 5.86　测量光谱与模拟光谱间的标准偏差，是波长偏移的函数　　　　图 5.87　实线是 PHILLS 光谱，即在 0.76μm 附近使用氧气波段匹配的波长调整后，波长向右偏移的光谱，虚线是模拟光谱

为了使氧气波段匹配的 PHILLS 波长定标的计算自动化，假设测试光谱的波长偏移可能为 −5～+5nm，采用步长 0.01nm 分步计算，并且每一步将高分辨率太阳透射光谱，对在这个条件下的遥感器 PHILLS 的光谱采样和光谱响应函数进行卷积运算，然后计算测量与模拟光谱间的标准偏差。图 5.86 显示标准偏差是偏移波长的函数，最小值出现在波长偏移 2.57nm 处。图 5.87 为在 0.76μm 附近通过基于氧气波段匹配的波长调整后的 PHILIS 光谱（实线）和模拟光谱（虚线）。图 5.87 中的实线与图 5.85 中的 PHILLS 光谱几乎相同，只是波长向右偏移 2.57nm。图 5.87 中的虚线是模拟光谱，两个光谱的形状非常相似，二者间的标准偏差最小。图 5.85～图 5.87 论证了：通过在氧气波段 0.76μm 附近的光谱匹配，可以确定 PHILLS 仪器在航行环境的波长偏移。

在高光谱图像由具有面阵探测器的遥感器建立的情况下，穿轨方向的每个像元可能具有不同的波长定标，光谱匹配技术需要应用于穿轨方向的每个像元。在实际应用中，需将视场沿轨方向的每个列的所有光谱平均，以改进信噪比，并对平均光谱应用光谱匹配技术，获得列的波长偏移的定量值。对图像视场中的沿轨方向的每个列重复这个过程。

图 5.88 是波长定标方法的计算流程。

通过对测量光谱成像数据的分析，我们已经找到了许多在 0.4～2.5μm 光谱范围的大气和太阳夫琅禾费波段，可以使用光谱匹配技术进行波长定标。

对于光谱分辨率约 10nm 的光谱仪，中心近 0.82μm、0.94μm、1.14μm 处的大气水汽波段，接近 0.76μm 的氧气波段，接近 1.58μm 和 2.06μm 处的二氧化碳波段可以用于波长定标。对于光谱分辨率约为 5nm 的光谱仪，由于仪器增强了分辨能力，接近 0.43μm（宽度 W=0.3nm）的太阳夫琅禾费 Hγ 谱线变得可以用了。而对于光谱分辨率为 2.5nm 甚至更高的光谱仪，由于仪器的分辨能力进一步提高，太阳夫琅禾费线、中心接近 0.517μm（几条谱线，宽度均约为 0.1nm，Mg Ⅰ）、0.656μm（$W \sim 0.4nm$，Ha）、0.854μm（$W \sim 0.4nm$，Ca Ⅱ）和 0.866μm（$W \sim 0.3nm$，Ca Ⅱ）的谱线可以用于波长定标。（Gao B C）

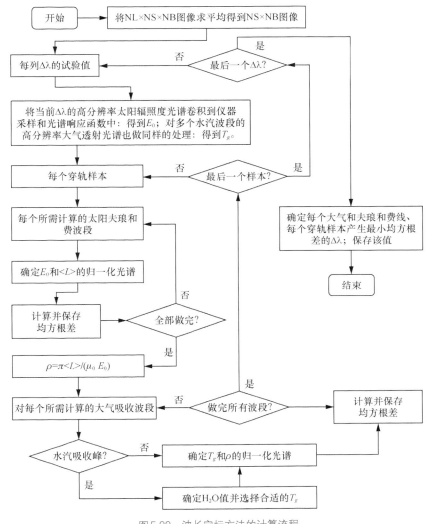

图5.88　波长定标方法的计算流程

NL、NS 和 NB 分别是行数（沿轨）、样本数（穿轨）和谱段数（光谱）

ρ——表观反射率，$\rho = \pi <L>/(\mu_0 E_0)$，$L$——观测到的辐亮度，$\mu_0$——太阳天顶角余弦，$E_0$——大气顶的太阳辐照度

在被定标的光谱仪的工作谱段内，选择几个大气吸收波段计算光谱偏移量时，可取几个偏移量的平均值作为最后的结果，用于重新定标和反射率的大气校正。当几个偏移量计算结果间存在较大差别时，需根据光谱仪的工作状况及数据处理过程，分析产生差异的原因。

对于光栅色散型光谱成像仪，根据光栅色散原理及实验定标分析，光谱成像仪色散较好地符合线性规律，中心波长偏移不影响色散关系，而仅仅产生常数的波长偏移，因此相同空间位置的各个光谱通道波长偏移量是一样的，在某一个波长位置检测出了偏移量，即可对所有光谱通道的中心波长进行校正。

对于干涉型光谱成像仪，计算出光谱偏移量后，需根据光谱仪的工作原理重新计算光谱维的一个采样单元的光程差，重新进行光谱定标。

2. 平滑光谱法

Guanter 采用光谱匹配方法进行光谱偏移量计算时，选择一个平滑光谱作为比对的参考光谱。将经 MODTRAN 计算得到的、卷积后的反射率光谱，使用低通滤波做了平滑，即：

$$\rho_i^{\text{smooth}} = \frac{1}{N}\sum_{j=i-m}^{i+m}\rho_j(\delta) \qquad m = \frac{N-1}{2} \tag{5.72}$$

式中，ρ_i^{smooth}——在通道 i 应用了滤波之后的表观反射率；N——通道数，是与平均数相邻的奇整数。可以选择 $N=5$，这对适当的、不损失原有形状的平滑光谱是足够的。平滑光谱在光谱偏移的计算中作为参考，光谱偏移是依靠一个最优化程序找出的，即要使价值函数 x^2 达到最小：

$$x^2(\delta) = \sum_{i=1}^{N_c}\left[\rho_i^{\text{surf}}(\delta) - \rho_i^{\text{smooth}}\right]^2 \tag{5.73}$$

式中，$\rho_i^{\text{surf}}(\delta)$——在通道 i 计算的、设置光谱偏移为 δ 的表观反射率；N_c——光谱仪中的通道数，除去了那些被强吸收影响的通道，即那些位于光谱范围 1300～1500nm 和 1800～2000nm 的通道。

在每个反复改变 δ 值的迭代过程中完成了光谱偏移的计算。

3. 光谱比较的不同方法

高海亮通过对 760nm 氧气波段吸收特征的分析，构建波段半高宽分别为 15nm、10nm、5nm 和 2.5nm 的高光谱传感器模型，基于 MODTRAN 辐射传输模型，模拟出包含光谱偏移信息的测量光谱与参考光谱，计算出不同匹配类型和匹配算法的在轨光谱定标精度。结果表明，采用测量表观辐亮度和参考表观辐亮度作为光谱匹配类型，以相关系数法作为光谱匹配算法的光谱定标精度最高。

（1）光谱匹配算法：在采用光谱匹配方法计算光谱偏移值时，为比对测量光谱与参考光谱的相似性所采用的光谱比较评价方法。

目前常用的光谱匹配算法有标准差法、相关系数法、最小距离法、极值法、光谱夹角法和协方差法。

① 标准差（Standard Deviation，SD）法。

标准差法计算测量光谱与参考光谱差值的标准差，当标准差最小时对应的中心波长即新的中心波长位置。标准差 SD 可表示为：

$$\text{SD} = \sqrt{\frac{1}{N-1}\sum_{i=1}^{N}(d_i - \bar{d})^2} \tag{5.74}$$

式中，d_i——测量光谱与参考光谱的差值 $d_i = L_m^i - L_r^i$；$\bar{d}$——所有差值的平均值；N——进行光谱匹配的波段数。

② 相关系数（Correlation Coefficient，CC）法。

相关系数法计算测量光谱与参考光谱的相关系数，相关系数最大时对应的偏移量即光谱定标结果。相关系数 CC 的计算公式为：

$$\text{CC} = \frac{\sum_{i=1}^{N}(L_m^i - \overline{L_m})(L_r^i - \overline{L_r})}{\sqrt{\sum_{i=1}^{N}(L_m^i - \overline{L_m})^2 \sum_{i=1}^{N}(L_r^i - \overline{L_r})^2}} \tag{5.75}$$

式中，L_m^i——第 i 通道的测量光谱；$\overline{L_m}$——所有通道测量光谱的平均值；L_r^i——第 i 通道的参考光谱；$\overline{L_r}$——所有通道参考光谱的平均值。

③ 最小距离（Least Distance，LD）法。

最小距离法以测量光谱与参考光谱差值的平方和的根作为对应的光谱距离，当距离最小时对应的中心波长即新的中心波长位置。最小距离 LD 的计算公式为：

$$LD = \sqrt{\sum_{i=1}^{N} (L_m^i - L_r^i)^2} \tag{5.76}$$

④ 极值（Extreme Value，EV）法。

极值法利用 3 次样条曲线对测量光谱和参考光谱进行曲线拟合，计算相应拟合曲线的极值（波谷）位置，当测量光谱的极值位置与参考光谱极值位置重合时，对应的光谱偏移量即光谱定标结果。极值 EV 的计算公式为：

$$EV = P_m - P_r \tag{5.77}$$

式中，P_m 和 P_r——测量光谱和参考光谱的极值位置。P_m 可用式（5.78）计算：

$$P_m = \delta(k) \quad \text{当} SL_m(k) = \min(SL_m) \tag{5.78}$$

式中，$\delta(k)$——第 k 个光谱漂移量；$SL_m(k)$——样条插值曲线的第 k 个值；$\min(SL_m)$——样条插值曲线的最小值；k——样条插值曲线最小值所在位置。SL_m——对测量光谱 L_m 进行样条插值 Spline(L_m)。参考光谱的极值位置 P_r 采用类似的计算公式。

⑤ 光谱夹角（Spectrum Angle，SA）法。

光谱夹角法通过计算测量光谱与参考光谱之间的光谱夹角，将光谱夹角最小时对应的光谱偏移量作为光谱定标结果。光谱夹角 SA 可表示为：

$$SA = \cos\theta = \frac{\sum_{i=1}^{N} L_m^i L_r^i}{\sqrt{\sum_{i=1}^{N} (L_m^i)^2} \sqrt{\sum_{i=1}^{N} (L_r^i)^2}} \tag{5.79}$$

⑥ 协方差（Covariance，COV）法。

协方差法计算测量光谱与参考光谱的协方差，当协方差最大时对应的中心波长即新的中心波长位置。协方差 COV 的计算公式为：

$$COV = \sum_{i=1}^{N} (L_m^i - \overline{L_m})(L_r^i - \overline{L_r}) \tag{5.80}$$

以 10nm 光谱分辨率的高光谱传感器为例，计算标准差法、相关系数法、最小距离法、极值法、光谱夹角法和协方差法等 6 种光谱匹配算法的光谱定标结果。采用的光谱匹配类型为测量表观辐亮度与参考表观辐亮度。其中参考光谱的光谱偏移量为 −5 ~ 5nm，步长为 0.1nm。不同光谱匹配算法的平均光谱定标精度结果表明，相关系数法精度最高，平均光谱定标精度为 0.141nm；之后分别为标准差法（0.216nm）、光谱夹角法（0.225nm）、最小距离法（0.241nm）、极值法（0.278nm）；协方差法定标精度最差，平均误差高达 1.088nm。因此，在进行光谱定标计算时，建议采用相关系数法作为光谱匹配算法。

对于一种色散型光谱成像仪，在地面热真空处理系统中进行模拟试验，对两种工况下采集的光谱数据进行处理比对，采用谱线匹配的方法，计算光谱偏移量。谱线匹配采用标准差法、相关系数法、最小差值法和多项式拟合的极值法。前 3 种方法计算精度较高，最后一种方法计算精度较低，但计算效率较其他方法提高一个数量级。用极值法对数据进行预处理，快速确定谱线偏移量，再用精度高的方法在小范围内精确计算谱线偏移量，可以提高运算速度。

（2）光谱匹配类型。光谱定标需要确定测量光谱类型和参考光谱类型。总结现有的光谱定标方法，光谱匹配类型可分为以下 4 类：

① 测量表观辐亮度与参考表观辐亮度匹配类型；

② 测量表观辐亮度与参考大气透过率匹配类型；

③ 测量表观反射率与参考表观反射率匹配类型；

④ 测量表观反射率与参考大气透过率匹配类型。

计算了 4 种光谱匹配类型的平均光谱定标精度，由于协方差法精度最低，在计算平均定标误差时只计算另外 5 种光谱匹配算法。结果表明，光谱匹配类型①的光谱定标精度最高，平均误差为 0.05nm；之后为光谱匹配类型③，平均误差为 0.063nm；光谱匹配类型④和光谱匹配类型②的误差较大，分别为 0.328nm 和 0.440nm。因此，在进行光谱定标时，建议采用光谱匹配类型①，即测量表观辐亮度和参考表观辐亮度作为光谱匹配类型。

在采用不同的光谱分辨率进行模拟计算时可看出，光谱定标精度随传感器光谱分辨率的减小而提高。

5.11.2　在大气吸收波段采用光谱匹配技术的特点

（1）对高光谱成像数据产品的数据，在太阳光谱大气吸收波段（大气水汽、二氧化碳、氧气波段，和太阳夫琅禾费光谱形貌），采用光谱匹配技术，可以实现精确的在轨光谱定标。

（2）采用光谱匹配技术，可以对高光谱成像仪在轨时的光谱位置进行评估。这个方法可以检测光谱仪波长位置的异常变化，如受卫星平台温度、压力、姿态影响产生的变化，光谱仪部件间调准误差引起的波长位置变化等。通过光谱匹配技术可以发现并校正光谱位置的变化。

（3）精确的波长定标可以使基于辐射传输模型、来自高光谱成像数据的表观反射光谱得到改进，可以促进使用表观反射光谱研究表面特性的工作更好地开展。

（4）采用光谱匹配方法进行波长定标，使用观测数据不需要表面反射率测量，当光谱成像仪过境且同步获得地面真实数据有困难时，这是独特有利的条件。

（5）使用大气吸收特性进行光谱定标的精度分析：图像数据的信噪比和遥感器的辐射定标是主要的不确定度因素。由仿真计算可知，在信噪比小于 500 的情况下，中心波长和带宽的计算值和真实值差别较大。当数据的信噪比达到 1000 以上，在 FWHM 为 5nm 时，即使在极端的偏移为 3nm 的情况下，中心波长的计算误差也小于 0.1nm，带宽的计算误差则小于 0.1nm。在 FWHM 为 10nm 时，中心波长的计算误差小于 0.1nm，带宽的计算误差小于 0.3nm。这一结果也可说明带宽越小的光谱仪，光谱定标精度越高。

（6）辐射传输计算时，需要输入水汽含量、飞行高度、海拔、观测方向和气溶胶模型等参数，其中前 4 项影响着大气吸收透射率的计算，可能会影响光谱定标的精度。而气溶胶主要会引起分子散射，其随波长的变化比较缓慢，不会影响光谱定标精度。为定量评估输入参数的影响，通过改变其中一个参数，而其他参数保持不变，并进行辐射传输计算得到超高分辨光谱辐亮度，再通过优化计算，可得到光谱定标的结果。结果表明，辐射传输计算中输入参数在适度范围内的变化对光谱定标结果不产生显著影响，此光谱定标方法对辐射传输的输入参数不敏感。

（7）表面反射率光谱的线性假设在一般条件下是有效的，但对于特殊条件需注意。因为大气透射光谱是水汽含量的函数，在用大气水汽波段数据计算光谱匹配时，应注意视场内水汽量的均匀性和变化情况，尤其要注意视场中覆盖的植被的水量变化。非线性的透射率是水汽柱的函数，当水汽容量在视场中变化大时，使用水汽特性导出精确的偏移量是困难的。

（8）为了使用光谱匹配技术进行波长定标，也需要正确的辐射定标。

（9）此方法应尽量避免使用水表面的测量数据，因为波长大于 0.8μm 的数据信噪比很低。

5.11.3 技术应用

1990 年底，Gao 和 Goetz 利用光谱匹配技术，从 AVIRIS 机载高光谱图像中反演出大气水汽含量。AVIRIS 覆盖的光谱范围为 0.4~2.5μm，波段宽度为 10nm，飞行高度约为 20km，地面瞬时视场为 20m×20m。在清澈的白天，能见度为 20km 或更好时，采集 AVIRIS 测量的数据，在 1.14μm 和 0.94μm 水汽波段吸收区域，使用一个窄线宽的大气光谱模型，对观测光谱和计算光谱曲线采用非线性最小平方拟合技术，实现了大气水汽含量的定量化反演，反演水汽柱总量的精度是 5% 或更好。

Gao 对于 AVIRIS B 在 1995 年飞越一个采矿场的采样数据，使用光谱匹配方法测试光谱偏移。在大气氧气近 0.76μm 波段，波长偏移对所有样本的平均结果是 −0.589nm，标准偏差是 0.011nm。在水汽波段近 1.14μm，平均波长偏移为 −0.658 nm，标准偏差是 0.017 nm。这两个结果的一致性也很好，所有偏移量都在 AVIRIS 的实验室定标精度 ±1nm 范围内。采用这两个结果的平均值作为 AVIRIS B 的波长偏移量，并添加到实验室定标中，完成大气修正。

对于来自 1997 年的 2 天的 AVIRIS 数据，应用这个运算方法测试了波长偏移，各不同的偏移均小于 0.1nm。AVIRIS 的实验室定标不确定度为 ±1nm，表明 AVIRIS 的波长位置精度满足要求。对于 AVIRIS 的应用证明，使用光谱匹配技术可以使通道位置的评估具有 0.03nm 或更好的精度。

Gao 于 1997 年介绍用逐线代码计算的方法，从光谱成像仪数据中排除大气的影响。这个方法的要点是包含 6 种气体（H_2O、CO_2、N_2O、CO、CH_4、O_2）的吸收系数，具有 $0.05cm^{-1}$ 波数间隔的高光谱分辨率的数据库。这个数据库具有逐线代码，是 1996 年由 W. Ridgway 创建的。使用这个数据库，可以容易地计算高分辨率大气气体透射光谱。另一个要点是一个滤波方法，将高分辨率光谱滤波到 PHILLS、HSI、HYDICE 和 AVIRIS 仪器的分辨率。为了提高这个方法的速度，高分辨率（$0.05cm^{-1}$）光谱首先采用 0.1nm 的采样间隔，滤波到 0.2nm 的分辨率，并进一步滤波到期望的光谱成像仪的分辨率。

使用高分辨率大气气体吸收系数的数据库，计算出高分辨率大气透射光谱，再滤波到光谱仪的光谱分辨率，用 6S 模型模拟大气散射效应，并在程序中分析误差、校正误差，实现表观反射率的大气校正。

Gao 介绍 2001 年 Hyperion 在两个场地采集的数据，采用在 0.76μm 波段光谱匹配的方法对波段 41 测试中心波长的位置。这两个场地的表面特性完全不同，一个是赤铜矿，另一个是贫瘠的土地，但两个测试结果相当一致。两个定标结果的平均偏差大约为0.1nm，这其中包括了所有的误差，如系统误差、航天器在不同轨道位置时温度不同引起的误差等。这个结果也证明了这个方法的精确性。

Green 等于 2001 年利用阿根廷 Arizaro 试验场同步测量数据，采用光谱匹配技术，进行 Hyperion 的在轨光谱定标。在可见光谱区域采用 760nm 氧气吸收波段，在红外光谱区域采用 1140nm 水汽吸收波段和 2010nm 二氧化碳吸收波段，进行光谱匹配运算，确定了 Hyperion 仪器在轨运行状态相对实验室定标状态的光谱偏移和光谱宽度的变化，完成光谱定标数据的更新。

Guanter 利用同样的光谱匹配技术，采用大气吸收波段，对 HyMap2004 配套产品数据进行分析计算，确定 4 个光谱仪的光谱偏移量，进行重新定标，并完成地表反射率的大气校正，消除大气的影响和定标带来的失真。HyMap 是机载摆扫式光谱仪，其上有 4 个光谱仪，光谱范围为 0.445 ~ 2.480μm，平均带宽为 15nm。Guanter 也介绍了这个方法，该方法已被应用于航空光谱仪（HyMap、AVIRIS、ROSIS）和卫星搭载光谱仪（PROBA/CHRIS）的数据处理中。

Gao 和 Li 在 2010 年采用大气波段和太阳特征谱线，使用光谱匹配技术对国际空间站上的近海岸高光谱成像仪（Hyperspectral Imager for the Coastal Ocean，HICO）数据进行波长和光谱分辨率定标。使用替代定标技术，在水云反射率参数上比较 HICO 数据和 MODIS 数据，进行 HICO 数据的辐射定标。

晏磊采用基于大气吸收波段的光谱辐亮度匹配方法对无人机载光谱成像仪进行了外场光谱定标。光谱定标计算选取 760nm 附近的氧气吸收线作为标准参照光谱，在 2010 年 1 月实验室光谱定标基础上，进行了无人机光谱成像仪的外场光谱定标。

在高光谱影像上选择 10 行穿轨方向上的数据进行反演，对反演结果求平均，得到信噪比较高的定标参数。光谱匹配时，搜索区间设为 −5 ~ 5nm，步长设置为 0.1nm。计算得到空间方向各像元中心波长的偏移和带宽，如图 5.89 和图 5.90 所示。由于噪声的影响，中心波长偏移量和带宽计算结果存在波动。为了消除空间像元响应不同引起的条带噪声对检测的影响，可对定标结果进行 3 次多项式拟合。

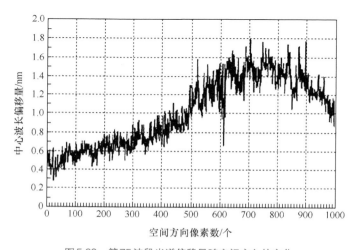

图5.89　第75波段光谱偏移量随空间方向的变化

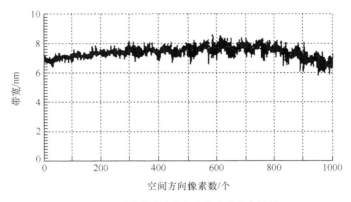

图5.90 反演带宽在空间方向上的分布情况

飞行试验光谱定标结果显示，光谱成像仪各波段的中心波长发生了偏移，所有空间像元中心波长都比实验室光谱定标值偏大。带宽在 7nm 左右，比实验室定标结果大 1nm。

通过反演地物光谱靶标反射率，对定标精度进行了定量评价，对于带宽为 7nm 左右的无人机载光谱成像仪，外场光谱定标的精度可以达到 0.1nm，一般优于 0.5nm。

陈洪耀利用光谱匹配定标技术，对某国产机载色散型高光谱遥感器进行了飞行中光谱定标试验。基于大气特征谱线，在大气吸收波段（760nm 处）采用光谱匹配技术测试遥感器的光谱偏移和半宽变化，运算方法中选用经光谱平滑处理的表观反射率，作为光谱匹配的参考光谱。经定标后反演的地表反射率光谱曲线，消除了大气吸收处的凹凸形态，反演的入瞳辐亮度与 6S 计算结果显示的 760nm 氧气吸收峰位置一致，证明定标是正确的。

对定标不确定度分析的结果表明，图像数据的信噪比和遥感器的辐射定标是主要的不确定度因素。为提高光谱定标的准确度，一方面需要统计平均以提高信噪比，另一方面需要利用机（星）载无吸收峰的光源进行辐射定标或采用比对测量的方法消除探测器光谱响应的影响。利用该光谱定标技术可以准确得到大气吸收波段的中心波长偏移和带宽变化，非吸收波段则可以在假设色散规律不变的基础上推导。虽然非吸收波段光谱的偏移对测量影响不大，但为进一步提高光谱定标精度，还需要进行高光谱遥感器飞行中色散规律的探索。

紫外臭氧垂直探测仪（SBUS）是 FY-3 卫星的主要载荷之一，是一台工作在 160 ~ 400nm 波段的高性能扫描式光谱仪。李占峰等对 SBUS 采用了一种全新的高精度在轨光谱定标方法。

采用国际上公认的此波段的太阳光谱辐照度值作为参考光谱，取值间隔为 0.06nm，光谱分辨率为 0.1nm，小于 SBUS 的光谱分辨率（1nm）一个量级。由于 160 ~ 280nm 波段的太阳辐照度值很低，而 360 ~ 400nm 波段的太阳辐照度值起伏较大，所以光谱定标波段为 300 ~ 360nm。利用高分辨率参考光谱与仪器狭缝函数（高斯函数）进行卷积，并将卷积结果与修正后的测量光谱进行匹配，通过相关的评价函数，计算参考光谱和测量光谱误差最小时的光谱偏移量。

试验中利用此方法定标得出的光谱偏移量为 0.10nm。利用 SBUS 星上汞灯光谱验证了定标结果的最大误差为 0.01nm，满足仪器指标（0.05nm）的要求。试验结果证明了高精度在轨光谱定标方法的可行性及精度。

中国环境卫星于 2008 年 9 月 6 日发射升空，其中 HJ-1A 搭载了一个干涉高光谱成像仪（Imaging Fourier Transform Spectrometer，IFTS），这是中国第一个装载在卫星上的高光谱成像仪。Yaqiong Zhang 介绍了此光谱仪在轨时的一个光谱定标方法，是基于光谱仪在大气吸收波段上测量辐亮度光谱和模拟辐亮度光谱间光谱角匹配的方法。

2008 年 10 月 20 日在 HJ-1A 过境敦煌定标场上空时，地面同步进行了高光谱成像仪的场地定标试验，同时应用采集的高光谱成像仪的测量光谱数据，在大气吸收波段使用光谱匹配方法，进行了重新光谱定标。

首先将现场测试地表反射率、大气参数、太阳和观测几何，以及高分辨率（1cm^{-1}）的大气层顶太阳辐照度值输入 MODTRAN 辐射传输方程，计算得到模拟太阳光谱作为参考光谱。在氧气、水汽吸收波段，从 $-10 \sim 10$nm、以步长 0.01nm 的间隔设置光谱波段中心波长的偏移量，并将模拟光谱对光谱仪的高斯形式的光谱响应函数卷积，将卷积后的光谱与光谱仪测试光谱，采用光谱角评价方法（Spectrum Angle Matching，SAM）进行最优化比对，通过自动化程序计算出光谱偏移值。图 5.91 显示了在氧气波段测试光谱和参考光谱的比对曲线。

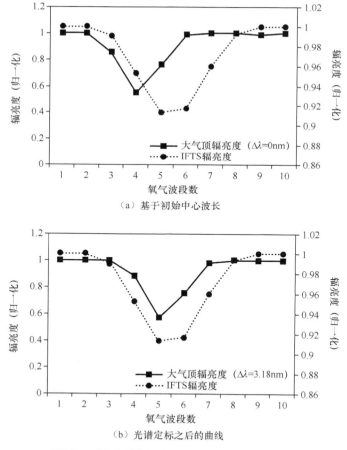

（a）基于初始中心波长

（b）光谱定标之后的曲线

图5.91　在氧气波段测试光谱和参考光谱的比对曲线

IFTS 的焦面结构在穿轨方向有 512 个像元，图 5.91 以 256 像元为例分析光谱定标结果。图 5.91（a）显示的两个光谱均基于 IFTS 的初始中心波长。图 5.91（b）中 IFTS 光谱（虚线）与图 5.91（a）相同，但模拟大气顶光谱（实线）是光谱定标后的光谱，波长位置移动了 3.18nm，两个光谱的吸收峰位置非常接近。

此次光谱定标同 IFTS 实验室定标结果比较，在穿轨光谱位置，在 760nm 氧气波段的光谱偏移为 −3.18～−3.4nm，在 820nm 水汽波段的光谱偏移为 −3.53～−3.79nm。

用校正的光谱定标系数，对研究现场的、被反演的植被和沙漠的反射率，进行了进一步的大气校正，大气吸收波段周围的强峰几乎明显地被抑制了。图 5.92 显示反演沙漠反射率光谱（一部分）在光谱定标前后的比较。

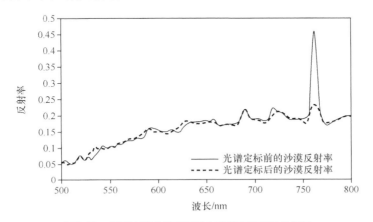

图5.92　反演沙漠反射率光谱在光谱定标前后的比较

由图 5.92 可看出，反演反射率光谱的平滑性得到改善，在氧气吸收波段附近的强峰得到明显的抑制。基于定标的结果，沙漠和植被的反演反射率光谱与地面实际测量反射率光谱的相对误差减小了 17%。这个结果表明，正确的光谱定标可以提高大气校正结果的可靠性。

5.12　光谱成像仪在飞行中的相对定标

遥感光谱成像仪在飞行前已经进行了辐射定标，包括相对辐射定标。但是由于发射过程及空间环境的影响，各探测单元的响应会发生变化，探测阵列会出现新的响应不均匀性。响应不均匀性在遥感图像上显示为噪声，甚至呈现为明暗条纹，将导致干涉型光谱仪的干涉图干涉级次的干涉强度误差，引起干涉图的畸变。由于干涉图的离散采样，探测单元的响应误差将引起干涉图的相位偏移，影响复原光谱的精度。因此遥感光谱成像仪在飞行中也需要进行多频次的相对辐射定标，做好提取点干涉图前的平场校正。

干涉型光谱成像仪在提取点干涉图前的单帧图像是叠加了干涉条纹的图像。空间调制干涉光谱成像仪的单帧图像，在空间维只有零光程差列是目标的黑白图像，光谱维分布了相应干涉级次的干涉条纹。时空调制干涉光谱成像仪的单帧图像，是全视场的快视图，且在光谱维叠加了相应干涉级次的干涉条纹。因此常用的图像均匀平场方法，无法排除合成光谱干涉图的影响而完成平场校正。对于干涉型光谱成像仪，对叠加了干涉图的图像，如何进行飞行中的相对辐射定标及响应均匀性校正，是个新的难题。

5.12.1　基于统计方法的在轨相对辐射定标

姚乐乐等介绍了一种基于统计思想，对空间调制干涉光谱成像仪进行在轨相对辐射校正的方法，并通过对 HJ-1A 卫星上的空间调制干涉光谱成像仪测得的实际在轨数据进行相应的处理，来验证该相对辐射校正处理效果。结果表明这个方法可以达到修正 CCD 响应不均匀性、光场不均匀性和减小非线性相位偏移的双重作用，提高复原光谱的精度。

由于高光谱成像仪具有特殊的数据立方体特性，其相对辐射度定标方法相比一般 CCD 相机有所不同。高光谱成像仪一次曝光（一帧）的面阵数据由空间维和光谱维构成，可以获得视场内空间维上百个地元的干涉强度值，而这些干涉强度值又据其离零光程位置的远近而呈现一定的分布衰减特性（光场的干涉原理）。（相机的推扫方向与空间维方向垂直。）

相对辐射度定标处理方法就是根据其数据分布的实际特性，分别分维、分层处理数据，从空间维进行相对辐射校正。从相机推扫的大量数据立方体（许多帧，抽取零光程差行图像可组成一景图像）中，抽取同一光谱维的一行（空间维所有像元）值组成一层数据，则每个光谱维都有一层数据，每层数据具有相似的干涉特性；计算出空间维中每个光程差域上每列像元（即光程差域一列数据）的均值和标准差，以及该光程差域空间维所有像元（整个光程差域数据）的均值和标准差，就可以计算出每个像元的校正模型，从而利用该模型对该景数据进行相对辐射度校正。均值和标准差可以通过对所有在轨图像进行统计来获得，同时，依据景物辐射的正态分布特性，它们应该具有一致的统计信息，如果不一致，则是 CCD 响应不均匀或入射光场不均匀造成的，需要消除。利用上面的理论就可以求得一层的 CCD 校正模型，进而可以求得高光谱成像仪上百层像素的辐射校正模型。只要图像越多，图像对应地物的辐射强度分布越丰富，所得结果就越能够真实地反映像元的特性。图 5.93 所示为空间调制干涉光谱成像仪单帧图像数据示意。

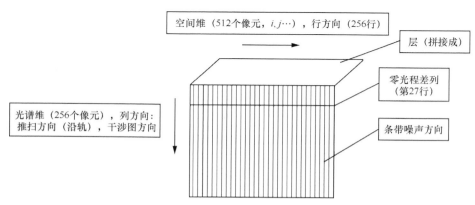

图5.93　空间调制干涉光谱成像仪单帧图像数据示意

该辐射校正处理的依据是同一景物辐射强度分布的正态特性，利用统计方法来生成辐射校正模型。该方法认为光谱仪实际工作中 CCD 工作在线性区间，所以选取辐射校正模型为一次线性模型，即：

$$Y_i = G_i I_i + O_i$$
$$I_i = (Y_i - O_i)/G_i \tag{5.81}$$

式中，Y_i、I_i——第 i 个 CCD 像元的图像输出和输入光强；G_i、O_i——第 i 个像元的光电响应特性的增益和偏置。

对于每一个光谱维，根据图像处理系统的相对辐射度校正基本原理有：

$$Y_{std} = k_i Y_i + b_i = k_j Y_j + b_j = \quad = k_n Y_n + b_n \tag{5.82}$$

式中，Y_{std}——每一光谱维的标准像元输出；(k_i, b_i)、(k_j, b_j)、(k_n, b_n)——同一光谱维第 $i, j, \cdots, n$ 像元的校正模型。

对于第 i 个像元有：

$$Y_{std} = k_i Y_i + b_i \tag{5.83}$$

对式（5.83）两边分别取均值和方差得：

$$E(Y_{std}) = E(k_i Y_i + b_i) = k_i E(Y_i) + b_i \tag{5.84}$$

$$D(Y_{std}) = D(k_i Y_i + b_i)$$
$$= E(k_i Y_i + b_i)^2 - E^2(k_i Y_i + b_i) = k_i^2 D(Y_i) \tag{5.85}$$

式中，$E(x)$——x 的数学期望；$D(x)$——x 的标准差。

由式（5.84）、式（5.85）可得：

$$k_i = \sqrt{D(Y_{std})/D(Y_i)}$$
$$b_i = E(Y_{std}) - k_i E(Y_i) \tag{5.86}$$

从式（5.86）看出，只要能够计算出数据立方体空间维中每个光程差域上每列像元（即光程差域一列数据）的均值和标准差，以及该光程差域空间维所有像元（即整个光程差域数据）的均值和标准差，就可以计算出每个像元的校正模型 (k_i, b_i)，然后就可以利用该模型对该行数据进行相对辐射度校正。均值和标准差可以通过对所有在轨图像进行统计来获得，图像越多，图像对应地物的辐射强度分布越丰富，所得结果就越能够真实地反映像元的响应特性。

相比一般 CCD 相机的相对辐射度定标处理，高光谱成像仪的相对辐射度定标处理由于其特殊的数据立方体特性而不同。高光谱成像仪一次可以获得同一地物上百个干涉强度值，而各光程差级次又据其离零光程差位置的远近而不同，干涉强度呈现一定的分布衰减特性（光的干涉原理）。所以，在实际的处理中应根据其数据分布的实际特性，分别分维、分层来处理，最后经比较得出校正模型，这也是本书对一般 CCD 相机相对辐射度校正方法的改进所在。

所谓分维是指从数据立方体的空间维来对数据进行处理。面阵 CCD 中沿相机推扫方向的像元与一个光谱维组成一层数据，每层数据具有相似的干涉特性；同时，依据景物辐射的正态分布特性，它们应该具有一致的统计信息，如果不一致，则是 CCD 响应不均匀或入射光场不均匀造成的，需要消除。利用上面的理论就可以求得一层的 CCD 校正模型，进而可以求得高光谱成像仪上百层像素的辐射校正模型。

实验通过对 HJ-1A 卫星上搭载的空间调制干涉光谱成像仪采集的卫星实际在轨干涉数据进行对比处理，来验证相对辐射校正方法的处理效果。

　　对卫星采集的西部湖地带的 6×512 行立方体数据使用两种处理方法，一是对原始干涉数据不做相对辐射度定标处理，直接复原，所得某一谱段地物图上存在比较明显的明暗条纹（条带噪声）。二是相对辐射校正后，采用同样的方法进行光谱复原，所得的同一谱段的地物图中的明暗条纹明显得到消除。

　　从干涉图上也可以直接看到相对辐射校正的效果。图 5.94 所示为相对辐射校正前后同一地物点所对应的 256 点干涉曲线的对比，从中可以看出相对辐射校正对干涉曲线的修正。图 5.95 所示为相对辐射校正前后同一地物点所对应的前 80 点干涉曲线对比，从中可以看出相对辐射校正使零光程位置两侧的干涉数据的对称性增强了（零光程位置位于第 27 个光程差附近，共 256 个光程差值），可以有效地消除由于 CCD 响应不均匀带来的非线性相移，为后面光谱复原的准确性的提高打下基础。

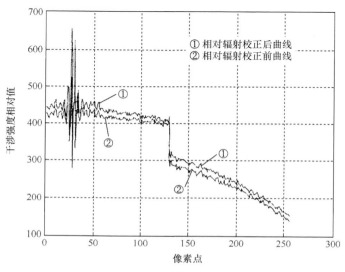

图5.94　相对辐射校正前后同一地物点所对应的256点干涉曲线的对比

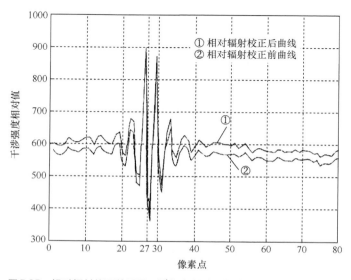

图5.95　相对辐射校正前后同一地物点所对应的前80点的干涉曲线对比

图 5.96 为两种不同处理光谱复原后同一谱段对应的地物图（此处只选 512 像素 ×512 像素大小的图来显示）。其中，图 5.96（a）所示为对原始干涉数据不做相对辐射度定标处理，直接复原所得的某一谱段地物图（图中用圈标出了比较明显的明暗条纹），图 5.96（b）所示为相对辐射度定标后采用同样方法光谱复原所得的同一谱段的地物图。可以很清楚地看到图 5.96（b）中消除了明暗条纹对复原图的影响。

（a）干涉数据直接复原　　　　　　　　（b）相对辐射度定标后复原

图5.96　不同处理光谱复原后同一谱段对应的地物图

基于统计方法的相对辐射校正处理不需要特定的已知辐射强度的辐射源，而是利用实际在轨数据，根据相邻景物间的辐射特性来校正由于 CCD 响应的不均匀性及入射光的不均匀性所产生的干涉误差。这是一种非常有效的在轨定标手段，是对其他定标方法的一种有效补充。这个方法同样适用于时空调制干涉光谱成像仪，能够从光谱仪推扫的大量图像中，用统计方法实现各空间维像元的相对辐射校正。

这个方法的不足之处主要表现在：（1）不可能统计所有的干涉数据来建立相机的校正模型；（2）由于相机的特性并不是始终不变的，求得的像元的校正模型也只相对在一段时间（或者某一片景物）内适用，对下一时段（或下一地物）就需要用相同的方法来重新求取辐射校正模型了；（3）这种方法只做了空间维的平场校正。

5.12.2　基于相位匹配的飞行中相对辐射定标

常亚运等提出了一种计算相位偏移，进而实现相对定标的方法。通过获取卫星所测均匀地物的光谱，仿真得出该均匀地物的、具有相位偏移的干涉谱，与光谱仪实际采集到的均匀地物的干涉谱进行对比，以相对误差最小的法则计算出实际相位偏移量，再以加入相位偏移的干涉谱为基准，对干涉型光谱成像仪进行相对定标。

空间调制干涉光谱成像仪采集的单帧图像是一幅干涉图，空间维（有 512 个像元）的每一行（光谱维有 256 个像元）是一个空间像元的点干涉图，其公式为：

$$I(l) = \int_{v_1}^{v_n} B(v)[1 + \cos(2\pi vl)]\mathrm{d}v \qquad (5.87)$$

式中，$I(l)$——干涉强度；l—光程差；v——波数；n——波段数；$B(v)$——光谱强度。

其中，光程差 l 为：

$$l = (i - p) \cdot \mathrm{DOPD} \qquad (5.88)$$

式中，i、p——在光谱维的像元序数和零光程差位像元序数；DOPD——干涉仪给出的光谱维一个像元具有的光程差。

相位匹配：实验中计算一个仿真干涉谱，在其中引入主极大位置的相位偏移 d，即：

$$I^*(l) = \int_{v_1}^{v_n} B(v)\{1 + \cos[2\pi v(l+d)]\}\mathrm{d}v \tag{5.89}$$

下一步计算仿真干涉谱与相应的实际采集干涉谱的相对误差 ΔI。调整相位偏移值，计算出相对误差 ΔI 最小时的相位偏移值，即实际干涉谱的相位偏移。以计算出的相位偏移形成一行仿真干涉谱，利用同样的过程得到每一行的仿真干涉谱，最终形成一个仿真干涉数据面，每一个干涉数据面大小为 512×256。

相对定标系数计算：以仿真得到的、加入相位偏移的仿真干涉数据面作为基准，对实际干涉面进行逐点校正。试验采用两点式定标，即测量两组均匀地物——暗场和亮场，确定校正系数 K 和 B，K 和 B 分别为 CCD 面阵每一个探测元对应的增益和偏移量。

$$Y_l = K y_l + B \tag{5.90}$$
$$Y_h = K y_h + B \tag{5.91}$$

式中，Y_l、Y_h——加入相位偏移的均匀暗场和均匀亮场光谱的仿真干涉面；y_l、y_h——对应暗场和亮场 CCD 探测元实际采集的干涉面。因为实际光谱仪采集到的数行均匀亮场（或暗场）对应的干涉面是不同的，y_l、y_h 为数行干涉面求平均的结果。

试验结果：试验（使用 HJ-1A 高光谱成像仪的图像数据）分别以戈壁和海洋作为均匀亮场和均匀暗场，如图 5.97 所示。

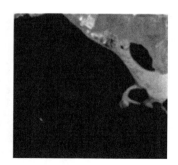

（a）均匀亮场　　　　　　　　　　　（b）均匀暗场

图5.97　均匀场

首先按照式（5.89）计算仿真干涉图。设置干涉图零光程差点的相位偏移量，偏移最多为0.5像素，在实验中以 10nm（大约 0.05 像素大小对应的光程差）为步长加入正、负光程差，即：

$$I^*(l) = \int_{v_1}^{v_n} B(v)\{1 + \cos[2\pi v(l + 10 \times k - 1)]\}\mathrm{d}v \tag{5.92}$$

式中，$l = (i - p) \cdot \text{DOPD} = (i - 26) \times 220$；$p = 26$，为零光程差位置像元序号；$\text{DOPD} = 220$，为一个像元对应的光程差；谱段数 $n = 115$；k 取 $-9 \sim 11$，则在仿真干涉谱中加入相对于零光程差处 $-100 \sim 100\text{nm}$ 的光程差。

将 k 的取值代入式（5.92）计算仿真干涉图。如图 5.98 所示，图中蓝色的曲线为实际的干涉谱，绿色曲线是在仿真过程中加入负光程差的干涉谱（表现为仿真零光程差点在设定零光程差点的左侧），偏红曲线为加入正光程差的干涉谱（表现为仿真零光程差点在设定零光程差点的右侧）。试验数据结果为 $k = 2$ 时，实际干涉谱和仿真干涉谱的相对误差最小，试验结果表明实际零光程差点相对于设定的零光程差点，有 10nm 的光程差偏移量。

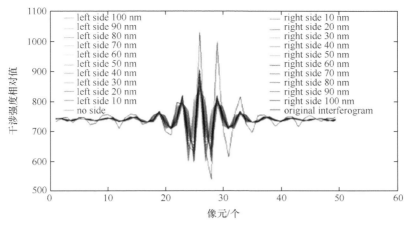

图5.98 相位匹配过程

由式（5.90）、式（5.91）计算出定标系数 K、B，定标系数 K 和 B 都是大小为 512×256 的矩阵。利用试验所得的 K 和 B，对另一幅实际测得的、未进行相对定标的干涉图像进行相对定标。从图 5.99 可以看出，定标后干涉图有明显的改善。相对定标前的均匀亮场，各行干涉图会呈现较大区别；与干涉图前半部分相比，后半部分干涉强度值有明显下降。相对定标后的均匀亮场，各行的干涉图基本一致，干涉图趋势平稳。

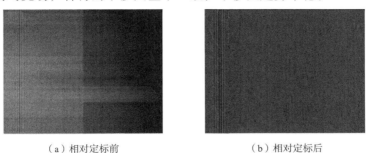

（a）相对定标前　　　　　　　　（b）相对定标后

图5.99 相对定标前后干涉图

图 5.100 所示为相对定标前后的点干涉图。相对定标前，光程差较大时会有噪声，干涉图的幅值在零光程差点两侧差异很大，干涉条纹后半段幅值会有明显下降。经过相对定标之后的干涉图去除了这些噪声，零光程差两侧的值只有由零光程点偏移导致的较小差异，干涉图走势平缓。

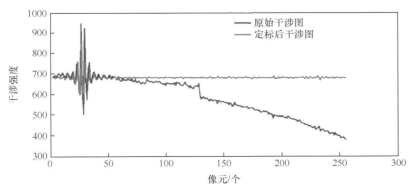

图5.100 相对定标前后的点干涉图

　　对经过上述相对定标处理的干涉数据和用实验室定标系数处理的相同干涉数据进行相同的处理：去直流、切趾、默兹相位校正、傅里叶光谱复原，对得到的复原结果进行比较。结果表明，经新的相对定标方法处理的图像，复原效果得到明显改善，消除了波段图像中的条带噪声，复原结果如图 5.101～图 5.103 所示。

 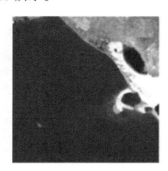

（a）实验室定标系数　　　　　　　　（b）新方法

图 5.101　某海边图像复原光谱图第 20 波段

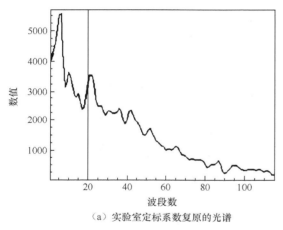 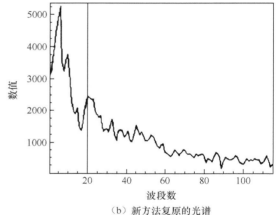

（a）实验室定标系数复原的光谱　　　　　　　　（b）新方法复原的光谱

图 5.102　光谱对比

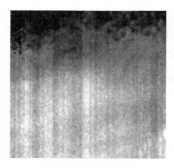 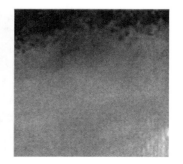

（a）实验室定标系数　　　　　　　　（b）新方法

图 5.103　均匀场地图像复原光谱图第 20 波段

　　这个方法同样适用于空间调制干涉光谱成像仪，在提取了空间维、零光程差列各像元的干涉图后，采用相位匹配的方法进行相对辐射定标。

5.13　场地自动化定标

为了满足光学遥感的地面定标技术需求，国际上提出了自动化定标的思路，采用无人值守的自动化观测设备，实现场地和大气参数的全自动观测，形成遥感卫星高频次、高时效的定标能力，以此实现及时校正载荷衰变，从而提升定标精度。近年来，国内外研究机构开始研发和布设简易的自动化观测设备，开展了特定波段和观测角度的自动化定标应用试验。初步结果表明，自动化定标可以达到人工场地定标的精度，自动化定标在提升定标频率和降低定标成本方面具有明显的优势。

为支持气候变化研究，国际上提出了 CLARREO 计划和 TRUTH 计划，这两项计划的光学空间基准载荷的观测精度优于 0.3%。目前，我国相关机构也开展了空间基准载荷的研究。

自动化定标系统利用自动化设备观测地表大气参数，实现远距离数据传输，不需要人工参与测量，可以有效地减少人工定标的不确定性因素。在适宜的天气条件下便可以对过顶卫星进行在轨辐射定标，在改善遥感器的定标时效性、频次性，降低定标成本和减少场地破坏等方面具有优势，可以更好地定量化监视探测器衰变趋势，保证遥感数据的定量化质量。

利用现场自动观测数据，与未来的空间基准载荷观测相结合，发展大气层顶光谱辐亮度模型，可以实现对任意时间过顶的遥感器定标，即所有载荷通过自动定标场都可以实现与基准载荷的交叉定标，保障所有观测载荷的国际单位制溯源的一致性，绝对辐射定标精度有望突破 1%。依据自动化定标的长序列场地观测数据，建立基于物理参数的场地模型，可以实现对卫星历史观测数据的定标，保证卫星长期观测数据的连续性及可比较性。

自动化定标技术的发展将有力促进全球定标场网络的建设，自动化定标技术保障广泛地理分布、尺度差异以及多样性场地的观测数据实时共享，形成遥感卫星高频次、高时效、全动态范围的替代定标和相互定标能力，保证不同平台载荷观测的可比较性。

自动化定标技术的应用将有效提高在轨遥感器的定标精度，显著降低定标成本，自动化定标技术与全球定标场网的建设相结合，可有效提升遥感载荷的高频次、高时效的定标能力。自动化定标将成为遥感器在轨定标的主要发展方向。

5.13.1　场地自动化定标发展历史

邱刚刚介绍了场地自动化定标技术至今的发展历程。

2001 年，加拿大遥感中心的 Philippe M. Teillet 提出了建立全球装备仪器的自动化定标场网（Global Instrumented and Automated Network of Test Site，GIANTS）的构想。GIANTS 概念的基本框架是：采用现场自动化观测设备组建无线传感器网络，场地中的基站作为数据中心，通过卫星无线通信的方式将现场观测数据传输给数据中心，数据中心实现对数据的质量管理、实时处理与存档，并通过因特网提供给用户，数小时之内将数据同化到模型并向用户提供信息产品。

GIANTS 的目标是使源自不同遥感平台、采用不同观测方式得到的地球物理产品均能够溯源于国际单位制，能保证遥感平台自身长序列数据的可靠性、不同遥感平台数据的可比性，建立与遥感平台无关的遥感应用体系。

一、CNES/Gobabeb

早在 1997 年，法国国家空间研究中心（CNES）就在 La Crau 率先建立了 ROSAS（Robotic Station for Atmosphere and Surface）自动化观测站，将改造过的 CE318 固定在 10m 高的桅杆上，同时观测地表与大气参数，实现了对 SPOT HRV 相似波段的在轨辐射定标。

2010 年，ROSAS 开发了一个自动化数据管理系统，实现了对 SPOT 的自动业务化定标，其功能主要包括：原始数据的接收与可视化、辐照度模式定标、辐亮度模式定标、双瞄准仪交叉定标、大气参数数据处理、BRDF 测量与建模、过顶遥感器定标等。

2015 年国际组织 RadCalNet 为 Gobabeb 定标场装备了自动化场必备的仪器，定标场附近的 Gobabeb 研究培训中心也建立了完善的基础设施，是诸多观测网的永久性监测站。

二、RadCaTS

2004 年，美国亚利桑那大学遥感组 RSG 提出了 RadCaTS（Radiometric Calibration Test Site）的概念，即在定标场装备自动化仪器用于自动测量地表反射率、大气参数、气象参数等，数据自动上传并自动化处理，得到各级数据产品以提供给用户。

从 2004 年开始，RSG 在 RVP 定标场利用 LED 基辐射计、CE318 等仪器，开展了对 ETM+、MODIS 等遥感器的场地自动化定标试验。直至 2014 年的数年间，RSG 通过改善仪器的性能、改进定标及数据处理方法，逐步提高了辐射定标的精度。

三、美国喷气推进实验室 JPL

2006 年 JPL 在内华达州水星镇的 Frenchman Flat 定标场，使用研制的 LED 光谱仪 LSpec 和太阳辐射计、气象站等，组成自动化定标系统。整个系统采用太阳能供电，并于 2007 年开始业务化运行。用户只需要在 LSpec 网站上填写数据检索信息，就可以下载各级（L0 ~ L2）数据产品，包括地面数据、大气参数、气象数据以及 TOA 辐射亮度，数据产品覆盖波段为 381 ~ 1028nm，波长间隔为 25nm，其中气溶胶数据产品来自 AERONET，臭氧数据来自 OMI。

2007—2010 年，利用 JPL 系统对 MISR、Hyperion、ALI、Quickbird 等遥感器进行了辐射定标，不确定度可达到 5% 以内。

四、RadCalNet

2013 年，地球观测委员会 CEOS 与真实性检验工作组 WGCV 发起建立了全球自主辐射定标场网 RadCalNet(Racliometric Calibration Network)，起始阶段包括了 4 个标准示范定标场：亚利桑那大学 /NASA 的 Railroad playa、中科院光电研究院的包头场、法国 CNES 的 La Crau 定标场，以及欧洲航天局 /CNES 的 Gobabeb 定标场。

随着 RadCalNet 的正式建立，会有更多的定标场加入，RadCalNet 旨在连续（间隔小于 30min）提供定标场所在地当地时间 9:00—15:00 内 400 ~ 2500nm（间隔为 10nm）波段的天底方向的 TOA 辐亮度，为全球标准化自动辐射校准提供服务。所有场地的这些数据通过 MODTRAN 计算出来，需要的输入参数包括天顶观测的地表反射率以及大气参数（气压、水汽、臭氧、气溶胶光学厚度和 Angstrom 系数）。所有场地测量均溯源于国际单位制，并进行了严格的不确定性分析，通过使用传输标准实现相互间的比较以及确保定标场和定标场之间数据的一致性。

定标场自动化仪器的输出 DN 值或电压值为 L0 级产品；通过定标系数、质量控制以及相应的数据处理得到具有现实物理意义的数据产品 L1，包括地面辐亮度、太阳直接辐照度、天空亮度等；进一步将 L1 级产品处理为辐射定标传输模型的输入参数，也就是 L2级数据产品，包括地表反射率、气溶胶光学厚度、水汽、臭氧含量等；通过质量控制以及将 L2 级数据产品输入辐射传输模型，计算出天底方向的间隔 30min 的高光谱 TOA 反射率提供给用户，用户可以对任何过顶的遥感器进行定标。RadCalNet 对实现与载荷无关的辐射定标产品标准化具有重要意义。

五、原中科院光电研究院（现中科院空间研究院）

原中科院光电研究院的包头场是航空、航天共用的高分辨遥感综合自动化定标场。包头场位于内蒙古，地理位置为 40.88°N、109.53°E，平均海拔约为 1270m，是不完全沙漠，具有清洁的天空和均匀的表面，是理想的定标试验场。2014 年包头场成为 RadCalNet 第一批 4 个示范场之一，并逐步开始提供高精度、高稳定、高频次、可溯源、全球统一质量标准的无人值守场地辐射定标服务。

1. 高稳定地面标准靶标

作为基准传递的参考，地面标准靶标应具有某些特性：固定的尺寸、高均匀性、高稳定性等，这样在定标和质量确认中，可以大大减少由地面靶标引入的不确定度。

包头定标场的突出特点是其设有自然和人造的两种目标，人造目标适合机载和高空间分辨率的遥感器，大面积的沙漠目标适合中空间分辨率光学遥感器。两种目标之间的距离约为 2km。

（1）永久型人造靶标。

① 光学永久型靶标：有 2×2 个方格沙碛板刃边靶标和使用沙碛的扇形靶标。刃边靶标由两个白色、一个灰色和一个黑色的沙碛板组成，每个板的尺寸都是 48m×48m。扇形靶标是一个 155° 中心角的扇形区域，有 31 个 5° 黑白扇形，半径为 50m，最大扇形宽度为 4.3m。这些靶标在可见 - 近红外波段的光谱均匀性可以达到 2.5% 以内。这种靶标适合光学遥感器的辐射定标和 MTF、空间分辨率的评估。图 5.104 是永久型人造靶标，图 5.104（a）是永久型刃边靶标，图 5.104（b）是永久型扇形靶标。

（a）永久型刃边靶标　　　　　　　　　　　　　（b）永久型扇形靶标

图 5.104　永久型人造靶标

② 棒形永久型靶标：由高对比的黑白棒形组成，覆盖面积约为 4200m²，这些棒形分为 15 组灰色的水泥平坦棒和黑色砂砾粗糙棒，每组棒形的宽度为 0.1～5m。靶标可以用

于光学和微波成像分辨率评估。图 5.105 所示为棒形永久型靶标。

图 5.106 所示为包头场永久型靶标区域的光学遥感图像。

图5.105 棒形永久型靶标

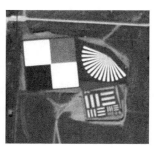

图5.106 包头场永久型靶标
区域的光学遥感图像

（2）轻便人造靶标。

① 光学轻便人造靶标：在防水油布上涂漆制成，包括半径为 15m，有 3° 分割角的扇形靶标；尺寸为 7m×7m，反射率为 5%~70%，分 7 个灰阶的靶标；16 个彩色的靶标。不同于平面靶标的还有 30 点源靶标，可用于辐射定标和 MTF 评估。图 5.107 所示为几种光学轻便人造靶标。

图5.107 几种光学轻便人造靶标

② 微波轻便人造靶标：包头场设置了 100 个角反射体，包括三角形、正方形、圆形的二面体、三面体等各种形式的角反射体。图 5.108 为不同形式的角反射体靶标。图 5.108（a）所示为两面角反射体靶标，图 5.108（b）所示为三角形三面角反射体靶标，图 5.108（c）所示为六角形三面角反射体靶标，图 5.108（d）所示为底部延伸的三面角反射体靶标，图 5.108（e）所示为正方形三面角反射体靶标。

 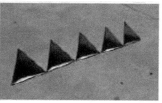

（a）两面角反射体靶标　　　（b）三角形三面角反射体靶标

图5.108 不同形式的角反射体靶标

（c）六角形三面角反射体靶标　　　（d）底部延伸的三面角反射体靶标

（e）正方形三面角反射体靶标

图5.108　不同形式的角反射体靶标（续）

包头场设计了15个方形水泥基座，以便适应遥感器的不同足印，布局、安装角反射体。

2. 高精度阶梯式定标和确认系统

（1）地面测量仪器。

原中科院光电研究院研制了地面、大气真值测量系统，包括4个部分，分别为目标特性自动观测系统、CE318、小型气象站和总控计算机，主要的测量仪器有：太阳光度计、自动化气象站、气象探测雷达、全球定位系统、多角度自动观测系统、红外离水辐射度测量系统、表面光谱辐射自动采集系统、3D几何定标系统。图5.109所示为3D几何定标系统和多角度自动观测系统。

（a）3D几何定标系统　　　　　　　（b）多角度自动观测系统

图5.109　3D几何定标系统和多角度自动观测系统

在每个人造和沙漠目标内设置了自动光谱测量仪器，以2nm光谱分辨率获得目标表面反射的辐射光谱，使用自动太阳辐射计测量气溶胶光学厚度和水汽柱总量。各部分获取的数据汇总到总控计算机自动处理，用表面和大气测量结果及表面反射光谱重建方法产生标准输入文件，然后从输入文件导出大气顶反射光谱，并按照RadCalNet的数据协议格式将测量数据上传到NASA数据处理中心，最终实现定标数据共享与发布。光电研究院的定标方法直接获取了高光谱地表辐射，避免了多光谱到高光谱曲线的扩展。

（2）标准机载遥感器。

包头场将设置几种类型的光学、SAR机载标准遥感器，如高光谱遥感器、大视场多光谱遥感器等，作为从地面到卫星传递基准的桥梁。为了提高标准机载数据获取机能，发展更多的可见、短波红外、热红外遥感器，现已经有 3 个新的具有 60° 大视场、高光谱分辨率的遥感器，并具有保证获得图像精度的自定标源。

3. 为了 RalCalNet 的高频率自动辐射定标

2014 年包头场正式被 RadCalNet 选作首批 4 个国际示范场之一。为了适应 RadCalNet 的查询需要，包头场的自动表面光谱反射率测量系统有计划地、连续性地每隔 10min 测量一次，用可见 - 近红外光谱仪观测太阳、天空、地面，并计算指定观测范围内的、表面目标的半球反射率和 BRDF。这个系统有助于包头场在与 ESA、NASA、CNES、NPL 的协作中提供全球标准自动辐射定标服务。

4. 定标与确认活动的结果

2009—2014 年，几种不同的科学遥感器（包括全色、多光谱、高光谱、InSAR 等）通过在包头场同步获得成像和地面测量数据，完成定标和测试检验活动。

例如，基于 2012 年发射的 GF-1 卫星上搭载的 2m 分辨率全色遥感器、8m 分辨率多光谱遥感器于 2013 年 11 月 4 日通过包头场时的测量数据和场地的相关辅助测量，完成了辐射定标、信噪比、动态范围、响应线性度、辐射分辨率、空间分辨率及 MTF 的评估。

六、对于 4 个国际示范自动化定标场的总结

分析 4 个国际示范自动化定标场的技术特点、优势及不足，总结于表 5.46。（邱刚刚）

表 5.46　4 个国际示范自动化定标场的总结

研究团队 / 时间	仪器	仪器形式	地表观测仪器数量	采样间隔	高光谱反射率获取方法	定标精度	优势	不足	现状
CNES/1997 和 Gobabeb/ 2015	CE318	波段式	1 台	66min	3 次样条插值	2%~ 4%	一台仪器可以同时完成地表、大气参数的观测；可实现外场自动定标；所有数据均来自实测	仪器安装位置高，安装难度大；易受横向风的影响产生晃动，导致数据可用性降低；采样间隔大，同步性差	对外提供服务
RGS/2004	GVRs, CE318	波段式	4 台	2min	参考反射率平移	4.1%	GVRs 精密温控，测量精度高；位置的选择考虑了场地的均匀性	漫射照度通过模式计算得到，误差较大；实测数据需要工作人员现场导出	对外服务平台研制中
JPL/2006	LSpec, CE318, 气象站, 通信基站	波段式	8 台	5min	参考反射率缩放	5%	数据通过 GPRS 传输	现场偏大且地面倾斜，受 BRDF 的影响	对外提供服务
原中科院光电研究院 / 2015	光谱仪, CE318, 气象站	光谱式	3 台，对应不同目标	10min	直接获取		直接获取目标的高光谱反射率，没有转换误差	仪器造价较高，不适合大面积布设，更适合测量小面积的人工目标	为 RadCalNet 提供数据

七、敦煌辐射校正场

中科院安徽光机所针对场地自动化定标的需求，自 2014 年始，已经逐步完成了高精度太阳光度计（Precision Solar Radiometer，PSR）、自动化场地辐射计（Automated Test-site Radiometer，ATR）、高光谱辐照度仪（Hyperspectral Irradiance Meter，HIM）和全天空成像仪（ASC100）等自动化设备的研制，并开展了自动化定标方法研究。同时，中国气象局国家卫星气象中心开展了敦煌辐射校正场自动化观测试验，于 2015 年建设了自动化观测基地并投入使用，为自动化定标奠定了基础。

布设在敦煌辐射校正场的自动化场地辐射计（ATR）和高精度太阳光度计（PSR），联合完成地表反射率和气溶胶光学厚度自动测量和计算。

在自动化定标系统中的自动化观测设备中，ATR 采用太阳能供电，PSR、HIM 和 ASC100 采用交流电供电，它们长期布置在敦煌辐射校正场，经历过高温、降雨和沙尘等复杂的环境，可以全天候进行稳定可靠的数据测量，利用北斗通信卫星实现实时数据的远程无线传输。

采用场地自动化定标方法，对 2016 年 9—12 月的 MODIS 进行的多次定标的结果，与 MODIS 星上定标的结果具有较好的一致性。

5.13.2 场地自动化定标的方法及设备

场地自动化定标方法在原理上采用反射率基法，与传统的人工方式场地定标相比，突出了定标参数获取的自动化、定标的高频次和长序列，定标流程也相应地发生了变化，如图 5.110 所示。

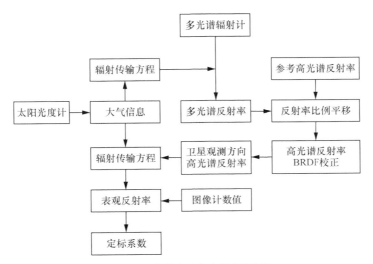

图 5.110 场地自动化定标方法流程

首先，采用全天空成像仪（ASC100）测量云量数据，判断天气情况是否适合自动化定标。使用通道式自动化场地辐射计 ATR 测量地表辐亮度，高精度太阳光度计 PSR 测量 550nm 的气溶胶光学厚度，HIM 测量漫射度与总辐射度比（漫总比）。将测量得到的气溶胶光学厚度和其他大气参数输入大气辐射传输模型（6S）得到地表直射辐照度，结合漫总比得到地表总辐照度，进而求得地表反射率。

其次，利用 BRDF 模型对参考反射率进行入射角度校正，获取卫星过顶时刻太阳天顶角下的垂直高光谱地表反射率。以 ATR 测量的通道反射率为基准对校正后的参考高光谱反射率进行上下平移，再次利用 BRDF 模型对平移后的实时高光谱反射率进行 BRDF 校正，获取卫星观测方向高光谱反射率，并与遥感器光谱响应函数进行积分，得到遥感器通道反射率。最后，将遥感器光谱响应函数、遥感器通道反射率和同步测量获得的大气参数输入大气辐射传输模型，计算得到表观反射率。提取卫星图像对应像元的计数值并进行平均计算，根据图像的均值与表观反射率，按照式（5.93）计算遥感器各波段的定标系数：

$$A_i = \rho_i / (DN_i - DN_{i0}) \tag{5.93}$$

式中，DN_i——遥感器的计数值；DN_{i0}——遥感器计数值的偏移量；ρ_i——遥感器第 i 波段的表现反射率。

根据图像的均值和卫星定标系数，可以计算得到卫星观测的表观反射率，再将其与自动化定标计算的表观反射率进行比较，可以得到二者间的相对偏差。

一、自动化观测设备

场地自动化定标方法要求定标仪器能够长期布置在场地，实现无人值守，须满足自动化观测的条件：高光谱、自动采集、自主供电、耐高温、防雨、防风沙、自动上传数据、远程数据传输、价格便宜等。目前主要的自动化观测设备有以下几种。

1. 自动化场地辐射计 ATR

中科院安徽光机所研制的 ATR，覆盖可见光至短波红外的 8 个波段（405nm、450nm、525nm、610nm、700nm、808nm、980nm、1540nm），波段宽度为 20 ~ 40nm，视场角为 10°，控制温度在（25±5）℃。采用滤光片分光、Si 和 InGaAs 光电二极管探测器。ATR 放置在高 1.8m 的支架上，视场覆盖正下方直径 30cm 的圆形区域，每隔 3min 采集一次数据。光学头部采用半导体热电制冷器进行整体温控，以保证测量数据的长期稳定性。采用太阳能供电，全天候测量。利用北斗通信卫星实现实时数据的远程无线传输。设置增强型防雨设计，保证仪器长期稳定工作。

2. 太阳光度计 PSR

CE318 是法国 CIMEL 公司生产的自动跟踪扫描 PSR，可进行太阳直接辐射测量，采用窄带滤光片分光、Si 探测器探测，可自动观测并对观测数据进行温度补偿。CE318 在 412 ~ 1020nm 分为 8 个波段，波段宽度为 10nm。

CE318 测得的直射太阳辐射数据可用来反演计算大气透过率、消光光学厚度、气溶胶光学厚度、大气水汽柱总量和臭氧总量。它的天空扫描时间可以反演大气气溶胶粒子尺度谱分布及气溶胶相函数。

3. 高光谱比值辐射仪

中科院安徽光机所研制的高光谱比值辐射仪体积小、重量轻，光谱范围为 400 ~ 2400nm，在可见、近红外和短波红外的光谱分辨率分别为 4nm、7.5nm、18.5nm，用于测量漫总比，能够自动跟踪太阳、调节增益、存储数据，适合野外无人值守自动工作。

高光谱比值辐射仪的系统如图 5.111 所示，仪器光学头部主要由积分球匀光器、对地观测镜头、色散分光光谱仪、光谱定标器等组成。积分球具有两个入光口和一个出光口，其中上入光口用于观测天空入射，下入光口与对地观测镜头相连接用于观测地面反射，通过切换方式分别依次切入两路入射光。入射光进入积分球后光路完全相同，通过出光口处的光纤束导入色散分光光谱仪。仪器采用光谱定标器周期性地检测色散光谱与像元之间的对应关系。

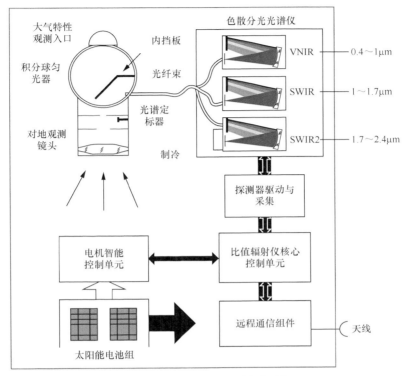

图5.111　高光谱比值辐射仪的系统

在高光谱比值辐射仪中，天空辐照度观测和地面反射辐亮度观测共用一套积分球和分光探测系统。一套设备可以实现天空光漫射辐照度与总辐照度的比值及地面反射率的全自动测量，避免了光谱匹配误差和传统测量方式的仪器间系统误差，可以提高现场的观测精度和辐射传输计算及定标应用的精度。

高光谱比值辐射仪的工作模式主要有以下两种。

（1）大气特性观测模式：包括天空总照度、漫射照度、天空光漫总比和大气光学厚度观测，该观测模式全面地反映了场地大气光学特性，可准确表征场地的大气类型，有效提高辐射传输计算的精度。

仪器在天空光切入、不遮挡的情况下，实现入射总照度 $E_t(\lambda)$ 的测量；在遮挡太阳对积分球入光口直射的情况下，实现天空漫射光照度的测量。漫射照度与总照度测量值之比即漫总比。全照度、漫射照度、直射照度及漫总比的现场测量直接反映了场地的气溶胶类型，辐射传输计算时不需要假定气溶胶模式参数，减小了辐射传输计算的不确定度。

根据朗伯定律，太阳光的辐射传输模式如式（5.94）所示：

$$E(\lambda)/\cos(\theta_s) = E_0(\lambda)(d_0/d)^2 \exp[-m\tau(\lambda)] \tag{5.94}$$

式中，$E(\lambda)$——地面测量的太阳直射辐照度；$E_0(\lambda)$——大气上界的太阳直射辐照度；d_0/d——日地平均距离修正因子；m——大气质量；$\tau(\lambda)$——大气光学厚度；θ_s——测量时刻的太阳天顶角。

仪器经过定标后，仅 $\tau(\lambda)$ 为未知量。根据地面测量值，由式（5.95）即可计算现场的大气光学厚度：

$$\tau(\lambda) = (1/m) \times [\ln E_0(\lambda) - \ln(E(\lambda))/\cos\theta_s + 2\ln(d_0/d)] \tag{5.95}$$

（2）地表反射率观测模式：该模式测量地面辐亮度，根据天空总照度的测量结果，计算得到地表反射率数据，为场地定标提供必要的输入参数。

当仪器处于地面反射光切入状态时，测量获得地面反射亮度 $L(\lambda)$，反射测量值与大气特性观测模式总照度 $E_t(\lambda)$ 测量值之比即地表反射率，如式（5.96）所示：

$$\rho(\lambda) = \frac{\pi L(\lambda)}{E_t(\lambda)} \tag{5.96}$$

对地面反射光与对天空光的测量在同一个仪器、同样的光路中完成，可以避免由多个仪器完成测量而引入的误差。

图 5.112 所示为 3 种场地自动化观测设备，图 5.112（a）所示为 ATR，图 5.112（b）所示为 CE318，图 5.112（c）所示为高光谱比值辐射仪。

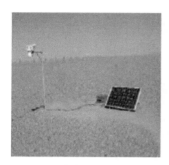  

（a）ATR   （b）CE318   （c）高光谱比值辐射仪

图5.112　3种场地自动化观测设备

二、场地自动化定标的数据处理

1. 大气参数

550nm 的气溶胶光学厚度由太阳辐射计的观测数据反演得到，水汽含量数据通过怀俄明大学大气科学网站获取，臭氧含量数据通过 NASA 臭氧与空气监测系统获取。温度和气压通过太阳辐射计实时记录。

2. 天空漫射照度计算

天空漫射辐照度如式（5.97）所示：

$$E_{sky} = \frac{\alpha \cdot E_{solar} \cdot \cos\theta}{1-\alpha} \tag{5.97}$$

式中，α——漫总比；E_{solar}——太阳直接辐照度；θ——太阳天顶角。

3. 地表反射率的计算

目前使用的自动化定标仪器均为通道式辐射计，其采用分离波段测量出几个光谱通道的反射率，然后根据场地的高光谱反射测量数据，确定比例参数，获得连续细分光谱的场地反射率。

（1）多光谱地表反射率。

自动化定标中，通过布设定点仪器自动观测场地的地表辐亮度，并结合大气参数，按照式（5.98）计算出测点的各波段 i 的地表反射率：

$$\rho_i = \frac{\pi C_i V_i d^2}{E_{0i} \tau_\lambda \cos \vartheta + E_{isky}}$$ （5.98）

式中，ρ_i——波段 i 的地表反射率；C_i——仪器辐亮度定标系数；V_i——仪器输出电压；d——日地天文距离；E_{0i}——大气顶太阳光谱辐照度；τ_i——大气透过率；ϑ——太阳天顶角；E_{isky}——天空漫射辐照度。

式中的大气光学参数来自现场大气观测和大气模式计算结果。将气溶胶光学厚度、水汽、臭氧、ATR 仪器通道响应函数等数据输入大气辐射传输方程，计算得到地面的太阳直射照度，再由高光谱比值辐照度仪测量的漫总比，可求出总照度。

辐射校正场的地表特性不一定均匀，不同位置可能存在一定的差异，可以在场地不同地表特性区域安置 ATR，将两点或数点的测量平均值作为测量结果，这样可以减少单点测量的不确定性，提高自动化定标的精度。

（2）高光谱地表反射率。

高光谱地表反射率可以基于多光谱地表反射率对参考高光谱地表反射率的比例关系来确定。

以敦煌辐射校正场为例，根据敦煌辐射校正场地表特性相对稳定的特点，可以采用多光谱地表反射率相对参考高光谱地表反射率曲线的幅度调整，获得高光谱地表反射率。为了能够反映整个场地的反射率特性，选择跑马场测量的场地平均地表反射率曲线作为参考高光谱地表反射率。高光谱与多光谱地表反射率之间的调整幅度 k 可由式（5.99）计算：

$$W = \sqrt{\sum_{i=1}^{i=8} \frac{1}{\sigma_i} (\rho_i - k - \rho_{ri})^2}$$ （5.99）

式中，i——ATR 的波段号；8——ATR 的波段数；ρ_i——波段 i 的地表反射率；ρ_{ri}——波段 i 的等效参考反射率；σ_i——利用软件模式计算得到的地表反射率标准偏差；k——高光谱地表反射率曲线响应平移的幅值。W 有极小值时的 k 即最佳偏移量。由 ρ_i 平移 k 值后，即可得到高光谱地表反射率 $\rho_{ri-scaled}$。图 5.113 所示为利用参考 ρ_{ri} 获取高光谱地表反射率 $\rho_{ri-scaled}$ 示意，其中 $\rho_{多i}$ 为采用地物光谱仪 SVC 或 ATR 测得的地表反射率。

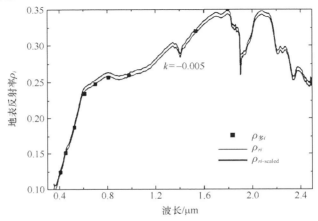

图 5.113　利用参考 ρ_{ri} 获取高光谱地表反射率 $\rho_{ri-scaled}$ 示意

参考高光谱地表反射率与遥感器过境时的实时地表光谱反射率的偏差，直接影响自动化辐射定标的精度，因此参考高光谱地表反射率的选取非常重要。在对敦煌场不同时期实测的地表反射率进行分析比较时，研究者分析了不同时间段的地表反射率存在的光谱形状差异。

例如在敦煌场的一次自动化定标试验中，为了较为准确地找到合适的参考反射率，收集了 2018 年多条敦煌场实测地表反射率，建立了参考反射率数据库，并在自动化定标过程中对参考反射率数据库进行匹配。采用 4 条不同时刻、光谱形状存在差异的地表反射率作为参考反射率进行自动化辐射定标，ATR 的通道反射率由式（5.98）计算，将 4 条反射率经过 BRDF 校正后分别进行平移，得到 4 条平移后的高光谱地表反射率；再分别与 ATR 光谱响应函数进行卷积，得到通道反射率，并与 ATR 的通道反射率进行比较，求得相对偏差。试验结果表明，8 个通道相对偏差的均值最大为 0.01304，最小为 0.00195；标准偏差最大为 0.06193，最小为 0.01749。只有 8 月 9 日对应的偏差最小，该日的参考反射率匹配度最高。

为了减小地表方向效应对自动化定标精度的影响，需要对反射率进行观测几何的校正。将遥感器过境时刻与参考反射率观测时刻不同的观测几何，代入场地 BRDF 模型，对反射率进行校正。校正后的高光谱参考反射率与 ATR 光谱响应函数积分，得到 ATR 通道参考反射率，使用式（5.99）计算匹配平移系数 k。利用平移系数 k 对 BRDF 入射校正后的参考高光谱反射率进行平移，得到实时高光谱地表反射率曲线。

4. 遥感器波段反射率计算

采用场地 BRDF 模型对使用 k 系数平移后得到的实时高光谱地表反射率进行卫星观测方向校正，得到卫星观测方向的地表反射率。将此高光谱地表反射率数据与遥感器通道光谱响应函数进行卷积，获得遥感器各通道等效地表反射率 ρ_i，如式（5.100）所示：

$$\rho_i = \frac{\int_{\lambda_1}^{\lambda_2} \rho(\lambda) R_i(\lambda) \mathrm{d}\lambda}{\int_{\lambda_1}^{\lambda_2} R_i(\lambda) \mathrm{d}\lambda} \tag{5.100}$$

式中，ρ_i——遥感器通道 i 的等效地表反射率；$R_i(\lambda)$——遥感器通道 i 的相对光谱响应函数；$\rho(\lambda)$——经过 BRDF 模型修正后的高光谱地表反射率。

5. 表观反射率和表观辐亮度

采用大气辐射传输模型 6S 计算遥感器的表观反射率和表观辐亮度，输入参数包括角度几何参数（遥感器和太阳的天顶角、方位角）、大气参数（550nm 处气溶胶光学厚度、水汽和臭氧含量）、日期、遥感器通道光谱响应函数、遥感器等效地表反射率等。

6. 遥感器辐射定标

提取遥感器在观测区的数个像元输出数值，并计算平均值，按照式（5.93）计算遥感器的辐射定标系数（反射率定标系数或辐亮度定标系数）。

5.13.3 场地自动化定标的应用

一、EO-1 Hyperion 和 ALI 使用 LED 光谱仪自动设备的在轨定标

替代定标技术在 20 世纪 80 年代中期已经发展起来，用于对机载和卫星上的遥感器的绝对辐射定标。这个方法需要在遥感器在上空飞行的同时，由专门的场地人员进行空间观

测，采集表面和大气测量数据。近来新建立了一个自动定标设备，替代定标数据可以马上被遥感器团队接收，不需要每个团队配置自己的场地人员。

2006 年 11 月中旬，JPL 运行一个 LED 光谱仪（LSpec）自动设备，光谱仪波段中心范围为 400～1600nm，波段宽度为 50～100nm，数据用于在可见 - 近红外波段进行观测的遥感器的替代定标。一排 8 个 LSpec 以 5min 为间隔完成记录表面反射率的自动功能，对于场地观察期间每几个月获得的数据，允许精确、连续、实时地调整到 ASD 光谱测量的高光谱分辨率。这个设备安装在内华达州测试场内的 Frenchman Flat 场地上，开展了表面反射率和大气传输的连续测量。

在这个场地上还设置了一个 Cimel 太阳光度计，用于大气传输测量，获得气溶胶光学厚度值。在 300～50m 周界标志区域，放置了 ASD、LED 箱和 Cimel 太阳光度计。在场地观测期间，场地队使用 ASD 光谱仪在 50m×50m 周界区域内的几百个点采样，并计算这个区域的平均值。在同步测量时，由 LED 测量值对 ASD 测量值进行标定，因此平均值是通过 LED 标定的。

在现场测量的沙漠表面的光谱反射率，同获得的气溶胶光学厚度、臭氧光学厚度，形成了 LSpec 数据库，数据库还有一个网络界面。为了完成 Hyperion、ALI 的地球观测替代定标，为了突出使用 LSpec 数据库的能力，一个新的、独特的、复杂的散射辐射传输程序设计而成。

由太阳光度计测量数据计算出气溶胶光学厚度，水汽、臭氧光学厚度，以及由附近气象台测试的大气压，使用已知的瑞利散射系数，精确计算场地的分子散射，还有遥感器过境日期、时间，观测和太阳几何、气象参数等，将这些数据都输入 LSpec 数据库。LSpec 测量的电压值最后要转换为地表光谱反射率，扩展的软件可以用连续下载的 LSpec 仪器测量的 LED 温度、压力的原始数据计算出表面反射率。LSpec 软件在数据库中读出指定时间的数据，计算导出参数，包括反射率、瑞利光学厚度、臭氧光学厚度、气溶胶光学厚度，并在数据库的桌面界面写出，可供用户访问 LSpec Field Data 网站时阅读。这个 LSpec 报告包括所有的表面和大气输入参数，需要计算上行 TOA 辐亮度。最后一步的辐射传输计算，要计算 TOA 光谱辐亮度的波段加权值，计算结果与遥感器在过境测试场地时的入瞳辐亮度产品进行比较。

EO-1 定标遥感器辐亮度产品（Level 1-R）由美国地质测量地球观测系统数据中心发布。我们获得了 EO-1 过境 Frenchman Flat 场地的 3 个不同时间的、由 Hyperion 和 ALI 观测的 L1-R 文件。在 L1-R 产品中，选择与 LSpec 测试场地 50m×50m 区域匹配的图像像元部分，取平均值，获取作为特定遥感器中心波长的函数的辐亮度值。例如 Hyperion 的 VNIR 波段 8，波长范围为 426～926nm。

2007 年进行了 3 次替代定标试验，时间分别为：（1）2007 年 2 月 23 日 18:08；（2）2007 年 8 月 2 日 18:06；（3）2007 年 8 月 7 日 18:02。试验完成，对每个过境期间的 LSpec 导出数据报告。

试验中计算场地模拟预报遥感器上的入瞳辐亮度，主要选择两种辐射传输模型，一种是使用 MODTRAN 预报 TOA 辐亮度，另一种是使用 LSpec 程序预报 TOA 辐亮度。

将这两种预报结果与 ALI 观测的 L1-R 文件获得的入瞳辐亮度产品进行比较，表 5.47 总结了在 2007 年 3 个日期，在 ALI 的 VNIR 波段上 ALI 观测与替代定标模拟辐亮度间的百分比偏差。

表 5.47 在 2007 年 3 个日期，在 ALI 的 VNIR 波段上 ANI 观测与替代定标模拟辐亮度间的百分比偏差

波长 /nm	ALI 观测与 JPL 模拟的百分比偏差 /%	ALI 观测与 MODTRAN 模拟的百分比偏差 /%
2007 年 2 月 23 日		
443.0	−2.49	4.99
482.5	4.26	1.04
565.0	2.81	0.89
660.0	−1.06	−2.35
790.0	3.47	1.52
867.5	−0.015	0.91
2007 年 8 月 2 日		
443.0	−5.59	6.68
482.5	2.94	4.14
565.0	1.46	3.31
660.0	−2.72	0.32
790.0	−0.40	2.96
867.5	−0.47	3.80
2007 年 8 月 7 日		
443.0	−6.82	5.50
482.5	1.94	3.07
565.0	2.16	3.45
660.0	−2.22	−0.58
790.0	2.46	3.53
867.5	−0.08	3.65

由试验研究结果可看出，遥感器测量辐亮度与现场测量结果有很好的一致性，偏差基本在 5% 以内，只是在波长 443nm 处偏差略大，这是由于不同程序选择不同气溶胶模型的问题。我们相信如果遥感器的空间足印在 250m 以内或更小，LSpec 设备所能实现的在轨定标绝对不确定度会在 5% 以内。

对 EO-1 Hyperion 和 ALI 在 2007 年 3 天内采集的数据进行 TOA 辐亮度观测，我们的替代定标程序模拟显示，这个方法用于精确在轨辐射定标是有效的。

在 LSpec 设备上实现实时、自动的地表和大气测量，使用方便的互联网 LSpec 导出数据报告，用于包容的辐射传输方程，这些技术的实现已经清楚地证明，地球观测遥感器的替代定标可以定期、有规律地执行。

二、敦煌辐射校正场 2015 年场地自动化定标试验

2015 年 8 月 14—21 日，在敦煌辐射校正场基于反射率基法对 Aqua 的 MODIS 和 Terra 的 MODIS 的可见光至近红外波段（波段 1~7）开展了场地自动化观测绝对辐射定标试验。

试验中采用 ATR 测量多光谱地表反射率，采用 8 月 19 日跑场使用地物光谱仪 AVC 测量的场地平均地表反射率作为参考反射率，计算调整幅度 k 值后的高光谱场地反射率。结合 CE318 获得的大气参数和高光谱比值辐射仪获得的漫总比数据，计算出卫星过顶时刻的高光谱地表反射率。最后将通过自动化仪器测量的数据得到的相关参数输入 6S 模型，得到 MODIS 各波段的表观辐亮度。同时结合 MODIS 在敦煌场地过境时的相应数据及其星上定标系数，获得 MODIS 观测的表观辐亮度。

分析两种定标方法观测的表观辐亮度的结果，比较每一次定标时各波段的相对偏差、相对偏差的平均值与标准偏差。从 Aqua 的 MODIS 的定标结果看出，3 次（在 8 月 14 日、19 日、21 日）定标各波段的相对偏差均小于 3%（8 月 14 日波段 7 除外）；由 Terra 的 MODIS 的定标结果看出，两次（在 8 月 14 日、19 日）定标各波段的相对偏差均小于 3.8%，两个载荷的结果的相对偏差都不大于 4%，表明场地自动化定标与星上测量的一致性很好。两种方法的相对偏差的平均值与标准偏差结果：Aqua 的 MODIS 的 3 次定标，各波段的相对偏差的标准偏差均小于 1.5%，Terra 的 MODIS 的两次定标，各波段的相对偏差的标准偏差均小于 1.7%，说明场地自动化定标具有较好的重复性，定标结果较稳定。

试验结果说明，场地自动化定标方法与人工定标方法具有同等水平的定标精度，验证了场地自动化定标方法的可行性。

三、敦煌辐射校正场 2016 年长序列场地自动化定标试验

中科院安徽光机所于 2016 年 9—12 月期间在敦煌辐射校正场进行了长序列场地自动化定标试验，利用布设在敦煌辐射校正场的 ATR 和 PSR，联合完成地表反射率和气溶胶光学厚度自动测量和计算。采用场地自动化定标方法，对 MODIS 进行了 10 次定标，同时用 MODIS 的星上定标结果对其进行了验证，结果表明场地自动化定标方法结果与 MODIS 星上定标结果具有较好的一致性。

试验中，以中国气象局国家卫星气象中心使用无人机观测的中心场地表反射率为参考，地面选择了 40.09~40.13°N、94.29~94.32°E 范围内 3 像素 ×3 像素的点。这段时间内敦煌场的地表反射率平稳，相对标准偏差不大于 2%，其中 980nm 波段由于受到水汽吸收的影响，偏差为 2.7%，验证了敦煌辐射校正场地表反射率的稳定性。

从自动化定标与 MODIS 获取的 TOA 辐亮度的相对偏差随波长分布的结果分析，Aqua 的 MODIS 的定标结果中波段 3、8 的相对偏差相对其他波段偏大，Terra 的 MODIS 的定标结果中波段 5 的相对偏差偏小，其他波段的相对偏差没有明显差别，相同的反射率光谱导致形状不同，可能与遥感器本身的定标系数有关。除了 Aqua 的 MODIS 波段 8 与 Terra 的 MODIS 波段 5 的相对偏差各自有 5 次偏差大于 5%，绝大部分波段的相对偏差在 5% 以内。其中，11 月 4 日的定标结果中 3 个波段的相对偏差超过 10%，ATR、PSR、气象历史数据及地表反射率均未发现明显异常，这可能是卫星观测路径上试验区域部分被纱状薄云遮挡所致。

从自动化定标与 MODIS 获取的 TOA 辐亮度的相对偏差随时间变化的结果分析，可以看出在连续 4 个月内，场地自动化定标方法的定标结果是可信的，证明了场地自动化定标方法在以月为单位的时间尺度上的可用性。结果中显示 9 月、10 月的相对偏差比 11 月、12 月的偏大，这 4 个月地表反射率并未发生明显变化，11 月、12 月的地表反射率偏高，这种系统性偏差可能来自大气模型的假设，进入冬季之后，敦煌的大风天气更为频繁，导致气溶胶参数相对夏季发生较大变化。

从 10 次定标结果的平均值与标准偏差看，Aqua 的 MODIS 与自动化定标的 TOA 辐亮度偏差的平均值不大于 3.8%（波段 8 为 5.6% 除外），标准偏差不大于 2.4%；Terra 的 MODIS 与自动化定标的 TOA 辐亮度偏差的平均值不大于 3.9%（波段 5 为 5.04% 除外），标准偏差不大于 4.5%，剔除 11 月 4 日的数据之后，平均值不大于 3.1%（波段 5 为 5.14% 除外），标准偏差不大于 3.4%，这说明自动化定标结果具有较好的重复性。

通过自动化场地定标试验，可得出以下结论。

（1）自动化场地定标方法能够达到人工定标方法同等水平的定标精度，在遥感器在轨定标中具有可行性。

（2）自动化场地定标方法可以显著提高遥感器定标的频次，可将当前每年一次的定标频次提高到每月 2~3 次，这将有利于提高遥感器的定标精度，提高遥感器产品的质量。

（3）场地自动化定标不需要现场人员的参与，显著降低了定标成本。

四、对 SNPP VIIRS 的自动化在轨辐射定标试验

2018 年 5—11 月，中国科学技术大学环境科学与光电技术学院与中科院安徽光机所通用光学定标与表征技术重点实验室利用布设在敦煌辐射校正场的 5 台自动化观测设备，对 SNPP 的可见红外成像辐射仪（Visible Infrared Imaging Radiometer Suite，VIIRS）完成了 13 次有效的自动化在轨辐射定标试验，比对了利用自动化定标计算的表观反射率与 SNPP 的 VIIRS 遥感器观测的表观反射率，验证了场地自动化定标方法的应用。

VIIRS 在 2011 年 10 月 28 日成功发射。VIIRS 传感器共有 22 个波段，覆盖了 0.41~12.5μm 波段，主要用于监测陆地、大气、冰和海洋在可见光和红外波段上的辐射变化，为监测移动火、植被、海洋水色、海面温度和其他地表变化提供数据。

使用两台 ATR 仪器（ATR01 和 ATR02），在敦煌辐射校正场不同的地表特性区域内进行长期观测，通过两点测量的平均值代表敦煌场更大区域的地表特性，作为自动化定标的参考反射率。采用同一条参考反射率，分别对 2018 年 8 月 13 日和 9 月 21 日过境的 VIIRS 进行自动化定标，并与 VIIRS 星上测量的表观反射率进行比较，得到相对偏差。第一次定标时，ATR01 与 VIIRS 的观测结果比较，通道中绝对值最大的相对偏差为 3.33%；ATR02 与 VIIRS 的观测结果比较，通道中绝对值最大的相对偏差为 3.53%；ATR01 与 ATR02 的均值与 VIIRS 的观测结果比较，通道中绝对值最大的相对偏差为 2.17%。第二次定标时，ATR01 与 VIIRS 的观测结果比较，通道中绝对值最大的相对偏差为 4.24%；ATR02 与 VIIRS 的观测结果比较，通道中绝对值最大的相对偏差为 4.76%；ATR01 与 ATR02 的均值与 VIIRS 的观测结果比较，通道中绝对值最大的相对偏差为 2.33%。结果表明，ATR 仪器数量的增加，可以降低单点测量的不确定性，提高自动化定标的精度。

为了提高参考高光谱反射率的精度，试验中收集了 2018 年多条敦煌场实测地表反射

率，建立参考反射率数据库，在自动化定标过程中对参考反射率数据库进行匹配。例如采用 4 条不同时刻、光谱形状存在差异的地表反射率作为参考反射率进行自动化辐射定标；将 4 条反射率经过 BRDF 校正后分别与 ATR 的通道反射率进行比例计算并平移，得到 4 条平移后的高光谱反射率；再分别与 ATR 光谱响应函数进行卷积，得到通道反射率，并与 ATR 的通道反射率进行比较，求得相对偏差。试验结果表明，8 个通道相对偏差的均值最大为 0.01304，最小为 0.00195；标准偏差最大为 0.06193，最小为 0.01749。只有 8 月 9 日对应的偏差最小，该日的参考反射率匹配度最高。

从定标结果可以看出，13 次场地自动化定标各波段的相对偏差均小于 5%，表明场地自动化观测在轨辐射定标得到的表观反射率与星上测量的表观反射率有较好的一致性；同时，13 次场地自动化定标的均方根优于 3.2%，表明场地自动化定标能够用于卫星的高频次在轨辐射定标，并能较好地检测其状态和变化趋势。

在基于反射率基法的自动化定标过程中，存在各种可能的误差源，假设大多数主要误差源是独立的，参与定标误差贡献的不确定度通常用平方和的根表示。

ATR 的反射率不确定度包括 ATR 仪器自身的定标、地表辐亮度计算和漫总比等多个部分，不确定度为 3.0%；参考反射率数据不确定度包括参考反射板是否放置水平、反射板定标和反射比测量等部分，不确定度为 1.7%。因此，总的地表反射率不确定度为 3.5%。气溶胶光学厚度的不确定度包括 PSR 仪器的定标、消光光学厚度、Mie 散射和瑞利散射等部分，为 2.5%；吸收气体包括臭氧和水汽，不确定度为 2.1%；大气辐射传输模型的不确定度为 1%；非朗伯地面特性的不确定度为 1.5%；太阳天顶角误差不确定度为 2.17%。以上所有不确定度的平方和开方之后的自动化定标中总的不确定度为 6.1%。

试验结果验证了场地自动化定标方法应用于遥感卫星高频次定标的可行性。

5.14 参考文献

白香花, 刘素红, 唐世浩, 等, 基于纹理分析的去噪声方法研究 [J]. 遥感技术与应用, 2003, 18(1): 36-40.

曹玮亮, 廖宁放, 崔德琪, 等, 推扫型干涉成像光谱仪去除条带非均匀性的方法 [J]. 光子学报, 2011, 40(4): 587-590.

常威威. 高光谱图像条带噪声消除方法研究 [D]. 西安：西北工业大学, 2007.

常亚运, 易维宁, 杜丽丽, 等. 空间调制干涉成像光谱仪在轨相对定标新方法 [J]. 激光与光电子学进展, 2015, 52: 1-8.

陈劲松, 邵芸, 朱博勤. 一种改进的矩匹配方法在 CMODIS 数据条带去除中的应用 [J]. 遥感技术与应用, 2003, 18(5): 313-316.

陈洪耀, 张黎明, 李鑫, 等. 高光谱遥感器飞行中基于大气特征谱线的光谱定标技术 [J]. 光学学报, 2013, 33(5): 1-7.

房彩丽, 赵雅靓. 高光谱图像条带噪声去除算法研究 [J]. 计算机工程与应用, 2012, 48(12): 158-162.

傅俏燕. 资源卫星在轨绝对辐射定标方法研究——以 2004 年 CBERS-02 星敦煌场地实

验为例 [D]. 北京 : 北京师范大学 , 2005.

傅俏燕 , 闵祥军 , 李杏朝 , 等 . 敦煌场地 CBERS-02 CCD 传感器在轨绝对辐射定标研究 [J]. 遥感学报 , 2006, 10(4): 433-439.

高海亮 , 顾行发 , 余涛 , 等 . 超光谱成像仪在轨辐射定标及不确定性分析 [J]. 光子学报 , 2009, 38(11): 2826-2833.

高海亮 , 顾行发 , 余涛 , 等 . 星载光学遥感器可见近红外通道辐射定标研究进展 [J]. 遥感信息 , 2010(4): 117-128.

高海亮 , 顾行发 , 余涛 , 等 . 环境卫星 HJ-1A 超光谱成像仪在轨辐射定标及真实性检验 [J]. 中国科学 : 技术科学 , 2010, 40(11): 1312-1321.

高海亮 , 顾行发 , 余涛 , 等 . 环境卫星 HJ1A 超光谱成像仪在轨辐射定标及光谱响应函数敏感性分析 [J]. 光谱学与光谱分析 , 2010, 30(11): 3149-3155.

高海亮 , 顾行发 , 余涛 , 等 . 基于多波段匹配的超光谱成像仪图像条带噪声去除方法研究 [J]. 红外 , 2011, 28-33.

高海亮 , 顾行发 , 余涛 , 等 . 基于内蒙试验场地的定标系数真实性检验方法研究与不确定性分析 [J]. 中国科学 : 地球科学 , 2013, 43(2): 287-294.

高海亮 , 顾行发 , 余涛 , 等 . Hyperion 遥感影像噪声去除方法研究 [J]. 遥感信息 , 2014, 29(3): 03-07.

高海亮 , 顾行发 , 余涛 , 等 . 氧气吸收通道的高光谱传感器在轨光谱定标 [J]. 光子学报 , 2014, 43(10): 1028001-1-8.

高晓惠 . 高光谱数据处理技术研究 [D]. 西安 : 中国科学院光学精密机械研究所 , 2013.

巩慧 . HJ-1 星 CCD 相机定标与真实性检验研究 [D]. 北京 : 中国科学院遥感应用研究所 , 2010.

巩慧 , 田国良 , 余涛 , 等 . HJ-1 星 CCD 相机场地辐射定标与真实性检验研究 [J]. 遥感技术与应用 , 2011, 26(5):682-688.

顾名澧 . 星载遥感器在飞行时的绝对辐射定标方法 [J]. 航天返回与遥感 , 2000, 21(1): 16-25.

顾行发 , 田国良 , 余涛 , 等 . 航天光学遥感器辐射定标原理与方法 [M]. 北京 : 科学出版社 , 2013.

郭玲玲 , 吴泽鹏 , 张立国 , 等 . 推扫式遥感相机图像条带噪声去除方法 [J]. 光学学报 , 2013, 33(8):1-7.

郭兴杰 , 王阳春 , 汪爱华 , 等 . HJ-1 A 高光谱数据的条带噪声去除方法研究 [J]. 遥感应用 , 2011(1): 54-58.

韩启金 , 刘李 , 傅俏燕 , 等 . 基于稳定场地再分析资料的多源遥感器替代定标 [J]. 光学学报 , 2014, 34(11): 1-7.

韩启金 , 马灵玲 , 刘李 , 等 . 基于宽动态地面目标的高分二号卫星在轨定标与评价 [J]. 光学学报 , 2015, 35(7): 1-8.

何积泰 , 陆亦怀 . 敦煌辐射校正场方向反射特性测量与评价 [J]. 遥感学报 , 1997, 1(4): 246-251.

胡秀清 , 张玉香 , 张广顺等 . 中国遥感卫星辐射校正场气溶胶光学特性观测研究 [J]. 应用气象学报，2001, 12(3):257-266.

蒋耿明，牛铮，阮伟利，等 . MODIS 影像条带噪声去除方法研究 [J]. 遥感技术与应用，2003, 18(6): 393-398.

李家国 . HJ-1B IPS 热红外通道在轨绝对辐射定标与应用研究 [D]. 北京：中国科学院遥感应用研究所，2010.

李帅，谢国辉，武鹏飞，等 . 策勒考察场与敦煌辐射校正场中心区反射率特性的对比分析 [J]. 沙漠与绿洲气象，2008, 2(2):34-37.

李新，郑小兵，尹亚鹏 . 场地自动化定标技术进展 [J]. 大气与环境光学学报，2014, 9(1):17-21.

李照洲，徐文，傅俏燕，等 . 中国（嵩山）固定式靶标场建设及其应用 [J]. 大气与环境光学学报，2014, 9(2):81-89.

李占峰，王淑荣，黄煜，等 . 紫外臭氧垂直探测仪高精度在轨光谱定标方法研究 [J]. 光学学报，2013, 33(2): 1-5.

梁顺林 . 定量遥感 [M]. 范闻捷，等，译 . 北京：科学出版社，2009.

刘李，顾行发，余涛，等 . 地基 CE312 热红外辐射计定标方法分析与评价 [J]. 光谱学与光谱分析，2012, 32(2):343-348.

刘恩超，李新，韦玮，等 . 基于超光谱比值辐射仪的卫星自动化场地定标与分析 [J]. 光谱学与光谱分析，2016, 36(12):4076-4081.

马晓红，余涛，高海亮，等 . 内蒙古辐射校正场特性评价与应用潜力分析 [J]. 国土资源遥感，2011, 91 (4) :31-36.

闵祥军，王志民，傅俏燕，等 . CBERS—I CCD 相机飞行绝对辐射标定试验地面同步测量与场地辐射特性分析 [J]. 地球信息科学，2002, 3: 43-50.

邱刚刚 . 卫星辐射校正场自动化观测系统的研制与定标应用 [D]. 北京：中国科学技术大学，2017.

邱刚刚，李新，韦玮，等 . 基于场地自动化观测技术的遥感器在轨辐射定标试验与分析 [J]. 光学学报，2016, 36(7):1-9.

宋碧霄 . 遥感图像条带去除方法研究 [D]. 西安：西安电子科技大学，2013.

童进军 . 遥感卫星传感器综合辐射定标方法研究 [D]. 北京：北京师范大学，2004.

王爱春，闵祥军，李杏朝，等 ."环境 -1 号" A 星高光谱成像仪飞行定标 [J]. 航天返回与遥感，2009, 30:34-41.

王玉龙 . 高光谱图像条带噪声去除方法研究 [D]. 武汉：湖北大学，2013.

王志民，闵祥军，顾英圻，等 . CBERS-1 卫星 CCD 相机绝对辐射校正试验等 [J]. 航天返回与遥感，2001, 22(4):16-24.

王志民 . 中国资源卫星绝对辐射校正场 [J]. 国土资源遥感，1999, 41(3): 40-46.

王阳 . 红外图像条带噪声消除算法研究 [D]. 西安：西安电子科技大学，2013.

韦玮 . 基于全球定标场网的卫星遥感器长时间序列定标方法研究 [D]. 合肥：中国科学技术大学，2017.

韦玮，张艳娜，张孟，等 . 高分一号宽视场成像仪多场地高频次辐射定标 [J]. 光子学报，2018, 47(2):1-8.

相里斌, 王忠厚, 刘学斌, 等. 环境减灾 -1 A 卫星空间调制型干涉光谱成像仪技术 [J]. 航天器工程, 2009, 18(6): 43-49.

谢玉娟. 基于沙漠场景的 HJ-1 CCD 相机在轨辐射定标研究 [D]. 焦作: 河南理工大学, 2011.

晏磊, 勾志阳, 赵红颖, 等. 基于辐亮度匹配的无人机载成像光谱仪外场光谱定标研究 [J]. 红外与毫米波学报, 2012, 31(6):517-522.

姚乐乐, 赵卫, 范士明. 空间调制光谱成像仪相对辐射校正方法研究 [J]. 中国空间科学技术, 2009(5): 48-53.

张广顺, 张玉香. 建设中国遥感卫星辐射校正场的构想 [J]. 气象, 1994, 22(9): 15-18.

张军强, 邵建兵, 颜昌翔, 等. 成像光谱仪星上光谱定标的数据处理 [J]. 中国光学, 2011, 4(2): 175-181.

张孟, 韦玮, 张艳娜, 等. 基于场地自动化观测技术的 SNPP VIIRS 高频次在轨辐射定标 [J]. 光子学报, 2019, 48(4): 1-12.

张玉香, 张广顺, 黄意玢, 等. FY -1C 遥感器可见 - 近红外各通道在轨辐射定标 [J]. 气象学报, 2019, 60(6): 740-747.

支晶晶. 高光谱图像条带噪声去除方法研究与应用 [D]. 开封: 河南大学, 2010.

郑逢斌, 支晶晶, 高海亮, 等. 一种高光谱图像条带噪声去除改进算法 [J]. 计算机科学, 2010, 37 (5): 265-267.

祖玉川, 王正海. HJ-1A 星 HSI 数据 2 级产品条带噪声特征分析及去除方法 [J]. 河南理工大学学报 (自然科学版), 2013, 32(4): 445-448.

S.F. Biggar, P. N. Slater, D. I. Geilman. 1994. Uncertainties in the inflight calibration of sensors with reference to measured ground sites in the 0. 4-1.1μm range. Remote Sensing of Environment, 48:245-252.

B. Gao, A. F. H. Goetz. 1990(1). Column atmospheric water vapor and vegetation liquid water retrievals from airborne imaging spectrometer data. Journal Of Geophysical Research, Vol. 95, No. D4: 3549-3564.

B. Gao. A. F. H. Goetz. 1990(2). Determination of total column water vapor in the atmosphere at high spatial resolution from AVIRIS data using spectral curve fitting and band ratioing techniques. SPIE 1298:138-149.

B. Gao, R. Li. 2010. Spectral calibrations of HICO data using atmospheric bands and radiance adjustment based on HICO and MODIS data comparisons. IGARSS, 2010: 4260-4263.

B. Gao, C. Davis. 1997. Development of a line-by-line-based atmosphere removal algorithm for airborne and spaceborne imaging spectrometers. SPIE Vol. 3118: 132–141.

D. X. Kerola, C. J. Bruegge. H. N. Gross, et al. 2009. On-orbit calibration of the EO-1 Hyperion and, Advanced Land Imager (ALI) sensors using the LED Spectrometer (LSpec) automated facility. IEEE Transactions on Geoscience and Remote Sensing, Vol. 47, No. 4: 1244-1255.

B. C. Gao, M. J. Montes, C. O. Davis. 2004. Refinement of wavelength calibrations of hyperspectral imaging data using a spectrum-matching technique. Remote Sensing of Environment.

2004, 90: 424-433.

H. Gao, X. Gu, T. Yu, et al. 2010. HJ-1A HSI on orbit radiometric calibration and validation research. Science China Technological Sciences, Vol. 53, No. 11 : 3119-3128.

G. Corsini, M. Diani, T. Walzel. 2000. Striping removal in MOS-B data. IEEE Trans. on Geoscience & Remote Sensing, 38(3):1439-1446.

G. Rondeaux, M. D. Steven, J. A. Clark et al. 1998. La Crau: A European test site for remote sensing validation. International Journal of Remote Sensing, 19:14, 2775-2788.

K. J. Thome, E. Whittington, J. LaMarr, et al. 2000. Early ground-reference calibration results for Landsat-7 ETM+ using small test sites. Proceedings of SPIE Vol. 4049 : 134-142.

K. J. Thome. 1999. Validation plan for MODIS Level 1 at-sensor radiance. Remote Sensing Group of the Optical Sciences Center University of Arizona Tucson, p1-34.

K. Thome, J. Czapla-Myers, S. Biggar. 2003. Vicarious calibration of Aqua and Terra MODIS. SPIE 5151:395-405.

K. Thome, K. Arai, Simon Hook, et al. 1998. ASTER preflight and inflight calibration and the validation of Level 2 products. IEEE Transactions on Geoscience and Remote Sensing, Vol. 36, No. 4.

C. Li, L. Tang, L. Ma, et al. 2015. A comprehensive calibration and validation site for information remote sensing. International Archives of the Photogrammetry Remote Sensing & S, XL-7/W3(7):1233-1240.

L. Guanter, R. Richter, J. Moreno. 2006. Spectral calibration of hyperspectral imagery using atmospheric absorption features. Applied Optics , Vol. 45, No. 10 : 2360-2370.

L. Gómez-Chova, L. Alonso, L. Guanter, et al. 2008. Correction of systematic spatial noise in push-broom, hyperspectral sensors: Application to CHRIS/PROBA images, Applied Optics, Vol. 47, No. 28.

P. M. Teilleta, G. Fedosejevsa, R. P. Gauthiera, et al. 2001. A generalized approach to the vicarious calibration of multiple Earth observation sensors using hyperspectral data, Remote Sensing of Environment, 77 : 304-327.

R. O. Green, B. E. Pavri, T. G. Chrien. 2003. On-orbit radiometric and spectral calibration characteristics of EO-1 Hyperion derived with an underflight of AVIRIS and in situ measurements at Salar de Arizaro, Argentina. IEEE Transactions on Geoscience and Remote Sensing, 41(6): 1194-1203.

K. P. Scott, J. T. Kurtis, R. B. Michelle. 1996. Evaluation of the Railroad Valley playa for use in vicarious calibration. SPIE, 2818:158-166.

P. N. Slater, S. F. Biggar, et al. 1987. Reflectance and radiance-based methods for the in-flight absolute calibration of multispectral sensors. Remote Sensing of Environment, Vol. 22: 11-37.

S. F. Biggar. 1990. In-flight methods for satellite sensor absolute radiometric calibration. Dissertation of Doctor the University of Arizona.

K. J. Thome, B. G. Crowther, S. F. Biggar. 1997. Reflectance-and irradiance-based calibration of Landset-5 thematic mapper. Canadian Journal of Remote Sensing, 23(4):309-317.

U. Fret, D. Trevese, P. N. Blonda, et al. 1986. LANDSAT TM image forward/reverse scan banding: Characterization and correction. Int. J. Remote Sensing, Vol. 7, No. 4: 557-575.

W. A. Hovis, J. S. Knoll, G. R. Smith. 1985. Aircraft measurements for calibration of an orbiting spacecraft sensor. Applied Optics, Vol. 24, No. 3 :407-410.

N. Wang, C. Li. 2017. Ground based automated radiometric calibration system in Baotou site, China. SPIE, 10427: 104271J-1-8.

Y. Zhang, Z. Chen, H. Zhang, et al. 2014. Spectral calibration and reflectance reconstruction for the hyperspectral data derived from HJ-1A. IEEE 978-1-4799-5775-0 : 2003-2006.

第 **6** 章

遥感干涉高光谱成像仪的交叉定标

本章介绍遥感干涉高光谱成像仪在轨交叉定标的目的、要求，主要的交叉定标方法和精度分析，以及发展现状。另外，介绍几个遥感器交叉定标的实例，以及我国环境卫星高光谱成像仪的交叉定标。

6.1　遥感器交叉定标的目的和要求

交叉定标以一个定标精度较高的在轨传感器作为辐射标准，对目标传感器进行定标。该方法不需要精确的大气参数，可以在投入相对少的人力和物力的情况下，得到相对高的定标精度，是目前常用的辐射定标方法之一。交叉定标能够实现高频次、低成本的在轨性能评价和数据产品校验，提供长期稳定的辐射定标系数，并且可以对历史数据进行定标。作为一种新型、高效率的在轨定标方法，交叉定标近期得到了进一步的发展。

具体方法是：选择两个传感器同时或接近同时对相同区域成像，通过光谱响应匹配，在分析两个传感器观测几何、大气参数等匹配的基础上，建立两个传感器图像之间的关系，利用参考传感器的定标系数，实现目标传感器的定标。

交叉定标的关键是两个传感器获得的图像的光谱匹配和观测目标的观测几何匹配。

对交叉定标的条件有以下要求。

1. 参考遥感器的选择

选择定标精度较高的传感器做参考是交叉定标的前提。在选择参考传感器时，要求参考传感器与目标传感器之间应有较为接近的光谱通道设置，即光谱响应范围较为接近，最好具有尽可能接近的光谱响应特征；两个传感器的空间分辨率也应尽量接近，以减少空间像元匹配的误差；参考传感器有较高的时间分辨率和刈幅宽度，以获得更多的同步地面覆盖的影像对，进而获得较多的交叉定标的机会。若两个传感器的幅宽都较窄，对同一均匀地区同时成像的图像数目很少，再考虑云和沙尘天气的影响，就很难找到匹配图像。因此交叉定标方法常用于两个宽幅宽传感器或一个宽幅宽传感器和一个窄幅宽传感器之间的相互定标。同时，参考传感器数据获取的价格要相对低廉，以降低交叉定标的成本。

概括起来，参考传感器的选择需要考虑以下 5 个方面因素：

（1）参考传感器自身定标精度；

（2）光谱响应范围，对于光谱成像仪，还需考虑光谱分辨率；

（3）空间分辨率；

（4）时间分辨率与刈幅宽度；

（5）性价比等。

Landsat-5 的 TM、Landsat-7 的 ETM+、Terra 的 MODIS、NOAA 的 AVHRR、SPOT-4 的 HRVIR 等卫星传感器都具有比较高的定标精度。MODIS 的数据可以方便地从其官方网站上下载，且 MODIS 具有完善的星上定标系统，其星上定标的反射率定标精度为 2%，辐亮度定标精度为 5%，被认为是国际上定标精度最高的遥感器之一，在交叉定标中使用较多。

2．试验场地的选择

试验场地的选择直接影响交叉定标的精度，选择试验场主要应考虑以下 5 个方面：

（1）场地空间均匀性好，地表类型单一、稳定；

（2）场地地表平坦，面积大；

（3）具有场地历史测量数据或同类地物光谱数据；

（4）场地反射光谱曲线平滑，无明显波动，反射率高；

（5）高海拔地区，气候干旱，气溶胶总量低。

3．影像对的选择

选择影像对主要应考虑以下 4 个方面：

（1）影像对图像清晰，没有模糊现象；

（2）影像对天气晴朗，大气干洁，试验场附近无云（选择云作为试验场除外）；

（3）影像对成像时间尽量一致；

（4）影像对观测几何尽量一致。

6.2 遥感器交叉定标的主要方法

交叉定标的实现方法主要有两种。一种是先利用参考传感器的定标系数将获取的参考传感器的图像 DC 值转变成辐亮度；再利用测量或假设的大气条件进行大气影响校正，将辐亮度转变为参考传感器的等效地表反射率；经过两个传感器的光谱匹配、不同几何观测条件下的方向反射率因子影响校正和过境时的大气条件差异校正，将参考传感器的等效地表反射率校正为未定标传感器的等效地表反射率；再次进行辐射传输计算，得到未定标传感器入瞳处的辐亮度。另一种方法是根据测量或假设的大气条件和两个传感器的观测几何条件，利用测量或历史的地面光谱数据先进行辐射传输计算，得到两个传感器入瞳处的表观辐亮度或表观反射率；将其比值作为两个传感器观测几何、光谱差异和方向特性之间的匹配，利用参考传感器的图像数据、定标系数、匹配因子和待定标的传感器的图像数据，将参考传感器的 TOA 辐亮度转换为待定标的传感器的 TOA 辐亮度。

6.2.1 遥感器交叉定标的主要过程

交叉定标的主要过程如下。

（1）根据目标遥感器的性能参数选择适合交叉定标的参考遥感器和试验场。

（2）根据交叉定标的要求，选择并确定目标、参考遥感器用于交叉定标的影像对。

（3）影像对图像数据的处理。

① 提取试验场地的目标、参考影像对的数字计数值。

② 根据参考遥感器的定标系数，计算出参考遥感器图像的表观辐亮度。

③ 确定试验场地的海拔、地表光谱同步数据。如果地表光谱无同步测量数据，可用历史测量数据或同类地物光谱数据代替。

④ 确定参考遥感器和目标遥感器过境时刻的观测几何，包括太阳天顶角、太阳方位角、观测天顶角、观测方位角等。

⑤ 确定卫星过境时刻的大气参数，如水汽含量、气溶胶类型、大气类型、气溶胶光学厚度等。

⑥ 计算遥感器各通道 TOA 太阳等效辐照度和日地距离修正因子。

（4）进行目标遥感器的交叉辐射定标。

6.2.2 目标遥感器定标系数的计算

交叉定标方法的核心是建立目标遥感器和参考遥感器影像对间的关系，利用参考遥感器的定标系数，推算出目标遥感器的表观辐亮度，结合场地图像的计数值，得到目标遥感器各通道的辐射定标系数。不同的交叉定标方法，计算定标系数的原理公式不同。

现就采用光谱匹配因子的交叉定标方法，说明其原理计算公式。

在交叉定标中主要考虑对参考遥感器与目标遥感器进行光谱函数的匹配，以及光照条件的匹配。卫星遥感器在波段 i 测量的等效辐亮度 L_i 表示为：

$$L_i = \frac{\int_{\lambda_1}^{\lambda_2} S_i(\lambda) \times L(\lambda) \mathrm{d}\lambda}{\int_{\lambda_1}^{\lambda_2} S_i(\lambda) \mathrm{d}\lambda} \tag{6.1}$$

式中，$L(\lambda)$ ——遥感器入瞳处光谱辐亮度，单位为 $\mathrm{W \cdot m^{-2} \cdot sr^{-1} \cdot \mu m^{-1}}$；$S_i(\lambda)$ ——遥感器波段 i 的光谱响应函数，波段响应范围为 $\lambda_1 \sim \lambda_2$，在此范围外的响应为 0。

卫星高度的等效太阳光谱辐照度定义为：

$$E_{S,i} = \frac{\int_{\lambda_1}^{\lambda_2} S_i(\lambda) \times E_s(\lambda) \mathrm{d}\lambda}{\int_{\lambda_1}^{\lambda_2} S_i(\lambda) \mathrm{d}\lambda} \tag{6.2}$$

式中，$E_s(\lambda)$ ——垂直于太阳入射光线平面上的大气外太阳光谱辐照度，通常为日地平均距离处的值，单位为 $\mathrm{W \cdot m^{-2} \cdot \mu m^{-1}}$。

为了确定给定日期的等效太阳辐照度，必须对日地距离的影响进行订正。

假设目标遥感器为 A，并假设相机的响应为线性，则遥感器 A 第 i 通道的 TOA 等效辐亮度及归一化表观反射率的定标公式为：

$$L_{A_i} = (DC_{A_i} - DC_{A_{0i}}) / a_{A_i} \tag{6.3}$$

$$\rho_{A_i}^* = (DC_{A_i} - DC_{A_{0i}}) / c_{A_i} = \rho_{A_i} \times \cos\vartheta_A \tag{6.4}$$

式中，L_{A_i} ——遥感器 A 通道 i 的表观辐亮度，单位为 $\mathrm{W \cdot m^{-2} \cdot sr^{-1} \cdot \mu m^{-1}}$；$DC_{A_i}$、$DC_{A_{0i}}$ ——

遥感器 A 通道 i 的数字计数值及数字计数值的偏移量；ρ_{A_i}（无量纲）——遥感器 A 过境时刻太阳天顶角 ϑ_A 下通道 i 的表观反射率；$\rho_{A_i}^*$（无量纲）——遥感器 A 通道 i 的归一化表观反射率，即将某一太阳天顶角的表观反射率归一化到 0° 条件下的表观反射率；a_{A_i}、c_{A_i}——遥感器 A 通道 i 的 TOA 辐亮度和反射率的增益，即辐亮度和反射率的定标系数。

遥感器 A 通道 i 的 TOA 辐亮度和反射率的关系为：

$$\rho_{A_i} = \frac{\pi d^2 L_{A_i}}{E_{A_{s,i}} \cos \vartheta_A} \tag{6.5}$$

式中，$E_{A_{s,i}}$——日地平均距离的遥感器 A 通道 i 的等效太阳辐照度；d——真实的日地距离和日地平均距离的比值；ϑ_A——遥感器 A 过境时刻太阳天顶角。

将式（6.3）代入式（6.5），得到：

$$(DC_{Ai} - DC_{A0i})/a_{A_i} = \frac{E_{A_{s,i}} \cdot \rho_{A_i} \cdot \cos \vartheta_A}{\pi d^2} = \frac{E_{A_{s,i}}}{\pi d^2} \cdot \rho_{A_i}^* \tag{6.6}$$

假设交叉定标中选择参考遥感器为 B，其 TOA 辐亮度及反射率的定标系数是已知的，可以采用遥感器 B 的辐亮度或表观反射率对遥感器 A 进行定标。

遥感器 B 的表观反射率定标公式为：

$$\rho_{B_i}^* = (DC_{B_i} - DC_{B_{0i}})/b_i = \rho_{B_i} \times \cos \vartheta_B \tag{6.7}$$

式中，ρ_{B_i}（无量纲）——遥感器 B 过境时刻太阳天顶角 ϑ_B 下通道 i 的表观反射率；$\rho_{B_i}^*$（无量纲）——遥感器 B 通道 i 的归一化表观反射率；DC_{B_i}、$DC_{B_{0i}}$——遥感器 B 通道 i 的数字计数值及数字计数值的偏移量；b_i——遥感器 B 通道 i 的表观反射率的增益。

分别将式（6.6）和式（6.4）除以式（6.7），得到遥感器 A 第 i 通道 TOA 辐亮度及归一化表观反射率的交叉定标公式为：

$$(\rho_{A_i}^* / \rho_{B_i}^*) \times \frac{E_{A_{s,i}}}{\pi d^2} \times (DC_{B_i} - DC_{B_{0i}})/b_i = (DC_{A_i} - DC_{A_{0i}})/a_{A_i} \tag{6.8}$$

$$(\rho_{A_i}^* / \rho_{B_i}^*)(DC_{B_i} - DC_{B_{0i}})/b_i = (DC_{A_i} - DC_{A_{0i}})/c_{A_i} \tag{6.9}$$

式中，$\dfrac{E_{A_{s,i}}}{\pi d^2}$——卫星过境时太阳辐照度的匹配因子，即光照条件的匹配；$\rho_{A_i}^*/\rho_{B_i}^*$——两个遥感器对应通道的光谱匹配因子，是遥感器 A、B 归一化表观反射率的比值，包括了两个遥感器对地物、大气不同响应及不同观测几何大气路径的匹配。

如果遥感器 A 通道 i 的偏移量 $DC_{A_{0i}}$ 为 0，则依据式（6.8）和式（6.9），交叉定标只需一个亮度值点，就可以计算出遥感器 A 辐亮度和归一化表观反射率的定标系数增益 a_{A_i} 和 c_{A_i}。如果遥感器 A 通道 i 的偏移量 $DC_{A_{0i}}$ 不为 0，则至少需要两个定标点，才能计算出辐亮度和归一化表观反射率的定标系数增益与偏移量。

6.2.3 遥感器交叉定标的技术流程

根据上述交叉定标的方法和过程，归纳出遥感器交叉定标的技术流程如图 6.1 所示。

设待定标的目标遥感器为 A，交叉定标的参考遥感器为 B。

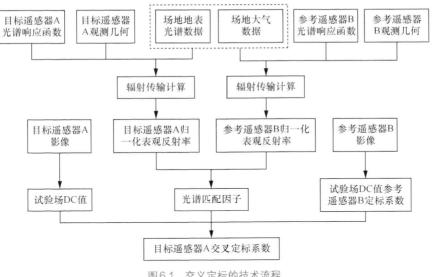

图6.1 交义定标的技术流程

6.2.4 其他交叉定标方法

（1）周冠华提出一种基于精确光谱响应匹配的方法，通过反卷积去除光谱响应函数影响的方式计算连续辐射光谱，根据所得的两个遥感器的连续辐射光谱进行精确光谱响应匹配，可以有效解决两个遥感器光谱通道设置相差较大的问题，并由待定标遥感器光谱响应函数滤波，获取待定标遥感器的等效入瞳辐亮度，精确实现光谱成像仪的交叉辐射定标。反卷积过程通过测量输出等效入瞳辐亮度和已知输入光谱响应函数重构未知输入入瞳辐亮度。在反卷积的计算过程中，采用 3 次样条插值并累次迭代逐步逼近的方法，得到光谱间隔精细的光谱辐亮度（详见 6.7 节）。

（2）在交叉定标中引入光谱波段调整因子（Spectral Band Adjustment Factors，SBAF），可更好地解决多传感器间光谱波段的匹配精度问题。

在遥感器的在轨定标中，当替代定标或机载参考遥感器受某些条件限制时，交叉定标是关键、重要的定标方法。对于相似和不同的传感器，交叉定标可以解决在共同的辐射度标准上的数据融合。然而不同的传感器的相对光谱响应不同，可能引起两个传感器对同一目标产生不同的认识，甚至是本质的光谱偏移。此外，地球观测和陆地表面长期变化的监测，往往需要多种成像遥感器在地球观测中获得信息，但是传感器间的相对光谱响应失配，会给监测数据的连续性、一致性带来一定的偏差。

为了解决交叉定标中传感器间光谱响应的差异，可以引入一个补偿因子——光谱波段调整因子（SBAF）。SBAF 是由观测目标的光谱和两个传感器的相对光谱响应计算产生的，是目标特定的光谱补偿因子。

交叉定标中，使用 TOA 反射率高光谱数据计算的 SBAF，是减少有光谱差异的两个多光谱传感器测量大气顶反射率间偏差的重要工具（详见 6.5 节）。

6.3 遥感器交叉定标的定标精度分析

交叉定标将已知高精度定标的传感器作为标准传感器对未定标传感器进行定标，未定标传感器的定标精度是以标准传感器的精度为基准的，它的起始精度或最高精度即标准传感器的定标精度。

交叉定标中两个传感器在大气条件、地表特性、观测几何、光谱响应差异、像元空间匹配方面的差异，都会影响未定标传感器的定标精度。匹配因子的合理确定和计算精度是影响交叉定标精度最重要的因素。匹配因子受到以下几个方面的影响。

一、由于两个传感器光谱响应不同而产生的差异

光谱校正的精确性依赖于两个遥感器已知的滤波函数，即定标场在两个波段的光谱反射率。不同的地物的地表特性不同。如果地面反射率在两个遥感器的匹配波段起伏较大，且两个传感器光谱响应不同，将给光谱匹配因子带来较大误差。

例如，在 HJ-1 的 CCD 相机与 MODIS 的交叉定标试验中，为了评价地物类型对二者之间光谱差异的影响，选取 6 种地表覆盖类型，利用 6S 辐射传输模型进行模拟。选择的 6 种地物分别是敦煌场沙砾、棉花厂水泥地、南湖水体、旧雪、云、萝卜地，它们的地物反射光谱如图 6.2 所示。为了减小其他因素（几何条件、大气条件及地表 BRDF 等）的影响，只考虑地物类型产生的光谱差异的影响，通过 6S 辐射传输模型模拟两个传感器对应波段的表观反射率，利用交叉定标公式计算光谱匹配因子 A_i（$A_i = \rho^*_{A_i} / \rho^*_{B_i}$），如图 6.3 所示。从图 6.3 可看出，不同地物类型在不同的波段得到的光谱匹配因子变化很大。萝卜地光谱匹配因子最大差异达到 15%，平均差异为 7%。南湖水体光谱匹配因子最大差异达到 11%，平均差异为 8%，这和两种地物光谱的强烈起伏及两个传感器间的光谱差异密切相关，因此这两种地物不适合进行交叉定标。其他 4 种地物的地表反射率在可见 - 近红外波段变化平稳，得到的波段 1 的光谱匹配因子差异较大，在 3.5% 以内，波段 3 的光谱匹配因子差异最好，均小于 0.7%。以上结果说明 HJ-1 的 CCD 与 MODIS 在蓝色光波段的光谱差异较大，而红色光波段的光谱匹配最好。此外，地表光谱数据的准确性也给交叉定标中的光谱匹配因子带来误差。

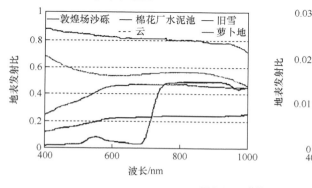
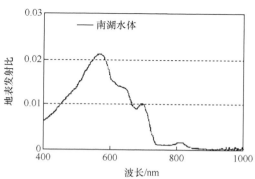

图6.2　6种地物的反射光谱

二、由两个传感器的观测角度不同而引起的差异

太阳天顶角不会对光谱匹配因子产生较大影响，但观测天顶角的差异不能忽略。

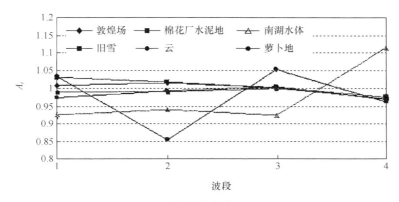

图6.3　6种地物的光谱匹配因子A_i

均匀性较好的场地，例如敦煌辐射校正场，在观测天顶角小于 30° 时可以看作朗伯面，在交叉定标中可以不考虑场地 BRDF 的影响，但是需考虑由于大气路径长度不同而引起的大气影响的差异。

此外，地表 BRDF 特性的准确性（在定标中使用的设备、方法的误差）也会引入误差。

三、两个传感器观测地表时大气条件不同而引起的差异

在遥感器处于水汽吸收波段的光谱通道，水汽含量的变化对表观辐亮度和表观反射率影响较大，其他通道则几乎没有影响。能见度的影响：当能见度小于 6km 时，表观辐亮度和表观反射率随能见度的减小迅速增加；而当能见度大于 6km 时，表观辐亮度和表观反射率随能见度的变化缓慢。因此当能见度大于 10km 以后，在定标过程中可以忽略能见度变化的影响。此外气溶胶类型选择不准确将引入一定的误差。

当交叉定标传递参考遥感器定标但因条件限制无法进行现场测量时，可以采用大气模型代替实际现场测量。此方法会引入条件模拟不准确的误差。

四、两个图像的像元匹配误差

当两个遥感器图像具有非常不同的空间分辨率时，将有图像重合失调误差。

分析了交叉定标中各误差因子引入的不确定度值，用平方和根计算总误差。例如 Scott 介绍使用内华达州 Railroad Valley 场地进行交叉定标的误差评估，如表 6.1 所示。现已发展了自动化定标程序，包含一个误差分析模块，可以提供更多、更完善的误差分析。

表 6.1　使用内华达州 Railroad Valley 场地进行交叉定标的误差评估

误差源	误差 /%	总误差 /%
参考卫星定标（反射率基法）		4.9
图像重合失调（假设有 3km × 3km 的面积）		2.5
光谱校正的精度		2.0
BRF 校正： 参考卫星 测试卫星	 1.2 1.2	1.7
总误差（平方和根）		6.1

6.4　遥感器交叉定标的发展及现状

遥感器的交叉定标作为在轨辐射定标的一种方法，在 20 世纪 90 年代已开展了应用。

Teillet 于 1990 年，以 TM 和 SPOT 为参考，以白沙场和 Rogers Lake 为地面目标，对 1985—1988 年获得的 NOAA-9、NOAA-10 的 AVHRR 波段 1、2 图像进行交叉定标，及时发现了两个遥感器响应明显衰减。定标使用两种方法，一种方法测量现场大气和地面，另一种方法使用大气模型和历史地面数据进行大气校正。

C. Rao 等人以 NOAA-14 的 AVHRR 为参考传感器，选择利比亚沙漠作为稳定定标目标，对搭载在同一个卫星上的 HIRS 进行交叉定标，得到 HIRS 时间序列的定标系数。

Hu 选择海洋区域，将 SeaWiFS 作为参考传感器，实现了对 Landsat-7 的 ETM+ 的交叉定标。

Teillet 等于 1998 年 6—10 月，以 Railroad Valley 试验场和 Newell County rangeland 试验场为地面目标，以机载的高光谱成像仪 CASI 和 AVIRIS 作为标准，对 NOAA-14 的 AVHRR、Landsat-5 的 TM、SPOT-1 和 SPOT-2 的 HRV、SPOT-4 的 VEGETATION、OrbView-2 的 SeaWiFS 等 5 个遥感器进行交叉定标，验证了这些遥感器的星上定标误差在允许范围之内，定标的精度达到 6%。

K. Andrew、曹长勇等人提出同步星下点过境的交叉定标方法，并在 2002 年利用这一方法开展 MODIS 与 AVHRR 的交叉定标研究，讨论了匹配通道在受大气吸收影响下的光谱匹配方法，定标精度优于 5%。

Thome 利用 Railroad Valley 试验场对 EO-1 卫星的 ALI、Hyperion、Terra 卫星的 MODIS、Ikonos 进行交叉定标。

P. M. Teillet 分析了在交叉定标过程中，遥感器光谱响应函数的差异对定标结果的影响，遥感器包括 Landsat-7 的 ETM+、EO-1 的 ALI、Terra 的 MODIS、Terra 的 ASTER、Terra 的 MISR。他还比较了 Railroad Valley 和草地光谱对光谱匹配因子的影响，结果表明 Railraod Valley 试验场用于交叉定标的精度范围为 1%～3%，而利用草地进行交叉定标精度相对较低。

Norman G. Loeb 对 Terra 卫星上的 CERES、MODIS 和 MISR 这 3 个传感器及 SeaWiFS 进行多仪器间的相互交叉定标，比较不同仪器在反射率波段的测量一致性。

Gyanesh 等在 Landsat-7 的 ETM+ 和 Terra 的 MODIS 过境观测利比亚 4 准不变定标场（Libya 4 Pseudo Invariant Calibration Site，PICS）时，利用两个遥感器从 1999 年起的 10 年的长期观测数据，进行了在可见和近红外光谱范围的交叉定标。研究中还将 EO-1 卫星的 Hyperion 作为参考遥感器进行了交叉定标。交叉定标中，使用 TOA 反射率高光谱数据计算的光谱波段调整因子 SBAF，是减少有光谱差异的两个多光谱传感器测量 TOA 反射率间偏差的重要工具。

Karlsson 为了应用气候变化研究中的云产品，对来自一个多光谱辐射计（NOAA-18 的 AVHRR）的长时间序列的云数据产品进行汇总。采用多个传感器交叉定标的方法对 AVHRR 的辐亮度进行评价。这 5 个传感器为 MODIS、AATSR、MERIS、VIIRS 和 SLSTR，它们具有与 AVHRR 相近的光谱通道。相关 AVHRR 通道辐亮度的交互比较是在

2007—2009 年这个短的周期内完成的。使用 Aqua 的 MODIS 作为参考，采用同时天底观测的方法，对 AVHRR、AATSR、MERIS 的通道辐亮度进行评价。同时天底观测是指相互比对的卫星传感器在 10min 内对同一天底目标进行观测。结果显示，在 0.6μm 和 0.8μm 通道上，辐亮度一致性大约在 3% 以内，大的偏差（5%）出现在相应 AATSR 的 0.6μm 通道上。过多但是符号相反的偏差出现在 AATSR 的 1.6μm 和 MERIS 的 0.8μm 通道上。观测偏差主要是残留的时间、空间匹配的偏差，而对表面和大气条件的变化、光谱不完善的补偿，是 AATSR 和 MERIS 的过多偏差的主要原因。

Wu Xiangqian 等人以 MODIS 为参考传感器，对 GOES 成像仪可见 - 近红外通道进行时间序列的交叉定标研究，对 GOES 在轨运行的辐射特性进行监测。

我国从 20 世纪初也开始了交叉定标的研究。

杨忠东等利用 Landsat-7 的 ETM+ 对 CBERS-1 的 CCD 相机的对应波段进行了交叉定标。他们选择 2000 年 5 月 18 日青海湖区域的一景 CCD 数据和与之时间上最接近、空间上基本一致的 2000 年 5 月 22 日晴空 LANDSAT-7 的 ETM+ 数据进行对比分析，以辐射传输的模拟计算和匹配数据的统计分析为基础，得到了一组 CCD 相机参考定标系数，并对图像质量进行评价，完成交叉定标和确定动态范围方面的研究工作。

童进军以 EOS 的 MODIS 为参考传感器，利用 MODIS 与 FY-1D 的 VIRR 于 2002 年 6 月 2 日在敦煌场的图像对，对 FY-1D 的 VIRR 的可见 - 近红外通道进行交叉定标，并分析了光谱匹配因子的多个因素对最终结果的影响。

刘京晶等利用 Terra 的 MODIS 对 FY-1D 的 MVIRS 进行交叉定标，通过 2002 年 7—10 月两个遥感器过境敦煌场的数据，利用 BRDF 模型修正了敦煌地表方向性的影响，定标精度估计优于 5%。

李小英利用 MODIS 数据对 CBERS-02 的 CCD 相机数据进行交叉定标，使用两个遥感器 2004 年在怀来场和敦煌场的数据，分析了各种因素对光谱匹配因子的影响。结果表明地物的光谱匹配因子受大气条件、传感器观测几何条件及地物类型的影响，但在环境一样时，不同时期或测区获取的同类型地物的光谱匹配因子相对稳定，可代替同步测量数据来模拟光谱匹配因子。

李小英介绍了 2004 年在怀来试验场，以 MODIS 为参考传感器对 CBERS-02 上的 WFI 传感器进行辐射交叉定标，得到 WFI 两个波段的 TOA 辐亮度、表观反射率的增益与计数值偏移量。利用定标结果计算图像上另一均匀区的表观反射率，与 MODIS 反演的表观反射率比较验证。WFI 与 MODIS 第 1 波段的表观反射率相差 3.6%，与第 2 波段相差 −3.6%。检验结果说明，试验得到的辐射交叉定标系数的精度能满足定量化应用的要求。

唐军武等介绍了为研究利用 CBERS-02 的 CCD 相机进行水体定量化遥感，利用高精度的 MODIS 数据对 CCD 相机进行了交叉辐射校正。他们分别选取了 2004 年 2 月 26 日与 3 月 2 日东海靠近济州岛附近和南海海南岛至菲律宾之间的 CBERS-02 的 CCD 的 L1A 数据，相应日期的 MODIS 的 L1B 数据从 NASA DAAC 网站获得，对 CBERS-2 的 CCD 相机的 4 个通道，进行了基于大气层外总辐亮度的交叉辐射定标。结果表明，两天的结果具有很好的一致性，定标方法的误差在 5% 左右。

温兴平利用准不变目标物对 CBERS-02 星 CCD 图像做了交叉定标，发现在高反射率地物下，不同定标系数校正后的地物光谱曲线与 ETM+ 的基本一致；低反射率地物下，单点定标系数误差较大，两点定标系数误差较小。

陈正超利用 SPOT-4 的 HRVIR2、Landsat-5 的 TM 和 Terra 的 MODIS 这 3 种卫星遥感器的共 5 组图像，在北京一号小卫星多光谱遥感器缺少光谱响应函数的情况下，对其进行了交叉定标。

韩启金等以青海湖不同时相的美国 Terra 卫星 MODIS 传感器 31 通道（MODIS-31）数据，对 HJ-1B 热红外通道进行交叉定标，得到了准确的定标系数；同时利用 2009 年 3 次星上黑体定标数据对 HJ-1B 热红外通道进行星上定标；最后对两种定标方法进行误差对比，分析了 HJ-1B 红外相机的星上定标系统功能。

徐娜等利用 Terra 的 MODIS 对 FY-2E 的 VISSR 红外通道进行交叉定标。

交叉定标中，对于两个遥感器数据的空间匹配，设计了一种追踪匹配法，利用 FY-2E 星下点经纬度信息，确定一个包含待配准 MODIS 像元的尽可能小的空间区域，在这个小区域内逐点比较、寻找最匹配的 FY-2E 像元，使空间匹配效率大大提高。改变垂直水汽总量、地表温度和卫星观测角度等参量，利用 MODTRAN 大气辐射传输模式计算不同大气条件下的辐射光谱分布。将模拟得到的 180 个辐射光谱样本分别与 MODIS 和 VISSR 光谱响应函数卷积，得到相应传感器的卫星入瞳辐亮度，建立 MODIS 和 VISSR 入瞳辐射间的线性关系，通过最小二乘法计算得到线性关系的斜率 A 和截距 B，即光谱差异修正因子。

对 2010 年 5 月、7 月和 12 月这 3 个月的观测资料进行了交叉定标计算，定标结果可以一定程度上反映 FY-2E 定标随时间的年度、季度变化规律。

韩启金等以我国的 GF-1 卫星遥感器为参考，开展对 ZY-1 02C 卫星 PMS 相机的交叉检校。

采用 2013 年 6 月 22 日过境敦煌地区的 ZY-1 02C 卫星 PMS 遥感图像和同时相的 GF-1 卫星 PMS 遥感图像进行数据处理。分析了光谱匹配因子在不同观测路径、地物类型条件下的稳定性，并选取 5 个相对均匀区域进行 GF-1 卫星与 ZY-1 02C 卫星 PMS 相机的交叉检校，获得了 ZY-1 02C 卫星 PMS 相机的辐射性能变化情况和新定标系数；最后利用地面实测数据对新辐射定标系数进行精度验证。经验证分析，基于新交叉定标系数反演的辐亮度产品质量优于采用原定标系数生产的辐亮度产品，与实测数据计算的辐亮度相比，相对误差平均减小了约 0.60%，说明采用具有高精度辐射基准的国产卫星对同类卫星遥感器进行在轨交叉检校是可行的，也表明研发自主配备高精度星上定标器的光学遥感器参考基准的必要性，为后续国产陆地观测卫星遥感期间的自动交叉检校提供了资料参考。

王后茂等基于欧洲 Metop-B 卫星上全球臭氧监测试验 2（Global Ozone Monitoring Experiment 2，GOME-2）的探测数据，进行紫外波段 FY-3A 的 TOU L1B 数据的在轨交叉定标检验研究。利用这种方法对 TOU 数据进行了在轨监测和校正分析。试验结果表明 FY-3A 的 TOU 仪器探测响应发生了变化。虽然比对斜率有变化，但两者的探测辐射值一直保持较好的线性相关性（$R^2 > 0.96$），因此可以通过交叉比较对 TOU 后期的探测数据进行校正，从而解决 FY-3A 星 TOU 的线性响应不一致的问题。

在对交叉定标的研究中，我国多位学者利用敦煌辐射校正场，以 MODIS 为标准传感器，实现了对 CBERS-2 卫星的 WFI、CCD、IRMSS 传感器，FY-1D 卫星的 VIRR 传感器，SZ3 的 CMODIS，HJ 卫星的 CCD 相机、高光谱成像仪的交叉定标，并分析了误差来源。

目前较常用的卫星遥感器在飞行中的定标方法是场地试验法，该方法受场地特性、星地同步观测及测量仪器精度等多因素影响，既耗费大量的人力、财力和物力又无法实时使用。而交叉定标由于不受场地、天气和时间的限制，得到了快速的发展，但其精度和频次主要取决于参考卫星遥感器自身精度以及轨道重叠频率。

对于光谱成像仪，国际上交叉定标研究大多针对多光谱传感器，开展高光谱成像仪间的交叉定标研究已成为重要的发展方向。我国在轨运行的高光谱成像仪和国外的 Hyperion 等高光谱成像仪，各有特色的工作机制，具有相互重叠的谱段，客观上为实施交叉定标奠定了有利条件，因此开展高光谱成像仪间的交叉定标技术研究，不仅有利于动态性能评估，对于发展交叉定标算法模型也具有重要价值。

综合国内外遥感器交叉定标方法的应用实例，可以看出交叉定标是当前国内外辐射定标研究的热点之一。随着遥感器研制性能和定标技术的提高，将会有更多的高定标精度、可以作为辐射传递标准的遥感器出现。具有所需费用少、定标频率高、可以对历史影像进行标定等优势的交叉定标方法，必将得到更快的发展。

6.5 利用利比亚 4 准不变定标场对 ETM+ 和 MODIS 进行交叉定标

Gyanesh 等介绍了 Landsat-7 的 ETM+ 和 Terra 的 MODIS 在过境观测利比亚 4 准不变定标场时，进行了在可见和近红外光谱范围的交叉定标。

6.5.1 交叉定标和 SBAF

在遥感器的在轨定标中，当替代定标受某些条件限制或机载参考不可用时，交叉定标是关键、重要的定标方法。通过相似的和不同的传感器对目标的遥感观测，需要在共同的辐射度标准上解决观测的连续性、协同性和数据融合的问题，交叉定标是解决这一问题的最好方法之一。

然而由于不同的传感器的相对光谱响应不同，当欲由这样的两个传感器对同一目标进行交叉定标时，相对光谱响应失配可能引起系统的波段偏移。例如 ETM+ 和 MODIS 两个传感器，在光谱波段假定有时直接可比时，对于来自近同时观测的 TOA 反射率值，常报告不同的测量值。

为了解决交叉定标中传感器间光谱响应的差异，可以引入一个补偿因子——光谱波段调整因子 SBAF。SBAF 是由观测目标的光谱和两个传感器的相对光谱响应计算产生的，是目标特定的光谱补偿因子。

1. TOA 反射率

在 SBAF 的计算中，将传感器上的光谱辐亮度转换为 TOA 反射率进行计算。在比较来自不同的传感器（如 ETM+ 和 MODIS）的图像时，用 TOA 反射率替代传感器上的光谱辐亮度有 3 个优势。

（1）它排除了由于获取数据的时间差异产生的不同的太阳天顶角的余弦的影响。

（2）大气顶反射率可以补偿由光谱波段差异引起的大气层外太阳辐照度的不同值。

（3）大气顶反射率校正了不同数据获取日期、地日距离值的变化。这些变更具有地理学和时间的重大意义。

2. SBAF 的计算方法

测量 TOA 反射率是指直接由多光谱遥感器获得的图像，通过定标从数字转换到 TOA 反射率。模拟 TOA 反射率由多光谱传感器的相对光谱响应与目标高光谱曲线的积分获得。对于任何传感器，模拟反射率可以由传感器的相对光谱响应（RSR）与高光谱 TOA 反射率形貌曲线的积分，在被各自的相对光谱响应加权的每个采样波长上计算，如式（6.10）所示。

$$\overline{\rho}_{\lambda} = \frac{\int \rho_{\lambda} \mathrm{RSR}_{\lambda} \mathrm{d}\lambda}{\int \mathrm{RSR}_{\lambda} \mathrm{d}\lambda} \tag{6.10}$$

式中，ρ_{λ}——目标的高光谱 TOA 反射率；RSR_{λ}——波长 λ 处的相对光谱响应。

式（6.10）中，分子上的积分计算波段中各个相对光谱响应下获得的反射率的总量，除以传感器相对光谱响应的积分，这样由于响应函数滤波，反射率的总量没有增加和损失。

SBAF 是引入来自传感器 A 和 B 各自的模拟反射率的比值来计算的，如式（6.11）所示。

$$\mathrm{SBAF} = \frac{\overline{\rho}_{\lambda(\mathrm{A})}}{\overline{\rho}_{\lambda(\mathrm{B})}} = \frac{\dfrac{\left(\int \rho_{\lambda} \mathrm{RSR}_{\lambda(\mathrm{A})} \mathrm{d}\lambda\right)}{\left(\int \mathrm{RSR}_{\lambda(\mathrm{A})} \mathrm{d}\lambda\right)}}{\dfrac{\left(\int \rho_{\lambda} \mathrm{RSR}_{\lambda(\mathrm{B})} \mathrm{d}\lambda\right)}{\left(\int \mathrm{RSR}_{\lambda(\mathrm{B})} \mathrm{d}\lambda\right)}} \tag{6.11}$$

式中，$\overline{\rho}_{\lambda(\mathrm{A})}$、$\overline{\rho}_{\lambda(\mathrm{B})}$——传感器 A、B 的模拟 TOA 反射率。

因此，由于相对光谱响应失配产生的两个传感器光谱响应的差异因子，由两个模拟反射率的比值给出了对于给定波段和给定目标的定量测量值。一旦波段特有的 SBAF 被计算，传感器 A 的 TOA 反射率可以被 SBAF 除，以便调整两个传感器间相对光谱响应的差异，如式（6.12）所示。

$$\overline{\rho}_{\lambda(\mathrm{A})}^{*} = \frac{\overline{\rho}_{\lambda(\mathrm{A})}}{\mathrm{SBAF}} \tag{6.12}$$

式中，$\overline{\rho}_{\lambda(\mathrm{A})}^{*}$——对传感器 A 使用 SBAF 补偿后，同传感器 B 的 TOA 反射率相匹配的校正 TOA 反射率。

6.5.2 交叉定标的背景

ETM+ 传感器搭载于 Landsat-7 卫星，于 1999 年 4 月 15 日发射升空。ETM+ 有 6 个反射太阳波段，位于可见、近红外和短波红外光谱范围，空间分辨率为 30m。在 ETM+ 传感器上的光谱辐亮度定标不确定度为 ±5%。ETM+ 是最稳定的 Landsat 卫星传感器，根据在撒哈拉和阿拉伯伪不变场地的观测和替代定标结果，ETM+ 每年增益的变化小于 0.5%。

第一个 MODIS 传感器搭载于 NASA 的 Terra 卫星，于 1999 年 12 月 18 日发射升空。MODIS 传感器通过位于 4 个焦平面组件的探测器在 36 个光谱段对地球成像。MODIS 波段 1～19、26，覆盖太阳反射波段的光谱波长 0.41～2.1μm，白天产生反射太阳辐射的图像。MODIS 的 TOA 反射率产品的定标不确定度是 ±2%，但是需要说明：传感器上反射太阳波段光谱辐亮度定标的不确定度为 5%。

Landsat-7 和 Terra 卫星运行在地球表面以上 705 km 的近极地太阳同步轨道上。作为上午卫星群的一部分，Terra 卫星在 Landsat-7 后面 30min 飞行。与 ETM+ 光谱段不同，MODIS 光谱段是窄的，它的光谱位置为了消除大气吸收特性而被最优化了。ETM+ 传感器的空间分辨率是 30m，刈幅宽度是 183km。MODIS 空间分辨率为 250m、500m 和 1km，刈幅宽度为 2330km。

利比亚 4 位于 28.55°N、23.39°E 的非洲利比亚沙漠，海拔 118m，是一个高反射率场地。利比亚沙漠是没有植被的沙丘，气溶胶含量低。尽管利比亚 4 测试场存在沙丘，不能满足地形平坦的标准，但这个场地展现了合理的空间、光谱和时间均匀性，并且很少有云覆盖。上述条件使利比亚 4 成为最好的稳定监测场地。在研究中，认为两个传感器的过境时间可以有 30min 的差别。

在每 16 天一次的周期中，获得接近同时的 ETM+ 和 MODIS 对天底成像的图像对。ETM+ 数据被转换成 TOA 反射率。

研究中，进行数据处理时要做一些假设。

（1）可以采用两者共同的大面积图像对，避免残余图像的重合失调对辐射度的影响。

（2）观测是同时的（间隔在 30min 之内），是十分一致的。

（3）计算 TOA 反射率将目标视作朗伯目标。

6.5.3　没有 SBAF 补偿的交叉定标

为了评估两个传感器的长期稳定性并进行交叉定标，将 ETM+ 和 MODIS 传感器飞越利比亚 4 场地上空时可见 - 近红外波段的长期图像数据转换为 TOA 反射率。将二者的测量 TOA 反射率作为时间的函数，显示于图 6.4，其中显示了 ETM+ 和 MODIS 4 个光谱匹配波段的测量 TOA 反射率的变化趋势。为了追踪两个传感器长期测量 TOA 反射率的变化趋势，将各自的数据点进行线性拟合，分析拟合直线的斜率和截距。表 6.2 归纳了这些直线的斜率、截距，以及 ETM+ 相对 MODIS 的截距的百分比偏差。

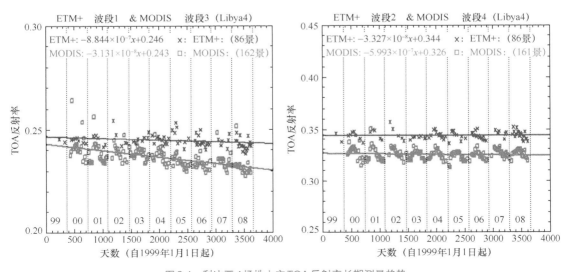

图 6.4　利比亚 4 场地上空 TOA 反射率长期测量趋势

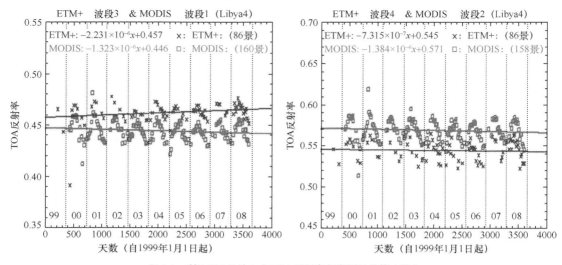

图6.4　利比亚4场地上空TOA反射率长期测量趋势（续）

表 6.2　TOA 反射率线性拟合的参数

ETM+			MODIS			截距的百分比偏差 /%
波段	斜率	截距	波段	斜率	截距	
1	-8.84×10^{-7}	0.246	3	-3.13×10^{-6}	0.243	1.23
2	-3.33×10^{-8}	0.344	4	-5.99×10^{-7}	0.326	5.52
3	2.23×10^{-6}	0.457	1	-1.32×10^{-6}	0.446	2.47
4	-7.31×10^{-7}	0.545	2	-1.38×10^{-6}	0.571	-4.55

从以上结果可分析出以下结论。

（1）拟合线斜率值的范围从 10^{-8}/day 到 10^{-6}/day，表示传感器长期响应非常稳定。从利比亚 4 场地的测试结果可知，长期趋势的斜率几乎为 0，说明现在的辐射定标对所有波段是好的。

（2）由于斜率非常小，两个传感器间测量 TOA 反射率的偏差主要反映在截距上。

（3）表 6.2 中最后一列是在利比亚 4 场地上，从长期趋势得到评估的 ETM+ 的 TOA 反射率相对 MODIS 的 TOA 反射率的平均百分比偏差。在 ETM+ 波段 4 显示此偏差为负数，表示 ETM+ 的 TOA 反射率比相应的 MODIS 的 TOA 反射率低。

此外，对于两个传感器的定标，二者在 TOA 反射率上的偏差可能与两个传感器的相对光谱响应性能、目标的光谱信号、过境期间的大气成分等综合因素有关。下面将讨论如何通过分析计算相似波段中的光谱差来减小传感器的定标偏差。

6.5.4　使用EO-1的Hyperion数据产生SBAF的应用

1.　EO-1 Hyperion 数据

为了完成两个传感器间的精确的交叉定标，需要了解和量化由于光谱响应产生的偏差。为了计算 SBAF，目标的光谱信号采用 Hyperion 数据。

NASA 的 EO-1 卫星发射于 2000 年 11 月 21 日。搭载于 EO-1 卫星的 Hyperion 是推

扫型高光谱传感器，覆盖 0.4 ~ 2.5μm 光谱范围，具有 242 个光谱波段，光谱分辨率为 10nm，空间分辨率为 30m，刈幅宽度覆盖 7.7km。Hyperion 有好的光谱特性证明文件，其光谱响应函数采用高斯函数，辐射稳定性达到 5% 以内，是以其月亮观测与 USGS 的 ROLO 计划比对为基础的。

从发射到 2010 年，Hyperion 获得在利比亚 4 上空的全部 108 幅无云的图像。而与 ETM+ 和 MODIS 同一天、接近同时（只隔很短的几分钟）获得的图像只有 9 个。本研究选择在利比亚 4 场地中 Hyperion 与 ETM+ 和 MODIS 在共同关心区域获得的图像数据，并转换计算出 TOA 反射率。

TOA 反射率是由所有的、Hyperion 特有的 196 个光谱波段计算出来的，0.4 ~ 2.4μm 的曲线是波长的函数。在一些光谱波段存在大气吸收特性，如水汽、氧气、臭氧和二氧化碳，增加了这些波长上的可变性。在吸收区域的周围，不确定度更大。如果不考虑吸收特性的影响，108 个 TOA 反射率的全部标准偏差在 2% 以内。

为了与其他传感器的光谱间隔相匹配，Hyperion 的光谱被首先在一个好的光谱分辨率上进行重采样。Hyperion 的光谱分辨率是 10nm，相对光谱响应的光谱采样间隔为 1nm。为了计算 SBAF，做几个假设：Hyperion 传感器辐射性能是好的，其发射后定标保持良好；Hyperion 的光谱分辨率在 ETM+ 和 MODIS 波段之内对所有吸收性能的采样是足够精细的；在 ETM+ 和 MODIS 或 Hyperion 的发射前的光谱性能中，相对光谱响应内没有重大的、已知的光谱偏移。也可以合理地假设，在 3 个传感器获取图像的 30min 的时间差内，目标的光谱信号和大气传输特性没有变化。

2. 应用近同时 Hyperion 数据产生 SBAF

由于不同的图像获取的数据会受大气变化的影响，为了降低在 SBAF 中的不确定度，在计算 SBAF 时选择近同时（间隔 30min 之内）获取的 3 个传感器的图像数据。目标的光谱信号使用单独的 Hyperion 近同时成像的光谱。

表 6.3 总结了 Hyperion 在利比亚 4 场地上空获得的 9 个近同时观测平均数据（Average of Near-simultaneous）和 108 个寿命期观测平均数据（Average of Lifetime）产生的 SBAF 的结果（平均值及标准偏差 STD）。表中还总结了采用 SBAF 补偿前、后 ETM+ 与 MODIS 的相对百分比偏差。

表 6.3 Hyperion 在利比亚 4 场地上空获得的 9 个近同时观测
平均数据和 108 个寿命期观测平均数据产生的 SBAF 的结果

ETM+ 波段	模拟 TOA ρ_{ETM+}	模拟 TOA ρ_{MODIS}	平均 SBAF ρ_{ETM+}/ρ_{MODIS}	SBAF 的 STD	测量 TOA ρ_{ETM+} (E)	测量 TOA ρ_{MODIS} (M)	调整 TOA ETM+ (E^*)	(E-M) /M 百分比偏差（SBAF 补偿前）	(E^*-M) /M 百分比偏差（SBAF 补偿后）
使用近同时利比亚 4 光谱（9 个 Hyperion 图像）									
1	0.250	0.233	1.071	0.19%	0.244	0.233	0.227	4.53%	-2.42%
2	0.363	0.351	1.034	0.18%	0.343	0.324	0.331	5.68%	2.24%
3	0.486	0.471	1.033	0.13%	0.461	0.442	0.446	4.26%	0.93%
4	0.551	0.601	0.917	0.78%	0.540	0.565	0.589	−4.42%	4.26%

续表

ETM+波段	模拟 TOA ρ_{ETM+}	模拟 TOA ρ_{MODIS}	平均 SBAF ρ_{ETM+}/ρ_{MODIS}	SBAF 的 STD	测量 TOA ρ_{ETM+} (E)	测量 TOA ρ_{MODIS} (M)	调整 TOA ETM+ (E^*)	(E-M)/M 百分比偏差（SBAF 补偿前）	(E^*-M)/M 百分比偏差（SBAF 补偿后）
使用寿命期利比亚 4 光谱（108 个 Hyperion 图像）									
1	0.249	0.233	1.071	0.28%	0.246	0.243	0.230	1.23%	−5.51%
2	0.362	0.350	1.034	0.23%	0.344	0.326	0.333	5.52%	2.04%
3	0.487	0.471	1.033	0.12%	0.457	0.446	0.442	2.47%	−0.83%
4	0.552	0.602	0.917	0.69%	0.545	0.571	0.594	−4.55%	4.06%

（1）使用近同时 Hyperion 图像产生的 SBAF。

2004—2009 年，3 个传感器有 9 个近同时获取的图像，表 6.3 第 2~5 列是 ETM+、MODIS 的平均模拟反射率（模拟 TOA）、平均 SBAF 和利比亚 4 场地上 9 个近同时获取图像产生 SBAF 的标准差（STD）。在研究中，单独的 SBAF 应用于近同时图像对，比通常的平均方法更好。注意：波段 4 的 SBAF 值比其他波段小，是由于 ETM+ 的模拟反射率（分子）比相应的 MODIS 模拟反射率小（分母）。在波段 4，由于水汽吸收特性的存在，SBAF 的变化较大。SBAF 在波段 4 有更大的不确定度，说明由于大气吸收特性的影响，Hyperion 在不同日期获取的图像中大气变化对长波的影响更大。

（2）利比亚 4 近同时 Hyperion 数据的结果。

9 套近同时图像的 SBAF，分别来自单独的 Hyperion 的 TOA 反射率曲线，并应用到 ETM+。表 6.3 最后 5 列中，对于波段 1，应用 SBAF 前，ETM+ 和 MODIS 之间测量 TOA 反射率（测量 TOA）的相对偏差是 4.53%，在 SBAF 补偿后减少到 −2.42%。同样，波段 2 从 5.68% 减少到 2.24%，波段 3 从 4.26% 减少到 0.93%，波段 4 从 −4.42% 减少到 4.26%。SBAF 补偿使传感器在一致性上有了重大改进。数据显示，应用 SBAF 后，ETM+ 和 MODIS 之间近同时图像对的百分比偏差对全部 9 个图像是一致的。

光学遥感器对指定测试场地的、近同时获取的高光谱测量图像的有效性是有局限的。这几个传感器在寿命期间的存档文件中，只有 9 个近同时高光谱图像可以用，由于它们有效性的局限，无法完成寿命期的研究。

3. 寿命期 Hyperion 图像产生 SBAF 的应用

（1）使用 Hyperion 寿命期批数据产生的 SBAF。

所有在利比亚 4 场地上获取的可利用的 Hyperion 图像，不管是否与 ETM+、MODIS 近同时获取，都被用于本研究。从 Hyperion 得到的平均 TOA 反射率曲线，作为目标反射率。

Hyperion 在 2004—2009 年的 5 年中获得的利比亚 4 的 108 个图像被处理成平均 TOA 反射率曲线。所有这些曲线在所有 Hyperion 波段的标准偏差大约为 5%，显示了 108 个寿命期批数据的重要的时间变化。使用这 108 个 Hyperion TOA 反射率曲线，在每个曲线的 4 个光谱匹配波段，计算出相应的 108 个 SBAF。表 6.3 总结了平均 ETM+、MODIS 模拟 TOA 反射率、平均 SBAF 和 108 个 SBAF 的标准差。表中列出的平均 SBAF 值是为了补偿寿命期 ETM+ 的 TOA 反射率，与 MODIS 的 TOA 反射率匹配的。使用寿命期 108 个 Hyperion 曲线产生的所有 108 个 SBAF 的标准偏差小于 0.7%。波段 1、2、3 是光谱相应比较干净的波段，SBAF 的变化较小。ETM+ 的相对光谱响应在波段 4、826nm 周围有水汽吸收特性，所以在波段 4 中的变化较大。

表 6.4 总结了 Hyperion 对于 CEOS 确定的 5 个伪不变定标场地（利比亚 4、毛里塔尼亚 1、毛里塔尼亚 2、阿尔及利亚 3、阿尔及利亚 5）测试所得的长期数据的平均 SBAF 和标准偏差。数据说明，即使对于同样的沙漠陆地覆盖类型，从场地到另一场地的 SBAF 是不一样的，它依赖于目标的光谱形貌。精确的 SBAF 依赖于高光谱传感器如何更好地呈现目标光谱信息。

表 6.4 Hyperion 对于 CEOS 确定的 5 个伪不变定标场地测试所得的长期数据的平均 SBAF 和标准偏差

ETM+ 波段	利比亚 4	毛里塔尼亚 1	毛里塔尼亚 2	阿尔及利亚 3	阿尔及利亚 5
使用寿命期数据的平均 SBAF					
1	1.071	1.061	1.057	1.054	1.041
2	1.034	1.083	1.082	1.065	1.052
3	1.033	1.036	1.037	1.040	1.039
4	0.917	0.928	0.925	0.927	0.922
使用寿命期数据的 SBAF 标准偏差					
1	0.28%	0.22%	0.20%	0.48%	0.51%
2	0.23%	0.56%	0.60%	0.41%	0.34%
3	0.12%	0.18%	0.14%	0.16%	0.07%
4	0.69%	1.09%	0.83%	0.71%	0.74%

（2）使用利比亚 4 Hyperion 寿命期批数据的结果。

ETM+ 和 MODIS 的测量 TOA 反射率，ETM+ 为了与 MODIS 的测量 TOA 反射率匹配，使用 SBAF 补偿的 E^*，以及在应用 SBAF 补偿前后，对于所有反射太阳波段的百分比偏差都总结在表 6.3 中。波段 1 应用 SBAF 前为 1.23%，应用后为 −5.51%；波段 2 应用前为 5.52%，应用后为 2.04%；波段 3 应用前为 2.47%，应用后为 −0.83%；波段 4 应用前为 −4.55%，应用后为 4.06%。波段 4 的数据说明补偿过度了，这可能是由于在 ETM+ 波段 4 的 0.826μm 周围有水汽吸收的影响，而相应的 MODIS 波段 2 避免了这个吸收特性。大气吸收特性决定于大气成分，可能在时间和空间上没有足够的均匀性。大气吸收导致 Hyperion 的高光谱 TOA 反射率在这个波段中有大的偏移，使 Hyperion 光谱曲线出现大的不确定度，从而影响了 SBAF。

4. 使用近同时和寿命期 Hyperion 数据的结果比较

表 6.3 中，采用 Hyperion 图像数据比较，9 个近同时获取的平均数据与 108 个寿命期平均数据衍生的 SBAF 补偿结果，前者在波段 1 的效果更好。原因如下。（1）与长期数据

比较，在近同时图像中 ETM+ 和 MODIS 的 TOA 反射率之间的百分比偏差恰好在 SBAF 补偿前是较高的（4.53%）。这是由于 MODIS 波段 3 在 2004 年后显示信号衰退，ETM+ 和 MODIS 之间的偏差在 2004 年后增加，而平均百分比偏差在跨越寿命期末是小的（1.23%），并且近同时 ETM+ 和 MODIS、Hyperion 图像都是在 2004 年以后获得的。结果是使用近同时图像比寿命期批数据在波段 1 的过度补偿总量更少。（2）以前的研究表明，波段 1 受瑞利散射影响较大，强烈地依赖大气压力、散射角（在天底观测条件的太阳角度）和气溶胶特性。而使用近同时图像时，由于传感器观测同样的大气，影响最小。表 6.3 中基于 9 个近同时成像贯穿一年四季，但显示 SBAF 标准偏差在波段 1 是 0.19%，说明在沙漠中、太阳天顶角变化的条件下，大气散射没有大的影响。2004 年后的时间定标趋势是比较大的影响因素，但即使对于 108 个长期数据的情况，标准偏差是那么小，大气和表面 BRDF 的影响比任何 SBAF 或定标偏差的影响都小。对于波段 2 使用近同时图像对的结果是一样的，结果是所有的图像对偏差都在 2.3% 以内。在平均水平上，应用 SBAF 后，ETM+ 和 MODIS 之间的百分比偏差，使用近同时数据的是 2.24%，使用寿命期数据的是 2.04%。对于波段 3，SBAF 补偿在 1% 以内。对于波段 4，在所有的 9 个图像对间更有范围 4%~5.2% 的过度补偿。按平均计算，应用 SBAF 之后，ETM+ 和 MODIS 之间的偏差在使用长期数据时是 4.06%，使用近同时数据时是 4.26%。这两种情况的结果是相似的，平均使用近同时图像对不能解释在波段 4 中的过度补偿。同样，这些结果也不能证明对于这个波段，水汽吸收是过度补偿的主要原因。

虽然在使用 SBAF 补偿后有改进，但还没有达到预期的 ETM+ 和 MODIS 之间定标和不确定度的满意效果：（1）使用近同时图像替代寿命期图像产生 SBAF 后，补偿 ETM+ 的 TOA 反射率的结果仍有不同的问题；（2）在不同日期获取 Hyperion 图像中大气的变化没有增加 SBAF 的不确定度；（3）在使用 Hyperion 寿命期和近同时图像数据补偿 SBAF 后，在 ETM+ 和 MODIS 的 TOA 反射率之间仍有重大的偏差，需进一步研究；（4）使用大的 10nm 光谱分辨率的 Hyperion 数据产生 SBAF 的效果需要进一步研究。

6.5.5 采用 Envisat 的 SCIAMACHY 数据产生 SBAF 的应用

SCIAMACHY 是一个搭载于 2002 年 3 月 1 日发射的 Envisat 卫星上的大气传感器，记录了来自大气的太阳辐射传输、后向散射和反射，其覆盖的光谱范围在 0.24~1.7μm 和 2.0~2.38μm 的选择区域，具有 0.2~0.5nm 的变化的高光谱分辨率，分辨率随波长变化，光谱范围分布在 8 个光谱通道中。

SCIAMACHY 光谱通道 7、8（短波红外波段）由于信号噪声，其数据不能用。这两个通道在连续光谱上与通道 1~6 不重叠，在处理中不包括短波红外波段。SCIAMACHY 传感器采集数据的全扫描宽度为 960km，视场角为 30°。本研究中使用的是 SCIAMACHY 光谱辐亮度 Level 1 SCI-NL-1P 数据产品，其天底脚印尺寸为 30km×240km。覆盖测量范围的 TOA 反射率使用 SCIAMACHY 光谱辐亮度和每天的太阳辐照度数据。

由于 SCIAMACHY 的脚印比 Hyperion 选择的关注区域大，由 SCIAMACHY 测量的 TOA 反射率比 Hyperion 测量的要低。SCIAMACHY 绝对辐射的不确定度小于 4%。

SCIAMACHY（光谱分辨率为 1nm）相比 Hyperion（光谱分辨率为 10nm）有非常好的光谱分辨率，对于吸收性能有更好的采样，可以为目标提供高光谱分辨率的描述。

1. 比较 Hyperion 和 SCIAMACHY 的 TOA 反射率曲线

图 6.5 显示了在利比亚 4 获得的 SCIAMACHY 1nm、Hyperion 10nm 的 TOA 反射率曲线比较及 ETM+ 和 MODIS 相应波段的 RSR 相对光谱响应。

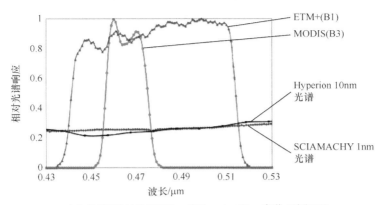

（a）比较 SCIAMACHY 1nm 和 Hyperion 10nm 光谱（波段 B1）

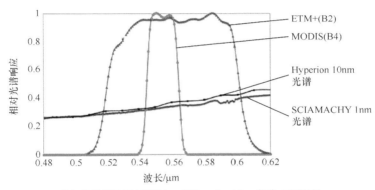

（b）比较 SCIAMACHY 1nm 和 Hyperion 10nm 光谱（波段 B2）

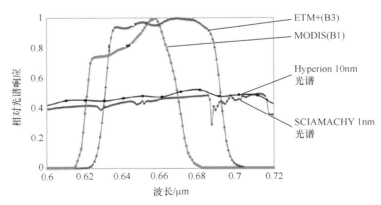

（c）比较 SCIAMACHY 1nm 和 Hyperion 10nm 光谱（波段 B3）

图 6.5　在利比亚 4 场地获得的 SCIAMACHY（1nm）与 Hyperion（10nm）的
TOA 反射率比较及 ETM+ 和 MODIS 的 RSR 相对光谱响应

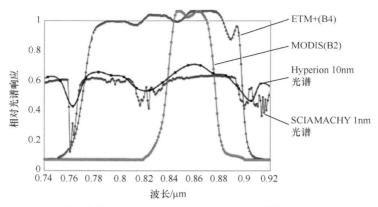

（d）比较SCIAMACHY 1nm和Hyperion 10nm光谱（波段B4）

图6.5　在利比亚4场地获得的SCIAMACHY（1nm）与Hyperion（10nm）的
TOA反射率比较及ETM+ 和 MODIS的RSR相对光谱响应（续）

SCIAMACHY 的 TOA 反射率曲线是由 2004—2007 年的 87 个通过天底观测几何对关注区域获得的图像平均计算得到的，SCIAMACHY 曲线光谱分辨率为 1nm。Hyperion 的 TOA 反射率曲线是由 2000—2008 年的 108 个利比亚 4 的图像平均计算得到的，Hyperion 曲线的光谱分辨率为 10nm。

由图 6.5 可分析出以下几点。

（1）Hyperion 测量 TOA 反射率比 SCIAMACHY 测量的要高，后面计算 SBAF 的过程可显示这个偏差量没有显著的影响。

（2）在 SCIAMACHY 的 TOA 反射率曲线的某些局部波长上，如波段 2 的 0.58μm 和 0.59μm、波段 3 的 0.6875μm、波段 4 的 0.81μm 和 0.82μm，可以看到多重吸收特性，而在 Hyperion 的曲线上却没有显示。SCIAMACHY 好的光谱分辨率很好地描述了有内部吸收特性的光谱。

（3）Hyperion 和 SCIAMACHY 被用于陆地遥感时，其光谱形貌数据在大多数波长上的标准偏差都同样小于 3%。

2. Hyperion 和 SCIAMACHY 产生 SBAF 的比较

表 6.5 显示了 ETM+ 和 MODIS 使用 Hyperion 的 10nm 光谱、SCIAMACHY 的 1nm 光谱和 SCIAMACHY 的 10nm 光谱 3 种光谱计算的模拟反射率（Simulated Reflectances）ρ 和相应的平均 SBAF，以及由其中两个光谱导出的 SBAF、TOA 反射率的百分比偏差。

表 6.5　使用 Hyperion 的 10nm 光谱、SCIAMACHY 的 1nm 光谱和 SCIAMACHY 的
10nm 光谱 3 种光谱的模拟 TOA 反射率、平均 SBAF 和相应的百分比偏差

ETM+ 波段	模拟 TOA ρ_{ETM+}			模拟 TOA ρ_{ETM+} 百分比偏差		
	Hyperion 的 10nm 光谱	SCIAMACHY 的 1nm 光谱	SCIAMACHY 的 10nm 光谱	Hyperion 的 10nm 光谱和 SCIAMACHY 的 1nm 光谱	SCIAMACHY 的 1nm 光谱和 SCIAMACHY 的 10nm 光谱	Hyperion 的 10nm 光谱和 SCIAMACHY 的 10nm 光谱
1	0.249	0.261	0.261	−4.64%	−0.01%	−4.64%
2	0.362	0.336	0.336	7.78%	−0.03%	7.75%
3	0.487	0.448	0.448	8.58%	−0.04%	8.53%
4	0.552	0.517	0.515	6.75%	0.33%	7.10%

续表

ETM+ 波段	模拟 TOA ρ_{MODIS}			模拟 TOA ρ_{MODIS} 百分比偏差		
	Hyperion 的 10nm 光谱	SCIAMACHY 的 1nm 光谱	SCIAMACHY 的 10nm 光谱	Hyperion 的 10nm 光谱和 SCIAMACHY 的 1nm 光谱	SCIAMACHY 的 1nm 光谱和 SCIAMACHY 的 10nm 光谱	Hyperion 的 10nm 光谱和 SCIAMACHY 的 10nm 光谱
1	0.233	0.256	0.256	−9.33%	0.10%	−9.25%
2	0.350	0.329	0.329	6.51%	0.02%	6.53%
3	0.471	0.438	0.438	7.58%	−0.09%	7.49%
4	0.602	0.547	0.546	10.06%	0.12%	10.19%

ETM+ 波段	平均 SBAF			SBAF 百分比偏差		
	Hyperion 的 10nm 光谱	SCIAMACHY 的 1nm 光谱	SCIAMACHY 的 10nm 光谱	Hyperion 的 10nm 光谱和 SCIAMACHY 的 1nm 光谱	SCIAMACHY 的 1nm 光谱和 SCIAMACHY 的 10nm 光谱	Hyperion 的 10nm 光谱和 SCIAMACHY 的 10nm 光谱
1	1.071	1.019	1.020	5.18%	−0.11%	5.07%
2	1.034	1.022	1.022	1.19%	−0.05%	1.15%
3	1.033	1.024	1.023	0.93%	0.04%	0.97%
4	0.917	0.946	0.944	−3.01%	0.21%	−2.80%

Hyperion 的 10mm 光谱和 SCIAMACHY 的 1mm 光谱的 SBAF 有显著的差异。这些百分比偏差异用相关的 SCIAMACHY 的 1nm 光谱数据计算的。负值表明 SCIAMACHY 的 SBAF 比 Hyperion 的 SBAF 高。模拟反射率百分比偏差（Hyperion 的 10nm 光谱和 SCIAMACHY 的 1nm 光谱）这列显示，在波段 1、波段 4，MODIS 的模拟反射率的变化比 ETM+ 的变化大，如在波段 1（−9.33% 相对 −4.64%）和波段 4（10.06% 相对 6.75%），对于相应通道的 SBAF 的变化有相似的影响。在波段 2、波段 3 的情况，ETM+ 相对 MODIS 模拟反射率变化小，则 SBAF 的改变量也小。

由 Hyperion 和 SCIAMACHY 数据产生 SBAF 的比较结果表明如下特性。

（1）模拟反射率和相应 SBAF 的大偏差，是由 Hyperion 和 SCIAMACHY 测量 TOA 反射率的光谱形状不同所致的，对二者测量反射率光谱曲线不同的幅值不敏感，更多地依赖于 TOA 反射率的光谱形状。

（2）由于两个传感器有显著不同的相对光谱响应，SBAF 是对应一个目标的特性，如果已知两个传感器对一个目标光谱的 SBAF，在没有获得覆盖其他目标的测量结果时，想由此评价不同目标光谱的 SBAF 是困难的。

（3）窄波段相对光谱响应对光谱的变化更敏感，由此在计算 SBAF 上比宽波段相对光谱响应有更显著的影响。

3. SCIAMACHY 的 1nm 光谱产生 SBAF 的应用

表 6.6 总结了采用 SCIAMACHY 的 1nm 光谱、10nm 光谱 TOA 反射率的结果，由此产生的 SBAF 补偿 ETM+ 的 TOA 反射率与 MODIS 的一致性，以及补偿前后 E、M 两个反射率间的相对百分比偏差。

表 6.6　采用 SCIAMACHY 的 1nm 光谱和 10nm 的利比亚 4 寿命期数据产生 SBAF 的结果比较

由 1nm SCIAMACHY 产生 SBAF					
ETM+ 波段	测量 TOA ρ_{ETM+}（ E ）	测量 TOA ρ_{MODIS+}（ M ）	调整 TOA ETM+（ E^* ）	$(E-M)/M$ 百分比偏差（使用 SBAF 前）	$(E^*-M)/M$ 百分比偏差（使用 SBAF 后）
1	0.246	0.243	0.241	1.23%	−0.62%
2	0.344	0.326	0.337	5.52%	3.26%
3	0.457	0.446	0.446	2.47%	0.09%
4	0.545	0.571	0.576	−4.55%	0.93
由 10nm SCIAMACHY 产生 SBAF					
ETM+ 波段	测量 TOA ρ_{ETM+}（ E ）	测量 TOA ρ_{MODIS+}（ M ）	调整 TOA ETM+（ E^* ）	$(E-M)/M$ 百分比偏差（使用 SBAF 前）	$(E^*-M)/M$ 百分比偏差（使用 SBAF 后）
1	0.246	0.243	0.241	1.23%	−0.72%
2	0.344	0.326	0.336	5.52%	3.21%
3	0.457	0.446	0.447	2.47%	0.13%
4	0.545	0.571	0.578	−4.55%	1.14%

　　这些结果同表 6.3 中使用 Hyperion 的 10nm 光谱的结果比较，在所有波段的效果更好，除了波段 2 的补偿效果较差，这是因为在 SCIAMACHY 光谱 0.589μm、0.599μm 处有多样的吸收特性的影响，而在 Hyperion 的 10nm 光谱中是显示不到的。表 6.3 中采用 Hyperion 产生的 SBAF 补偿 ETM+ TOA 反射率的偏差为 2.04%，而表 6.6 中使用 SCIAMACHY 的 1nm 光谱时，偏差增加至 3.26%。在 MODIS 的相对光谱响应区域右边有一个 SCIAMACHY 的低的响应，使 SBAF 增加了。

　　总的来看，采用 SCIAMACHY 光谱产生 SBAF 补偿 ETM+ 的 TOA 反射率的效果，比采用 Hyperion 寿命期光谱好。

4. SCIAMACHY 的 10nm 光谱产生的 SBAF 的应用

　　为了比较粗糙分辨率对结果的影响，采取将 SCIAMACHY 的 1nm 光谱的 TOA 反射率光谱在每个 10nm 窗口平均滤波的方法，得到 SCIAMACHY 的 10nm 光谱。采用 SCIAMACHY 的 10nm 光谱产生 SBAF 的结果已经显示在表 6.6 中。

　　表 6.7 显示采用 Hyperion 的 10nm 光谱、SCIAMACHY 的 1nm 光谱、SCIAMACHY 的 10nm 光谱产生 SBAF，补偿 ETM+ 的 TOA 反射率后 ETM+ 与 MODIS TOA 反射率的百分比偏差，以及被采用的 3 种光谱的结果之间的相对偏差。比较 SCIAMACHY 的 10nm 光谱和 Hyperion 的 10nm 光谱的补偿结果，所有波段的偏差的变化在 5% 以内。从表 6.7 中结果可看出如下要点。

　　（1）比较 SCIAMACHY 的 1nm 光谱和 SCIAMACHY 的 10nm 光谱对所有波段的结果，相对变化小于 0.25%。说明目标光谱曲线粗糙的分辨率（模拟 10nm）替代 1nm 分辨率，对所有波段在 SBAF 中的不确定度的改变小于 0.25%。

（2）使用 SCIAMACHY 的 10nm 光谱结果补偿 SBAF 后，所有波段（除波段2）的残余误差小于原来的 1%。因此可从理论上确定，Hyperion 的 10nm 的粗糙光谱分辨率不是这些大偏差的主要原因。

（3）在所有的 4 个短波波段中，在 ETM+ 和 MODIS 光谱波段内，SCIAMACHY 光谱曲线比 Hyperion 光谱曲线平滑，因而由这两个光谱产生的 SBAF 中的偏差是可信的。因此，相对于 Hyperion 的 10nm 粗糙光谱分辨率，Hyperion 的相对光谱定标可能是产生 SBAF 的不确定度的更重要来源。

表 6.7 比较采用 SCIAMACHY 的 1nm 光谱、SCIAMACHY 的 10nm 光谱和 Hyperion 的 10nm 光谱产生 SBAF 补偿后的结果，以及被采用的 3 种光谱的结果之间的相对偏差

ETM+ 波段	$(E^{'}-M)/M$百分比偏差（SBAF 调整后）			相对偏差		
	Hyperion 的 10nm 光谱	SCIAMACHY 的 1nm 光谱	SCIAMACHY 的 10nm 光谱	Hyperion 的 10nm 光谱和 SCIAMACHY 的 1nm 光谱	SCIAMACHY 的 1nm 光谱和 SCIAMACHY 的 10nm 光谱	Hyperion 的 10nm 光谱和 SCIAMACHY 的 10nm 光谱
1	−5.51%	−0.62%	−0.72%	−4.90%	0.10%	−4.79%
2	2.04%	3.26%	3.21%	−1.22%	0.05%	−1.17%
3	−0.83%	0.09%	0.13%	−0.92%	−0.04%	−0.97%
4	4.06%	0.93%	1.14%	3.13%	−0.21%	2.92%

6.5.6 从SBAF研究中得出的结论

交叉定标中，使用 TOA 反射率高光谱数据计算的 SBAF，是减少有光谱响应差异的两个多光谱传感器测量 TOA 反射率间偏差的重要工具。

由此研究可分析出如下结论。

（1）对于计算 SBAF 的精度，高光谱传感器的光谱辐射度定标相对于其光谱分辨率的影响更大，这一计算更依赖于如何用一个很好的高光谱传感器呈现目标的光谱信号。

（2）如果场地表面在传感器对的相对光谱响应内有平坦的光谱反射率形状，那么 SBAF 是一致的，即在两个传感器相对光谱响应的区域，被传感器接收的能量将是一样的。从交叉定标来看，位于传感器带通内的表面光谱是平坦的，将使传感器有更好的交叉定标。

（3）目标 TOA 反射率高光谱曲线的吸收特性影响 SBAF，吸收特性的影响依赖于在相对光谱响应的位置。

（4）当评价和比较来自两个不同目标 TOA 反射率光谱的 SBAF 时，目标光谱曲线的形状对 SBAF 的影响比幅值的更大。

（5）使用一个具有好的光谱分辨率的高光谱遥感器，不仅能有效地捕获目标的所有吸收性能，也能保证在多光谱相对光谱响应内有足够的光谱波段，可以精确地采样和模拟能量。但光谱分辨率模拟已经表明，好的分辨率对于计算 SBAF 的精度只有最小限度的影响。

（6）即使对于相似的沙漠陆地覆盖类型，来自不同场地的 SBAF 也是不一样的。

（7）为了光学卫星传感器使用伪不变定标场进行绝对定标和改进在轨定标性能，有一个定标较好的高光谱传感器是非常重要的。

（8）进一步的研究表明，多种传感器的高光谱测量结合，可以更加精确地呈现一个目标的特性。

Hyperion 是一个卓越的、全球可直接利用的中分辨率高光谱测量源。因此，改进和维护这个数据产品的定标档案的成果，将更多地被遥感工作者应用。

6.6 使用Railroad Valley Playa对多个遥感器进行交叉比较

位于内华达州北方中心的 Railroad Valley Playa 干湖床测试场，是亚利桑那大学的遥感团队使用地面基测试场对机载和星载传感器进行替代定标的重要场地。2001 年 7 月 16 日，对 5 个星载传感器在这个干湖床的所有成像进行了交叉比较。这些传感器包括 ALI、位于 EO-1 平台的 Hyperion、Landsat-7 卫星上的 ETM+、Terra 卫星的 MODIS 和 Ikonos。

通过对 ETM+ 数据进行大气校正，获得干湖床的 $1km^2$ 面积的表面反射率，使用这些表面反射率确定各传感器上的入瞳高光谱辐亮度，并考虑每个传感器由于过境时间不同，太阳天顶角的变化，以及传感器间观察角度的不同。结果显示，在没有受到大气吸收影响的太阳反射波段，所有传感器同 ETM+ 具有 10% 以内的一致性。ETM+、MODIS 和 ALI 的一致性在所有波段达到 4.4%，在可见 - 近红外波段具有更好的一致性。Hyperion 与其他传感器间微弱的一致性，部分是 Hyperion 数据产品中窄带宽的信噪比低所致。

6.6.1 本研究的主要目标——EO-1卫星载荷辐射性能的评价

EO-1 卫星于 2000 年 11 月发射，在同一轨道上、处于 Landsat-7 卫星之后仅 1min，在 Terra 卫星之前大约 40min。EO-1 使命的主要目标是对其星上载荷进行技术测试。

EO-1 平台上载有 3 个传感器，即两个 ALI 和一个 Hyperion。ALI 与 ETM+ 相似，提供多光谱数据，不同的是，ALI 采用推扫成像方式，而 ETM+ 采用挥扫成像方式。ALI 在比 ETM+ 波段 1 波长短的区域附加 1 个波段，在 ETM+ 波段 4、5 之间附加短波红外波段，并且将 ETM+ 波段 4 改为窄波段，以避免水汽吸收的影响；另一个改进是 ALI 有一个热波段。Hyperion 传感器在地球轨道、其他波段上，没有可比的传感器，它是第一个地球轨道上的基于光栅的高光谱民用传感器。

为了评价遥感器载荷的辐射性能，可以采用在好的研究方案下比较传感器输出的方法。EO-1、Landsat-7 和 Terra 平台的轨道接近一致，允许 ALI、Hyperion、ETM+、ASTER、MISR 和 MODIS 传感器之间采用这个方法进行比较。

在这个研究中，ETM+ 作为参考的基础，因为自 1999 年 4 月发射以来，基于星上和替代定标，其稳定性优于 2%，已知的绝对辐射定标优于 3%。在多光谱反射率波段的传感器中，ETM+ 的 30m 空间分辨率使地面基测量的位置在图像中容易找到。此外，ETM+ 覆盖了所有其他传感器同样的光谱范围，并且它与 EO-1 有同样的轨道（间隔在 1min 之内）。

6.6.2 交叉定标方法

本研究中采用的方法与反射率基法类似，得到观测目标 1km² 面积的表面反射率，将其同符合条件的大气数据一起输入辐射传输方程，预报传感器上的辐亮度。不同的是表面反射率来自 ETM+ 数据，采用 ETM+ 已经进行辐射度和几何校正的 Level 1G 产品。研究中的 5 个传感器都应用了这个方法，并进行相互间的交叉比较。图 6.6 是这个方法的示意。

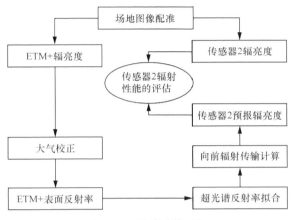

图6.6 研究方法的示意

（1）定标的第一步是选择两个传感器共同的测试场。理想的情况是，来自各传感器的数据是在同一时间、具有同样的观察与太阳几何条件下获得的。本研究中，对于 Railroad Valley 测试场，任意两个传感器在时间上的最大分隔是 40min，并有接近一致的观测几何，将引入最小的不确定度。

最后部分所说的精确的干湖床面积约为 1km²，对应 ETM+ 的大约 33 个 ×33 个像元的区域（ETM+ 的空间分辨率为 30m）。对来自场地的数据进行简单的算术平均，使用发射前定标系数转换到辐亮度。

（2）应用 ETM+ 的所有光谱波段的入瞳辐亮度数据，依据在 ETM+ 过境时地面太阳辐射计的测量，进行大气校正。从太阳辐射计测试数据获得的光谱光学厚度被转换，以确定臭氧柱、水汽柱和气溶胶尺寸分类。

（3）ETM+ 的入瞳辐亮度数据经大气校正后，输入辐射传输方程，计算 1km² 面积的表面反射率。如果入瞳辐亮度与表面反射率为线性关系，可以允许通过插值计算。几个测试场的数据表明，在典型环境条件下，重建反射率的线性假设引入的误差小于 0.1%。

（4）高光谱反射率拟合：对来自 ETM+ 数据的、经大气校正的表面反射率，使用地面测量的表面反射率结果进行拟合。地面测量的表面反射率是使用 ASD FieldSpec 光谱仪和已知反射率的 Spectralon 参考板测试的，这些数据的空间位置相应于 80m×300m 测试场，可用于高空间分辨率传感器。

曲线拟合采用了地面测量的、1km² 面积的表面反射率的形状，但是反射率的绝对值是不知道的，因为事实上地面测量同 ETM+ 用于交叉比较的 1km² 面积是不符合的。曲线拟合采用经大气校正重建的 ETM+ 波段平均数据与地面测量的高光谱表面反射率间偏差最小平方和的方法。

图 6.7 显示 2001 年 7 月 16 日这个方法的结果。

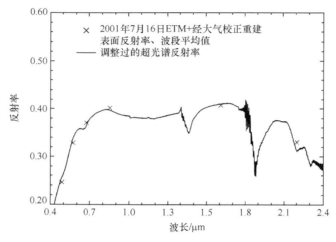

图6.7　2001年7月16日研究方法的结果

（5）传感器 2 上预报辐亮度的计算：在这一步，已知了干湖床 1km² 面积的高光谱反射率。理想状况下，对于每个单独的传感器的太阳、传感器观测几何，可以使用 BRDF 将这个反射率进一步修正到预报反射率。

通过场地测试，传感器过境这个测试场时，观测角为 30°，且在典型的太阳角条件下，场地表面特性与朗伯特性偏离小于 2%。因而对于所有过境的传感器，其表面反射率被认为是不变的，并且这个反射率被输入辐射传输方程，以计算每个传感器的预报入瞳辐亮度。

这个计算要代入大气条件的变化，由于受每个单独的传感器特殊的太阳、传感器几何影响的大气变化，以及由于角度变化附带的太阳辐照度的变化，传感器入瞳辐亮度预报的结果是每个传感器特定的光谱波段的波段平均值。

（6）传感器 2 辐射性能的评估：在传感器的预报辐亮度和每个传感器适当的定标信息的基础上，对干湖床 1km² 面积确定的报告辐亮度进行比较。

6.6.3　结果

研究结果显示，在没有受到大气吸收影响的太阳反射波段，所有传感器同 ETM+ 具有 10% 以内的一致性。ETM+、MODIS 和 ALI 所有波段的一致性达到 4.4%，在可见 - 近红外波段具有更好的一致性。Hyperion 与其他传感器间微弱的一致性，部分是 Hyperion 窄带宽的数据产品中微弱的信噪比所致。

上述方法已经应用于 2001 年 7 月 16 日采集的数据。这一天有太阳角度高的有利条件，可以减小与太阳天顶角关联的 BRDF 及传感器入瞳辐亮度的改变。表 6.8 列出了所有传感器的太阳、传感器几何参数，以及所有过境时地面测量的大气条件。

表 6.8 所有传感器的太阳、传感器几何参数，以及所有过境时地面测量的大气条件

传感器	ETM+	Hyperion/ALI	MODIS	Ikonos
过境时间（世界时间代码）	18:10:25	18:11:19	18:46:37	18:48:22
太阳天顶角 / (°)	27.3	27.1	21.8	21.5
太阳方位角 / (°)	122	122	138	138
传感器观察角 / (°)	0.3	0.3	0.3	23.2
传感器方位角 / (°)	104	104	104	294
550nm 气溶胶光学厚度	0.048	0.048	0.051	0.051
龙格参数	2.68	2.70	2.69	2.69
臭氧柱 /cm-atm	0.38	0.39	0.38	0.38
水汽柱 /cm	0.99	0.99	1.04	1.04

表 6.8 中的气溶胶光学厚度显示，在这一天，低的气溶胶总量和大气都是时间稳定的。根据气溶胶的时间稳定性，也可以推断出空间均匀性是好的。图 6.8 显示了在 EO-1 过境时刻大约 1h（美国时间）内，在 550nm 波长处的气溶胶光学厚度相对时间的函数曲线。

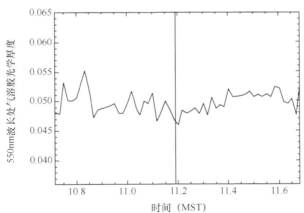

图6.8 EO-1过境时刻大约1h内在550nm波长处的气溶胶光学厚度相对时间的函数曲线
（垂线显示EO-1过镜）

在此期间，大部分的光学厚度值小于 0.055，在从日出到中午的整个测量期间也如此。表 6.8 中的龙格参数显示气溶胶尺寸分类，并且这也是相关常数。

ETM+ 过境时的大气信息用于获得每个 ETM+ 多光谱波段的表面反射率值，示于表 6.9。表 6.9 中还给出了作为曲线拟合基础的场地 300m × 80m 面积波段平均值，$1km^2$ 的导出的反射率值，和使用 MODIS 反射率基定标的、采样图解的、同样这 $1km^2$ 面积的测量表面反射率。由表可看出，大气校正 ETM+ 数据曲线拟合的表面反射率（表中第 2 行）同测量 $1km^2$ 面积的表面反射率（表中第 5 行）较符合。两者间反射率的偏差是地面测量中的误差、简单的曲线拟合方法的误差、ETM+ 数据中小的可能的定标偏差和大气校正方法的不确定度所致。后文将给出这些误差的简要的评估。

表 6.9　基于大气校正 ETM+ 数据的表面反射率、基于地面测量数据和来自曲线拟合的预报值

数据来源	波段 1	波段 2	波段 3	波段 4	波段 5	波段 7
大气校正 ETM+	0.245	0.328	0.371	0.402	0.407	0.329
模拟 1km^2 面积	0.254	0.332	0.367	0.396	0.409	0.330
测量 300m × 80m 面积	0.261	0.342	0.378	0.407	0.421	0.340
测量 1km^2 面积	0.263	0.347	0.387	0.409	0.419	0.338

在后处理中用于预报传感器入瞳辐亮度的表面反射率，是间隔 1nm 的高光谱值，使用表 6.9 中第 2 行的值。

使用 1km^2 面积的表面反射率值，同表 6.8 中的大气条件、传感器特殊的几何条件，给出每个传感器的每个光谱波段的入瞳辐亮度。将这些入瞳辐亮度同每个传感器的报告辐亮度进行比较，每个传感器的报告辐亮度是通过每个图像上适当像元的平均获得的。

表 6.10 给出 ETM+ 每个波段的辐亮度值，第一列辐亮度是来自 ETM+ 图像的报告辐亮度，后面列来自每个其他过境的卫星大气、几何条件的，经辐射传输方程计算的传感器预报辐亮度。值得注意的是，ETM+ 过境的测量辐亮度与预报辐亮度间有很好的一致性。这表明大气校正方案和地面基表面反射率数据的曲线拟合，并没有引入严重的偏差。同时也注意到，相应的 4 个过境传感器的预报辐亮度之间的一致性水平，由于过境时间不同的变化很小。大的差别是预报 L7 过境时间和几何相对于 Terra 过境的差别。这个偏差大是由于太阳天顶角的不同，改变了太阳光束穿过大气的路径长度（顺行的太阳辐照度的较小衰减），和由 Terra 入射小角度引起的太阳辐照度的增加。

表 6.10　每个过境的传感器在 ETM+ 每个波段的预报辐亮度和 ETM+ 源自图像的报告辐亮度

单位：$W \cdot m^{-2} \cdot sr^{-1} \cdot \mu m^{-1}$

波段	报告	ETM+ 过境	EO-1 过境	Terra 过境	Ikonos 过境
波段 1	144.5	148.9	148.9	155.2	151.8
波段 2	156.3	158.2	158.2	165.4	163.1
波段 3	148.4	146.8	146.8	153.4	152.1
波段 4	110.2	108.4	108.4	113.1	112.6
波段 5	23.97	24.04	24.07	25.12	25.08
波段 7	6.661	6.669	6.669	6.983	6.939

图 6.9 显示每个传感器的、作为波长函数的报告辐亮度。图 6.9（a）显示可见 - 近红外部分，图 6.9（b）显示短波红外部分。从中看出传感器间有偏差，比可被过境时间及观察角变化解释的要大。

这些偏差在计算预报与报告辐亮度间的百分比偏差时更清楚了（见图 6.10）。在这个情况中，第一个关键的结论是，对 ETM+ 应用这个交叉定标方法，使用 ETM+ 作为参考，在除了波段 1 的所有波段给出的偏差小于 2%，在波段 1 是 3%。这暗示了使用曲线拟合方

法引入光谱反射率的不确定度水平，也说明简单化的方法需要改进，以期保证最好的可能精度。高光谱图像的研究和更多的广阔的地面基测量研究计划，就是为了提高曲线拟合方法。第二个关键结论是，MODIS 和 ALI 多光谱系统给出的结果，在所有波段的一致性优于 5%，在大多数波段优于 3%。Hyperion 数据在可见 - 近红外波段（见图 6.10（a））的一致性多数情况下优于 5%，在短波红外波段（见图 6.10（b））有大的偏差。传感器 Ikonos 除了波段 3，在所有波段一致性优于 10%。

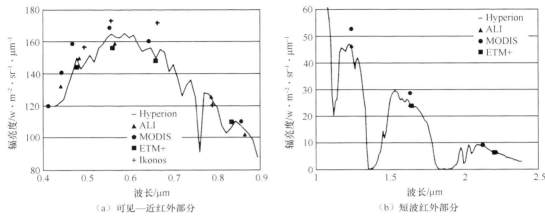

（a）可见—近红外部分　　　　　（b）短波红外部分

图6.9　每个传感器的作为波长函数的报告辐亮度

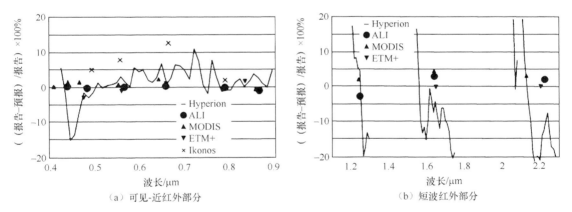

（a）可见-近红外部分　　　　　（b）短波红外部分

图6.10　每个传感器的预报与报告辐亮度间的百分比偏差

对于 MODIS，这就意味着新近的 Level 1B 产品被地球观测卫星中心系统认为是标准的，并且在元数据中的定标信息被使用。这个 MODIS 的系数依赖于星载漫射板的测量，已使用来自太阳、漫射板、稳定监测装置校正了衰退的数据。对于 Ikonos，系数用于校正 Ikonos 2001 年 2 月以后由空间成像提供的数据。ALI 和 Hyperion 的结果依赖于 2001年 12 月提供的定标系数。这些系数包括对于 ALI 波段 1p 和波段 5 的大的校正，以及对 Hyperion 在可见 - 近红外波段 8%、在短波红外波段 18% 的校正。对 EO-1 传感器的校正是基于月亮观测、星载太阳漫射板和采用反射率方法的替代定标。来自 Railroad Valley 的几个日期（包括 2001 年 7 月 16 日）的数据，被用于发展这些新的系数，交叉比较的方法是不依赖于早期结果的。

6.6.4　不确定度分析

这个方法的不确定度主要来自 3 个方面：大气条件的变化、图像重合失调、表面反射率。

（1）大气条件的变化。

由于所有的预报都使用同样的辐射传输方程和假设，所以在这个方法中由大气条件引入的不确定度是最小的。因而一些由大气校正和辐射传输计算引起的偏差被消除，并且不确定度主要由过境期间大气中的变化引起。

传感器过境期间大气条件的相关参数可能变化，这些参数有传感器、太阳的几何，气溶胶总量（光学厚度），气溶胶类型（尺寸分布、成分、折射率），大气吸收总量（臭氧和水汽）。在所有的案例中，来自大气参数的精度远远好于绝对精度。对于每个传感器过境期间的重要大气参数值列于表 6.8 中。虽然表中的参数绝对值存在误差，从表 6.8 中可看出，这些偏差是非常小的。辐射传输模拟中使用表 6.8 的值，引入辐射传输预报中的相对不确定度在所有波段小于 1%。

（2）图像重合失调。

交叉比较方法假设同样的陆地面积可以在所有的传感器图像中找到。

获得传感器在这个面积的输出，以便确定传感器的入瞳辐亮度。这个辐亮度可能存在传感器定标的误差，以及在所有图像中地面同样面积上的误差。

采用寻址 1km^2 面积的中心点的方法确定位置，比从每个传感器到另一个传感器的数据进行登记更好，可以将场地位置模糊引起的误差减到最小。因为砂砾层在穿过干湖床的跑道旁，对于空间分辨率小于 30m 的所有传感器，找到中心点是容易的。因而，ALI、ETM+、Hyperion、Ikonos 之间的重合失调小于 60m。将基于交替选择 1km^2 面积的方法，转换为在每个主要方向（东、南、西、北）上 30m、60m 的寻址，使由于这个位置模糊而产生的不确定度小于 0.1%。

在 MODIS 的案例中有两个异常，考虑与场地不明确相关。第一个是错误像元从图像中被选择。在对 MODIS 图像中临近像元的检查显示，使用这些像元给出预报入瞳辐亮度，在所有波段的偏差小于 2.3%，同光谱相关不一致。第二个异常是，在 MODIS 图像中被选择的像元数没有像 ETM+ 图像中的那样符合同样的面积。这个偏差在 MODIS 的 1km 波段可能大至 500m。

ETM+ 图像的检查显示对于所有波段，这个不确定度小于 2%，大的偏差在短波红外波段。

（3）表面反射率。

最后的不确定度来自于对于 1km^2 面积计算预报入瞳辐亮度时使用的表面反射率。过去的误差分析说明，重建 80m × 300m 面积的表面反射率的精度是 2%。表 6.9 显示，1km^2 面积的预报反射率同测量值的不一致性范围为 2% ～ 5%。这个偏差是重建 80m × 300m 面积的表面反射率的误差、ETM+ 数据大气校正误差（包括可能的偏差）、表面反射率拟合方法的误差、地面基测量的采样误差的联合误差。

在研究的这一步评价重建反射率的波段对波段的精度是困难的，因为这个精度依赖于地面基光谱波段对波段的特性、测试场地光谱反射率的空间不同成分、曲线拟合方法的不确定度和 ETM+ 中波段对波段的可能偏差。在当前研究中的所有这些因素对于预期目标是合理的，将不会超过表 6.9 中 5% 的最大偏差，可能达到优于 2%。

基于上述讨论可知，不确定度的主要来源是表面反射率。如果所有的误差被假设是独立的，在当前的方法中，平方和根给出的不确定度大于 2.4%，优于 5.2%。由于这个方法主要依赖于传感器间的相对比较，对于在时间上靠近、具有相似几何的传感器，改进达到 2.4% 是可行的。例如 ALI 和 Hyperion 在 Railroad Valley 场地上的交叉比较，对于 ALI 近红外波段可能有小于 1% 的不确定度。

6.6.5 结论

ALI、ETM+、Hyperion、Ikonos、MODIS 之间在太阳反射波段的交叉定标方法的结果显示，所有传感器（除了 Ikonos 的波段 2 和波段 3）的一致性优于 5%，并且在方法的不确定度之内。这个方法使用 ETM+ 数据，计算在 Railroad Valley 选定区域的光谱反射率。这个反射率和其他传感器过境时间的大气条件的地面测量数据一起，输入辐射传输方程。结果显示了使用交叉定标方法和 Railroad Valley 场地的有效性。

特别是 ALI、ETM+ 和 MODIS 间建立了很好的一致性，它们在可见 - 近红外的所有波段的偏差小于 2.3%，稍微大的偏差在短波红外，一致性也优于 4.4%，表明这 3 个传感器在它们辐射定标的合成不确定度之内是好的。

由于 Hyperion 传感器的高光谱分辨率，其信噪比低，使其与 ETM+ 的一致性减小，两个传感器间的百分比偏差不随波长而平坦地改变。这个结果可能部分是由于预报辐亮度和传感器辐亮度间的光谱配准。这个影响在大气吸收区域是明显的，并且最多的影响显现在光谱的短波红外部分。作为波长函数的 Hyperion 的平均结果减少了 ETM+ 与 Hyperion 间的偏差，在 50nm 间隔上的平均值导致的偏差在 ETM+ 的 6.4% 以内，在 500～900nm 的光谱的重要部分的所有波段，偏差小于 3%。

我们将进一步研究对于有符合成像日期的数据、但是没有符合的大气数据或表面反射率数据的情况，应用这个方法的可能性。在大面积干湖床场地应用交叉定标方法，将减少重合失调带来的不确定度。

鉴于当前有利的共有数据产品，有利的多样传感器、多样平台工作的发展趋势，保证来自这些传感器的数据的一致性将尤为重要。无论是对追溯早期陆地遥感提供有用的数据，还是对今后的陆地成像遥感，这个一致性也都是非常重要的。（Thome，2003）

6.7　我国环境卫星高光谱成像仪的交叉定标

交叉定标将定标精度较高的遥感器作为标准，来标定定标精度较低的遥感器。该方法要求参与交叉定标的遥感器必须具有相似的探测光谱通道，最好有尽可能接近的光谱响应特征。在可见光和近红外波段，不同卫星遥感仪器光谱响应特征差别大，加之此波段地物目标光谱特性复杂，进行交叉定标效果较差。在大气吸收波段，目标光谱的波动大，不同遥感仪器光谱响应的差别，可能会导致较大的探测值差别，更难于进行交叉定标。为了确保交叉定标的质量，交叉定标的目标必须合理确定，需要慎重选择参与交叉定标的卫星遥感数据。目前在轨的星载光谱成像仪仅有美国 EO-1 的 Hyperion、欧洲航天局 PROB 的

CHRIS 和中国 HJ 的 HSI 等少数几个，且不同遥感器的通道设置差异性大。为了减小高光谱遥感器之间通道设置不同与光谱响应差异的影响，现选用 EO-1 的 Hyperion 作为参考遥感器对 HJ 的 HSI 进行交叉辐射定标。

6.7.1 定标方法

假设被定标遥感器过境时地表参数、大气状况与参考遥感器过境时相同，则由参考遥感器得到的入瞳辐亮度，推算得到被定标的遥感器的入瞳辐亮度，将其与被定标遥感器观测得到的 DN 值进行比较，便可得到定标系数，从而实现对被定标遥感器的在轨辐射定标。

对于交叉定标的参考遥感器与待定标遥感器，如式（6.1）所示，卫星遥感器在波段 i 测量的等效辐亮度 L_i 表示为：

$$L_i = \frac{\int_{\lambda_1}^{\lambda_2} S_i(\lambda) \times L(\lambda) \mathrm{d}\lambda}{\int_{\lambda_1}^{\lambda_2} S_i(\lambda) \mathrm{d}\lambda}$$

式中，$L(\lambda)$ ——遥感器入瞳处光谱辐亮度，单位为 $\mathrm{W \cdot m^{-2} \cdot sr^{-1} \cdot \mu m^{-1}}$；$S_i(\lambda)$ ——遥感器波段 i 的光谱响应函数，波段响应范围为 $\lambda_1 \sim \lambda_2$，在此范围外的响应为 0。

对式（6.1）离散化后得到：

$$L_i = \sum L_i(\lambda) S_i(\lambda) / \sum S_i(\lambda) \qquad (6.13)$$

式中，$L_i(\lambda)$ ——第 i 通道入瞳辐亮度。

设光谱匹配因子 K 为：

$$K = L_{i,0} / L_{i,1} \qquad (6.14)$$

式中，$L_{i,0}$ ——参考遥感器入瞳辐亮度；$L_{i,1}$ ——待定标遥感器入瞳辐亮度。

影响交叉定标精度的因素包括：参考遥感器的辐射定标精度、两个遥感器的波段设置与光谱响应函数的差异、大气辐射传输模拟误差、过境时间差、观测几何、地物目标的稳定性与 BRDF 特性、大气的稳定性与遥感器的偏振不确定性等。对于地面的不均匀性、大气的不稳定性和成像几何导致的误差，可以通过采用严格选择交叉定标条件（选择朗伯性好的地表、两个遥感器的过境时间间隔尽可能短、同为垂直观测等）的图像来降低；对于图像匹配误差，可以选择大片均匀地物图像，并通过图像几何校正来降低或消除。因此交叉定标精度的主要影响因素为参考遥感器的辐射定标精度和两个遥感器的光谱响应函数的差异。在选定参考遥感器后，必须根据待测遥感器的光谱响应函数，对参考图像的表观辐亮度进行光谱匹配修正，尽可能减小光谱匹配误差。

光谱匹配因子 K 包含了两个遥感器对地物、大气响应的差异，以及两个卫星平台上遥感器的观测几何等方面的差异。对于光谱成像仪而言，对应通道设置（中心波长与带宽）存在很大的差异，直接使用匹配因子进行光谱通道匹配误差较大，从而会给交叉定标造成较大的不确定性。

现提出通过反卷积去除光谱响应函数的方法计算遥感器入瞳辐亮度，结合大气辐射传输模型模拟的两个遥感器入瞳辐亮度，对两个遥感器进行精确光谱匹配，并由待定标遥感器光谱响应函数滤波，获取待定标遥感器的等效入瞳辐亮度。

在反卷积的计算过程中，采用 3 次样条插值并累次迭代、逐步逼近的方法，用某个简单函数在满足一定条件时，在每个范围内近似替代另一个较为复杂或解析式难以给出的函数，以便简化后者的某些性质。具体计算过程如下，设：

$$L^0 = L = \left\{ L_{i,0} \middle| (i = 1, 2, \cdots, n) \right\} \tag{6.15}$$

$$L^0(\lambda) = \text{spline\_interp}(L^0) \tag{6.16}$$

式中，$L^0(\lambda)$ —— L^0 经过 3 次样条插值后得到的光谱间隔为 1nm 的辐亮度，这里将光谱间隔为 1nm 的辐亮度看作连续光谱的辐亮度。

第 k 次光谱响应插值结果为：

$$\overline{L_i^k} = \frac{\sum L^k(\lambda) S_{i,0}(\lambda)}{\sum S_{i,0}(\lambda)} \tag{6.17}$$

$$\overline{L^k} = \left\{ \overline{L_i^k} \middle| (i = 1, 2, \cdots, n) \right\} \tag{6.18}$$

$$L^{k+1} = L^k + a\left(L - \overline{L^k}\right) \tag{6.19}$$

$$L^{k+1}(\lambda) = \text{spline\_interp}(L^{k+1}) \tag{6.20}$$

一般情况下将系数 a 设为 1。计算结果与迭代初值的差值逐次减小误差，直到满足式（6.21）时，则认为得到的结果近似等于真实的入瞳辐亮度：

$$\left\| \overline{L^k} - L \right\|_2 \leqslant c \tag{6.21}$$

式中，$\| \ \|_2$ 表示 2- 范数，设 $c = 10^{-6}$。

由此即可求出入瞳辐亮度。在已知待定标遥感器光谱响应函数的情况下，通过式（6.22）可以求出待定标遥感器等效入瞳辐亮度：

$$L_i = \int L(\lambda) S_i(\lambda) \mathrm{d}\lambda \Big/ \int S_i(\lambda) \mathrm{d}\lambda \tag{6.22}$$

在待定标遥感器的数据产品中获取其 DN 值，通过式（6.23）即可求出待定标遥感器的定标系数：

$$L_i = \text{DN} \times g \tag{6.23}$$

式中，增益 g ——光谱成像仪的定标系数。

6.7.2 高光谱成像仪的交叉定标试验

一、定标靶区选择

定标靶区的选择直接关系到定标结果的精度与有效性。由于 Hyperion 遥感器与 HSI 遥感器的空间分辨率差异较大（见表 6.11），因此，在定标靶区选择时必须考虑大面积均匀的地物，以便尽可能减小两遥感器影像数据的空间匹配误差。另外，由于两个卫星过境对同一目标区域进行观测的时间可能存在差异，因此也必须考虑探测目标反射特性的稳定性与大气的稳定性。综合以上两个方面，选择敦煌辐射校正场作为定标靶区，既可以保证地面特性均匀与朗伯性，又可以保证在一定时间段内地表反射特性与大气的稳定。此外，戈壁、沙漠具有较高的反射率，可以在某种程度上减小大气对遥感器入瞳辐亮度的相对贡献。

经过筛选，分别选取了 2010 年 8 月 20 日与 21 日敦煌辐射校正场的两景影像进行交叉定标研究。两个遥感器过境目标区域的时间前后相差一天，成像时间差在 30min 内（见表 6.11）。结合当时的气象数据可知，前后两天天气状况基本一致。因此选择合适的匹配数据源可以有效地排除大气条件差异所带来的误差。

交叉定标中 Hyperion 和 HSI 的参数如表 6.11 所示。

表 6.11　交叉定标中 Hyperion 和 HSI 的参数

参数	Hyperion	HSI
平台高度 /km	705	649
波长 /nm	400 ~ 2500	450 ~ 950
通道数	242	115
空间分辨率 /m	30	100
光谱分辨率 /nm	10	平均 4.7
成像日期	2010 年 8 月 21 日	2010 年 8 月 20 日
成像时间	4:17:26—4:21:45	4:43:23—4:43:29
成像中心	94.09E 40.06N	94.20E 40.09N

二、有效波段筛选

参考遥感器 Hyperion 的数据产品为 Level 1T 产品，图像如图 6.11（a）所示。遥感器成像共有 242 个波段，其光谱覆盖范围涵盖了待定标遥感器 HSI 的光谱覆盖范围。根据 HSI 的通道设置（见表 6.11），本次交叉定标仅使用 1 ~ 81 波段，其中 1 ~ 70 波段为可见 - 近红外（VNIR）波段，71 ~ 81 波段为短波近红外波段，剔除其中未定标、波段重叠、信噪比较小的波段，选用 Hyperion 产品的 8 ~ 57 波段和 79 ~ 81 波段对 HSI 遥感器的全部 115 个波段进行定标。HSI 的数据产品为 Level 2 产品，由连续成像的两景图像拼接得到，图像如图 6.11（b）所示。

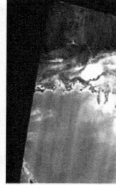

（a）Hyperion 图像　　　　（b）HSI 图像

图6.11　研究区域图像

三、几何校正

以几何校正后的 Hyperion 图像为参考基准，选取参考图像和待定标图像中的同名地物点，对 HSI 图像进行几何精校正，几何精校正误差控制在 0.5 个像素内。几何校正后将 Hyperion 图像空间分辨率重采样为 100m。

四、扩大因子去除

Hyperion 数据生成产品时对可见 - 近红外波段和短波近红外波段 DN 值进行了放大，因此交叉定标时需要去除扩大因子（可见 - 近红外波段为 40，短波近红外波段为 80）。

HSI 数据生成产品时所有波段扩大因子均为 100。

五、表观辐亮度模拟与匹配因子计算

由 Hyperion 和 HSI 遥感数据产品头文件中获取成像时的观测几何，由表 6.12 可知，两遥感器都接近垂直观测，大气路径的差异较小，因此在交叉辐射定标中可以忽略地物的 BRDF 特性。

表 6.12　由 Hyperion 和 HSI 遥感数据产品头文件中获取的成像时的观测几何

遥感器	太阳天顶角 / (°)	太阳方位角 / (°)	观测天顶角 / (°)	观测方位角 / (°)	地面海拔 /km
Hyperion	33.885	139.33	14.58	0	1.138
HSI	30.818	330.614	6.01	0	1.138

基于卫星过境时敦煌场实测地表反射率数据，利用 MODTRAN 4 大气辐射传输模型模拟两个遥感器各波段的入瞳辐亮度。在模拟两个遥感器的表观辐亮度时已考虑了遥感器观测几何的差异，因此光谱匹配因子实际上包含了对两个遥感器观测几何及通道光谱响应差异的修正。利用式（6.14）计算的两遥感器的光谱匹配因子为 0.97。

六、定标系数计算

基于光谱匹配因子，对 Hyperion 提取的等效入瞳辐亮度进行修正，获得 HSI 相应通道的等效入瞳辐亮度。在两幅图像上避开明显条带噪声，选取亮暗差异较显著的 50 个同名地物点，分别在 Hyperion 图像上读取这些点的辐亮度值，在 HSI 图像上读取这些点的 DN 值。通过这 50 个采样点辐亮度与 DN 值之间的线性回归，计算得到 HSI 遥感器各波段的定标系数。

6.7.3　定标结果分析

一、光谱响应函数对辐射定标的影响

由于通常光谱成像仪不提供光谱响应函数，只给定各波段的中心波长和半高宽，为此，必须对光谱响应函数的形式进行假设。为了量化光谱响应函数的形式对交叉辐射定标的影响，选择高斯函数、矩形函数、三角函数、$\sin$ 函数和 $\sin^2$ 函数，分别模拟 HSI 的光谱响应函数。

根据参考图像中控制点的等效入瞳辐亮度，通过定标方法中各公式，求出待定标图像同名地物点的等效入瞳辐亮度。计算结果表明不同的光谱响应函数在绝大多数波段对定标系数的影响很小（见图 6.12）。由于光谱成像仪光谱分辨率高，不同光谱响应函数对光谱成像仪的等效入瞳辐亮度计算及最终的定标系数求解的影响可以忽略。将 5 种数学模型进行比较可知，高斯函数、$\sin$ 函数和 $\sin^2$ 函数更加平滑，其中高斯模型曲线介于 $\sin$ 函数和 $\sin^2$ 函数之间，计算的入瞳辐亮度结果更加合理，故最终选用高斯函数模拟 HSI 的光谱响应函数进行等效入瞳辐亮度模拟计算。

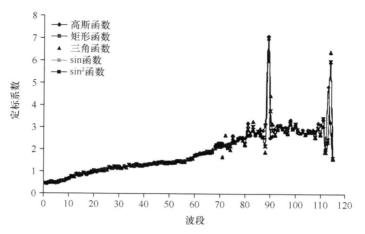

图6.12　采用不同的光谱响应函数计算的HSI的定标系数

二、定标不确定度分析

由50个地面目标点计算得到的HSI各波段的不确定度及与传统方法的对比，如图6.13所示。由图可以看出，在波段 1（460.04nm）至波段 60（627.9nm）之间波段的定标系数的不确定度比较稳定，为 5%~8% ；波段 61（631.8nm）以后的波段，随着波长的增加，定标系数的不确定度也呈现逐步上升的趋势；除了在氧气吸收峰波段 89（765.11nm）附近和水汽吸收峰波段 114（942.71nm）附近以外的其余大部分波段的定标系数的不确定度为 7%~18%。

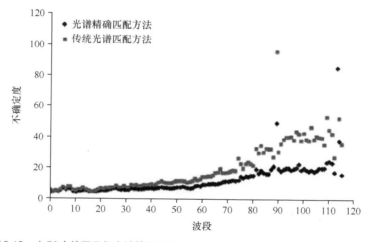

图6.13　由50个地面目标点计算得到的HSI各波段的不确定度及与传统方法的对比

由图 6.13 可以看出，与传统光谱匹配方法相比，本方法能显著减少定标系数的不确定度，其中从波段 30 开始，不确定度能减少 50%，而且随着波长的增加，改善效果显著，尤其是氧气吸收峰波段 89，本方法得到的定标系数的不确定度为 49.8%，而传统光谱匹配方法得到的定标系数的不确定度为 124.1% ；对于水汽吸收峰波段 114，本方法得到的定标系数的不确定度为 38.4%，而传统光谱匹配方法得到的定标系数的不确定度为 113.8%。传统光谱匹配方法由于选择光谱通道设置接近的遥感器作为参考遥感器，以基于中心波长最邻近的原则选择对应参考波段，计算光谱匹配因子。高光谱遥感器之间光谱通道设置差异较大，采用传统光谱匹配方法，不确定性显著。本研究采用的方法利用连续光谱进行光谱响应匹配，解决了对应波段选择问题。利用大气辐射传输模型模拟两个传感器 1nm 光谱分辨率的入瞳辐亮度，计算光谱匹配因子。通过反卷积去除光谱响应函数的影响，计算 Hyperion 的 1nm 光谱分辨率入瞳辐亮度，根据计算结果对两传感器进行光谱响应匹配，计算得到 HSI 入瞳辐亮度。

影响定标精度的因素可以分为参考标准的标准精度和传递误差。交叉辐射定标系数的不确定性主要源于以下 3 个方面。

（1）交叉辐射定标实质上是辐射标准的传递过程，因此待定标遥感器的定标精度很大程度上依赖于参考遥感器的定标精度。Hyperion 发射后，2003 年通过星上太阳定标系统获得的定标精度在可见光与近红外波段的不确定度为 5%，在短波红外波段为 7%。随着在轨运行时间的增长，遥感器的辐射性能与星上定标系统性能必然产生不同程度的衰减，最终将误差传递到 HSI。

（2）在遥感器入瞳辐亮度模拟时，采用 MODTRAN 模型自带的大气参数，没有采用卫星过境同步测量的大气参数。此外，未考虑地表 BRDF 不可避免也会存在一定的误差。这些都会对大气层顶辐亮度模拟产生影响，进而对光谱匹配因子及最终的辐射定标系数产生一定影响，其不确定度为 1% ～ 2%。

（3）对于光谱成像仪，无论是 Hyperion 还是 HSI，由于其成像原理和信噪比限制，成像光谱数据中存在明显的条带噪声，严重影响图像质量。在本交叉辐射定标过程中未对图像进行去噪处理，而是采取在条带噪声不明显的区域选择采样点的方法，尽可能降低图像条带噪声对定标结果的影响，但遥感器探测单元响应的差异性和仪器的低信噪比依然会影响定标精度。

6.8　参考文献

陈正超, 刘翔, 李俊生, 等. 北京一号小卫星多光谱遥感器交叉定标 [J]. 宇航学报, 2008, 29(2):637-643.

高海亮, 顾行发, 余涛, 等. 星载光学遥感器可见近红外通道辐射定标研究进展 [J]. 遥感信息, 2010(4):117-128.

巩慧. HJ-1 星 CCD 相机定标与真实性检验研究 [D]. 北京: 中国科学院遥感应用研究所, 2010.

顾行发, 田国良, 余涛, 等. 航天光学遥感器辐射定标原理与方法 [M]. 北京: 科学出版社, 2013.

韩启金, 闵祥军, 傅俏燕. "环境一号" B 星热红外通道星上定标与交叉定标研究 [J]. 航天返回与遥感, 2009, 30:42-48, 56.

韩启金, 刘李, 张学文, 等. 利用 GF-1 对 ZY-1 02C 卫星 PMS 相机进行交叉检校 [J]. 航天返回与遥感, 2015, 36(1): 73-80.

李小英, 顾行发, 闵祥军, 等. 利用 MODIS 对 CBERS-02 卫星 CCD 相机进行辐射交

叉定标 [J]. 中国科学 E 辑信息科学 , 2005, 35(增刊 I):41-58.

李小英 , 顾行发 , 余涛 , 等 . CBERS-02 WFI 的辐射交叉定标及其对植被指数的作用 [J]. 遥感学报 , 2006, 10(2): 211-220.

马晓红 . HJ-1 星 CCD 相机交叉定标与真实性检验研究 [D]. 焦作 : 河南理工大学 , 2011.

唐军武 , 顾行发 , 牛生丽 , 等 . 基于水体目标的 CBERS-02 卫星 CCD 相机与 MODIS 的交叉辐射定标 [J]. 中国科学 E 辑信息科学 , 2005, 35(增刊 I):59-69.

童进军 . 遥感卫星传感器综合辐射定标方法研究 [D]. 北京 : 北京师范大学 , 2004.

童进军 , 邱康睦 , 李小文 , 等 . 利用 EOS M/ ODIS 交叉定标 FY1D /VIRR 可见光 - 近红外通道 [J]. 遥感学报 , 2005, 9(4): 349-356.

王后茂 , 赵其昌 , 王咏梅 , 等 . FY-3A/TOU 与 Metop-B/GOME-2 在轨交叉定标检验分析 [J]. 光学学报 , 2017, 37(1): 1-15.

温兴平 , 胡光道 , 杨晓峰 . 基于准不变目标物下 CBERS-02 星 CCD 图像的交叉定标 [J]. 武汉大学学报 : 信息科学版 , 2009, 34(4):409-413.

徐娜 , 胡秀清 , 陈林 , 等 . 利用 MODIS 对 FY-2E /VISSR 红外窗区和水汽通道的交叉绝对辐射定标 [J]. 红外与毫米波学报 , 2012, 31(4):319-324, 384.

徐文斌 , 郑小兵 , 易维宁 , 等 . 高光谱成像仪交叉定标技术研究及应用 [J]. 大气与环境光学学报 , 2014, 9(1): 61-71.

杨忠东 , 谷松岩 , 邱红 , 等 . 中巴地球资源一号卫星红外多光谱扫描仪交叉定标方法研究 [J]. 红外与毫米波学报 , 2003, 22(4):281-285.

杨忠东 , 谷松岩 , 邱红 , 等 . 中巴地球资源一号卫星 CCD 图像质量评价和交叉定标研究 [J]. 遥感学报 , 2004, 8(2): 113-120.

周冠华 , 姜禾 , 赵慧洁 , 等 . 基于精确光谱响应匹配的星载成像光谱仪交叉辐射定标 [J]. 光谱学与光谱分析 , 2012, 32(12):3416-3421.

A. K. Heidinger, C. Cao, J. T. Sullivan. 2002. Using Moderate Resolution Imaging Spectrometer (MODIS) to calibrate advanced very high resolution radiometer reflectance channels. Journal of Geophysical Research, Vol. 107, No. D23, 4702, AAC X-1-10.

C. Hu, F. E. Muller-Karger, S. Andrefouet, et al. 2001. Atmospheric correction and cross-calibration of LANDSAT-7/ETM+ imagery over aquatic environments:A multiplatform approach using SeaWiFS/MODIS. Remote Sensing of Environment 78 (2001) 99–107.

C. R. N. Rao, J. Chen, 1999. Revised post-launch calibration of the visible and near-infrared channels of the Advanced Very High Resolution Radiometer (AVHRR) on the NOAA-14 spacecraft. Int. J. Remote Sensing, Vol. 20, No. 18:3485-3491.

G. Chander, N. Mishra, D. L. Helder, et al. 2013. Applications of Spectral Band Adjustment Factors (SBAF) for Cross-Calibration. IEEE, VOL. 51, NO. 3: 1267 ~ 1281.

J. -J. LIU, Z. LI, Y. -L. QIAO, Y. -J. LIU, Y. -X. ZHANG, 2004. A new method for cross-calibration of two satellite sensors. INT. J. REMOTE SENSING, VOL. 25, NO. 23: 5267–5281.

Karl-Göran Karlsson * and Erik Johansson, 2014. Multi-Sensor Calibration Studies of AVHRR-Heritage Channel Radiances Using the Simultaneous Nadir Observation Approach. Remote Sens. 6, 1845-1862.

K. P. Scott. 1998, Radiometric calibration of on-orbit satellite sensors using an improved cross-calibration method. Doctor's degree dissertation, University of Arizona, Tucson, USA.

K. J. Thome. 2002. Ground-look radiometric calibration approaches for remote sensing imagers in the solar reflective. International Archives of Photogrammetry Remote Sensing and Spatial

Information Sciences, 34(1): 255-260.

K. J. Thome, S. F. Biggar, W. Wisniewski. 2003. Cross comparison of EO-1 sensors and other earth resources sensors to Landsat-7 ETM+ using Railroad Valley Playa. IEEE VOL. 41, NO. 6:1180-1188.

N. Mishra, D. Helder, A. Angal, et al. 2014.

Absolute calibration of optical satellite sensors using Libya 4 Pseudo invariant calibration site. Remote Sens. 6, 1327-1346.

P. M. Teillet, P. N. Slater, Y. Ding, et al. 1990. Three methods for the absolute calibration of the NOAA AVHRR sensors in-flight. Remote Sens. Environ. 31:105-120.

P. M. Teillet, J. L. Barker, B. L. Markham, et al. 2001. Radiometric cross-calibration of the Landsat-7 ETM+ and Landsat-5 TM sensors based on tandem data sets. Remote Sensing of Environment. 78 39-54.

P. M. Teillet, G. Fedosejevs, K. J. Thome. 2004. Spectral band difference effects on radiometric cross-calibration between multiple satellite sensors in the Landsat solar-reflective spectral domain. SPIE Vol. 5570:307 ~ 316.

K. P. Scott, J. T. Kurtis, R. B. Michelle. 1996. Evaluation of Railroad Valley playa for use in vicarious calibration. SPIE, 2818: 158 ~ 166.

X. Wu, F. Sun. 2005. Post-launch calibration of GOES Imager visible channel using MODIS. SPIE Vol. 5882: 58820N-1-11.

第7章

遥感干涉高光谱成像仪的其他定标方法

  遥感干涉高光谱成像仪的在轨定标方法，除了星上定标、场地定标、交叉定标外，还有其他几种在轨定标方法。本章主要介绍稳定场景（包括沙漠场景、极地场景、海洋场景、云场景）定标法、月亮辐射定标法和全球定标场网辐射定标法。

  场地定标方法虽是目前最常用、最有效的在轨辐射定标方法之一，但该方法需要大量的场地同步测量数据，因此比较耗时、耗力，且需要投入大量资金。交叉定标方法是非场地定标的一种有效方法，也是目前国际上开展研究最多的一种方法，但由于需要考虑多个传感器光谱响应函数的差异、各种影响因素（如地表类型、海拔、大气参量设置等）对光谱匹配因子的影响等，引入了各种误差，最终影响定标精度。常用的另一种非场地定标方法是稳定场景定标法，它具有不需要实地测量、定标频率高、操作简单等特点，因此受到国内外学者的广泛关注，尤其对于没有星上定标设备的传感器非常有利。

  稳定场景定标通过对陆地表面均匀稳定地区的长时间序列成像，去除有云、大角度观测图像，选择干洁大气条件下的小角度观测的多幅遥感图像，根据试验场地的理论光谱或历史光谱数据，经过辐射传输模拟和地表方向性校正，实现遥感器不同时相的相对辐射定标。然后利用卫星发射初期的定标系数，确定遥感器时间序列定标系数。稳定场景定标所选的试验场地要满足面积大，地表平坦均匀，反射率随时间、季节变化小的要求。稳定场景定标具有定标频率高、所需费用少、可实现历史数据定标等优点。稳定场景定标的最大特点是在卫星过境时刻，不必对场地进行同步测量。稳定场景定标根据地表下垫面的不同，又可分为沙漠场景法、极地场景法、海洋场景法和云场景法等。

7.1 沙漠场景法

  沙漠地区雨量少、大气干洁、气溶胶含量低，不同季节的气溶胶含量比较稳定，是稳定的定标场，可作为稳定场景用于监测遥感器的长期衰减变化。沙漠场面积大，地表均一。沙漠场景法选取的区域面积通常在几十至数千平方千米之间，地表具有少量的起伏。基于沙漠场景的辐射定标法是一种时间序列的相对辐射定标方法，通常用于气象卫星等低空间分辨率卫星。

  沙漠场景法可以利用多年数据得到校正系数。在不进行大气校正的情况下，沙漠场在一年中的不稳定度小于 2%。假设场地的 TOA 表观反射率相对稳定，则仪器的辐射响应变化可以简单地通过比较计数值来检测，也可检测在轨星上定标源的稳定度。稳定沙漠场景法不仅可以获得遥感器随时间的衰变率，而且可以发现其他问题。如 POLDER 利用沙漠场进行在轨测量，发现了 POLDER 仪器的非线性，及时提出了订正模型。稳定的沙漠场景法还可以对历史数据进行定标。沙漠场景法比较简单，不需要精确的模型。但是利用沙漠场进行多时相定标时，大气状况和地表的变化会影响辐射定标的精度。Staylor 利用 NOAA 卫星于 1980 年 5 月—1987 年 10 月中的 68 个月期间在利比亚沙漠场（20°~30°N，20°~30°E）的长期观测结果，分析了 3 个卫星 AVHRR 通道 1（0.57~0.69μm）的响应衰减。结果显示 NOAA 6、NOAA 7、NOAA 9 卫星 AVHRR 通道 1 每年的衰减速率分别为 0、3.5% 和 6.0%。

7.1.1 沙漠场景法定标基本原理

沙漠场景法假设研究区域的地表光谱特性和大气特性比较稳定，变化很小，且地表为朗伯体，即遥感器获取的不同图像的差异主要由太阳入射角度、日地距离因子及遥感器自身的衰减引起，由此实现遥感器的时间序列定标。

沙漠场景法时间序列定标分为两个阶段：第一阶段，根据遥感器图像的成像日期、观测几何及场地图像的 DN 值，建立不同时间遥感器的响应衰减关系，得到遥感器时间序列相对定标系数；第二阶段，以实地同步测量数据为标准，计算出当天的绝对辐射定标系数，按照过境不同时间定标系数的相对衰减关系，转换得到卫星运行期间的时间序列绝对定标系数。

式（7.1）为遥感器辐亮度定标公式（略去了遥感器暗电流的去除）：

$$L_i(t) = \mathrm{DN}_i(t)/A_i(t) \tag{7.1}$$

式中，$L_i(t)$——遥感器第 i 通道表观辐亮度（单位为 $\mathrm{W \cdot m^{-2} \cdot sr^{-1} \cdot \mu m^{-1}}$），$t$ 为对应日期；$A_i(t)$——遥感器第 i 通道定标系数。

反射率与辐亮度转换公式为：

$$\rho_i(t) = \frac{L_i(t) \cdot \pi \cdot d^2}{E_{0i} \cdot \mu_s} \tag{7.2}$$

式中，$\rho_i(t)$——t 时第 i 通道表观反射率；d^2——日地距离校正因子；E_{0i}——第 i 通道对应的太阳等效辐照度，单位为 $\mathrm{W \cdot m^{-2} \cdot \mu m^{-1}}$；$\mu_s$——太阳天顶角余弦值。

将式（7.1）代入式（7.2），可得到：

$$\rho_i(t) = \frac{\mathrm{DN}_i(t) \cdot \pi \cdot d^2}{E_{0i} \cdot \mu_s \cdot A_i(t)} \tag{7.3}$$

对于稳定的沙漠场景，假设不同日期的表观反射率保持不变，即 $\rho_i(t_1) = \rho_i(t_2)$，由此可得出沙漠场景法的定标系数校正公式：

$$\frac{A_i(t_2)}{A_i(t_1)} = \frac{\mathrm{DN}_i(t_2) d^2(t_2) \cdot \mu_s(t_1)}{\mathrm{DN}_i(t_1) d^2(t_1) \cdot \mu_s(t_2)} \tag{7.4}$$

沙漠场景法属于时间序列相对辐射定标方法，能够计算出不同时期传感器的衰减情况，但无法得到其绝对辐射定标系数。因此，需要进行一次绝对辐射定标，利用不同日期定标系数间的关系，实现传感器时间序列绝对辐射定标。沙漠场景法最大的优势在于方法简单，易于实现时间序列定标。但同时，由于研究区域地表和大气条件均不随时间而发生变化这一假设同实际有较大差异，其定标精度相对较低。

7.1.2　国外沙漠场地

遥感器采用沙漠场景法定标的关键是沙漠场地的选择。Cosnefroy 等对撒哈拉沙漠及沙特阿拉伯等地区的沙漠场地特性进行了大量的研究和评估，选择了 20 个面积为 100km×100km，满足空间均匀性、时间稳定性要求的场地，其可以作为沙漠场景辐射定标的试验场。这些场地都是卫星容易观测的场地，而且是世界上的干燥场地。使用 HRV 的 SPOT 图像分析场地地形，证明多数场地是无植被的沙丘地貌。

选择沙漠场景法定标的试验场，主要需考虑以下 6 方面的要求：（1）场地面积足够大，至少与粗空间分辨率遥感器的像元分辨率尺寸匹配，且具有足够的空间均匀性；（2）短时间、年度的时间稳定性；（3）地表反射率的方向性影响最小；（4）最少的云覆盖；（5）最小的与气溶胶及水汽总量变化相关的大气变化；（6）每个被选的场地完成 TOA 光谱反射率双向空间变化的测量。这个反射率 $\rho(\lambda, \theta_s, \theta_v, \varphi)$ 是 4 个因子的函数，θ_s、θ_v 分别为太阳、观察天顶角，φ 是太阳、观察方向之间的相对方位角。在场地表面和大气充分稳定时，这个反射率不需要在卫星遥感器过境时进行测量，可以使用试验之前，通过卫星、机载或地面测量的地面反射率数据，或在测量期间没有获得太阳、观察方向时，可以联接某些模型，外推波长范围的标准反射率。

北非和沙特阿拉伯沙漠场的稳定沙漠区域已经用作遥感器的定标试验场，监测遥感器定标的时间漂移，如 AVHRR、Meteosat、SPOT 的 HRV。沙漠场不仅用于多时相定标，对于宽视场的具有 CCD 探测器的遥感器，其也可以做多角度定标评估，如 ADEOS 的 POLDER、SPOT-4 的 Vegetation、EOS 的 MISR 等。这要求在测量期间太阳和观测条件变化时，场地大气顶反射率方向特性在时间上的变化有好的性能。此外，也可用于对遥感器的多波段定标进行评估，对此必须预先知道场地 TOA 反射率的变化。

选择场地时，在评价空间均匀性方面，使用多时相系列 Meteosat-4 数据，并以一个准则为基础。在云覆盖特性方面，使用国际卫星云气候项目（International Satellite Cloud Climatology Project，ISCCP）的数据。降雨量采用气象站的网络数据。地形特性使用 SPOT 的 HRV 数据。在短时间和季节范围的时间稳定性和方向特性方面，使用多时相序列 Meteosat-4 数据。

选择了 20 个沙漠场景试验场，其中，5 个在阿尔及利亚、1 个在埃及、4 个在利比亚、3 个在尼日尔、1 个在苏丹、1 个在马里、2 个在毛里塔尼亚、3 个在沙特阿拉伯。表 7.1 中显示了每个场地中心位置的经纬度。

表 7.1　沙漠场地位置及性能数据

场地位置			场地特性				
场地名称	纬度 /（°）	经度 /（°）	晴天数 /%	降雨量 /mm	空间均匀性 /%	时间稳定性 /%	季节稳定性 /%
沙特阿拉伯 1	18.88	46.76	60	10.1	1.6	2.2	1.8
沙特阿拉伯 2	20.13	50.96	60	10.1	1.6	0.8	1.6
沙特阿拉伯 3	28.92	43.73	55	8.4	2.0		1.8
苏丹 1	21.74	28.22	69	0.2	1.8		1.4

场地位置			场地特性					
场地名称	纬度 / (°)	经度 / (°)	晴天数 /%	降雨量 /mm	空间均匀性 /%	时间稳定性 /%	季节稳定性 /%	
尼日尔 1	19.67	9.81	47	0.5	2.0	1.6	1.7	
尼日尔 2	21.37	10.59	56	0.5	2.1	1.8	1.3	
尼日尔 3	21.57	7.96	51	1.9	2.6	1.5	1.3	
埃及 1	27.12	26.10	65	0.4	1.3	0.7	1.1	
利比亚 1	24.42	13.35	55	1.4	2.1	1.4	1.2	
利比亚 2	25.05	20.48	66	0.1	1.6		1.4	
利比亚 3	23.15	23.10	68	0.2	2.7	1.4	1.2	
利比亚 4	28.55	23.39	59	0.8	1.3	0.5	1.2	
阿尔及利亚 1	23.80	−0.4	43	1.6	1.6	0.7	1.6	
阿尔及利亚 2	26.09	−1.38	49	2.2	1.5	0.6	1.4	
阿尔及利亚 3	30.32	7.66	48	2.8	1.2	0.9	1.5	
阿尔及利亚 4	30.04	5.59	50	2.2	1.7	0.6	1.3	
阿尔及利亚 5	31.02	2.23	48	3.6	1.7	0.6	1.6	
马里 1	19.12	−4.85	27	4.1	0.96	1.0	1.8	
毛里塔尼亚 1	19.40	−9.30	25	4.8	1.7	1.3	2.8	
毛里塔尼亚 2	20.85	−8.78	37	4.8	2.2	1.2	2.0	

选择 1989 年 7 月 —1990 年 1 月期间 Meteosat-4 可见波段获取的图像，每个月取 3 个在 9:30（世界时）的图像，并将图像计数值换算为反射率，计算样品窗口面积（100km×100km）的平均反射率和均方差，计算相对值，选择小于 3% 的部分。计算了每个场地不同时间的相对均方差，以多时相图像的相对均方差平均值作为场地的空间均匀性数据，示于表 7.1。

同时还计算了各场地不同时间相对均方差的最大、最小值，计算时间平均值作为场地时间稳定性的数据，示于表 7.1 中。这些场地的时间平均值的范围为 1%~2.6%。这个性能的时间变化是很小的，在 20 个场地中 17 个场地空间均匀性的最大、最小值的差异小于 1%。为了分析短期变化，用 1989 年 7 月 15—29 日 Meteosat-4 的 8 个无云图像数据，在利比亚、埃及、苏丹场地的 1000km 范围，分析场地反射率的变化范围为 1%~1.5%，表明短期内在更大的面积上其稳定性也是很好的。

利用 ISCCP 数据分析了 20 个场地的晴天数和降雨情况，示于表 7.1。晴天的数据是多年平均的结果，晴天是指云量少于 10%。从表中数据可以看出，大部分场地全年晴天比例范围为 40%~70%，最高的是苏丹 1（69%），最低的是毛里塔尼亚 1（25%）。全球历史气候网络数据库汇集了这些场地的降雨量数据，部分数据可能来自距离场地较近的台站网络数据，是多年（40~100 年）的平均结果。各个季节的降雨量不同，各场地的平均降雨量也不同。苏丹、埃及、利比亚和尼日尔是长期干旱的，平均月降雨量为 0.1~1.9mm。表 7.1 显示了各场地的年平均降雨量。大部分场地年均降雨量小于 5mm，最高的是沙特阿拉伯 1（10.1mm），最低的是苏丹 1（0.2mm）。总的看来，这 20 个场地的晴天数多，降雨量少。

在场地时间稳定性能评价方面，使用多时相序列 Meteosat-4 数据，从低频周期季节时间范围和短期小时时间范围进行了分析、计算。

以 4 个场地做典型代表，分析了在云筛查后、空间平均反射率 ρ 的时间变化。ρ 随时间的短期变化振幅相当小，低频周期季节变化则振幅相当大，4 个场地有相似的规律。短期变化可以解释为由表面或大气变化引起的时间不稳定性，季节变化解释为与太阳位置的季节变化相关的方向反射率特性的影响。季节变化的峰值振幅一般为相对值 10%~15%。最大值出现在沙特阿拉伯场地，达到 23%。

对于沙漠区域季节时间范围的时间稳定性，需要用消除方向性影响的变化的结果来评估。使用做场地辐射度预算时的 Meteosat-4 参数模型计算反射率 ρ（Staylor）。计算观察反射率与模型反射率间的均方根偏差的相对值，这个均方根被说明为场地随时间变化的性能，是假设由于方向性影响和使用模型方程计算的时间变化的低频部分，列于表 7.1。

对于小时时间范围的场地时间稳定性分析，用 Meteosat-4 一天内从 4—17 时的数据，分析了场地反射率每小时的变化，观测角小于 80°。采用了与季节时间变化分析同样的方法，计算观测数据和反射率模型间最小平方符合度。这个数量可以作为场地反射率在短时间内的时间不稳定性的数量评估，结果列于表 7.1。表 7.1 为沙漠场地位置及性能数据。

7.1.3 国内沙漠场地

一、敦煌场

敦煌辐射校正场位于甘肃省敦煌市西面约 20km 处的戈壁滩上，属于党河洪积扇。场地南高北低，微向东倾斜，南部海拔约为 1282m，北部海拔约为 1134m，地形坡度角小于 1°。地表层基本无植被生长，场区地面较为平坦，由多种岩石碎屑组成的砾石、砂和少量黏土组成。砾石占 50%~70%，砾石直径为 0.2~8.0cm，以细砾为主，颜色较杂，主要为灰黑色、绿色、紫褐色和白色等，砾石分布均匀；砂土占 30%~50%，地表具有很薄的胶结层。

场区处于中纬度干旱大陆气候带内，四周由沙漠和戈壁包围。根据敦煌气象台提供的资料，本区年降雨量平均不足 34mm，而年蒸发量可达 2200~2400mm，年日照数约为 3270h，晴空日数为 112 天，能见度大于 10km 的日数为 288.2 天，天空总云量小于 2，夏季炎热，冬季寒冷多风，具有太阳辐射强，光照充足，降水量少，蒸发强烈，大气干洁、晴朗，能见度较好的特点。场区没有经常性地表径流，植被稀少。

下面从空间均匀性、时间变化特征、方向特性和大气特性稳定性等方面分析和评价敦煌场的场地特性。

（1）空间均匀性：HJ-1A 的 CCD 相机和 MODIS 在敦煌场测试的 5km 区域与 500m 区域的 DC 均值相对差异值，最大为 0.87%，最小为 0.05%，充分说明敦煌场地的空间均匀性是很高的。

（2）时间变化特征：为了了解敦煌场地表特性的时间变化特点，收集了敦煌场 1999—2008 年测量的地表光谱数据，除去光谱为 1400nm 与 1900nm 左右的水汽吸收带外，多年的地表光谱数据都比较接近，光谱数据在 350～2700nm 的相对差异变化范围为 2.88%～6.5%，平均相对差异为 3.88%。多年的光谱数据之间很小的差异说明敦煌场地表反射率随时间变化很小，光谱在时间上具有很好的稳定性。

（3）方向特性：地表物体均具有一定的方向特性，前向表现的方向特性较弱，后向表现的方向特性更强，但总体来说，其方向特性不是很强。

（4）大气特性稳定性从气溶胶光学厚度、水汽含量、臭氧含量的稳定性方面分析。

敦煌场的大气气溶胶光学厚度的变化具有一定的规律：在一年中呈现春季较大、夏季和秋季较小的特点。3—4 月是一年中大气气溶胶光学厚度的峰值期，而夏季空气中的气溶胶含量降低。到秋季时，大气气溶胶光学厚度仍处于一个比较稳定的低值。表 7.2 统计了敦煌地区全年中光学厚度小于等于 0.15、0.2、0.25、0.3 的天数分别占全年天数的百分比。

表 7.2　敦煌地区全年中气溶胶光学厚度小于等于某值的天数占全年天数的百分比

大气气溶胶光学厚度	≤ 0.15	≤ 0.2	≤ 0.25	≤ 0.3
能见度	38km	26.7km	20km	16km
占全年天数的百分比 /%	58	73	86	92

敦煌场的水汽含量的变化有很强的规律性，且多年来的变化规律相似，在一年中均呈现夏季（6—9 月）高、冬季（11 月—翌年 3 月）低的特点，受夏季雨季的影响，7 月、8 月为水汽含量峰值期，大气干燥多风的冬、春季则是全年中水汽含量最少的季节。年际间对应月份的水汽含量变化不大，其中夏季年际间的水汽变化稍大些，其他月份的水汽含量年际变化小。夏季水汽含量在 1.0 以上，冬季水汽含量在 0.4 左右，多年的月平均水汽含量的相对标准差为 35%～55%，全年水汽含量在 0.2～2 的范围内变化。总体来说，敦煌场的水汽变化比较小。

敦煌场的臭氧在一年中变化特点相同，均呈现夏秋季（6—10 月）臭氧含量低，冬、春季高（1—4 月）的特点。每月的年际臭氧差异不大，尤其是太阳天顶角较小、适合定标的夏秋季节（7—10 月），臭氧含量基本保持稳定在 284DU 左右。表 7.3 为多年月平均臭氧含量及相对标准差。

表 7.3　多年月平均臭氧含量及相对标准差

月份	1 月	2 月	3 月	4 月	5 月	6 月	7 月	8 月	9 月	10 月	11 月	12 月
平均臭氧含量 /DU	334	340	346	332	312	305	286	282	281	288	296	308
相对标准差 /%	8.27	7.98	8.95	7.68	7.18	4.21	3.43	2.95	4.18	4.79	7.09	7.22

二、塔克拉玛干沙漠

塔克拉玛干沙漠研究区位于塔克拉玛干沙漠的西北部。塔克拉玛干沙漠处于我国新疆的塔里木盆地中央，是我国最大的沙漠，也是世界第二大沙漠，同时还是世界最大的流动性沙漠。整个沙漠东西长约 1000km，南北宽约 400km，面积达 $3.3 \times 10^5 \text{km}^2$。平均年降水不超过 100mm，最低只有 4mm，而平均蒸发量高达 2500～3400mm；年日照时数可达 3000～3500h，夏季炎热，冬季寒冷，昼夜温差大，全年三分之一日为风沙日。

塔克拉玛干沙漠地区具有典型的大陆性气候，风沙强烈，温度变化大，全年降水量少，植被也极其稀少。除少部分地区外，塔克拉玛干的其他地区均为形态复杂的沙丘所占。

根据塔克拉玛干沙漠的以下特性，可以选择该沙漠作为研究区域。

（1）沙漠范围广阔且地物单一，该地区地表沙丘分布相对均匀，反射特性相对稳定，并且随时间变化小，适宜作为辐射定标场。

（2）气候温暖适度，年降水量极低，从西部的 38mm 到东部的 10mm 不等。极少的年降水量减少了降水对地表反射率的影响，可以尽可能多地获取影像，为开展辐射定标提供良好的条件。

（3）该地区主要是流动沙丘，其高度一般在 100～200m，地表可近似为朗伯体，方向特性弱，但仍需考虑其 BRDF 特性。

（4）场地大气特性稳定，气溶胶、水汽含量相对小，减小了对定标结果的影响。利用 2009—2010 年间塔克拉玛干沙漠 HJ-1 的 CCD 相机的影像，以 500 像素 ×500 像素为基准对影像进行重采样，设置采样区相对方差为 0.02，初步选择塔克拉玛干沙漠均匀区。详细地理位置参见 5.3.2 小节。

7.1.4 环境卫星CCD相机基于沙漠场景的辐射定标

对环境卫星 HJ-1A、HJ-1B 的 4 个 CCD 相机利用遥感器 2010 年在敦煌辐射校正场获得的影像和某一天的辐射定标系数，进行了基于沙漠场景的遥感器衰减变化分析和辐射定标。

一、HJ-1A 的 CCD1 的衰减变化及定标结果

HJ-1A 的 CCD1 衰减系数的变化趋势主要针对 HJ-1A 的 CCD1 增益 2 状态下的敦煌辐射校正场影像来分析的。通过获取 HJ-1A 的 CCD1 于 2010 年 1 月—2010 年 12 月一年间所摄的敦煌辐射校正场影像，得到影像对应中心点经纬度、各波段 DN 值、观测天顶角、太阳天顶角、对应日期，由此推导衰减系数。由于忽略场地的方向性，因此在选取时间序列影像时，所选影像的卫星观测角度较小；另外，由于有些影像含云量高或风沙大，导致波段标准差的差异较大，因此在选取时，波段标准差也限制在较小的范围，以保证数据的准确性，具体各影像获取的参数如表 7.4 所示。以 2010 年 8 月 16 日敦煌 HJ-1A 的 CCD1 影像获取的 DN 值、日地距离校正因子和太阳天顶角余弦值为基础，计算得到 $\text{DN} \cdot d^2/\cos\theta$，并以此作为参考系数，与其余各天敦煌场 HJ-1A 的 CCD1 影像 DN 值、日地距离校正因子和太阳天顶角余弦值计算的 $\text{DN} \cdot d^2/\cos\theta$ 相比，计算一年间其余时间对应 2010 年 8

月 16 日的衰减系数，结果如图 7.1 所示。

表 7.4　2010 年敦煌场 HJ-1A 的 CCD1 影像获取的参数

时间	观测天顶角 / (°)	太阳天顶角 / (°)	日地距离校正因子	DN 值			
				波段 1	波段 2	波段 3	波段 4
2010.01.02	10.0214	64.5756	1.0351	84.4909	85.7520	104.1790	71.7595
2010.02.18	21.3032	54.0885	1.0243	40.9115	36.4299	45.8164	33.6952
2010.03.17	8.6392	44.3284	1.0102	58.1163	55.7545	72.4541	52.2571
2010.04.06	21.5886	35.4649	0.9985	76.1915	72.6408	89.0310	63.5015
2010.05.11	18.0575	24.3622	0.9797	83.3941	85.5303	108.6530	74.7476
2010.06.23	20.0769	19.3942	0.9672	86.6468	90.3708	116.3090	80.8715
2010.07.16	13.4074	22.7095	0.9672	95.6529	97.4399	121.1400	78.6118
2010.08.16	3.1454	29.8276	0.9747	84.4909	85.7520	104.1790	71.7595
2010.09.09	20.0134	35.9510	0.9854	69.0594	70.7443	90.5968	61.5649
2010.10.14	22.3727	48.7974	1.0053	60.3302	57.8919	73.0327	51.2866
2010.12.23	5.2315	65.1052	1.0344	49.7418	45.7002	56.3364	40.7972

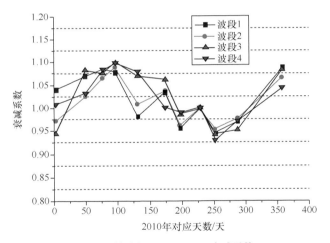

图7.1　敦煌场 HJ-lA CCD1 衰减系数

由图 7.1 可以看出，HJ-1A 的 CCD1 在 2010 年期间基本保持稳定状态。表 7.5 则是以 2010 年 8 月 16 日场地定标系数为基础，得出的 HJ-1A 的 CCD1 定标系数。结合图 7.1 和表 7.5，可以知道，2010 年期间，各波段基本保持稳定，平均差异在 -2% ~ 2% 范围内，其中波段 1 在 12 月 23 日差异较大，为 8.75%，其余时间都在 5% 以下；波段 2 在 4 月 6 日差异较大，为 8.83%，其余时间也基本在 5% 左右；波段 3 在 12 月 23 日差异较大，为 8.26%，其余时间都在 5% 左右；波段 4 在 5 月 11 日差异较大，为 7.88%，也较为稳定。总体来看，HJ-lA CCD1 在 2010 年运行期间响应比较稳定，衰减很小。

表 7.5　敦煌场 HJ-1A 的 CCD1 定标系数

时间	波段 1	波段 2	波段 3	波段 4
2010-01-02	0.8803	0.8308	0.9978	1.0387
2010-02-18	0.9058	0.8770	1.1429	1.0638
2010-03-17	0.8756	0.9103	1.1356	1.0435
2010-04-06	0.9125	0.9305	1.0975	1.0686
2010-05-11	0.8318	0.8625	1.1300	1.1121
2010-06-23	0.8755	0.8867	1.1221	1.0307
2010-07-16	0.8089	0.8228	1.0422	1.0220
2010-08-16	0.8473	0.8550	1.0573	1.0309
2010-09-09	0.8351	0.8497	0.9962	0.9582
2010-10-14	0.8219	0.8354	1.0069	1.0009
2010-12-23	0.9214	0.9110	1.1446	1.0755

二、HJ-1A 的 CCD2 的衰减变化及定标结果

HJ-1A 的 CCD2 衰减系数的变化趋势的分析采用的方法与 HJ-1A 的 CCD1 一样，主要是针对 HJ-1A 的 CCD2 增益 2 状态下的敦煌辐射校正场影像来分析的。通过获取 HJ-1A 的 CCD2 在 2010 年 1 月—2010 年 12 月一年间的敦煌辐射校正场影像，得到影像对应中心点经纬度、各波段 DN 值、观测天顶角、太阳天顶角、对应日期，由此推导衰减系数。由于忽略场地的方向性，因此在选取时间序列影像时，所选择影像的卫星观测角度较小。另外，由于有些影像含云量高或风沙大，使得波段标准差的差异较大，因此在选取时，波段标准差也限制在较小的范围，以保证数据的准确性，具体各影像获取的参数如表 7.6 所示。以 2010 年 8 月 12 日由敦煌 HJ-1A 的 CCD2 影像获取的 DN 值、日地距离校正因子和太阳天顶角余弦值为基础，计算得到 $DN \cdot d^2/\cos\theta$，并以此作为参考系数，与其余各天敦煌场 HJ-1A CCD2 的影像 DN 值、日地距离校正因子和太阳天顶角余弦值计算的 $DN \cdot d^2/\cos\theta$ 相比，计算一年间其余时间对应 2010 年 8 月 12 日的衰减系数，结果如图 7.2 所示。

表 7.6　2010 年敦煌场 HJ-1A 的 CCD2 影像获取的参数

日期	观测天顶角 /(°)	太阳天顶角 /(°)	日地距离校正因子	DN 值			
				波段 1	波段 2	波段 3	波段 4
2010-01-09	19.2905	64.5238	1.0349	51.3610	43.6630	51.9412	40.3654
2010-01-13	24.7383	65.1710	1.0346	51.8650	45.6029	55.7085	41.3368
2010-02-17	15.9061	56.2637	1.0247	69.3168	61.4346	77.6131	55.3959
2010-03-20	22.1563	45.0660	1.0085	90.9372	83.2741	102.6230	74.1440
2010-04-17	0.6667	32.8195	0.9921	93.3888	86.1228	108.1610	80.6589

日期	观测天顶角 /（°）	太阳天顶角 /（°）	日地距离校正因子	DN 值			
				波段 1	波段 2	波段 3	波段 4
2010-05-10	21.5104	27.0487	0.9802	105.3470	105.038	139.6220	99.8389
2010-06-14	24.7081	23.0986	0.9685	106. 6740	102.496	133.2890	90.1664
2010-07-15	22.3850	25.8665	0.9671	101.3320	96.8633	123.7260	88.8656
2010-08-12	1.9230	28.9778	0.9733	98.8610	92.0726	117.2680	85.4036
2010-09-08	18.6041	37.5546	0.9849	84.9636	83.3140	107.9050	80.8486
2010-10-21	15.6378	52. 2042	1.0094	62.6987	59.4123	78.8696	57.1375
2010-10-29	6.9336	54.6046	1.0140	57.7104	51.8549	63.2623	45.4010

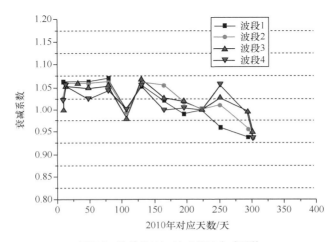

图 7.2　敦煌场 HJ-1A CCD2 衰减系数

　　由图 7.2 可以看出，HJ-1A 的 CCD2 在 2010 年期间基本保持稳定状态，表 7.7 则是以 2010 年 8 月 12 日场地定标系数为基础，得出的 HJ-1A 的 CCD2 定标系数。结合图 7.2 和表 7.7，可以知道，2010 年期间，各波段基本保持稳定，平均差异较小，除了 10 月 29 日这一天相对差异较大，在 10% 左右，其余时间各波段的相对差异均在 5% 左右。总体来看，HJ-1A 的 CCD2 在 2010 年运行期间响应比较稳定。

表 7.7　敦煌场 HJ-1A 的 CCD2 定标系数

时间	波段 1	波段 2	波段 3	波段 4
2010-01-09	0.9425	0.8807	1.1390	1.2556
2010-01-13	0.9777	0.8903	1.2509	1.2553
2010-02-17	0.9326	0.9073	1.2456	1.260
2010-03-20	0.9489	0.9109	1.2165	1.2459
2010-04-17	0.9230	0.8523	1.1637	1.2310
2010-05-10	0.9706	0.8832	1.2220	1.2977
2010-06-14	0.9404	0.9047	1.2196	1.2275

续表

时间	波段 1	波段 2	波段 3	波段 4
2010-07-15	0.9118	0.8727	1.2119	1.2348
2010-08-12	0.9208	0.8587	1.1890	1.2284
2010-09-08	0.8837	0.8677	1.2217	1.2986
2010-10-21	0.8646	0.8203	1.1839	1.2167
2010-10-29	0.8458	0.7610	1.0093	1.0275

三、HJ-1B 的 CCD1 衰减变化及定标结果

HJ-1B 的 CCD1 衰减系数的变化趋势主要是针对 HJ-1B 的 CCD1 增益 2 状态下的敦煌辐射校正场影像来分析的。通过获取 HJ-1B 的 CCD1 在 2010 年 1 月—2010 年 12 月一年间所摄的敦煌辐射校正场影像，得到影像对应中心点经纬度、各波段 DN 值、观测天顶角、太阳天顶角、对应日期，由此推导衰减系数。由于忽略场地的方向性，因此在选取时间序列影像时，所选择影像的卫星观测角度较小。另外，由于有些影像含云量高或风沙大，使得波段标准差差异较大，因此在选取时，波段标准差也限制在较小的范围，以保证数据的准确性，具体各影像获取的参数见表 7.8。以 2010 年 8 月 14 日由敦煌 HJ-1B 的 CCD1 影像获取的 DN 值、日地距离校正因子和太阳天顶角余弦值为基础，计算得到 $DN \cdot d^2/\cos\theta$，并以此作为参考系数，与其余各天敦煌场 HJ-1B 的 CCD1 影像 DN 值、日地距离校正因子和太阳天顶角余弦值计算的 $DN \cdot d^2/\cos\theta$ 相比，计算一年间其余时间对应 2010 年 8 月 14 日的衰减系数，结果如图 7.3 所示。

表 7.8　2010 年敦煌场 HJ-1B 的 CCD1 影像获取的参数

时间	观测天顶角 /(°)	太阳天顶角 /(°)	日地距离校正因子	DN 值			
				波段 1	波段 2	波段 3	波段 4
2010-01-04	16.2304	64.2924	1.0351	40.1022	33.9827	42.8844	31.5538
2010-01-31	3.4721	60.1906	1.0309	54.3087	47.5755	61.7246	45.1764
2010-02-16	23.3814	54.7506	1.0251	57.6679	54.4080	73.0909	51.7552
2010-03-11	6.3591	46.8245	1.0136	80.5930	75.6161	95.4111	68.1869
2010-04-23	13.3468	30.2125	0.9888	79.6712	81.2905	104.0600	78.1957
2010-05-09	21.1799	24.6856	0.9806	84.7280	85.6564	113.3390	80.1032
2010-06-13	24.7535	19.1751	0.9687	88.7434	88.8867	116.3740	82.2454
2010-07-22	24.2197	22.9676	0.9680	85.3880	87.0718	112.5800	75.7979
2010-08-14	5.3484	29.2207	0.9739	79.5404	78.8295	108.3277	78.8443
2010-09-22	2.0113	41.5199	0.9925	61.1132	57.1105	72.4229	51.0027
2010-10-20	20.829	50.7269	1.0088	55.9774	52.6695	69.2889	49.4063
2010-11-12	11.4369	58.4563	1.0213	48.9828	45.1545	58.0666	42.9453
2010-11-16	15.6748	59.4278	1.0232	46.4920	44.0123	56.2739	41.5589
2010-12-17	0.6089	64.9661	1.0335	43.2079	38.4736	48.9056	34.2952

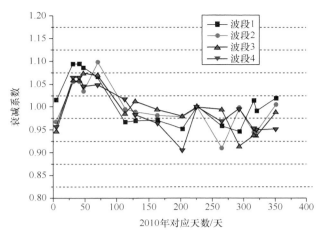

图 7.3　敦煌场 HJ-1B 的 CCD1 衰减系数

由图 7.3 可知，HJ-1B 的 CCD1 在 2010 年期间衰减不明显，基本保持稳定。表 7.9 是以 2010 年 8 月 14 日场地同步测量定标系数为基础，计算的一年内 HJ-1B 的 CCD1 绝对定标系数。由表 7.9 可以得出，2010 年期间 HJ-1B 的 CCD1 衰减趋势不明显，一年中最大差异为 2010 年 1 月 4 日波段 3 的 10.35%，其余波段在各时间的相对差异基本在 5%。这一结果说明，2010 年期间，HJ-1B 的 CCD1 响应基本稳定，探测器响应的数据可以很好地表征地物实际信息。

表 7.9　敦煌场 HJ-1B 的 CCD1 定标系数

时间	波段 1	波段 2	波段 3	波段 4
2010-01-04	0.8188	0.7254	0.9774	1.0291
2010-01-31	0.8831	0.8344	1.1544	1.2098
2010-02-16	0.8765	0.8173	1.1708	1.1871
2010-03-11	0.8603	0.8683	1.1656	1.1907
2010-04-23	0.7800	0.7866	1.0737	1.1554
2010-05-09	0.7824	0.7818	1.1031	1.1164
2010-06-13	0.7836	0.7757	1.0829	1.0960
2010-07-22	0.7681	0.7742	1.0674	1.0291
2010-08-14	0.8066	0.7910	1.0902	1.1362
2010-09-22	0.7739	0.7193	1.0838	1.1003
2010-10-20	0.7634	0.7890	0.9958	1.1304
2010-11-12	0.8182	0.7455	1.0223	1.0826
2010-11-16	0.8003	0.7488	1.0771	1.0796
2010-12-17	0.8223	0.7823	1.0775	1.0817

四、HJ-1B 的 CCD2 衰减变化及定标结果

HJ-1B 的 CCD2 衰减系数的变化趋势主要是针对 HJ-1B 的 CCD2 增益 2 状态下的敦煌辐射校正场影像来分析的，其方法、原理与 HJ-1B 的 CCD1 一样，影像获取的参数如表 7.10 所示。

表 7.10　2010 年敦煌场 HJ-1B CCD2 影像获取的参数

时间	观测天顶角 /（°）	太阳天顶角 /（°）	日地距离校 正因子	DN 值			
				波段 1	波段 2	波段 3	波段 4
2010-01-11	23.0391	64.7283	1.0348	51.0377	41.1167	54.2960	31.8584
2010-02-07	23.0770	59.724	1.0287	69.0634	58.5835	75.6589	42.4682
2010-03-26	21.8558	42.0740	1.0050	88.7086	79.7545	104.2910	63.3051
2010-04-03	12.3358	38.4650	1.0002	95.6695	91.7854	119.1640	77.7508
2010-05-08	16.9928	27.2977	0.9811	99.6979	96.8435	127.6090	82.8359
2010-06-16	16.7828	22.4759	0.9682	100.9320	97.4534	126.5260	79.8388
2010-07-09	24.0521	25.3199	0.9667	93.8302	91.1007	115.5390	66.7915
2010-08-25	19.4499	34.4299	0.9783	96.8054	82.2885	109.3300	69.2440
2010-09-10	12.1351	37.9438	0.9859	80.1097	75.5872	97.7643	62.1175
2010-10-15	19.3715	50.3242	1.0060	66.5085	58.7560	75.3648	46.0508
2010-11-23	24.5485	60.7089	1.0262	59.3639	48.0445	61.0251	35.6646
2010-12-17	0.5981	64.9715	1.0335	42.2761	34.6004	42.8668	26.5730

以 2010 年 8 月 25 日的 $DN \cdot d^2/\cos\theta$ 为参考系数，计算一年间其余时间影像的 $ND \cdot d^2/\cos\theta$ 并与参考系数相比较，获取时间序列的相对衰减系数，结果如图 7.4 所示。

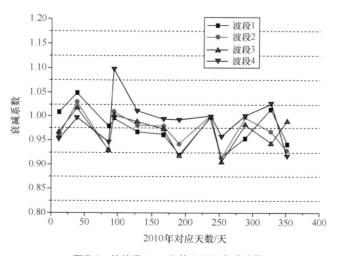

图 7.4　敦煌场 HJ-1B 的 CCD2 衰减系数

由于缺少 HJ-1B 的 CCD2 在 2010 年 8 月卫星过境的同步测量数据，因此，采用了历史光谱数据计算 HJ-1B 的 CCD2 在 2010 年 8 月 25 日的场地定标系数，并以此为基础计算 2010 年期间其他时间的绝对定标系数（见表 7.11）。由图 7.4 和表 7.11 可知，2010 年期间 HJ-1B 的 CCD2 衰减趋势不明显，各波段基本保持稳定，平均差异在 $-2\% \sim 2\%$，除个别波段差异达 9% 左右，大多数相对差异都在 5% 左右。总体来看，HJ-1B 的 CCD2 在 2010 年运行期间响应比较稳定，衰减很小。

表 7.11　敦煌场 HJ-1B 的 CCD2 定标系数

时间	波段 1	波段 2	波段 3	波段 4
2010-01-11	0.90368	0.7484	1.0763	0.9376
2010-02-07	0.9398	0.8040	1.1319	0.9417
2010-03-26	0.8773	0.7263	1.0353	0.9315
2010-04-03	0.8928	0.7886	1.1162	1.0795
2010-05-08	0.8668	0.7660	1.0998	0.9939
2010-06-16	0.8621	0.7649	1.0834	0.9780
2010-07-09	0.8250	0.7355	1.0203	0.9755
2010-08-25	0.8956	0.7808	1.1130	0.9833
2010-09-10	0.8212	0.7137	1.0075	0.9424
2010-10-15	0.8551	0.7788	1.0933	0.9852
2010-11-23	0.9096	0.7559	1.0499	1.0097
2010-12-17	0.8440	0.7247	1.1017	0.9021

7.2　极地场景法

极地场景法对遥感器进行辐射定标，主要将格陵兰和南极洲冰盖作为研究目标，对遥感器进行时间序列定标。

这个定标方法的优点如下。

（1）定标目标冰盖区域面积大。

（2）这些地区是永久的，可以应用若干年。

（3）可以应用于宽范围的太阳天顶角，因此可以在全年范围内不同季节获取数据。

（4）卫星通过这个区域的频率高，可以为定标带来更多的灵活性。

（5）定标不需要地面测量。

（6）这些地区远离污染源。

（7）由于极地有极昼、极夜现象，因此南极地区适合定标的时间为 11 月至次年 2 月，格陵兰地区适合定标的时间为 5—8 月。

7.2.1 极地场景法场地

一、格陵兰冰盖

格陵兰冰盖覆盖面积大，并且可以假设是时间稳定的。格陵兰冰盖位于 70 ~ 77.5°N、35 ~ 45°W 的区域，是一个在海平面上 2km 的冰盖，可以作为稳定场景用于遥感器的衰变研究。这个区域表面倾斜度低，并且不需要做观察和太阳几何的校正。冰盖由紧密的雪组成，由于地表温度很低，雪不会融化，因此可以假设冰盖的特性经过许多年仍是稳定的。通过多种散射计算，模拟冰盖厚雪的双向分布反射率，并分析太阳天顶角和颗粒尺寸的影响。研究结果表明，雪的反射率光谱在波长小于 0.7μm 处的吸收很少，整体反射率是高的，并且不受太阳天顶角的影响。在长波光谱区，吸收系数增加，反射率降低，并且更多地依赖于太阳天顶角。雪粒子的散射相位函数是不均匀的，因此 BRDF 随太阳天顶角变化，在太阳位置高时，冰盖接近朗伯体；反之，在太阳位置低时，有一个强的前向峰值。雪颗粒的直径根据雪生成时间的长短在 50 ~ 1000μm 变化，颗粒尺寸对近红外波段影响显著，在这个尺寸范围上反射率变化可以达到 2 倍。对可见光波段的影响很小，典型的变化只有很小的百分比。

二、南极冰盖场特点

南极洲冰盖东部高原的 Dome Concordia（Dome C，位置为 75°S，123°E）地区，是个理想的陆地定标场。

Dome C 地区有许多作为定标场的优点。

（1）场地只有雪，非常平坦，雪表面形成宽度 10 ~ 20cm 的波纹，地面倾斜度非常低（<0.2°），雪表面是空间均匀的。

（2）雪表面 BRDF 非常高，空间和季节变化很小，这对传感器定标是主要的优势。以往的研究表明，冰盖适合作为地面定标目标，因为南极洲和格陵兰高原的雪表面的反射率变化在可见光波段是非常低的。雪表面反射率在 300 ~ 700nm 波长内很高，反射率为 0.96 ~ 0.99。雪不融化、颗粒尺寸在不同季节不变时，在可见光波段的反射率不变，一年以内变化非常小，呈现了非常好的场地稳定性。

（3）风很少，雪的聚集速度和风速都小（1998 年测得 3.4m/s），因此时间变化很小，时间稳定性好。

（4）南极地区海拔约为 3200m，这个地区远离海岸（距离大于 1000km），因此大多数时间空气是清洁的，气溶胶和水汽含量低。

（5）该地区处于 75°S，许多卫星对该地区有较高的过境频率，比南极中心更有利。太阳同步卫星经常由于轨道倾斜而不能到达南极中心地区。

（6）法国和意大利共同在 Dome C 地区组建了一个国际试验站，可以全年运行，提供 Dome C 地区的气象数据。

7.2.2 极地场景法定标的图像处理

一、云的排除

冰上云的识别是困难的，因为它的反射和热辐射在 ATSR2 的波长上是相似的。在冰场地中，云的存在通常将加强 TOA 辐亮度的传播。基本方法是考虑通过现场的空间均匀性确定云的覆盖。图像被分为 4km×4km 区域，计算每个区域 0.87μm 的反射率均方差 $\Delta R_{0.87\mu m}$ 和 12μm 的亮度温度均方差 $\Delta T_{12\mu m}$。定义云像元的选择极限为 $\Delta R_{0.87\mu m}>0.5\%$，$\Delta T_{12\mu m}>0.5$k。有些情况下，这个测试对覆盖大面积云的识别是不足的。为了解决这个问题，可以利用 1.6μm 通道反射率对残留的云像元进行识别。雪在 1.6μm 的反射率低，小于 10%，依赖于成分。冰（或过度冷却的水）覆盖在雪表面通常会提高现场的反射率，这与其小的结晶尺寸和相对高的散射效率相关。值得注意的是，在这些区域中的典型的层云有相对低纬度的对流层云更小的冰晶（一些深对流层云反射率小于 10%）。排除了不符合空间均匀性标准的像元后，我们建立一些具有高反射率（大于 20%）、符合更均衡的云像元。

识别云的第一个方法，基于反射率相对散射颗粒尺寸的灵敏度，在近红外通道和短波红外通道是不同的。通常雪的颗粒比云的微粒大，高反射率与小的颗粒尺寸相关，可以由此判断云存在。为了减少表面地形的影响，我们使用短波红外与近红外的比值 SWIR/NIR，这个比值的阈值是 0.25（SWIR/NIR=0.25）。这个阈值是通过同样的雪表面区域的大量图像观察分析后确定的，可以在无云的时候验证。

另一个方法基于图像的纹理分析。通常雪地区的表面比云覆盖的表面平滑，因此雪覆盖时像元间灰度值的变化比云覆盖时低。使用一个移动窗口在 25 像素 ×25 像素区域中滑动，比较灰度值的变化。为了减小颗粒尺寸的影响，可以使用传感器的红光通道。同样通过大量图像的观察分析，选择比较的阈值。

二、臭氧的校正

对于高纬度地区，臭氧在 0.66μm 和 0.56μm 通道的吸收是必须考虑的。由于照明角度的范围和臭氧柱含量的季节变化，在 TOA 信号中臭氧的影响是很显著的。校正反射率为：

$$R' = R/\tau_{\text{ozone}} \tag{7.5}$$

式中，τ_{ozone}——穿过臭氧柱的透过率，假设臭氧汇集在 TOA 上的一个薄层中，则：

$$\tau_{\text{ozone}} = 1 - (\sec\theta + \sec\theta_{\text{o}})\sigma x \tag{7.6}$$

式中，σ——吸收截面，$cm^2/molecule$；x——臭氧柱含量，$molecule/cm^3$；θ、θ_{o} 分别为太阳和遥感器的天顶角；σx——臭氧吸收系数，cm^{-1}。利用同时期 GOME 检索的臭氧含量进行校正。

三、观察和光照几何条件

冰盖作为定标场地的重大局限是低的太阳仰角。在太阳天顶角大，卫星天顶角有小的变化，以及表面倾斜和具有波浪形时，测量反射率变得非常敏感。因此需限制太阳天顶角小于 70°，采用数据的时期是每年的少数月份。用于定标的数据限于天底观察的数据，可使测量反射率在很大程度上不受相对方位角的影响。

四、大气校正

大气校正的基本方法是采用大气辐射传输模型 6S，计算遥感器每个图像测量的 TOA 地面反射率。

首先关注在这个区域反射率对温度和水汽的极端变化的敏感性。因为没有在这个地区测量的大气特性，所以可以使用 ECMWF（European Centre for Medium Weather Forecasting，欧洲中期天气预测中心）业务分析的数据，和少数 Dome C 试验站测得的气压数据。在极端天气条件下，反射率的变化小于 1%。因此，单独的温度和水汽状况，可以采用总水汽含量 0.07g/cm^2，这同近期的研究结果是一致的。

另一个输入 6S 的参数是目标地区的高度。我们的研究地区的海拔为 2900～3400m，但这些高度变化不影响大气校正，在 Dome C 地区进行大气校正时，可以设置海拔为 3200m。这个地区的地面斜度很小，不用代入 6S 的计算中。

输入 6S 的参数还有气溶胶含量和气溶胶光学厚度。6S 中有 4 种气溶胶类型：灰尘型、可溶性颗粒、海洋型颗粒和烟尘型。很少在南极洲进行气溶胶测量，而多在近海岸地区进行。根据可用的数据，权衡 4 种气溶胶类型，定义南极洲的气溶胶类型为 70% 可溶性颗粒、30% 海洋型颗粒。气溶胶光学厚度来自网络数据，没有任何附加的地面信息，选择常数值 0.06（550nm 波长处）。

7.2.3　极地场景法定标

Loeb 介绍了将格陵兰和南极洲冰盖作为定标场，选择从 1985—1995 年 11 年的 NOAA AVHRR 图像数据，实现对 NOAA AVHRR 的可见 - 近红外通道的时间序列定标。

根据全球区域覆盖测量（Global Area Coverage，GAC）计划，考察了 NOAA-9、NOAA-11、NOAA-12、NOAA-14 在格陵兰、南极洲上的观测图像。表 7.12 为定标研究中选择的 1985—1995 年 NOAA 的 AVHRR 在格陵兰和南极洲的影像数量。

表 7.12　极地场景法进行 NOAA 的 AVHRR 定标选择的影像数量

日期	区域	卫星	图像数
1985 年 6 月	格陵兰	NOAA-9	20
1985 年 12 月	南极洲	NOAA-9	22
1986 年 6 月	格陵兰	NOAA-9	17
1986 年 12 月	南极洲	NOAA-9	12
1994 年 6 月	格陵兰	NOAA-11	14
1994 年 6 月	格陵兰	NOAA-12	13
1994 年 12 月	南极洲	NOAA-12	10
1995 年 6 月	格陵兰	NOAA-12	10
1995 年 6 月	格陵兰	NOAA-14	13
1995 年 12 月	南极洲	NOAA-12	9
1995 年 12 月	南极洲	NOAA-14	17

由于 NOAA-9 的数据方案在 1985—1986 年经过多个飞行器、卫星的测量，因此是可靠的。选择 NOAA-9 的 AVHRR 作为参考标准，用于确立各 NOAA 之间的 AVHRR 辐射度的关系。

假设地面到大气系统在空间和时间上是稳定的，利用定标 NOAA-9 的 AVHRR 在冰盖区域上的反射率，通过未定标的 AVHRR 仪器的反射率与定标（反射率）曲线的比较，定标其他在轨的 AVHRR（如 NOAA-11、NOAA-12、NOAA-14 的 AVHRR），推导出新的通道 1、2 的定标系数。这个方法具有 5% 的精度。

一、反射率计算和场地均匀性

1. 反射率计算公式

对于通道 i、像元上的原始数据 C，在平均日地距离上的反射率 R_i，由通道定标系数 α_i 和由 AVHRR 的 Level 1B 数据产品部分提供的偏置 β_i 确定：

$$R_i = \frac{(\alpha_i C + \beta_i)\varepsilon_{se}}{\mu_0} \tag{7.7}$$

式中，μ_0——太阳天顶角 θ_0 的余弦；$\varepsilon_{se} = (\delta_s / \overline{\delta_s})^2$——给出的日地距离相对平均日地距离上的观察反射率校正因子。与 C 相应的像元辐亮度值 L_i（单位：$W \cdot m^{-2} \cdot sr^{-1} \cdot \mu m^{-1}$）：

$$L_i = (a_i C + b_i)\varepsilon_{se} \tag{7.8}$$

其中：

$$a_i = \alpha_i(F_i/100\pi w_i)$$
$$b_i = \beta_i(F_i/100\pi w_i)$$

式中，F_i（单位：$W \cdot m^{-2}$）——由通道光谱响应函数加权的太阳辐照度积分；w_i（单位：μm^{-1}）——光谱响应函数的当量宽度。

2. 选择图像

为了减少不确定度，要选择观察角小于 18°、近天底观察的图像，观察区域在格陵兰、南极洲的远离海岸的地区内部。通过对观察和相对方位角分层测量的灵敏度分析，在这些时间间隔上反射率各向异性的变化引入的不确定度估计约为 1%。

格陵兰和南极场地的时间稳定性是好的，因为冰盖是持久的，并且远离污染。但是，其空间均匀性还存在一些问题。因为在某些给定的时间出现了云的覆盖。在像元级别，冰覆盖区域上云的识别是非常困难的，因为在 AVHRR 波长上，云与冰有相似的反射率和热辐射。（对于覆盖像元分辨率较大的区域，要考虑反射率和亮温的分类，其有更多的影响。）

将 AVHRR 图像分成 17 像素 ×17 像素的子区域（面积为 68km×68km）。对每个子区域由式（7.9）计算均匀性指标：

$$N = \frac{1}{4}\left(\frac{\sigma_{i1}}{R_{i1}} + \frac{\sigma_{i2}}{R_{i2}} + \frac{\sigma_{j1}}{T_{j1}} + \frac{\sigma_{j2}}{T_{j2}}\right) \times 25\% \tag{7.9}$$

式中，i_1、i_2——遥感器可见 - 近红外通道数（1、2）的值；j_1、j_2——遥感器热红外通道数（通道 3~3.7μm、通道 4~11μm）的值；σ_i、σ_j——反射率和亮温的标准差；R_i、T_j——反射率和亮温的平均值。

由于雪的表面比云表面更平滑，因此雪表面反射率的变化远小于云反射率的变化。N 值越大，表明现场反射率越不均匀，可能是有云的影响。当 N 小于某个值时，即可认为此区域为无云区域。

识别云之后，计算在 16km×16km 区域中每个通道反射率的平均值、最大值、最小值及标准差，在无云的位置做标记。对所有每年 5—8 月在格陵兰地区采集的图像重复这个过程。

3. 场地均匀性

图 7.5 为 1985 年 12 月在南极洲的 NOAA-9 图像的均匀性指标统计结果，图 7.5（a）、图 7.5（b）分别为通道 1 和通道 2 的结果。横坐标为均匀性 N，纵坐标为反射率。太阳天顶角为 63°～68°。由图可看出，N 越小，反射率越稳定，离散度平均小于 2%。N 值增大，反射率的离散也加大，且反射率小于 N 值低时的反射率。

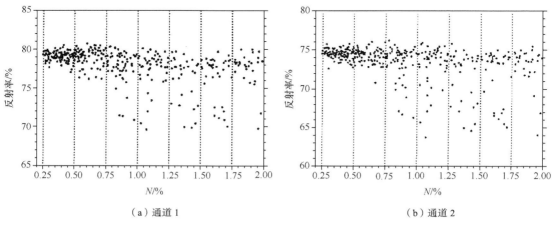

（a）通道 1　　　　　　　　　　　　　（b）通道 2

图7.5　1985年12月在南极洲的NOAA-9图像的均匀性指标统计结果

分散度的增大可能是由于子区域存在云。在太阳仰角低时，辐射度传输计算得到天底反射率在可见波长呈现减少的倾向，当云层（无论厚度）插入高反射率的冰表面，在倾斜的观察角上，云层使得许多直接的附带的太阳辐射进入前向散射方向，可以从高辐射冰表面反射到天底方向，引起辐亮度总量的减少。另一个反射率减少的解释是，云在表面的遮蔽投影使反射率降低。图 7.5 是假设子区域具有 $N < 0.75\%$ 的均匀性，且均匀冰表面上无云覆盖的典型的反射率。

二、NOAA-9 的 AVHRR 测试的两个冰盖场地的反射率

图 7.6 为定标 NOAA-9 的 AVHRR 近天底观察时对应太阳天顶角的反射率（$N<0.75\%$）。图 7.6（a）～图 7.6（d）分别为通道 1、2 于 1985—1986 年在南极洲、格陵兰区域的反射率。在图 7.6（c）、图 7.6（d）中，$\vartheta_0 = 57°\sim64°$ 出现缺口，这是由于 NOAA-9 每天只有 2 轨图像可用。在所有的情况下，反射率随太阳天顶角的增大而平稳地减少，1985 年与 1986 年结果的差别是小的。在格陵兰和南极洲地区如此大的面积上，依赖于太阳天顶角的反射率是平稳变化的，表明这些区域是空间均匀的。1985 年与 1986 年反射率显著相似，也清楚地说明这些区域是时间稳定的，可以应用于跨越多年的定标。

图 7.6 中的实线是最小平方二次多项式拟合的反射率定标曲线，其表达式为：

$$R = C_2\theta_0^2 + C_1\theta_0 + C_0 \tag{7.10}$$

式中，衰减系数 C_0、C_1、C_2 列于表 7.13。

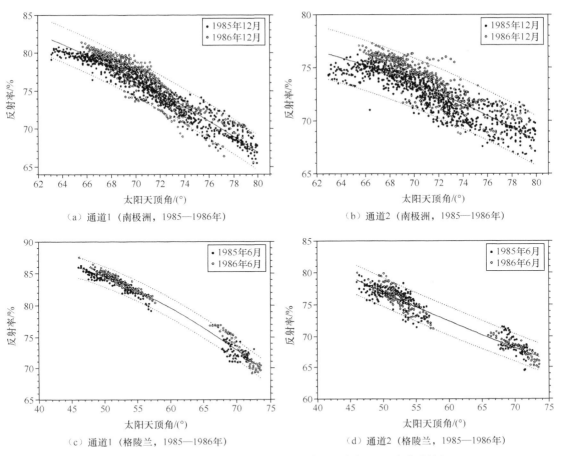

（a）通道1（南极洲，1985—1986年）

（b）通道2（南极洲，1985—1986年）

（c）通道1（格陵兰，1985—1986年）

（d）通道2（格陵兰，1985—1986年）

图7.6 定标NOAA-9的AVHRR近天底观察时对应太阳天顶角的反射率

表7.13 拟合曲线衰减系数

区域	通道 1			通道 2			太阳天顶角 θ_0 范围
	C_0	C_1	C_2	C_0	C_1	C_2	
格陵兰	81.37	0.5202	−0.009152	103.9	−0.6072	0.001373	46° ~ 73°
南极洲	74.25	0.8953	−0.01233	60.29	0.8305	−0.009150	63° ~ 80°

图 7.6 中虚线表示用 95% 预报区间评估的衰减的不确定度。

三、对 AVHRR 仪器的定标

这些衰变曲线将作为定标在轨的其他 AVHRR 同 NOAA-9 比较时的参考。通过未定标 AVHRR 仪器的反射率与这些 NOAA-9 定标曲线的比较，获得新的定标系数。从未定标仪器在 θ_0 上给出的像元灰度值 C，新的定标系数 α_i' 由式（7.11）计算：

$$\alpha_i' = \frac{\dfrac{\mu_0 R_i'(\mu_0)}{\varepsilon_{se}} - \beta_i}{C} \tag{7.11}$$

式中，$R_i'(\mu_0)$——图 7.6 中由 NOAA-9 数据拟合确定的反射率定标曲线；β_i——式（7.11）

计算中的常数；ε_{se}——日地距离校正因子。

为了便于比较，建立一个定标系数比值（定标比）$\gamma_i = \alpha_i / \alpha_i'$。

R_i' 的不确定度为 ±2.5%，主要影响因素有：可能存在未识别出的云；格陵兰、南极洲表面反射率的空间、时间变化；在观察角 0° ~ 18° 范围内冰上反射率各向异性的影响；大气（如臭氧、气溶胶、水汽总量）的变化；仪器的偏振效应。

本研究对 NOAA-9、NOAA-11、NOAA-14 的定标结果分别列于表 7.14 ~ 表 7.16。对于 NOAA-11、NOAA-14，为便于比较，还列出了 Rao 和 Chen 在 1995 年、1996 年利用沙漠场的定标结果。

表 7.14 NOAA-11 极地场景法定标结果

NOAA-11	日期	通道 1			通道 2		
		反射率定标系数	辐亮度定标系数	定标比值	反射率定标系数	辐亮度定标系数	定标比值
Loeb（1997 年）	1994 年 6 月	0.111	0.57	0.86	0.112	0.37	0.81
Rao 和 Chen（1995 年）	1994 年 6 月	0.114	0.59	0.84	0.123	0.41	0.73

表 7.15 NOAA-12 极地场景法定标结果

NOAA-12	日期	通道 1			通道 2		
		反射率定标系数	辐亮度定标系数	定标比值	反射率定标系数	辐亮度定标系数	定标比值
Loeb（1997 年）	1994 年 6 月	0.124	0.64	0.82	0.144	0.48	0.72
Loeb（1997 年）	1994 年 12 月	0.120	0.62	0.85	0.137	0.46	0.75
Loeb（1997 年）	1995 年 6 月	0.125	0.64	0.82	0.145	0.48	0.71
Loeb（1997 年）	1995 年 12 月	0.122	0.62	0.84	0.140	0.47	0.74

表 7.16 NOAA-14 极地场景法定标结果

NOAA-14	日期	通道 1			通道 2		
		反射率定标系数	辐亮度定标系数	定标比值	反射率定标系数	辐亮度定标系数	定标比值
Loeb（1997 年）	1995 年 6 月	0.115	0.60	0.97	0.141	0.46	0.95
Loeb（1997 年）	1995 年 12 月	0.118	0.61	0.95	0.142	0.47	0.94
Rao 和 Chen（1995 年）	1995 年 6 月	0.113	0.59	0.99	0.136	0.45	0.99
Rao 和 Chen（1995 年）	1995 年 12 月	0.117	0.61	0.95	0.142	0.48	0.94

7.3 海洋场景法

海洋场景法采用清洁的海洋水域作为观测目标，利用大气的瑞利散射进行遥感器的绝对辐射定标，因此海洋场景法也称为瑞利散射法。这个方法的基本要求是需要选择清洁的海洋水域，在大的太阳角度、大的观测角度下，有较大的大气辐射路径，模拟计算出瑞利散射的大气顶辐亮度，与遥感器的观测输出 DN 值比对，实现遥感器短波（蓝绿色光波段）的绝对辐射定标。

在短波区，对于风速较低的深海区域，卫星观测信号主要由瑞利散射贡献。由瑞利散射贡献的 TOA 辐亮度可以通过公式计算得到，进而近似得到短波通道的辐射定标系数。根据通道间的相对定标结果，可以将短波通道的定标系数匹配到其他通道。使用该方法定标时，遥感器接收到的信号受水汽反射率、离水反射率、海洋耀斑和气溶胶的影响。为了减小这些参数的影响，需要选择特别的观测条件：选择深海区，以获取干净的水体；选择大的观测和太阳天顶角来增加大气路径；在后向散射方向观测来避免镜面反射。由于近红外通道的分子散射可以忽略，非瑞利散射可以从近红外通道信号中计算出来，然后用不同的气溶胶模型将通过近红外通道估计的气溶胶成分的贡献，转换到短波通道。

海洋场景法适用于广角遥感器的短波通道。由于不需要现场同步观测数据，可以实现对历史数据的辐射定标。海洋场景法利用海洋进行绝对定标时，是利用测量值和理论值对比进行的，精度不高。而且该方法是假设遥感器没有偏移量或偏移量已知的条件下进行的定标方法，并不适合所有的广角遥感器。海洋场景法的精确度依赖于输入资料以及光谱通道的精确度。蓝光通道的不确定度为 2% ~ 3.5%，通常用于宽视场仪器。对于窄视场的遥感器，由于很难找到无云的干洁大气区域，其定标精度会降低。

7.3.1　瑞利散射法的基本原理

在清洁的深海上空，对于遥感器的短波段（如 $0.61\mu m$ 波段），在遥感器大的观测角度下所接收的大气光辐射主要来自地面、大气的分子散射，即瑞利散射，瑞利散射的贡献达到信号的 80%，辐亮度的其余部分则来自气溶胶散射、天空闪烁的反射光、水下反射和臭氧吸收的衰减。瑞利散射是大气压的函数。

为了减少瑞利散射以外的光辐射对瑞利散射法定标精度的影响，需要选择以下的观测条件和观测环境。

（1）海面的离水辐亮度依赖于叶绿素含量，应选择叶绿素含量低且稳定的深海、干净的水域，这样也能减少水中散射的影响。

（2）选择大的太阳天顶角、大的观测角度，以增长遥感器接收辐射的大气路径。

（3）选择西边的观测方向，克服太阳耀斑的影响。

（4）选择后向观测，避免镜面反射。

（5）来自海面泡沫的辐射是风速的函数，选择低风速的天气条件。

（6）选择无云图像（或使用排除有云图像的工具）。

（7）选择气溶胶、水汽含量低的天气条件。对定标误差的分析表明，气溶胶光学厚度的很小变化可以向定标精度引入较大误差。如气溶胶光学厚度变化 $\Delta\tau a = \pm 0.05$，将引入 10% 的定标误差。

大气环境（水汽量、风速、表面压力）由气象数据给出。依赖于水汽容量的气溶胶类型有 3 种：对流层模型（高光谱依赖）、海岸型（中光谱依赖）、海上型（弱光谱依赖）。

每一种有 3 个不同的相对湿度（70%、90%、98%）。当对每一种气溶胶进行绝对定标系数和测量精度的评估时，辐亮度被评估。

海洋场景法的特点是定标无须地面的同步测量。在选择满足要求的观测条件时，瑞利散射不随时间、空间变化，因此可以对遥感器的历史观测进行响应衰变的分析评估。

海洋场景法又可分为直接定标法和双波段法。直接定标法即直接将测量的短波数值信号与理论计算的表观反射率建立关系，得到定标系数。双波段法是利用长波段（近红外波段）的观测结果进行大气气溶胶的校正。

7.3.2 海洋场景法定标实例

Vermote 等采用卫星在海洋上观测的方法对 SPOT 可见光通道进行飞行中的定标，并对直接定标方法进行了改进，提出了双通道的海洋定标方法。双通道的海洋定标方法考虑海洋耀斑、泡沫反射和气溶胶等对海洋定标精度的影响，在对短波段进行定标时，利用较长波段（0.85μm）的瑞利散射弱（约占总信号的 50%）和气溶胶信号强的特点，提供洋面的海洋耀斑、泡沫反射和气溶胶等影响因素的信息，用这些信息确定短波段处洋面和气溶胶的贡献，通过气溶胶光学厚度波段间的推移实现短波段的定标，使定标精度得到了提高。SPOT-1 的 VEGETATION 的 0.45μm 和 0.55μm 波段和 SPOT 的 HRV 波段 1 的定标精度分别达到 3%、4% 和 5%。

一、直接定标法

直接定标法就是直接对短波通道用遥感器测量数字信号与预报辐亮度关联，完成短波段的定标。直接定标法用于 SPOT 的通道 B0（中心位于 0.45μm）和通道 B1（中心位于 0.55μm）。

遥感器的入瞳光谱辐亮度为 $L(\lambda)$，单位为 $W \cdot m^{-2} \cdot sr^{-1} \cdot \mu m^{-1}$；在波段 i 的光谱响应为 $S_i(\lambda)$，则遥感器入瞳的等效辐亮度由式（7.12）计算：

$$L_i = \frac{\int_0^\infty S_i(\lambda)L(\lambda)\mathrm{d}\lambda}{\int_0^\infty S_i(\lambda)\mathrm{d}\lambda} \tag{7.12}$$

遥感器的表观反射率为：

$$\rho_i = \frac{\pi L_i d^2}{\mu_s E_s^i} \tag{7.13}$$

式中，E_s^i——通道 i 的等效太阳常数；μ_s——太阳天顶角的余弦；d——天文单位的日地距离。

遥感器的测量数字值 DC_i 进行太阳辐照度变化的修正后为 DC_i^*：

$$DC_i^* = DC_i \frac{d^2}{\mu_s} \tag{7.14}$$

则反射率定标可表示为：

$$DC_i^* = C_i \rho_i \tag{7.15}$$

式中，C_i——反射率定标系数。数字值已去除暗电流。

在短波上，瑞利散射的贡献是信号的主要部分。直接定标时，定标条件被假设为清洁水、低风速、低气溶胶含量、没有耀斑的影响。信号在遥感器动态范围的线性部分获得，并且遥感器对大气气体的敏感性是弱的。

将设置的边界条件输入辐射传输方程 5S，计算出卫星高度的反射率。

表观反射率主要是由气溶胶散射和地面（泡沫反射率）、水中、海洋耀斑贡献的。给出定标条件中对反射率有贡献的各因素的精度允许的极限范围，计算最大、最小反射率，取反射率的平均值 $\overline{\rho}$。研究中在 3 种太阳天顶角、3 种观察角的条件下，计算了波段 B0、B1 的各反射率贡献值和总反射率。从计算结果中可以看出，瑞利散射是信号的主要部分，在波段 B0 中占 70%，在波段 B1 中占 55%。泡沫和水中的贡献也是小的。

误差预算：计算实际反射率与计算反射率的偏差，结果来自主要的试验条件与预期条件间的差别，即气压、气溶胶模型和总量、海洋水色、风速、气体容量。分别计算各误差项：瑞利 $\Delta\rho_{\mathrm{Ray}}$、气溶胶 $\Delta\rho_{\mathrm{Aer}}$、水中 $\Delta\rho_{\mathrm{wat}}$、耀斑和泡沫 $\Delta\rho_{\mathrm{Wsp}}$、气体传输贡献的误差因子 ΔT_{g}，以及观察数字值的噪声 $\Delta\mathrm{DC}$。最后合成计算总误差。误差计算均为相对平均值的相对误差。

二、双通道定标法

由于在长波中分子散射减少，气溶胶信息在大波长上将更好。双通道定标法中采用通道 B3（中心位于 $0.85\mu\mathrm{m}$）用于气溶胶的校正。

在通道 B3 中修正了 d 和 μ_3 的数字值为 DC_3^*，反射率 ρ_3 可写作：

$$\rho_3 = \frac{\mathrm{DC}_3^* C_{i3}}{C_i} \tag{7.16}$$

式中，C_{i3} 是 B_i（$i = 0$ 或 1）与 B3 间的交互定标系数，表示为：

$$C_{i3} = C_i/C_3 \tag{7.17}$$

C_{i3} 是假设的，其通过交互波段定标方法提供。

如前所述，$\overline{\rho}$ 表示相应于平均条件模型的反射率，所以气溶胶特性和不同的风速一般都可在这些平均值中反映出来。现将数字值 DC_3^* 和 DC_i^* 转换为式（7.18）和式（7.19）形式：

$$\rho_3 = \frac{\mathrm{DC}_3^* C_{i3}}{C_i} = \overline{\rho}_3 + \Delta\rho_3(a, \mathrm{wsp}) \tag{7.18}$$

$$\rho_i = \frac{\mathrm{DC}_i^*}{C_i} = \overline{\rho}_i + \Delta\rho_i(a, \mathrm{wsp}) \tag{7.19}$$

设一个参数 I_{i3}：

$$I_{i3=}\left[\frac{\Delta\rho_i(a, \mathrm{wsp})}{\Delta\rho_3(a, \mathrm{wsp})}\right] \tag{7.20}$$

式中，I_{i3}——在 B3、Bi 通道上的平均光谱偏差，这个偏差是由气溶胶、海洋表面的因素偏离其平均值产生的。由式（7.18）、式（7.19）可推导出：

$$\rho_i = \frac{\mathrm{DC}_i^*}{C_i} = \overline{\rho}_i + I_{i3}\left(\frac{\mathrm{DC}_3^* C_{i3}}{C_i} - \overline{\rho}_3\right) \tag{7.21}$$

则双波段定标系数为：

$$C_i^{2b} = \frac{\mathrm{DC}_i^* - I_{i3}\mathrm{DC}_3^* C_{i3}}{\overline{\rho}_i - I_{i3}\overline{\rho}_3}$$

（7.22）

当应用直接定标方法时，$I_{i3} = 0$。

误差预算与直接定标法相同，在 3 种太阳天顶角、3 种观察角的条件下，分析双通道定标法中的各误差源，计算各误差项，最后合成计算总误差。从预算结果看出，对通道 B0，最好的误差小于 3%，在大范围几何条件下，误差小于 5%。对 SPOT-4 通道 B1，最小误差大约为 4%。显然，双通道定标法改进了直接定标法，使定标精度明显提高了。

7.4　云场景法

7.4.1　云场景法定标的特点

云场景定标法是利用深对流层云作为观测目标，利用高亮云对遥感器的可见 - 近红外通道进行相对定标的方法。云场景法常常与海洋场景法结合起来使用。

深对流层云具有非常亮和冷的特点，在对流层顶有接近朗伯体的反射特性，可以给出恒定的反照率，适合用于实现对遥感器两个通道的相对辐射定标。波长小于 1μm 的云的反射率是平坦的。

深对流层云技术（Deep Convective Clouds Technique，DCCT）不需要辅助数据，只使用简单的红外阈值识别对流云。这个技术可以提供遥感器长期的增益漂移，但不能提供绝对定标。绝对定标可以通过较好定标的卫星图像（如 MODIS），经过匹配的辐射度的交叉定标来实现。

高亮云足够高，大气订正对其造成的影响相当小。因为水汽和气溶胶集中在更低的高度，其仅仅需要进行瑞利散射和臭氧订正。要选择适当的几何角度观测高亮云，以避免热点和彩虹效应。在大气顶，云反射的量被气体（主要是臭氧）吸收限制。更多的厚云在对流层顶的高度，因此水汽和对流层气溶胶的影响减小了。在使用小的太阳高角时，厚云接近朗伯反射体，云的反射率同太阳方位角无关。大的臭氧变化和同温层气溶胶将降低这个方法的精确性。DCCT 可以用于观测跨越时间的遥感器的相对衰减，但是要获得绝对定标时，还是需要辐射传输模型的。

深对流层云是一种发展深厚的对流云，它往往能发展到对流层顶之上，是冷且亮的目标，其光谱特征类似于辐射定标用的参考白板，在可见 - 近红外波段，它能够提供足够高且稳定可靠的反射率，非常适合做定标，并且 DCCT 不依赖导航数据来寻找目标。图 7.7 给出了利用 SBDART 辐射模式耦合冰云参数后，模拟海洋上空，在太阳天顶角为 20°的条件下，云光学厚度（τ）从 1 变化到 1000 时，得到的大气顶短波宽波段、0.6μm 和 0.8μm 的表观反射率（R）变化（见图 7.7（a））及相对变化率（$\mathrm{d}R/\mathrm{d}\tau$）（见图 7.7（b））。可以发现，云光学厚度为 1 ~ 100 时，反射率随云光学厚度的增大而增大；而当云光学厚度大于 100 后，反射率基本稳定在一个数值，不再随光学厚度的增大而变化，两者的相对变化率趋向于零。这一模拟说明了深对流层云具有作为辐射定标目标的良好特性。

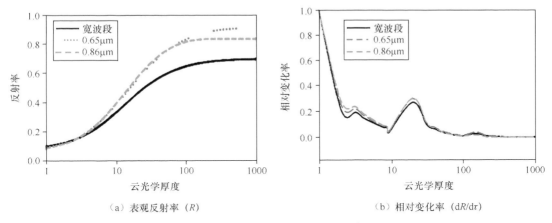

（a）表观反射率（R）　　　　　　　　（b）相对变化率（dR/dr）

图 7.7　利用 SBDART 辐射模式模拟海洋上空

相对于沙漠目标、冰川目标，深对流层云提供的反射率更高、更稳定，且目标数目够多，因此更适合应用于不同卫星的历史数据定标，并可用于对其他定标方法的评价。另外，深对流层云发展深厚且顶高位于对流层顶部，而大部分水汽和气溶胶位于对流层中下部，这时所需要的大气订正仅要考虑平流层气溶胶与臭氧，相对于沙漠和冰雪等地面目标物的大气订正要简单得多；并且由于深对流层云多位于赤道地区，其同时适合对极轨和静止卫星进行定标。可见，利用深对流层云目标进行可见 - 近红外波段辐射定标，具有其他一些定标手段所没有的优点。采用深对流层云目标可以进行卫星遥感器的可见 - 近红外通道、时间序列的辐射定标。

7.4.2　DCCT 对 NOAA-16、NOAA-17 进行增益漂移定标

采用 DCCT 对 NOAA-16、NOAA-17 计算跨越时间的相对增益漂移。

NOAA-16、NOAA-17 的全球范围覆盖（3km×4km）数据来自 NOAA 卫星现存档案网络。两个卫星发射时间分别为 2000 年 9 月 21 日和 2002 年 6 月 24 日，并分别于 2001 年 4 月和 2002 年 8 月开始采集数据，直到 2004 年 4 月，每个月都进行采样，建立时间序列结果。

采样目标为热带西太平洋地区（10°N～15°S 和 95～175°E）。为了减少数据量，只选择红外温度小于 205K 的深对流层云像元，根据这个判据，约所有被采样像元的 0.5% 满足要求。选择太阳和观察天顶角小于 40° 的图像，可以减少采样角度的影响；对于共同的角度条件，将双向和方向反射因子应用于各自的归一化辐亮度。双向反射校正模型由深对流层云理论获得。具有光学厚度 50 的冰云的 CERES（云与地球辐射能量系统）方向模拟因子用于对单一的太阳天顶角归一化反照率。在转换为辐亮度的计算中，使用 AVHRR 的可见定标系数。

在应用角度校正后，对每月数据计算可见辐亮度的概率密度函数，示于图 7.8（a）。图中的 2002 年 8 月—2004 年 4 月（8、10、12、2、4、6、8、10、12、2、4 月）的 11 个月的曲线，由 0.86μm 通道的数据计算生成。

由图 7.8 可看出，2 年时间里，NOAA-17 的 0.86μm 像元辐亮度的峰值缓慢地漂移到较低的值。这个偏移表现了可见通道增益衰减。图 7.8（b）显示可见辐亮度峰值可能通过限制周围 8 像元计算的温度标准偏差被减少，在这里采用 1K 的标准偏差阈值。图中的 5 条曲线为：0.0 ~ 0.5K、0.5 ~ 1.0K、1.0 ~ 2.0K、2.0 ~ 5.0K、5.0 ~ 10K。

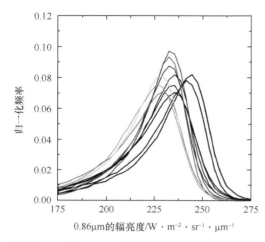
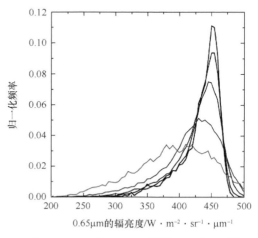

（a）NOAA-17 的 0.86μm 通道深对流层云辐亮度的每月概率密度函数（2002 年 8 月—2004 年 4 月）

（b）NOAA-17 的 0.65μm 通道在 2003 年 8 月的辐亮度的概率密度函数

图 7.8　NOAA-17 可见辐亮度的概率密度函数

计算可见通道衰退有两种方法。第一种方法是对 0.65μm、0.86μm 通道分别采用 $5W \cdot m^{-2} \cdot sr^{-1} \cdot \mu m^{-1}$、$3W \cdot m^{-2} \cdot sr^{-1} \cdot \mu m^{-1}$ 分辨率的模式或峰值方法。第二种方法是使用所有像元的平均辐亮度，使用整个时间段平均归一化辐亮度时可分析衰退。

对 NOAA-16 的通道 1、2 及 NOAA-17 的通道 1、2 在研究数据的时间段内的 DCCT 数据进行统计分析，并对每个通道的数据作出拟合线，显示出各通道的增益衰退。每月的数值在拟合线的周围大约有 3% 的变化。无论采用平均还是模式方法，结果几乎一样，说明两种方法都是可行的。DCCT 显示通道 2 增益衰退比 0.65μm 通道快，配对卫星 NOAA-17 通道衰退比 NOAA-16 通道快。

本研究还通过与 MODIS 的相互比对，对 AVHRR 的定标结果进行了验证。试验证明 DCCT 中云反射率与太阳天顶角无关。

7.4.3　云场景法对 FY-3A 的 MERSI 的定标

采用深对流层云作为目标跟踪物，对 2008 年 8 月—2010 年 10 月我国极轨气象卫星 FY-3A 的 MERSI 的可见 - 近红外通道进行定标跟踪试验。

2008 年 6 月开始获取 FY-3A 数据用于采样，以构建一个具有时间序列的结果。为了减小数据量，只采用了热带（150°N ~ 150°S）的数据。红外温度小于 205K 的被选为深对流层云。总数据中只有不到 0.5% 的数据能够符合这一条件。为了降低角度采样的影响，只有太阳天顶角和卫星观测天顶角小于 30° 的数据被采用。用 FY-3 的 MERSI 发射前的可见光定标系数将计数值转化为各通道的表观反射率值，并且在将不同的辐射归一化到一个通用的、包含不同角度信息的数据集中时，深对流层云的双向反射率函数因素和日地距离因素需要被考虑到。采用光学厚度为 50 的冰云的双向反射率模型，将反射率归一化为某一限定的太阳天顶角。经过挑选的深对流层云数据，以 10 天为一周期取平均值。由于是从全球低纬度海洋上的所有数据中挑选深对流层云样本，即使经过严格的角度限定等挑选步骤，10 天的时间间隔内仍然至少有数千甚至数万个以上的有效样本数量，这么多的样本保证了足够的样本取样。

对 2008 年 8 月—2010 年 10 月 FY-3A 的 MERSI 19 个波段的可见和近红外波段进行了深对流层云目标跟踪，以 10 天的时间间隔获得各波段深对流层云表观反射率平均值。图 7.9 分别给出了 19 个波段的深对流层云目标定标跟踪图。图中纵坐标为归一化反射率，横坐标为自发射后天数。绿色线表示 2008—2009 年和 2009—2010 年衰减率拟合线，红色线表示 2008—2010 年衰减率拟合线。分别得到 2008 年 8 月—2009 年 8 月数据线性拟合的年衰减率、2009 年 8 月—2010 年 10 月数据线性拟合的年衰减率、2008 年 8 月—2010 年 10 月数据线性拟合的年衰减率和总衰减率。

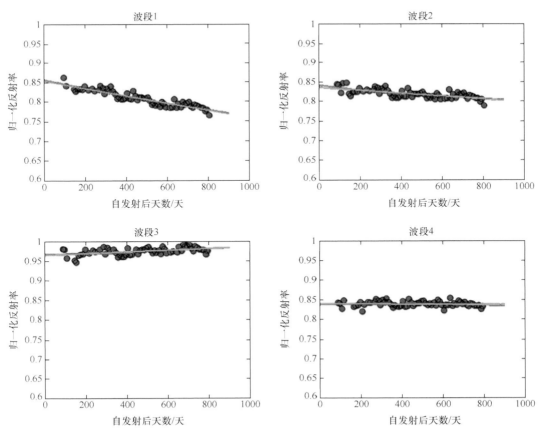

图7.9　19个波段的深对流层云目标定标跟踪图

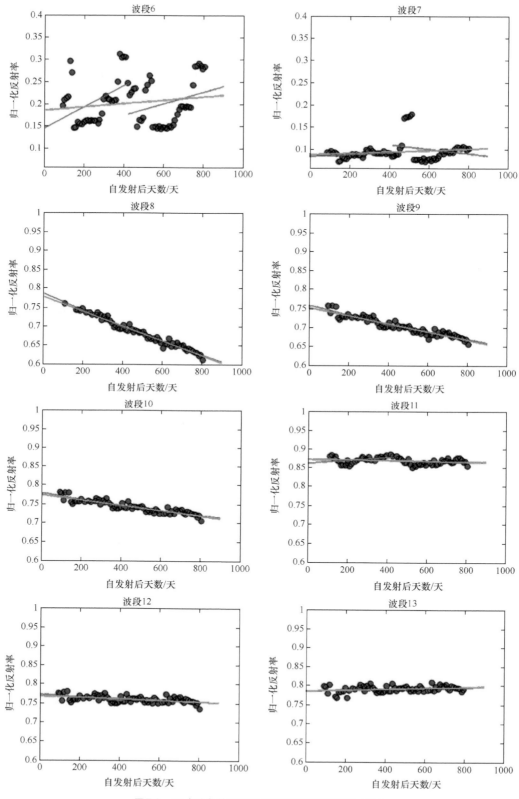

图7.9 19个波段的深对流层云目标定标跟踪图（续）

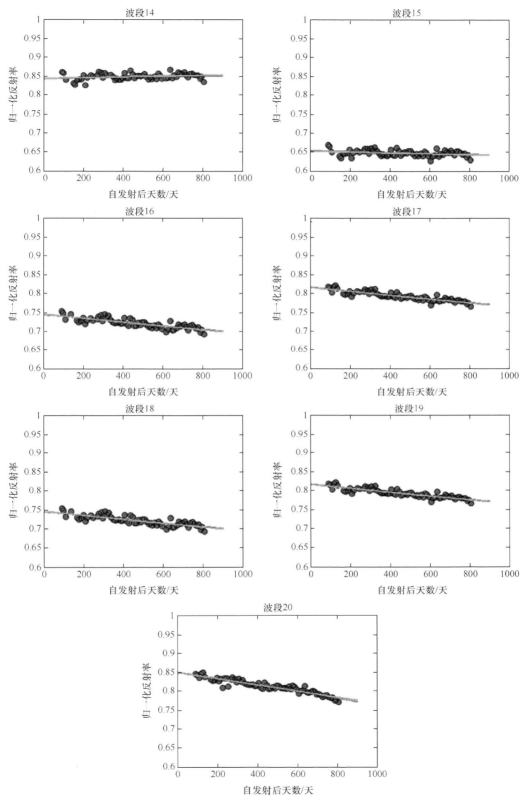

图7.9 19个波段的深对流层云目标定标跟踪图（续）

从图 7.9 可以直观地看出各个通道的衰减率大小。除了波段 6、7 因为星上增益的跳动无法得到较好的趋势，其他波段的线性变化趋势均比较好。从蓝色光波段到红色光波段，衰减率基本上随波长变大而减小。其中波长最短的蓝色光波段（412nm）的衰减率最大，2008—2010 年衰减了 22.9%。而波段 3、4、11、12、13、14、15 和 16 只有不到 1% 的年变化率。其中 865nm 波段年变化率不到 0.1%。波段 17、18、19、20 这 4 个水汽波段的年衰减率为 2.0%～3.9%。此外，除了波段 20，其他波段的衰减率均为 2008—2009 年大于 2009—2010 年，也就是说 2009 年后，探测器的衰减有减缓的趋势。波段 20 这一水汽波段在 2008—2010 年的总衰减达到了 7.8%，而且它是唯一的 2009—2010 年衰减率大于 2008—2009 年衰减率的波段，需要在后面对其衰变情况密切关注。

除了评估波段的衰减率，还采用 2σ/ 平均值指标评估方法的稳定性。2σ 表示的是深对流层云的表观反射率与拟合线的 2 倍标准差。为了将不同反射率归一化到同一个标准，还需要将 2σ 除以平均表观反射率。2σ/ 平均值越小，说明目标的离散度越小，方法稳定性越高。敦煌交叉定标、全球多目标场和深对流层云定标跟踪方法提供了 2σ/ 平均值指标。其中敦煌交叉定标方法的 2σ/ 平均值指标明显大于其他两种方法，这与敦煌场地地表存在较大的各向异性特性有关。全球多目标场在可见 - 近红外波段的 2σ/ 平均值指标与深对流层云定标跟踪的 2σ/ 平均值指标均较小。在水汽波段，深对流层云定标跟踪的 2σ/ 平均值指标明显小于其他两种方法。这表明了深对流层云辐射跟踪定标方法稳定，特别是在传统辐射定标方法无法很好解决的水汽吸收波段，该方法可能是一种较为可靠的辐射定标跟踪方法。但是值得指出的是，目前只利用深对流层云作为目标跟踪物进行了相对定标和定标跟踪的试验，未来是否有可能利用它来获取绝对定标值有待研究。

7.4.4　云场景定标方法的应用

一、应用于 NOAA-7、NOAA-9、NOAA-11 卫星的 AVHRR

利用云和海洋观测的方法对可见 - 近红外遥感器进行绝对定标，该方法已经应用于 NOAA-7、NOAA-9、NOAA-11 卫星的 AVHRR 的通道 1（红外）、通道 2（近红外）。

这个方法包括两步，第一步是通道 1、2 使用高海拔（12km）上方的亮云作为白目标进行相互校准。第二步是对通道 1 进行绝对定标，采用海洋离底观察（角度为 40°～70°），并在通道 1、2 中校正气溶胶的影响。在这个过程中，卫星在通道 2 中测量的对水汽吸收的校正，应用于通道 1 校正气溶胶的影响。通道 1 中的纯净信号预示瑞利散射成分，被用于通道 1 的定标。

根据两个 AVHRR 通道绝对定标的结果，NOAA-9 的通道 1、2 在 1985—1988 年的衰减分别为 8.8% 和 6%，而在 1988—1989 年没有衰减。这个趋势同使用沙漠场观察获得的定标趋势是相似的。

二、GOES-16 ABI 先进基线成像仪

Hyelim 等于 2017 年使用 DCCT 对 GOES-16 ABI（多光谱）先进基线成像仪的 6 个可见 - 近红外通道的定标稳定性进行评估和监测。在研究中，他们使用了定标较好的搭载于 SNPP 太空船的 VIIRS 作为参考比对仪器，并进行了两个仪器的光谱匹配。两个仪器同时

采用 2017 年 1 月 18 日—6 月 4 日的数据，进行深对流层云数据的筛选，通过在研究的时间周期内深对流层云反射率频率及时间序列分布，分析了 GOES-16 ABI 6 个可见 - 近红外通道的定标稳定性。

三、MODIS 采用 DCC 技术定标

MODIS 的星载定标漫射板 0.94μm 以外的衰变，不能被星载的定标稳定监测装置探测到，这将对 L1B 产品产生影响。为了减少由于漫射板衰变产生的不确定度，不变的地球场地目标被用于监测和定标 L1B 产品。

在这个研究中，采用 DCC 技术评估 Terra 和 Aqua 的 MODIS 的（C6，Collection 6）L1B 产品对反射太阳波段 1（0.65μm）、3～7（0.47～2.13μm）和 26（1.375μm）的性能，此外也检查使用 DCCT 评估 MODIS 的 L1B 产品关于波段 17、18、19 的稳定性的可行性。

使用 MODIS 的 L1B 产品在 2002 年 7 月—2015 年 12 月时间区域的数据。通过深对流层云像元识别、亮温阈值外及饱和像元的剔除，选出研究用的数据样本，按照 DCC 技术的方法计算出 MODIS 的 L1B 产品反射率在研究时间域的各波段的概率密度函数，作出发展趋势的拟合直线，并以 2002 年 7 月值为基础进行归一化。

结果显示了 Terra 和 Aqua 的 MODIS 反射率在大多数波段是稳定的。在研究期间，Aqua 波段 1、Terra 波段 3 和 26 的变化趋势大于 1%，其他所有反射太阳波段的长期趋势都在 1% 以内。

MODIS 波段 17（904.2nm）、18（935.7nm）和 19（936.2nm）是具有高吸收系数的水汽吸收通道。MODIS 波段 17 和 19 在大多数深对流层云像元上是饱和的。因此深对流层云方法不适合这些通道的定标。波段 18 没有出现这个问题，可以使用这个方法。

与沙漠目标比较，DCC 技术不需进行水汽变化的校正。在所有的地面不变目标中，深对流层云提供了一个亮的、高信噪比的目标。虽然冰盖定标目标也是亮的，但是与 DCC 技术相比，倾斜的太阳角条件将造成低的信噪比。

例如，Terra 的 MODIS 的通道 18 采用深对流层云方法的归一化模型反射率，同在利比亚 4 和 Dome C 获得的、进行 BRDF 校正的归一化反射率比较，时间序列的标准偏差分别为 21%、7% 和 1%。这就意味着 Terra 的 MODIS 的记录采用深对流层云方法，可以探测到 1% 的变化趋势，而用其他两种方法探测，趋势的量可能超过 21% 和 7%。

本研究结果充分说明，要评估短波红外波段的长期稳定性，使用深对流层云是一个独特、重要的方法。

四、SNPP 的 VIIRS 反射率产品

Mu 等于 2018 年采用 DCC 技术对 SNPP 的 VIIRS 反射率产品的 10 个中分辨率波段和 3 个成像波段进行了稳定性评估。采用的 SDR（传感器数据档案）数据跨越的数据区间为 2012 年 2 月—2017 年 5 月，用于评估 VIIRS 反射太阳波段的长期定标性能和对应扫描角响应的影响的分析。

五、新一代地球同步卫星 GEO 成像仪

Doelling 等计划采用长期稳定目标深对流层云对新一代地球同步卫星 GEO 成像仪进

行研究。Himawari-8 的历史档案太短，而 DCCT（deep convective cloud calibration technique）是大的全体统计试验技术。为了发挥 DCCT 的优势，且 NPP 的 VIIRS 成像仪有许多与 GEO 相同的光谱波段，因此在试验中使用 VIIRS 的历史档案数据，其结果将完全适用于新一代 GEO 成像仪。

在这个应用 DCCT 的研究中，采用了一种延长试验时间周期的简化方法，有效地减少了深对流层云响应趋势的标准偏差。

1. 光谱波段中 DCCT 条件的最优化选择

DCCT 中有 4 个参数：亮温、BRDF、通过陆地或海洋上形成云层以及延长研究试验的时间周期。这些参数对不同波段的影响不同，产生时间趋势标准偏差的结果也不同，因此对不同波段需选择不同的 DCCT 参数条件，以取得最优化的时间趋势标准偏差的结果。

通常深对流层云层顶的亮度及深对流层云响应是恒定的，但是在深对流层云基线方法中，采样频率在 1K 的亮温阈值下减少了，因此要在恒定亮度深对流层云和足够的采样量之间权衡。Hu 的深对流层云 BRDF 模型设计是针对可见波长的，不能用于全部反射太阳光谱。深对流层云生成的周期有堆积、成熟、驱散 3 个阶段，在成熟阶段达到最大的高度。在大的陆地区域上，深对流层云的生成周期每日同步。海洋深对流层云的周期小于活动的白天。此外，GEO 过境陆地的区域相当少，Himawari-8 仅仅过境印度尼西亚和北澳大利亚的末端。DCCT 实际依赖于每年深对流层云重复出现的白天区域和时间分布。整个季节深对流层云分布可能非常少，因而每年的变化也是非常小的。对于卫星成像多角度观察模式每年的重复，对于 Aqua、NPP 卫星为了维持太阳同步轨道，缩短重访周期，以及对于 GEO 的定有像元扫描时间，每年重复角度观测模式的卫星工作模式，DCCT 是非常有效的，这些条件都允许深对流层云响应的延长时间周期使用多年数据。

2. DCCT 中采用延长试验时间周期方法

首先使用 DCCT 方法，从试验数据中选择识别深对流层云像元，对所有深对流层云像元每月的辐亮度观测值，计算出每月的概率密度函数 PDF，可以作为深对流层云响应值。（计算 PDF 有模式方法和平均方法。）

延长试验的时间周期的方法分以下 4 步：（1）计算 12 个月的每月值的居中运行平均值；（2）确定每月观察值与运行平均值的相对比；（3）计算每月相对比的平均值，并将其作为季节指数被参考查阅；（4）对延长的时间序列，用每月观察值除以它们相应的季节指数。试验中采用 NPP 的 VIIRS 将近 6 年（2007—2013 年）的数据记录，以用于评估延长时间周期对趋势标准偏差减少的效果。

图 7.10（a）为深对流层云模式计算响应基于每月的季节指数。图 7.10（b）显示延长时间周期的移动平均比，红色方块表示 Meteosat-9 的 0.65μm 波段深对流层云模式响应 6 年的每月观察值。相应的季节指数在图 7.10（a）。每月深对流层云模式响应有将近 3% 的季节周期。季节指数应用于每月 Meteosat-9 的深对流层云模式响应，并延长时间周期，用绿色三角形表示。红色和绿色直线趋势相当相似，说明延长时间周期方法没有偏离 Meteosat-9 可见波段退化的固有性质。延长时间周期减少了线性趋势标准偏差，为 0.96%～0.38%，几乎降低 60%。残留的可变性可能是由于一年内的季节变化。

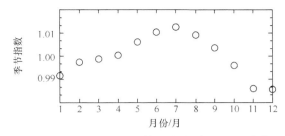

（a）深对流层云模式计算响应基于每月的季节指数

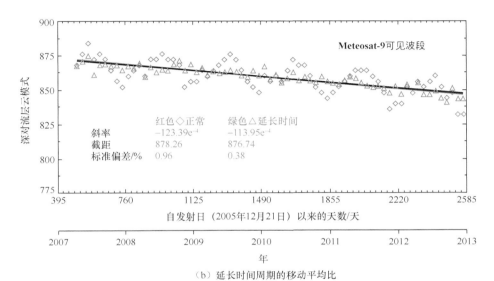

（b）延长时间周期的移动平均比

图7.10 季节指数和移动平均比

试验中分析了 DCCT 中不同亮温阈值、不同地表类型、PDF 的不同计算方法以及不同的试验时间周期对深对流层云响应趋势标准偏差的影响。以减少趋势标准偏差的最佳效果为依据，确定了本研究中对不同波段选取的 DCCT 参数的优化条件：对可见 - 近红外波段（波长小于 1μm）——亮温阈值为 205K，地表类型为陆地和海洋，使用 BRDF 修正，PDF 统计采用模式方法，采用延长研究数据时间周期；对短波红外波段（波长大于 1μm）——亮温阈值为 205K，地表类型仅为海洋，不使用 BRDF 修正，PDF 统计采用平均方法，采用延长研究数据时间周期。

本研究结果证明延长时间周期的方法是有效的，因为深对流层云可能有小的地域性季节深对流层云反射率周期，一年以内的变化是非常小的。

Meteosat-9 的 0.65μm 通道深对流层云响应有 3% 的季节周期。延长时间周期减少趋势标准偏差为 1% ~ 0.4%。对于 VIIRS 短波红外波段，延长时间周期趋势标准偏差减少的更多，所有的 VIIRS 短波红外波段趋势标准偏差小于 1%。即使对于可见 - 近红外波段，这个方法减少趋势标准偏差为 0.35% ~ 0.27%。VIIRS 与 Meteosat-9 之间 0.65μm 通道的结果是相似的。

DCCT 将能够用于在热带区域对所有 GEO 成像仪太阳辐射波段的稳定性监测，并且具有同样恒定的精度。

7.5 月亮辐射定标法

7.5.1 月亮作为稳定目标用于定标

月亮可以作为稳定目标用于定标中。尽管月亮辐照度在一月中随相角变化很大，但月亮表面的反射率在可见 - 近红外波段非常稳定，并且表层没有大气层，不需要进行大气校正，是一个很理想的辐射目标，因此观测月亮可以确定传感器的衰减和长期的飘移。

2008 年 Thomas 利用月亮定标，对遥感器在轨定标的稳定性和遥感器之间定标的一致性进行了大量的试验研究。对于所有在地球轨道运行的仪器，地球上呈现的月亮是一个可用的发光源。作为定标目标，月亮有利的优势是它是非常稳定的漫射体，在地球观察成像传感器的空间分辨率上，月亮的光度稳定性在每年 1×10^{-8} 的水平。使用月亮作为定标目标的主要困难是其亮度变化大，主要的因素有月亮相位、月亮的月动周期和它的不均匀反射率、非朗伯反射系数。但是月亮表面反射率的固有稳定性，能够使这些循环变化具有高精度的特性，在有足够的测量覆盖周期时，能发展成持久的模型。

美国地质调查局（USGS）在 NASA 的支持下，已经在亚利桑那弗拉格斯塔夫（Flagstaff）确定了月亮作为定标源的发展计划，建立一套月亮地面测量装置，即自动月亮观测台（Robotic Lunar Observatory，ROLO），其通过一个观测软件采集月亮亮度变化特性，并需要超过 6 年的观察。

ROLO 数据库形成了具有高精度、预报任意照明、观察几何的月亮光谱辐照度的经验模型基础。USGS 计划成功显示的月亮辐照度是在轨仪器使用月亮定标的有用的量值。月亮辐照度模型清楚地说明相位、月亮亮度和月亮表面反射率特性。在从月蚀到四分之一相位的连续范围上，相对精度是 1%。

为了支持太空船仪器的月亮定标，USGS 程序确定一个操作系统，以适用于更多的仪器。系统使用权，包括与 USGS 使用连接协议等，可查阅月亮定标网站。

月亮定标的当前用户已经表示，通过仪器获得月亮观测的时间序列，可以具有每年低百分比的精度，完成传感器定标稳定性分析。

月亮定标也能够用于达到模型精度的精确比较，对有相似波段的仪器进行交叉定标。

7.5.2 月亮作为定标源

为了适应通过仪器进行的月亮观测，USGS 月亮定标系统提供一个连续的几何预报功能，覆盖的有效范围仅为月蚀到 90° 相位。系统核心月亮辐照度模型是一个相位和亮度可变的几何解析函数，这样可以适应仪器观测月亮几何变量的任何值。

几何相关的、月亮辐照度变化的预报与模型测量的相对精度，拟合的绝对平均残差大约为 1%。

仪器提供对所有仪器波段以及对每个月亮观测的：时间、太空船位置、通过每个传感器测量的月亮辐照度。

月亮定标系统的运行包括：查阅星历表产生光度测量几何，询问月亮模型并比对仪器波段插入输出，对于仪器的相应位置应用距离修正。

结果可给出仪器测量辐照度相对于模型测量辐照度的百分比偏差，对于仪器的每个波段有：

$$\left(\frac{仪器}{模型}-1\right)\times100\% \tag{7.23}$$

这个公式的报告结果，有效地比较了仪器辐射定标与月亮模型绝对标尺的对照关系。

7.5.3　对传感器进行定标稳定性监测

跟踪传感器响应随时间的变化，可以通过使用仪器获取的月亮观测序列同月亮模型预报比较来完成。

如前所述，在辐照度中，由于几何引起的模型结果偏移量变化具有高精度。测量的长期序列不仅可辨别趋势，在处理仪器观测辐照度时，也可以消除任何无常的变化。

地球观测仪器 SeaWiFS 用 180 个月亮观察日期，在轨采集了大量的月亮观测产品。SeaWiFS 通过太空船控制姿态摆动 20°，在此期间通过其天底观察光学系统捕获月亮图像。从 1997 年 11 月起每月最少进行一次月亮观测，具有典型的、接近 7° 的相位角。

图 7.11 显示 SeaWiFS 1997 年 11 月—2008 年 6 月获得的总计 124 个低相位角月亮辐照度测量时间序列，与相应的 USGS 月亮辐照度模型结果的比较。纵坐标是仪器测量相对模型的差，由公式 $\left(\frac{仪器}{模型}-1\right)\times100\%$ 给出。所有波段的时间跳跃被平均并移除。图中显示测量的辐照度被模型结果归一化，表示为同模型结果的差。仪器 / 模型给出了对于每个观测测量的传感器响应，序列显示响应的时间趋势。

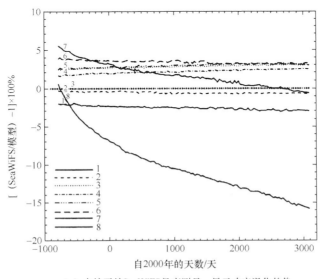

（a）未校正的 SeaWiFS 月亮测量，显示响应退化趋势

图 7.11　SeaWiFS 的月亮辐照度测量时间序列与相应的 USGS 月亮辐照度模型结果的比较

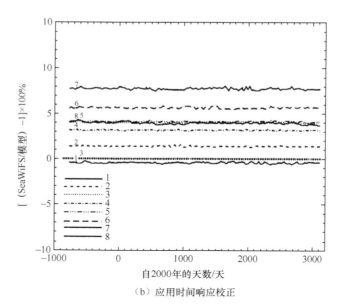

（b）应用时间响应校正

图7.11 SeaWiFS的月亮辐照度测量时间序列与相应的USGS月亮辐照度模型结果的比较（续）

图 7.11（a）中的数据显示响应的退化趋势，在所有 SeaWiFS 的 8 个波段中的衰退，最显著的在波段 7、8，传感器响应衰退分别为 8% 和 19%。

通过 SeaWiFS 定标团队模拟，将显示在图 7.11（a）中的趋势，作为传感器响应的时间校正函数。图 7.11（b）显示了对月亮序列应用这些校正获得的趋势，这个曲线就反映了定标的稳定性。

在对月亮系列跨越 10 多年的观察中，对 SeaWiFS 每个波段校正传感器响应趋势，显示定标的稳定性水平优于 0.1%。这些定标校正已经组合进标准 SeaWiFS 数据产品处理运算程序中。

7.5.4 仪器相互比较定标

使用月亮作为共同的定标目标，月亮定标可以对仪器进行相互比较。用仪器观察月亮的不同几何产生的月亮辐照度变化结果，通过对月亮模拟结果归一化，获得偏差。通过相互比较的仪器与月亮模拟结果偏差的比值，可实现仪器的相互比较。

SeaWiFS 的 8 个波段和 MODIS 的 6 个波段有几个共同的波段，可以通过月亮定标进行相互比较。

MODIS 是使用一个用于测量仪器暗响应的空间观察窗口观察月亮的。

表 7.17 给出两个同期观察月亮的观察几何和角度。观察几何部分来自太空船位置（由仪器团队提供），以及观察时间中月亮的星历表。

表 7.17 观察几何和角度

	时间	相位角 /（°）	月亮下经度 /（°）	月亮下纬度 /（°）	距离修正
观测日期	2006-12-09				
SeaWiFS	08:27:51	54.490	6.39	−4.29	0.988136
MODIS	09:34:11	55.119	6.47	−3.62	1.005660

	时间	相位角 / (°)	月亮下经度 / (°)	月亮下纬度 / (°)	距离修正
观测日期	2007-01-08				
SeaWiFS	03:56:20	53.992	3.44	−1.11	1.025943
MODIS	06:14:21	55.306	3.59	−1.12	1.047375

仪器团队给出仪器观察测量的月亮辐照度。月亮定标系统按照观测几何和相位角计算模型辐照度，模型辐照度按照仪器波段进行插值，并对空间距离进行校正。波长是对于每个仪器波段，由光谱响应函数确定的有效中心波长。距离修正是对于当前的太空船位置，从标准单位太阳和月亮、月亮和太空船的距离转换而来的。

在月亮定标系统的处理程序中，按照式（7.23）计算每个仪器各波段的测量值与模型计算值的偏差，此即月亮定标系统的标准输出。最后计算两个仪器偏差值之比，对两个仪器进行比较。表 7.18 列出了仪器测量 / 模型的辐照度偏差与 MODIS/SeaWiFS 的偏差比值。

表 7.18 仪器测量 / 模型的辐照度偏差与 MODIS/SeaWiFS 的偏差比值

辐照度偏差：仪器测量 / 模型 /%								
SeaWiFS 波段	1	2	3	4	5	6	7	8
波长 /nm	414.2	444.1	491.9	510.3	556.6	668.5	767.8	864.9
2006-12-09	−0.33	1.58	4.63	3.91	4.83	6.22	8.46	3.71
2007-01-08	−0.71	1.29	4.37	3.52	4.22	5.61	8.06	3.48
MODIS 波段	8	9	10	4	13			16
波长 /nm	414.9	443.3	487.3	554.4	670.3			866.6
2006-12-09	8.26	7.77	9.50	7.16	6.67			8.53
2007-01-08	7.15	7.03	8.76	7.00	6.63			8.34
偏差比值：MODIS/SeaWiFS								
2006-12-09	−0.040	0.204	0.487	0.674	0.933			0.435
2007-01-08	−0.100	0.184	0.499	0.603	0.846			0.417

这些结果显示两个传感器将月亮作为共同的定标源，通过月亮模型的作用，证明定标的一致性在 1% 以内。

由本研究结果可以总结以下几点。

（1）美国地质测量局确定的月亮定标系统，使用 ROLO 台的设备预报月亮亮度，因而能够模拟它的变化，被测过的月亮表面反射率的固有稳定性优于每年 1×10^{-8}。要捕获月亮的变化行为，需要建立一个足够覆盖月运周期的测量模型，最少需 4~5 年。

这些预报可以用于有效地规范在月亮辐照度测量中被仪器观察月亮带入的变化，提供一个仪器传感器响应的一致性测量。月亮模型预报在相位角从月蚀到 90° 的范围的相对精度为 1%。

（2）使用一个仪器获得月亮观测的时间序列，将其处理为辐照度并使用月亮定标结果进行比较，可以高精度显示传感器的时间性能趋势。

通过在相似的相位角观察月亮，可以改进月亮模型结果的精度，以及处理仪器观测辐照度的一致性，从而使时间趋势分析中的不确定度减少（但是对于月亮定标是不需要限制窄的相位范围的）。

使用月亮辐照度测量数据，对于所有 8 个 SeaWiFS 波段，传感器响应被校正，在序列的 120 个观察资料上，提供了优于 0.1% 的定标稳定性水平。

（3）使用月亮作为共同的定标目标，月亮定标可以对仪器进行相互比较。用仪器观察月亮的不同几何产生的月亮辐照度变化结果，通过对月亮模拟结果归一化，获得偏差。通过相互比较的仪器与月亮模拟结果偏差的比值，可实现仪器的相互比较。

（4）利用月亮进行太阳波段辐射计仪器的在轨定标的方法论已经发展起来。本研究说明遥感仪器获得的月亮观测，可以满足气候变化测量的定标稳定性需求。对于将来的遥感器设计和地球观测计划，观察月亮的能力可能是一个值得考虑的重要问题。

下面还有一些利用月亮辐射实现遥感器定标的例子。

Wu 等将他们在 1998 年 7 月—2005 年 12 月获得的月亮观察数据，同 USGS 月亮模拟结果相比较，对 GOES-10 成像仪可见通道的衰退进行评估。利用此方法得到了 GEOS 上的传感器的衰减速率为 4.5%，与同一时期利用 MODIS 对 GOES 交叉定标得到的 4.4% 衰减速率一致，其定标精度为 3.5%。

Robert 等为了实现 SeaWiFS、Terra MODIS 和 Aqua MODIS 使用月亮的交叉定标，进行了大量的试验。每月的月亮观测是 SeaWiFS 和 MODIS 仪器在轨定标战略的主要组成部分。

SeaWiFS 采集了低、高相位角月亮观测的跨越 12 年的数据，Terra MODIS 采集了跨越 9 年的月亮观测数据，Aqua MODIS 采集了跨越 7 年的月亮观测数据。定标使用 USGS 的 ROLO 月亮光度计模型，对这些月亮观测的时间序列进行比较。交叉定标的结果显示，Terra MODIS 和 Aqua MODIS 波段与波段的一致性达到 1%~3%，SeaWiFS 和每个 MODIS 仪器的一致性在 3%~8%。

使用月亮监测可以对遥感器热辐射波段的在轨长期稳定性进行监测。

Suomi-NPP VIIRS 热辐射波段在轨辐射定标，使用一个星载黑体做参考，黑体有规律地工作在大约 292.5K 温度下。在其他温度范围的定标稳定性，可以采用观测具有热稳定性能的远目标来评估，例如月亮。

VIIRS 有预定地几乎每月进行一次接近 −51° 相位角的月亮观测。在这个研究中，月亮表面的亮温的反演使用探测器增益系数定标，通过用于 VIIRS 热辐射波段定标稳定性监测的黑体实现。

因为月亮表面温度是空间非均匀的，并同光度计几何密切相关，亮温的时间趋势必须是在同样太阳照明条件下，基于同样的月亮区域。在这个条件下，月亮表面温度是稳定的。

同时，由于较高的月亮表面温度超出所有 VIIRS 热辐射波段探测器的动态范围，热辐射波段图像总是部分饱和。因此，设计了一个时间不变的动态（遮掩）工具，对相应可能使探测器在任何月亮状况下饱和的月亮区域进行遮蔽，对月亮图像实现小部分的修剪。

在补偿月亮和太阳距离对表面温度的影响后，遥感器热辐射波段定标的长期稳定性可以通过跟踪月亮表面亮温进行监测。

结果显示，自从 VIIRS 发射（2011 年）到 2016 年中期，所有热辐射波段探测器的辐射定标稳定在 ±0.4K 以内。这个研究结果也提示，对于具有定期月亮观测能力的遥感器，热辐射波段的在轨性能可以使用月亮进行观测，观测将作为在轨定标任务的一部分，可以持续完成。在这种观测中还可以参考其他月亮探测传感器产生的温度图，例如 NASA 的月亮探测轨道上的"预言者"，使这个方法得到进一步改进。

月亮定标的方法可以对星载太阳漫射板的反射衰减进行监测与评估。月亮表面的有效反射率是基本恒定的，通过观测月亮表面反射的太阳辐亮度，与漫射板获取的太阳辐亮度数据相比较，可以获得太阳漫射板的衰减数据，并以此作为对漫射板衰减进行校正的依据。

7.6 不同定标方法比较

Singuirard 对不同的定标方法的不确定度和局限性进行了总结，列于表 7.19。

表 7.19 不同定标方法的比较

定标方法类型	不确定度	局限性
试验场：绝对定标	反射率基法：3.5% 辐亮度基法：2.8% 期望值：2.8% 和 1.8%	昂贵； 需地面测量设备； 要求良好的天气条件； 大多数情况需特定的遥感器程序
瑞利散射：绝对定标	依赖于波长： SPOT/XSL——5% POLDER 蓝色光波段——2%~3.5%	特定的几何条件； 要求非常好的大气条件； 不适用于较长的波长； 视场角越大越容易（更大的可能性）
稳定沙漠：多时相，多传感器	3% 期望：1%（使用 BRDF）， 依赖于波段间的相似性	特定程序； 要求晴朗天空成像
云：波段间	POLDER：4%	特定的高云图像； 需要适当的几何条件
耀斑：波段间	POLDER：1%~2%	特定几何条件； 风速为 2~5m/s； 无云
月亮：多时相	预计：2%	无法为陆地观测传感器提供接近动态范围上限的定标； 特定程序和观测条件
绝对定标	预计：2%	同上； 需要更多的辐射测量检验； 要求低不确定度的月亮定标

7.7 全球定标场网辐射定标

为了提高定标频次，更好地跟踪遥感器辐射特性的变化状况，国内外均提出了建设定标场网的计划。Teillet 等在 2001 年提出了一个为了改进地球观测遥感器发射后的定标，建立全球测试场仪器和自动化网络的计划。对于仪器定标基准测试场的全球网络，他们列出全球 11 个用于在可见 - 近红外波段的地球观测卫星遥感器辐射定标的、具有正规基础的陆地试验基地。他们提出基准测试场的理想需求包括：现场测量、核心和辅助的测量规定，通信工具的使用方法。他们指出这个先进技术将用于改进替代定标测量方法，能够促进遥感器定标的发展，并可以推动相关定标的协同。

韦玮介绍了建立全球定标场网，实现遥感器在轨辐射定标的方法。这个方法的目的是大幅度增加定标场的数量，使其具备广泛的地理分布、尺度差异以及地表辐射特性和大气类型的多样性，通过全球多场地组网的方式，增加卫星过顶次数，同时提高场地参数的获取能力，形成卫星遥感器高频次、高时效的地面定标和互定标能力，及时校正遥感器衰变，从而提升定标精度。

这个定标方法可以简称为"全球定标场网定标方法"。通过构建覆盖全球的、高密度的全球定标场网，增加卫星过顶次数，建立全球定标场网数据库，通过收集全球可用的业务化观测数据，丰富定标基础数据库的基础数据，为卫星遥感器的有效过境提供可用的定标参数，实现卫星遥感器的在轨高频次绝对辐射定标，实时跟踪遥感器在轨辐射性能的变化，及时校正遥感器的性能衰变，提高辐射定标的频次和精度，为遥感定量化应用提供数据支持。

全球定标场网定标方法的基本内容是：（1）全球范围内大幅度增加定标场的数量，使其具备广泛的地理分布和地表辐射特性差异；（2）建立全球定标场网数据库，收集各种相关的地表和大气、气象的业务化产品数据，为全球定标场网数据库积累定标所用数据，支持高频次定标；（3）结合辐射定标相关原理，开发全球定标场网在轨辐射定标软件；（4）利用全球定标场网数据库基础定标数据开展在轨长时间序列定标应用，并进行结果验证和比对分析。

7.7.1 全球定标场网

一、全球定标场

地球观测卫星委员会 CEOS 在 2008 年举办的 CEOS NOS-19 会议期间，确定了一批 CEOS 参考标准定标场，包括 8 个装备场和 6 个"伪不变"定标场，如表 7.20 所示。8 个装备场临时称为陆地场网，主要用于场地定标试验，获取辐射定标系数，同时可以促进在轨传感器的溯源、国际间的比对和一致性评估。长远设想，这些场地能实现地表和大气参数的自动测量，以减少定标成本和提高定标频次。6 个"伪不变"定标场具有高反射率沙丘构成、低气溶胶含量和无植被覆盖等特点，因此，这些场地可以用来评估传感器的长期稳定性，促进传感器间的相互比较。

表 7.20　CEOS 参考定标场网

场地名称	经度 E	纬度 N
装备场		
Tuz Golu	33.33	38.83
Railroad Valley Playa	−115.69	38.5
Negev	35.01	30.11
La Crau	4.86	43.56
Ivanpah Playa	−115.40	35.57
Frenchman Flat	−115.93	36.81
敦煌	94.34	40.13
DOME C	123	−74.5
"伪不变"定标场		
利比亚 4	23.39	28.55
毛里塔尼亚 1	−9.30	19.40
毛里塔尼亚 2	−8.78	20.85
阿尔及利亚 3	7.66	30.32
利比亚 1	13.35	24.42
阿尔及利亚 5	2.23	31.02

　　CEOS 在后续的工作报告中对定标场地类型和遥感器类型进行了分类，并建立了遥感器与定标场的对应关系。辐射定标场分为陆地装备场、陆地非装备场、海洋装备场、海洋非装备场。

　　遥感器分类如表 7.21 所示。

表 7.21　遥感器分类

分类	遥感器类型
1 类	合成孔径雷达
	雷达高度计
	微波辐射计
2 类	中分辨率光学遥感器 静止卫星遥感器
3 类	高分辨率光学遥感器
4 类	大气探测遥感器

　　装备场大多为面积较小的定标场，适合分辨率较高的 3 类遥感器。由于更高的辐射定

标要求，2 类遥感器可以作为 3 类和 4 类遥感器交叉定标的参考遥感器。表 7.22 介绍了绝对辐射定标中遥感器与定标场地的对应关系。

表 7.22　绝对辐射定标中遥感器与定标场地的对应关系

遥感器类型	陆地装备场	海洋装备场	陆地非装备场	海洋非装备场
2 类	替代定标优选	替代定标优选		
3 类	替代定标推荐	替代定标推荐	2 类对 3 类交叉定标	替代定标优选 2 类对 3 类交叉定标
4 类			2 类对 4 类交叉定标	2 类对 4 类交叉定标

陆地非装备场通常具有很高的时间稳定性，可用于长时间序列的在轨定标，主要用于监测遥感器在轨衰变的相对趋势。海洋非装备场可以用于对蓝 - 绿色光通道进行瑞利定标。表 7.23 介绍了时间序列辐射特性在轨监测场地与遥感器类型关系。

表 7.23　时间序列辐射特性在轨监测场地与遥感器类型关系

遥感器类型	陆地装备场	海洋装备场	陆地非装备场	海洋非装备场
2 类			√	√
3 类			√	√
4 类			√	√

美国地质调查局（USGS）作为 CEOS 和全球综合地球观测系统（Global Earth Observation System of Systems，GEOSS）的成员之一，与其他成员合作建立了在线的世界主要辐射定标场的目录，用于空基光学成像传感器的描述和定标，目前共收录了 48 个辐射定标场和 5 个热红外定标场。

中科院安徽光机所徐文斌采用 Oracle 10g 和 VC++ 开发了全球定标场网数据库，解决了数据库体系结构、多源数据入库、访问控制和数据库优化等关键技术，汇集了全球 72°N ~ 75°S 的 103 个光学定标场地、15 种场地类型（干盐湖、沙漠等）和 7 类场地参数（光谱反射率、气溶胶特性参数等），场地反射率范围为 0.01 ~ 0.90，适用于太阳反射通道的在轨定标，形成了全球定标场网的初步模型，涵盖了多种地物类型，丰富了定标场地反射率的动态范围，有利于实现宽动态范围定标。数据库具有管理、查询、维护和应用等功能，采用 VC++ 开发了定标任务自动规划系统，解决了轨道预报、自动规划、二维地图显示和多线程工作等关键技术。利用 SGP4/SDP4 模型实现了星下点预报、过境预报和 SNO 预报，获得结果与 STK 预报结果进行比较，星下点预报精度在 10^{-4} 量级，过境预报精度在 10^{-3} 量级。在轨道预报基础上，结合全球定标场网数据库，实现了 9 种场地规划，对 ArcObjects 的二次开发实现了自动规划结果在二维地图上的实时显示。将 SNO 预报与二维地图显示过程用不同线程进行分离，线程间通过自定义消息进行通信，从而实现多线程工作。

目前国内外多家企业的全球定标场地数量依然有限，还不足以支撑全球高频次时间序列定标的需求，有待继续收集新的定标场地。从作用上来看，目前的全球定标场中，装备场多用于实施外场定标试验，仅有少数定标场具有自动化观测能力，对高频次、长时间序列定标的数据支撑不够。而非装备场，多为稳定目标，主要用于监测遥感器在轨衰变的相对趋势，或利用其他的高精度卫星遥感器进行交叉定标。场地的地表和大气参数很难进行积累，不利于全球定标场网的长时间序列绝对辐射定标的开展。

二、全球定标场网的开发

1. 全球定标场网辐射定标场地选择标准

理想的辐射定标场为在轨辐射定标的精度提供有效的保障。为了减小在轨定标过程中各环节的不确定性，需从地表和大气多个方面进行考虑。

（1）较高的空间均匀性，用非均匀性的相对标准偏差 $U(\lambda)$ 来评价，一般选择 $U(\lambda) < 5\%$。

（2）地表朗伯性好。地表朗伯性不好时将引入由太阳和卫星观测角度产生的各向异性误差，需要有场地 BRDF 特性数据进行修正。

（3）地表光谱反射率平坦且光滑。全球定标场网主要利用其他业务化卫星产品为定标场提供地表反射率，多数为通道反射率。平坦且光滑的反射率曲线没有明显的波峰与波谷，有助于减少地表反射率光谱匹配带来的误差，提高地表反射率数据的准确性。

（4）地表反射率具有较高的时间稳定性，这有助于提高业务化卫星反射率产品的稳定性和精度，并可以直接利用对地观测数据对遥感器进行辐射特性衰变跟踪。

（5）大气干洁和稳定、晴朗无云天气多。大气干洁的地区通常气溶胶含量低，有助于减少辐射传输计算中气溶胶的影响。多晴朗天气可以提高可用卫星过顶观测影像质量，增加有效定标次数。

（6）远离城市和工业区，降低环境污染。由于不需要进行现场试验，并且不需要有便捷的交通和方便的后勤保障，因此交通越不便捷越好，可以有效防止人为入侵，对场地造成破坏。

为了适应不同的遥感器需求，扩大全球定标场网定标场地的动态范围，可以增加一些具有季节特性、时间稳定性不高的植被覆盖的定标场，如草原、森林、农田和牧场等。

2. 定标场的自动化搜索

根据定标场的选择标准，设计了自动搜索算法。采用固定场地模板的逐行搜索方法，在对整幅影像进行均匀场搜索后，统计符合均匀度要求的均匀区域，记录这些区域的中心坐标。通过对国内外覆盖全球陆地的、高空间分辨率的卫星影像库进行逐个影像搜索，搜集全球范围内适合在轨辐射定标的场地，可以实现全球的定标场自动搜索和提取，逐步扩大全球定标场网的覆盖范围和覆盖密度，为高频次在轨辐射定标提供保障。

通过收集国内外场地定标试验所用的辐射定标场，并结合自动化找场方法，构建了全球定标场网，共搜索出全球定标场网场地 131 个。

7.7.2　场地特性评价

一、空间均匀性

定标场地的空间均匀性主要指地表反射特性的空间均匀性，可以用地表反射率来描述。一方面可以通过对定标场多个测量点进行高密度光谱反射率测量，计算场地不同位置的地表光谱反射率均值和标准偏差，另一方面可以对定标场地表光谱反射率的均匀性进行评价。

非均匀性 $U(\lambda)$ 的计算公式如式（7.24）所示：

$$U(\lambda) = \frac{\sigma(\lambda)}{\text{Mean}(\lambda)} \tag{7.24}$$

式中，$\text{Mean}(\lambda)$——多个测量点的反射率均值；$\sigma(\lambda)$——多个测量点反射率的标准偏差。

对于无实测光谱数据的定标，主要通过遥感影像进行定标场空间均匀性的评价。可以通过中、高分辨率遥感影像进行定标场区的均匀性评价。在整个场区大气条件均匀的情况下，大气对整个定标场区的影响是均匀的，遥感影像的对地观测值可以用来表征地表反射率。因此可以直接计算遥感影像灰度值的均值和标准差，用于评价定标场区的均匀性。

二、时间稳定性

为了研究定标场地的地表反射率随时间的变化状况，我们通过 MODIS 的 BRDF 产品，来计算 MODIS 通道中心波长处的地表反射率。为了消除场地 BRDF 的影响，我们将地表反射率统一校正为太阳天顶角为 30° 时的地表垂直反射率，利于对反射率进行定量化分析。本研究中统计了 2008—2016 年 8 个国内外部分定标场地地表反射率随时间的变化情况：（1）苏丹 1；（2）利比亚 4；（3）阿拉伯 2；（4）阿尔及利亚 5；（5）甘肃敦煌；（6）新疆若羌；（7）青海格尔木（上中）；（8）塔克拉玛干沙漠 2。

对 8 个定标场进行了 9 年的非稳定性定量分析，得到了各场地的在 MODIS 前 7 个通道的非稳定性，非稳定性 $I(\lambda)$ 的计算公式如式（7.25）所示：

$$I(\lambda) = \frac{\sigma(\lambda)}{\text{Mean}(\lambda)} \tag{7.25}$$

式中，$\text{Mean}(\lambda)$——多年的反射率均值；$\sigma(\lambda)$——多年反射率的标准偏差。

由分析结果可知，撒哈拉沙漠和沙特阿拉伯沙漠地区的定标场的反射率时间稳定性很高，除 460nm 通道外，非稳定性均小于 2%。460nm 通道由于通道自身的反射率幅值较小，故非稳定性的相对值较高，但也均小于 4.5%。国内定标场由于波动较大，非稳定性相对较高，均小于 7.3%。但是由于国内定标场缺少冬季反射率的统计数据，非稳定性分析的样本量相对较少，实际的非稳定性可能更高。

三、表面反射率的光谱形状

全球定标场网中收集了各种地物类型的定标场，丰富的地物类型可以满足不同遥感器的定标需求，且在太阳反射通道，地物的反射率基本覆盖了遥感器的整个动态范围。为了研究全球定标场网中不同地物类型的地表反射率的光谱形状，我们通过提取 MODIS 的 BRDF 产品，计算得到部分典型地物定标场的反射率数据，可以较为直观地了解各场地的地表反射率的光谱形状。

四、地表方向性

地面均一的朗伯地表是理想的定标场地，但实际上所有的定标场都有一定的非朗伯性，在实际应用中，对地表方向性较强的定标场要进行 BRDF 校正。我们通过长时间序列定标场正午时刻的垂直地表反射率，可以看到场地的 BRDF 特性。

以苏丹和利比亚 4 单年度内反射率随太阳天顶角的变化为例，对于反射率非常稳定的定标场，在短波通道，反射率受 BRDF 的影响较小，但在长波通道所受的影响较大，MODIS

的 865nm、1240nm、1640nm 和 2130nm 波段因太阳天顶角的增大而降低，时间曲线呈波浪形，且波长越长影响越明显。故卫星遥感器利用全球定标场网在轨定标时，对地表反射率进行 BRDF 校正是十分有必要的。

五、大气特性

大气气溶胶的吸收和散射对太阳光在大气中的辐射传输具有重要的影响，直接干扰卫星遥感器接收的信号，大气气溶胶散射光学厚度和气溶胶类型作为辐射传输过程和大气校正的重要参数，在辐射校正和定标中起着非常重要的作用。分析场地气溶胶散射光学厚度的变化情况，对指导遥感器的定标和真实性检验、提高遥感定量应用水平都具有重要意义。

韦玮利用 2013—2015 年 MODIS 的大气产品 MYD08E3，对敦煌、利比亚 4 和沙特阿拉伯 2 这 3 个场地的气溶胶光学厚度、水汽含量和臭氧含量进行分析。

通过对定标场的空间均匀性、时间稳定性、反射率光谱形状、地表方向性和大气特性进行分析，了解了定标场的地表特性。国内部分主要定标场的空间非均匀性小于 3%，满足在轨辐射定的需求。在时间稳定性上，国外的撒哈拉沙漠和阿拉伯沙漠地区具有极高的时间稳定性，而国内定标场呈现了随时间的波动性。从定标场当地正午时刻的反射率可以看出，场地反射率都会随太阳入射角的变化而变化，呈现出场地的方向性，在辐射定标时，需要进行地表反射率 BRDF 校正。敦煌、利比亚 4 和沙特阿拉伯 2 这 3 个场地的气溶胶光学厚度、水汽含量和臭氧含量均存在季节性变化。

7.7.3 全球定标场网在轨辐射定标基本方法

全球定标场网在轨辐射定标总体研究方案如图 7.12 所示。

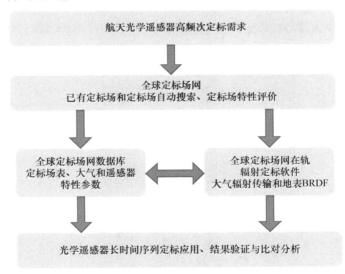

图7.12 全球定标场网在轨辐射定标总体研究方案

在辐射定标计算时，仍采用反射率基法定标的基本原理，区别在于用全球定标场网数据库存储的多源数据代替外场试验的现场观测数据，提高定标的有效数据量。单次卫星遥感器在轨辐射定标流程如图 7.13 所示，根据卫星的过顶信息从全球定标场网数据库的地表和大气特性参数库中提取相关的地表和大气参数，从卫星遥感器信息库中提取遥感器过顶时刻的太阳和卫星角度信息，代入大气辐射传输模型，计算得到大气层顶表观辐亮度或表观反射率，利用卫星遥感器信息库中提取的对地观测值计算定标系数。

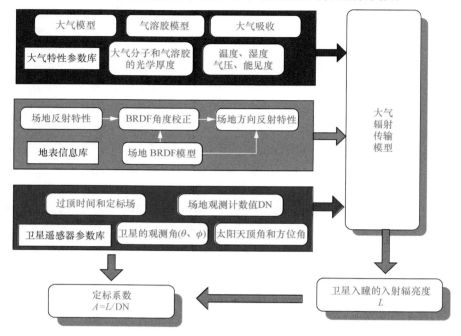

图7.13 单次卫星遥感器在轨辐射定标流程

一、全球定标场网数据库

韦玮等设计了全球定标场网数据库，来统一存储和管理全球定标场网的各定标场地相关数据，服务于卫星遥感器的在轨定标。全球定标场网数据库主要包括场地基本信息库、场地地表信息库、场地气象和大气特性参数库及卫星遥感器信息库，总体结构如图 7.14 所示。

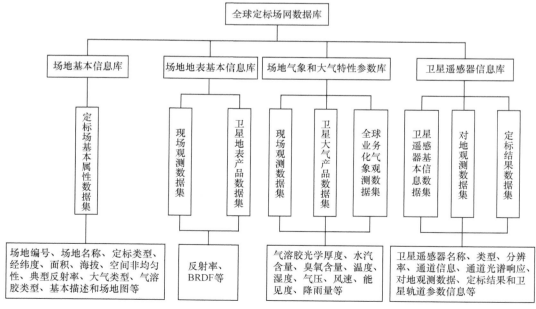

图7.14 全球定标场网数据库结构图

1. 场地基本信息库

场地基本信息库主要用于记录场地的基本属性，包括场地编号、场地名称、定标类型、经纬度、面积、海拔、空间非均匀性、典型反射率、大气类型、气溶胶类型、基本描述和场地图片等信息。

场地基本信息表中记录的场地基本属性可用于场地基本信息的展示和定标任务的规划。根据卫星遥感器定标的需求，通过定标场地类型、经纬度和空间非均匀性等属性可以筛选出适用于特定卫星遥感器的定标场。

2. 场地地表信息库

场地地表特性参数是卫星遥感器在轨绝对辐射定标的重要参数，直接决定着卫星遥感器定标的质量。传统的场地定标通过野外光谱仪在卫星过境时刻现场测量定标场地的地表反射率和 BRDF 数据。传统的场地定标由于各种因素的限制，其现场观察数据已不能满足当前多场地高频次定标对场地特性参数的需求。为此需要拓宽场地地表特性参数的获取渠道。全球其他业务化卫星的地表产品也可作为地表特性参数的数据来源。通过调研全球的卫星遥感器的性能特点和技术参数，本研究选择了 3 种类型的遥感器作为全球定标场网数据库卫星地表产品数据集的数据源，分别是 MODIS、Landsat 的 ETM+、陆地成像仪（Operational Land Imager，OLI）和 EO-1 的 Hyperion。场地地表信息库主要分为现场观测数据集和卫星地表产品数据集，其中卫星地表产品数据集又分为 MODIS BRDF 数据表、Landsat 反射率表和 Hyperion 反射率表。

（1）现场观测数据集。

现场观测数据包括场地光谱反射率和场地 BRDF 数据。光谱反射率数据为野外光谱仪配合漫射板测量得到的 350 ~ 2500nm 的光谱反射率，光谱分辨率为 1nm。

BRDF 数据是根据多角度观测的光谱反射率数据，利用半经验核驱动 Ross-Li 模型拟合得到的各向同性核系数 f_{iso}、体散射核系数 f_{vol} 和几何光学核系数 f_{geo}，光谱范围是 350 ~ 2500nm，光谱分辨率为 1nm。

核驱动模型是目前最为通用的一个半经验地表二向反射模型，它是辐射传输模型和几何光学模型的结合与近似，一般包括各向同性核、体散射核和几何光学核。核函数具备一定的物理意义，能够对地表二向反射现象的记录进行解释；同时相对于物理模型，核驱动模型反演简单，易于业务化实现，如 MODIS 产品为代表的 AMBRALS（Algorithm for MODIS Bidirectional Reflectance Anisotropies of the Land Surface）算法采用的就是这个核驱动模型。

$$R(\lambda, \theta_s, \theta_v, \Delta\varphi) = f_{iso}(\lambda)K_{iso} + f_{vol}(\lambda)K_{vol}(\theta_s, \theta_v, \Delta\varphi) + f_{geo}(\lambda)K_{geo}(\theta_s, \theta_v, \Delta\varphi) \quad (7.26)$$

式（7.26）为核驱动模型的一般表达式，K_{iso} 为各向同性核函数，一般取值为常数 1，K_{vol} 和 K_{geo} 为体散射核和几何光学核函数，是入射和反射的函数，与波长无关。f_{iso}、f_{vol} 和 f_{geo} 分别为各向同性核、体散射核和几何光学核的系数，是波长的函数，而与角度无关。

本研究采用 MODIS 的 AMBRALS 进行场地的地表方向性研究和 BRDF 校正。通过 BRDF 模型的各向同性核系数、体散射核系数和几何光学核系数，可以计算任意方向的反射率，也可以计算得到整个半球空间的各向异性因子，完成 BRDF 校正。

（2）MODIS BRDF 数据表。

MODIS 为搭载在 EOS 的 Terra 和 Aqua 两颗卫星上的多光谱遥感器。MODIS 的设计是基于科学界研究地球系统的短期和长期变化所需的连续的全球数据。MODIS 共设计 36 个通道，覆盖光谱范围为 0.4 ~ 14.4μm，有 250m、500m 和 1000m 这 3 种尺度的空间分辨率。MODIS 具有完善的星上定标系统，其星上定标得到的反射率定标系数精度为 2%，是国际上公认的定标精度最高的遥感器之一。Terra MODIS 和 Aqua MODIS 联合对地观测，可以实现在 1 ~ 2 天内对整个地球的覆盖，具有很高的时间分辨率。目前，MODIS 共有 40 多种科学数据产品，这些数据产品对全球陆地、大气、海洋和地球科学的综合研究具有较高的实用价值。

我们使用 MODIS BRDF 产品 MCD43 为全球定标场网数据库提供场地 BRDF 和反射率数据。

MODIS 的 L1B 级辐亮度产品结合气溶胶产品和云掩膜产品，经过大气校正得到 L2 级的地表方向反射率产品 MOD09。MOD09 结合 MOD03 定位信息，进行重投影，得到反射率日产品 MOD09G。利用 Terra MODIS 和 Aqua MODIS 两颗遥感器在 16 天内多时间、多角度、无云的地表方向反射率产品，采用基于 RossThick-LiSparse-Reciprocal 核的核驱动半经验模型拟合得到的各向同性核系数 f_{iso}、体散射核系数 f_{vol} 和几何光学核系数 f_{geo}，生成 BRDF 的 MCD43 系列产品。

MCD43 是 Terra MODIS 和 Aqua MODIS 的联合产品，第 5 版的 MCD43 产品，每 8 天生产一组产品。MCD43 产品提供 500m、1km 和 0.05°（气候网格模式）3 种空间分辨率（分别编号 A、B 和 C）的 BRDF 模型参数、BRDF 反演质量、反照率和 BRDF 校正后的天顶反射率 NBAR（Nadir BRDF Adjusted Reflectance，分别编号 1、2、3 和 4）4 类产品，其中，MCD43A 和 MCD43B 采用正弦投影，MCD43C 采用等经纬度投影。空间分辨率相同的不同类型产品，它们的空间关系也是一致的。

考虑到使用的便捷性，本研究采用 MCD43C 1 产品为全球定标场网数据库系统提供业务化的 BRDF 和反射率数据。MCD43C 系列的气候模型网格数据产品提供一个覆盖全球的等地理经纬度投影，以及分辨率为 0.05° 的 BRDF、反照率和反射率数据。

MCD43 系列产品由 16 天的 Terra 和 Aqua 双星观测数据反演得到。16 天内有 7 组或以上无云观测数据，则可以使用全反演（Full Model Inversion）。对于观测数据数量不足或质量不够的情况，将使用量反演（Magnitude Inversion）。量反演是在先验 BRDF 形状的基础上，通过乘以一个比例因子进行形状调整得到的。

根据 MODIS 产品的特点和定标的应用需求，设计了 MODIS BRDF 数据表，用于存储 MODIS 前 7 个通道的各向同性核系数、体散射核系数和几何光学核系数以及经 BRDF 校正的定标场当地正午时刻天顶反射率。

地表反射率数据是辐射定标中最重要的参数，直接影响表观辐射量的计算结果，其在辐射传输计算中所占权重也是最大的。为了验证地表反射率数据的准确性，我们采用敦煌辐射校正场在轨准同步观测试验的现场反射率测量数据对 MODIS 的 BRDF 产品计算得到的地表反射率进行验证。选用 2015 年 8 月 16 日和 2015 年 8 月 20 日两天的反射率进行比对分析。地表实测反射率为使用野外光谱仪 ASD 测量的光谱反射率数据，测量的经纬度为 94.26°E，40.18°N，MODIS BRDF 数据的提取区域为 ASD 测量点周围约 5km × 5km 范围区域。

为了定量化比较 MODIS BRDF 参数计算的通道反射率和 ASD 实测反射率，将 ASD

实测反射率和 MODIS 通道光谱响应函数进行通道积分，得到 MODIS 通道上的地表实测反射率，并与 MODIS 通道反射率进行比较，计算相对偏差。

相对偏差结果显示，MODIS 的反射率产品与 ASD 实测的反射率相差不大，在 MODIS 的前 6 个通道，二者相对偏差小于 ±3.1%。在第 7 通道，MODIS 产品的反射率比实测反射率低很多，相对偏差为 −5.27% 和 −9.71%。由此可见，在 350 ~ 1800nm 光谱区间，MODIS 反射率产品的精度较高，可用于卫星遥感器的在轨绝对辐射定标。

（3）Landsat 反射率表。

Landsat 序列卫星自 1972 年发射升空以来，已实现对地球长达 45 年的连续观测，积累了大量的覆盖全球的对地观测数据；具有较高的时间分辨率，可在 16 天内实现地球的全覆盖。Landsat 自身具有完善的星上定标系统、较高的定标精度，其对地观测数据已广泛应用于资源调查、生态环境监测、城乡规划和建设、自然灾害监测以及农林畜牧业等多个领域。

Landsat-7 于 1999 年 4 月 15 日发射，搭载了 ETM+，共有 8 个通道，7 个可见 - 近红外通道和 1 个热红外通道。Landsat-8 于 2013 年 2 月 11 日发射，搭载了两个独立的仪器，分别是 OLI 和热红外成像仪（Thermal Infrared Sensor，TIRS），分别完成可见 - 近红外通道和热红外通道的对地成像。OLI 相比于 ETM+ 增加了海岸带和卷云观测通道。具体通道设置如表 7.24 所示。

表 7.24 Landsat 的遥感器通道设置

通道	ETM+		OLI	
	通道号	光谱范围 /nm	通道号	光谱范围 /nm
深蓝			1	0.433 ~ 0.453
蓝	1	0.45 ~ 0.52	2	0.450 ~ 0.515
绿	2	0.53 ~ 0.60	3	0.525 ~ 0.600
红	3	0.63 ~ 0.69	4	0.630 ~ 0.680
近红外	4	0.78 ~ 0.90	5	0.845 ~ 0.885
短波红外	5	1.55 ~ 1.75	6	1.560 ~ 1.660
热红外	6	10.40 ~ 12.50		
短波红外	7	2.08 ~ 2.35	7	2.100 ~ 2.300
全色	8		8	0.500 ~ 0.680
卷云			9	1.360 ~ 1.390

我们使用 Landsat 的反射率产品作为全球定标场网数据库反射率数据的重要组成部分，提供中高分辨率地表反射率数据，并设计了 Landsat 反射率数据表。

（4）Hyperion 反射率表。

Hyperion 为搭载在 EO-1 卫星上的一个高光谱成像仪。Hyperion 共有 220 个光谱通道覆盖光谱范围为 0.4 ~ 2.5μm，光谱分辨率为 10nm，空间分辨率为 30m，幅宽为 7.5km，

16 天完成一次全球覆盖。Hyperion 主要用于地物光谱测量和成像、海洋水色要素测量以及大气水汽 / 气溶胶 / 云参数测量等。考虑到其高光谱特性，本研究采用它为全球定标场网数据库系统提供高光谱反射率，并设计了相应的反射率数据表。

3. 场地气象和大气特性参数库

场地气象和大气特性参数是大气辐射传输计算的重要参数，直接决定了辐射传输计算的精度，影响卫星遥感器定标的结果。传统的场地替代定标通过太阳光度计在卫星过顶时刻现场测量定标场的气溶胶光学厚度，通过释放探空气球，根据探空数据计算水汽含量。传统的仅靠外场试验收集大气参数的方式已无法满足定标场网的应用需求，多源数据的获取已成为全球定标场网数据库大气参数积累的主要方式。开放性的全球地基气溶胶观测网覆盖全球多个地区，成为气溶胶光学厚度的重要获取途径。业务化卫星的大气产品，由于其产品算法的成熟性、全球覆盖性，以及较高的时间分辨率，已成为较为可靠的大气参数的来源。国际上的一些气象预报中的全球性气象同化资料，包含众多大气和气象要素，被广泛应用于数值模式及天气和气候研究。通过分析该同化资料可以获取全球定标场网的大气和气象参数，为全球场网定标提供数据支持。

根据不同的参数、不同的数据来源分别设计了地基实测气溶胶光学厚度表、实测水汽含量表、MODIS 大气产品表、美国国家环境预报中心（National Centers for Environmental Prediction，NCEP）的全球最终分析资料（Final Operational Global Analysis，FNL）表和 OMI 臭氧含量表，用于存储和管理不同类型的大气参数。

（1）实测数据表。

① 地基实测气溶胶光学厚度表。

气溶胶光学厚度是描述气溶胶对太阳辐射进行散射和吸收消光的一个定量指标，大气气溶胶的散射和吸收是影响太阳光在大气中辐射传输的重要因素。在气溶胶光学厚度地基实测方法中，气溶胶光学厚度主要是通过太阳光度计来进行测量的。目前国际上有两大全球性的气溶胶观测网，分别是世界气象组织（World Meteorological Organization，WMO）的全球大气观测计划（Global Atmosphere Watch Programme，GAW）及 NASA 和 PHOTONS 共同组建的气溶胶自动观测网络 AERONET。GAW 建议使用具有以下通道的太阳光度计进行气溶胶光学厚度的观测，分别为 368nm、412nm、500nm、675nm、778nm 和 862nm。AERONET 使用的太阳光度计为 CIMEL 公司的 CE318 系列太阳光度计，通道主要为 340nm、380nm、440nm、500nm、670nm、870nm、940nm 和 1020nm。

目前，国内场地替代定标中使用的商用大气观测设备多数为 CE318 系列的太阳光度计。中科院安徽光机所研制的高精度太阳辐射计 PSR，主要参照了 WMO 的观测建议，通道设置为 365nm、412nm、500nm、610nm、675nm、862nm、940nm 和 1024nm。

综合目前全球气溶胶观测网的观测设备和推荐，以及常用的地基气溶胶观测设备的通道设置，我们设计了现场实测气溶胶光学厚度的数据表，基于各气溶胶观测网获取的气溶胶观测数据也用实测气溶胶光学厚度表来记录。

② 实测水汽含量表。

水汽含量的现场测量主要通过附近气象台站释放的探空气球获得多层的探空数据，经过数据处理计算得到水汽含量。水汽含量对近红外通道的影响较大，大部分陆地定标场均选择在水汽含量较小的区域。我们设计了实测水汽含量表。

（2）MODIS 大气产品表。

MODIS 大气产品主要包括：气溶胶产品、水汽产品、云产品和大气廓线产品等。MODIS 的气溶胶反演算法主要有两种：暗目标法（Dark Target，DT）和深蓝算法（Deep Blue，DB）。暗目标法主要利用暗目标（浓密植被）在红色光（0.66μm）和蓝色光（0.47μm）通道地表反射率低且容易确定的特点，结合红、蓝色光通道与中红外通道反射率的统计关系，估算红、蓝色光通道地表反射率，扣除地表的贡献，实现气溶胶光学厚度的反演。由于其适用范围仅限于 2.13μm 通道反射率低于 0.15 的暗目标，且需要气溶胶类型等的先验知识，因此暗目标法的应用范围和反演精度受到一定限制。深蓝算法利用大气在蓝色光通道反射较强，而地表反射相对较弱的特点，结合地表 NDVI 信息和先验地表反射率数据，完成气溶胶反演。深蓝算法不仅能应用于浓密植被覆盖区域，而且能够应用于高亮地物目标区域，是对暗目标法的很好补充。MODIS 气溶胶产品中暗目标法主要应用于海洋和暗陆地（如植被）气溶胶反演，深蓝算法覆盖了整个陆地的气溶胶反演。

本研究使用 MOD08 为全球定标场网数据库提供气溶胶光学厚度、水汽含量和臭氧含量等定标所需大气参数，并设计了相应的 MODIS 大气产品表。实际应用中，需根据定标场地物类型的不同，选择不同算法得到气溶胶光学厚度。陆地沙漠、戈壁、盐湖等高亮定标场使用深蓝算法得到气溶胶光学厚度，海洋、湖泊、植被则可以用暗目标法获得气溶胶光学厚度。

（3）NCEP FNL 表。

NCEP FNL 是时间分辨率为 6h、空间分辨率为 1° 的全球分析资料。该资料包含了地表 26 个标准等压层、地表边界层和对流层顶的相关要素信息。FNL 资料每天做 4 次全球性的数据分析，分别是世界时的 0 时、6 时、12 时和 18 时。1°×1° 的 NCEP FNL 资料相对于常规气象资料，空间垂直分布更为精细。根据 NCEP FNL 的数据内容，提取相关的大气和气象参数，设计了 NCEP FNL 大气参数表。

（4）OMI 臭氧含量表。

臭氧作为吸收气体，对太阳辐射有吸收作用。臭氧在 0.55～0.65μm 光谱区间有强烈的吸收，并限制了波长小于 0.35μm 光谱区间的对地观测。臭氧在可见 0.4～1.05μm 光谱区间的吸收系数曲线如图 7.15 所示。

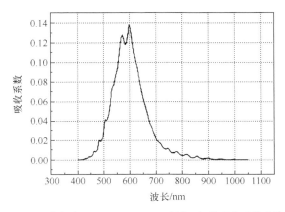

图7.15　臭氧在可见0.4～1.05μm光谱区间的吸收系数曲线

臭氧监测仪 OMI 是搭载在 EOS 的 Aura 卫星上的遥感器。OMI 通过对大气的后向散射进行测量，利用臭氧在 $0.3312\mu m$ 和 $0.3175\mu m$ 处的强吸收进行臭氧柱浓度总量的反演。OMI 是高光谱遥感器，其光谱范围为 $0.27\sim0.5\mu m$，光谱分辨率高达 $0.5nm$，空间分辨率为 $24km\times13km$，视场角为 $114°$，对应地面幅宽为 $2600km$。OMI 相对于其他臭氧监测遥感器具有高空间分辨率和高时间分辨率，可以实现每天覆盖全球一次，并提供每日臭氧含量。

OMI 的 L3 级全球臭氧含量产品提供了空间分辨率为 $1°\times1°$ 的全球臭氧含量日产品，可以很方便地查询和下载各定标场每日的臭氧含量。针对 OMI 臭氧产品，我们设计了 OMI 臭氧含量表。

4. 卫星遥感器信息库

全球定标场网数据库是为在轨运行的卫星遥感器进行在轨定标提供服务而设计的，用于实施长时间序列在轨辐射定标，卫星遥感器的对地观测数据也是执行辐射定标的必备参数。针对基于全球定标场网的在轨辐射定标的应用需求而设计的卫星遥感器信息库，用于存储和管理遥感器基本信息、卫星轨道信息、卫星遥感器对地观测数据和在轨定标数据。

（1）遥感器基本信息表。

遥感器基本信息表用于存储卫星遥感器的基本参数信息，包括卫星名称、遥感器名称、卫星类型、发射日期、通道光谱参数（总通道数、通道号、中心波长、起始波长、终止波长、通道相对光谱响应）、空间分辨率等。

（2）卫星轨道信息表。

卫星在轨运行期间，任一时刻的具体位置可以由卫星的 6 个轨道根数计算得到。根据其物理意义，6 个轨道根数可以分为轨道大小和形状根数、轨道位置根数及卫星位置根数 3 类。目前常用两行轨道报（Two-Line Orbital Element，TLE），即粗轨根数，来描述卫星的轨道根数。TLE 比较简单，且更新较快，可以基本满足卫星定标的应用需求。由于卫星在轨运行期间受到地球引力的影响，其轨道根数会发生变化，需要不断更新轨道根数。根据轨道根数的内容设计的卫星轨道信息表，用于存储卫星的轨道根数。

信息表的内容有卫星名称、NORAD 卫星编号、秘密分级、发射年份后两位数字、发射当年的发射编号、当次发射的卫星件编号、TLE 历时一年、TLE 历时一日、平均运动的一阶时间倒数、平均运动的二阶时间倒数、BSTAR 拖调制系数、美国空军空间指挥中心内部使用标识符、星历编号、第一行校验位、轨道倾角、升交点赤经、偏心率、近地点角距、平近点角、每日绕行圈数、在轨圈数、第二行校验位等。

（3）卫星遥感器对地观测数据表。

卫星遥感器对地观测计算值，是对观测目标辐亮度的直接响应，是遥感影像的直接构成元素，也是卫星遥感器定标的重要参数。针对各遥感器的通道设置和特点，设计了对应遥感器对全球定标场网的定标场观测数据表，用于记录和管理卫星遥感器对定标场的观测计数值、观测角度及其他相关卫星影像的元数据。遥感器对地观测数据表的内容有场地编号、观测日期、观测时间、相机编号、一年中的第几天、太阳天顶角、太阳方位角、观测天顶角、观测方位角、各光谱通道 DN 值等。

（4）在轨定标数据表。

在轨绝对辐射定标的结果是给出定标系数，定标系数在线性模型中主要指增益和截距（偏移量）。陆地卫星主要使用的是辐亮度定标系数，而气象卫星多用反射率定标系数。遥感器在轨定标数据表的内容有场地编号、观测日期、观测时间、相机编号、一年中的第几天、太阳天顶角、太阳方位角、观测天顶角、观测方位角、各光谱通道辐亮度（或反射率）增益、偏移量等。

二、全球定标场网在轨辐射定标软件

全球定标场网在轨辐射定标软件的主要功能是实现全球定标场网数据库的管理和光学遥感卫星的在轨绝对辐射定标。

在轨辐射定标软件包括卫星影像操作模块、全球定标场网数据库管理模块和在轨辐射定标模块。卫星影像操作模块包括打开、关闭、缩放影像和区域选择等功能。全球定标场网数据库管理模块包括多源数据下载、多源数据入库和数据库查询及显示等功能。在轨辐射定标模块包括定标数据提取、光谱匹配、辐射传输计算和定标结果展示等功能。软件结构如图 7.16 所示。

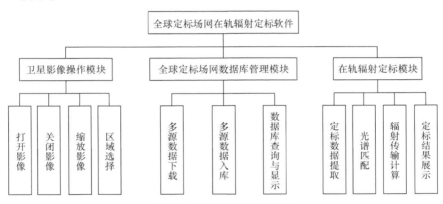

图7.16 在轨辐射定标软件结构

辐射定标软件采用 Visual Studio 2010 进行开发，主体开发语言为 C++，数据库采用 Oracle 11g，部分数据源的提取和入库处理采用 MATLAB 编程。

1. **卫星影像操作模块**

卫星影像操作模块主要实现卫星影像的打开、显示、关闭、缩放和区域选择。用户可通过显示的卫星影像对定标场区进行人工的云判别、影像缩放等，方便用户对定标场区进行精细选取。

2. **全球定标场网数据库管理模块**

全球定标场网数据库管理模块包括用户登录、多源数据下载、多源数据入库和数据库查询与显示等功能。用户登录界面如图 7.17 所示。

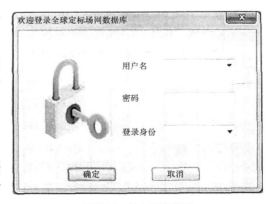

图7.17 用户登录界面

（1）多源数据下载。

多源数据下载主要针对 MODIS BRDF 和大气产品，以及 OMI 臭氧产品。在确定数据产品的 FTP 下载地址和产品更新周期后，就可以定期访问并下载最新的产品，存放到指定存储路径。多源数据下载流程图如图 7.18 所示。

（2）多源数据入库。

MODIS BRDF、MODIS 大气产品和 OMI 臭氧产品均为全球产品，在下载和存档完成后可实现各类参数的自动入库。根据各定标场经纬度和尺寸大小，确定各参数文件中各定标场参数提取的位置和像元大小，在单个文件提取过程中对所有定标场进行循环提取和入库，完成自动入库功能。MODIS BRDF、MODIS 大气产品和 OMI 臭氧产品自动入库流程图如图 7.19 所示。

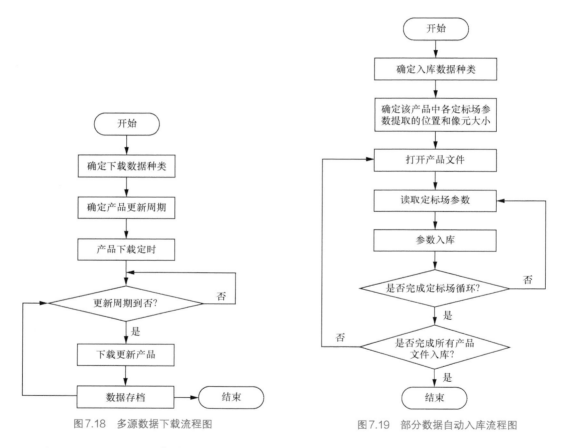

图7.18　多源数据下载流程图　　　　　图7.19　部分数据自动入库流程图

对于 Landsat 卫星反射率产品的入库，由于其单幅影像最多只能覆盖一个场地，需要手动选择单个定标场区域完成 Landsat 反射率的提取和入库操作。反射率影像中反射率提取界面如图 7.20 所示。

（3）数据库查询与显示。

数据库的查询与显示，主要用于定标场基本信息、反射率数据和大气参数的查看。定标场基本信息查询主要用于显示场地位置、面积、海拔、典型反射率和场地均匀性等场地基本属性。

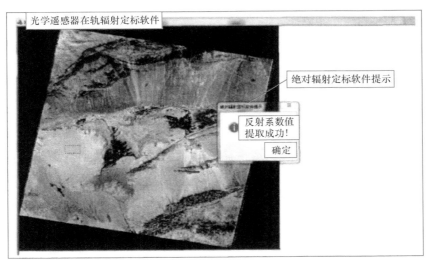

图7.20　反射率提取界面

定标反射率数据查询，可以通过场地和年份的选择，查看单个场地一年的反射率数据，了解场地反射率的变化情况和反射率数据的完整性。该反射率数据为定标场当地正午时刻的天顶反射率。

大气参数查询通过场地、年份的选择，查看单个定标场一年的大气参数信息，通过参数选择可以实现气溶胶光学厚度、水汽含量和臭氧含量间的切换。

3. 在轨辐射定标模块

在轨辐射定标模块主要通过与全球定标场网数据库结合，从数据库中提取在轨定标相关基础数据，经过数据筛选、光谱匹配和辐射传输计算，完成绝对辐射定标。卫星遥感器在轨辐射定标流程图如图 7.21 所示。

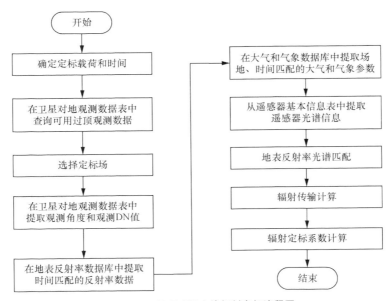

图7.21　卫星遥感器在轨辐射定标流程图

具体流程如下。

（1）根据定标需求确定待定标载荷和时间。

（2）在事先已入库的卫星对地观测数据表中查询可用卫星遥感器过顶观测数据。

（3）在可用过顶观测数据中选择合适定标场，并提取定标场海拔信息，确定单次定标的定标时相。

（4）在卫星对地观测数据表中提取所选定标时相的定标时间、观测角度和各通道观测DN 值。

（5）根据定标场地、定标时间，在场地地表反射率数据库中提取时间匹配的地表反射率数据。

（6）在大气和气象参数库中提取场地、时间匹配的气溶胶光学厚度、水汽含量和臭氧含量等定标所需的大气和气象参数。

（7）从遥感器基本信息表中提取遥感器光谱信息。

（8）根据提取的地表通道反射率数据，使用 3 次样条插值或线性插值获取地表光谱反射率。结合提取的遥感器光谱响应函数，进行遥感器通道光谱反射率积分，获得待定标遥感器通道反射率。

（9）根据提取的辐射定标相关数据，选择气溶胶模型进行辐射传输计算，获得大气层顶表观反射率和表观辐亮度。

（10）结合提取的对地观测 DN 值，计算得到绝对辐射定标系数。

辐射定标模块界面主要有 6 个分区，分别是：几何参数显示区、待定标遥感器参数显示区、定标场特性参数显示区、MODIS 通道反射率文本显示区、场地反射率图像显示区和待定标遥感器通道反射率文本显示区。

几何参数显示区主要用于显示卫星过顶的时间和观测角度信息。待定标遥感器参数显示区主要用于显示待定标遥感器的通道光谱参数。定标场特性参数显示区主要用于显示定标场、反射率参数日期、大气参数日期和具体的气溶胶光学厚度、水汽含量和臭氧含量等大气参数。MODIS 通道反射率文本显示区主要用于显示根据场地和日期选择并计算得到的待定标遥感器观测方向的 MODIS 通道反射率。场地反射率图像显示区显示的是根据 MODIS 反射率进行光谱插值（3 次样条插值和线性插值）得到的地表方向光谱反射率。待定标遥感器通道反射率文本显示区主要用于显示待定标遥感器的通道响应函数与 3 次样条插值后光谱反射率进行通道积分得到的待定标遥感器通道反射率。

在辐射定标界面中，单击"计算"按钮，利用从全球定标场网数据库选择的相关参数，代入辐射传输模型进行辐射传输计算，得到大气层顶表观辐射量，进一步计算得到绝对辐射定标系数，将定标结果保存和入库，同时弹出对话框提示辐射定标结果保存完毕。

7.7.4　全球定标场网在轨辐射定标应用

这里主要介绍 GF-1 宽视场成像仪（Wide Field of View，WFV）长时间序列辐射定标。

　　GF-1 卫星是我国高分辨率对地观测系统的首发卫星，于 2013 年 4 月 26 日发射升空。星上搭载了 4 台幅宽大于 200km、星下点分辨率为 16m 的 WFV，可获取视场拼接幅宽超过 800km 的对地观测影像，重访周期可以达到 4 天，具有很高的时间分辨率，可为各种定量化应用提供高时效的数据源。自发射以来，GF-1 卫星已在国土资源、大气环境、环境保护和农业等领域发挥了重要作用。GF-1 WFV 共有 4 个通道，其中 GF-1 WFV 的 4 号相机（WFV4）的相对光谱响应函数如图 7.22 所示。

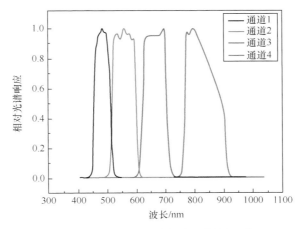

图 7.22　GF-1 WFV4 的相对光谱响应函数

　　研究利用全球定标场网系统对 GF-1 WFV4 进行了长时间的在轨绝对辐射定标。GF-1 WFV 作为陆地观测遥感器主要针对我国境内进行成像观测，国外区域少有对地观测数据，只有特殊任务时才会在境外开机观测，故在 GF-1 WFV 常规工作状态下，无法利用国外定标场卫星影像数据对 GF-1 WFV 进行在轨定标和长期性能监测。为此我们使用全球定标场网的国内定标场对 GF-1 WFV4 进行长时间、高频次的在轨绝对辐射定标，共选择了 8 个国内定标场，分别为甘肃敦煌、塔克拉玛干 1、塔克拉玛干 2、塔克拉玛干 3、青海格尔木、新疆若羌、新疆轮台和甘肃景泰。这些定标场主要分布在我国的西北部，全部为沙漠或戈壁类型场地。这些定标场均具有空间均匀性高、面积大且平坦、地表特性比较稳定、大气干洁稳定、气溶胶含量低、位于干旱地区且降雨少等特点。使用 CBERS-04 卫星的 10m 空间分辨率的多光谱相机影像对这些定标场的空间非均匀性进行评价，各场地中心区域空间非均匀性均小于 3%。

　　从 2013 年至 2016 年，利用国内 8 个定标场对 GF-1 的 WFV4 进行了长时间序列定标。使用全球定标场网数据库为辐射定标提供定标基础参数。使用 MODIS 的 BRDF 数据表中的定标场的 BRDF 模型参数，计算得到卫星观测方向的 MODIS 通道反射率。通过 3 次样条插值得到光谱分辨率为 1nm 的地表高光谱反射率，并用 GF-1 WFV4 的通道相对光谱响应函数对其进行通道积分，得到 WFV4 的通道反射率。从 MODIS 大气产品表中提取定标所需的气溶胶光学厚度、水汽含量和臭氧含量。辐射传输模型选用 6S，大气模型选择 1962 年美国标准大气，并使用水汽含量和臭氧含量进行描述。考虑到所选定标场均为沙漠或戈壁定标场，场地的气溶胶模式均选择沙漠型。

　　为了保证单次定标结果的准确性和可靠性，需要对用于定标的基础数据进行数据质量控制。主要包括以下两点：一是对 MODIS BRDF 产品的数据反演质量进行判断，当 BRDF 产品的质量等于 0 或 1 时，认为 BRDF 的数据反演质量是可靠的，可用于计算地表反射率；二是对气溶胶光学厚度进行判断，当气溶胶光学厚度大于 0.3 时，认为气溶胶含量过高，不适合定标，予以剔除。

选取 2015 年 8 月和 9 月的 5 幅卫星影像作为示例，使用全球定标场网对 GF-1 WFV4 进行定标，描述全球定标场网辐射定标方法的实施过程。

由于 MODIS BRDF 产品相对于 Landsat 和 Hyperion 的反射率产品具有较高的时间分辨率，且可以进行定标场的 BRDF 校正，这是其他两种反射率产品所不具备的，故在利用全球定标场网数据库系统进行定标时主要使用 MODIS 的 BRDF 产品计算场地的方向反射率。

从全球定标场网数据库的 MODIS BRDF 数据表中提取 5 次定标时间匹配的各场地的 BRDF 参数，根据卫星观测角度，利用 BRDF 模型计算得到卫星观测方向的反射率。

由于 MODIS BRDF 产品只能获取 MODIS 前 7 个通道的地表方向反射率，而 GF-I WFV 和 MODIS 的通道并不完全对应，因此需要对两个遥感器进行通道光谱匹配。沙漠、戈壁定标场的地表反射率在非强吸收光谱区间具有相对平滑的光谱曲线，可以通过对 MODIS 的前 7 个通道方向反射率进行 3 次样条插值，获得光谱分辨率为 1nm 的平滑的场地高光谱反射率。

3 次样条光谱插值结果如图 7.23 所示，再用 GF-1 WFV4 的通道光谱响应函数对高光谱反射率进行通道积分，进而计算 GF-1 WFV4 的等效通道反射率。

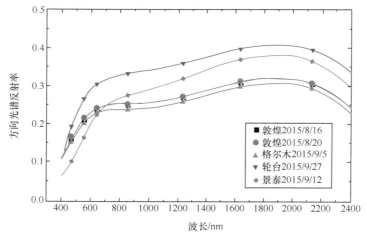

图 7.23　GF-1 WFV4 观测方向地表反射率光谱 3 次样条插值结果

气溶胶光学厚度、水汽含量和臭氧含量均从全球定标场网数据库的 MODIS 大气产品数据表中提取，其中气溶胶光学厚度采用陆地深蓝算法的结果。

辐射传输模型选用 6S，大气模型选择 1962 年美国标准大气，并使用水汽含量和臭氧含量进行描述。考虑到所选定标场均为沙漠或戈壁定标场，场地的气溶胶模式均选择沙漠型。经过辐射传输计算得到 TOA 表观辐亮度，并与提取的卫星定标场观测计算值进行比较，得到各通道的辐亮度定标系数。

由于 GF-1 WFV4 的背景噪声偏移量很小，可以忽略不计，这里使用的 GF-1 WFV4 辐亮度定标系数 K_i 的计算公式如式（7.27）所示。式中，L_i——通道 i 的表观辐亮度；DN_i——GF-1 WFV4 的对地观测计数值。

$$K_i = L_i/DN_i \qquad (7.27)$$

表 7.25 为 GF-1 WFV4 辐亮度定标系数的计算结果，同时给出了各通道辐亮度定标系数的标准偏差，均小于 0.006。定标系数的波动非常小，表明全球定标场网在轨绝对辐射定标方法具有很好的稳定性。

表 7.25　GF-1 WFV4 辐亮度定标系数

定标场	日期	辐亮度定标系数 /($W \cdot m^{-2} \cdot sr^{-1} \cdot \mu m^{-1}$)/DN			
		通道 1	通道 2	通道 3	通道 4
敦煌	2015-8-16	0.1844	0.1678	0.149	0.1491
敦煌	2015-8-20	0.1879	0.1712	0.1497	0.1511
格尔木	2015-9-5	0.1848	0.1711	0.1489	0.1546
景泰	2015-9-12	0.1830	0.1588	0.1410	0.1391
轮台	2015-9-27	0.1920	0.1683	0.1458	0.1470
均值		0.1864	0.1674	0.1469	0.1482
标准偏差		0.0036	0.0051	0.0036	0.0058

对 2013—2016 年 8 个定标场的过顶观测进行筛选，总共获得了 86 个频次的有效定标时相，并经过定标得到了时间序列定标系数，如图 7.24 所示。

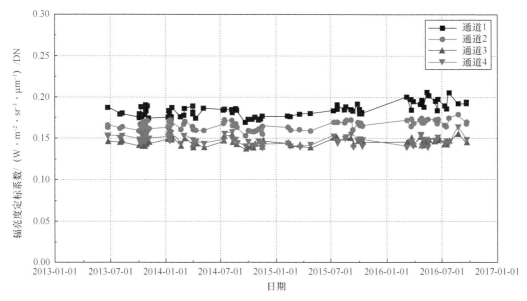

图 7.24　GF-1 的 WFV4 全球定标场网系统定标结果时间序列定标系数

由图 7.24 可以看出，GF-I WFV4 发射升空后，各个通道并未出现明显衰变，但是会随时间出现一定的波动。相较而言，通道 1 和通道 2 波动较大，通道 3 和通道 4 相对稳定，2013—2016 年各个通道辐亮度定标系数的统计如表 7.26 所示。

表 7.26   GF-1 WFV4 辐亮度定标系数统计

通道	定标系数最大值 （ $W \cdot m^{-2} \cdot sr^{-1} \cdot \mu m^{-1}$/DN ）	定标系数最小值 （ $W \cdot m^{-2} \cdot sr^{-1} \cdot \mu m^{-1}$/DN ）	定标系数相对标准差 /%
1	0.2065	0.1683	4.43
2	0.1782	0.1516	3.23
3	0.1546	0.1355	3.02
4	0.1639	0.1375	3.58

由图 7.24 可知，基于全球定标场网的长时间序列定标结果有很好的时间连续性，可以持续跟踪卫星遥感器的在轨辐射特性变化。但是也可以看到，在每年的 1 月 1 日前后都会有定标系数的空档期，主要是由于我们所选的国内定标场主要集中在我国的西北，由于冬季降雪或其他恶劣天气的影响，该时间段内的可用定标次数明显降低。

使用传统的场地替代定标方法对 GF-1 WFV4 进行了在轨定标，对全球定标场网定标方法的结果进行验证。对 8 月、9 月 5 次全球定标场网方法的结果进行平均，消除了单次定标的偶然性，并与传统方法的结果进行比对，两种方法得到的绝对辐射定标系数的相对偏差小于 2%，证明了全球定标场网方法的可行性和准确性。

通过分析地表反射率、气溶胶光学厚度、水汽含量和臭氧含量对辐射传输计算的影响，发现对辐射传输计算影响最大的是地表反射率，1% 的变化量直接导致表观辐亮度 0.869% 的变化。气溶胶光学厚度对辐射传输的影响较小；水汽含量和臭氧含量主要影响水汽和臭氧吸收通道，对其他通道影响较小。

全球定标场网定标方法对 FY-3B VIRR 各通道的定标不确定度如表 7.27 所示。各通道的不确定度各不相同，总体来说，全球定标场网定标方法的定标不确定度为 1.59% ~ 2.41%，具有很高的精度。

表 7.27   全球定标场网定标方法对 FY-3B VIRR 各通道的定标不确定度

通道号	1	2	6	7	8	9
定标不确定度 /%	1.81	2.20	1.59	2.41	2.03	1.75

全球定标场网定标方法通过空间维、时间维的扩展，提高了定标频次，利用其短期内高频次定标的优势，消除单次定标结果的偶然性，提高定标结果的可靠性和稳定性；同时利用其长时间序列的定标结果，可以实现卫星遥感器的在轨辐射特性连续监测，及时校正卫星遥感器的性能衰变。

目前我国可见 - 近红外卫星遥感器的业务化定标以场地替代定标为主，定标频次基本上维持在一年一次的水平，耗费巨大，且容易受天气因素影响，已难以满足高精度、高频次的遥感产品应用需求，长时间高频次定标已成为必然趋势。建立全球定标场网，有助于增加卫星过顶的次数，构建全球定标场网数据库，使用业务化卫星产品为数据库系统提供定标基础参数，实现对卫星遥感器的长时间序列高频次辐射定标。

7.8 参考文献

陈福春，陈桂林，王淦泉．卫星遥感仪器的可见光星上定标 [J]．海洋科学进展，2004，22(增刊)：34-38.

陈林，胡秀清，徐娜，等．基于深对流云目标的气象卫星可见 - 近红外辐射定标跟踪 [C].第 28 届中国气象学会年会会议录——S2 风云卫星定量应用与数值．2011:1-8.

顾行发，田国良，余涛，等．航天光学遥感器辐射定标原理与方法 [M]．北京：科学出版社，2013.

高海亮，顾行发，余涛，等．CCD 卫星相机时间序列定标研究：以 CBERS02B 为例 [J].测绘学报，2011，40(2)：180-187.

巩慧．HJ-1 星 CCD 相机定标与真实性检验研究 [D]．北京：中科院遥感应用研究所，2010.

梁顺林．定量遥感 [M]．范闻捷，等，译．北京：科学出版社，2009.

童进军．遥感卫星传感器综合辐射定标方法研究 [D]．北京：北京师范大学，2004.

孙毅义，郭常忠，董浩，等．星载遥感器的可见和近红外波段的绝对定标 [J]．测试技术学报，1999，13(1)：1-7.

韦玮．基于全球定标场网的卫星遥感器长时间序列定标方法研究 [D]．合肥：中国科学技术大学，2017.

谢玉娟．基于沙漠场景的 HJ-1 CCD 相机在轨辐射定标研究 [D]．焦作：河南理工大学，2011.

徐文斌．基于全球定标场网的高光谱成像仪交叉定标技术研究 [D]．合肥：中国科学院安徽光学精密机械研究所，2014.

徐文斌，史剑民，郑小兵，等．全球定标场网数据库的设计与应用 [J]．光学学报，2014，34(11)：1-11.

A. Meygret, P. Henry, M. Dinguirard*, et al. 1998. SPOT4: First in flight absolute calibration results. SPIE Vol. 3498: 348-358.

A. Meygret, X. Briottet*, P. Henry, et al. 2000. Calibration of SPOT4 HRVIR and VEGETATION cameras over the rayleigh scattering. SPIE Vol. 4135: 302-313.

H. Cosnefroy, M. Leroy, X. Briottet. 1996. Selection and characterization of Saharan and Arabian desert sites for the calibration of optical satellite sensors. Remote Sending of Environment, 58:101-114.

D. L. Smith, C. T. Mutlow, C. R. Nagaraja Rao. 2002. Calibration monitoring of the visible and near-infrared channels of the Along-Track Scanning Radiometer-2 by use of stable terrestrial sites. Applied Optics, Vol. 41, No. 3: 515-523.

D. R. Doelling, R. Bhatt, C. O. Haney, et al 2017. The use of deep convective clouds to uniformly calibrate the next generation of geostationary reflective solar imagers. SPIE 10423: 1042319-1-11.

D. R. Doelling, L.　Nguyen, P.　Minnis. 2004. On the use of deep convective clouds to calibrate AVHRR data. SPIE, 5542:281-289.

E. Vermote, R. Santer, P. Y. Deschamps, et al. 1992. In-flight calibration of large field of view sensors at short wavelengths using Rayleigh scattering. Int. J. Remote Sensing, Vol. I3, No. I8: 3409-3429.

E. Vermote, Y. J. Kaufman, 1995. Absolute calibration of AVHRR visible and near-infrared channels using ocean and cloud views. Int. J. Remote Sensing, Vol. 16, No. 13: 2317-2340.

H. Yooa, F. Yu, X. Wu, et al. 2017. Assessing the GOES-16 ABI solar channels calibration using deep convective clouds. SPIE 10403, 04030E-1-7.

N. G. Loeb. 1997. In-flight calibration of NOAA AVHRR visible and near-IR bands over Greenland and Antarctica. International Journal of Remote Sensing, 18(3):477-490.

M. Dinguirard, P. N. Slater. 1998. Calibration of space-multispectral imaging sensors: A review. Remote Sens. Envir. 68:194-205.

P. M. Teillet, K. J. Thome, N. Fox, et al. 2001. Earth observation sensor calibration using a global, instrumented and automated network of test sites (GIANTS). SPIE 4540: 246-254.

Q. Mu, A. Wu, T. Chang, et al. 2016. Assessment of MODIS on-orbit calibration using a deep convective cloud technique. SPIE 9972, 997210-1-10.

Q. Mu, T. Chang, A. Wu, et al. 2018. Evaluating the long-term stability and response versus scan angle effect in the SNPP VIIRS SDR reflectance product using a deep convective cloud technique. SPIE 10644, 1064400-1-10.

C. R. N. Rao, J. Chen. 1995. Inter-satellite calibration linkages for the visible and near infrared channels of the advanced very high resolution radiometer on the NOAA-7, -9, and -11 spacecraft. International Journal of Remote Sensing, 16:1931-1942.

C. R. N. Rao, J. Chen. 1996. Post-launch calibration of the visible and near-infrared channels of the advanced very high resolution radiometer on the NOAA-14 spacecraft. International Journal of Remote Sensing, 17:2743-2747.

E. Robert, Jr. Eplee, X Xiong, et al. 2009. The cross calibration of SeaWiFS and MODIS using on-orbit observations of the moon, SPIE 7452: 74520X-1-9.

D. Six, M. Fily, S. Alvain, et al. 2004. Surface characterisation of the Dome Concordia area (Antarctica) as a potential satellite calibration site, using SPOT 4/Vegetation instrument. Remote Sensing of Environment, 89:83-94.

D. L. Smith, C. T. Mutlow, C. R. N. Rao. 2002. Calibration monitoring of the visible and near-infrared channels of the along-track scanning radiometer-2 by use of stable terrestrial sites. Applied Optics, 41(3):515-523.

W. F. Staylor, J. T. Suttles. 1986. Riflection and emission models for deserts derived from Nimbus ERB scanner measurements, Journal of Applied Meteordogy, 25:196-202.

W. F. Staylor. 1990, Degradation rates of the AVHRR visible channel for the NOAA-6, -7 and -9 spacecraft. Journal of Atmospheic and Oceanic Technology, 7:411-423.

T. C. Stone. 2008. Radiometric calibration stability and inter-calibration of solar-band instruments in orbit using the moon. SPIE Vol. 7081: 70810X-1-9.

X. Wu, T. C. Stone, F. Yu, et al. 2006. Vicarious calibration of GOES Imager visible channel using the Moon, SPIE Vol. 6296, 62960Z-1-12.

Z. Wang, X. Xiong, Y. Li, 2016. Update of S-NPP VIIRS thermal emissive bands radiometric calibration stability monitoring using the moon, SPIE 10000, 1000013-1-10.

第**8**章

遥感干涉高光谱成像仪定标技术的发展趋势和讨论

遥感高光谱成像技术因具有同时获得图像、光谱数据立体的优势，已成为当前国际上遥感领域发展最快的遥感技术。同时，高光谱成像遥感定量化研究也促进了这一技术在对地观测、大气研究、气候变化等多方面的应用。我国在遥感高光谱成像技术的研究和工程技术发展上，始终紧跟国际发展前沿。

光学遥感器的辐射定标是遥感定量化研究和应用的基础，遥感技术的快速发展对辐射定标技术也提出了新的、更高的要求，必将推动辐射定标技术的新发展。

8.1 遥感光谱成像仪的全过程辐射定标

在本书的前面各章介绍了遥感干涉高光谱成像仪从研制阶段到在轨运行阶段的全过程辐射定标内容，现归纳如下。

一、发射前定标

遥感干涉高光谱成像仪研制完成后，在安装到搭载平台前，需进行实验室定标，测试光谱成像仪的基本性能参数：光谱响应范围、谱段数、各谱段中心波长、光谱分辨率、响应动态范围、响应线性度、暗电流、调制传递函数、相对定标系数、绝对定标系数等。这些参数是光谱成像仪的基础参数，是在轨运行后光谱仪性能变化的比对基础。

二、星上定标

星上定标机构是遥感干涉高光谱成像仪自身携带的定标机构，内部设有辐射标准源、稳定性监测元件，将标准辐射引入主光学系统，实现定标。星上定标具有独立完成定标的功能（光谱定标、辐射度定标），不受外界大气环境的影响，因此定标精度较高。而且星上定标可以实现多频次定标，及时监测光谱成像仪性能参数的变化，及时调整参数。

三、在轨场地定标

在轨场地定标是通过地面辐射定标场地的同步测量，完成遥感干涉高光谱成像仪定标的。场地定标测试环节多，影响因素也多，定标精度受限。

四、在轨交叉定标

在轨交叉定标将数据精度较高的遥感器在轨测试的数据作为参考源，完成被测遥感干涉高光谱成像仪的定标。参考、被测遥感器需要同步观测同一目标，且满足光谱匹配、观测几何匹配等条件。参考遥感器的定标精度在交叉定标精度中是主要的影响因素。

五、其他在轨定标方法

其他在轨定标方法还有利用稳定场景定标，如利用沙漠、海洋、冰盖、云场景以及月亮进行定标。现在又提出一种新的基于全球定标场网的卫星遥感器长时间序列定标方法。

场地定标、交叉定标、稳定场景定标的优点是遥感器的定标状态与遥感器在轨运行的工作状态一致，可以真实地反映仪器的遥感性能。

每一种定标方法都有其优缺点和适用范围，定标精度也不相同，因此对于遥感器的辐射定标，最好尽量采用多种定标方法，进行各定标方法结果的比对分析，这样才能够较全面、客观地实现对遥感器的定标和评价。

8.2 遥感干涉高光谱成像仪定标技术的发展趋势

8.2.1 遥感干涉高光谱成像仪的发展对辐射定标技术的新要求

一、高分辨率

辐射定标就是对光谱成像仪进行辐射度量的测量与标定。遥感高光谱成像仪高分辨率（高空间、光谱、时间、辐射度分辨率）的发展，要求辐射定标的方法、设备、标准传递系统与仪器高分辨率水平相匹配，并达到相应的定标精度。例如，高光谱成像仪的光谱分辨率达到 $10^{-3}\lambda$ 量级，则光谱定标的标准光谱光源的光谱分辨率应达到同等量级或高一个数量级。对于星上或在轨飞行中的光谱定标，寻找理想的定标方法和标准光源，是一个新的挑战。

二、拓展光谱范围到短波紫外、长波红外

目前成熟的遥感光谱成像仪的工作谱段多为反射太阳光谱谱段，即从可见、红外到短波红外。但某些遥感应用领域，需要研究物质在紫外或长波红外区域的辐射特性，目前此类光谱成像仪还很少。随着遥感应用的需求与探测器、材料等相关技术的发展，这些工作谱段偏短、长波的光谱成像仪也开始发展，同时要求辐射定标的方法、设备能满足光谱仪工作谱段的要求。

三、遥感高光谱成像仪小型化、轻量化是新的发展方向

作为星载（或机载）的星上定标机构也必须达到轻量、小型的要求，这对星上定标机构的设计带来了新的难度。

四、新型遥感器的发展

光谱成像技术是集光学、精密机械、电子、材料、计算机等学科为一体的综合技术，

在各学科技术高速发展的时代，将推动具有新型工作原理的遥感器不断发展、成熟，逐步进入实用化阶段。光谱成像仪的工作原理不同，辐射定标的方法也不同，要求根据新型的光谱成像仪研究新的定标方法。

8.2.2 更高的定标精度

遥感高光谱成像仪定量化应用的发展及应用领域的拓宽，对定标精度提出了新的要求。更高的定标精度是定量化水平提高的基础。

8.2.3 辐射测量新技术的应用

辐射测量技术不断发展，新型、先进、高精度的测量方法和仪器不断涌现，为定标技术的改进和提高提供了有利条件，如陷阱探测器、比辐射计、新型标准光源的应用。

8.2.4 相关科学新技术的应用

相关科学技术的发展为定标技术的进步建立了新的技术基础。例如，技术先进的精密机械机构、集成化电子技术、控制技术将被应用于精密的星上定标机构和新型实验室定标系统。未来，伴随着智能化信息分析和高性能软件处理技术的发展，高光谱遥感卫星系统也将步入智能化时代。高光谱图像处理与信息提取方法，将充分利用人工智能等领域的新成果，发展高光谱图像高性能实时处理技术，发挥高光谱遥感的优势和特点，发展新理论和新方法。

8.2.5 场地定标、交叉定标机会增多

国内外星载高光谱成像仪不断增多，定标试验场的建设不断扩大，试验场地测试条件和设备不断完善，场地测试水平不断提高。这些技术环境条件的发展为高光谱成像仪场地替代定标、多传感器交叉定标提供了更好的条件和机会。

8.3 讨论

为促进遥感干涉高光谱成像仪定标技术的发展，应做好以下几方面工作。

一、进一步深入干涉型光谱成像技术的研究，尤其是数据处理理论、技术的研究

干涉型光谱成像技术不断发展进步，新型光谱成像仪不断涌现。要搞好定标技术，首先需对被定标的对象——光谱成像仪的原理、结构、数据结构及其应用有清楚的认识，干涉型光谱成像仪采集的干涉信息，需通过傅里叶变换和光谱复原才能转化为目标的光谱信息，数据处理过程复杂、环节多。因此需重视数据处理技术，减小数据处理环节的误差，从而提高定标的精度，提高干涉型光谱成像仪输出数据产品的可信度。

二、加强定标精度的研究和控制

加强干涉型光谱成像仪在研制、在轨工作各阶段、各方面定标中定标精度的分析、研

究，严格控制定标各环节的测量误差，采用合理的方法评价定标精度，保证定标结果的可靠性。

三、应加强星上定标技术的发展

星上定标机构是遥感器自身携带的定标机构，遥感器在轨运行时的星上定标过程，依靠定标机构的定标功能完成，不受外部大气环境的影响，相对遥感器的场地定标、交叉定标，星上定标的精度较高。例如美国的 MODIS 虽然是多光谱成像仪，但因其具有定标精度较高的星上定标数据，在光谱成像遥感器的交叉定标中，较多地被作为参考遥感器。

光谱成像仪的星上定标除了辐射定标外，必须有光谱定标，星上定标方法和机构的设计难度较大。但是综合遥感器在轨运行中多种定标方法（场地定标、交叉定标等）的优缺点，还是应该尽力发展星上定标，尤其是在轨定标技术中光谱定标方法很少，星上光谱定标就显得尤为重要。

四、重视高光谱成像遥感器在轨运行中的高频次定标

保证及时掌握遥感器响应衰变的状况，加强数据产品的监测，及时校正数据的偏移。这不但保证了数据产品的可靠性，同时也可延长遥感器的应用寿命。

五、加强相关部门的交流与合作

加强遥感器研制部门、在轨数据处理部门和遥感应用部门的交流、合作，交流各阶段遥感器的运行状况和存在问题，交流定标方法和精度分析，共同研究解决问题、提高定标精度的方法，提高数据产品的质量，更好地推动遥感数据的应用。

六、加强与国内外同类遥感器技术的交流与合作

加强与国内外同类遥感器的技术交流与合作，尤其需加强同国际上先进遥感器的技术交流。我国的遥感器辐射定标技术，与国际先进水平还有一定的差距，定标精度低于国外同类载荷，我国的卫星数据在国外的应用还不多。我们应加强与国外同类遥感器数据的比对、验证，提高辐射定标精度，也使国际上对我国遥感器的数据质量有进一步的了解，扩大我国卫星数据的应用范围，提高我国遥感在国际上的地位，促进我国遥感技术的发展。

8.4　参考文献

高海亮, 顾行发, 余涛, 等. 环境卫星 HJ-1A 超光谱成像仪在轨辐射定标及真实性检验 [J]. 中国科学 : 技术科学 , 2010, 40(11): 1312-1321.

顾行发, 田国良, 余涛, 等. 航天光学遥感器辐射定标原理与方法 [M]. 北京 : 科学出版社 , 2013.

李欢, 周峰. 星载超光谱成像技术发展与展望 [J]. 光学与光电技术 , 2012, 10(5): 38-44.

李晓晖, 颜昌翔. 成像光谱仪星上定标技术 [J]. 中国光学与应用光学 , 2009, 2(4): 309-315.

王建宇, 舒嵘, 刘银年, 等. 成像光谱技术导论 [M]. 北京 : 科学出版社 , 2011.

童庆禧，张兵，郑兰芬 . 高光谱遥感 - 原理、技术与应用 [M]. 北京 : 高等教育出版社，2006.

童庆禧，张兵，张立福 . 中国高光谱遥感的前沿进展 [J]. 遥感学报，2016, 20(5): 689-707.

张兵 . 高光谱图像处理与信息提取前沿 [J]. 遥感学报，2016, 20(5): 1062-1090.

周阳，杨宏海，刘勇，等 . 高光谱成像技术的应用与发展 [J]. 宇航计测技术，2017, 37(4): 25-29, 34.

K. Karlsson, E. Johansson. 2014. Multi-sensor calibration studies of AVHRR-heritage channel radiances using the simultaneous nadir observation approach. Remote Sens. 2014, 6, 1845-1862.

P. M. Teillet, G. Fedosejevs, K. J. Thome. 2004. Spectral band difference effects on radiometric cross-calibration between multiple satellite sensors in the Landsat solar-reflective spectral domain. SPIE Vol. 5570:307～316.

Q. Tong, Y. Xue, L. Zhang. 2014. Progress in hyperspectral remote sensing science and technology in China over the past three decades. IEEE Vol. 7, No. 1: 70-91.

W. Barnes, X. Xiong, T. Salerno, et al. 2005. Operational activities and on-orbit Performance of Terra MODIS on-board calibrators. SPIE 58820Q-1-12.

X. Xiong, J. Sun, W. Barnes, et al. 2007. Multiyear on-orbit calibration and performance of Terra MODIS reflective solar bands. IEEE Vol. 45, No. 4:879-889.

X. Wu, F. Sun. 2005. Post-launch calibration of GOES Imager visible channel using MODIS. SPIE Vol. 5882: 58820N-1-11.